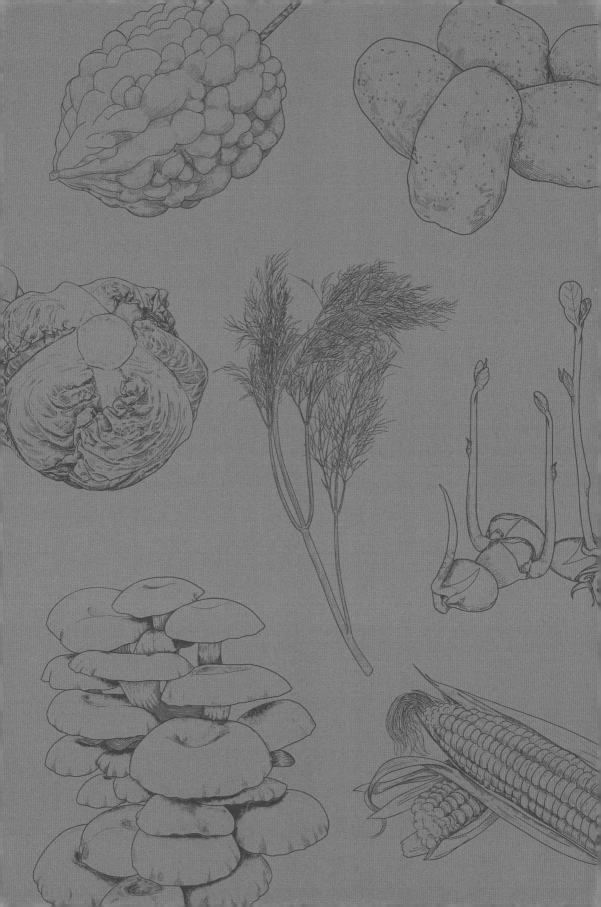

后浪

中国的蔬菜

名称考释与文化百科

张平真——

著

北京联合出版公司
Beijing United Publishing Co.,Ltd.

序言

　　我国是世界四大文明古国之一，具有悠久而灿烂的饮食文化。我国的蔬菜文化和酒文化、茶文化同样都是中华饮食文化的重要组成部分。以"五菜为充"等膳食营养平衡观念为指导思想的中华佳蔬文化，涵盖了中华民族为了生存和发展，在蔬食领域所创造、积累的物质财富和精神财富的总和。系统而深入地开展相关的研究，对弘扬祖国的优秀传统文化、提高国人的身体素质都具有十分重要的意义。

　　蔬菜是人们日常不可或缺的佐餐食品，我国的蔬菜不仅栽培历史悠久，而且供应种类繁多。由于地域辽阔、民族和方言各异，所以各种蔬菜及其名称无论是在现代人们的生活交往中，还是在古代浩如烟海的文献典籍里，都呈现出种类繁多、名实混杂，以及正名、别称长期共存的现象，最终构成了既丰富多彩、又繁芜复杂的中华佳蔬名称文化的特色。

　　研究中华佳蔬名称文化是一门新兴的边缘学科。它的研究主体"蔬菜实体"虽属于自然科学的范畴，内容涉及蔬菜的起源、引入、栽培、贮藏、加工，以及流通和消费等多种学科领域；然而其研究对象之一的"蔬菜名称"却属于社会科学的饮食文化领域，内容涉及训诂、考据、命名和民俗等多种文史学科。

　　本书的作者、高级工程师张平真先生早年就读于北京农业大学的蔬菜专业，其后在首都蔬菜、副食流通领域长期从事科技、教学和经营、管理工作。其间参加过国家级蔬菜科技攻关项目的论证、立项和组织实施，以及全国蔬菜贮藏加工科技规划的制订工作，参加了《中国商品大辞典·蔬菜调味品分册》以及《北京志·副食品商业志》等重要典籍的总体设计和编纂工作。退休以后又主编、出版了《蔬菜贮运保鲜及加工》和《中国酿造调味食品文化》等书籍。他既是一位能够运用现代科技手段指导蔬菜流通工作的专家，还是一位能够利用较为广博的文史知识研究中华佳蔬文化的先行学者。为了掌握我国蔬菜及其名称的总体情况，他从 1986 年主持编辑《中国商品大辞典·蔬菜调味品分册》时就注意搜集资料、研究考证，并从 1997 年开始应邀在《中国食品》等杂志上以"佳蔬名称考释"为题，连续多年开辟专栏，著文介绍我国一些主要蔬菜的来源及其命名缘由等百科知识。经过作者的旁征博引、倾心钻研和长期积淀，现在这部研究成果终于和广大读者见面了！

作为目前国内系统研究我国蔬菜名称的第一部专著，它以弘扬祖国五千年灿烂的佳蔬文化为宗旨，以解读蔬菜名称为切入点，内容包括综述和各论两部分，涵盖了 18 大类的 270 余种蔬菜，所介绍的各种称谓累计达到 5000 多个。每种蔬菜都要介绍 20 至 50 个不同的称谓，例如对竹笋所介绍的称谓超过 130 个，基本上囊括了我国现有的各种主要蔬菜实体及其不同的称谓。

在综述中首先简要介绍我国蔬菜名称的构成和分类等总体情况，继而分别介绍我国蔬菜的统称、类称和个体名称；然后系统诠释蔬菜个体名称的分类及其命名缘由，并归纳出关于蔬菜名称的 7 大类、21 种不同的命名因素，以及 5 大类、22 种不同的构词手段。

在各论中，分门别类对各种蔬菜的所属类别、起源地域、引入时间、栽培历史、供应现状、名称由来、命名因素、构词手段，及其营养成分、食用方法和保健常识等十多项内容进行全面而详尽的考释。其中的重点内容是从每种蔬菜实体及其名称的形体、读音和寓意入手，系统介绍它们的命名缘由和构词手段，借以在普及科学知识的同时，深刻展现我国佳蔬名称文化的广博内涵。

为了促进蔬菜生产和流通事业的发展，本书还对目前我国蔬菜名称较为混乱的现状提出了相应的整改建议。

本书视角独特新颖，信息容量可观，内容翔实可靠，行文深入浅出。广大读者在了解我国佳蔬文化广博内涵的同时，还能汲取到合理食用蔬菜的科学知识。可供从事蔬菜科研、教学、生产、经营，以及从事餐饮业的专业人员学习、参考；也适合广大蔬菜消费阶层阅读、欣赏。此外我还建议把这本书译成外文，作为文化使者，进行国际交流。

中国食文化研究会原会长

中国食品工业协会首任会长

目 录

中国的蔬菜　综述

引言

蔬菜是人们日常生活中不可或缺的佐餐食物，它包括各种多汁的草本和木本植物，以及部分菌、藻类植物。早在我国春秋战国时期的《黄帝内经·素问》中就提出了"五谷为养，五果为助，五畜为益，五菜为充"的膳食营养平衡的观念，这些极为重视蔬菜在膳食营养平衡中重要作用的养生观念也是我国对全世界和全人类的重大贡献。我国是世界上最著名的蔬菜起源中心，原产于我国的蔬菜种质资源十分丰富。随着社会生产的发展，以及文化的交流，先后又从陆路和海路引进并驯化了许多新型蔬菜。据不完全统计，现在我国常见的栽培蔬菜已有150多种，常见的野生蔬菜也不下100种。具有五千年灿烂文化的伟大中华民族，也正是在如此雄厚的物质资源基础之上，才得以生生不息地世代繁衍。

众所周知，蔬菜的名称大多都是由简洁的语言文字所构成的。由于各种蔬菜的名称都具有专一性和排他性，所以人们才可能借助这些名称来区分各种不同的蔬菜商品实体。目前在国际交往中，各国统一使用的国际通用名称是采用拉丁文表述的植物学名，有时或采用英文名称。然而在世界范围内，每个国家又有着自己的称谓。

我国采用汉语所表述的蔬菜名称，称为中文名称或汉语名称（简称中文名或汉名）。中文名称包括正式名称（简称正名），以及各种别称。由于我国采集、栽培蔬菜的历史十分悠久，加之地域辽阔、民族众多，更兼语音各异、雅俗杂陈等诸多因素的影响，所以无论是在祖国的南北大地上，抑或是在浩如烟海的文献典籍中，都出现了菜名五花八门、称谓名目繁多的现象，从而导致正式名称与别称、俗称同时并存。同菜异名与异菜同名长期共处，最终形成蔬菜名称既丰富多彩又繁芜复杂的局面。

为了摸清我国蔬菜名称的总体情况，本

书试图运用现代的科学归纳方法，从蔬菜及其名称的读音、形体和含义入手，追本溯源、探索规律；并从弘扬祖国佳蔬文化的视角和精神层面出发，针对蔬菜名称的构成与分类，以及命名缘由与构词手段等项课题进行发掘整理、考释研究。

综述在涉及各种蔬菜的名称时，除在文中业已明确界定该种称谓之属性以外，凡在其后未加注释其他称谓的名称，一般均属于该种蔬菜的正式名称（包括标准名称或国内通用名称）；凡在其后的括号内另有加注内容之称谓，则属于该种蔬菜的别称（包括又称、俗称），其中如有加注"即××""指××""特指××""××的又称"，或"××的别称"等字样时，"××"称谓即为该种蔬菜的正式名称。如文中提到诸如"苤蓝（即球茎甘蓝）""红姑娘（特指酸浆）""锦荔枝（苦瓜的又称）"或是"雨花菜（菠菜的别称）"等字样时，其中的"球茎甘蓝""酸浆""苦瓜"和"菠菜"便是该种蔬菜的正式名称，而"苤蓝""红姑娘""锦荔枝"和"雨花菜"则分别是它们的别称。

中国蔬菜名称的构成

我国蔬菜的名称属于名词范畴，而每种蔬菜的名称又都是由不同的读音、形体和词义所组成。

1. 蔬菜名称的音节构成

我国蔬菜的名称按照音节的不同可分为单音节、双音节和多音节三种情况。

（1）单音节名称

这类蔬菜的名称是由单音节的汉字所组成。其中绝大部分是某些蔬菜的古称，或是某些蔬菜的简称。

在我国古代，人们崇尚言简意赅，所以称呼各种蔬菜时，多用单音节的文字来表述。在上古时期单音节的蔬菜名称如有："藜（俗称灰菜）"和"笋（特指竹笋）"；而像"韭"和"芹"则分别是现代的家常菜——韭菜和芹菜的简称。

现在只有少数蔬菜的正式名称是由单音节汉字所构成的，它们大多是从古代一直沿用下来的。属于这种情况的有薯芋类蔬菜"葛"、葱蒜类蔬菜"薤"和水生菜类蔬菜"藕"。

单音节的名称还可以是某些蔬菜的泛称、统称、类称或共称，这是因其具有内涵宽泛的另一个特征所决定的。在古代这种命名现象也颇为盛行：如把瓠瓜和菜瓜等瓜类蔬菜统称为"瓜"；把毛豆（又称菜用大豆）等豆类蔬菜统称为"菽"；把藻类蔬菜统称为"藻"；把一些叶菜统称为"菜""葵""藿"或"菘"；又把诸如"菌""蕈""菇""菰"和"蘑"等为数众多的单音节称谓来泛指食用菌类蔬菜。而"庐"则是萝卜和葫芦的共称。

（2）双音节名称

这类蔬菜的名称是由双音节的汉字所组成的。在我国的蔬菜名称中，双音节名称所占的比例很大。其中常见的蔬菜有萝卜、莴笋、黄瓜和海带等，较为罕见的蔬菜有番杏、豆薯、酸模和菊苣等。

还有一些双音节的蔬菜名称，是由古代的单音节名称通过运用切音或叠韵等修辞方式所构成的。所谓切音就是利用两个字来拼成一字读音的方法，所谓叠韵就是指两个字的字义既重叠，读音又押韵的现象。如芜菁（又称蔓菁）等十字花科芸薹属的一些蔬菜在古时都曾被统称为"葑"，后来采用切音和叠韵的方式把它变成了芜菁的别称："须从"和"葑苁"，"葑苁"应读如"封从"。

此外一些蔬菜的古称也是由两个音节的汉字所组成的，比如叶恭菜古称"军莙"，芡实古称"雁喙"。

（3）多音节名称

这类蔬菜的名称是由三个或三个以上音节的汉字所组成的，其中以三个音节所组成的蔬菜名称的数量最多。

其中常见的蔬菜有：大白菜、胡萝卜、花椰菜和马齿苋。

较为罕见的蔬菜有紫甘蓝（即紫球甘蓝）、青花菜（又称绿菜花）、黄秋葵和菊花脑。

此外某些蔬菜的古称，也由三个音节的汉字所组成。如"马王菜"（即芜菁）、"波斯草"（即菠菜）、"商山芝"（即蕨菜）和"和事草"（即大葱）等。

至于由三个以上音节所组成的蔬菜名称则包括："芜菁甘蓝""紫背天葵"；"法国菊牛蒡""菜用土圞儿""红嘴绿鹦哥（菠菜的又称）""阿斯卑尔时（芦笋的早期英文音译名称）"；"五光七白灵蔬（蕹的又称）""诺克托萨挈德（芝麻菜的早期英文音译名

称）"；"紫盖粉孢牛肝菌（食用菌类蔬菜）"，以及"根用荷兰鸭儿芹（根芹菜的早期译称）"等。

2. 蔬菜名称的字体构成

我国古代曾先后采用甲骨文、钟鼎文，以及篆书、隶书和楷书等体式来书写与蔬菜相关的文字或名称。

例如："采"字的甲骨文写作"𡮃"，"葵"和"芹"的古体名称分别为"𦼆"和"𦯃"。

现在的蔬菜名称则是一律由规范的简体汉字书写而成的。

比如萝卜、莴笋、山药和荸荠，与它们相对应的繁体汉字名称则分别是：

蘿蔔、萵筍、山藥和荸薺。

人们有时还利用某种菜名的同音字、异体字或是近音字作为谐音借代，使之变成原来名称的别称，从而丰富了佳蔬文化的内涵。

例如"蕛萎"和"延须"均为芜菱的别称，"蓴菜"和"湻菜"均为莼菜的别称，"菝荷"和"婆荷"均为薄荷别称，而"莙莛菜""根达菜""根大菜""根刀菜"和"根头菜"则都是叶恭菜的古称、军莙菜的别称。

此外在特定的环境下，有时还采用暗码来代替某种蔬菜名称。例如旧时北京的蔬菜牙行就曾利用一撇"丿"来代表苤蓝（即球茎甘蓝）。

3. 蔬菜名称的词义构成

蔬菜名称从其词义来剖析，一般可以分成三个部分：词头、词根和词尾。

（1）词头

词头又称前缀，它是加在词根前面、表示附加意义的词素。按其字义的内涵可分成实词和虚词两类。

实词词头的含义很广泛，既可表示某种蔬菜的原产地或引入地，如"洋""胡""番"和"海"等，又能表达某些蔬菜的食用器官，如"根""茎""叶""花""薹""穗"和"芽"等。其中涉及的菜品有洋白菜（即结球甘蓝）、胡萝卜、番杏、海椒（辣椒的又称），以及根用香芹菜（即根香芹）、茎用芥菜（又称鲜榨菜）、叶用地榆（即美洲地榆）、花椰菜、穗紫苏（又称穗用紫苏）、蒜薹和芽豆（蚕豆芽的又称）。

然而也有某些词头并无确切的含义，这在古代汉语里，以及现代南方地区的某些土语名称中还能找到例证。有人认为水生蔬菜荸荠的古称"凫茈"，以及瓜类蔬菜瓠瓜的又称"胡卢"等称谓之中的"凫"和"胡"都属于没有实际含义的虚词。

（2）词根

词根是名词的主体部分。作为蔬菜名称的主要词素，如苋菜的"苋"、荠菜的"荠"以及"枸杞""百合""茴香""慈姑"等都属于词根。后文将全面展开，详加讨论。

（3）词尾

词尾又称后缀，它是加在词根的后面、表示附加含义的词素。它也包括实词和虚词两种情况。

很多蔬菜名称中的词尾包含有"菜"和"草"等字样。"菜"字"从草、从采"，所谓"草之可采食者为菜"，所以有些蔬菜就分别采用这两个字作为词尾来命名。在这里，它所强调的是其具有可以供蔬食的使用功能。

如大白菜和花椰菜等多种菜品名称中的"菜"，以及车前草和五行草（马齿苋的又称）等多种菜品名称中的"草"都属于实词词尾的范畴。

在实词词尾的行列中，还有一些表示食用器官或食用部位的词素。其中包括：

采用"子""瓜""豆""实"等词素来表示果实、种子或花器的，例如：

茄子和莲子的"子"，冬瓜和丝瓜的"瓜"，以及扁豆和刀豆的"豆"，都是指其果实；苋实的"实"指苋菜的种子；而蘘荷子的"子"则特指花器。

采用"头""脑""尖""梢""颠""郎""仔"和"芽"等来表示嫩茎、嫩叶、嫩梢、嫩芽或嫩苗的，例如：

菊花脑、菊花郎、黄菊仔（三者均指菊花脑的嫩叶）；枸杞头（指枸杞嫩叶）、罗勒尖（指罗勒嫩叶）、佛手瓜梢（指佛手瓜嫩叶）、豆芽（绿豆芽菜或黄豆芽菜的简称），以及豌豆颠（指豌豆芽）。

采用"花""薹"来表示花茎和花器的，例如：

菊花（又称食用菊花）、剑花（霸王花的又称）、西蓝花（青花菜的又称）和款冬花（特指款冬的花薹），以及紫菜薹（又称红菜薹）、芥菜薹（即薹用芥菜）和白菜薹（即菜薹）。

采用"根"来表示肉质根或地下块根

的，例如：

辣根、白根（辣根的又称）、甜根（根用泽芹的又称），以及黑根（牛蒡的又称）。

采用"薯"来表示地下贮藏器官的，例如：

马铃薯、甘薯、豆薯以及田薯。

采用"菌""菇""蘑"来表示食用菌子实体的，例如：

竹笋菌（竹荪的又称）、猴头蘑（又称猴头菇），以及蘑菇。此外还有带感情色彩的缀词，如花奴（木槿花的别称）的"奴"就带有喜爱的感情色彩。

属于虚词范畴的词头为数不多，例如芋头的"头"，以及菜用土圞儿的"儿"。

中国蔬菜名称的分类

按照蔬菜名称所涵盖的范围，可以分成总体称谓和个体称谓两个范畴。

总体称谓包括统称和类称两类，它所指的是蔬菜的总体或某一类别的称谓，它所强调的是总体或某一部类的共性。

蔬菜总体的称谓简称为统称，又可称为总称或泛称。它是针对蔬菜总体而命名的称谓，它所强调的是蔬菜总体的共性。

蔬菜类别的称谓称为类称，它是针对某种蔬菜类别而命名的称谓，它所强调的是该类蔬菜的共性。

个体称谓是指对于某一种蔬菜的命名称谓，它所强调的是该种蔬菜的个性。

1. 蔬菜的统称和类称

蔬菜是可作为副食品的草本植物的总称，它也包括少数可供佐餐的木本植物和藻类，以及食用真菌类。所谓蔬菜的统称是指蔬菜总体的称谓。统称还有着诸如总称或泛称等意义相同或相近的称谓。

各种蔬菜分别以其根、茎、叶、花、果实、种子供食用，而藻类蔬菜或食用菌类蔬菜分别以其藻体或子实体供食用。依据不同的分类系统对各种蔬菜进行分类属于蔬菜分类学的范畴。按照不同的分类原则和标准可以构成不同的分类系统和方法。按照时代因素划分，蔬菜有古典、本草学的传统分类，以及近现代科学分类等两种分类方式，而近现代科学分类方式又可细分为以下三种不同的分类系统：

第一种是按照食用器官或食用部位的异同形成的分类系统，可以把蔬菜分成根菜、茎菜、叶菜、花菜、果菜，以及食用菌六大类；

第二种是按照农业生物学的分类系统，可以把蔬菜分成根菜、白菜、甘蓝、芥菜、茄果、瓜菜、豆菜、葱蒜、绿叶菜、薯芋、水生菜、多年生菜、杂菜、花菜、芽菜、野生菜、藻类和食用菌，共计18大类；

第三种是参照植物的门、纲、目、科、属、种和变种进行分类的植物学分类系统。

此外还有流通领域的分类系统和方法。

所谓蔬菜的类称是指这些按照各种分类系统和方法所命名的不同类别蔬菜的专用名称。

数千年来，人们依据植物属性和生态特性，食用器官或部位的形态特征，以及栽培或野生特点等多种因素，结合运用谐音、拟人、拟物、借代、比喻或用典等多种构词手段，先后给蔬菜的统称命名了二三十种不同的称谓。

同时在生产技术、科学研究，以及商品流通等领域也分别依据生长环境、形态特征、品质特性、食用部位，以及流通特性等因素，命名了与各自分类系统相匹配的许多种不同的类称。

这些统称的来源或出自经史典籍，或出自诸子百家；其典故或涉及帝王将相，或涉及文人学者，充分显示了中华佳蔬文化丰富的人文内涵和深厚的底蕴。这些类称从我国传统的本草学出发，兼容并包，集古今中外之大成，最终更集中地展示了近代和现代植物分类学科的研究成果。

（1）蔬菜的统称

蔬菜的统称是由"蔬"和"菜"两字组合而成的。根据东汉的文字学家许慎在《说文解字》一书的介绍，"菜"和"蔬"的构成方式分别是"从草，采声"和"从草，从蔬"。其中的"从草"是首先强调从属于草本植物的基本属性，而"采"和"蔬"则展现了野生的内涵。这是因为"采声"除明确了它的读音以外，"采"还可以进一步分解成两部分：上部的"爪"字特指人们的手指，下面的"木"字特指植物。被采集的应是野生植物。"从蔬"表达了"蔬"和"疏"两者有着极为相同的含义。而对"疏"的进一步

解释则是"从㐬，从疋，疋亦声"。"㐬"与"荒"的读音和释义都相同，均有荒野或田野的含义；"疋亦声"是说"蔬"和"疋"的读音都和"蔬"相同，因此"蔬"和"疏"两字均可泛指那些生长在田野之中的草本植物。当然在界定时绝不能忘记它佐餐的食用功能，所以古人曾说："草之可食者为菜。"又说："可食之菜为蔬。"

"菜"的称谓早期可见于先秦儒家典籍《礼记·月令》，内称："仲秋之月……乃命有司趋民收敛，务畜菜、多积聚。"大意是说：到了农历八月，命令管理农业事务的官员催促百姓尽量收藏谷物，多多贮存蔬菜。其中的"菜"就泛指各种蔬菜，当然也包括经过晾晒而成的干菜。

"蔬"的称谓早期见于古代文献汇编《逸周书·大匡》中的"无播蔬，无食种"，以及古代文献《尔雅·释天》："蔬不熟为馑。"这两段话是说：人们不种蔬菜就没有吃食；如果蔬菜的生长受到灾害导致饥荒就叫作"馑"。其中的"蔬"也泛指各种蔬菜。

"蔬菜"的称谓则出现得较迟。战国时期的法家代表作《韩非子·外储说》称："秦大饥，应侯请曰：'五苑之……蔬菜……足以活民，请发之。'"战国末期秦昭襄王在位时（前306—前251）有一次国内闹饥荒，应侯范雎建议把王家园圃中的蔬菜分发给百姓度荒。看来园圃中的蔬菜一定是栽培蔬菜了。

以"蔬""菜"和"疏"为基础，派生出的蔬菜统称还有：

佳蔬、嘉蔬、百蔬、蔬茹、蔬簌、

蔬菽；

菜蔬、菜茹、菜把、五菜、鲜菜、茹菜；

疏材、疏材、百疏。

其中的"佳""嘉""鲜"分别指其品质绝佳、形态美好和质地新鲜；"百"和"五"都是成数，形容种类繁多；"茹""蔌""蔽"和"蔬""疏"，以及"材"和"菜"分别都是韵母相同的谐音字；而"疏"则是"疏"的异体字。

"百蔬"和"百疏"的称谓可见于先秦古籍《国语》和《荀子》。《国语·鲁语》说："昔烈山氏之有天下也，其子曰柱，能殖百谷、百蔬。"《荀子·富国》说："今是土之生五谷也，人善治之……然后……百疏以泽量。"这两段话的大意是说炎帝神农氏时期他有个叫作柱的儿子掌握了栽培各种蔬菜和谷物的本领；如果种植技术精湛，栽培各种蔬菜都能得到丰收。其中的"百蔬"和"百疏"都可泛指各种蔬菜。

"五菜"的称谓始见于《黄帝内经·素问·脏气法时论》："五谷为养，五果为助，五畜为益，五菜为充。""五菜为充"讲的是人们必须以各种蔬菜来充养自己的身体。其中的"五菜"所泛指的就是蔬菜总体。

"疏材"的称谓见之于《周礼·天官·大宰》。它曾提到"聚敛疏材"的相关内容，意思是收贮各种蔬菜。其中的"材"与"菜"谐音，又有着原材料的含义。

"蔌"（包括与其相通假的"蔽"）以及"茹"最初所指的都是饲养牛、马的野生牧草，后来借代用以兼指蔬菜。"蔌"可见于《诗经·大雅·韩奕》，以及《尔雅·释器》。以"茹"泛指蔬菜的事例则出现得较晚。西汉时期司马迁在《史记·循吏列传》里表扬过"食茹而美，拔其园葵而弃之"的官吏。他说的是鲁国宰相公仪休为了表示不与民争利的决心，竟把自家种植的蔬菜拔出来扔掉的故事。又如班固在《汉书·食货志》中描绘过"还庐树桑，菜茹有畦"（即在住房的周围植桑种菜）的理想境界。范晔也在《后汉书·党锢列传》中披露过居官清正廉明的羊陟"常食干饭、茹菜"的往事。在这些事例中所提到的"茹""菜茹"和"茹菜"都是对蔬菜总体的代称。

采用"菜蔬"的称谓表达蔬菜的内涵应不迟于晋代。潘岳（247—300）的《西征赋》中有"菜蔬、芼实，水物惟错"。唐朝学者颜师古（581—645）对《汉书·食货志》中"树艺"一词所作的注释是"种果木及蔬菜"。种植的"蔬菜"绝非指烹制的菜肴，而应该是指人工栽培的新鲜蔬菜。另据二十四史之一的《梁书》介绍：南北朝时南朝的梁武帝（502—549年在位）笃信佛教，还三次舍身同泰寺出家。平时他坚持素食，所以在其御用的食谱中"唯有菜蔬"。其中提到的"菜蔬"也指的是各种新鲜蔬菜。

提到素食就会联想到与荤食相对的素菜。所谓素菜即指以新鲜蔬菜为原料烹制加工而成的菜肴。由于"菜"的概念后来又延伸到烹饪熟食的范畴，成为菜肴的代称，为了加以区别，人们提出了生鲜蔬菜的概念，或简称为鲜菜。又由于"索"与"素"谐音，"索"和"百索"也就都变成鲜菜的代称。

"菜把"的称谓可见于唐诗。诗圣杜甫（712—770）在题为《园官送菜》的诗里就有"清晨蒙菜把，常荷地主恩"的诗句。"把"原为一种数量单位，还可表示扎成一捆的物品。由于人们习惯把蔬菜捆扎起来以便于流通、采买，所以自唐代起"菜把"也成了蔬菜的统称。

鉴于蔬菜多为青绿色，它还有着以"青"来命名的一组泛称："青菜""青蔬""青物""青苗""青龙"等。

"青菜"和"青蔬"原指小白菜等绿叶菜，有时也可用以泛指蔬菜，如苏轼（1045—1105）所赋"破釜不著盐，雪麟煮青蔬"诗句中的"青蔬"就泛指蔬菜。以"青物"或"青苗"泛指蔬菜常见于清末到民国初年时期，据萧一山的《近代秘密社会史料》一书介绍：近代在我国的福建、广东，以及南洋地区的江湖社会中就常把"青菜"称为"青苗"。至于以"青龙"指"青菜"出自清代赵翼（1727—1814）的《儒餐》诗："儒餐自有穷奢处，白虎青龙一口吞。"他自己解释说："俗以豆腐青菜为青龙白虎汤。"赵翼是江苏阳湖（今江苏武进）的史学家，由此可知清代中期，我国江南地区曾把"青龙"作为蔬菜的俗称。

除此之外还有诸如"伯喈""此徒""雨甲""缠齿羊"和"紫相公"五个泛指蔬菜的统称，它们分别出自五则不同的典故。

"伯喈"的称谓源自东汉时期的著名学者蔡邕。蔡邕（133—192）字伯喈（音皆），他博学多才，官拜左中郎将，著作有《蔡中郎集》，给后世留下了深远的影响。到了唐代，由于他的姓名"蔡邕"和"菜佣"谐音，而"菜佣"又指酱腌菜行业的从业人员，所以这个行业就把"蔡邕"加以神化，于是他的字号"伯喈"就成了"菜神"的代称。后来"伯喈"也变成了蔬菜的统称。

"此徒"的称谓典出于南北朝时的《豫章记》。"豫章"是汉代所设立的郡县名称，其治所在洪州，即今江西南昌。这部地方志书说：宋宇栽种了三十多种蔬菜。有一天雨过天晴，他看到自己菜园里的蔬菜长得湛清碧绿，就兴高采烈地说："天苗此徒，助予鼎俎！"这句话的意思是：上天风调雨顺，使得这些蔬菜苗壮生长，饱我口腹！他在感谢上苍的同时，也运用了拟人的手法把"此徒"变成为蔬菜总体的代称。这和东晋书圣王羲之的儿子王徽之把竹子喻为"此君"有异曲同工之妙。

"雨甲"的称谓出自北宋诗坛的一则佳话。先是苏轼有诗作"梦回闻雨声，喜我菜甲长"，描绘出了作者盼望及时雨帮助蔬菜幼苗生长的情景；继而与苏轼并称"苏黄"的黄庭坚把这两句诗化为"雨甲"，借以喻指各种蔬菜，并唱和道："南山畴昔从诸父，雨甲烟苗手自锄。"黄诗的大意是说：从前和长辈们在家乡时，自己曾在烟雾笼罩的田地里亲手为蔬菜中耕除草。诗里所说"甲"原指萌芽，也可特指菜苗；"雨甲"的"雨"原指降雨，还可引申为灌溉；菜苗经过灌溉就会很快生长成为蔬菜。这样"雨甲"也变成了泛指蔬菜的统称。

"缠齿羊"的称谓始见于北宋初年陶谷所著的《清异录·蔬菜门》。五代十国时期，楚国的文昭王马希范在位时（932—947）因生活奢侈腐化而病卧不起。臣子袁居道看到他不思品味厚重的荤食，就进言说："大王今日使得贫家缠齿羊！"所谓"贫家的缠齿羊"是指贫苦百姓日常赖以充饥的蔬菜。那么为什么把它称作"缠齿羊"呢？原来在三国时期魏国有位叫作邯郸淳的人，此人在其所著的《笑林》一书中讲述过一则故事：某人因家境窘困，平时只能食用青菜。有一天他偶然尝到了羊肉的滋味，当天晚上就梦到一位神人对他说："羊踏破了菜园。"因此后人用"羊踏菜园"来特指素常以蔬菜充饥的穷人偶然尝到了荤腥的现象。至于以"缠齿"来命名，这是由于蔬菜的茎叶较长，又富含纤维，人们食用时需用牙齿咀嚼一番的缘故。

"紫相公"的称谓出自《清异录·神门》。内称：有神"曰紫相公，……主一方菜蔬之属"。这样一个拟人的代称就被神明化了。"紫"原指紫荆树，实际上指紫色的衣服。南北朝以后紫衣为高级官员的官服，据《新唐书·车服志》披露，唐代只有二三品级的官员才能享有穿用"紫绶"的待遇。白居易（772—846）也吟诵过"紫绶悉将军"的诗句。从三国时期到唐代，"相公"一词一直用来专指宰相。《清异录》成书于隋唐五代以后的北宋初年，此前的"紫衣相公"均指身居高位的达官贵人，所以"紫相公"就变成

特指蔬菜总体的一种拟人的誉称。

蔬菜的统称虽然有上述所介绍的二三十种，但是现在我国采用"蔬菜"这一称谓作为蔬菜群体的正式名称。

（2）蔬菜的分类系统及其类称

我国对蔬菜分类的探索进程可分为古典传统分类和现代科学分类两个阶段。从远古到明清，我国历代的本草学学者依据蔬菜的形态特征和食用部位的异同，按照部、类的两级分类方式对蔬菜分类做了大量的工作，并为近现代的科学分类工作奠定了坚实的基础。

A.古典传统分类法及其类称

在远古时期先民已把植物分成草本和木本两部分，又把现今属于蔬菜范畴的草本植物划分成"蔬"和"蓏"两类，其中的"蓏"特指果实。所以古代在表述蔬菜总体时经常以"蔬""蓏"并称，或者以"瓜""菜"并称，例如汉代的启蒙读物《急就章》就有"园采果蓏助米粮"的记述，它表达的内容是古代人们以米粮为主、以瓜菜为辅的饮食结构。其中的"采"即"菜"，它和"蓏"分别特指以茎叶和果实供食用的两类蔬菜。

到了南北朝时期，著名学者陶弘景（456—536）在《神农本草经集注》中传承古代文献《神农本草经》的精髓，把我国的药用植物分成五类。除去菜类之外，其余的四类之中也有今天从属于蔬菜范畴的种类，如在草类中列有"姜""蒲"（即蒲菜）和"百合"；果类中列有"藕"（又称莲藕）和"鸡头实"（即芡实）；米谷类中也列有"大豆黄

卷"（即黄豆芽菜的干制品）。

明代李时珍（1518—1593）在《本草纲目》中，按照形态特征、品质特性和生长环境等因素的异同，正式把蔬菜分成三部、七类：

蔬部包括荤辛类、柔滑类、蓏菜类、水菜类、芝栭类；

果部包括水果类；

谷部包括菽豆类。

李时珍把蔬部归纳为"凡草木之可茹者"。"茹"在这里是食用的意思，其中包括：

荤辛类：指带有辛辣气味的蔬菜类群，如大葱、韭菜、大蒜、薤之类。汉代学者郑玄对先秦古籍《仪礼·士相见礼》中"膳荤"的注释为："谓食之荤辛物，葱、薤之属……古文荤作熏。"所以"荤辛"又称"熏辛"。这两种称谓均可见于《本草纲目·菜部》。

柔滑类：指品质柔软、润滑的蔬菜类群，如菠菜、蕹菜、苋菜、百合、蕨菜、落葵和山药之类。

蓏菜类：指瓜类和茄果类的蔬菜类群，如黄瓜、冬瓜、越瓜和茄子。

水菜类：特指在浅海水中生长的蔬菜类群，如紫菜、鹿角菜和石花菜。

芝栭类：指食用菌类蔬菜类群，包括蘑菇和黑木耳。

《本草纲目》说："集草木之实号为果蓏者为果部。"所谓"实"，指果实。又说："木实为果，草实为蓏。"其中的"蓏"即指草本植物的果实。所谓的果实，当时还包括一些

根茎、球茎等生于水中的地下贮藏器官。果部包括水果类。

水果类：特指现今的水生类蔬菜类群，如藕、菱、芡实、荸荠和慈姑之类。

《本草纲目》说："集草实之可粒食者为谷部。""草实"指草本植物的果部，"粒食"即指粮食。"谷部"包括当时属于食粮范畴的菽豆类。

菽豆类：指现今的豆类蔬菜类群，如豌豆、蚕豆、豇豆和扁豆之类。

到了清代，康熙四十七年（1708年）问世的《广群芳谱》中，汪灏更增加了食用部位等分类因素，把蔬菜分成三谱（部）、11类：

蔬谱（部）包括辛荤、园蔬、水蔬、野蔬、食根、食实、菌属、奇蔬和杂蔬；

果谱（部）包括水果；

谷谱（部）包括菽豆。

其中的"辛荤"即"荤辛"，"园蔬""野蔬"分指人工栽培类蔬菜和天然野生类蔬菜，"水蔬"指莼菜和水芹等水生叶菜和浅海水生类蔬菜，"奇蔬"指嘉树菜和鸡侯菜等珍稀类蔬菜，"食根""食实"指萝卜和菜瓜等分别以根部和果实供食的蔬菜类群，"菌属"指木耳（即黑木耳）等食用菌类蔬菜，"杂蔬"指高河菜等其他类别的蔬菜。而"水果"和"菽豆"则分别指藕和荸荠等水生、地下变态茎类蔬菜，以及豆类蔬菜。

B. 现代科学分类法及其类称

在西方世界，从公元18世纪起古典博物学家林奈（1707—1778）和拉马克（1744—1829）等人才开始研究植物分类。据《中国

植物学史》介绍说：采自我国的大量植物标本，以及李时珍的《本草纲目》一书，"对林奈在《自然分类》中所提出的分类思想产生了有益的影响"。到了 19 世纪，德国科学家恩格勒（1844—1930）根据"假花学说"提出了恩格勒植物分类系统。进入 20 世纪，英国科学家哈欣松（1884—1972）又根据"真花学说"和古生物学、解剖学等学科的成就提出了哈欣松分类系统。其后人们参照植物分类学所运用的门、纲、目、科、属、种、变种的分类方法对各种蔬菜植物进行分类，形成了蔬菜的植物学分类系统。有资料显示，现在我国的栽培蔬菜和野生蔬菜的种类已分别涉及 45 科的 150 多种，以及 30 多个科的 100 多种。

到了 20 世纪初叶，世界各国的一些学者根据食用部位的异同，以及生长特性相继开展了蔬菜分类工作。如日本的喜田在 1911 年按照食用器官的异同提出把蔬菜分为根菜、茎菜、叶菜、花菜、果菜和杂菜等六大类的蔬菜分类方法。美国的赫德里克也在 1919 年提出了"一年生蔬菜"和"多年生蔬菜"的分类方法。

所谓根菜、茎菜和叶菜又称根类蔬菜、茎类蔬菜和叶类蔬菜，它们分别是指以植株的根部、茎部或者叶部（包括叶片和叶柄）供食用的蔬菜类群，如萝卜和牛蒡、蕹菜和茭白，以及白菜和苋菜。

所谓花菜和果菜又称花类蔬菜和果类蔬菜，它们分别是指以植株的花（包括花和花柄等花器，以及花薹和花草等花茎）、果实或者幼嫩种子供食用的蔬菜类群，如花椰菜和紫菜薹，以及番茄和毛豆（又称菜用大豆）；所谓杂类又称杂菜类，它是指其他类别的蔬菜，如菜玉米和黄秋葵等。

所谓年生是指该种蔬菜植株完成整个生活史的年限，按照这种年限的异同可划分为一年生蔬菜、二年生蔬菜和多年生蔬菜，如菠菜和黄瓜、白菜和韭葱，以及香椿和枸杞。

进入 20 世纪 30 年代，我国早期的蔬菜园艺学者吴耕民、颜纶泽等分别在《蔬菜园艺学》和《蔬菜大全》等著作中，继承我国传统并参照日本等国外学者以食用器官等因素的分类方法对我国的蔬菜进行分类。例如《蔬菜大全》（1936 年）把蔬菜分成根菜、茎菜、叶菜、花菜、果菜和杂菜等六大类。其中的茎菜依据其形态特征又分为块茎、根茎、球茎、鳞茎和嫩茎等五个亚类；叶菜依据其食用功能又分为生食用、煮食用和香辛用等三个亚类；果菜依据其形态特征又分为蓏果、茄果和荚果等三个亚类。

在《蔬菜大全》中，所谓块茎是指由地下茎先端膨大而形成的块状变态茎，如马铃薯和山药；

根茎又称根状茎，它是指由地下茎膨大而形成的根状变态茎，如藕和姜；

球茎是指由地下茎先端膨大而形成的球状变态茎，如芋头和荸荠；

鳞茎是指由短缩茎盘上着生的肉质叶鞘膨大而形成的变态器官（实际上是叶的一种变态），如洋葱和百合；

嫩茎是指柔嫩的地上茎或是嫩芽，如莴

笋和竹笋。

所谓生食或煮食是强调食用方式的分类，前者无须加热即可食用，如莴苣；后者则要烹煮熟制以后才能供食用，如落葵和菠菜。

所谓"香辛"又作"辛香"，是指因含有挥发油而具有特殊香气的一种品质特性，香辛叶菜如芫荽和芹菜。

后来又增加了两类叶用蔬菜：结球叶菜和野生叶菜，前者是指以短缩茎上着生的心叶相互抱合而成的球状叶供食用的蔬菜类群，如结球甘蓝和大白菜；后者是指以野生植物的嫩茎叶供食用的蔬菜类群，如蕨菜和蕺菜等。

所谓"蓏果"又称瓜果、瓜类，它是指葫芦科植物中以瓠果或浆果果实供食用的蔬菜类群，如瓠瓜和苦瓜；

所谓"茄果"又称浆果（类），它是指茄科植物中以浆果供食用的蔬菜类群，如茄子和辣椒；

所谓"荚果"又称豆类（蔬菜），它是指豆科植物中以嫩荚果或嫩种子供食用的蔬菜类群，如扁豆和菜豆。

此外还有一种称为杂果类，它是指以其他类别的果实或种子供食用的蔬菜，如以嫩果穗及嫩种子供食的玉米笋和糯玉米，以及以坚果内之种子供食的莲子等。

有的学者还把根菜分为肉质直根和肉质块根。前者又简称肉质根，它是以植株的直根膨大而形成的肉质变态根供食用的蔬菜类群，如胡萝卜和蔓菁；后者又简称块根，它是指以植株的侧根或不定根膨大而形成的块状变态根供食用的蔬菜类群，如豆薯和泽芹。

在商品流通领域现在多采用上述的分类方法。如《中国商品大辞典·蔬菜调味品分册》就把蔬菜分为根类蔬菜、茎类蔬菜、叶类蔬菜、花类蔬菜、果类蔬菜，以及食用菌类蔬菜。其中的食用菌类又称食用真菌类或食用蘑菇类，它是指以食用真菌的子实体供食用的蔬菜类群，如香菇和银耳等。

在流通领域还有常见蔬菜和名特蔬菜、大路菜和优细菜等类称。所谓常见菜和大路菜是指市场供应量大、价格又比较便宜的蔬菜商品类群，如大白菜和胡萝卜；名特菜是指具有独特品质和风味，并在市场上享有一定声誉的蔬菜商品类群，如太湖莼菜和兰州百合；优细菜是指在一定季节里上市数量少、品质佳、价格昂贵的蔬菜商品类群，如北方地区冬季市场上的黄瓜和扁豆等。

在蔬菜生产以及科学研究领域，现在我国的蔬菜园艺学者根据蔬菜的生长发育习性和栽培方式等因素，确定选用农业生物学分类方法，并把蔬菜分为以下十几个类群：

根菜类、白菜类、甘蓝类、芥菜类、茄果类、豆类、瓜类、葱蒜类、绿叶菜类、薯芋类、水生菜类、多年生菜类、野生菜类和食用菌类，有的还增加杂菜类、花菜类、芽菜类和藻类。

其中的根菜类、瓜类、茄果类、豆类、野生菜类、食用菌类和杂菜类的概念在前面已做过了介绍，不再赘述。

所谓白菜类是指在十字花科芸薹属芸薹

种的大白菜和白菜两亚种中，分别以叶片、叶球或花茎供食用的蔬菜类群，如乌塌菜、大白菜和紫菜薹。

所谓芥菜类是指十字花科芸薹属中由黑芥与芸薹杂交的后代演化而成的蔬菜类群；它们分别以肉质根、肉质茎、腋芽、叶片、花薹和种子供食用，如大头菜（即根用芥菜）、鲜榨菜（即茎用芥菜）、抱儿菜（即芽用芥菜）、雪里蕻（即叶用芥菜）、芥菜薹（即薹用芥菜）和芥菜子（即子用芥菜）。

所谓甘蓝类是指由十字花科芸薹属中的甘蓝演变而成的蔬菜类群，它们分别以叶片、叶球、肉质茎、花器和花茎供食用，如结球甘蓝、球茎甘蓝（又称苤蓝）、花椰菜和芥蓝。

所谓绿叶菜类是指主要以植株的柔嫩绿叶、叶柄和嫩茎供食用的速生蔬菜类群，如菠菜和莴笋。速生是说它的生长期较短。

所谓葱蒜类是指在葱科（原属百合科）葱属中，以嫩叶、假茎、鳞茎或花薹供食用的蔬菜类群，如韭菜、大葱、大蒜和蒜薹。这类蔬菜的类称是以其主要代表大葱和大蒜的名称来命名的。

所谓薯芋类是指以植株的地下营养贮藏器官——块根、块茎、根茎和球茎供食用的蔬菜类群，如豆薯、马铃薯、姜和芋头。这类蔬菜的类称是以其主要代表薯蓣（山药的原称）和芋头的名称来命名的。

所谓水生菜类是指适宜在水中栽培的蔬菜类群，它们分别以嫩茎叶（如水芹和莼菜）、变态茎（如藕的根状茎和荸荠的球茎）或种子（如菱和芡实）供食用。

所谓多年生菜类是指一次种植可以连续多年生长和采收的蔬菜类群。它包括多年生、草本菜类，如芦笋（又称石刁柏）和百合；以及木本菜类，如香椿和竹笋。而草本和木本是依据其植株茎内木质部的发达程度，以及木质化细胞的多少而划分的。

所谓野生菜类是指在自然环境下生长、未经人工栽培的蔬菜类群，如车前草和马齿苋等。

所谓花菜类是指利用植物的花器供食用的蔬菜类群，如黄花菜、霸王花和万寿菊等。

所谓芽菜类又称芽苗菜类，它是指利用植物种子或其他营养贮藏器官直接生长出的嫩芽、芽苗、芽球或幼茎供食用的蔬菜类群，如绿豆芽菜和萝卜芽等。

所谓藻类蔬菜是指低等自养藻类植物中，可以用藻体供食的蔬菜类群，如紫菜、海带和发菜（又称头发菜）。

2. 蔬菜个体的名称

蔬菜个体的称谓是指对于某种蔬菜商品实体的命名称谓，它所强调的是该种蔬菜商品实体的特征，它所彰显的是该种蔬菜商品实体的个性。例如茭白、口蘑、蒌蒿、苦苣、蒲菜、楼葱、辣椒、魔芋、黑子南瓜和多花菜豆（又称红花菜豆）等都是属于蔬菜个体的称谓。下面所说的蔬菜名称即指蔬菜个体的称谓。

按照蔬菜名称的不同内涵可以分为中性称谓和褒贬称谓等两大类别。

（1）蔬菜个体的中性称谓

中性称谓即指那些不带有感情色彩、不包含褒贬内涵的称谓。它包括绝大多数的正式名称（含通用名称、普通名称和标准名称）、别称（含又称和异称）、俗称（含地方名称）、简称（含省称和缩称）、译称和讹称。

A. 蔬菜个体的正式名称

蔬菜的正式名称涵盖通用名称或普通名称，简称正名。纳入国家标准的，称为标准名称。正式名称还涵盖时代名称和专业名称。

a. 时代名称

蔬菜的时代名称是指按照不同的时间所命名的称谓，它包括现代名称和古代名称。现代名称又简称现称或今称，古代名称简称古称、原称、本名或原名。

例如：根菜类的萝卜，古称莱菔或芦服，现称萝卜；瓜类菜的黄瓜，古称胡瓜或王瓜，现称黄瓜。此外还有许多蔬菜的名称从古至今长期沿用下来，比如芥菜、冬瓜、百合和薄荷。

b. 专业名称

蔬菜的专业名称所涉及的范围十分广泛，它包括植物学、蔬菜栽培学，以及商品学诸领域的专业名称。

现今在全世界范围内所通用的蔬菜名称为国际通用名称，它是根据双名法而命名的植物学名称，简称学名。双名法又称二名制命名法，它是在公元 1753 年由瑞典的博物学家林奈所创立的。

学名的主体部分是由拉丁文所书写的两部分内容所组成的，即是由属称和种加词所组成的。属称又叫属名，它要求第一个字母必须大写，种加词则一律小写。在属称和种加词的后面还需加注其定名学者的姓氏或缩写。如果该种蔬菜属于变种，那就需要再添加变种加词等相关部分内容。其中的属称相当于本文前面所介绍的类称；种加词和变种加词则是对该种蔬菜的个性所进行的定性表述。

比如：番茄（又称西红柿）的学名为 Lycopersicon esculentum Miller。其中的属称为 Lycopersicon，指茄科的番茄属；种加词为 esculentum，有食用的含义；定名作者为 Miller，系指英国学者米勒。

又如：结球甘蓝（又称洋白菜）的学名为 Brassica oleracea L. var. capitata L.。其中的属称为 Brassica，指十字花科的芸薹属；种加词为 oleracea，原有"属于厨房的"之意，可引申为菜用的含义；变种加词为 capitata，意为"头状的"，"var." 表示变种（缩写）；定名作者为 "L."，则是林奈 "Linneaus" 的缩写。

在蔬菜栽培学领域，还产生了一些带有本学科特色的名称。

例如：菜用大豆（即毛豆）、食用大黄（可与药用大黄相区别）、根用芥菜（又称芥菜头）、茎用芥菜（又称鲜榨菜）、叶用芥菜（又称雪里蕻）、薹用芥菜（又称芥薹）、芽用芥菜（又称抱儿菜）、子用芥菜（即芥菜子），以及根芥菜、茎芥菜、叶芥菜、薹芥菜、芽芥菜和子芥菜等称谓。其中的"菜用""食用""根用""茎用""叶用""薹用""芽用"和"子用"，以及

"根""茎""叶""薹""芽"和"子"等都体现了蔬菜栽培学的特征。

在商品学及流通领域，除有约定俗成的通用名称或地方名称以外，在 1988 年，由我国的国家标准局正式发布了经由原商业部副食品局所主持草拟的、编号为 GB 8854—88 的国家标准：《蔬菜名称（一）》。该项标准总共收入了 83 种蔬菜的标准名称，其中包括洋葱、大蒜、茭白、芦笋、笋瓜（又称印度南瓜）、莴笋、菜薹、银耳，以及黑木耳和皱叶莴苣等蔬菜。该标准同时还列出了相应的地方名称，以及涉及某些蔬菜食用部分的专用名称。比如大蒜不同食用部分的专用名称就有蒜薹、蒜黄、青蒜和大蒜头等。

B. 别称

我国的蔬菜除去正式名称以外，大多都有许多不同的别称，从而形成了一菜多名以及异菜同名的特有文化现象。别称包括异称和又称，有时也写作别名、异名、又名、一名、亦名或亦称。别称有时也可以泛指正名以外的其他各种称谓。

所谓一菜多名是指同一种蔬菜却有着诸多别称的现象。

比如常见的韭菜、茄子、大葱、茴香、黄瓜、冬瓜、越瓜、芦笋、姜和蕹菜等蔬菜，它们都各有一二十种不同的别称。

又如菠菜、胡萝卜、芜菁、茭白、青花菜、落葵、大蒜、丝瓜、番茄和扁豆等菜品，它们都各有三四十种不同的称谓。

再如萝卜、结球甘蓝、山药、甘薯、芥菜、蕺菜、车前草、马齿苋和瓠瓜等蔬菜，

它们都各有五六十种不同的称谓。

再多的像叶用芥菜、菜豆、南瓜（含中国南瓜、印度南瓜与美洲南瓜）以及菊花，它们的别称都接近或超过了七八十种，而属于多年生类蔬菜的竹笋则登峰造极，竟然拥有 130 多种不同的称谓。

所谓异菜同名是指某些不同种类的蔬菜却共同享有相同别称的现象。

其中属于两种蔬菜共享有同一别称的包括：

芫荽和罗勒同称香菜；

莴苣和菊苣同称生菜；

豇豆和蛇瓜同称蛇豆；

菠菜和叶用芥菜同称青菜；

花椰菜和菜薹同称菜花；

马铃薯和豆薯同称地瓜；

香菇和毛柄金钱菌同称冬菇；

番杏和榆钱菠菜同称洋菠菜。

属于两种以上的不同蔬菜共享有同一别称的则有：

结球甘蓝、萝卜和鲜榨菜（即茎用芥菜）同称菜头；

石刁柏（即芦笋）、珊瑚菜，以及佛手瓜的嫩梢同称龙须菜；

叶用芥菜（又称芥菜）、薹用芥菜（又称芥菜薹）、黄花芥蓝和球茎甘蓝（又称苤蓝）同称芥蓝；

马齿苋、菠菜、白菜和车前草同称豚耳草。

一菜多名的现象虽然会给佳蔬文化带来繁荣，但是如此纷繁复杂的异菜同名现象也

会给识别和区分蔬菜种类带来诸多的困难和不便。

C. 俗称

俗称即通俗名称，又叫土称或土名，它往往带有地域方言的色彩，所以和地方称谓有不解之缘。

古代，萝卜在江东地区俗称"温菘"，而在东鲁地区（今山东一带）又叫"菈遝"。而今天在祖国各地，带有乡土气息的地方名称则比比皆是。

例如球茎甘蓝（又称苤蓝），其各地的俗称计有：

辟兰：上海和山西等地；

皮腊：安徽等地；

苴莲：陕西和甘肃等地；

芥兰头：广东、广西和湖南等地；

别兰头：江西等地；

玉蔓菁和玉头：内蒙古等地。

又如结球甘蓝，其地方俗称更多：

洋白菜：北京、天津和河北等地；

卷心菜：上海等地；

包头菜或包菜：河南、江苏、江西、湖南、湖北、安徽和浙江等地；

圆白菜：内蒙古等地；

莲花白或莲花菜：陕西、甘肃、宁夏、新疆、四川、云南、贵州和重庆等地；

大头菜：吉林和辽宁等地；

椰菜：广东和广西等地；

苞子白：山西等地。

D. 简称

简称又可以称为省称或缩称，它是一种经过简化的称谓。

现在一些蔬菜的简称往往是沿用其古称的，比如芹菜称芹、苋菜称苋、韭菜称韭、竹笋称笋、茄子称茄、荠菜称荠，以及莲藕称藕，不过现已采用藕作为正式名称了。

另外还有一些是由其正式名称或专业名称简化、缩略而成的。诸如结球甘蓝称甘蓝、美洲防风称防风，以及根用芥菜称根芥菜等都属之。

E. 译称

译称是指对汉语以外各语种称谓的翻译名称。其中包括对拉丁文学名、其他外文名称，以及国内少数民族名称的译称。

译称按照翻译手段的不同大致可以分为音译和意译两类。

在历史长河中，芫荽和叶恭菜的古称胡荽和军达，分别是依据波斯语名称 koswi 以及 gundar 来翻译的音译名称。

近代引入的新型蔬菜采用音译的则有"加里登"和"撒尔维亚"，它们分别是多年生类蔬菜洋菜蓟和洋苏叶，依据英语名称 cardoon 和拉丁文学名的属称 Salvia 翻译的音译名称。

采用意译方式得到译称的如结球甘蓝、爱情苹果（即番茄）、黄花蓟和根芹菜。

F. 讹称

讹称又叫误称，它是特指那些业已流传下来，并为人们所接受的讹误称谓。

在我国漫长的历史上出现过许多"鲁鱼亥豕"或"乌焉成马"的事例，致使因"一名而误录"，产生了诸多的误称。所谓"鲁鱼亥豕"和"乌焉成马"是指因文字相似的缘故，或是误把"鲁"和"亥"分别写成"鱼"和"豕"，或是误把"乌"和"焉"错写成"马"。这些源自传抄或转述过程中由于误听或误记所导致的错误，也给蔬菜名称及其由来的研究工作带来很多困难。

现在业已传承下来、被人们所接受（或部分接受）的蔬菜讹称计有：

落葵、善遽菜、兰花菇、莫实、辟兰、别兰头、四捻豆、准人瓜、蒴菜和合蕈等。

其中的落葵原称终葵，它是由于把"终"误写成"落"所致；

"善遽菜"是对莙荙菜（叶恭菜的古称）的笔误；

"兰花菇"是南华菇（即草菇）的误称；

"莫实"是苋实（指苋菜子）的误写；

"辟兰""别兰头"都是对苤蓝（即球茎甘蓝）的讹称；

"四捻豆"中的"捻"是"棱"的误称（四棱豆即四棱豆）；

"准人瓜"是隼人瓜（即佛手瓜）的误称；

"蒴菜"则应是蔊菜的误称。

至于误称"合蕈"还有一则有趣的故事。香菇原称"香蕈"，古时因其盛产于浙江台州而以产地命名又被称为台蕈。有一次进贡时不知哪位皇帝把"台蕈"误读成"合蕈"，从此以后，人们以讹传讹，也就把它叫作"合蕈"了。

（2）蔬菜个体的褒贬称谓

褒贬称谓是指那些带有感情色彩内涵的

蔬菜称谓。一般多属于某些蔬菜的别称或俗称。它包括褒扬称谓和贬损称谓等两类称谓。

A. 褒扬称谓

褒扬称谓是指具有称赞和表扬含义的蔬菜称谓，它包括褒称、誉称、美称、敬称、雅称、爱称和婉称。

a. 褒称

褒称是指具有赞许内涵的蔬菜名称。

例如锦荔枝（苦瓜的又称）、珍珠米（甜玉米的又称）、水状元（紫苏的又称），以及鲍鱼花生（广东和香港地区对菱的称谓）。

b. 誉称

誉称是指具有荣誉或美誉内涵的蔬菜名称。

例如福寿瓜（佛手瓜的又称）、吉祥菜（蕨菜的又称）、如意菜（豆芽菜的又称），以及君子菜（苦瓜的又称）。

c. 美称

美称是指具有美化含义的蔬菜名称。

例如龙须菜（豌豆芽的又称）、裙衣姑娘（竹荪的又称）、水晶菜（普通白菜的又称），以及红姑娘（特指酸浆）。

d. 敬称

敬称又指尊称，它是指具有尊敬含义的蔬菜名称。

例如诸葛菜（特指芜菁）、邵侯瓜（甜瓜的又称）、皇帝豆（菜豆的又称）、菜伯（大葱的又称）、葛仙米，以及西王母菜（罗勒的又称）。

e. 雅称

雅称是指具有雅化含义的蔬菜名称。

例如雨花菜（菠菜的又称）、挟剑豆（刀豆的又称）、虚无僧荸（竹荪的又称），以及羽衣甘蓝。

f. 爱称

爱称是指具有爱情含义或蕴含喜爱情感色彩的蔬菜名称。

例如洛神珠（酸浆的又称）、花奴（木槿花的又称）、美女果（樱桃番茄的又称），以及爱情果（番茄的又称）。

g. 婉称

婉称是指运用委婉、曲折方式命名的蔬菜名称。

例如落酥（茄子的又称）和兰香（罗勒的又称），它们都是为了避讳而婉曲命名的。详见各论的相关部分。

B. 贬损称谓

贬损称谓是指具有贬低或轻视含义的蔬菜称谓，它包括贬称、谑称、蔑称和卑称。

a. 贬称

贬称是指具有贬低含义的蔬菜名称。

例如懒人菜（韭菜的又称）、癞蛤蟆（苦瓜的又称），以及臭柿子（番茄的又称）。

b. 谑称

谑称是指具有戏谑含义的蔬菜名称。

例如紫膨亨（茄子的又称）、红姑娘（特指小苦瓜）、炎凉小子（姜的又称），以及着毛萝卜（芋头的又称）。详见各论的相关部分。

c. 蔑称

蔑称是指具有轻蔑含义的蔬菜名称。

例如鬼子姜（菊芋的又称）、鬼芋（魔芋的又称）、马屎菜（马齿苋的又称）、牛溲（车前草的又称）、红毛蕃薯（马铃薯的又称），以及回子菜（结球甘蓝的又称）。其中的"红毛"和"回子"是旧时对荷兰人和国内回民的蔑称，现在已把回子菜改称茴子菜，而红毛蕃薯的称谓也早已弃用。

d. 卑称

卑称是指具有卑贱含义的蔬菜名称。

例如笋奴和菌妾（两者都是普通白菜的又称），以及老婆子耳朵（扁豆的别称）。

中国蔬菜名称的命名缘由

蔬菜命名俗称给蔬菜起名，它涵盖着赋予蔬菜名称的过程和终结。而蔬菜名称的命名缘由涉及诸多的因素，相关情况也十分复杂。本书拟从科学技术和消费流通等不同的领域，以及其他的相关层面进行考释、分析，综合起来可以概括成7大类、共计21种不同的命名因素。

1. 科学技术领域的命名缘由

在科学技术领域，拟从植物学特征、栽培学特性、产地特色和人物特点四大类因素入手，来分别剖析蔬菜名称的命名缘由。

（1）植物学特征因素

植物学特征因素包括植物属性、植物名称、生态特征、生长习性和形态特征等方面内容。

A. 以植物属性的因素命名

蔬菜属于植物的范畴。为了表示其从属

于植物不同类别的基本属性，我国在对各类蔬菜命名时，首先在其文字构成方面进行了系统的规范，即采用不同的偏旁部首来表示不同类别植物的属性特征。我国汉语文字的偏旁、部首有许多种，其中与蔬菜名称有关的主要包括以下几种。

草字头：借以表示该种蔬菜属于草本植物或食用菌类。在本书所收入的270多种蔬菜中，属于此类情况的共有 208 种，大约可占七成以上的比例，约占 75.6%，如菠菜、芫荽、茼蒿、落葵、薄荷、莳萝、菊花、菊芋、蘘荷，以及蘑菇。

木字旁：借以表示该种蔬菜属于多年生的木本植物。属于此类情况的共有 15 种，约占 5.5%，如枸杞、桔梗，以及香椿的"椿"和木槿花的"槿"。

竹字头：借以表示该种蔬菜属于竹类或与其相关的植物。此类情况较少见，如竹笋、竹荪和竹芋。

米字旁：借以表示该种蔬菜属于以颖果供食的米谷类植物。此类情况亦少见，如菜玉米、甜玉米和糯玉米的"米"。

瓜字旁：借以表示该种蔬菜属于以瓠果或浆果果实供食的瓜类植物。属于此类情况的共有 20 种，约占 7.3%，如瓠瓜，以及苦瓜的"瓜"。

豆字旁：借以表示该种蔬菜属于以荚果供食的豆类植物。属于此类情况的共有 14 种，约占5.1%，如豌豆、豇豆、菜豆和刀豆。

"韭"字旁：借以表示该种蔬菜属于以辛辣部位供食的葱蒜类植物。此类情况也少见，如"韭"和"薤"。

B. 以原植物名称的因素命名

植物名称包括一些原植物的名称、拉丁文学名的属称或种加词，以及某些食用菌的寄主或生长基物的名称。

以原植物的名称来命名蔬菜的现象在我国十分普遍。

例如：葛、罗勒、枸杞、桔梗、茼蒿、独行菜、龙牙楤木和鹅绒委陵菜（即人参果）。

以原植物拉丁文学名的属称或种加词命名的，多用于从域外引入蔬菜的命名。

例如唇形科牛至属的叶用蔬菜：拉文达香草，又可译为"拉芬德""拉芬得""拉芬大""啦芬德"或"腊芬菜"。这些译称都是根据其拉丁文学名的属称 Lavandula 翻译的。

再如与拉文达香草同科同属的"茉乔栾那"，又可译为"马脚兰""马月兰"或"马郁兰"。这些名称都是根据其拉丁文学名的种加词 majorana 翻译的音译名称。再究其源，它又来自嗜食这种蔬菜的阿拉伯人的土语名称。

某些食用菌是以其寄主或生长基物的名称来命名的。

比如柳蘑、松蕈（即松口蘑）、榛蘑、梨菇、麻菇（即草菇）、杨树菇和稻草菇（即草菇）。其中的柳、松、榛、梨和杨树，以及麻和稻草都是食用菌寄主和生长基物的名称、简称或又称。

C. 以生态特征的因素命名

生态环境包括陆生和水生两种。陆生又

分为旱地、山地、沙地，以及陆地滨水而生等四种类型。

以陆生蔬菜特征因素命名的蔬菜名称有：旱藕（即蕉芋）、旱马齿（即马齿苋）；山芹、山药；沙芥、沙菌（口蘑的又称），以及滨菜（指海甘蓝）。其中的沙芥即属于沙生类型。

以在水中（包括淡水和海水）生长的蔬菜特征因素命名的则有：水芹、水芋（芋头的水生类型）、水葵（莼菜的又称）、沼生蓴菜（又称风花菜），以及海带和海菜（石花菜的又称）。

D. 以生长习性的因素命名

生长习性是指某种蔬菜生长发育的自然特性。例如起源于我国的豆类蔬菜豇豆有荚果双生的习性，因此又被称为"蜂蠮"；从海外引入的根菜类蔬菜婆罗门参因其在每天的中午有花朵闭合的习性，故而被称为"午睡先生"。又如款冬花（即款冬）和雪里蕻（即叶用芥菜），它们都因具有耐寒特性而得名。这是因为它们一个可以在隆冬开花，另一个能够在雪里生长的缘故。此外以分蘖性强、假茎和绿叶柔细而命名的分葱，以及因花茎顶部可形成多层气生鳞茎而命名的楼葱，它们的名称也都体现出了各自的生长习性。

E. 以形态特征的因素命名

形态特征包括原植物整体的形态特征，或是食用器官、食用部位的形态特征。我国古代对蔬菜形态特征的描述比较笼统，现在采用诸如块根或肉质根、块茎或鳞茎、卵形叶或披针形叶、唇形花或圆锥花序，以及浆果或荚果等植物学专用名词和术语来表达，不但准确、恰当，还可以普及科学知识。

以原植物整体即植株的形态特征来命名的蔬菜名称，既有因植株形态较为高大、在田间显而易见的特征而得名的苋菜，也有以植株的颜色特征而命名的紫苏。此外海生、藻类蔬菜紫菜，也是以其藻体略呈紫色的形态特征而得名的。

以食用器官或食用部位的形态特征命名的蔬菜也有许多，其中包括：

红球甘蓝（即紫球甘蓝）、黄花芥蓝（即芥蓝）、蓝萼香茶菜（芳香叶菜紫萼香茶菜的又称）、白花菜、黑根（牛蒡的又称）、紫背天葵、绿菜花（青花菜的又称）和青椒（甜椒的又称）；

三叶芹（即鸭儿芹）、四棱豆、六角菜（珊瑚菜的又称）、八棱瓜（即丝瓜）和九头狮子草（马齿苋的又称）；

长扁蒲（瓠瓜的又称）、乌塌菜、弯颈瓜（属于美洲南瓜中的一种）、空心菜（蕹菜的又称）、球茎茴香、皱叶甘蓝和多花菜豆（又称红花菜豆）。

在这些蔬菜名称中诸如红、黄、蓝、白、黑、紫、绿和青等五颜六色；三叶、四棱、六角和九头等五花八门，以及长、塌、弯颈、空心、球茎、皱叶和多花等诸多字样，都是对于各种相关蔬菜形态特征的描述。

（2）栽培学特性因素

蔬菜栽培学特性包括栽培方式和栽培季节等项内容，其中许多提法都反映出了农家俗称的田园色彩。

A. 以栽培方式的因素命名

栽培方式包括栽培技术、栽培设施、栽培特性，以及采收方式等内容。以栽培方式命名的蔬菜名称如架豆（特指蔓生的菜豆）和沿篱豆（即扁豆）。其中的"架"和"沿篱"所特指的都是人工栽培攀缘性豆类蔬菜时，必须添设的支架设施。又如花交菜的称谓反映出普通白菜在栽培过程中极易发生杂交的特性。再如艾冬花（款冬的别称）的"艾"应读"艺"音，它有收割的含义，这是古人以挖取其花蕾入药的采收方式来命名的。

此外家荠菜（荠菜的又称）和家山药（山药的又称）等称谓中的"家"则与"野生"相对，充分表达出了它的栽培属性。

B. 以栽培季节的因素命名

栽培季节属于时序范畴，它包括生长季节以及成熟、采收季节。

以栽培季节因素命名的蔬菜名称包括：夏菠菜（番杏的又称）、秋子（莲子的又称）、四季葱（细香葱的又称）和六月柿（番茄的又称）。其中的"夏"和"四季"指的是其适宜的生长季节，而"秋"和"六月"指的是其成熟和采收上市季节，采用"六月"来命名番茄，可与到深秋才能成熟的果品柿子相区别。

（3）产地特色因素

产地特色因素包括原产地、引入地、推广地域，以及主产地、盛产地域的地理名称、代称、简称以及标识等项内容。

A. 以原产地或引入地的地域特色因素命名

参照瓦维洛夫和堪多等科学家的研究成果，我们可以把全世界划分为八个农业起源中心，以及三大野生植物驯化区域。除去原产于我国种类繁多的固有蔬菜以外，其余的蔬菜分别来自亚洲、欧洲、非洲、美洲和大洋洲五大洲，它们集中产在中亚、西亚、印度半岛、东南亚、中南美洲以及地中海沿岸地区。

所谓原产地或引入地的地域特色，包括其所属的国家名称、地理名称，及其简称、代称或标识等相关因素。

a. 以国家或地域的名称命名

以国家的名称来命名的蔬菜名称比如有：

意大利花菜（青花菜的又称）、埃及洋葱（顶球洋葱的又称）、瑞典芜菁（芜菁甘蓝的又称）、印度南瓜（笋瓜的又称）、新西兰菠菜（番杏的又称）、朝鲜蓟、法国菠菜（榆钱菠菜和番杏的又称）、秘鲁番茄和美国山芥（春山芥的又称），以及阿尔及利亚西葫芦（属于美洲南瓜中的一种）。

其中的"印度""朝鲜"、"意大利""法国""瑞典"、"埃及""阿尔及利亚"、"新西兰"，以及"秘鲁"和"美国"等都是分别位于亚洲、欧洲、非洲、大洋洲和南北美洲等六大洲的国家名称。

以地域的称谓来命名的蔬菜名称比如有：

欧洲防风（美洲防风的又称）、美洲南瓜、澳洲菠菜（番杏的又称）、非洲豆、萨摩薯（甘薯的又称）、波斯草（菠菜的古称）、安南瓜（佛手瓜的又称），以及欧防风（欧洲防风的简称，即美洲防风）和欧芹（香芹菜的又称）等。在这些称谓之中的"萨摩""波斯"和"安南"分别是萨摩亚群岛、伊朗高原，以及印度支那半岛的简称或古称；而"欧"则是欧洲的简称。

b. 以国家或地域的代称或标识命名

以地域的代称命名的蔬菜名称比如：

以佛、菩提、菩荙、蒲达，以及婆罗门等源于印度的事物命名，来分别代称从印度引进的佛豆（蚕豆的又称）、菩提瓜和菩荙瓜（均为苦瓜的又称），以及婆罗门参；

以位于西欧的荷兰命名，来分别代称从欧洲引进的荷兰芥（豆瓣菜的又称）和荷兰豆（又称甜荚豌豆）；

以日本的部落名称隼人命名，来代称从日本引种的"隼人瓜"（佛手瓜的又称）；

以"滨来"字样命名，来代称从海外舶来的滨来香菜（即琉璃苣）和滨来刀豆（即洋刀豆）。

日本把辣椒称为唐辛，其中的"唐"则是其引入地中国的代称。

以其产地的地域标识来命名的情况，在我国古往今来屡见不鲜。

所谓标识又称标志，"识"的读音与含义都和"志"相同。"标识"一词出自三国时期魏国名士嵇康（224—263）的《声无哀乐论》，内称："同事异号，举一名以为标识耳。"实际上它所指的是借助文字来表达的一种记号，其目的是便于大家识别。

在我国蔬菜名称领域，经常采用的产地标识计有胡、番、洋、海、西以及西洋、西土、东洋和外国等多种字样。

自从西汉时期张骞通西域、开通丝绸之路以后，我国相继从中亚地区引入了一些原产于域外的植物，在这些被后人称为"张骞植物"的名单中，就包括以"胡"为词头而命名的三种蔬菜：

胡荽（即芫荽）、胡蒜（即大蒜）和胡豆（特指蚕豆）。

其中的"胡"在古代原来用以泛指位于我国西部和北部地区的民族或国家，其后逐渐变成了特指中亚，以及域外地区的地域标识。

唐代的宰相李德裕（787—849）在其所著的《花木记》中首先提出了"花木以海为名者，悉从海外来"的论点。

及至明代，李时珍（1518—1593）在其名著《本草纲目》中，又补充提出了"曰海、曰波斯、曰番，（皆）言其种自外国来"的相关论述。

到了20世纪，我国著名的农史专家石声汉先生（1907—1971）集古今之大成，总结提出了如下的论断：

"凡植物名称前冠以'胡'字的（如胡荽……），为两汉两晋时由西北引入；冠以'番'字的（如番茄、番椒、番薯等），为南宋至元明时由'番舶'引来；冠以'洋'字的（如洋葱、洋芋、洋姜等），为清代引入。"

石声汉先生的上述论断也直接涉及了一些蔬菜名称，详见括号内列举的菜品。

然而在跨入21世纪的今天，我们已经进

一步认识到：通过对产地标识的识别和认知，不仅可以了解到引种域外蔬菜的时间和空间等相关信息，而且还能揭示引入以后，继续进行品种资源或生态类型交流的蛛丝马迹。

比如胡萝卜和洋葱，按照前人的上述论断推测，一般认为它们是在元代和近代分别通过西域和海路引入我国的。但据笔者考证：实际上早在汉代，不同颜色的胡萝卜就已引入我国；不迟于元代，洋葱也已植根于华北地区。详见各论的相关部分。当然其后仍会发生国际间的品种资源交流，其中也包括元代的胡萝卜，以及近代的洋葱等国际间品种资源的交流。

除去上面业已提到冠以胡、番和洋等字样为产地标识而命名的蔬菜名称以外，以其他产地标识命名的蔬菜名称还有：

海甘蓝、海椒（即辣椒）；

西生菜（即结球莴苣）、西芫荽（即香芹菜）、西土蓝（指散叶类型甘蓝）、西洋菜（即豆瓣菜）、西洋土当归（即芦笋，又称石刁柏）；

外国芫荽（即叶用香芹菜）、外国菠菜（即番杏）；

东洋萝卜（即牛蒡）。

其中的"西"和"西洋"是欧美等西方世界的产地标识；"西土"指西域；"东洋"专指日本；而"外国"则是泛指域外的产地标识。

B. 以主产地、盛产地的地域特色因素命名

古代我国以主产地域的名称、代称或简称来命名的蔬菜名称有：

楚菘（即萝卜）、楚葵（即水芹）、芸薹（又称芸薹菜）、怀山药（即山药）、零陵菜（即罗勒），以及昆仑瓜（即茄子）。

其中的"楚"、"怀"（指怀庆）、"芸薹"（指古代的云台戍）、"零陵"和"昆仑"都是我国古代的地名，它们分别位于今天的湖北、河南、西北、湖南以及青藏高原等地区。

现代以盛产地域的名称命名的蔬菜称谓比如：

阿尔泰葱和藏萝卜（萝卜的一种），它们的盛产地域分别在新疆和西藏。

又如：大理芝麻菜和金堂葶苈，它们都是芝麻菜的又称，而大理和金堂分别在云南和四川两省。

（4）人物特色因素

人物特色因素包括有史可考的著名采集者或管理者，栽培能手或种植专家，以及组织者和推广者的姓名或尊称等项内容。

A. 以采集、管理者的姓氏命名

据说丰本原是一位长寿的长者，他曾在周代做过主持祭祀和燕宴的官吏。当时的韭菜是祭祀活动必备的佳蔬。为了纪念丰本，后来人们就借用他的姓名作为韭菜的代称。

何首乌是以其嫩茎叶供食的一种保健蔬菜，它是以采集者的姓名来命名的。唐朝何家祖孙三代采食此菜都收到了明显的保健效果。

晋代学者葛洪（284—363）是精通儒学和医学的博学之士，又好神仙导养之法，著有《抱朴子》。据说他隐居山林时曾以一种野生藻类充饥，后人就以最早采食者葛洪的尊

称葛仙来命名，称之为"葛仙米"。

B. 以栽培、种植专家的姓名及其代称命名

西汉初年，召平在长安的东门外以种植甜瓜为生。当时因其品质佳美闻名于世，而被称为东陵瓜。后来东陵瓜及其别称：邵平瓜、召平瓜、邵侯瓜、邵瓜、召瓜，以及邵平、召平和东陵等称谓都变成了甜瓜的代称。据《史记·萧相国世家》介绍：召平原来是秦末的一个高级官吏，曾被封为东陵侯。秦朝灭亡以后他沦为菜农，被迫以种植甜瓜为生，最终成为栽培专家。我国古时"召"和"邵"通用，所以"召平"又可写作"邵平"。而东陵侯曾是邵平的封号，以"东陵"和"邵侯"命名，是对召平带有尊敬含义的一种代称。

C. 以推广、引入者的姓氏或尊称命名

诸葛菜和马王菜（均特指芜菁），以及张知县菜和张相菜（均特指萝卜）等几个蔬菜名称分别涉及三国时期的诸葛亮、五代时期的马殷，以及北宋时期的张咏，他们对芜菁和萝卜的普及和推广都曾做出过巨大的贡献。为此人们分别以其姓氏"诸葛"，以及尊称"张知县""张（丞）相"和"马王"等字样来命名这些相关的蔬菜。

唐代武则天执政时期的长安三年（703年），张说因得罪女皇，从首都长安被贬谪到岭南，曾把莙菜种子传播到韶州曲江（今广东韶关）。以后张说官至中书令，被封为燕国公。后人为了纪念这一引种活动，特地把莙菜称为张相公莙。

在明代，福建巡抚金学曾对甘薯（又称番薯）的推广做过重要贡献，后来人们为了怀念他，则把甘薯又称为金薯。

日本人把菜豆称为隐元豆。据说这是因为菜豆是在清初由我国的高僧隐元禅师传入日本的。

2. 消费、流通领域的命名缘由

在消费和流通领域，可从蔬菜商品的品质、使用功能，以及流通特色三大因素入手，来分别剖析蔬菜名称的命名缘由。

（1）商品品质因素

蔬菜商品的品质主要包括品味、气味和口感等方面的内容。

A. 以蔬菜商品的品味特色因素命名

酸模、甜瓜、苦菜（即苦荬菜）、辣椒、咸疙瘩（根用芥菜的又称）和五味菜（又称荆芥），其中的酸、甜、苦、辣、咸，以及"五味"都直接"点击"到了蔬菜商品的品味。

B. 以蔬菜商品的气味品质特色因素命名

例如香菜（特指芫荽）、香菇、香椿、兰香（即罗勒）、香花菜（薄荷的又称）、根香芹、芥子菜、芥蓝，以及臭菜和鱼腥草（两者都是蕺菜的又称）。这些蔬菜的名称分别涉及了香、辛（指芥）和腥、臭等不同的气味。

C. 以蔬菜商品的口感品质特色因素命名

例如滑菜（冬寒菜的又称）和滑蘑，以及凉薯（豆薯的又称）和凉瓜（苦瓜的又称）。其中的滑和凉都体现了不同蔬菜的口感特征。

（2）使用功能因素

蔬菜商品的使用功能包括食用、药用、饲用，以及其他辅助功能。

A. 以食用功能特性的因素命名

体现食用功能常用的专业词汇计有：食用、菜用、菜、芽和花；

根用、茎用、叶用、芽用、薹用和子用。

属于此类的蔬菜名称包括：

食用秋葵（黄秋葵的又称）、食用大黄、菜用大豆（即毛豆）、菜用玉簪（又称紫玉簪）、菜苜蓿（即金花菜，又称黄花苜蓿）、菜豌豆（即青豌豆）、豆瓣菜、芽紫苏（即紫苏芽）、黄花菜；

根用芥菜（又称芥菜头）、茎用芥菜（又称鲜榨菜）、叶用芥菜（指普通芥菜）、芽用芥菜（又称抱儿菜）、薹用芥菜（又称薹芥）、子用芥菜（又称芥菜子），以及花茎甘蓝（即青花菜）。

此外还有借用采集、烹饪、加工或食用方法命名的蔬菜名称，例如：

擘蓝（球茎甘蓝的古称）、火箭沙拉（芝麻菜的又称）、沙拉地榆（叶用地榆的又称）、盐荽（芫荽的又称）和搅丝瓜（又称崇明金瓜）。

其中的"擘"为采收方式，而"盐""沙拉"和"搅"（特指通过搅动可使其瓜瓤呈素条状）分别是特指腌制、烹饪或食用方法的词汇。

B. 以药用或保健功能特性的因素命名

这类菜名常用的词汇"药"和"药性"，

有时还可直接表述其特殊功能及效用。例如：

药性萝卜（胡萝卜的又称）、药芹（芹菜的又称）、色药（山药的又称）、十药和重药（均为荩菜的又称）；

忘忧和疗愁（均为黄花菜的又称）、起阳草和壮阳草（均为韭菜的又称）。

其中的"十药"又称"十剂"，它指的是中药方剂中的十种功能：宣、通、补、泄、轻、重、涩、滑、燥和湿。把荩菜称为"十药"，是特指它具有中药的全部十种药用功能。"忘忧""疗愁"，以及"起阳"和"壮阳"分别特指具有解忧消愁和补肾强身的保健功效。

此外果蔬兼用的西瓜，因其性寒，具有解热的药用功能，还荣获"天然白虎汤"的誉称。

C. 以饲用功能特性的因素命名

由于某些蔬菜在人们蔬食之余，还常作为饲料用于饲养猪只，所以多用"猪"字命名。例如猪马菜（马齿苋的又称）、猪粉菜（藜的又称）和猪婆菜（叶荟菜的又称）。

D. 以其他辅助功能特性的因素命名

例如木槿花和藜的植株，还兼有充当篱笆和扫帚等工具的辅助功能，所以它们还分别得到篱障花、藩篱花，以及落帚等俗称。再如多年生类香辛叶用蔬菜拉文达香草，又可用于给衣物熏香，因而获得菜薰衣草的别称。

（3）流通特色因素

蔬菜商品的流通特色包括流通市语和消费心态两方面的内容。

A.以流通市语的因素命名

市语特指在菜业流通领域即销售市场上流行的一种行业隐语。

在旧时北京蔬菜行业中流行的隐语名称包括：

雪叶子（指普通白菜和大白菜）、枪杆（指苋菜茎）、球子（指西瓜）、神仙种（指瓠瓜）、鹦官（指菠菜）、黄卵生（指南瓜）、虎爪（指姜）、绿衣郎（指苋菜）、先桡（指香椿）、玉玲珑（指藕）、繁簇（指莴苣）和花边（指芥菜）。

B.以消费心态的因素命名

为了迎合消费人群的心态需要，市场选择一些带有福、禄、寿、喜等字样，或是带有吉祥、如意、发财、进宝等含义的词汇来给蔬菜命名。例如：

福寿瓜（即佛手瓜）、吉祥菜（即蕨菜）、如意菜（即黄豆芽菜）、百合，以及发菜（藻类蔬菜）和大菜头（即菜薹）。

其中的"福寿"与"佛手"谐音，"发菜"与"发财"谐音，"大菜头"与"大彩头"谐音，而"百合"亦有"百年好合"的内涵。

中国蔬菜名称的构词手段

构词是指由词素构成词汇的方式。中华民族非常注重借助修辞学中的许多词格，作为蔬菜名称命名的构词手段。运用这些手段不但可以直接得到蔬菜的正式名称，而且还能得到相应的别称。这些构词方式大致可以包括描绘、换借、析字、引证和翻译等五大

类别，综合起来共有 22 种不同的构词方法。

1. 描绘类构词手段

运用描绘类构词手段可以对蔬菜进行命名，其特点是直接采用描绘的方法加以表述。它包括摹描、比拟、比喻和夸张四种手法。

（1）摹描

摹描包括状物、象形和象声三种构词手段。

A.状物

状物是指运用形容词直接进行描绘的构词手段。

比如：大白菜、小苦瓜、细香葱、大头菜（即根用芥菜）、扁叶葱（韭葱的又称）、圆白菜（结球甘蓝的又称）、圆锥椒（辣椒的一种）、长栝楼（蛇瓜的又称）、矮瓜（茄子的又称）、花叶生菜（即苦苣）、皱叶冬寒菜（又称皱叶锦葵）、空心菜（蕹菜的又称）和棱角丝瓜（丝瓜的一种）。

其中的"大""小""长""矮""圆""扁"和"细"，以及"大头""棱角""空心""花叶""皱叶"和"圆锥"等都属于状物的构词手法。

B.象形

象形是指直接描摹实物的构词手段。

比如壶芦（又称葫芦瓜，均为瓠瓜的古称）和蕲（水芹的古称），它们都是由象形文字转化而来的。

又如大蒜的"蒜"字，也是直接描摹实物的产物：上面的草字头表示地上部植株，中间的四横表示短缩茎，下面的两个"小"

字表示弦状根。

C. 象声

象声是指直接利用象声词来描绘声音的构词手段，借以达到生动、逼真的命名效果。

比如芋，它是依据古人看到芋头的植株长得高大威猛时所发出的惊叹声音，而命名的称谓。"芋"就是由象声字"嚄"转化而来的。

（2）比拟

比拟是指借助于想象力，运用拟人或拟物等方式进行构词的手段。

A. 拟人

拟人是指以人及其衍生事物为参照对象进行比拟的构词手段。

例如：慈姑、稚子（竹笋的又称）、儿菜（即芽用芥菜）、姬甘蓝（抱子甘蓝的又称）、白玉婴（竹笋的又称）、罗汉豆（指蚕豆）和皇帝豆（特指菜豆）。

其中的"子""儿""婴""姑""姬"，以及"皇帝"和"罗汉"等所指的都是特定的人群。

又如：拳菜（即蕨菜）、眉豆（指扁豆）、侧耳（又称平菇）、发菜、西子臂（指藕）、比干心（亦指藕）、脚掌薯（指山药）和佛手瓜。

其中的"拳""臂""手""脚""头""心""眉""耳"和"发"等所指的都是人体的某一器官或部位。"西子"和"比干"又都是古代的名人：越国的美女西施和商代的忠臣比干。上述这两种称谓出自宋代卫泾的诗句："一弯西子臂，七窍比干心。"

再如：独行菜和抱儿菜（即芽用芥菜），其中的"独行"和"抱儿"也都是模拟人类行为的词汇。

宋初，在陶谷所写的一篇墓志铭中，"边幼节"和"脆中"还分别成为竹笋的姓名和字号，见《清异录·竹木门》。

B. 拟物

拟物是指以相似的参照事物为对象进行比拟的构词手段。

以相似的植物为参照而命名的蔬菜名称包括：

茼蒿、蕉芋、草莓、红蔓菁（指根恭菜）、绿菜花（即青花菜）、洋蒜薹（即韭葱）、锦荔枝（即苦瓜）、商山芝（即蕨菜）、昆仑瓜（即茄子），以及甘薯（又称番薯）。

其中的蒿、芋、莓、芝、瓜、薯、蔓菁、菜花、蒜薹，以及荔枝等都是属于植物范畴（除芝和荔枝以外，其余大都属于蔬菜名称）的参照物；而甘薯的称谓，则是鸠占鹊巢，它取代了原产于我国的一种薯蓣类植物的名称，现在这种植物反被改称为甜薯了。

以相似的动物及其器官为参照而命名的蔬菜名称包括：

马苋（即马齿苋）、鸦葱（即菊牛蒡）、蛇瓜、兔奚（特指款冬）、雁喙（即芡实）、牛皮菜（指叶恭菜）、羊角豆（特指黄秋葵）、狗爪芋（指魔芋）、猫儿头（指竹笋）和癞蛤蟆（即苦瓜）。

其中的"马""鸦""蛇""兔"以及"雁喙""牛皮""羊角""狗爪""猫头"和"癞蛤蟆"等都是属于动物范畴的参照物。

以其他相似的常见事物为参照而命名的蔬菜名称还有：

袋菇（即草菇）、灯笼草（即酸浆）、宝塔菜（即草食蚕）、蜂斗菜和白杵蘑菇。

其中的"袋""杵""灯笼""宝塔"和"蜂斗"等都是属于其他常见事物类型的参照物。

（3）比喻

比喻是指运用打比方的手法来加强其鲜明特征的构词手段。被比喻的对象是本体，做比喻的事物为喻体。其中借喻的喻体往往成为蔬菜本体的别称。

比如：甘露（草食蚕的又称）、酪酥（茄子的又称）、玉板（竹笋的又称）、辣玉（萝卜的又称）、云头（黑木耳的又称）、紫膨亨（茄子的又称）、一束金（韭菜的又称），以及红嘴绿鹦哥（菠菜的又称）。

其中的辣玉出自南宋诗人杨万里的佳句："雪白芦菔非芦菔，吃来自是辣底玉。"诗中以"辣底玉"喻指芦菔，因其根部稍带辣味，还具有乳白色的特征，后来简化为辣玉，当时的芦菔即今天的萝卜。而"紫膨亨"源于北宋名家黄庭坚的《谢送银茄》。诗中吟道："君家水茄白银色，殊胜坝里紫膨亨。"古人曾把腹部肥硕的将军肚称为"膨亨"。这首诗的大意是说，客人送来的白茄比当地出产的紫茄子好吃。正是因为有了这首诗，后来人们才把紫色的茄子称为"紫膨亨"。

（4）夸张

夸张是指运用丰富的想象力，借助夸张的词汇来加强印象的构词手段。

霸王花（又称剑花）是采用"霸王"这一夸张语汇，来形容其花所特有的形体大、花期长的特征；万寿菊是采用"万寿"来表达其花瓣富含抗氧化物、具有益寿等保健功能的特性，它也含有夸张的成分。

又如：蹲鸱（芋头的古称）是利用大型猛禽鸱的蹲踞状态来夸张地形容芋头形体的硕大，千层塔（罗勒的又称）则是采用"千层"来夸张地描述罗勒的轮伞花序呈多层轮生的形态特性。

2. 换借类构词手段

换借有变换和借代等含义，它包括借代、婉曲、讳饰和褒贬等多种构词手段。

（1）借代

借代是指借助有关联的事物作为替代的构词手段。其中包括三种情况：

借助于部分来代替整体：如火焰菜原属叶恭菜中的一个红梗类型，后来也可泛指叶恭菜的整体；佛掌薯原是薯蓣中的一个块状类型，后来也可泛指薯蓣（即山药）。

借助于典型来代替一般：如"东陵"和"邵平"原来都是特指一种甜瓜优良品种的名称，后来均可用来泛指甜瓜；"邵伯"和"紫角"也因此可泛指菱（又称菱角）。

此外还有利用同义借代的构词手段来给蔬菜命名，例如：以菌、菇与蘑同义，而又称猴头蘑为猴头菌或猴头菇；再如以萌、芽与笋同义，而称竹笋为竹萌或竹芽。

（2）婉曲

婉曲又称婉转，它是一种既委曲婉转而

又能含蓄地暗示或烘托的构词手段。

例如麒麟菜可用成语"麒麟送子"的内涵来含蓄地暗示小儿，而"小儿拳"则又是蕨菜的又称，这样麒麟菜就变成了蕨菜的别称。

又如："银条德星"的称谓是以银条表述洁白修长的形象，以德星比喻贤士，最终委婉地把山药喻为面色洁白而又身材修长的贤士。

（3）讳饰

讳饰是指为了避讳而实施藻饰的构词手段，这里的避讳专指敬讳和忌讳。

敬讳始于周，成于秦汉，盛于唐宋，延及明清。所谓敬讳即要求对帝王和圣贤，以及老师或父辈等尊长的名字实施避讳。常用的讳饰方法即为代字法，即改用他字替代。其中涉及蔬菜名称的有以下几则故事。

在东晋、十六国时期，北方的后赵在石勒执政时（319—332 年在位）为了避讳"胡"和"勒"，曾把胡瓜（即现今的黄瓜）、胡荽（即今天的芫荽）、胡豆（即今日的蚕豆）和罗勒分别改为黄瓜、香荽、国豆和兰香。

其中仅有兰香属于敬讳，其余均属于忌讳。到了隋代，隋炀帝杨广忌讳"胡"字，在大业四年（608 年），又把胡瓜改称"白露黄瓜"。

山药原称薯蓣。到了唐代，因避唐代宗李豫（762—779 年在位）的名字"豫"而讳饰，被改称为"薯药"；及至宋代，又因避宋英宗赵曙（1064—1067 年在位）的名字"曙"

而讳饰，再度被改称为山药。

五代十国时期，吴越国的国王钱镠（907—932 年在位）因其爱子跛足，忌讳"瘸"字，人们只好把茄子改称为"落苏"。

金章宗完颜璟在位时（1190—1208 年在位），由于皇帝的小名叫作"麻达葛"，所以在金国境内曾一度采取避讳的手段，把葛改称"蒋"。

（4）贬褒

贬褒是指根据人们的心愿运用赞扬或贬抑的手法实施藻饰的构词手段。

运用褒扬手段命名的蔬菜名称比如：

天花蕈（侧耳的又称）、赛银鱼（绿豆芽菜的又称）、十香菜（胡萝卜的又称）、天香菜（苦荬菜的又称）、美味牛肝菌（又称大脚菇），以及食用美人蕉（蕉芋的又称）。

其中的"天花""十香""天香""美味""美人"以及"赛银鱼"等都属褒扬词汇。

运用贬抑手段命名的蔬菜名称则有：

狗腥草（蕺菜的又称）、牛不嗅（大蓟和小蓟的又称）、恶鸡婆（亦指大蓟和小蓟）以及癞葡萄（苦瓜的又称）。

其中的"癞""狗腥""牛不嗅"和"恶鸡婆"等都是属于贬抑性质的词汇。

3. 析字类构词手段

析字原为修辞学的一种辞格。在命名蔬菜名称时，它被当成一类构词手段：即根据相关文字的读音或形状所产生变化的构词手段。这类构词手段包括谐音、方言、轻声、儿化和化形。

（1）谐音

谐音是指利用声韵相同或相近的词汇实施藻饰的构词手段，运用这种手段可以直接构成一些蔬菜的正式名称或相应的别称。

以谐音手段直接构成正式名称的如有蓟菜（野生菜类蔬菜大蓟和小蓟的统称）和苋菜。

蓟菜以其头状花序形似古人的发髻而得名；苋菜以其植株形体高大、显而易见而得名。其正式名称就是利用"蓟"与"髻"，以及"苋"与"见"的声韵两两谐音而形成。

利用谐音手段还可以增加很多新鲜的蔬菜别称，其中属于声母和韵母都相同的谐音称谓为数较少。

比如：葫芦、胡卢、瓠卢和扈鲁，它们都因与"壶卢"谐音，而成为瓠瓜的别称。

又如：南瓜（特指中国南瓜）的别称倭瓜与窝瓜中的"倭"与"窝"；美洲南瓜的别称搅瓜与角瓜中的"搅"与"角"，以及蕨菜的别称拳菜与荃菜中的"拳"与"荃"，它们都是两两谐音的别称。

而属于声韵相近的谐音称谓为数较多。

例如莒、蕖和蘱，它们都因与"芋"谐音，而成为芋头的别称。

又如荸荠、必齐、毕荠和勃脐，它们都因与"鼻脐"谐音，而成为荸荠的别称；

擘蓝、苴莲、撇拉和皮腊，它们都因与"苤蓝"谐音，而成为球茎甘蓝的别称；

再如园荽、延须、盐荽和蒝荽，它们都因与"芫荽"谐音，而成为芫荽的别称；

门菁、名精、冥精和蓂菁，它们都因与"蔓菁"谐音，而成为芜菁的别称。

（2）方言

方言指与标准语言不相同的地方性语言。无论是在几千年的历史长河之中，还是在现今的四海之内，祖国各地都存在着以方言作为命名蔬菜名称构词手段的现象。

早在西汉时期的著名学者扬雄（前53—18）在《方言》一书中就记录了许多运用各地方言命名的蔬菜名称。如当时的东鲁地区（大约指今天的山东地区）把萝卜叫作"菈遝"，而在赵魏一带（大约指今天的河北和河南一带）把芜菁叫作"大芥"。如今在广东和湖北，人们把荸荠和茭白分别称为"马蹄"和"蒿巴"；而在云南和贵州人们又把冬寒菜分别称作"冬汉菜"和"冬苋菜"。

（3）轻声和儿化

轻声和儿化都属于对蔬菜称谓的读音实施变化的特殊手段。

轻声是指对某一词素采用既轻又短的读音方法。为了表示亲切感，对于某些蔬菜名称的后缀（即词尾）："子"和"头"要读轻声。

例如：茄子和莜子（薤的又称）的"子"，以及芋头和藠头（或作荞头，薤的又称）的"头"，在普通话中都应该读为轻声。

此外，有些蔬菜名称的最后一个字也应该读为轻声。例如：萝卜和胡萝卜的"卜"，以及薄荷的"荷"。

儿化是指把后缀的"儿"字与其前的音节合而为一，读成卷舌韵母的读音方式。

例如在北京的方言中就有把草食蚕称为

"甘露儿"；把扁豆称为"青扁儿"或"白扁儿"；把俗称灰菜的藜又称为"落落儿菜"，而对马勺菜（马齿苋的又称）则经过轻声和儿化等综合处理以后变为"麻绳儿菜""麻缨儿菜"或"麻英儿菜"。其中的"麻"是"马"的轻声读音，"绳儿""缨儿"或"英儿"应该两字连读成为前一字的卷舌韵母。

（4）化形

化形是指变换文字形态而形成蔬菜名称的构词方式，它主要包括离合和增损两种手段。

离合是指采用拆开或加合的方式对文字的字形进行变化处理的构词手段。

采用拆字方式构成蔬菜名称的事例较少，比如：

姜的繁体字"薑"是由"疅"字拆解而成的；

芹是由"蕲"字拆解而成的。

采用加合方式构词的则较为多见，比如：

菜由"草"和"采"合成；

豌由"豆"和"宛"合成；

薤由"歹"和"韭"合成；

葛由"草"和"曷"合成；

茄由"草"和"加"合成；

芥由"草"和"介"合成。

增损是指采用增加或减少的方法对文字进行变化处理的构词手段。

其中属于前者的，例如从狮子草变成"九头狮子草"（马齿苋的又称）；又如从包脚菇变成"美味包脚菇"（草菇的又称）。

属于后者范畴的，例如从猴头蘑变成"猴头"；又如从莱马豆变成"莱豆"。

4. 引证类构词手段

引证既是引用前人的事例或诗词语汇作为依据的修辞方式，同时也是一种引发蔬菜别称的构词手段。它包括寓意、用典和别解三种不同的情况。

（1）寓意

寓意是指运用寄托或蕴含意旨的方式进行构词的手段。雨花菜的命名就是一个典型的例证。

"雨花"这一词汇源于佛教经典。据说有一次佛祖释迦牟尼讲经说法时感动了天神，致使各式各样的香花从天空如雨而降。"雨花"的典故由此而来。另据陶谷的《清异录·蔬菜门》记载，五代时期南唐的户部侍郎钟谟因为非常喜欢食用菠菜，于是就把菠菜比作天公降下的雨花，称其为雨花菜。

以前在英国曾发生过一件风流韵事，俄罗达拉里公爵把从美洲带回的番茄作为温馨的礼物献给自己的情人伊丽莎白女王，加之欧洲人认为番茄还具有刺激罗曼蒂克欲望的功能，所以番茄又得到了"爱情果"和"爱的苹果"等称呼。

（2）用典

用典又称用事，它是特指引用典故的构词手段。所谓典故是指文章中所引用的故事或诗话，而这些故事和诗话又都是以古代的典籍为依据的。下面介绍与蔬菜命名相关的几则故事和诗话。

扁豆又称"㢮廖豆"。"㢮廖"音"演移"，原指用来顶门的门闩。春秋时期秦国宰相百里奚在年轻的时候家境非常贫寒，后来他决定外出另谋发展。辞别时，其妻只能用顶门的门闩当柴烧火做饭为其饯行，其后"炊㢮廖"逐渐演变成为清贫的代名词。到了晚明，隐居深山茅舍的名士赵宧光（1559—1625）借用这个典故特地命名了"㢮廖豆"的别称，用以称呼生长在寻常百姓家中的扁豆。

"卫足"的典故发生在公元前574年的春秋时期。据《左传》记载：鲍叔牙的曾孙鲍牵因为揭发齐灵公夫人的隐私而被处以"刖足"的酷刑。孔子听到此事以后就发表评论说：鲍牵的处世能力不如葵菜，葵菜还能采用以叶子遮住阳光的办法来保护自己的根部免除饱受日晒之苦呢！后来"卫足"就成为葵菜的别称。葵菜即今天的冬寒菜。

藕又称"禊宝"。"禊宝"的"禊"音"细"，它原指古代的一种民俗活动，每年到农历的三月上旬，人们都要到水中去洗浴，借以消除一年的污垢和不祥。"禊池"特指开展这种活动的场所。唐朝末年，中书侍郎崔远别墅中的禊池里面盛产巨藕，当时首都长安的人们把这种名重一时的巨藕奉为珍宝，于是"禊宝"的誉称不胫而走。

据《尔雅翼》一书记载：唐玄宗开元年间，皇帝曾命中书令萧嵩主持《文选》一书的注疏事宜。有个叫作冯光进的下属在注释时把"蹲鸱"解释成"着毛萝卜"，意思是说"蹲鸱"长得很像是长了毛的萝卜，惹得大家都前仰后合笑了起来。后来人们便把"着毛萝卜"当成了对芋头（古称"蹲鸱"）的谑称。

采取化用名人诗词佳句的构词手段给蔬菜赐名的事例屡见于各种诗话著作。

东晋时我国的著名田园诗人陶渊明（约365—427）曾以"采菊东篱下，悠然见南山"的咏菊名句享誉诗坛。后人就把"东篱"及其衍生出来的"东篱花""东篱英""篱花"和"篱菊"等称谓都化作了花菜类蔬菜菊花的别称。

盛唐时期荣膺"诗圣"美称的杜甫在其题为《绝句漫兴九首》的七言绝句中写过"竹根稚子无人见，沙上凫雏傍母眠"的诗句。后来"稚子"成了竹笋的拟人代称。

到了宋代，高产诗人杨万里（1127—1206）因有"鲛人直下白龙潭，割得龙公滑碧髯"的佳句问世，莼菜又增添了"滑碧髯"的雅称。

（3）别解

别解又称别义，它是特指利用一词多义的特征进行词义转移的构词手段。一个词语除本义以外还可能有别义，别义则包括引申义、比喻义和通假义三种类型。人们也运用此种构词手段命名了一些蔬菜名称。

属于引申含义类型的别解范例有马荠和独行菜。

马荠（荸荠的又称）的"马"原指一种大型家畜。《本草纲目》称：马，它可引申为大。用"马"命名强调的是荸荠形体较大的特征。

独行菜中的"独行"原为独自行走之意，儒家典籍《礼记》又赋予它"特立独行"的内涵，最终引申为"昂然挺立"，借以喻指这种蔬菜虽然植株矮小但在田间能够傲然挺立。

属于比喻含义类型的别解范例有竹荪和龙孙。

竹荪的"荪"原指香草，而在《楚辞》中香草往往又被比喻成君子，所以竹荪称谓的含义就从"竹林中的香草"转变成为"竹林中的君子"。竹荪之所以不宜称香草，其原因在于它的子实体不但没有香气，而且还有奇特的臭味。采集以后经过加工才能脱臭。

龙孙原指传说中的龙及封建帝王的后代子孙，后来人们把它喻为竹子的幼芽，从而成为竹笋的别称。

属于通假含义类型的别解范例有葫芦和茄子。

葫芦本有多种含义，后来按照通假的方式，变成了瓠瓜的古称、"壶卢"的别称。

"茄"原指莲藕的茎，所谓"茄荷其茎"。后来也按通假的方式，成为"伽"的又称；现在茄子则又取代"伽子"，成为此种蔬菜的正式名称。

5. 翻译类构词手段

这是一类运用不同语言文字进行意义转换的构词手段，其特点是直接参照外国文字或是本国少数民族语音所构成的蔬菜名称，来进行中文汉字化处理。它包括意译、音译和移植三种手段。

（1）意译

意译是指以其外文名称的含义为依据而进行翻译的构词方式，如新西兰菠菜（绿叶菜类蔬菜，番杏的又称）和意大利甘蓝（甘蓝类蔬菜，青花菜的又称）就分别是依据其英文名称 New Zealand spinach，以及拉丁文学名的变种加词 italica 的含义直接翻译而成的。

（2）音译

音译是指以其外文名称的读音为主要依据而进行翻译的构词方式。从 19 世纪末到 20 世纪初的一段时间里，在某些原产于国外的蔬菜引入我国的初期，曾经留下过相应的音译名称。如根据芦笋（又称石刁柏）的英文名称 asparagus 的发音而翻译的"阿斯卑尔时"；根据花椰菜英文名称 cauliflower 的发音而翻译的"喀复尔飞屋雷"。这些音译名称还都曾堂而皇之地出现在驻外使节写给清朝朝廷奏折的附件当中。

以音译为主、辅以意译的翻译方式又称附加音译，其音译的内涵往往突出某种蔬菜的个性特征，而意译部分则显示其所属的类别。

采用附加音译方式翻译的称谓例如：菜苜蓿（绿叶菜类蔬菜，金花菜的又称）、浑提葱（葱蒜类蔬菜，胡葱的古称）和利马豆（豆类蔬菜，莱豆的又称，或译作莱马豆）。其中的"苜蓿""浑提"，以及"利马""莱马"都属于音译，而"菜""葱"和"豆"则属于意译。

除此以外，在我国还存在采用汉字记音的方式来翻译记录本国一些少数民族语言蔬菜名称的现象，例如：

"皮牙孜"和"引麻苏"，分别是对维吾尔语洋葱和芫荽的译称；

"笃鲁马"和"和和"，分别是元代对蒙古语萝卜和韭菜的译称；

"国巴"和"忙普"，分别是对藏语大蒜和黄瓜的译称；

"麻巴闷哄"和"多拉机"则分别是对傣语和朝鲜语冬瓜和桔梗的译称；

"瓦那他""日堆洗涅""立住"和"牙烟育"则分别是彝、佤、普米和布朗等民族语言对车前草的译称。

（3）移植

日本是我国的近邻，在历史上两国之间经常有着蔬菜种质资源的交流。由于部分日本菜名是采用日文系统中的汉字所表述的，这些称谓有的也通过各种途径流传到我国，所以以前有时也把某些日文名称移植过来，作为我国的别称。其中包括：赤茄子（即番茄）、蔓菜（即绿叶菜类蔬菜番杏）、玉葱（即洋葱）、山葵大根（即多年生类蔬菜辣根）、子持甘蓝（即甘蓝类蔬菜抱子甘蓝）和木立花椰菜（即甘蓝类蔬菜青花菜）。

结语

我国是一个具有悠久物质文明以及灿烂精神文化的伟大国家。面对洋洋大观的蔬菜种类，以及林林总总的蔬菜名称，我们应该保持清醒的认知。在本书所收录的270余种蔬菜及其5000多个不同的称谓中，绝大多数都是属于色彩斑斓、名实相符的上佳之作，因为它们体现了我国传统文化的丰厚底蕴，所以应该给予必要的肯定和传承。但是对于一些名不符实或浮名过实的别称、俗称，对于少数标新立异或鲁鱼亥豕的同菜异名现象，以及牵强附会或鱼龙混杂的同名异菜现象，则应该加以适当调整和处理。

为了促进蔬菜生产和流通事业的发展，并为国际交流提供方便，笔者特地提出几点建议：

1. 以国家权威机构所规范的各种蔬菜的标准名称为正式名称，逐渐加大推广使用的力度，以期最终达到国内统一的目标。

2. 对于尚未纳入国家标准的蔬菜种类，可以借用仍在通用的普通名称作为正式名称继续使用。

3. 每种蔬菜除去正式名称（包括标准名称）以外的其他称谓（包括某些地方名称和食用部分的专用名称）均应视为别称。为了尊重历史、尊重各地区各民族的风俗习惯，应该允许在适当的范围和必要的场合继续使用不同的蔬菜别称。对于少量不科学、不恰当、不严肃的蔬菜称谓，应该区别情况分别采取修订、搁置，或者弃用等多种方式，进行适当调整、处理。

4. 为便于与国际接轨，在相关的学术领域或是对外交往过程中，应当提倡正确使用植物学学名（即拉丁文学名）及其规范化的译称（即指我国的正式名称）。

5. 对于近期培育或引进的新型蔬菜，今后应该通过采取规范化的程序首先进行科学鉴定，然后统一命名，以免造成不必要的混乱。

中国的蔬菜　各论

　　本书采用农业生物学的分类方法，把各种蔬菜分成 18 大类。按照根菜类、白菜类、甘蓝类、芥菜类、茄果类、瓜类、豆类、葱蒜类、绿叶菜类、薯芋类、水生菜类、多年生菜类、杂菜类、花菜类、芽菜类、野生菜类、藻类和食用菌类的先后次序，从每种蔬菜实体及其名称的读音、形体和寓意入手，以解读蔬菜名称为切入点，分别对各种蔬菜商品实体的所属类别、起源地域、引入时间、栽培历史、供应现状、名称由来、命名因素、构词手段，及其营养成分、食用方法和保健常识等项内容进行全面而详尽的介绍。

第一章　根菜类蔬菜

根菜类蔬菜是指以植物变态的肉质根或块根为主要食用部位的一类蔬菜。其中包括萝卜、胡萝卜、芜菁、芜菁甘蓝、根芹菜、美洲防风、根恭菜、牛蒡、婆罗门参、菊牛蒡、法国菊牛蒡、黄花蓟、根香芹和根用泽芹。

1. 萝卜

萝卜是十字花科萝卜属，二年生草本，根菜类蔬菜。肉质根供食用，嫩叶和嫩芽也可入蔬。

大型的萝卜又称中国萝卜，原产于我国。它是由根部欠发达的野生种培育而成的。其悠久的栽培历史，可以追溯到周代。现在南北各地普遍栽培，并已成为我国最重要的一种根菜。

三千多年以来，人们依据其食用器官的形态特征、栽培特性、品质特点，以及相关人物特色等因素，再结合运用摹描、拟物、比喻、贬褒、谐音、音译，或借用方言等构词手段，先后命名了50来种不同的称谓。

萝卜在上古、中古和近世等不同的历史时期有着不同的称谓。在上古时期，我国的蔬菜常用单音字来命名。那时萝卜被称为"芦"，也可以写作"庐"。我国先秦古籍《诗经·小雅·信南山》记载："中田有庐，疆场（音易）有瓜。是剥是菹，献之皇祖。"经郭沫若先生研究，诗中的"庐"指的是芦菔，也就是今天的萝卜，详见《十批判书》。这句诗的大意是说：田里长着萝卜，地头种着瓜果。把它们整修、腌渍加工，然后敬献给祖先。为什么叫作"芦"或"庐"呢？东汉时期许慎的《说文解字》解释称："芦，芦菔也。……从草，卢声。"又说，"卢"指"饭器"，它的籀文写作"𥂇"。古时"卢"又与"庐"相通用。繁体的"廬"是由"广"和"盧"两字上下加合而成：在一个建筑物里面备有盛饭的器具，这就组成了古代简易的家居即房屋。由于萝卜的肉质根很像饭器和房屋，所以比照它们把萝卜"从草从卢"称为"蘆"，简写作"芦"；然后又借用通假、谐音的手法称作"廬"，并简写作"庐"。

到了秦汉时期，《尔雅·释草》则把单音节称谓的"芦"变成双音节的"芦肥"。进入汉代，人们又采用谐音的手段把"芦肥"衍生为芦萉，或写成"芦服"。比如范晔在其所著的《后汉书》里讲过这样一则故事：在西汉末年的政权更迭时期，有数百名宫娥长期被困在长安城内的宫殿群落里。她们只能依靠挖掘庭院中的芦萉根度日。其中的"芦萉根"指的就是芦萉。后来，魏征的《隋书》中又记有青州总管张威因家奴贩卖"芦萉根"而犯罪的事件，由此可以推断我国以芦萉为正名一直沿用至隋代。

唐代也就是我国中古时期的末叶，芦萉音转变成为"莱菔"。"莱菔"的称谓始见于唐高宗显庆四年（659年）问世的《新修本草》（又称《唐本草》）。从此以后"莱菔"的称呼又成为了正式名称。有时也会写作谐音的"莱服"或"来服"。

莱菔后又音转变成"萝蔔"。"蔔"音"福"。"萝蔔"的称谓在唐和五代时期还只是一种俗称，元代以后诸如《农桑辑要》和《农书》等农业经典著作都把它列为正式名称。到了明代，得到李时珍（1518—1593）确认后，一直沿用下来。南北各地还利用其谐音或方言称之为"萝蔔""萝葡""罗蔔""罗服""劳蔔""萝菔（音博）""萝菔菔""萝贝""萝北"或"萝白"。而现今世人所采用的正式名称萝卜，则是"蘿蔔"的简体字形所书写的称谓。

除去正式名称之外，历代还有不少的别称。古代因其植株耐寒有如松柏，祖国各地曾以"楚菘""秦菘""温菘"或"紫花菘"等称呼称之。因其肉质根长得吓人，人们又称其为"突"或"雹突"，其中的"雹"与"蔔"谐音，也可加上草字头写作"葖"或"雹葖"，宋元时期在成都地区还有"葵子"的称呼。

汉代的东鲁人（东鲁指现今山东省的东部地区）因为芦萉的外观形状长得有些邋遢，所以称其为"拉遝"（读音如拉踏）。后人有时也写作"菈遝""拉遝""菈遝"或"菈遝子"。

北宋时期鄂州崇阳（今湖北崇阳）知县张咏（946—1015）曾引导境内乡民发展蔬菜生产，后来人们就把芦萉改称"张知县菜"以示怀念。由于张咏做过礼部尚书，死后又被追赠为相当于左丞相的左仆射，所以芦菔又称为"张相菜"，也就是"张丞相菜"的意思。

南宋诗人杨万里（1127—1206）因为芦菔的味道稍有辛辣、其外观洁白如玉，所以曾赋诗赞颂道："雪白芦菔非芦菔，吃来自是辣底玉。"从此以后，芦菔又得到"辣玉"的美称。

萝卜到元代实现了常年栽培生产。王祯的《农书》把适宜在春、夏、秋、冬四季栽培的萝卜，分别称为"破地锥""夏生""萝蔔"和"土酥"。其中的"破地锥"是说它小巧如锥的形状，"夏生"指的是其适宜的生长季节，"土酥"则是对其虽生于土中但品色洁白如酥的表述。"土酥"的别称更可追溯到唐代，诗圣杜甫曾有"金城土酥净如练"的赞誉。

萝卜拉丁文学名的种加词 sativus 为"栽培"的意思，它突出了萝卜的栽培特性。而"笃鲁马"则是蒙语称谓的汉字记音。

萝卜的肉质直根呈圆柱、圆锥、圆球或扁圆形，表皮有绿、白、红、紫诸色。它富含维生素 C 和碳水化合物等多种营养成分。宜生食、烹炒、蒸煮，或腌渍、干制食用。如果与羊肉共煮，还有除膻的作用。萝卜因含有芥辣油成分所以具有特殊辣味。因含有淀粉酶以及莱菔子素，萝卜又具有健胃、消食、杀菌、止泻、利尿和化痰等药用功效，所以民间长期以来广泛流传着"萝卜上市，药铺关门"的谚语。

萝卜的叶片有板叶和羽状裂叶两类。它富含蛋白质、赖氨酸和胡萝卜素。以萝卜叶片为蔬食的称为萝卜叶或萝卜缨，南方有些地区俗称其为"劳蔔夹"。

萝卜种子略呈圆球形、黄褐色，千粒重 7 至 15 克。种子萌发后也可作为蔬菜食用，称为萝卜芽、娃娃菜或娃娃萝卜菜。萝卜芽的两片子叶呈肾脏形，因其有如剖开的贝壳，又得到"贝壳芽菜"的雅称。

2. 胡萝卜

胡萝卜是伞形科胡萝卜属，野胡萝卜种的胡萝卜变种；二年生草本，根菜类蔬菜，以肉质根供食用。

胡萝卜原产于亚洲的中西部地区。关于胡萝卜引入我国的时期以前存在着两种说法：一种是旧时的传统见解，它是以李时珍的《本草纲目》为代表的"元时始自胡地来"说，即元朝时从中亚地区引入；另一种是汉代引入说，有人说胡萝卜是在汉初由张骞从西域携来的。然而他们对胡萝卜引入时的状态描述都语焉不详。

笔者考证认为：在历史上，胡萝卜曾多次被引入我国。胡萝卜初为野生，最早的栽培品种为紫色的胡萝卜，在其演化中心地域阿富汗已有两千多年的历史。汉武帝时（前 140—前 87 年在位）张骞通西域打通了丝绸之路，其后紫色胡萝卜首先传入我国。由于那时胡萝卜根细、质劣，又

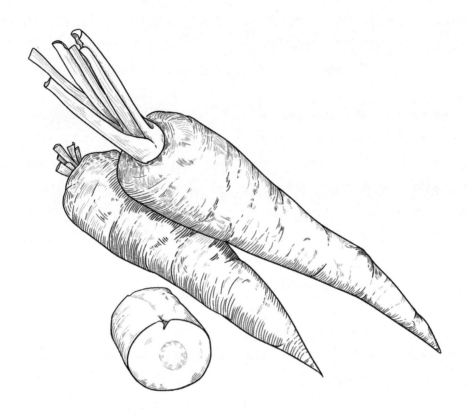

有一股特殊气味，更兼它所具有的医药和食用功能尚未被人认知，所以在相当长的时间里，在我国北方地区虽有所繁衍，但未能引起人们的注意，有的还逸为野生。

至迟到十二三世纪的宋元时期，胡萝卜再次沿着丝绸之路传入我国。其后在北方逐渐选育形成了黄、红两种颜色的中国长根生态型胡萝卜。起初它只是作为药用植物被收入南宋时期重新修订的药典中，继而在元初，司农司又把它列入官修的农书《农桑辑要》中，作为蔬菜正式加以介绍。元朝时期因受中亚地区饮食文化的影响，人们对胡萝卜有了较为深入的认识，御医忽思慧的《饮膳正要》就认为胡

萝卜"味甘、平，无毒"，并且具有"调利肠胃"的功效。此外参照中亚食谱，元代官廷还以胡萝卜为原料，制作了诸如"珍珠粉""薹苗羹"和"水龙棋子"等许多种"奇珍异馔"供帝王享用。通过长期的实践和探索，胡萝卜的品质和功能才引起世人的关注，并逐渐为社会所认同，从而为以后的推广栽培奠定了基础。

应当指出的是，宋元间所引入的胡萝卜应包括红、黄、白三种不同颜色的品种，这在元明两代的相关典籍中可以得到印证：

元代的熊梦祥在其所著的《析津志·物产·菜志》中明确记录了在田园中

栽培的胡萝卜已有黄、白两种。明代的李时珍也在《本草纲目·菜部·胡萝卜》中道出了胡萝卜有黄、赤（红）两色；而其栽培地域也已从现今的华北地区延伸到淮河流域和长江流域一带。

胡萝卜于公元 10 世纪从伊朗传入欧洲，16 世纪传入美洲，其后分别形成橘黄色、短圆锥状的欧洲生态型，以及根形短粗的美国生态型。进入近代和现代，欧美及日本等生态型的胡萝卜优良品种又多次引入我国，从而使得我国的胡萝卜品系更加充实和丰满，现在我国各地广泛栽培。

古往今来，人们依据其原产地、引入地域的标识，及其食用器官的形态特征和品质、功能特性等因素，结合运用拟物、谐音、雅饰或方言等手段，先后给胡萝卜命名了 30 多种不同的称谓。

纵观胡萝卜引入和发展的历程，每次引入的胡萝卜品系，不是源于西域，就是来自番邦；而其肉质根的形态又与我国常见的根菜萝卜极为相似。人们以其引入地域的标识"胡"和"番"，结合运用拟物手段命名，分别得到胡萝卜和番萝卜等称谓。由于命名时的参照物萝卜有着众多的别称，人们进而再以"胡"及其谐音字"葫"相匹配来命名，又得到诸如"胡芦菔""胡芦服""胡萝蔔""胡萊菔""胡萊服""胡来服""葫芦菔""葫芦服"和"葫萝蔔"等称谓。因为地域方言的差异，在祖国的南北各地还有着"伏萝卜"和"胡萝贝"等俗称。其中的"伏萝卜"称谓出自渡口等西南地区，"胡萝贝"称谓则流行于鞍山等东北地区。在上述这些称谓中，"胡萝卜"的称谓作为正式名称从元代开始，一直沿用至今。

胡萝卜肉质根的外观有圆锥、圆筒、扁圆和圆形；表皮可以呈现出红、橘红、紫、橘黄、黄、白和青绿等多种颜色。我国主要栽培的有红、黄两色胡萝卜。以其食用器官肉质根的形态和色泽命名，胡萝卜又得到"红萝卜""黄萝卜"等称呼，同时又派生出诸如"红萝蔔""红芦服""红芦菔""红根儿""红根"，以及"黄根"等异称。胡萝卜的英文名称 carrot，以及拉丁文学名的种加词 carota 也都有着"红色"的含义。

胡萝卜肉质根的形态又略似珊瑚和多年生类蔬菜竹笋，结合其根皮的色泽，及其具有微甜和药样清香的品质特性，上海、广东以及香港、台湾等南方地区又将其雅化，誉称其为"金笋""甘笋""十香菜""药性萝卜"或"赤珊瑚"。

胡萝卜为复伞形花序，它和桃金娘科花卉丁香所特有的聚伞花序有些相似。为了与萝卜相区分，胡萝卜还得到"丁香萝卜"和"洋花萝卜"等俗称。其中的"洋花"特指其复伞形花序，它与萝卜花的十字花形有着极大的差别。

胡萝卜富含胡萝卜素，并含有蔗糖、葡萄糖和淀粉等碳水化合物，钾、钠、磷等营养元素，以及叶酸、槲皮素、山柰酚、木质素和挥发油等需宜成分。宜熟食、炒、蒸、煮、炖均可，还可做馅料；宜鲜食、制沙拉、做配菜；还可腌渍、蜜饯、制酱、罐藏。由于胡萝卜素只有在脂溶的前提之下才能被人体吸收，所以最好加油烹调以后再食用。

《本草纲目》认为胡萝卜有下气、补中，以及利肠胃、安五脏等保健作用。此外食用胡萝卜还有健脾、化滞，以及防治夜盲症等功效。现代医学研究发现：胡萝卜素、木质素和叶酸具有抗癌，以及增强机体免疫功能的作用；槲皮素和山奈酚具有降血压、降血脂，以及强心的功效。因此人们又称之为"药萝卜""小人参"。在欧美和日本，胡萝卜更被视为保健佳蔬、延年益寿食品，日本人还习惯以"人参"的誉称称之。此外胡萝卜还可充当高等饲料，因此还获得"饲料人参"的别称。

3. 芜菁和芜菁甘蓝

芜菁又称蔓菁；芜菁甘蓝又称洋蔓菁，它们都是十字花科芸薹属，二年生草本，根菜类蔬菜，以肥大的肉质根供食用。

（1）芜菁

芜菁起源于野生的芸薹属植物，其演化地域包括从欧洲、中亚到中国的广大欧亚地区。在西安的半坡村遗址发现过芜菁类植物的种子，说明我国栽培芜菁的历史可以追溯到距今六七千年以前的新石器时期，到了汉代我国中原地区已普遍栽培芜

菁。三国时期诸葛亮又把中原地区的栽培技术传播到我国西南地区。现在祖国各地均可栽培。

在漫长的演进过程中，人们依据其食用器官的形态特征，以及推广者的姓氏或代称等因素，结合运用谐音、切音、叠韵或音译等手段，先后给芜菁命名了三四十种不同的称谓。

在古代，我国多采用单音节的文字来表述蔬菜的名称。人们最初把芜菁等芸薹属的植物统称为"葑"或"菁"。《诗经·唐风·采苓》载有："采葑采葑，首阳之东。"《诗经·邶（音备）风·谷风》提到："采葑采菲，无以下体。"这些诗句表明：在三千多年前的西周时期，我国中

原地区的人们就经常采食根叶兼用的芜菁了，不过当时芜菁的肉质根还不发达。

"葑"是个形声字，从草，读音如"封"。"菁"的读音和释义均与"精"相通，有精华义。《吕氏春秋·本味篇》所介绍的佳蔬名目中，已有产于现在太湖地区的"菁"了。儒家典籍《周礼·天官》还说：由"醢（音海）人"负责掌管的食物中，也包括芜菁的腌渍制品"菁菹"。

到了西汉时期，儿童启蒙读物史游的《急就章》中已载有关于"老菁蘘荷冬日藏"等内容；其中的"老菁"所指的就是芜菁老熟的肉质根，它标志着到了汉代，经过长期的定向培育，根叶兼用的芜菁已逐渐变成为以肉质根为主食器官、可供冬季长期贮藏的根菜类蔬菜了。

汉代以后"葑"因各地方言读音存在着的差异，出现了诸如"蘴""菘"等谐音，以及"须""荛"等变音异称。此外还运用切音（即用两字拼成一音）或叠韵等方式又构成了诸如"须从""葑苁"等双音节文字的一些别称。其中的"蘴""荛"和"苁"的读音分别为"丰""饶"和"聪"。与此同时，单音节的古称"菁"也形成了"芜菁"和"蔓菁"等双音节的称谓。"芜"和"蔓"（音蛮）原来都是表述植物丛生、长势繁茂的词汇。芜菁的称谓始见于西汉时期扬雄（前53—18）的《方言》一书。由于当时的首都长安（今陕西西安）与此称谓相称，就为日后形成的南北通称打下了坚实的基础。现在多采用芜

菁为其正式名称。此外运用读音和字形的变化另从芜菁和蔓菁派生出的别称还有：

芜精、芴菁、芜根、蒙菁、蒙精、冥菁、冥精、名精、门精、门菁和蔓菜。

其中"芴"的读音为"务"；"冥"和"蒙"的读音均为"明"。

芜菁的肉质根组织致密，煮食风味佳，自古以来就是一种助粮、救荒的蔬食作物。东汉桓帝刘志时期（147—167年在位）曾下诏命令灾民种植芜菁实施自救。三国时期蜀汉国的丞相诸葛亮（181—234）行军所到之处都栽种芜菁以助军粮。五代时期南方楚国的武穆王马殷（852—930）又把芜菁引种到湖广等少数民族聚居的地区。后人饮水思源，于是把芜菁尊称为"诸葛菜"和"马王菜"，其中的"马王"即指马殷。

元代蒙古人把芜菁称为"沙儿木吉"，有时或可写作"沙吉木儿""沙乞某儿"或"沙吉某儿"。而在新疆，维吾尔语则称之为"恰莫古头"。在西藏，藏语称之为"妞玛"。这些都是采用汉语记音的称谓。

芜菁肉质根的结构属于萝卜类型，外观呈圆球、扁圆或圆锥形，白黄或紫色。南北各地以其形态特征结合采用摹描、拟物等手段联合命名，又获得诸如"圆根""元根""盘菜""扁萝卜""灰萝卜""蔓菁根""蔓菁萝卜""大头菜"，以及"芥疙瘩""根芥""大芥"和"狗头芥"等地方俗称。其中的"元"为"圆"的谐音，"盘"则特指外形扁圆、顶部凹

陷、形似盘状的芜菁。

（2）芜菁甘蓝

芜菁甘蓝是芜菁和甘蓝杂交形成的后代，原产于地中海沿岸及瑞典等地，古希腊和古罗马时期已有栽培。公元 18 世纪以后传入英国、法国和美国。19 世纪和 20 世纪之交传入我国，以后又由苏联引入内蒙古自治区等地。因其适应性强，既能菜粮兼用，又可充作饲料，南北各地都有栽培。

百余年来，人们依据其原产地和引入地域的名称或标识，结合运用拟物或音译等方式，先后命名了八九种不同的称谓。

芜菁甘蓝的叶片有白色蜡粉，呈蓝绿色，类似甘蓝；肉质根呈圆球形或纺锤形，有如芜菁，因此取名为芜菁甘蓝。其拉丁文学名的种加词 napobrassica 亦有相同的含义。

据清末农工商部有关农事试验场的档案资料显示：清光绪三十三年（1907 年）清朝驻德国的外交大臣孙宝琦经由德国引入芜菁甘蓝，当时因其肉质根的下端长在土中而呈白色，其上端长出地皮而呈紫红色，故而称其为"白头小芜菁"。

各地参照与之外观相似的芜菁，并以其原产地的名称"瑞典""欧洲"，或是引入地域的标识"洋"等字样联合命名，还得到另一组别称：

瑞典芜菁、欧洲芜菁；洋蔓菁、洋大头菜和洋疙瘩。

其中的"蔓菁""大头菜"和"（芥菜）疙瘩"都是芜菁的别称。

芜菁甘蓝的俄文名称为 брюква。我国的内蒙古自治区由苏联引进芜菁甘蓝以后以其俄文名称的音译称其为"布留克"。

芜菁甘蓝的另一俗称"土苤蓝"则是以球茎甘蓝的又称"苤蓝"为参照物命名的。所谓"土"，它所强调的是其食用器官为地下的肉质根，而并非属于地上部分的球茎。

芜菁和芜菁甘蓝均属于低脂肪、高纤维类别的蔬菜，并兼有消食、开胃等保健作用，可供烹炒、炖煮或腌渍食用。由于芜菁含有少量物质会妨碍人体对碘的吸收，所以不宜大量食用芜菁。

4. 根芹菜

根芹菜又称块根芹菜，它是伞形科芹属，二年生草本，根菜类蔬菜，以脆嫩的肉质块根供食用。如利用肉质根进行促成栽培，还能以嫩叶柄入蔬。

根芹菜原产于地中海沿岸的沼泽地区，由野生的洋芹演化而成。早在一千多年前，意大利和瑞士等地已有栽培。后来盛产于欧洲的荷兰和德国，亚洲和美洲也有少量栽培。近代引入我国以后，现在台湾等地有少量栽培。

百余年来，人们依据其原产地和盛产地域的名称或标识、食用器官的名称或形态，以及原植物的属称，结合运用摹描、拟物等手段，先后命名了十多种不同的称谓。

根芹菜的叶片呈羽状全裂、小复叶三片，犹如鸭儿芹；其肉质根为褐色，呈圆球或圆锥形，单重约为 300 克，其膨大部分由短缩茎、下胚轴和根上部所组成。主食部分为脆嫩的薄壁细胞组织，以主要的食用器官根，及原植物的属称芹，再结合蔬食功能联合命名，得到诸如根芹菜、根用芹菜、块根芹菜、块根芹、球根芹菜、球根芹，以及根芹等众多称谓。其拉丁文学名的变种加词 rapaceum 含义为"芜菁状的"，也是以其形态特性有如常见根菜芜菁而命名的。有人又以其原产地域的标识"洋"、盛产地区的名称，以及叶形特征等因素联合命名，还得到根用洋芹、根用荷兰鸭儿芹、根用和兰鸭儿芹、和兰芹菜，以及德国芹菜等别称。其中的"和兰"即指荷兰，它和德国都是位于西欧的根芹菜盛产地区。现在一般采用根芹菜的称谓作为正式名称。

根芹菜富含碳水化合物、维生素 C，以及磷、钾等多种营养成分。此外还含有类似芹菜样的辛香气味，以及轻微的苦味，后者可用盐水或柠檬水漂洗，加以清除。根芹菜适宜凉拌、腌渍、炒煮食用，还可捣碎制作沙拉，或是在烹汤时当作辛香调味料。

由于根芹菜的辛香气味与茼蒿相似，茼蒿在南方一些地区又有着"塘蒿"的异称，比照塘蒿命名，根芹菜还得到"根用塘蒿"和"球根塘蒿"的俗称。

5. 美洲防风

美洲防风即欧洲防风，它是伞形科欧防风属，二年或多年生草本，根菜类蔬菜，以肥大的肉质根供食用。

美洲防风原产于欧洲，古希腊和古罗马时已经栽培和利用。由于它在欧洲有着悠久的种植历史，瑞典的博物学家林奈在利用双名命名法给它命名学名时就以 sativa 作为种加词，其含义即为"栽培的"。公元 16 世纪由英国殖民者引进美洲，以后逐渐成为欧美两洲的常蔬。清光绪三十三年（1907 年），由清朝驻奥地利代办吴宗濂从奥地利引入我国。其后，我国的园艺工作者又从美国引种推广。现在上海、台湾，以及其他沿海地区有少量栽培。

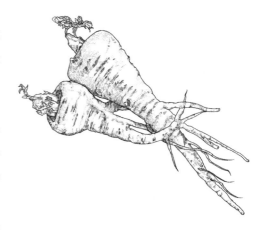

百余年来，人们依据其原产地和引入地域的名称或标识，以及植株的形态特征等因素，结合运用拟物和摹描等构词手段，先后给它命名了十来种不同的称谓。

防风本是原产于我国的一种药用植

物，它属于伞形科防风属。关于防风的命名缘由，明代李时珍在《本草纲目》一书中解释说："防者，御也。其功疗风最要，故名。"原来在中医的术语中，"风"在六种致病的因素中居于首位，它常常又与其他病邪结合而导致风寒、风热以及风湿等多种病症，所以有"风为百病之长"的说法。然而人们发现有一种草药具有解表、祛风和抵御风邪的作用，还有治疗风寒湿痹的功效，于是就把这种药物命名为防风。由此可见，防风是以其药用功能特点而命名的称谓。

美洲防风的叶为二回羽状复叶，小叶卵或长卵形、深绿色；肉质根呈长圆锥形、浅黄色；花为复伞形花序。这些外观特征均与我国固有的药用植物防风相似，因此先后获得诸如欧洲防风、欧防风、美洲防风、亚美利加防风、美国防风、荷兰防风，以及洋防风等多种称谓。其中的"欧洲""欧"和"洋"分别是其原产地域的名称、简称或标识；"美洲""亚美利加""美国"和"荷兰"分别指示其引入地域的名称。国际标准1991/1—1982《蔬菜命名—第一表》则把欧洲防风的称谓列于首位，而我国园艺学界则习惯选用美洲防风作为正式名称。

由于美洲防风的根和叶的形态特征与胡萝卜和芹菜相近似，所以还有着芹菜萝卜和金菜萝卜等别称，如上海等地即称其为芹菜萝卜，而"金"是对其主要食用器官肉质根皮色的表述。

美洲防风的肉质根富含蛋白质、碳水化合物，以及钾、铁、钙、磷等营养成分。风味独特，炖、炒、煮、烩咸宜，又可做汤、凉拌、煎炸或压汁食用，此外还能充作罐头食品的辛香调料。除肉质根外，嫩叶漂煮后也可入蔬。

6. 根恭菜

根恭菜又称紫菜头，它是藜科甜菜属，二年生草本，根菜类蔬菜，以肥大的肉质根供食用。

甜菜原产于地中海沿岸地区，根恭菜是甜菜的一个变种。原先人们认为，根恭菜是在明清时期从海道传入我国的。有的蔬菜专著还曾断言它"不见于明代以前的中国文献"。根据笔者的考证，早在元代根恭菜即已传入我国。

忽思慧在其所著《饮膳正要》一书的"菜品"节中已列有"出莙荙儿"的名目，并说它："味甘、平，无毒；通经络、下气、开胸膈。"该条末端还附有注释说："即莙荙根也。"

"莙荙"原是叶恭菜波斯语称谓gundar的音译名称（详见第九章"绿叶菜类蔬菜"的叶恭菜篇）。"莙荙根"即指根恭菜，而"出莙荙儿"当是其引入地域波斯语称谓的音译名称。更难能可贵的是《饮膳正要》一书还绘制了实物图，其膨大的肉质根给我们留下了极为深刻的印象。《饮膳正要》问世于元文宗天历三年（1330

年），由此可以断定：根恭菜引入我国的时期应不迟于 14 世纪初叶。考虑到苏联学者阿加波夫认定至迟 12 世纪根恭菜已传入中国，可以推断根恭菜可能是在公元 12 世纪至 14 世纪的宋元年间从中亚地区沿着丝绸之路引入我国的。根恭菜是欧美两洲人们喜食的一种蔬菜，现在我国一些大中城市的郊区有少量栽培，常用于西餐。

数百年来，人们依据其食用器官的形态特征、品质特色，并参照其引入地域的称谓，结合运用摹描、拟物、谐音和翻译等手段，先后给根恭菜命名了十多种不同的称谓。

根恭菜由于含有花青苷色素，其叶片、叶脉、叶柄以及肉质根都呈紫红色，尤其是其食用器官肉质根的断面还带有非常艳丽的紫红色轮纹。以其入蔬，除可供生食、熟食之外，还非常适用于菜肴的点缀，以及花盘的装饰。根恭菜的肉质根可呈扁圆形、球形、卵圆形、纺锤形或圆锥形，从外观看去与我国习见的根菜类蔬菜萝卜、芜菁（又称蔓菁）极为相似，人们以其形态特征，比照上述根菜的正名或别称来命名，得到诸如紫菜头、紫萝卜头、红菜头、红头菜、红蔓菁和火焰菜等称谓。目前通用的拉丁文学名的变种附加词 rapacea 为"芜菁状的"含义；其他几种变种附加词 rubra、rosea 也都凸显了"红"或"玫瑰红"等颜色特征，由此可见中外命名因素所具有的相通性。

根恭菜的肉质根质地柔嫩、富含糖分，据测定一般含糖量为 8%～15%。依据这种品质特征命名，它又被称为甜菜。甜菜的称谓可以追溯到元末成书的《析津志》。在其"家园种莳之蔬"类中，在白菜和莙荙两种叶菜之后就列有甜菜和蔓菁两种根菜。这里的甜菜并非指糖用甜菜，从而证实在元代我国的大都城（今北京地区）已有人工栽培的根恭菜了。甜菜的称呼至今还被河北省的石家庄以及河南省的郑州等地区所采用。甜菜或可写作与之谐音的"恭菜"。

进入 20 世纪，我国园艺界根据其食用功能和品质特色等双重因素，将其列入菜用恭菜类别之中，并参照食用器官和部位命名了一组名称，其中包括根恭菜、根用恭菜、根甜菜、根用甜菜、恭菜根、甜菜根，以及红恭菜和红甜菜。现在我国采用其中的根恭菜作为正式名称。

7. 牛蒡

牛蒡是菊科牛蒡属，二年或三年生草本，根菜类蔬菜。以肉质根、叶柄和嫩叶供食用。

牛蒡原产于亚洲，我国自古以来南北各地均有分布。最初以其种子充药材，唐宋时期采食根、叶，明代以后很少有人食用。1937 年"七七事变"以后，以肉质根供食的新品种从日本引入我国。现在台湾，以及上海、北京、沈阳、石家庄和郑州等大城市均有少量栽培。

古往今来，人们以其形态特征、食用功能特性，以及地域标识等因素，结合运用摹描、比喻、谐音和化形（即变化字形）等手段，先后给它命名二十来种不同的称谓。

牛蒡的名称始见于南北朝时期陶弘景（456—536）的《名医别录》。牛蒡的植株高可达 1 至 2 米，叶片呈心脏形，长宽均有 40 至 50 厘米。人们以"牛"喻指其枝叶粗壮，以"蒡"喻指其在野外丛生，特地取名为"牛蒡"。由于古时"牛"和"芈"同音；"蒡"和"蒡""蒡"相通，所以还得到芈蒡、牛蒡和牛蒡的别称。现在台湾地区还称其为"吴帽"。"吴"在方言中有大的含义，借以喻指其叶大如帽。

牛蒡的肉质根呈长圆柱形，外皮粗糙，有香气。我国采食其根的记录不迟于唐代。韩鄂的《四时纂要》说："八月已后即取根食。"孟诜的《食疗本草》也说："根作脯，食之良。""脯"音"府"，这句话是说：用牛蒡的根做成的干制加工品很好吃。到了明初，朱橚的《救荒本草》记

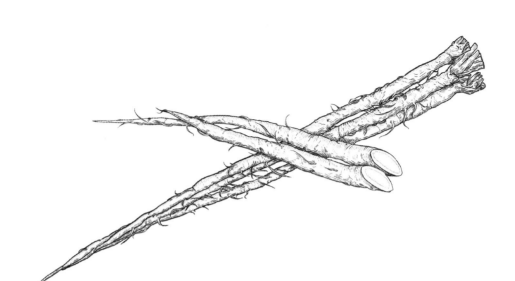

载：以牛蒡的根可作蔬食，所以它又叫作牛菜。该书还描述了野生牛蒡肉质根的形态：长尺余，粗如拇指，其色灰黪。"黪"音餐，指的是浅黑色。由此看来，当时国产牛蒡的肉质根直径不过 2 厘米，长度也只有 30 至 40 厘米。大约在五代时期牛蒡传到日本，其后经过长期选育，最终变成了日本境内的一种重要根菜。1937 年以后以肉质根供食的新品种牛蒡又回归中国。现在新型的根用牛蒡，其长度已达 60 至 100 厘米，直径也增至 3 至 4 厘米。牛蒡的肉质根营养丰富，且有补肾、润肤，以及强筋骨、益气力等药用功效。剥除表皮、浸水脱涩后，可炖、煮、炸、炒，或烹汤，或蘸酱食用。食用牛蒡对中风，以及感冒、咳嗽等症状也具有一定的辅助医疗作用。此外，牛蒡的嫩茎叶也是西餐中的上佳原料，凉拌、烹炒或做汤均可应用。由于其肉质根的外观很像长萝卜，而皮色暗黑，国人又俗称其为黑萝卜或黑根。有人还以其嗜好食用国家——日本的标识东洋命名，或称其为东洋萝卜。

牛蒡原为野生植物，遍布田间村落，由于它们经常傍着菜农生长，因而获得"蒡翁菜"和"茅翁菜"等异称。其种子为瘦果，呈纺锤形，人称"牛蒡子"，或用大力暗喻"牛"，而誉称其为"大力子"，简称"牛子"。由于它能治疗咽喉肿痛等病症，古人以"牵牛谢药"的礼俗为依据命名，还给牛蒡留下了"便牵牛"的称呼。

牛蒡果实的总苞呈球形，苞片上长有刺钩，所以以极易附着在其他物品之上。鉴于它外观怪异，又获得诸如"恶实""蝙蝠刺"或"夜叉头"等贬称。由于牛蒡的果实长有棘刺，老鼠一旦沾上就难以摆脱，所以民间又给它起了"鼠粘草""鼠粘"或"鼠见愁"等俗称。

19 世纪德国旅行家冯·施伯尔迪特来

华访问后，曾把牛蒡种子携回，此后欧洲才有了牛蒡的踪迹。其拉丁文学名的种加词 lappa 亦为"有刺果皮"的含义。其英文名称 edible burdock 可直译为"食用牛蒡"。这些域外名称与我国的一些命名原则也不谋而合。

8. 婆罗门参四品

婆罗门参是属于菊科的一组根菜类蔬菜的统称，它包括四种蔬菜。第一种以婆罗门参为其正式名称，又称普通婆罗门参；后三种分别叫作菊牛蒡、法国菊牛蒡和黄花蓟，但它们都有着以"婆罗门参"为主体的别称：黑婆罗门参、法国婆罗门参和西班牙婆罗门参。人们依据它们的形态特征、植物学特性，以及原产地的名称或标识等因素，结合运用状物、拟人、拟物、谐音和意译等手段，先后给这四种舶来品命名了 30 多种不同的称谓。

（1）婆罗门参

普通婆罗门参即婆罗门参，它是菊科婆罗门参属，二年生草本，根菜类蔬菜，以肉质根和嫩叶供食用。

婆罗门参原产于地中海沿岸的意大利、希腊，以及南亚的印度等地。早在公元 13 世纪，欧洲人就采食野生的婆罗门参，至今欧洲已有数百年的栽培历史。传入美洲以后，《独立宣言》的起草者、美国总统杰斐逊（Thomas Jefferson，1743—1826）也曾在他的私人园圃中栽植过这种蔬菜。

野生的婆罗门参在我国的新疆等地早有分布，但作为栽培蔬菜大约在近代才传入我国。现在上海等大城市，以及台湾等地已有少量栽培。其英文名称 salsify 的前缀 sal 即指原产于印度的婆罗树，从而也传达了婆罗门参原产地之一乃是印度的信息。

"婆罗门"是印度古代梵语 Brahmana 的音译，它原指古代印度四个种姓之首的僧侣贵族，为"净行、清净高贵的人群"之义；后来逐渐变成古代印度的代称，寓意为"婆罗门僧众之国"。因此从东汉佛教传入之时起，我国就对印度有此称呼。根菜类蔬菜婆罗门参的称谓也是以其原产地之一印度的古称而命名的，其寓意是：来自印度的人参。在这里"参"即为人参的简称，既表述了该种蔬菜的形态特征，又凸显了它那有如人参的保健功能。由于婆罗门源于音译，婆罗门参或可写作"波罗门参"。

婆罗门参的称呼早已见诸史册。生活在五代的后唐（923—936）时期的王颜在其所著的《续传信方》一书中介绍说：具有补益功效的仙茅是由西域僧人传入我国的。唐开元元年（713 年）婆罗门（即指来自印度）僧人曾进献此药，唐玄宗李隆基服用此药后效果显著。安史之乱以后此药流落民间，江南地区于是把它叫作婆罗门参，意为来自印度的人参。经查，这种药用植物的正式名称应为仙茅，它是仙茅科仙茅属的多年生草本植物，虽与专供蔬食的婆罗门参无涉，但为解读后者的命名方式提供了参考依据。

菜用婆罗门参的叶色暗绿，叶片呈条状、披针形。由于它窄而细长，外观很像扁平的蒜叶和韭葱叶，还获得蒜叶婆罗门参的别称。其拉丁文学名的种加词 *porrifolius* 也有"韭葱叶"的含义。

婆罗门参的肉质根呈长圆锥形，长可达 30 厘米，直径约为 3.5 厘米，外观很像根类蔬菜牛蒡的肉质根，但其皮色呈黄白色。以其上述形态特征，及其原产地的标识"西洋"联合命名，人们又称其为西洋白牛蒡，或简称西洋牛蒡。

婆罗门参的花为头状花序，花冠呈紫或红紫色。因其花冠的冠毛呈山羊须状，及其花开后到中午即闭合等特性，还获得"山羊须"，以及"午睡先生"的雅号。其拉丁文学名的属称 Tragopogon 亦凸显了其冠毛呈山羊须状的内涵。

婆罗门参的肉质根和叶片含有乳白色的汁液，因其具有特殊的牡蛎样气味，所以又得到牡蛎菜、蚝味蔬菜和蔬菜牡蛎等俗称。其英文异称 oyster plant 亦有"具牡蛎味"的含义。

（2）菊牛蒡

黑婆罗门参即菊牛蒡，它是菊科鸦葱属，多年生、常作一二年生栽培，宿根、草本，根菜类蔬菜，以肉质根和嫩叶供食用。

菊牛蒡原产于欧洲的中南部，盛产于法国，大约在 20 世纪由欧洲和日本引入我国。

菊牛蒡的肉质根呈圆柱形，黑皮、白肉；花为头状花序，花冠黄色呈舌状。由于其肉质根与根菜类蔬菜牛蒡极为相似，而花器又很像花菜类蔬菜菊花，因而取名为菊牛蒡。

菊牛蒡的肉质根又略似婆罗门参，但其根皮呈黑色，采用摹描和拟物等手段命名，又得到如下一组别称：

黑婆罗门参、黑波罗门参、黑皮婆罗门参、黑色婆罗门参、黑皮波罗门参、黑皮参和黑皮牡蛎菜。其英文名称 black salsify 亦可直译为黑婆罗门参。另据其花为黄色的特征，还有着黄花婆罗门参的异称。

菊牛蒡的叶片呈披针形，先端尖锐，有如扁叶葱，结合其根皮呈黑色等特征命名，又称之为"鸦葱"或"雅葱"。其中的"鸦"喻指黑色，而"雅"又与"鸦"谐音。

"鸦葱"之名可见于明代朱橚的《救荒本草》，由于当时这种野菜的肉质根不发达，只能采集其幼苗和嫩叶供食用。虽然两者同名，但在植物界它们只是同科同属的亲戚，不能混为一谈。现在学术界多采用菊牛蒡的称谓为其正式名称。

（3）法国菊牛蒡

法国婆罗门参即法国菊牛蒡，它是菊科鸦葱属，一年生草本，根菜类蔬菜，以肉质根和嫩叶供食用。

法国菊牛蒡原产于欧洲南部，在法国境内盛行栽培。法国菊牛蒡的植株除叶形较大以外，其黑色的肉质根和黄色的花朵等形态特征都与菊牛蒡极为相似。因此依据其主产地域的名称，采用拟物的手段，比照菊牛蒡及其别称进行命名，得到法国菊牛蒡、法国婆罗门参、法国波罗门参、法国黑婆罗门参、法国黑皮婆罗门参、法国黑色婆罗门参、法国黑皮参，以及法国鸦葱等称谓。在上述这些称谓中，法国菊牛蒡为正式名称，有人也简称其为菊牛蒡。其拉丁文学名的种加词 picoroides 的词冠也有"鹊色"的含义，而它又可以引申为黑色。

（4）黄花蓟

西班牙婆罗门参的正式名称叫作黄花蓟，它是菊科黄花蓟属，二年生草本，根菜类蔬菜，以肉质根供食用。

黄花蓟原产于西班牙等南欧地区，其拉丁文学名的种加词 hispanicus 也突出了原产地西班牙的产地属性，1971 年引入我国的台湾地区。

黄花蓟的叶片为绿色，呈长椭圆形、羽状分裂，叶缘有刺针，很像俗称"刺蓟菜"的野生蔬菜大蓟。黄花蓟的头状花序顶生，呈黄色。依据其花色和叶形的特征，运用摹描和拟物的构词手段联合命名，称之为黄花蓟。实际上这个称谓来源于英文名称 goldethistle，其含义即为"金黄色的刺蓟"。

黄花蓟的肉质根呈长圆锥形，表皮为黄色，其外观也颇似婆罗门参。以其原产地域的名称，结合采用拟物手段命名，又得到一组别称：西班牙婆罗门参、西班牙波罗门参和蓟叶婆罗门参。

其中的蓟叶婆罗门参是流行于台湾地区的地方性俗称。鉴于黄花蓟具有牡蛎样气味，还得到西班牙牡蛎菜的别称。

以上四种以婆罗门参命名的根菜，其品质脆嫩的肉质根不但具有独特的牡蛎样风味，而且含有蛋白质、碳水化合物、维生素和多种矿物质等营养成分。其中的菊牛蒡和婆罗门参就分别富含 B 族维生素，以及锌、锰、铜、锶等微量元素。现代科学研究成果还显示：在这些根菜所含的碳水化合物成分之中，菊糖占据了相当的比重。由于菊糖不能被人体消化吸收，所以这类根菜就被列入低热量保健食品的范畴。适量食用此类舶来品不但可以提神健脑、滋补身体，而且还会兼收减肥、美容等功效，从而为糖尿病和黄疸病患者，以及渴望轻松减肥的人群带来福音。作为欧美两洲特别喜好的高档佳蔬品系，可烤、煮、煎、炸，或蘸奶油就食；也可做成羹汤饮用，或制成罐头贮藏。为防止变色，食用之前还可适当添加一些食醋或柠檬酸。而其嫩叶则可供烹炒，或做沙拉食用。

9. 根香芹

根香芹是伞形科欧芹属，二年生草

本，根菜类蔬菜，以肉质根供食用。

根香芹是香芹菜的一个变种，它原产于地中海沿岸地区。在古希腊和古罗马时期已利用它来治疗一些疾患，有时还把它扎成花环，作为奖品献给获胜的运动员。后来人们又用它当作配菜或是辛香调味料。公元16世纪，法国人奥利维尔·德·塞利开始对香芹菜进行规范化的栽培管理，现在欧美两洲广泛种植。20世纪初叶，根芹菜从欧洲引入我国，先后在北京的中央农事试验场和上海郊区进行试种，现在一些沿海城市的郊区有少量栽培。

百余年来，人们以其食用器官的品质和功能特性，以及产地名称或标识等因素，结合运用摹描、拟物等构词手段，先后给根芹菜命名了十来种不同的称谓。

香芹菜的叶呈浓绿色，为三回羽状复叶，叶缘有锯齿状卷曲，外观类似芹菜和芫荽；又因其含有芳香油，可使肴馔增添悦人的香气，所以取名为香芹菜。香芹菜有两个变种，其中以其肉质根为主食部位的变种称为根用香芹菜，以叶片为主食部位的变种称为叶用香芹菜，又称香芹菜，相关介绍详见各论第九章"绿叶菜类蔬菜"中的香芹菜篇。

根用香芹菜又称根用香芹，或称香芹菜根，简称根香芹。这是一组以其主要食用器官的名称和品质特征联合命名的称谓，现在采用根香芹的称谓为正式名称。

根香芹的肉质根呈黄白色或灰白色，外观有如纺锤形或长圆锥形。由于它是在德国培育成功的，而又盛产于欧洲的德、荷两国，所以人们以其产地名称等因素命名，又称其为汉堡香芹菜、汉堡欧芹、荷兰欧芹和根用欧芹等。其中的"汉堡"是德国北部的重要城市，其拉丁文学名的变种加词 radicosum 亦有"多根"的含义。

根香芹是地中海式西餐系统中必不可少的辛香调味蔬菜，它宜与肉类食品一起炖、烤食用，也可切片后油煎、烹汤，或捣碎制成沙拉。此外还常用于罐头食品中充作辛香调味料。

值得注意的是根香芹在烹制前不宜先削去外皮，否则极易引起褐变。正确的加工方法是：首先洗净根芹菜，煮到半熟，然后再去皮、烹调食用。

10. 根用泽芹

根用泽芹又称泽芹，它是伞形科泽芹属，多年生作一年生栽培草本，根菜类蔬菜，以肉质块根供食用。

泽芹原产于东亚和北欧，我国有野生种。公元一世纪初叶，它曾是古罗马皇帝提比留斯向欧洲中部地区（今德国境内）索取的一种贡品。经过改良选育，作为蔬菜，从十七八世纪起，逐渐被英美等国所接受。现在欧美两洲均有栽植，近代我国从欧洲引入栽培种。

泽芹生于水湿地区，其叶为羽状复叶，小叶矩圆至卵圆形，颇似芹菜叶。依

据其性喜湿润的生物学特性，及其形态特征命名，称之为泽芹，又称细叶芹。

根用泽芹的肉质根呈束状、长圆锥形，皮色浅灰，根肉白嫩而味甜。根用泽芹就是以其食用器官的名称而命名的。结合其形态的品质特性，还得到参芹和甜根等别称。其中甜根称谓来源于其荷兰文名称 suikerwortel，其俄文名称 сладкий корень 和 сахарный корень 也都有相同的含义。

泽芹的称谓已纳入国际标准《蔬菜命名—第一表》。其食用方法与美洲防风极为相近：可炖、煮、烤食，或煮汤、油煎。另据草本植物学家杰拉德研究，根用泽芹还具有缓解呃逆等保健功效。

第二章　白菜类蔬菜

白菜类蔬菜主要包括白菜和大白菜等两类蔬菜，它们都是十字花科芸薹属中的一二年生草本植物，以其叶色绿白而得名。这两类蔬菜的主要区别在于其叶片的形态各异：白菜的叶片具有明显的叶柄，而无叶翅；大白菜的叶片没有明显的叶柄，但具有从叶片一直延伸到叶柄两侧而形成的叶翅。然而，从细胞遗传学分析，它们的染色体不仅数目相同（n=10），又属于同组（AA）；它们之间的自然杂交率还能达到 100%，从而说明它们是从属于同一个芸薹种的两个不同的亚种。

白菜类蔬菜起源于我国。白菜和大白菜两个亚种的拉丁文学名的亚种加词 chinensis 和 pekinensis 即分别表示"中国的"和"北京的"等含义，其中的白菜亚种包括普通白菜、乌塌菜、菜薹和薹菜四个变种，大白菜亚种包括散叶大白菜、半结球大白菜、花心大白菜和结球大白菜四个变种。本章主要介绍作为蔬菜商品实体的普通白菜、乌塌菜、菜薹、紫菜薹、薹菜和大白菜。

白菜类蔬菜的品质柔嫩、口味清纯、营养丰富，适宜烹炒、凉拌、做馅，又可腌制加工。此外还具有消食、通便、除烦、解酒等医疗保健功效，因此自元明以来逐渐成为我国最重要的蔬菜。现代科学家们又发现白菜类蔬菜具有抗氧化，以及防癌、抗癌的功能。

在白菜亚种中，以绿叶供食的普通白菜简称白菜，因其株型小于以叶球供食的大白菜，所以又俗称为小白菜。

早在上古时期我们的先民就把采食的芸薹类蔬菜（其中包括普通白菜）统称为葑。先秦古籍《诗经》在其《唐风·采苓》，以及《邶风·谷风》等篇中分别已有"采葑采葑，首阳之东"，以及"采葑采菲，无以下体"等相关记载。据专家考证，"唐风"是反映唐国风俗的民歌。"唐"是西周初年周成王之弟叔虞的封地，其辖区在今山西省的中南部地区，说明早在两三千年以前，我国山西的汾水流域就已采食白菜类蔬菜了。《邶风·谷风》篇是一首周代的弃妇诗。诗中的"体"原指草本植物地上的茎叶，"下体"则指其地下的根部。诗中唱道：在采食葑、菲的时候，怎能把地下的根抛弃呢？言外之意是说"葑"既可食用地上部的叶，还能采挖地下部的根。由此可以推知，当时我国的中原地区既有根叶兼食的芜菁，也有以叶片供食的普通白菜了。

到了汉代，"葑"的内涵产生了明显的分化：随着芜菁最终演变成为以肉质根为主食部位的根菜，以叶片供食的普通白菜也获得"菘"的命名。古代人们对菘菜和芜菁是依靠其叶面有无茸毛而加以区分的。芜菁因其主要的食用部位为肉质根而被列入根菜类蔬菜。而白菜属于性喜冷凉的蔬菜，由于它具有一定的耐寒特性，所以人们比照"岁寒三友"之一的松，另外再加上草字头，从而称其为菘。

"菘"的称谓始见东汉名医张仲景的《伤寒论》。内称："药中有甘草，食菘即令病不除也。"大意是说：如服用含有甘草的药剂，禁食菘菜才能保证疗效。虽然这个观点值得进一步商榷，但是由此可以确知汉代在中原地区已有称作"菘菜"的蔬菜食品了。

关于人工栽培菘菜的历史，以前人们认为仅可追溯到晋代。其实早在公元 3 世纪初叶的三国时期就有了确切的相关记载。据张勃的《吴录》以及陈寿（233—297）的《三国志·吴书》等古代文献资料透露：吴帝孙权在嘉禾五年（236 年）派遣陆逊和诸葛瑾攻打魏国的襄阳时，陆逊为了给军队筹备给养，曾"催人种豆、菘"。《三国志·吴书》则把"菘"写作"葑"，这比晋惠帝永兴元年（304 年）问世的《南方草木状》的相关记载提前了六十多年。

南北朝时由于栽培技术的普及，以及育种水平的提高，类型多样的菘菜逐渐成为常见蔬菜食品。在南朝，特别是在长江下游等地区，它不但成为平民百姓的盘中之餐，而且还能登上王孙贵族的大雅之堂。相关记载在一些正史中俯拾皆是。

李延寿在《南史》中说：南齐高帝萧道成（479—482 年在位）的儿子萧晔（音叶）被封为武陵昭王，他曾用菘菜招待过尚书令王俭。

萧子显的《南齐书》称：隐居钟山的名士周颙（音庸）对文惠太子萧长懋说过"春初早韭（和）秋末晚菘"的味道最为好吃！

此外姚思廉的《梁书》，以及《南史·隐逸传》还专门介绍过以栽培菘菜为生计的一位菜农的事迹。这位菜农叫作范元琰（音演，442—511）。他是南朝梁时期的钱塘人（今浙江杭州），享年 70 岁。据说平时他博通经史，兼精佛学，对穷人还富于同情心。

在北朝，北魏的贾思勰在其名著

《齐民要术》中记述了菘菜的形态特征："（叶）似芜菁，无毛而大"；记录了栽培方法："种菘、芦菔（即萝卜）法与芜菁同"；而且还介绍了腌渍加工菘菜的技术要点。

到了唐朝时期，由于人们的定向培育，菘菜产生了进一步的分化，出现了普通白菜，以及处于萌芽状态的散叶大白菜。

据唐高宗显庆四年（659年）问世的《新修本草》（苏敬［因避宋人讳"敬"又写作"恭"］主持修订，又称《唐本草》）称，当时的菘菜已有三种：白菘、紫菘和牛肚菘。该书还强调说："牛肚菘，叶最大（且）厚，味甘。"唐代文学家韩愈（768—824）曾有"晚菘细切肥牛肚"的诗句。对此宋代的苏颂在其所著的《图经本草》中做了补充描述，说牛肚菘"叶圆而大，或若箑（音厦，即指扇子），啖之无滓"。宋代初年，陶谷在《清异录·蔬菜门》中还曾介绍说：大约在五代时期有一位叫作王爽（音式）的菜农，因为他善于种植经营马面菘而发财致富。唐和五代时期或称"牛肚"、或称"马面"都凸显了其植株形体硕大的基本特征。由此或可推测牛肚菘或马面菘都是散叶大白菜的雏形。有人还认为，紫菜薹就是由唐代紫菘中容易抽薹的个体经长期选育而成的。

到了宋代，普通白菜在我国南北各地已广泛栽培。通过苏颂的《图经本草》可以再现宋代普通白菜的外观形态。同时在南方还出现了乌塌菜和菜薹两个变种。

据南宋的吴自牧在《梦粱录·物产·菜之品》中介绍：在南宋时期，临安地区（今浙江杭州）的日常蔬菜已有薹心、矮菜、矮黄、大白头、小白头、夏菘和黄芽等多种白菜类蔬品。南宋时期的地方志《咸淳临安志》也有内容相似的记载。上面提到的"矮菜""矮黄"应属于乌塌菜变种；"薹心"即《西湖老人繁胜录》（亦为南宋时期著作）所称的"薹心菜"，它应属于以嫩花茎和叶片供食的菜薹变种；而"大白头""小白头""夏菘"和"黄芽"都属于普通白菜变种。宋宁宗嘉定十六年（1223年）成书的《嘉定赤城志》称"大曰白菜，小曰菘菜"，从此白菜和菘菜这两种称谓开始并行于世。此前于宋宁宗嘉泰元年（1201年）修成的《吴兴志》还记有"蚵皮菘"一品，并说它的特点是"叶皱而丛大"。由于各地方言的读音不同，"蚵"或读如"客"，或读如"河"，"皱"读音如"村"；物体表面皱缩可称为"皱"，因此"蚵皮菘"应是株型较大、叶面皱缩、叶色墨绿的乌塌菜。由于种类繁多，更兼耐寒的矮菜与耐热的夏菘齐备，排开播种就能做到"一年不绝"，从而实现了菘菜的常年供应。南宋时期著名政治家兼诗人范成大（1126—1193）在宋孝宗淳熙十三年（1186年）曾有过题为《四时田园杂兴》的组诗（共有60首）问世。其中有两首分别提到了"踏地菘"和"菘心"，从而也给我们提供了有力的佐证。范成大的第一首田园诗写道：

"拨雪挑来踏地菘，味如蜜藕更肥浓。朱门肉食无风味，只作寻常菜把供。"

这首诗强调说，冬天冒雪采收的踏地菘菜，品质更肥嫩、味道更甘甜。诗中的"踏地菘"或写作"蹋地菘"，所指的就是贴近地面生长的乌塌菜；"菜把"即指菜蔬。

范成大的第二首田园诗写道：

"桑下春蔬绿满畦，菘心青嫩芥薹肥。溪头洗择店头卖，日暮裹盐沽酒归。"

这首诗描述了春季菜农采收菜薹后，再经过清洗整修上市销售，晚上换回生活用品盐和酒的生动情景。诗中的"菘心"又称薹心菜，即指菜薹。

南宋时期在江南地区出现的黄芽又称黄芽菜。前面提到的《梦粱录》一书还披露："黄芽，冬至取巨菜，覆以草。即久而去腐叶。以黄白纤莹者，故名之。"意思是说：在冬季把收割的白菜盖上草，过一段时间以后去掉腐烂的叶片，因为它黄白相映所以叫作黄芽菜。由此可知，这是在冬季运用假植的方式对普通白菜进行软化栽培的一种产物，而与后世大白菜的异称黄芽菜有所不同。

到了元代，大都（今北京地区）把白菜作为正式名称，并把它列为田园栽培蔬菜的首位；而菜薹（即薹心菜，当时称胎心菜）也成为农历五月太庙"荐新"的首要祭品。这可在熊梦祥所著《析津志》一书的"物品·菜志"和"岁纪"两节中得

到印证。元代大都人秦简夫曾创作过题为《东堂老劝破家子弟》的杂剧，在其第三折，我们可征寻到当时大都城内小贩在市面上卖菜的货声："卖菜也！青菜、白菜！"另外在元代御医忽思慧所著的《饮膳正要·菜品》白菜的附图中，还可见到外观较为直立的白菜。从其叶片披张、叶部又无明显的叶柄等形态特征可以推断，这种白菜，也应属于散叶大白菜类型。

元人许有壬（1287—1364）曾有"土膏新且嫩，筐筥荐纷披"等吟颂白菜的诗句。其中的"荐纷披"和"新且嫩"把散叶大白菜的叶片披张、口感鲜嫩等形态和品质特征都描绘得入木三分。

关于白菜的单棵重量记录，元末明初时期的著名学者陶宗仪在《南村辍耕录》里有过如下的记述：

"扬州至正丙申、丁酉间，兵燹之余，城中屋址遍生白菜。大者重十五斤，小者亦不下八九斤，有膂力人，所负才四五窠耳，亦异哉！"

据考证，这则闻见笔录大概发生在元惠宗（即元顺帝）至正十七年（1357年），当时朱元璋的军队刚刚攻占了扬州。陶宗仪在战后城中的废墟中看到市民栽种了许多白菜。这些白菜中最大的每棵重达15斤，小的也有八九斤，一个身强体壮的人一次最多也不过能拿上四五棵。由此推知这些白菜无疑应是典型的散叶大白菜。

从南宋到元明时期，江浙地区的人们对白菜类蔬菜之间的自然杂交现象逐渐有

所认知，他们发现白菜很容易杂交变成异种，民间称此种现象为"串花"；所以又把黄芽菜俗称为花交菜。明代江苏学者李诩（1505—1593）在《戒庵老人漫笔》中对此种现象做过正式的笔录：

"杭州俗呼黄矮菜为花交菜，谓近诸菜多变成异种，民间常以此詈人，……（此种）土俗多（为）南渡遗风。"

黄矮菜即黄芽菜，"诸菜"即指其他白菜类蔬菜，文中不但说明黄芽菜容易杂交，还进一步暗示它也是自然杂交、选育的产物；詈音厉，骂人义；"花交菜"也成了骂人的话；此外"南渡"指宋高宗南迁，"南渡遗风"所强调的是：这种俗称还可以追溯到公元12世纪的南宋初期。

由于长期的杂交选育，及至明清两代，白菜类蔬菜的种质资源已十分丰富，逐渐形成品类繁多、形态各异的局面。

在白菜亚种中，普通白菜变种已分化出青梗白菜和白梗白菜两种类型。正如明代的《本草纲目·菜部·菘》所记述的那样："一种茎圆厚微青，一种茎扁薄而白。"其中的"茎"指的是叶柄。这两种类型的主要区别在于前者叶柄呈绿白或浅绿色，后者呈白色。在白梗白菜类型中按照株型的高矮，以及叶柄的长短分成高桩白菜和矮桩白菜两种副型。前者一般植株较高、叶柄长于叶身，诸如明代陆容（1436—1497）的《菽园杂记》，以及王世懋（1536—1588）的《学圃杂疏》中所称的"箭干"或"箭杆菜"等都属于高桩白

菜副型。

乌塌菜变种又分化出塌地白菜和半塌地白菜两种类型。《清稗类钞》所谓沪中（指上海）的"塌稞菜"，以及江宁（指南京）的"瓢儿菜"就是这两种类型的典型代表。清人吴其浚（1789—1847）在《植物名实图考》一书中所说的"乌金白"亦应属于半塌地类型。

菜薹变种则进一步分化出青菜薹和紫菜薹两种类型。前者花薹和叶柄呈绿色，后者呈紫红色。从《本草纲目》的《菜部·芸薹》中检索到"叶形色微似白菜，冬春采薹心为茹（菜）"等内容可以推测，明代已有青菜薹；进入清代，湖北等地区才出现紫菜薹的相关记载。

明代宫廷对菜薹十分珍视，称之为薹菜或台菜。据张廷玉的《明史·礼志》，以及刘若愚的《酌中志》等史籍披露：朝廷每年都要从南京借助"进鲜船"把薹菜及其腌渍制品运至首都北京，除作为夏历二月份太庙"荐新"的祭品以外，还作为时新蔬菜供给亲贵们享用。

到了清代紫菜薹逐渐为世人所知。值得注意的是清末李鸿章（1823—1901）担任直隶总督时还曾试图把紫菜薹从武汉的洪山引种到天津。

至于薹菜变种则是清代在黄河和淮河的下游地区选育成功的。

大白菜亚种在明代中期以后经过定向培育并分化形成散叶大白菜、半结球大白菜、花心大白菜和结球大白菜四种变种。

自然结球的大白菜，大约是在 15 世纪末叶到 16 世纪初期的明代中期，经过选择心叶抱合的单株，结合运用培土、束叶等栽培方法定向培育，使其外叶直上、向里抱合逐渐形成的。在南方，它源于杭嘉湖地区，包括现今浙江省的杭州和嘉兴，以及江苏省的太湖流域。在北方则源于畿辅地区，包括现今河北省的中部，以及北京地区。由于北方冷凉少雨的气候条件更适合结球白菜的生长习性，所以北方大白菜的品质更佳。

以黄芽菜称呼大白菜不迟于明代中期，有时或称黄矮菜，或简称黄芽。明武宗正德十六年（1521 年），从广东香山（今广东中山）进京考中进士的黄佐（1490—1566），在其《北京赋》中提到：北京地区"亦有嘉蔬，绮葱、丰本、黄芽、赤根……"，其中涉及的蔬品就已包括葱、韭、黄芽菜和菠菜。大约同一时期的徐献忠（1483—1559）在其《吴兴掌故集》中也提到：吴兴（今属浙江湖州）的"白头菜极肥大而短，即杭（指杭州）之黄矮（芽）菜"。此后一些原来生活在南方地区的学者或官员，经过亲身对照、比较，大都认为燕京地区黄芽菜的品质，远比南方的黄芽菜和箭杆白优良。

当时的黄芽菜按栽培方式和品类的异同大致划分为三种：第一种是指散叶大白菜或半结球大白菜的假植、软化栽培产品，第二种是指花心大白菜，第三种是指结球大白菜。

李时珍（1518—1593）在《本草纲目·菜部·菘》中写道：

"燕京圃人又以马粪入窖壅培，不见风日，长出苗叶皆嫩黄色，脆美无滓，谓之黄芽菜。"

在冬季寒冷的北京地区，菜农利用马粪作为酿热物以提高地温，采用地窖作为保护地设施，在密闭、遮光的环境下，进行软化栽培的黄芽菜应属于第一种。另从关于"一本（指一棵）有重十余斤者"的记载可以推知，被明代后期王象晋的《群芳谱》称为"白菜别种"的黄芽菜也应属于第一种类型。北京地区现在还沿用此种技术手段来囤油菜心，即假植贮藏的白梗白菜。而在南方或冬季较为温暖的地区则需要加盖防寒物品以在菜畦内越冬。大约在同一时期问世的《雅尚斋遵生八笺》（高濂著）则有采用大缸作为覆盖物的相关记载，内称："将白菜割去梗叶，止留菜心，离地二寸许，以粪土壅平。用大缸覆之，缸外以土密壅，勿令透气。半月后取食，其味最佳。"

苏州才子王世懋在明神宗万历十五年（1587 年）付梓的《学圃杂疏》中曾说："大都今之东菜，如郡城箭杆菜之类皆可称菘。箭杆虽佳，然终不敢燕地黄芽菜。可名菜中神品，其种亦可传。但彼中经冰霜以蘧庐覆之，叶脱色改黄而后成。此却不宜耳！"又说："黄芽菜，白菜别种。叶梗俱扁，叶绿茎白，唯心带微黄。以初吐有黄色，故名黄芽菜。"

其中的"东菜"原指栽培蔬菜，在这里泛指白菜；"箭杆菜"指普通白菜；"彼中"指别处；"经冰霜"指冬季；"蘧庐"原指粗制竹席和简易棚舍，可引申为简陋的蔽日覆盖物。这段话的大意是说：大概现今的栽培白菜如南方城市常见的箭杆白菜之类，都可以叫作菘菜。其中的箭杆白菜，品质虽然很好，然而终究不如燕京地区出产的黄芽菜。这种黄芽菜可称为蔬菜中的神品，它利用种子也可传播。但是冬季在别处所采取通过覆盖软化、以使叶片变黄的方法，在这里却不宜使用。人们据此推断：这种顶端叶片黄白、外翻的黄芽菜即为花心大白菜。在冬季不宜采取软化栽培的深层原因在于这种黄芽菜的生长期较短、耐寒性较差，所以不耐贮藏。现在北京地区保留下来的农家品种翻心黄和翻心白可能就是其一派的余绪。

第三种类型以产于北直隶保定府安肃县（今河北徐水）、集散于京师市场的安肃黄芽菜为代表。安肃黄芽菜的成名始于明末而盛于清初。

明末清初有一位著名戏剧家叫李渔（1611—1680），他在早年曾游历过京师。以后定居在南京和杭州，晚年著有《闲情偶寄》。书中追忆往事时曾说道：

"菜类甚多，其杰出者，则数黄芽。此菜萃于京师，而产于安肃，谓之安肃菜，此第一品也。每株大者可数斤，食之可忘肉味。……予自（清顺治十四年）移居白门（指南京），每食菜、食葡萄，辄思

都门（指首都北京）。"

大约生活在同一时期的施闰章（1618—1683）在明朝灭亡后五年，即清顺治六年（1649年）进京考中第二甲的第26名进士。他曾写有题为《黄芽菜歌》的七言诗，也提到过"安肃黄芽菜"，内称：

"先生精馔不寻常，瓦盆饱啖黄芽菜。可怜佳种亦难求，安肃担来燕市卖。"

无论说它"产于安肃""萃于京师"也好，还是说它"安肃担来燕市卖"也罢，都点出了安肃黄芽菜的产销经营模式由来已久。

鉴于"秋深而熟"、生长期长的安肃黄芽菜极具株棵肥大、柔嫩无筋、口味鲜美等"甲天下"的优良品质，所以被人们一致誉为"都门极品"。清初的著名学者王士祯（1634—1711）也认为："今京师以安肃白菜为珍品，其肥美香嫩，南方士大夫以为渡江（指江南地区）所无。"

清代宫廷正式在安肃设立皇家蔬菜生产基地，每年专门为帝王栽培供应18000斤黄芽菜，因此又获得"贡菜"的誉称。乾隆皇帝弘历（1736—1795年在位）在亲临视察以后有《安肃县咏菘》诗称道：

"谁道江南足晚菘，绿琼满圃秀金风。田家滋味僧家画，野意何妨六膳充。"

诗中提到的"晚菘"即指大白菜。

据清乾隆二十三年（1758年）刊行、潘荣陛的《帝京岁时纪胜》，以及清道光二十七年（1847年）出版、梁章钜的《浪迹丛谈》记载，清代中期的产品"每棵重

至数十斤"；每年冬天在全县范围内都要挑选一棵最大的大白菜命名为"白菜王"，立即用快马、专车送往京城供帝王享用。道光皇帝旻宁（1821—1850 年在位）品尝以后有《晚菘》诗赞道：

"采摘逢秋末，充盘本窖藏。

根曾滋雨露，叶久任冰霜。

举箸甘盈齿，加餐液润肠。

谁与知此味？清趣惬周郎。"

这首诗把结球大白菜的栽培要素"滋雨露"、耐寒特性"任冰霜"、贮藏方式"窖藏"、品味特色"甘盈齿"，以及营养价值"润肠"等重要特征尽收囊中。此外在篇末还巧妙地运用了南齐时周颙关于"秋末晚菘"的典故。

《清稗类钞·植物类》介绍说，清代的黄芽菜，"叶与柄皆扁阔，层层包裹，全体成圆柱形，顶端成球形；叶淡黄色。秋末可食，柔软甘美"。清代的《光绪顺天府志·食货志·物产》也说："黄芽菜为菘之最晚（熟）者，茎（指棵）直、心（指叶）黄，紧束如卷，今（指清代）土人专称为白菜。"上述两段文字中的"层层包裹""顶端成球形"，以及"紧束如卷"等表述，把"结球大白菜"的栽培特性和形态特征描绘得淋漓尽致。

清代与安肃菜齐名的还有产于山东胶州（今属山东省青岛市）的胶菜，以及产于天津和河南等地的结球大白菜。其中产于鲁、豫两省的大白菜"硕大无朋"，"市菜者以刀削平其（过头）叶，置之案。八

人之案，仅置四棵耳"。一张八仙桌上仅能放置四棵菜，可见每棵菜之巨大。由于结球大白菜在上述的山东半岛、天津（包括冀东地区）以及河南中部等地区的长期栽培，各自发生了一些生态变异，最终形成了三种不同的生态类型：以胶州白菜和福山包头为代表的卵圆型结球大白菜；以天津青麻叶和玉田包头为代表的直筒型结球大白菜；以及以洛阳包头为代表的平头型结球大白菜。

现代各地又运用先进的科技手段培育了许多具有适应性广、抗病性强，以及优质、高产等多种功能的新品种（包括一代杂种）。

古往今来，人们依据其食用部位的形态特征、栽培特性等因素，结合运用拟物、谐音等构词手段，先后给白菜类蔬菜命名了难以计数的不同称谓。现分别择要介绍如下。

1. 普通白菜

普通白菜简称白菜，它以莲座状的绿色叶片供蔬食，现在我国南北各地广泛栽培。

两千多年来，人们依据其形态特征、栽培特性、功能特点，以及产地和人文等因素，综合运用拟物、谐音和贬褒等手段，先后命名了四五十种不同的称谓。

普通白菜的主食部位是生长在短缩茎上的莲座状叶片，其叶片为圆、卵圆或

椭圆形，呈浅绿或深绿色；叶柄肥厚，呈白、绿白或嫩绿色。

依据其色泽和外观特征命名，其分别获得白菜、青菜、油菜、小白菜、小油菜、大地白、普通白菜、普通小白菜和中国青菜等称谓。旧时镖行隐语称之为"雪叶子"。在栽培领域一般以白菜为首选名称，国家标准《蔬菜名称（一）》则把普通白菜列为正式名称。其拉丁文学名Brassica chinensis 含义即为"中国青菜"。其英文名称 pak choi 则源自我国广东语"白菜"的译音。而大地白的称谓则为旧时的隐语。此外"体"在古时曾用以表述草本植物的地上部，因为白菜以地上部植株供食，故而又被称为"体菜"。

鉴于白菜具有极强的耐寒特性，古人比照凌冬不凋的松，把它称为"菘"或"菘菜"；结合其形态特征、栽培特性，以产地、人文因素，结合运用谐音、拟物等手段联合命名，又得到诸如白菘、白菘菜、大菘、早菘、晚菘、夏菘、夏菘

菜、秦菘、阔叶吴菘和张相公菘，以及松菜、鬆菜、小松菜和松玉等古称、俗称或敬称。

其中"秦菘"称谓始见于西晋时期嵇含的《南方草木状》，"松玉"的称谓则见于南宋时期林洪的《山家清供》，这一雅称是由于菘菜的叶柄洁白如玉而得名的。"张相公菘"的相关典故，还反映了公元8世纪初的唐代，我国岭南地区引种"菘菜"的一段往事。唐代武则天执政时期的长安三年（703 年），张说因获罪从首都长安被贬谪到岭南时曾把菘菜种子传播到韶州曲江（今广东韶关）。以后张说累官至中书令，被封为燕国公。后人为了纪念这一引种活动，特地把菘菜称为"张相公菘"。

在历史上，还有人比照竹笋和食用菌等肥嫩的蔬菜品类，结合运用贬褒和拟人的手法，把白菜卑称为笋奴和菌妾。其中的"奴"和"妾"都是贬义词。

普通白菜按照叶柄的色泽和外观等形态特征的区别可分成白梗和青梗两类，以及高桩和矮桩两型。其中包括：

箭杆白：又称箭干白、箭杆菜、箭竿白，或称高桩白菜、高秆白菜、高脚白，以其株形较高、叶柄色白、其长度大于叶身、有如箭杆而得名。它属于白梗白菜的高桩类型。

矮脚黄、矮黄，以及杓（音勺）子菜、杓头菜、汤匙菜等菜品，其株形较矮；叶柄虽色白，但长度较短，有的形如汤匙，所以得名。这类菜品属于白梗白菜的矮桩类型。

慢菜有常见之含义，其叶柄扁平、翠绿，属于青梗白菜类型。

普通白菜如以幼嫩植株形态上市，人们称之为菜秧或白菜秧，"秧"即为幼苗义。有时因其体态轻盈、娇小，又称之为鸡毛菜、鹅毛菜、小白菜或细菜。

2. 乌塌菜

乌塌菜又称塌棵菜，以墨绿色的叶片供蔬食。现在主产于长江流域，华北等地区也有栽培。

千余年来，人们依据其植物学特性和形态特征等因素，结合运用拟物和谐音等构词手段，先后命名了 20 多种不同的称谓。

乌塌菜的株丛贴近地面生长，叶呈椭圆或倒卵形，叶面平滑或有皱缩、墨绿色。因此得到诸如乌塌菜、塌棵菜、塌稞菜、塌颗菜、塌古菜、塌地白菜、塌菜、塌地菘、油塌菜、塔棵菜、踏古菜、踏地菘、蹋地菘、太古菜、盘科菜、乌菜、乌白菜、乌青菜、乌松菜、乌菘菜、黑菜、黑白菜和黑油菜等众多的称谓。

在这些称谓中，"塔""踏""蹋"和"太"等字样都是"塌"及其方言读音的谐音字，"棵""颗""科"和"古"等字样都是"棵"及其方言读音的同音或近音字。现在人们约定以乌塌菜为正式名称。

乌塌菜按其株丛直立程度的不同又可分为塌地和半塌地两种类型。前者的株丛塌地而生，多数乌塌菜属于此种类型；后者的株丛呈半直立状，其中包括"瓢儿

菜"和"乌鸡白"诸品。"瓢儿菜"又称"瓢菜"，其叶柄扁平微凹，叶圆略如瓢形故而得名。"乌鸡白"亦以形态特征命名。

3. 菜薹

菜薹又称薹用白菜，因以抽薹的嫩花茎和花器供蔬食，故名菜薹。其拉丁文学名的变种加词 utilis 原为"有用的"义，它所强调的是其食用价值。依据其产品的形态特征可分为青菜薹和紫菜薹两种类型，又分别称为菜薹和紫菜薹。这两类菜薹都是我国的特产蔬菜。

千余年来，人们依据这两种菜薹的食用部位及其形态特征、产地特色等因素，结合运用贬褒、谐音等构词手段，先后命名了 20 多种不同的称谓。

（1）菜薹

菜薹古称薹心菜、台心菜、胎心菜或薹菜、台菜，又称薹菜心、菜心。"薹"特指花茎，"台"或"胎"均与"薹"谐音；"心"原来可指花蕊，亦可引申为带有花的花茎。由此可知无论称"薹"还是称"心"，所强调的都是花茎部位。现在国家标准《蔬菜名称（一）》以菜薹为正式名称。

菜薹又称青菜薹，其花茎呈黄绿或青绿色，花茎叶卵形；总状花序，花冠黄色、十字形。称其为青菜薹，是因其花茎呈青绿色。由于相同的原因，它还有着绿菜薹、白菜薹、油菜薹、蜡菜薹，以及薹用白菜和白油菜薹等称谓，其中的"蜡"有油质的内涵。在南方一些适宜秋冬季节栽培的品种又有着腊菜薹和腊菜尖等俗称，那是因为农历的十二月又称为腊月。由菜心的称谓又衍生出了白菜心、油菜心、菜尖和花菜等一组别称。其中的"尖"原指特殊的人或物，可引申为植物精华所在的器官——花。

菜薹主产于华南的两广，以及香港、澳门和台湾等地区。结合产地因素还得到广东菜心、广东菜尖、广菜心、广菜尖、桂林花菜，以及大菜头和菜花等地方性的俗称。其中的"大菜头"称谓的读音与"大彩头"相谐音。广东以及广西等省区，都是我国优质菜薹的主要产区。

（2）紫菜薹

紫菜薹又称红菜薹，因其花薹呈紫红色而得名。由于相同的原因，它还得到红菜心、红油菜薹和红薹菜等俗称。紫菜薹分布在长江流域，主产于湖北武汉和四川成都等地。洪山紫菜薹就是以产地命名的称谓。其中的"洪山"位于湖北的武汉。现在人们以紫菜薹为正式名称。

4. 薹菜

薹菜的嫩薹、嫩叶和肉质根均可供食用，现在分布在黄河和淮河流域，主产于山东和江苏等地。

薹菜的称谓因其以花薹为主食部位入蔬而得名。由于叶形的不同又有圆叶和花叶两种类型之区分。

圆叶薹菜的叶片呈倒卵圆形，先端圆钝，因其形似汤匙又被称为"勺子头薹菜"。花叶薹菜的叶呈长卵形，多细碎裂片，故名。

5. 大白菜

大白菜的短缩茎肥大、株棵个体壮硕，更兼其心叶多呈白或绿白色，所以被称为大白菜。大白菜的称谓始见于清末《平度州乡土志》。作为我国的特产蔬菜，大白菜在我国各地都可栽培，主产于长江以北广大地区。大白菜的心叶是由顶芽发展而成的，依据其心叶抱合的程度等形态特征可划分成散叶、半结球、花心和结球四种类型，因而分别形成散叶大白菜、半结球大白菜、花心大白菜和结球大白菜四

个不同的变种。

散叶大白菜以莲座叶供蔬食，其形态特征是"叶纷披"，即叶片披张、不能形成叶球，因此以"散叶"命名。其拉丁文学名的变种加词 dissoluta 即有"疏离"的内涵。

半结球大白菜以莲座叶和叶球入蔬供食用，其形态特征是心叶虽可形成叶球，但较松散，中间空虚，球顶开放，绝无卷心密叶，因此以"半结球"命名。其拉丁文学名的变种加词 infacta 也有"幼稚"的内涵。

花心大白菜以叶球供蔬食，其形态特征是叶球较紧实，但顶端叶片呈黄、白色并向外翻卷，因此以"花心"命名。其拉丁文学名的变种加词 laxa 亦有"疏松"的内涵。

结球大白菜亦以叶球供蔬食，叶的形态特征是球叶抱合、形式坚实的叶球，顶端闭合，因此以"结球"命名。其拉丁文学名的变种加词 cephalata 即为"头状"的含义。

数百年来，人们依据其产品器官的形态特征、栽培习性和产地名称等因素，结合运用摹描、拟人、拟物等构词手段或运用隐语，先后给结球大白菜命名了 40 多种不同的称谓。

结球大白菜古称"菘"，因其生长期一直可延续到晚秋，又称"晚菘"。清代北京地区还俗称其为白菜。

鉴于结球大白菜具有极为明显的结球（即包心）特性，南北各地又命名了下面一

组称谓：

结球白菜、包心白菜、卷心白菜、包头白菜、大包头白菜、抱头白菜、窝心白菜、卷心白菜、头球白菜、包心菜、包心白、卷心白、白头菜和束心菜。

我国北方地区是结球大白菜的摇篮之一，以其主产地域的名称、简称命名，结球大白菜在明清以来先后得到过诸如安肃白菜、安肃菜、京白菜、北京白菜、北平白菜、天津绿白菜、玉田白菜、玉菜，以及山东白菜、胶州白菜和胶菜等为数众多的商品名称或简称。其英文名称 Peking cabbage 可直译为"北京卷心菜"，亦有原产于北京的内涵。旧时北京等地的镖局因其心叶异常洁白曾采用隐语命名，称其为"雪叶子"。

鉴于有的结球大白菜其心叶呈嫩黄色，在一些南方地区又得到包头黄芽菜、黄芽白菜、黄芽菜、黄芽白、黄芽、芽白，以及黄雅菜、黄杨菜、黄矮菜、黄秧菜和黄秸菜等称谓。其中的"雅""杨""秧"和"矮"据说都是"芽"字方言读音的同音或近音字。"秸"原指茎秆，借喻叶球，黄秸菜是上海崇明的地方俗称。

从清代起，盛产于北方地区的大白菜就沿着运河或从海上源源不断地运往南方。广东等地曾把从天津运来的大白菜称为"绍菜"或"黄京白"。其中的"绍"有介绍之意，可引申为运进、引入；"京"指京津地区。此外，前已述及：因在清代大白菜曾经成为宫廷贡品，又获"贡菜"的誉称。

现在的国家标准《蔬菜名称（一）》把大白菜列为正式名称。在栽培领域习惯运用结球白菜或结球大白菜的称谓。

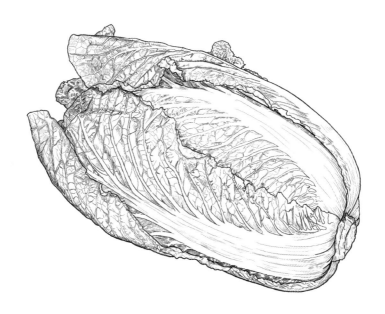

第三章　甘蓝类蔬菜

甘蓝类蔬菜是指由甘蓝演变而来的一类蔬菜，它包括结球甘蓝、花椰菜、青花菜、球茎甘蓝、紫球甘蓝、皱叶甘蓝、抱子甘蓝、羽衣甘蓝，以及起源于我国的芥蓝。

1. 结球甘蓝

结球甘蓝简称甘蓝，它是十字花科芸薹属，二年生草本，甘蓝类蔬菜，以叶球供食用。

甘蓝起源于欧洲，其野生种原为散叶类型的植物。甘蓝栽培种的拉丁文学名的种加词 oleracea 有"属于厨房"的含义，从而突出地表现出它那已被驯化及可供蔬食的双重特性。经过长期的自然变异和人工选择，甘蓝逐渐形成了不同的变种，其中包括结球甘蓝、紫球甘蓝、抱子甘蓝、皱叶甘蓝、羽衣甘蓝、花椰菜和青花菜。大约在公元 5 世纪至 6 世纪的南北朝时期，散叶类型的甘蓝经由中亚地区引入我国，此后其他类型的甘蓝也相继引入我国。公元 13 世纪欧洲育成"结球甘蓝"以后，大约从公元 16 世纪的明代末期开始，先后通过不同的途径，分别从西北、西南、东北、东南沿海多次传入我国。现在结球甘蓝在世界各国普遍种植。作为重要的蔬菜食品，我国南北各地也广泛栽培。

千余年来，人们依据其食用部位的形态特征、引入地域特色，以及驯化主体等因素，结合运用状物、比拟、谐音、避讳和翻译等多种手段，先后给结球甘蓝命名了六十多种不同的称谓。

甘蓝的称谓因其富含葡萄糖，吃起来有淡淡的甜味而称"甘"，那蓝绿色的外叶叶片又和我国原有的蓼蓝等染料作物很相似，所以定名为"甘蓝"。

唐代的医药学家孙思邈（541—682）在《备急千金要方·食治》的"蓝菜"条中介绍说：

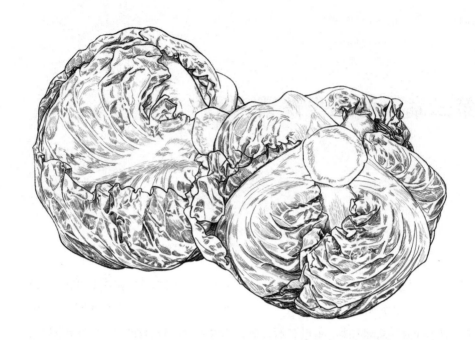

　　"胡居士云：河东、陇西羌胡多种食之，汉地鲜有。其叶长、大、厚，煮食甘美。经冬不死，春亦有英。其花黄，生角结子……"

　　文中提到的"蓝菜"究竟是何种植物呢？有人认为它指的是蓼蓝。我国以"蓝"命名的植物有许多种，其中如蓼科的蓼蓝、十字花科的菘蓝、豆科的木蓝和爵床科的马蓝等，虽然它们都是以其可作蓝靛、染成青碧色而得名的，但是它们都不具备良好的蔬食功能。而《千金食治》所记述的具有叶厚大、花色黄和角果长等形态特征，二年生、"经冬不死"等特性，以及"煮食甘美"等蔬食品质特点的"蓝菜"，实际上就是今天的散叶类型甘蓝。唐代的另外两部医学著作——陈藏器的《本草拾遗》，以及昝殷（昝音攒）的《食医

心镜》则强调其甘美的品质等蔬食功能特性，并分别把它称作甘蓝和甘蓝菜；《本草拾遗》还特别指出："此者是西土蓝，阔叶，可食。"所谓"西土"即指我国疆域以西广大地区的标识，它明确指出甘蓝是由西域（今中亚地区）引入我国的。

　　唐代的孙思邈还强调指出上述这条珍贵的信息是"胡居士"提供的。"胡居士"即胡洽（原名胡道洽），他是南朝时道士，又是一位名医。由此可以推知散叶类型的甘蓝传入我国的时间，应不迟于公元 5 世纪至 6 世纪的南北朝时期。另从其"河东、陇西羌胡多种食之，汉地鲜有"等记载分析，似乎传递了另一则信息：甘蓝沿着丝绸之路引入我国以后，在相当长的时期内是在甘肃、陕西和山西等西北和华北西部地区进行驯化的；其后才在汉族居住的其

他地区推广栽植。特别是在公元 7 世纪以后，由于上述地区有许多信奉伊斯兰教的回民聚居，所以甘蓝在我国的传播和普及是与聚居在西北、华北地区的回族的繁衍和迁徙有着密切关系的。

结球甘蓝引入我国的途径大约有五条，因此也相应获得五组不同的称谓。

第一条是经由西域（今中亚地区）传入西北、华北地区。

据清人吴其浚在其《植物名实图考》（清道光二十八年，即公元 1848 年出版）中介绍："葵花白菜生山西，大叶青蓝如劈蓝（指苤蓝，即球茎甘蓝），四面披离；中心叶白，如黄芽白菜，层层紧抱如覆惋（同碗），肥脆（同脆）可爱……俗讹为回子白菜。"所谓"黄芽白菜"指大白菜，从层层紧抱的形态也可推知"葵花白菜"和"回子白菜"均指今日的结球甘蓝，在该书所附的插图中还可以直观地看到它那结球的特征。循此思路，通过方志资料可以进一步了解到：在清代的乾隆年间，山西大同和热河平泉（今河北承德一带）境内已种有"回回白菜"和"回回菜"。鉴于居住在西北和山西等地的回民早在中世纪就已有栽培、食用散叶类型甘蓝的习俗，清代的《回疆通志》又明确指出："莲花白菜……种（指种子）出（自）克什米尔，回部移来种之。"这样疑难问题就会理出头绪。我们知道，克什米尔地处中亚和南亚次大陆的交界地区，也是丝绸之路南线的必经之路；"回疆"是清初对现今我国新疆

维吾尔自治区的称呼，而"回部"泛指居住在上述区域以内信奉伊斯兰教的少数民族。循此蛛丝马迹可以推测：结球甘蓝从中亚沿着丝绸之路传入我国新疆等西北地区的时期，至少可以从著录时期的清初上溯到明代末期。

第二条是从缅甸传入我国的云南等西南地区。

据专家查证，明嘉靖四十二年（1563年）编纂的云南《大理府志》已有关于莲花菜的著录。那么，莲花菜又是何物呢？原来结球甘蓝的初生叶呈卵圆或椭圆形，其后叶片呈莲座状，称莲座叶，莲座期后的叶片才逐渐抱合形成紧实的叶球。莲花菜的称谓就是以其叶片的形态有如莲座的特征而命名的。由此可以得到暗示：在公元 16 世纪的上半期，结球甘蓝已沿着滇缅边境的商业通道从缅甸传入云南。

我国各地以其形态特征，或再比照莲花或葵花，采用状物等手段联合命名，从而又得到莲花白菜、莲华白菜、莲花白、莲心白、莲白、葵花白菜、葵花菜、葵花白等为数众多的别称。其中的"莲华"即指莲花。

第三条是由俄罗斯引入黑龙江等东北地区。

据王锡祺辑录的《小方壶斋舆地丛钞》等清代地方文献资料披露：清朝初年从俄罗斯的远东地区把它引入我国的黑龙江地区，并以其引入地域的名称命名，称其为俄罗斯菘。其名称或可写作俄罗斯

松、阿罗斯菜、俄洛斯菜、斡落斯菜和鄂罗斯菜。所谓"阿罗斯""俄洛斯""斡落斯"或"鄂罗斯"都是译称，指的都是当时的沙皇彼得大帝（1672—1725）统治下的俄罗斯帝国。此外当地还把它称为"老枪菜"或"老羌菜"。

徐珂的《清稗类钞·植物类》介绍说："俄罗斯松一名老枪菜，抽薹如莴苣，高二尺许，叶层层，其末层叶叶相抱如毯，略似安（肃）菘。"（引自《钦定皇朝文献通考》）所谓"安菘"即指产于直隶安肃（今河北徐水）的结球大白菜；"叶叶相抱如毯（球）"也道出了包心的特征。西林觉罗·西清的《黑龙江外纪》则明确指出："老羌白菜，其种（指种子）自俄罗斯来。"

关于引入年代，大致可以确定在公元17世纪的后半期。中俄两国在黑龙江附近经过20多年的边境战争，到康熙二十八年（1689年）正式签订了《尼布楚条约》，其后双方化干戈为玉帛，被《柳边纪略》视为"茎若莴苣而短，叶若薹，包者白、舒者青"的结球甘蓝遂被引入我国东北地区。文中所谓"包者白"是指其包心的叶球呈黄白色，而"舒者青"是指其外叶呈青绿色。另据方式济的《龙沙纪略》等文献透露：引入此菜后，最初只栽培了200棵，秋收以后还曾向朝廷进贡。

至于俄罗斯菘为什么又以"老枪"或"老羌"命名，杨宾在《柳边纪略》中曾介绍说："阿罗斯一作俄洛斯，即罗刹，边外

呼为老枪。"清代中期因获罪被流放到黑龙江的户部尚书英和（1771—1840）也在其《恩福堂诗钞》中做过"老羌即俄罗斯"的简明注释。所谓"边外"系指柳条边以北即今辽河以北的广大东北地区，因为当地人把俄罗斯俗称"老羌"或"老枪"，所以人们也就以引入地的俗称命名，于是把结球甘蓝叫作老羌白菜、老羌菜或老枪菜、老枪白菜和老鎗菜了。"羌"既可泛指生活在西北地区的少数民族，又可特指西北边陲的邻国——俄罗斯，而"枪"与"羌"两字谐音。此外，旧时东北地区也以"羌"字命名沙皇俄国的货币，称为"羌帖"或"羌币"。

第四条途径是近代从欧美两洲引入首都及东南沿海地区。

在这些频繁的品种间交流的过程中，鉴于结球甘蓝的叶球多呈黄白色，又可有圆球、圆锥或扁圆等几种类型，各地多以白菜（指结球大白菜）、芥蓝（特指球茎甘蓝）或椰子等常见的果蔬为参照物，再结合其引入地域的标识"洋""外洋"和"番"等字样联合命名，这样就又得到如下的一组称谓：洋白菜、外洋白菜、番白菜、番芥蓝、比京白菜、大圆白菜、紧团白菜、椰菜和椰珠菜。

其中的"比京"特指比利时首都布鲁塞尔；大圆白菜和紧团白菜两称谓，据笔者考证则是分别在光绪三十四年（1908年）和宣统三年（1911年）由清朝驻外使臣钱恂和吴宗濂自荷兰和意大利将甘蓝引

入北京时所正式书写的意译名称；而椰菜和椰珠菜的称谓是由于结球甘蓝的叶球的形状（特别是圆锥形甘蓝的形状）和大小都很像椰子树的核果果实椰子，椰珠称谓之中的"珠"还兼有珍贵和圆形的双重含义。至今我国的两广地区依然对结球甘蓝保留着椰菜的称呼。此外值得说明的是，番芥蓝的称谓是比照球茎甘蓝的异称芥蓝而命名的。

以其叶球的形态特征，及其结球、包心等生长特性联合命名，还获得另一组称谓：结球甘蓝、白球甘蓝、球叶甘蓝、绣球白菜、球菜、包心菜、包心白菜、包头菜、包包菜、包包白、包菜、包白、卷心菜、捲心菜、团菘、圆白菜、元白菜、大头菜、菜头、疙瘩白。其中的"团菘"即喻指圆形白菜，"元"是"圆"的谐音字，而"疙瘩"则是对其包心的描摹。

我国的国家标准《蔬菜名称（一）》把结球甘蓝作为正式名称。其拉丁文学名的变种加词 capitata 亦有"头状"的含义。

第五条途径是近代从朝鲜和日本引入东南沿海。

由于当时的日本还在侵占着朝鲜和我国台湾，引入以后，人们多以朝鲜半岛的古称高丽命名，称其为高丽菜。其实早在公元 14 世纪的元代，在我国北方已有高丽菜的称谓出现。熊梦祥在《析津志·物产·菜志》中载有"高丽菜：如葵菜，叶大而味极佳，脆美无比"等内容。当然那时的高丽菜还处在散叶类型状态。我国台

湾地区至今还在沿用这个名称。而玉菜的称呼，则是源于日文的汉字称谓。

结球甘蓝富含葡萄糖和钙、磷、钾，以及维生素 C、维生素 K、维生素 U 等多种营养成分，是一种理想的蔬食原料，凉拌、煮炒、腌渍、干制咸宜，因此又获甘蓝菜、蓝菜和泡菜等称呼。其中泡菜的称呼可以追溯到中世纪，那时长期航海的欧洲人常食用甘蓝制成的泡菜，以预防败血病。由于甘蓝具有抗氧化和提高人体免疫能力的作用，所以还被纳入抗癌和保健食品行列。

2. 花椰菜和青花菜

花椰菜俗称菜花，青花菜又称茎椰菜，俗称绿菜花，它们是十字花科芸薹属，一二年生草本，甘蓝类蔬菜，都以花球供食用。它们的区别在于食用器官：花球的色泽和构成存在着明显的差异。花椰菜的产品器官是由肥大的主花茎、肉质的花梗群以及绒球状花枝在顶端集合而成的，它们所共同形成的花球呈白色，结构十分致密；而青花菜的产品器官则是由肉质的花茎、小花梗，以及花蕾共同组成，其花球较松散，外观呈绿色或紫色。

花椰菜和青花菜是普通甘蓝的两个不同变种，它们的演化中心位于地中海沿岸地区。然而在 18 世纪中叶，人们还把它们统称为花椰菜，一直到 19 世纪初期，斯威兹尔才把青花菜从花椰菜中分离出来。大

约从 19 世纪中叶以后，这两种甘蓝类的花菜相继从欧洲和美国引入我国。先在上海、台湾和北京落户，继而在南方，以及其他大中城市推广种植。20 世纪中后期又从美国、欧洲和日本等地引进杂种一代等优良品种。作为高档细菜，现在福建、云南、广东、台湾、江苏、浙江、海南、上海和北京等地均有栽培，主要供应秋冬市场的需求。

百余年来，人们依据它们食用器官的形态特征，以及原产地、引入地等地域因素，结合运用状物、拟物、翻译等手段，先后给花椰菜和青花菜命名了 40 多种不同的称谓。

甘蓝又称椰菜，本章在前面已有介绍。由于这两种蔬菜分别以紧密的花球和松散的花茎供食，以食用器官的名称命名，分别得到花椰菜和茎椰菜的称谓。

花椰菜的花球呈半球形，表面呈颗粒状，质地致密。其花为复总状花序，其拉丁文学名的变种加词 botrytis 所反映的也是相同的内涵。

茎椰菜松散的花茎可略呈球状，而其拉丁文学名的变种加词 italica 为"意大利的"义，它反映的则是其演化地区的地域名称。

利用演化地或引入地域的名称和标识，再参考其形态特征因素，或结合采用拟物手段联合命名，花椰菜和茎椰菜还分别得到两组带有地域色彩的别称：

洋菜花、洋花菜和洋白（菜）花；

意大利甘蓝、意大利花椰菜、意大利花菜、意大利笋菜、意大利芥蓝、西西里紫花椰菜、洋芥蓝、洋芥兰、西蓝花、西芥蓝和美国花菜。

其中的第一组都是花椰菜的别称，第二组都是茎椰菜的别称，而"西西里"是属于意大利的岛屿名称。

清朝末年朝廷在首都北京兴建了一个新型的农事试验场。从 19 世纪末叶到 20 世纪初期，通过当时的驻外使节征集到许多境外的新型蔬菜种子。其中包括从意大利、德国和荷兰等欧洲国家引进的花椰菜和茎椰菜。当时的驻外使节把它们分别称为大花菜和花菜，有的还参照其英文名称 cauliflower，把花椰菜译成"喀复尔飞屋雷"。清光绪三十二年（1906 年）在荷兰海牙曾举办过一届"万国农务赛会"，当时的清朝驻荷使节钱恂曾派人从中选购了四种花菜种子，其后连同其他种子一起寄回北京。钱恂在其报送菜草种子的公文中曾介绍说："查叶菜自第一至第四为花菜。上海颇有种者，在和兰（即荷兰）此菜有名，当胜他种。"从此段公文中可以了解到：此前上海业已引种过这些花菜。结合1959年出版的《上海蔬菜品种志》所称"花椰菜别名花菜，本市栽培已70余年"等相关文字推算，我国上海自欧美引入花椰菜的时间不应迟于19世纪的70年代至80年代。

上面所述及的花菜称谓，连同其俗称菜花等都是以其食用器官的名称"花"来命名的。

结合运用食用器官花球及其形状、色泽等因素命名，花椰菜又得到诸如白菜花、白花、花甘蓝、球花甘蓝、球花椰菜、椰菜花和大头菜等称谓。其中的白花是白菜花的简称，大头菜是青海等我国西北地区的地方俗称。

结合运用茎椰菜的食用部位——带有花蕾的嫩花茎及其形态特征因素命名，茎椰菜也得到诸如绿菜花、绿花菜、绿花椰菜、紫菜花、紫花菜、紫茎椰菜、紫茎花椰菜、紫花椰菜、紫芽茎椰菜、紫头茎椰菜、青花椰菜、青花菜、青花、花茎甘蓝、茎花菜、梗花甘蓝、嫩茎花椰菜、嫩茎花菜、木立花椰菜、分枝花椰菜和花菜薹等名称。其中的"青花"为青花菜的简称；"分枝"所指的是由于青花菜具有分枝性强的特性，在其主茎花球采收后还可形成腋芽花球的特点；"木立"表示植株的主茎和分枝较为健壮，这个命名的方式则反映了日文的特色。我国的国家标准《蔬菜名称（一）》最终分别选择花椰菜和青花菜两称谓作为它们的正式名称。

花椰菜和青花菜具有营养丰富、粗纤维少、品质脆嫩、风味佳绝等特点。它们的花色或呈雪白，或呈青绿，或呈紫色，品尝起来都十分清香爽口。其中尤其是青花菜的维生素C、维生素A原，以及蛋白质的含量都很高。它们可分别与柑橘、胡萝卜和豆类蔬菜相媲美，适宜西餐和中餐的凉拌、烹炒、腌渍或氽汤食用，还可以用脱水、速冻等加工、贮藏方式进行保存。此外青花菜和花椰菜还有提高人体免疫能力、预防肿瘤的保健功效。

3. 球茎甘蓝

球茎甘蓝又称苤蓝，它是十字花科芸薹属，二年生草本，甘蓝类蔬菜，以脆嫩的肉质球茎供食用。

球茎甘蓝是甘蓝的变种，原产于地中海沿岸地区。明清两代分别经由西北、西南、东北和东南等地区多次传入我国。由于它的适应性较强，现在我国的北方及西南地区广泛栽培。

400多年来，人们依据其食用器官的名称和形态特征、品质特性、采食方式，以及引入地域的标识等因素，结合运用摹描、拟人、拟物、谐音，或采用方言、暗

码等多种手段，先后命名了二三十种不同的称谓。

　　球茎甘蓝古称擘蓝。"擘"音"簸"，有把物品用手分开的意思。"擘蓝"称谓的著录初见于明朝末年问世的《群芳谱》和《农政全书》。这两部价值连城的农书作者分别为王象晋和徐光启。鉴于它们分别完成于明代天启元年（1621年）和崇祯十二年（1639年），因此可以推断球茎甘蓝的引入时期不会迟于公元16世纪的明代晚期。这两部农书都较为详尽地记述了擘蓝的植物学特性。其中关于"叶色如蓝"，"大略如蔓菁，……魁在土上"，以及"擘食其叶，渐擘，魁渐大"等记载，表明当时的擘蓝还是一种球茎与叶片兼用的蔬菜，而其主食部位已是生长在地上部的肉质茎了。其中的"魁"原指肥大的根部，

古人因受到时代的局限，把带有节间的肉质茎误认为"魁"或"根"。由此我们还可以了解到：擘蓝的称谓是运用"擘"的采食方式，以及"叶色如蓝"的形态特征联合命名而成的。这个古称一直沿用到清末，如《光绪顺天府志》和《畿辅通志》（光绪）等官修的地方志书中仍以其为正式名称。

　　由于叶片的形态与芥菜很相似，在明清之交擘蓝还有过芥蓝的别称。在我国的历史上采用"芥蓝"字样的称谓，曾先后称呼过黄花芥蓝、叶用芥菜、薹用芥菜和球茎甘蓝四种蔬菜。

　　以"芥蓝"称球茎甘蓝早期可见于《群芳谱》："擘蓝一名芥蓝。"而《农政全书》则把芥蓝列为正名，擘蓝则降为别称。清末陕西的美食家薛宝辰在《素食说

略》中明确指出：秦中（指陕西）所称的"怯列"就是球茎甘蓝的古称芥蓝的转音。按照相同的原因可以推知：如今西北地区常见的诸如"切莲""切连""且连""且莲"，以及"苴（音接）莲"等地方俗称也都是与芥蓝谐音的称谓。如果按照青海西宁地区的方言读音，"列""连"和"莲"等字应读作"俩"与"连"之间的读音，那么则与"蓝"的读音就更为相近。而在我国的一些南方地区，人们以芥蓝及其谐音的别称为主体，再加上名词后缀"头"字，则又构成了芥蓝头、别蓝头等地方名称。当然也可以把"头"字看成是描述地上部、肉质球茎形态特征的实词。而在南方的某些地区（如台湾），又称其为结头菜。

苤蓝的称谓在明代的《滇本草》中早已出现过。到了清代，无论是官方编纂的《大清会典》，内务府掌关防处登记的《菜蔬清册》，还是吴振棫私人撰写的《养吉斋丛录》，从这些相关的文献、档案和笔记、资料中都可以发现：球茎甘蓝是以苤蓝的名义正式进入宫廷的。清代在宫廷内部，不但从帝后到宫女大都爱吃苤蓝，而且还有人在宫内种植苤蓝。据《养吉斋丛录》介绍，乾隆年间宫内有一棵盆栽的苤蓝竟一直活了二十多年。

"苤"原是形容花木繁盛的词语，在宋代的《集韵》一书中其读音如"丕"。到了清代，借用与"苤"字相近的"擘"字，正式形成了苤蓝的称谓。"苤"读音同"撇"。这一变化的成因，可能与当时流行北方官话的读音有关。尔后在官场上苤蓝的称呼逐渐取代擘蓝而成为正式名称。

以苤蓝和擘蓝为基础，各地利用谐音或轻声等手段，又派生出了许多带有浓郁地方色彩的俗称：撇蓝、撇兰、撇拉、苤兰、劈蓝、辟蓝、匹兰、皮蓝、皮腊、擘辣、擘兰和掰蓝。

其中的"撇""劈""辟""匹"和"皮"与"苤"谐音，"掰"与"擘"同义、谐音，"兰""腊""辣"与"蓝"谐音，"拉"是"蓝"的轻声谐音字。

作为甘蓝的一个变种，学术界以其食用器官的形态和名称命名，称其为球茎甘蓝，也可简称甘蓝。1988 年，我国以颁布国家标准的形式确认球茎甘蓝为正式名称。

球茎甘蓝的外叶呈蓝绿色，肉质球茎呈圆形或扁圆形，外皮呈绿、绿白或紫色。以其形态特征或耐寒特性等因素命名，北方各地还分别称其为玉蔓菁、玉蔓茎、玉头、疙瘩菜、松根或香炉菜。其中的"玉"喻指绿、白颜色，"蔓菁""蔓茎（菁）""疙瘩"和"香炉"均为所喻指其形态的参照物，"松"喻指其可以球茎形式越冬的耐寒特性，"根"特指其近地面生长的肉质球茎。其拉丁文学名的变种加词 caulorapa 原有"芜菁状茎"义，可引申为球茎，因此也可称之为茎芜菁。此外旧时北京的蔬菜牙行采用暗码"丿"代替"苤蓝"来进行交易。这样"丿"也就成了

"茎蓝"的一个特殊称谓。

　　球茎甘蓝富含蛋白质、维生素 C，以及钙、磷、铁等营养成分。由于它味甘、辛，口感爽脆，所以是生食、热烹俱佳的良蔬；盐腌、酱渍制品则更为脆美爽口。球茎甘蓝性凉，对脾虚、火盛，以及腹痛等症候都有裨益。适当食用球茎甘蓝还有助于增强人体的免疫能力。

4. 紫球甘蓝和皱叶甘蓝

　　紫球甘蓝和皱叶甘蓝都是十字花科芸薹属，二年生草本植物甘蓝的变种，共同属于甘蓝类蔬菜，以叶球供食用。

　　公元 16 世纪问世的紫球甘蓝和皱叶甘蓝距今仅有近 500 年的栽培历史，其驯化地域分别是在现今的德国和法国境内。清代末年，朝廷驻荷兰使节钱恂派人从海牙"万国农务赛会"上选购了多种蔬菜种子，并于光绪三十四年（1908 年）送回中国，其后这些蔬菜种子陆续在北京西郊的农事试验场进行试种。经笔者查证，其中就包括紫球甘蓝、皱叶甘蓝，以及抱子甘蓝和羽衣甘蓝。现在北京、上海及云南等地都有少量栽培。

　　近百年来，人们依据其形态特征、食用特性，及其驯化地、引种地域的名称等因素，结合运用拟物、音译或移植等手段，先后给紫球甘蓝和皱叶甘蓝命名了 20 多种不同的称谓。

　　紫球甘蓝植株的幼苗、嫩叶，以及叶球的外叶均呈绿红色，而其近圆球形的叶球则呈紫红色。依据此种形态特征，并以结球甘蓝的简称及别称为参照系，运用摹描和拟物等手段进行命名，分别得到以下三组称谓：

紫球甘蓝、紫叶甘蓝、紫色甘蓝、紫甘蓝，以及紫卷心菜和紫莲花白；

红球甘蓝、红叶甘蓝、红色甘蓝、红甘蓝，以及红卷心菜和红菜；

赤球甘蓝和赤甘蓝。

其中的甘蓝是结球甘蓝的简称，卷心菜和莲花白是结球甘蓝的别称。

其英文名称 red cabbage，以及俄文名称 Краснокочанная капуста 均可译为"红色的甘蓝"，而其拉丁文学名的变种加词 rubra 亦有"红色"的含义。

现在人们多以紫球甘蓝为其正式名称。

紫球甘蓝的叶球色泽鲜艳、光彩夺目，又能促进食欲。在西餐中，紫球甘蓝既可充装饰性配菜，又能热烹、凉拌，此外还可用于腌制泡菜。

皱叶甘蓝的外观与结球甘蓝很相似，只是由于其叶脉十分发达，致使叶表形成了凹凸不平的瘤皱，皱叶甘蓝的称谓由此得来。此外以结球甘蓝的简称和别称为参照系命名，又得到皱叶卷心菜、缩叶甘蓝、缩心甘蓝和缩缅甘蓝等别称。其中缩缅甘蓝的称谓来自日本，其拉丁文学名的变种加词 bullata 亦有"水泡状的"含义，"水泡"喻指其叶表的特征。

由于皱叶甘蓝的驯化地在法国境内，所以极受法国等欧洲居民的青睐。其法文名称 chou de Savoie、英文名称 Savoy cabbage，以及俄文名称 Савойская капуста 都是以法国盛产皱叶甘蓝的地区"萨瓦"

的名字来命名的。这些名称可译为"萨瓦甘蓝"或"萨瓦卷心菜"。

皱叶甘蓝的营养成分与结球甘蓝相近，但营养价值较高。皱叶甘蓝质地较为柔嫩、口感佳绝，适宜生食或做沙拉，也可烹炒、腌渍或制成泡菜食用。

5. 抱子甘蓝和羽衣甘蓝

抱子甘蓝和羽衣甘蓝都是十字花科芸薹属，二年生草本植物甘蓝的变种。它们都属于甘蓝类蔬菜，分别以叶腋抽生的小叶球和嫩叶供食。

羽衣甘蓝是更接近野生甘蓝的一种甘蓝类蔬菜，早在公元 13 世纪结球甘蓝出现以前，羽衣甘蓝在地中海沿岸地区就已被驯化，并为人们所利用。抱子甘蓝则于18 世纪才在欧洲问世。自 19 世纪起，抱子甘蓝逐渐成为欧洲和北美的重要蔬菜。清末抱子甘蓝和羽衣甘蓝从欧洲的荷兰引入我国，最初在北京西郊的农事试验场落户，其后又从日本等地多次引进。现在抱子甘蓝和羽衣甘蓝在北京和上海等大中城市有零星种植。抱子甘蓝在台湾地区也有栽培。

近百年来，人们依据其形态特征、食用特性，及其驯化地域、引种地域的名称等因素，结合运用拟人、拟物、翻译或移植等手段，先后给抱子甘蓝和羽衣甘蓝命名了十多种不同的称谓。

抱子甘蓝植株的叶片稍狭，呈勺子

形。茎直立，顶芽开展，并不形成叶球，但其腋芽可以形成许多绿色的小叶球。由于生长在叶腋间的叶球很像是一位多产的母亲同时拥抱着为数众多的子女那样，所以被称为抱子甘蓝。而在日本，人们习惯采用汉字"子持"来表述相同的意境，因此又称子持甘蓝。在20世纪30年代，我国学者颜纶泽在《蔬菜大全》一书中则又称其为"姬甘蓝"。其中的"姬"原有小妾的含义，借此喻指其叶球小而多的特征。鉴于抱子甘蓝的叶球是在叶腋间抽芽而生成的，以其形态特征命名，还得到诸如球芽甘蓝、芽甘蓝和花样发芽菜等异称。其拉丁文学名的变种加词 gemmifera 也有"生芽"的含义。而抱子甘蓝的别称，则是依据其叶球的形态又与低等植物的繁殖细胞

"孢子"极其相似而被命名的。

抱子甘蓝虽然是在今意大利境内驯化的，但是俄罗斯和美国的抱子甘蓝却是从比利时引进的，因而抱子甘蓝的俄文名称 Брюссельская капуста 即以其引入地域的名称比利时首都布鲁塞尔来命名，称其为"布鲁塞尔甘蓝"或"布鲁塞尔卷心菜"。

抱子甘蓝按其叶球的大小可分成两种：直径大于4厘米的大球种，称大抱子甘蓝；小于4厘米的小球种，称小抱子甘蓝。据说法兰西人和意大利人分别喜欢前者和后者，但一般认为小抱子甘蓝的品质较佳。

抱子甘蓝叶球味道清香、柔美，其营养价值与结球甘蓝相近，但又富含维生素C和微量元素硒。可供炒食、凉拌、腌渍

或加工罐头，尤其适宜于烹汤，因此还得到"汤菜"的美称。如果能够与罗勒、莳萝和洋苏叶等香辛叶菜共食，则味道会更加香美。

羽衣甘蓝虽是甘蓝的一个变种，但它也更接近于野生甘蓝，因此在欧洲最初即以甘蓝称之。由于它原产于地中海沿岸，有时也会俗称其为海甘蓝。

羽衣甘蓝的叶片肥厚、呈矩圆形，边缘为羽状深裂，裂片互相覆盖有如衣服的皱褶。以其形态特征命名，被誉为羽衣甘蓝。由于这一称谓的寓意典雅，最终被选为正式名称。其因植株顶端并不形成叶球，而只以其散生的叶片入蔬供食用，又得到无头甘蓝和散叶甘蓝的别称。其拉丁文学名的变种加词 acephala 也有"无头"的含义。

羽衣甘蓝的叶片一般呈现绿色或蓝绿色，因而还有着诸如绿叶甘蓝、绿甘蓝和青菜等别称。其英文名称 kale 即有"青菜"的含义。

羽衣甘蓝的叶片质地虽然较为粗硬，但它是甘蓝类蔬菜大家庭之中蛋白质、胡萝卜素、维生素 C 以及硒等营养成分含量最高的成员。此外羽衣甘蓝还含有钙、钾、铁等矿物元素，其嫩叶和嫩株除适宜西餐，可做沙拉、充拼盘，还可用于中餐，供烹炒、做羹汤、拌凉菜，或腌渍食用。由于羽衣甘蓝的营养成分十分丰富，又能适合国人的食用习惯，所以极具美好的推广前景。

6. 芥蓝

芥蓝古称蓝菜，它是十字花科芸薹属，一二年生草本，甘蓝类蔬菜。

在历史上，不同的地区对芥蓝曾有过不同的认识。本文所介绍的芥蓝既不是以芥心嫩薹入蔬的白菜类蔬菜菜薹，也不是以擘叶片供食的甘蓝类蔬菜苤蓝，而是以肥嫩的花薹和嫩叶供食用的芥蓝。

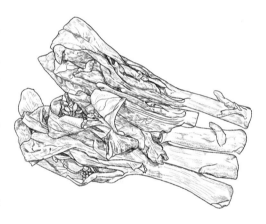

芥蓝是我国的一种特产蔬菜，它起源于我国的南方地区。早在公元 7 世纪的初唐时期就已见到相关的著录。到了 11 世纪的北宋时期，诗人苏轼（1037—1101）还对其甘辛、鲜美的品味留下过"芥蓝如菌蕈，脆美牙颊响"的赞誉。在公元 13 世纪至 14 世纪的金元时期，芥蓝曾是我国北方一些地区夏季的主园菜。现在作为一种优细菜，广东、广西、湖南、江西、福建、四川、台湾、北京、上海、重庆、南京和杭州等地都有栽培。南方地区可常年供应。孙中山先生生前就很喜欢食用芥蓝。

一千多年来，人们依据其食用器官的形态特征、品质特性和取食特点等因素，结合运用谐音、摹描、拟物等手段，先后给芥蓝命名了二十多种不同的称谓。

芥蓝的茎直立，叶互生，卵形、椭圆形或近圆形，浓绿色、披蜡粉，叶柄青绿色。初期嫩花茎呈绿色、肉质，节间较疏；中后期花茎伸长、分枝，形成复总状花序。人们最初依据其叶色如蓝、生食略有芥辣气味，而取名芥蓝；其后以谐音方式命名，或写作芥兰、盖蓝和盖兰，其中的"兰"与"蓝"谐音，"盖"与"芥"在南方地区方言读音相同。

芥蓝富含维生素 C 等营养成分，质地鲜嫩、清甜，适宜充当蔬菜，又得到芥蓝菜、芥兰菜、盖蓝菜、盖兰菜、格蓝菜、蓝菜，以及芥蓝心、芥蓝头、芥兰头和芥蓝棵等别称。其中的"心"和"头"主要指其食用部位嫩花茎，"棵"主要指食用部位嫩叶。由于芥蓝又可擘取叶片供食，还得到"擘蓝"和"土坯兰"的俗称。在湖北武汉地区的俗称"土坯兰"中，"土"有"地产"义，"坯"则为"擘"的谐音。现在我国的国家标准《蔬菜名称（一）》采用芥蓝的称谓作为正式名称。

据清代吴震方的《岭南杂记》记载：听僧人传说，被尊为佛教"六（世）祖"的唐代高僧慧能（638—713）早年未出家时曾在广东地区以打猎为生。为了养活老母，他便在做饭的锅里用芥蓝把荤腥和野菜分开，自己只吃素食，因此芥蓝得到"隔蓝"的异称。由此还可以推知，至少在公元 7 世纪的初唐时期，芥蓝就已在我国南方出现了。这比此前流行的"相传公元 8 世纪广州已有（芥蓝）栽培"的说法，提前了一个世纪。

芥蓝按照花色和叶形的差异分为白花、黄花两种，以及圆叶和花叶两类。黄花芥蓝因花瓣呈黄色而得名，它分枝较多，品质较粗糙。白花芥蓝因花瓣呈白色而得名。在遗传学领域芥蓝的白色花属于显性性状，据专家研究，它是由黄花芥蓝经过基因突变选育而成的。白花芥蓝的分枝较少、品质最为柔软甘美，因而又被称为白花芥菜；在广东的一些地区人们还喜欢简称其为"白花"，其拉丁文学名的种加词 alboglabra 亦有"白色无毛"的含义。常见的芥蓝多为圆叶品种，其花叶品种主产于广东的新会，因其叶形纤细而取名为"鼠耳芥蓝"。

第四章　芥菜类蔬菜

芥菜是十字花科芸薹属，一或二年生草本，芥菜类蔬菜的统称。芥菜类蔬菜包括根用芥菜、茎用芥菜、芽用芥菜、叶用芥菜、薹用芥菜和子用芥菜六个变种，它们分别以肉质根、肉质茎、腋芽、叶片、花薹和种子供食用。此外还有以其种子萌发的嫩芽入蔬的芥菜芽菜。

芥菜本是芸薹和黑芥杂交而成的异源四倍体植物，在我国有着悠久的栽培历史，自古以来素有"菜重芥姜"的说法。在西安半坡村出土的新石器时代晚期遗址的陶罐中，就曾发现过业已炭化了的芥菜种子，说明早在四千年以前我们的先人就已开始食用芥菜了。由于先民的辛勤栽植和定向培育，芥菜形成了极为繁复的多态型变异。现在我国芥菜系列的类型和品种资源之丰盛都居世界首位。

据史料记载，原始类型的芥菜只是一种以其种子充当辛香调料的植物。古代儒家经典《礼记·内则》在其所记述的各类膳食名目中已列有"芥酱"。《左传》在鲁昭公二十五年（公元前 517 年）还载录了季、郈（音后）两家斗鸡的故事。季氏取巧，事先把芥菜籽磨成粉末并撒在自家鸡的羽毛中，想借以迷住对家鸡的眼。另外，可从已经失传的古籍《尹都尉书》列有种芥篇推知：早在秦汉以前我国就已普及栽培芥菜的技术了。

大约到了汉代，除去食用种子以外，人们已兼食芥菜的叶片，不迟于南北朝时期出现了叶用芥菜。宋代以后，叶用芥菜的品种类型逐渐增多，薹用芥菜出现于南宋时期。根用芥菜和子用芥菜可见于明代王世懋的《学圃杂疏》和李时珍的《本草纲目》。

茎用芥菜起源于清代的四川涪陵（今属重庆市），其相关著述始见于《南溪县乡土志》（光绪）。清末由于涪陵人邱寿安和欧柄生等人的努力，把茎用芥菜的腌渍制品榨菜正式推向市场，其后在四川地区又培育出了芽用芥菜。

现在根用芥菜和叶用芥菜在我国各地均有栽培，薹用芥菜和子用芥菜盛产于南方地区，茎用芥菜已从四川省和重庆市逐渐普及到贵州、江浙和华北等地区，而芽用芥菜仍然仅产于重庆和四川。

六千多年来，人们依据其植株的植物学特征、栽培特性、食用器官的形态特征、品质和加工特点，以及产地名称和上市季节等因素，结合运用形声、拟物、拟人、拟音、比喻和方言等手段，先后给芥菜类的七种蔬菜命名了 160 多种不同的称谓，其中也包括几种属于异菜同名范畴的称呼。

芥菜古称"芥"。"芥"本是一个形声字，从草，音介。芥菜的种子经研磨以后可以挥发出极为强烈的辛辣气味，古人又认为它还具有"刚直耿介"的性质，所以取名为"芥"。现代科学研究表明，芥菜类蔬菜的种子内部含有硫代葡萄糖苷（音干），它经水解后可以产生芥子油。芥子油具有挥发性，它会发出特殊的辛辣气味。芥菜还含有多种类型的蛋白质，它们经水解作用以后可以产生具有多种风味的氨基酸。采用多种手段进行适度的加工，可以把各种不同类型的芥菜制成香气浓郁、风味各异的腌渍制品。

1. 根用芥菜

根用芥菜简称根芥菜或根芥，这是一组以其主要的食用器官根的名称来命名的称谓。

根用芥菜是由其直根膨大而成的，其肉质根长 10 厘米至 20 厘米，横径 7 厘米至 12 厘米，外观呈圆锥、扁圆或荷包形状。祖国各地人们以其外观形态和品质特性，结合运用拟人、拟物等构词手段联合命名，又先后得到诸如芥菜疙瘩、芥疙瘩、疙瘩头、疙瘩菜、芥菜疙瘩头、辣疙瘩、芥菜头、大头芥、大头菜、本大头菜、土大头、大根芥和芜菁型大根等别称，以及疙瘩、芥头、头菜、大芥、生芥和玉根等简称。

其中的疙瘩读音如"哥达"，原指其外观或像球形，或像其他不规则的块状物品，疙瘩的称呼还可采用"圪垯""圪垯""圪塔"和"圪疸"等同音字替代；"本"指草本植物的根，"玉"表示青绿色，"根"可以生长芥菜，所以借用"生芥"来暗喻"根"，而芜菁则是以其肉质根供食的一种根菜类蔬菜。根用芥菜拉丁

文学名的变种加词 megarrhiza 亦有"大根"的含义。

广东等地因其植株的叶片簇生，有如冲天的长势，又俗称其为"冲菜"。

根用芥菜辣味很重，不宜直接以鲜品供食用。可以腌渍加工，分别制成五香大头菜、桂花糖熟芥和酱疙瘩，因此又获"咸疙瘩"的称呼。

2. 茎用芥菜

茎用芥菜简称茎芥菜或茎芥，这是一组以其主要的食用器官"茎"的名称来命名的称谓。

茎用芥菜由短缩茎伸长、膨大而成。其肉质茎可分成两类：一类呈拳状、圆形，节间有瘤状突起，适宜腌渍加工制成榨菜。另一类呈棍棒状或羊角状，常用于鲜食。人们以其形态、品质和加工特点等因素，结合运用拟人、状物等手段联合命名，这两类茎用芥菜还分别有着以下两组称谓：

青菜头、菜头菜、芥菜头、肉芥菜、春菜头、露酒壶、香炉菜、笔架菜、鲜榨菜、榨菜毛、头菜、菜头、青菜和榨菜；

羊角菜、羊角青菜、菱角菜、棱角菜、笋形菜、笋子菜、狮头菜、莴笋苦菜、棒笋和棒菜。

其中的菱角菜、羊南青菜、肉芥菜、春菜头和莴笋苦菜分别是重庆、成都、南宁、武汉和昆明等地的地方俗称。

榨菜的得名源自加工设备。最初进行腌制加工时需用"木榨"压除多余的水分。鲜榨菜、榨菜毛两称谓中的"鲜"和"毛"分别特指生鲜和毛坯，两字都有加工原料的含义。而其加工制品的名称，有时也可用来借指其原料，所以也被简称为榨菜，或写作"搾菜"，如台湾学者李朴在其所著的《蔬菜分类学》一书中就称其为"搾菜"。

茎用芥菜拉丁文学名的变种加词 tsatsai

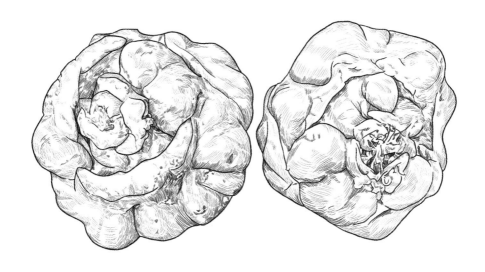

即为"榨菜"义。这是 1936 年由我国园艺学家毛宗良先生所命名的。

以茎用芥菜为原料可加工腌渍成榨菜。我国的涪陵榨菜驰名中外。

3. 芽用芥菜

芽用芥菜简称芽用芥、芽芥菜或芽芥。这是一组以其主要食用部位腋芽的简称"芽"来命名的称谓。芽用芥菜是由其主茎和侧芽分别膨大形成的肉质母茎，以及肉质子茎群所共同组成的。其母茎呈纺锤形或圆锥形，为数众多的短缩子茎紧密

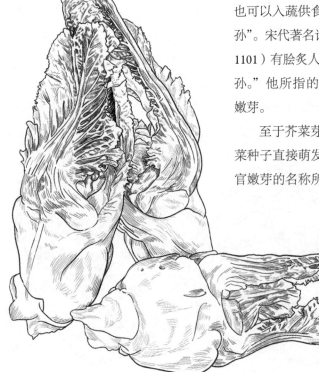

地生长在母茎的周围，宛如一群婴儿依偎在母亲的身边。人们依据其形态特征，结合运用拟人等手法，又命名了诸如抱儿菜、抱子菜、抱子芥、娃娃菜、胖儿菜、罗汉菜、笋子儿菜、儿菜、菜儿和菜心等地方俗称或简称。其中的"罗汉"喻指其数量很多的子茎，笋子儿菜则特指那些母茎较为细长而略呈圆锥形的品类。

芽用芥菜拉丁文学名的变种加词 gemmifera 亦有"生芽"的含义。这一称谓是 20 世纪 80 年代由我国学者李曙轩和林艺共同命名的。

芽用芥菜色青味爽，素烹、荤炒、腌渍、做汤咸宜。

此外由芥菜植株再生而长出的嫩芽也可以入蔬供食。在古代人们称其为"芥孙"。宋代著名诗人兼美食家苏轼（1037—1101）有脍炙人口的名句："芦菔生儿芥有孙。"他所指的"芥孙"就是这种再生的嫩芽。

至于芥菜芽又称芥菜芽菜，它是由芥菜种子直接萌发的嫩芽，这是以其食用器官嫩芽的名称所命名的称谓。其食用方法

可参见各论第十五章"芽菜类蔬菜"中的绿豆芽菜篇。

4. 叶用芥菜

叶用芥菜又称芥菜缨、芥菜英或毛芥菜，简称叶芥菜、叶芥、芥菜或花边。这是一组以其主要食用器官"叶"的名称来命名的称谓，其中的"缨"和"英"均指其叶片，"毛"和"花边"喻指其叶片多而细碎的形态特征。叶用芥菜可供炒、煮或腌渍加工。

叶用芥菜的适应性极为广泛，在南方可以常年栽培。人们把其中专门供应春季、夏季和冬季市场的品类分别称为春菜、夏菜和冬菜。冬菜又称腊菜，这是因为农历冬季的十二月又称腊月的缘故。据李时珍在《本草纲目》中披露，按照供应季节的名称来命名的习俗，早在明代就已流行。

叶用芥菜和其他几种芥菜的变种同样含有特殊的辛辣味道，有的芥菜还带有一些苦味，因此叶用芥菜又有着辣菜和苦菜的别称。

叶用芥菜按照外观形态的差异又可细分成大叶芥菜、卷心芥菜、长柄芥菜、瘤叶芥菜、分蘖芥菜、包心芥菜、花叶芥菜和紫叶芥菜八种不同的类型。

（1）大叶芥菜

大叶芥菜简称大叶芥，这是以其叶片较大的形态特征命名的。在南方的一些地区，由于"芥"的读音与"盖"相近，所以又可写成盖菜。当然，"盖"也有叶片较大、覆盖地面的含义。

大叶芥菜又称大头青菜、青菜、黄芥、皱叶芥和长年菜，这是由于其叶片大

而呈青绿或黄色、有的叶面皱缩，以及在南方四季栽培、可以常年上市等特点而分别得名的。其中的"长年菜"是台湾的地方名称。

大叶芥菜还有桄榔芥菜和光郎菜等异称。"桄榔"本是棕榈科桄榔属的常绿乔木，因其果实与芥菜种子都具有明显的辣味，才得以"桄榔"命名。而"光郎"则是江苏等地的方言，它有光头的含义，借以显现其地上植株没有茎、仅有叶片的形态特征。大叶芥菜除以其鲜品入蔬以外，还可加工制成多种腌、糟制品。

（2）卷心芥菜

卷心芥菜又称卷心芥，这是以其心叶外露、呈卷心状的形态特征来命名的。

（3）长柄芥菜

长柄芥菜简称长柄芥，其形态特点在于叶柄较长。

（4）瘤叶芥菜

瘤叶芥菜简称瘤叶芥、瘤芥菜或瘤芥，这是以其叶柄基部的背面长有较为明显的瘤状突起等形态特征而命名的。此外各地还依据此类特征，并采用拟物的手法又命名了诸如包包青菜、包包菜、苞苞菜、耳朵菜和弥陀芥等俗称。其中的"弥陀"在佛教文化中，原指"无量寿佛"，而被我国僧众塑造成浑圆一体、袒胸露腹的"未来佛"，本应称为"弥勒佛"，但在我国民间混淆不清，往往把后者误称为"弥陀"。这里的"弥陀芥"称谓就是抓住其瘤状突起具有浑圆的特征而命名的。产于湖

北等地的耳朵菜还是著名的南丰菜的加工原料。

（5）分蘖芥菜

分蘖芥菜简称分蘖芥，这是以其植株具有极强的分生能力，在营养生长期间，可以发生很多分蘖的植物学特征而命名的。"蘖"音"聂"，原指位于近地面处的分枝。这种类型的芥菜，一般可以具有五六个分蘖，多的可达到三四十个分蘖。由于分蘖数量多、排列有序，还得到诸如九头芥、九心芥、排菜和披菜等称谓。其中的"九"泛指多数，"排"和"披"分别有排列和分散等含义，它们都是特指该类芥菜具有众多分蘖特性的词冠。

分蘖芥菜又称雪里蕻。雪里蕻的称谓可见于明代王磐的《野菜谱》，内称："四明有菜名雪里蕻。雪深，诸菜冻损，此菜独青。"说明早在明代这种芥菜在浙、闽一带已可以露地越冬的方式进行栽培了。"蕻"音"红"，原有从菜丛中抽生出长茎的含义，从而也可以引申为分蘖。由于这种叶用芥菜耐寒，冬季可以在雪里穿蕻、顽强生长，所以得名雪里蕻。雪里蕻的称谓还可用同音字替代，或写作"雪里红"，简称雪菜。

分蘖芥菜因其具有"隆冬遇霜不凋，暮春迎风不老"的特性又被称为"春不老"。"春不老"的称谓始见于明代王世懋的《学圃杂疏·蔬疏》。其中介绍说："芥多种，以春不老为第一。"后来，其腌渍制品也被称为"春不老"。明代除京城以外，

直隶保定（今河北保定）也是此种蔬菜的著名产地，至今流传下来关于"保定府有三样宝：铁球、面酱、春不老"的民谚就是明证。清代的谭吉璁（1624—1680）曾有"瓮菜但携春不老"的诗句加以称颂，其中的"瓮菜"即指腌菜。

（6）包心芥菜

包心芥菜又称结球芥菜，简称包心芥或结球芥。这些都是以其中心叶片折叠、抱合，形成叶球状的植物学特性而命名的称谓，台湾地区则称其为捲心芥菜。此外，它还有包心刈菜的别称。"刈"音"义"，有收割的含义。

（7）花叶芥菜

花叶芥菜简称花叶芥，"花"有变化多端的意思，这是以其叶片边缘的缺裂具有形态各异的特性而命名的。明代以来，各地结合采用拟物、状形和褒扬等手法，还先后命名了诸如金丝芥、银丝芥、凤尾芥、鸡尾芥、鸡冠芥、鸡啄芥、鸡脚芥、长尾芥、千筋芥、佛手芥、碎叶芥和小叶芥等五花八门的地方俗称。以上七种类型叶用芥菜的叶片多呈绿、青绿或黄绿色。

（8）紫叶芥菜

紫叶芥菜简称紫叶芥，这是以其叶脉呈紫色的形态特征而命名的。由于紫叶芥菜的纤维较多、质地较硬，更适宜腌渍加工食用。

在上述八种类型的叶用芥菜中，有一些原来本是特指某一种类型叶用芥菜的称呼，有时也可用来泛指各类叶用芥菜。其中包括盖菜、青菜、排菜、雪里蕻、雪里红、雪菜、春不老及桃榔芥菜等称谓。

5. 薹用芥菜

薹用芥菜又称芥菜薹，简称薹芥菜或薹芥。这是一组以其植株的主要食用部位花薹的简称来命名的称谓。"薹"指花薹，又称花茎或花葶；"薹"，不应写作苔藓植物的"苔"。

薹用芥菜古称芥薹，南宋时期的范成大（1126—1193）曾赋有"菘心青嫩芥薹肥"的诗句加以推崇。薹用芥菜的花薹丰腴多汁、清爽可口，所以许多南方人非常喜欢食用。在浙江、江西、湖南和广东等地区，又以"天菜"或"菜脑"等誉称之。我国自古以来就有"民以食为天"的说法。"天"和"脑"不但凸显了花薹位于植株顶端的植物学特性，而且还强调了这种蔬菜在人们日常生活中不可缺少的重要作用。采用"天"来命名，也可以从一个侧面反映出这种蔬菜在当地民间百姓心目之中所占的地位。

　　由于薹用芥菜可以做到薹、叶兼食，借用叶用芥菜的几种别称命名，它还得到辣菜薹、盖菜薹，以及芥菜头尾等别称。其中的"头尾"分别特指花薹及叶片，其拉丁文学名的变种加词 scaposus 也有"粗壮花葶"的含义。

　　广东地区民间常以薹用芥菜腌渍加工制作梅菜心，因此也将其原料叫作梅菜。

　　另据《本草纲目》一书辑录：古人曾把薹芥亦称为芥蓝。由于此种异称非常容易与属于甘蓝类蔬菜的芥蓝相混，所以上述两种异称已被世人弃用。

6. 子用芥菜

　　子用芥菜又称籽用芥菜，简称子芥菜、籽芥菜、芥菜子、芥菜籽、芥子菜或芥子。这是一组以其植物的食用器官种子的简称来命名的称谓，其中的"子""籽"指的都是芥菜的种子。

　　子用芥菜可由幼苗直接抽薹结实，其果实为长角果，呈条状；种子呈圆球形，每千粒种子的重量约为 3 至 3.5 克。由于种子呈黄色，经研磨后又可供调味食用，子用芥菜又得到黄芥子，以及芥末菜、辣菜子或辣菜籽等别称。

　　子用芥菜还可用于榨油，故而又有着油芥菜、辣油菜、大油菜、蛮油菜，以及芥菜型油菜等多种异称。其中的"大"特指其植株高大，"蛮"是其盛产地域南方的标识，这是因为我国古代曾把聚居在南方地区的少数民族轻蔑地称为南蛮的缘故。

　　祖国的传统医学认为，芥子入药有温中散寒、消肿止痛等功效。现代医学试验证明，大量食用芥子会引发胃肠道炎症，所以不宜过量食用。其拉丁文学名的变种加词 scelerata 也有"有毒有害的"之义。

第五章　茄果类蔬菜

茄果类蔬菜是以植物的浆果供食用的一类蔬菜，它包括番茄、樱桃番茄、秘鲁番茄、树番茄、茄子、辣椒、甜椒和酸浆。

1. 番茄和树番茄

番茄又称西红柿，它是茄科、番茄属，一年生、草本，茄果类蔬菜，以其多汁的浆果供食用。

作为一种舶来品，番茄果实的外观可呈红、粉红、黄或白等颜色，形状可有圆、扁圆、椭圆或卵圆诸形。人们依据其形态特征、栽培习性、品质特点和地域特色等因素，结合运用拟物、摹描、翻译或采用方言等构词手段，分别比照常见的桃子、李子、苹果、柿子、辣椒、柑橘和茄子等几类果蔬的名称命名，先后得到二三十种不同的称谓。

番茄起源于南美洲的安第斯山脉地区。初为野生，那时人们误认为它有毒而未加利用。仅以其外观美丽似桃，又可供野兽享用等特点而名之曰"狼桃"。其后经墨西哥的阿兹特克人驯化，其栽培种于公元 16 世纪传至欧洲。由于英国的俄罗达拉里公爵曾把它从南美带回，作为礼物赠予自己的情人伊丽莎白女王（公元 1558—1603 年在位），加之法国人又认为它具有刺激罗曼蒂克欲望的功能，所以欧洲人把这种色泽艳丽、外形酷似苹果的番茄誉称为"love apple"，它的含义为"爱的苹果"。用汉语还可意译为"爱情苹果""爱情果"或"金苹果"。而其英文的正式称谓 tomato 则来自墨西哥语，它有着"脸面"和"姑娘"的含义，它所强调的也是外观的因素。

从 18 世纪起，欧洲开始把番茄作为食用果蔬而加以栽培。其后由英国科学家米勒命名了拉丁文学名，其学名的种加词 esculentum 含义为"可食用的"，从而突出

了它的食用功能特征。

　　栽培番茄在我国出现大概不迟于公元17 世纪的初叶，它是经由欧洲和东南亚地区传入我国的。比如明神宗万历四十五年（1617 年）问世的《植品》就传达了它是在万历年间（1573—1620）由西方传教士引入的相关信息。稍后，在明熹宗天启元年（1621 年）付梓的《群芳谱》，以及清初重修的《广群芳谱》（两书的作者分别是王象晋和汪灏）都在柿子条的后面收录了"蕃柿"，并且还进一步说明它是由于"来自西蕃"而得名。"蕃"字除有草木茂盛的内涵以外，在古代还与"番"字相通，可以泛指外族、外国，或是来自域外的事物。所以我国常用"番""蕃""洋""海"和"西"等字作为原产于域外植物的标识。蕃柿后来又称为番柿、西蕃柿、洋柿子或番李子，这些称呼都是以其引入地域的标识，结合其外观形态类似柿子或李子而命名的。

　　在明代它还有六月柿的别称，"六月"是指其成熟时期，借以和八九月才能成熟的柿子相区别。鉴于其个体较大、颜色多呈鲜红，还得到大柿子或火柿子等俗称。有时市场上人们也简称其为柿子。此外由于番茄为矮生草本植物，其茎叶有茸毛和腺体，还可以分泌特殊气味的汁液，所以在湖北、台湾和福建的一些地区又把它称为草柿、泽柿子、油柿子、臭柿子或臭柿。其中的"草柿"称谓所强调的是其属于草本植物，借以和木本番茄（即树番茄）相区别；而"泽"字所显示的则是其果实所具有的多汁特性。

　　至于番茄的称谓，早在公元 14 世纪初

叶在我国就已问世。元代的王祯在其所著的《农书》中曾把原产于少数民族聚居地区的白皮茄子泛称为番茄。由于该书强调了它甘脆不涩的特点，所以可以认定它不是现今所指的多汁浆果、被俗称为西红柿的番茄。

番茄和西红柿的称谓出现得较晚。清末在北京建立了农事试验场，当时曾先后从欧美等地引进许多蔬菜种子进行试验栽培。光绪三十四年（1908 年）在该试验场向慈禧太后和光绪皇帝上报的奏折中，就曾提到从俄国引进番茄的情况。这是近代我国从官方渠道引入番茄的正式记录，这一称谓是以其浆果果实形似茄子的果实而命名的。此后以"茄"字命名的俗称还有红茄、果茄、海茄子和洋茄子。至迟到宣统二年（1910 年），在北京等地又以其引入地域的标识"西"、果实的色泽"红"，及其外观似"柿"等因素联合命名，西红柿的俗称由此而来。而"巴马陀洛"则是源于另一英文称谓 pomidel 的音译名称，日本或称之为"赤茄子"。

从 20 世纪初叶起，番茄和西红柿这两种称谓并行于世，其后在我国的城市郊区逐渐推广。进入五十年代以后，番茄成为我国极为重要的果菜种类。现在我国通过颁发国家标准的形式，已把番茄的称谓定为正式名称。

番茄还有另外两类地方俗称，它们是因为果实外观分别类似辣椒或柑橘而得名的。如四川和贵州俗称其为洋海椒或毛椒角，南方一些地区俗称其为金橘或橘仔，台湾地区则俗称其为柑仔蜜。其中的"海椒"和"椒角"都是辣椒的地方俗称。

除上述普通番茄以外，可供蔬食的草本番茄还有小果型的樱桃番茄和秘鲁番茄。樱桃番茄其特征是浆果呈球形或长椭圆形，但形体较小，心室较少，一般仅有 2 至 4 个；果皮可有红、粉、黄、橙诸色。以其形态特征因素，比照一些果蔬名称，结合运用摹描、拟物、音译和雅饰等手段联合命名，先后得到诸如小番茄、小西红柿、小柿子、迷你番茄、樱桃番茄、醋栗番茄、梨形番茄、洋梨番茄、圣女果和美女果等十来种不同的称谓。其中的"迷你"是英文 mini 的音译，有微型或超小等含义；"醋栗"是虎耳草科的一种小型浆果；而"圣女"和"美女"则由其英文名称 tomato 的"姑娘"含义引申而来。至于以原产地秘鲁命名的秘鲁番茄可用于番茄育种，一般不作食用。

树番茄又叫作木本番茄，它是茄科树番茄属的茄果类蔬菜，属于多年生木本，亦以浆果供食用。

树番茄也是起源于南美洲，大概是在 20 世纪三四十年代从东南亚地区引入我国的。现在云南和西藏南部等地有栽培，此外北京等地也开始试种。

树番茄的浆果果实呈卵形、多汁，长可有 5 厘米至 7 厘米；表面光滑，橘黄或带红色。果实成熟后果肉变软，汁液酸中微甜。以其风味品质特征、引入地域特色等因素，结合运用拟物等手段联合命名，还得到"洋酸茄""酸鸡蛋"等俗称。其拉丁文学名的种加词 betacea 也有"像甜菜的"的含义。其中的甜菜所强调的是味道，其英文名称 tree tomato 还可译为"木番茄"，它所强调的则是属于木本的特性。此外以其引入地域缅甸的简称"缅"字命名，还有着"缅茄"的异称，但这个异称应与豆科的常绿乔木缅茄相区别。

各种食用番茄都富含多种维生素、有机酸，以及钾、钙、铁、镁、硒和锶等营养元素，是维生素 C 的上佳来源。生食：凉拌、沙拉、拼盘、配菜咸宜；熟食：热烹、做汤均可；加工：可供制酱、压汁或罐藏。番茄还含有番茄红素、芦丁和谷胱甘肽等保健成分，其中的番茄红素有降低罹患恶性肿瘤概率的功效，常吃番茄对预防胃癌、肺癌、睾丸癌和前列腺癌等疾患有显著作用。由于番茄红素具有脂溶的特点，经烹调、熟制以后，会更容易被人体吸收。此外番茄还有清热、降压，以及防治动脉硬化等多种保健作用。

2. 茄子

茄子古称伽子，它是茄科茄属，一年或多年生草本，茄果类蔬菜，以嫩浆果供食用。

茄子起源于亚洲热带地区，古印度是其最早的驯化地域。传说茄子是经由暹罗（今泰国）引入我国的。一般认为我国关于茄子的记载始于晋代嵇含（263—306）的《南方草木状》。然而早在西汉时期我国就已栽培茄子了。

两千多年来，人们依据其食用器官的形态特征、品质特性、功能特点，以及引入地的地域特色等因素，结合运用拟人、拟物、比喻、谐音、讳饰、音译、用典或别解等构词手段，先后给茄子命名了 20 多种不同的称谓。

茄子的"茄"在我国古代原读"加"，用来专指荷梗。先秦古籍《尔雅》就有"荷，……其茎茄"的释文。到了西汉时期，王褒的《僮约》开始有关于"种瓜作瓠，别茄披葱"的著录，说明早在公元以前，起源于亚洲热带地区的茄子已在我国被驯化成为果菜类蔬菜了。同一时代的扬雄（前 53—18）也在其《蜀都赋》中写道："盛冬育笋，旧菜增伽。"从而透露了一个重要的信息：当时蜀中业已引入叫作"伽"的新型蔬菜，其果实则被称为"伽子"。值得注意的是，对于这种蔬菜的命名无论是直呼"伽"，还是借用"茄"，它们的读音都和现今茄子的"茄"相同。实际上这都和古印度的梵文"伽"密切相关。另据宋代陶谷的《清异录·蔬菜门》介绍，隋炀帝（604—618 年在位）时曾改茄子为"昆仑紫瓜"，此外还有昆仑瓜、昆仑紫苽、昆仑奴和昆味等别称。这些以"伽"和"昆仑"及其简称"昆"来命名的现象，都反映了茄子原产地或引入地的地域特色因素。古时我国曾把现今的中南半

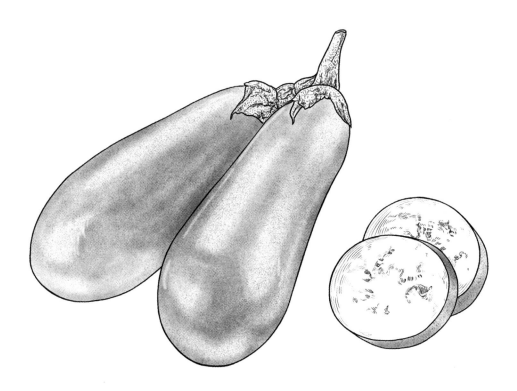

岛以及南洋诸岛泛称为"昆仑"。从南北朝时的南朝到隋唐时期，人们常以"昆仑"作为标识，命名来自该地区的物品，比如把南海诸国的商船称为"昆仑舶"，把来自扶南（今柬埔寨）的雄黄称为"昆仑黄"。那么在隋代把茄子称作"昆仑紫瓜"也就不足为奇了。有人认为"昆仑"在这里指黑色，似乎不够准确。

茄子的称谓又见于晋代嵇含的《南方草木状》，以及南北朝时期贾思勰的《齐民要术》等多种古籍。到了明代，李时珍把茄子列入《本草纲目·菜部》中果菜类的首位。"茄子"的称谓最终成为正式名称。

茄子的浆果果实呈卵圆、圆至长筒形，皮色红紫、黑紫、绿或绿白。印度古代梵文中的茄子 vavtaka 或者 varta 均为"圆形"义，其读音与现代我国的藏语音译名称"塔勇"有相近之处。以其紫皮短身等形态特征因素比照我国固有的瓜类蔬菜或常见的事物命名，除上面提到的"昆仑紫瓜"以外，还得到矮瓜、茄瓜、茄包和茄房等别称。

古人把腹部肥硕的将军肚称作"膨亨"。北宋诗人黄庭坚（1045—1105）曾在一首题为《谢送银茄》的诗中吟道："君家水茄白银色，殊胜坝里紫膨亨！""坝"音"罢"，指堤。这首诗极为生动地运用拟人的手法把茄子比作大腹便便的紫衣使者。从此之后茄子又增加了"紫膨亨"的雅号。

茄子还有落苏、落酥和酪酥等别称，据说那是因为避讳的缘故。原来从唐末到五代初期统治江浙地区二十多年的吴越王钱镠（音留）（907—932 年在位）有一个跛足的爱子，由于"茄"与"瘸"谐音，百姓怕犯忌讳，改称茄子为落苏。实际上早在唐朝中叶，陈藏器的《本草拾遗》就已把茄子称为"落苏"了。唐代段成式的《酉阳杂俎》一书还记载作者自己在吃"伽子"（即茄子）时，曾向工部员外郎张周封问起相关的故事，张周封回答说："伽子"一名落苏。可见唐代把茄子称为落苏已为常事。吴越国民为了避讳只是在茄子诸多的又称中选择了落苏而已。"落苏"是酪酥的谐音，意思是说熟食茄子的嫩果就像品尝酪酥那样绵软可口。酪酥还可写成"落酥"。

茄子可供炒、煮、煎、炸或腌渍、干制食用，所以又得到茄菜的别称。此外茄子还有降低胆固醇和增强肝脏生理功能等多种保健功效。《本草纲目》说，由于茄子和鳖甲同样具有治疗寒热病症的功效，医家还给茄子赠送了"草鳖甲"的誉称。

3. 辣椒和甜椒

辣椒和甜椒都是茄科辣椒属，多年生或一年生草本，茄果类蔬菜，以袋状的浆果果实供食用。

现在我国栽培的辣椒和甜椒都是来自中南美洲的一种野生辣椒。国际植物遗传资源委员会（IBPGR）1983 年召开的会议，确认了这种野生辣椒是在墨西哥被首先驯化的。考古学家发现，早在 7000 年前，美洲的阿兹特克人已开始栽培辣椒。公元 15 世纪末的 1493 年，相当于我国明孝宗弘治六年，随着哥伦布的探险归来，辣椒被引入欧洲。最初辣椒作为胡椒的代用品，由于当时从亚洲进口的胡椒价格昂贵，所以辣椒很快就在欧洲扎根，不久又被引进印度和东南亚国家。辣椒大约在 16 世纪晚期传入我国、朝鲜和日本。

我国辣椒引种的途径有两种：一是从欧洲沿丝绸之路进入我国西北地区，尔后在陕西、甘肃以及山西、河北一带形成著名产区；另一引种途径是从欧洲经印度和东南亚由海路或陆路进入我国的西南和东南地区，后来也形成了许多著名的产地。辣椒引入以后很快得到普及。据姚可成的《食物本草》介绍：到了明朝末年，已达到"处处有之"的地步。另据《台湾府志》披露，台湾的辣椒则是由荷兰人经海路直接引进的。

经历数百年的培植和推广，现在辣椒的栽培已遍及世界各地。目前从北非经西亚、中亚到东南亚，以及我国的西北、西南、中南和华南等广袤的地区，业已形成驰名寰宇的"辣带"。我国著名产区有"四地"和"三都"之说。"四地"是指河北望都、河南永城、陕西耀县（耀州）和山西代县；"三都"是指四川成都、河北望都和山东益都（青州）。

四五百年以来，人们依据其食用器官的形态特征、品质特性，及其引入地或栽培地域的名称、代称或标识等因素，结合运用摹描、拟物、音译或意译等手段，先后给辣椒命名了 40 多种不同的称谓。

辣椒的"辣"在古代写作"辢"。"朿"有聚集义，古人把"辛"和"朿"两字组合在一起，采用会意的手法造出"辣"字，借以表现其"辛甚曰辣"的内涵。辣椒的果实因其富含辣椒素而具有强烈的辛辣味道，因而和花椒、胡椒并称为"三辣"。那么"三辣"为什么都以"椒"来命名呢？原来在古时我国只有本地产的麻辣型调味料花椒，花椒古称"椒"，它本是芸香科花椒属的木本植物，以其果实供调味食用。花椒的果实表皮呈红或紫红色，在植物学中它被称为"蓇葖果"。这种小型果实的果皮二裂，内含圆形种子，其外观很像小房子而与大豆的荚果也极相似。大豆在古代被称为"菽"，"菽"字从叔、从草。于是古人就比照大豆的古称"菽"来命名；命名时为了强调其木本特征，采用了从叔、从木的方式，称其为"椒"；其后以其果实表皮的"花"色作为修饰，又称其为花椒。我国从东南亚引入胡椒科的藤本植物胡椒以后，因其球形果实的形状和品味都与花椒相似，所以再比照花椒，并以其引入地域的标识"胡"命名，最终得到胡椒的名称。

辣椒传入我国以后最初因其果实的辣味强烈而被称作"番椒"。其中的"番"和"胡"同样都是我国古代对西部和南部邻邦的泛称，"椒"则是因其富于辣味而比照花椒来命名的。早期提到番椒的文字资料可见于明代诗人兼戏剧家高濂的著作。明神宗万历十九年（1591年）问世的《遵生八笺》，在其"燕闲清赏笺·四时花纪"节中称："番椒丛生，白花；子俨秃笔头，味辣、色红，甚可观。"其中的"子"指果实；"俨"音"眼"，有"活像"义。由此可见长得很像秃笔尖的辣椒果实最初只是供观赏用的，其后才逐渐变为调味的蔬食。明代崇祯年间（1628—1644）问世的《食物本草》已把它收入味部的调饪类食品之中。除此之外诸如徐光启的《农政全书》和方以智的《通雅》等明末典籍，以及汪灏的《广群芳谱》等清初名著也都采用番椒的称谓。

以品味特征命名的辣椒称谓始见于我国的古典名剧《牡丹亭》。明代汤显祖（1550—1616）在此剧的第二十三出"冥判"里的"后庭花滚"曲牌中列举了38种知名花卉的雅号，其中就有关于辣椒花的戏词。到了清道光二十八年（1848年），吴其浚才把"辣椒"作为正式名称而纳入《植物名实图考》一书中，至今仍被沿用。

清代以"辣"为主体命名的其他异称尚有："辣茄"（见《花镜》）、"辣角"（见《遵义府志》）和"辣虎"（见《药性考》）。其中的"茄"和"角"都是指其果实的形态；"虎"有威猛义，用它来命名则更会体现品味辛辣的程度。

现在南北各地又增添了一些地方性的俗称，例如流行在陕西、甘肃和新疆等西北地区的"秦椒""辣子""辣子角"和"塔理玛穆尔鲁楚"，流行在湘、黔、川、滇等中南和西南地区的"海椒""红海椒"和"椒角"，流行于山西、宁夏等地区的"尖辣椒"，以及流行于台湾地区的"红辣椒"和"番姜"。其中的"子"，以及"红"和"尖"分别指其果实的色泽和形态；"番"和"海"，分别指其引入地和引入途径；"秦"特指其盛产地陕西；"姜"借以喻指其果实的辛辣气味；"塔理玛穆尔鲁楚"当是新疆南部维吾尔语的汉字记音称谓；而在日本则称其为"唐辛"。其中的"唐"是其引入地域中国的代称。

辣椒植株的茎直立，基部木质化，呈双杈或三杈分枝。由于辣椒的植株高大、分枝力极强，所以与缠绕、蔓生的胡椒类藤本植物有着天壤之别。古人比照胡椒及其同类的"海风藤"（又称山蒟）命名，以此辣椒还得到"地胡椒"和"海疯藤"的俗称。其中的"地"和"疯"分别显示了辣椒植株无须攀附、立地而生，以及枝繁叶茂、结实累累的生长特性。

野生辣椒有四个变种，由于它们都具有强烈的辣味所以通称辣椒。辣椒按照其形态特征的异同分为四种类型：

樱桃辣椒，简称樱桃椒。果实呈球形，其大小有如樱桃。因其果皮具有红、黄、紫等多种颜色，又称五色椒。其中的名品有四川成都的"扣子椒"。

圆锥辣椒，简称圆锥椒。果实小而呈

圆锥形。由于其果实直立生长，又称"指天椒"。明代典籍所描述状如秃笔头的辣椒就应属于这种类型。

簇生辣椒，简称簇生椒。果实数多、朝天簇生于枝端，又称朝天椒、朝天辣椒、朝天辣角、朝天番椒或五爪椒。著名的日本八房辣椒就属于这种类型，因其每个花序可以生长八朵花、结八个果而取名"八房"。

长形辣椒，简称长辣椒、长形椒。绿色果实下垂，呈长角、牛角或线形，因而又称牛角辣椒、牛角椒、尖辣椒、线辣椒、下垂椒或下垂番椒。国家标准《蔬菜名称（一）》采用长辣椒的称谓作为这类辣椒的正式名称。产于河北望都的"大羊角"，以及产于新疆伊犁的"辣子"都是其中的佼佼者。

甜椒也是从辣椒演化而来的。经过长期的选育，甜椒果实的体积和果肉逐渐增大、变厚，其辣味也随之消失。甜椒从北美先传至欧洲，近百年前引入我国。最初人们把甜椒视为辣椒的一个变种，20世纪50年代又将其列为辣椒的亚种。按照甜椒果实形态的不同又可分为五个变种：扁圆形甜椒、圆锥形甜椒、圆筒形甜椒、钝圆形甜椒和长筒形甜椒。其中以圆筒形甜椒的果型最硕大，我国各地广泛栽培。

近百年来，人们依据其形态特征、品质特性和功能特点等因素，比照辣椒的名称，结合运用摹描、拟物等手段，先后给甜椒命名了二三十种不同的称谓。

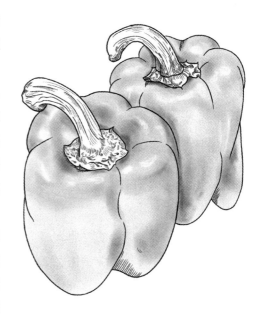

甜椒因其来源于辣椒，但又略带有甜味，所以被称为甜椒和甜辣椒。现代人们趋向取用甜椒的称谓作为正式名称。

甜椒的果实大型、肉质肥厚；果实嫩时一般为绿色，老熟以后可呈现红、黄、橙、褐、紫等多种色彩。其外观略似袋状，呈扁圆、长圆、圆筒或圆锥形，表面多纵褶。以其形态特征及其食用品质和功能特性等因素命名，甜椒又得到下面几组别称：

大柿子椒、大灯笼椒、大圆椒、大青椒、大甜椒、大椒、海椒；

柿子椒、柿椒、狮头椒、灯笼椒、灯笼海椒；

青椒、彩色椒；

甜柿椒、甜青椒；

菜椒、菜海椒。

其中的"大"和"海"特指其果实硕

大，"青"和"彩色"特指其果实的颜色，"柿子""灯笼"和"狮头"喻指其果型外观，"甜"和"菜"分指其蔬食的品味和功能。

由于甜椒的个体较辣椒圆而大，比照辣椒的各种称谓命名，甜椒还得到圆辣椒、圆辣角、圆辣子、甜辣角、菜辣子、大秦椒、大辣子、灯笼辣角和狮头番椒等诸多的别称。

甜椒和辣椒富含多种营养成分，有人形象地说它们是多种维生素的浓缩物，其中维生素 C 的含量在各种蔬菜类食物之中高居首位。甜椒和青熟的辣椒宜凉拌、做汤或供烹炒、调味食用，也可制泡菜。辣椒还是川、湘、滇、黔等菜系不可或缺的特色调味料。

辣椒的辛辣气味来源于所含的辣椒素（$C_{18}H_{27}NO_3$），它在口腔中可以引起火辣辣的烧灼感。辣椒素主要分布在果实的心室隔膜和胎座上，而果皮和种子中的含量相对较少；另从辣椒的个体剖析，辣椒素又集中在其果实的中段；而其维生素 C 的含量主要集中在果实的基部。掌握上述规律，即可根据自己的需求，随心所欲地选择相应的部位食用。

我国的传统医学认为辣椒味辛、性热，有散寒、温中、消瘀、健胃、发汗和除湿以及治呃逆、疗噎膈的保健功效。近年来，美国科学家还发现红辣椒所富含的辣椒素具有对抗胰腺癌细胞等效能，辣椒又得到"红色药材"的誉称。民间认为辣椒还有化解岚瘴等有毒、有害气体的作用。

老熟的辣椒宜腌渍或制作辣椒油、辣椒酱，经干燥加工还可制成辣椒干或辣椒粉，供调味食用。实验证明：高温甚至煮沸都破坏不了辣椒素的有效成分，所以辣椒经烹炒或蒸煮以后仍能保持其基本风味。食用辣椒以后除可产生灼热感以外，有些人还会产生欣快、愉悦的感觉，也许这就是他们嗜食辣椒，以至每日必食的深层原因。

4. 酸浆

酸浆是茄科酸浆属，多年生或一年生草本，茄果类蔬菜，以浆果供食用。

酸浆原产于我国和南美洲，先秦古籍《尔雅·释草》已有著录，南北各地多有野生。近代从欧美和日本引入域外新品种以后，东北各地也有少量栽培。

两三千年以来，人们依据其食用器官的形态特征、品质特性，以及产地标识等因素，结合运用摹描、拟物、拟人、谐音、借代和贬褒等构词手段，先后命名了20 多种不同的称谓。

酸浆的果实为橙红色或黄色圆球状浆果，浆果被宿存、连生而呈灯笼状的花萼所包藏。由于成熟的浆果果实具有酸味，所以被称为酸浆。其中的"浆"特指其果实中的流质成分。按照果实的颜色可分为红果酸浆和黄果酸浆。

因为谐音和借代等命名手段，酸浆还得到酸酱、醋酱、醋浆和酢浆等古称。其中的"酱"和"浆"谐音，"酢"与"醋"同义，这一组古称大多出现在《神农本草经》一书中。

依据其果实的形态特征命名，分别得到灯笼果、灯笼草、锦灯笼、挂金灯、皮弁草、有壳番茄、有苞番茄、洛神珠、神珠、王母珠、天泡草、姑娘菜、红姑娘和地樱桃等诸多的称谓。

其中的"灯笼"以及"金"和"锦"分别指其萼片的形状和色泽；"皮弁（音便）"原指古代君主所戴的一种皮帽子，它和"苞""壳"同样都用来借指其萼片的外观；"番茄""樱桃"和"珠"等词汇用来喻指其果实的形态特征；"洛神""神""王母"和"姑娘"等字眼都是对其美丽的橙红色果实的誉称；"地"是与木本植物樱桃相比，喻指酸浆为矮生草本植物的特征；而"天泡"则特指天然生长、质地松软的球形浆果。

鉴于酸浆果实在成熟之前往往带有苦味，再结合其形态特征命名，还得到如下一组带有"苦"字的别称：

苦耽、小苦耽、苦蔵和苦蘵。

其中的"耽"音"丹"，原指下垂的耳朵，借以喻指酸浆果实外面宿存的萼片；"蔵"音"针"，"蘵"音"之"，这些与"耽"同义的词，都曾是酸浆的古称。

酸浆的植株又称酸浆草，极耐寒，在北方地区也可以露地越冬。中医医药学认为它性寒，有清热、解毒和化痰、利尿的功效，缘此又有"寒浆"的称谓。

　　未成熟的酸浆果实含有酸浆苦素。成熟以后富含维生素 E、维生素 C 等多种维生素，钾、镁、磷、铜等矿物质，以及胡萝卜素和酸浆果红素等成分。酸浆品味甘甜、微酸，可生食、做沙拉，亦可煮熟食用。此外还可糖渍、醋渍，或加工制作果酱，酿造果酒。

　　酸浆的同类蔬品除原产于我国的酸浆以外，还有原产于美洲的毛酸浆和锦灯笼等种类或品种，其果色多呈黄色。其中的"毛"是因其植株密生短柔毛而命名的。此外以其原产地或引入地域的标识"洋"命名，或称其为"洋姑娘"。

第六章　豆类蔬菜

豆类蔬菜是以豆科植物的嫩荚果或种子供食用的一类蔬菜，其中包括扁豆、毛豆、豌豆、蚕豆、豇豆、菜豆、刀豆、洋刀豆、四棱豆、多花菜豆、莱豆、藜豆、兵豆和鹰嘴豆。

1. 扁豆

扁豆是豆科扁豆属，多年生或一年生缠绕藤本，豆类蔬菜，以嫩荚果供食用。

扁豆原产于亚洲南部，印度自古栽培。西汉开辟丝绸之路以后我国与南亚地区的交流加强。大约在公元 3 世纪的魏晋时期，扁豆传入我国。到了南北朝时期，陶弘景（456—536）的《名医别录》已有载录。其后苏颂的《本草图经》说："今处处有之。"说明宋代我国中原地区已广泛栽培扁豆了。现在扁豆的栽培已遍及世界各地。经过长期的选育，扁豆形成了许多变种，其中包括在我国长期生长繁衍的紫花扁豆和白花扁豆。目前除青海和西藏等高寒地区以外，我国南北各地都有栽培。

古往今来，人们依据其食用器官的形态特征、栽培习性，以及盛产地区的名称或标识等因素，结合运用摹描、拟物、用典，以及谐音、借代等手段，先后命名了40 多种不同的称谓。

扁豆的荚果扁平、宽而短，其长度约 3 至 6 厘米，宽约 1 至 5 厘米，呈绿色或紫色。由于我国习惯把那些宽而薄的物体称为"扁"，所以人们以其荚果的形态特征命名，称其为"扁豆"。为了突出其从属于草本植物的特性，运用从草（即加草字头），以及谐音、借代等手段命名，又得到诸如藊豆、稨豆、萹豆、匾豆、偏豆和宽扁豆等称谓。

匾豆的称谓可见于元代忽思慧的《饮膳正要》（中国书店出版社，1985 年，据1934 年上海涵芬楼以明代景泰本为底本的影印本）。此外明代徐光启的《农政全书》

也采用此种称呼。

扁豆嫩荚的果肉肥厚，其外观颇似耳朵或弯月，其顶端又有牛角样的细喙，以上述形态特征命名，还有肉豆、猫耳朵豆、猫耳豆、猪耳朵豆、猪耳豆、老婆子耳朵豆、月亮豆、扁豆角或豆角等众多的地方俗称。

扁豆角的称谓可见于明代吴承恩的著名小说《西游记》。从其第八十二回在招待唐僧的筵席上，我们可以查阅到"扁豆角 江（豇）豆角，熟酱调成"等相关内容。至于"猫耳豆"和"老婆子耳朵豆"等称谓则是北京和河北唐山等地的市井俗称。扁豆的荚果还有膨胀类型的，因此又获"膨皮豆"的异称。

由于扁豆的蔓茎具有缠绕、藤本等特性，进行人工栽培时，往往需要借助支架或篱笆才能生长，因此扁豆又获得以下一组别称：

篱笆豆、篱巴豆、篱豆、沿篱豆、架豆、爬豆、树豆、藤豆、架肉豆角和凉衍豆。其中的"树"有依树攀缘的意思；"篱巴"与"篱笆"谐音、同义；"衍"有繁衍义，"凉衍"特指到了秋高气爽的季节以后，扁豆会进入结荚盛期的生长习性。

其拉丁文学名的种加词 lablab 也有"缠绕的"的含义。

扁豆起源于热带地区，由于它喜温而盛产于我国南方。"南扁豆"和"南豆"的称呼，由此得来。

扁豆的每个荚果含有 3 至 6 粒种子。其种子有白、黑或茶褐色；形状略扁、呈矩圆形；种脐和种脊较长，多呈白色。依据其种子的形态特征命名，扁豆又获得另一组称谓：羊眼豆、鹊豆、茶豆、眉豆、蛾眉豆、眉儿头豆、眉儿豆。

其中的"羊眼"是对其种子形象传神的比喻；"鹊"特指其种子外观黑白相间、有如喜鹊的羽毛，而"眉"和"蛾眉"则都是对其种脐和种脊的形象化描述。"蛾"或可写作"娥"或"峨"。

明末赵宧光（1559—1625）与妻子一同隐居在深山茅舍中，过着清贫的著书生活。在其所著《说文长笺》一书中，还曾介绍说："扁豆一名㞞㞞豆。"

关于"㞞㞞"的典故出自古乐府歌《百里奚词》、古琴曲《㞞㞞歌》，以及明代传奇《㞞㞞记》。春秋时期秦国有一位名扬四海的宰相叫百里奚，相传他年轻时家境十分贫寒，后来辞别妻子，流落到楚国给人家放羊。春秋五霸之一的秦穆公听说他很有治国的才干，于是支付了五张羊皮的金钱把他赎到秦国，并委以宰辅的重任。这时百里奚的妻子也辗转来到秦国，进入相府当了奴仆。有一天相府内饮酒作乐，她毛遂自荐，一边弹琴一边唱道："百里奚，五羊皮。忆别时，烹伏雌，炊扊扅。今日富贵忘我为！"后来二人相认，夫妻团圆。其中的"伏雌"指正在孵卵的母鸡，"扊扅"读音如"演仪"，原指顶门的门闩。这段歌词的大意是说：回想起当年分别时家里十分贫困，我只好把顶门的门闩拿来当柴烧，炖母鸡给你饯行。今天你富贵荣华，当了宰相就忘了老妻我不成。后来人们用"炊扊扅"来比喻生活困苦，"扊扅"也就成为清贫的代名词，有时还用以借指曾经共患难的妻子。而"扊扅豆"则特指寻常百姓在自家庭院篱笆下栽植的扁豆。

按照花色的不同扁豆可分为紫花与白花两个变种。早在宋代对此已有记述，北宋时期苏颂的《本草图经》说：扁豆"花有紫、白两色"。南宋诗人杨万里则有"道边篱落聊遮眼，白白红红匾豆花"的诗句。诗中提到的"篱落"即指篱笆，"白白红红"道出了这两个扁豆变种在乡间小路上争奇斗艳的田园景色。

紫花扁豆又称紫扁豆，其拉丁文学名的变种加词 purpureus 亦有"紫花"的含义。

白花扁豆又称白扁豆，简称"白扁"，其拉丁文学名的变种加词 albiflorus 也有"白花"的含义。由于白扁豆的种子和种脐均呈白色，五代时期的侯宁极还给它命名了一个"雪眉同气"的雅号。在这里，"雪"和"眉"分别代表种子和种脐。一般常见的是紫扁豆，它的种子和种脐是黑白两色分明、相映成趣的；而白扁豆由于"同气相求"的"相互感应"，其种子和种脐都变成白色了。以白扁豆入药，有健脾和中、化湿消暑等功能，此外它还有抑制痢疾杆菌和抗病毒的作用。它治疗痢疾的功效早在唐代孟诜的《食疗本草》一书就作过介绍。

扁豆的荚果富含豆蛋白、球蛋白等蛋白质，以及碳水化合物等营养成分。自古以来，它就是农家百姓的一种常蔬。但它还含有血球凝集素、胰蛋白酶抑制素，以及淀粉酶抑制物等"嫌忌"成分；青扁豆中含有少量氰化物，加工不当可能产生氢氰酸等有毒物质。应该采取先用冷水浸泡，然后充分炒、煮，等到熟透以后再食用。

2. 毛豆

毛豆又称菜用大豆，它是豆科大豆属，一年生草本，豆类蔬菜，以鲜嫩的绿色种子或老熟种子的嫩芽供食用。

大豆起源于我国的黄河流域，其栽培历史十分悠久。在商代甲骨文的卜辞中，或是在诸多的古代文献典籍里，都能找到它的身影。据考证，其栽培历史，可以追溯到公元前两三千年以前的原始社会末期。

大豆古称"菽"或"荏菽"。《史记·周本纪》载：周国的始祖弃（即后稷）自幼"好种树麻、菽，麻、菽美"。人们十分怀念后稷普及大豆栽培技术的丰功伟绩，在《诗经·大雅·生民》中至今保留着"艺之荏菽，荏菽旆旆"的颂歌。传说后稷大致生活在尧舜时期，至今已有四千多年了。

回顾我国利用大豆的历程大致可分为三个阶段。

第一阶段从远古至春秋战国时期。在此时期中，"菽"和"粟"一起被纳入五谷之中，成为当时一种重要的粮食作物。《诗经·豳风·七月》说："七月烹葵及菽，……九月筑场圃，十月纳禾稼，……禾麻菽麦。"由此展现出当时先民在农历七月烹煮大豆嫩荚果和嫩叶等供蔬食，以及十月在场院里收获老熟大豆籽粒的热闹景象。同时我们还可看到在黄河流域，当时是兼食大豆的嫩叶和种子的。战国时期的《管子》一书曾提出如果"菽粟不足"，就会导致"民必有饥饿之色"的警示；战国时期的《孟子》一书也表达过关于"圣人治天下，（务必）使有菽粟如水火"的理想追求，这两则故事都揭示当时大豆在普通百姓日常生活中所占的重要地位。

第二阶段从秦汉至宋元时期。在这一时期中，随着大豆栽培技术的普及和推广，以大豆为原料酿造豆酱、豆豉、食醋，发豆芽，以及加工制作豆腐、榨取豆

油等综合利用事业逐渐兴办起来。

第三阶段从明清到近代。在此时期中，在继续开展综合利用的同时，大豆的蔬食功能也得到发展。明代李时珍的《本草纲目》已称："其荚、叶，嫩时可食，（味）甘美。"到了清代吴其濬的《植物名实图考》说它在各地"种植极繁"，又说在一年中，它"始则（以嫩种子）为蔬，继则（以老熟种子）为粮，（成为）民间不可一日（或）缺者"。菜用大豆的专用名称"毛豆"也是在这一时期应运而生的。

我国的大豆先经朝鲜半岛传入日本，后远播至欧洲。清同治十二年（1873 年）在奥地利首都维也纳举行的万国博览会上，我国的大豆受到世人的广泛关注。从 1903 年起东北地区的大豆开始大宗出口，其后享有盛誉的大豆成为我国三大出口名品之一。1918 年第一次世界大战以后美欧各国开始普遍试种大豆。现在美国和巴西已成为大豆商品的重要产地。作为豆类蔬菜食品之一的菜用大豆，在我国南北各地均可栽培。

数千年来，人们依据其形态特征、植物学特性、栽培特点、品质特色以及产地名称等因素，结合运用象形、拟物、谐音等构词手段，先后命名了 20 多种不同的称谓。

大豆植株的茎直立或半直立，根系发达，主根较粗，侧根水平并向下伸展。荚果黄绿色、扁平、略成矩形，其上密布茸毛，每荚含种子 1 至 4 粒；种子椭圆或圆形，种皮可呈黄、青、黑、褐等颜色。干燥的种子每千粒重约 100 至 500 克。

古人根据所观察到的大豆生长习性，首先命其名为"尗"。"尗"音"菽"，东汉许慎的《说文解字》对此解释说："豆也，象尗豆生之形也。"它是采用象形手法造出的一个汉字。"尗"字中间的"一"表示地表，上下贯通的"丨"表示大豆的植株，下面的"八"表示生长在土壤中的根系，上面的"卜"表示地上部的枝条。而明代的李时珍认为：其"篆文尗象（像）荚生附茎下垂之形"则是对其另一种书写方式"未"的诠释。后来在"尗"的基础上又采取"从草、叔声"的方式，选取其同音字"叔"，再加上草字头最终得到了"菽"的称谓。

"菽"的称谓可见于《诗经》，前已述及。菽既指大豆，又是我国古代豆类作物的统称。为了特指大豆，有时还要加上突出显示形态特色的定语，从而出现了诸如大菽、戎菽、戎叔、荏菽和茙菽等称谓。在这些称谓中"戎"和"荏"的读音相近，在古代两字又相通，都具有"大"的含义，而"大"则是对其种粒个体较大的肯定。"戎"和"茙"以及"菽"和"叔"两两既谐音又同义，所以戎菽、荏菽及其派生出的戎叔、茙菽和大菽一起都成了大豆的别称。这些称谓可分别见于先秦古籍《管子·地员》《尔雅·释草》《诗经·豳风》和《列子·力命》。

与菽相似的称谓还有豆。豆在上古时

期原是供饮食或祭祀用的一种盛器，其形状有如高足的盘子。到了战国时期，开始有人用以称呼大豆。如《战国策·韩策》中已有"韩地……五谷所生，非麦而豆"的相关记载。汉代以后豆逐渐取代菽而成为豆类的统称。这是豆字与豆类作物的豆荚的形态也极为相似的缘故。

大豆的称谓早期见于《神农本草经》一书。在其"米谷篇"的"中品"内列有"大豆黄卷"条。大豆黄卷即为大豆种子幼芽的干燥制品。另据班固的《汉书》和范晔的《后汉书》记载，从西汉末年到东汉初年，在汝南地区（今河南汝阳）曾流传过一首歌谣，其中提到过大豆：

"败我陂者翟子威，饴我大豆、亨（烹）我芋魁。"

原来在西汉成帝时丞相翟方进（字子威）曾下令拆毁具有灌溉功能的陂，（陂音杯，就是堤坝），从而导致该地区土壤肥力下降，人们不能种植稻谷，只得以大豆和芋头充饥。大豆又称"元豆"，"元"也有大的含义。

大豆植株的叶片为三出复叶，小叶呈线形、卵形或心形。古人以其嫩叶或幼苗入蔬，称之为藿。《说文解字》说："藿，尗之少也。从草，霍声。"藿音获，少音绍，幼小义。意思是说：藿指的是大豆的幼苗或嫩叶。现在人们早已不食用它了。

大豆荚果的远端有尖喙，故有"角果"之称。角果的称谓见于《庶物异名疏》。大豆的荚果大多集中生长在主枝或旁

枝的顶端，"枝豆"的称呼由此而来。

依据老熟大豆种子的种皮色泽分类命名，大豆有黄豆、青豆和黑豆三种称谓。其中的黄豆又称黄大豆、白大豆或大黄豆；黑豆又称乌豆或黑大豆。在南方的一些地区，农历二月播种早熟品种，四月即可收获大豆，因时值梅雨季节，所以大豆还有梅豆的俗称。

专供蔬食的大豆称毛豆、香珠豆或菜用大豆。毛豆因其荚果表皮生有白或棕色的茸毛而得名，这一称谓早期可见于清代吴其浚的《植物名实图考》。

香珠豆的称谓出自清代袁枚（1716—1797）的《随园食单》，内称："毛豆至八九月间晚收者最阔大而嫩，号香珠豆。煮熟以秋油、酒泡之，出壳可，带壳亦可，香软可爱。""秋油"指优质酱油，"香"指品味佳绝，"珠"喻指鲜嫩的种子碧如珠玑。清代在福建的一些地区每逢重阳时节，民间有蒸栗糕、采毛豆互相馈赠的习俗，因此当地又把重阳节称为毛豆节。

蔬菜栽培学等学术界以其主要功能命名，称其为菜用大豆，那则是近代的事情了。现在我国的国家标准《蔬菜名称（一）》已采用毛豆的称谓为其正式名称。

毛豆的营养丰富，无论是蛋白质、脂肪、粗纤维以及铁、磷等矿物质，还是硫胺素、核黄素、抗坏血酸等维生素的含量，毛豆都居豆类蔬菜之首。尤其是大豆的蛋白质含量分别是蚕豆、豌豆、扁豆、

豇豆、刀豆和菜豆的 1.5 至 9.1 倍。以毛豆的嫩荚果入蔬，炒、煮咸宜，还可速冻、罐藏。入药，性平、味甘，有清热、解毒以及增骨髓、益颜色等多种功效，是缺铁性贫血症、糖尿病、高血压症及动脉硬化等患者的理想保健食品。

大豆的拉丁文学名的属称 Glycine 源自希腊语，意指某些种的茎叶具有甜味。其种加词 max 系俄罗斯植物学家、圣彼得堡大学教授马希莫维奇名字 Maximowicz 的缩写。至于其英文名称 soy bean 中的 soy、法文名称 soja 以及俄文名称 соевлисоя 等都是对我国大豆的古称"菽"的音译。由于原产于我国的酱油也是以大豆为原料酿造而成的，这些外文名称同时也兼有了酱油的内含，所以大豆还得到酱油豆的别称。

3. 豌豆系列

豌豆是豆科豌豆属，一年或越年生、攀缘性、草本豆类蔬菜。

豌豆包括菜用豌豆、粮用豌豆和软荚豌豆三个变种。前两个变种属于硬荚类型，由于它们荚果的内果皮是由较为发达的革质厚膜组织所组成的，所以不适宜食用。它们只能分别以鲜嫩或老熟的种子供食用，故而合称实豌豆。"实"原指果实，在这里特指可供食用的种子。菜用豌豆又称菜用硬荚豌豆，它除种子以外，还能以幼芽、嫩苗或嫩茎叶入蔬。而后一个变种软荚豌豆，因其荚果厚膜组织的纤维较

少、质地又较脆嫩，适宜采食，所以又称荚豌豆。它又包括荷兰豆和甜蜜豆两个商品品类。

豌豆原产于亚、欧、非三大洲交界的地中海沿岸，以及中亚地区。在汉代以前即由中亚传入我国，最初仅见于少数民族聚居的西北地区，其后逐渐普及全国各地。至于豌豆芽、豌豆苗，以及软荚豌豆的利用和引入情况，本篇的下半部分还要详加介绍。

由于栽培历史久远、生长地域辽阔、品种类型繁多，所以豌豆在各地区形成了许多入乡随俗的称谓。现在归纳起来，可以看到：人们依据其植株的植物学和栽培学特性，食用器官的形态特征、品质特性和食用特点及其原产地或引入地域的名称、标识，或居住地民族的名称等因素，结合运用谐音、讳饰、翻译或采用方言等手段，先后给菜用豌豆、豌豆芽、豌豆苗、荷兰豆和甜蜜豆等豌豆系列品种命名了六七十种不同的称谓。

（1）豌豆

豌豆植株的生长势较弱，茎的先端退化成卷须。明代的李时珍在《本草纲目》中介绍说：因"其苗（指植株）柔弱宛宛，故得豌名"。豌字从豆从宛。"宛"有细小义，"宛宛"是形容其茎叶回旋屈曲的词语，"豆"则标明其所归属的类别。由此可知，豌豆的称谓是依据其形态特征而命名的。

豌豆的名称始见于三国时期张揖的

《广雅》。其后，又有人以"豌"的异体字、同音字或近音字称其为登豆、宛豆或安豆。金元以后豌豆的称谓逐渐成为正式名称。

然而在秦汉以前豌豆被称为"戎菽"。"戎菽"的称谓可见于《尔雅·释草》。"戎"本是我国古代对生活在今西北地区少数民族的一种称呼；"菽"是古代对豆类植物的统称；"戎菽"则泛指原来生长在西北地区的豆类植物，其中也包括今天我们所说的豌豆。有人认为，汉代以后我国曾把蚕豆和豌豆都称为"胡豆"。"戎"和"胡"都是以其原植物引入地域的标识来命名的。

西汉时期我国食用的"胡豆"实际上是指豌豆，这一结论可从《居延汉简》的记录中得到证实。据《居延汉简》记载：西汉晚期，如西汉昭帝始元五年（前82年），生活在西北边陲张掖郡所属居延海的军民人等就已把"胡豆"作为粮食了。居延海在今内蒙古自治区西端的额济纳旗附近。对此，考古工作者在甘肃敦煌的西汉出土实物中也找到了相应的证据。

到了东汉时期，豌豆在中原地区又被称作蹕豆。蹕音必，从豆、从卑；"卑"有"次等"的含义，当时人们认为豌豆的品质略逊于大豆，所以用"蹕"来命名。蹕豆的称谓始见于崔寔的《四民月令》。其后，还用同音字替代的手法或写作"毕豆""跸豆""跸豆""荜豆"或"䇷豆"。如《新唐书·地理志》所记载的邠（音彬）州新平郡，每年向朝廷进贡的土特产品名单中就列有"毕豆"。邠州属唐代的京畿道管辖，其原址在今陕西省的彬州市。

三国时期豌豆增加了蹓豆的异称。原来豌豆在气候温暖的地区既可在春季播种、夏季收获，又可在冬季播种后越年夏季收获。而蹓豆也可写作"留豆"。"蹓"同"留"，它揭示了冬前播种后留在田间越冬，到翌年夏季收获的栽培特性。至今我国淮河以南地区还经常采用此种栽培方式种植豌豆。

东晋十六国时期，割据我国北方的后赵石虎政权认为"胡"的称谓对少数民族有轻蔑的意思，于是采用避讳的措施，下令把"胡豆"的称谓强行改成"国豆"，从而为豌豆的命名增添了政治色彩。

豌豆是一种既耐寒又早熟的作物，据有关文献记载，其可以在北纬 68 度以南的广大地区生长繁衍。早在东汉时期，我国已有关于"正月可（播）种"的记载，因而得到诸如寒豆、小寒豆、冬豆、雪豆、冷豆，以及蚕豆等别称，其中蚕豆的称谓可见于宋元时期。元代王祯的《农书》说：豌豆可与大麦和小麦同时播种，第二年农历的三四月则可成熟。由于届时正是养蚕的季节，所以又称蚕豆。至今江浙等地仍有人把豌豆称为蚕豆。而正式名称为蚕豆的蔬菜，也有着与豌豆相同的异称——寒豆，详见本章中的蚕豆篇。

豌豆的种子呈圆球形，皮色有黄、绿、粉红、白、紫和黑等数种，豌豆种子的表面有的光滑，有的皱缩，有的还带斑斑点点。依据其外观形态特征命名，我们还得到如下三组豌豆别称：

圆豆、丸豆；

金豆、赤斑豆、青斑豆、青小豆、青豌豆、绿豌豆、白豌（豆）、碧珠；

麻豆、麻累和华豆。

其中的"圆"和"丸"指其小而圆的体态，"金""赤""青""绿"和"白"，言其五花八门的皮色，"斑""麻""麻累"和"华"指其斑点相间的表面，而"碧珠"之名称则来源于南宋时期著名学者杨万里（1127—1206）的诗句："翠荚中排浅碧珠，甘欺崖蜜软欺酥。"诗中的"翠荚"喻指青绿色的荚果；"欺"原有凌辱义，可引申为"赛过"；"崖"音"芽"，"崖蜜"特指产于山间的蜂蜜；"碧珠"则是对色绿如珠的豌豆种子的生动写照，而绝非指那大而扁圆的蚕豆。

豌豆种子的个体较小，直径一般只有 3.5 毫米至 10 毫米，对比大豆的直径，青海等地又俗称其为"小豆儿"。

老熟的干豌豆在古代被列为谷类作物，主要作为粮食充饥，所以称为粮用豌豆，或称谷实豌豆。用干豌豆为原料还可加工制成粉条、粉丝、粉皮、淀粉、酱油、豆酱、豆瓣酱、豌豆黄和糖豆等多种副食品或小食品。

祖国的传统医学认为豌豆有益中、平气、止泄和下乳等药用功效，煮食豌豆对糖尿病也有一定的食疗作用。此外豌豆还可制成"澡豆"。

"澡豆"是古代用以洗涤或美容的一种粉剂，它由研磨成细粉的豌豆面和一些药剂加工制成。用这种粉剂洗涤手脸，可以保持皮肤光润亮泽。然而有人把它误认为食品，闹出了一场笑话。晋武帝（265—290 年在位）时王敦入赘公主府，有一次刚从厕所出来就看见襄城公主的侍女们朝他走过来，只见她们有的双手托着盛满水的金盆，有的端着放着澡豆的琉璃碗。王敦以为碗内的澡豆是干饭，连忙接过来倒入水中，连吃带喝地享用起来，惹得侍女们捂着嘴笑个不停。

采摘嫩熟的青豌豆可供蔬食，菜用豌豆的别称由此得来。我国采用青豌豆入蔬在公元 13 世纪初叶的金元时期已有相关记载。金代末年问世的《务本新书》把它称为"豆角"，这是以其荚果的形态特征命名的俗称。蒙古帝国时期做过中书令的耶律楚材（1190—1244）在中亚地区还写下过"匀和豌豆揉葱白，细剪蒌蒿点韭黄"的诗句。在这里，无论是豌豆和葱白，抑或是韭黄和蒌蒿，它们同样是充作"春盘"的新鲜蔬菜。而在欧洲迟至公元 16 世纪才把青豌豆纳入法国皇帝的菜谱当中。

到了 16 世纪后期的明末，《遵生八笺》一书披露了以发芽豌豆作蔬食的相关信息，当时把此种用幼芽供食的豌豆称作寒豆芽。现在人们多称之为豌豆芽，此外在台湾等地还有豌豆缨、豌豆婴或荷兰豆芽等别称。而寒豆和荷兰豆分别是菜用豌豆和软荚豌豆的别称；"缨"则与"婴"谐音，均喻指豌豆的幼芽。

清代以后人们为了尝到鲜品，开始采摘豌豆的幼苗或嫩茎叶供食，它兼有清火、去湿，以及美容、解毒等保健功效。其中以幼苗供食的称为豌豆苗或安豆苗，北京地区有时还简称为豆苗。以嫩茎叶入蔬的叫作豌豆叶，在广东、四川和云南等地，还分别得到诸如龙须菜、豌豆尖、豌豆颠、豌豆颠颠、豌豆头或豌豆角等地方俗称。其中的"安豆"即指豌豆，"龙须""尖""头""角""颠"和"颠颠"等词汇都是对豌豆卷须或嫩梢的形象化描述。

豌豆富含蛋白质、碳水化合物、脂肪和胡萝卜素等营养成分。嫩豆、嫩芽宜炖煮、煎炒，嫩苗、嫩梢宜烹汤，此外嫩豆还可速冻，或加工罐藏。

（2）荚豌豆

软荚豌豆是豌豆的另一个变种，简称荚豌豆，它是依据其食用器官荚果的结构特征而命名的。由于荚果肥大、色泽翠绿、味道香甜，又得到食荚豌豆、甜荚豌豆、甜脆豌豆、甜豌豆、大荚甜豌豆和大荚豌豆等诸多的称谓。其拉丁文学名的变种加词 macrocarpon 亦有"大果"的含义，而其英文名称 sugarpod garden pea 即可意译为"甜荚豌豆"。

软荚豌豆大约是在 19 世纪末叶才从欧洲引入我国的。由于早在明朝末年我国就与荷兰人有了频繁的交往，所以早期对从西洋（主要指欧洲）舶来的新奇物品多用"荷兰"字样命名。如把水生菜类蔬菜豆瓣菜称为"荷兰芥"，把汽水称作"荷兰水"。按照这种命名习惯，人们也把从欧洲引入的软荚豌豆称为荷兰豆。另据台湾地区的学者介绍，该地早期的软荚豌豆的确是由荷兰人引进的。此外从荷兰豆的名称还派生出大荚荷兰豆和甜荷兰豆等称谓。

软荚豌豆进入我国以后就受到市场的欢迎，由于荚内的种子呈黄白色，所以还得到"雪豌豆"的誉称。

近年来我国又引进了软荚豌豆的新品种，由于这种软荚豌豆的种粒饱满时外观呈圆棍状，肉厚的荚果仍能保持鲜嫩的品质，加之它具有甜美的味道，所以得到"甜蜜豆"和"蜜豆"的雅号。现今在我国的蔬菜市场上，荷兰豆的称呼成了正式的商品名称。

软荚豌豆包括荷兰豆和甜蜜豆，由于它们主要供应蔬食，所以还得到菜豌豆的别称。荷兰豆和甜蜜豆的荚果色泽湛清碧绿、质地清脆鲜嫩，诱人食欲。整体爆炒、凉拌或切丝烹汤均可，荤素咸宜，吃起来口感甜美、清香。此外还能充当配菜或速冻加工制成罐头。

4. 蚕豆

蚕豆古称胡豆，它是豆科野豌豆属，一年或二年生草本，豆类蔬菜，以嫩荚果或种子供食用。

蚕豆原产于亚洲西南部和非洲北部。

20 世纪 50 年代末，在浙江吴兴新石器时代晚期遗址出土了蚕豆籽粒，说明我国在四五千年以前就已栽培蚕豆。再联系目前云南还有野生蚕豆分布，或可得出我国也是起源地之一的结论。自汉代开通丝绸之路以后，历代通过各种途径先后与亚、欧、美各大洲多次进行过蚕豆种质资源的交流。现在蚕豆已成为我国重要的菜粮兼用作物，其栽培方式主要有秋播和春播两种类型。前者广布于川、滇、浙、皖、湘、鄂等南方地区，后者散布于西北、内蒙古以及晋、冀等北方地区。

数千年来，人们依据其植物学特征、栽培学特性、产地标识等因素，结合运用拟物、谐音和地域方言等手段，先后命名了二三十种不同的称谓。

蚕豆的食用部位是荚果。它扁平，略呈长筒或葫芦形，状如老蚕，蚕豆的正式名称由此得来。蚕豆的种子颇为壮硕，长可达 1.5 厘米至 2.5 厘米，千粒重达 650 克至 2500 克；椭圆至卵圆形，很像马齿；幼嫩时多呈绿白色，老熟后转为褐色，因此又别称马齿豆、马牙豆或大豆。其英文和俄文名称中的 broad 和 щирокий 也都具有宽大义。蚕豆因其多以嫩荚、嫩粒供食，还得到诸如青蚕豆、鲜蚕豆、蚕豆荚和蚕豆角等俗称。萌发的蚕豆则称蚕豆芽或发芽豆，简称"牙豆"或"芽豆"。其中的"牙"与"芽"既谐音又同义。

蚕豆古称胡豆、国豆或佛豆。有人认为张骞从西域带回的胡豆种子就是今天

的蚕豆。东晋十六国时期，羯族人石勒建立后赵政权（319—351），其间因避讳"胡"字，曾把胡豆的名称改为国豆。有人则认为蚕豆起源于印度或我国云南，由于古代上述两地都是佛教圣地，所以叫作"佛豆"。在这一组古称中，"胡"和"佛"应分别是引入地中亚、印度，抑或我国云南的标识。然而根据北宋时期宋祁（998—1061）在《益部方物略记》中对佛豆所描述的"丰粒茂苗"，以及"豆粒甚大而坚（硬）"等特征进行分析，"佛"所强调的应是"籽粒硕大"。我国古代的"佛""胡"二字都有"大"的含义。据《诗经·周颂·敬之》记载，周成王为了表达希望大臣辅佐他担当大任时，说过"佛时仔肩"的话，对此《毛传》注释说："佛，大也。"另据《仪礼·士冠礼》介绍：古代男子举行加冠礼时，有"永受

胡福"的祝福语句，"胡福"即"大福"。由于用四川乡音读"佛""胡"两字很难分辨，至今四川和云南等西南地区仍以"佛豆"或"胡豆"称之。有人或把它写作"湖豆"，可能是"湖""胡"谐音的缘故。鉴于大肚罗汉的轮廓略似蚕豆，罗汉又是佛的近义词，江浙等地还俗称之为罗汉豆。

蚕豆产地主要集中在南方，尤其是四川，人们以主产地的标识、简称等因素命名，分别得到南豆、川豆等别称。

依据其生物学、栽培学特性，蚕豆还有着下述四组别称：

树豆、竖豆：蚕豆茎的横断面呈四棱形，因其维管束集中分布在四棱角上，茎秆粗壮、挺拔，故以"树""竖"命名；

空豆：蚕豆植株的茎外方中空，故名"空豆"；

寒豆、夏豆：蚕豆较耐寒，在南方九月播种，越冬后第二年初夏即可收获，"寒""夏"由此得名；

野豌豆：这一称谓见诸基督教的《旧约全书》，蚕豆所在的属 Vicia 因而又称野豌豆属。蚕豆拉丁文学名的种加词 faba 的含义为豆或豆类。

在国际交往过程中我国还引进一些源于日本的品类，以引入地域的标识命名，蚕豆又别称倭豆，这是由于日本古称倭奴的缘故。在这些品类中，以产于东京地区的王坟豆茎叶繁盛，品质最佳。

王坟豆称谓的典故本出自明世宗（1522—1566 年在位）嘉靖初年，外戚邵喜被封为昌化伯，杭州人以"邵王"目之。邵喜死后，人们发现其墓地附近所种植的蚕豆"颗大味鲜"，从明代起，以蚕豆优良品种的产地命名，王坟豆的别称逐渐传开。

国人有把去掉外壳或去掉种皮的种子泛指为米的习俗，花生米中的"米"就是一例。鉴于蚕豆本有胡豆的别称，豆荚又具葫芦状的外形，在我国西南产区还俗称之为胡豆米或葫芦米。

蚕豆富含蛋白质、卵磷脂、胆碱，以及钙、磷、铁等矿物质，此外还含有蚕豆嘧啶和植物凝集素等嫌忌成分。蚕豆蛋白质的平均含量达到 27%，在豆类蔬菜中仅次于大豆和四棱豆。它既可作为主食，又可作为副食，还是制作酱油、甜酱、粉丝、粉条、糕点和小食品（如兰花豆）的

上佳原料。以嫩荚、种子（包括萌发种子即蚕豆芽）作为蔬食，烧炒、烩煮、拌食均可，兼有开胃、健脾、消肿、利湿的保健功效。但老蚕豆性滞，宜先加热煮烂，否则气虚者食用以后容易引起胀肚。应该注意的是：还有极少数人由于他们先天缺乏葡萄糖 -6- 磷酸脱氢酶（G-6-PD），食用蚕豆会引发急性溶血性贫血症（即蚕豆黄病，又称豆黄病），所以不宜食用。

5. 豇豆

豇豆是豆科豇豆属，一年生草本，豆类蔬菜，以嫩荚果或老熟种子供食用。

豇豆起源于非洲，后传入西亚和印度，汉代开通丝绸之路以后引入我国。公元 3 世纪的三国时期始有著录。到公元 6 世纪的南北朝时期，我国南北地区已有少量栽培。最初人们把它列入小豆系列，并以其种子作为粮食。从隋至宋的漫长岁月

里，我国的古籍中只有关于短荚豇豆性状的描述，到了元代才有关于长荚豇豆的记载。明代以后随着品种类型的增多，以及栽培技术的普及，豇豆逐渐成为"嫩时充菜、老则收子""以菜为主、菜粮兼用"类型的豆类作物。

由于豇豆的多样性类型是在我国境内长期培育形成的，所以人们也把我国视为栽培豇豆的次生起源地。现在我国南北各地广泛栽培。

一千多年来，人们依据其植物学特征，以及形态、功能特性等因素，结合运用拟物、谐音、用典，以及直接度量等多种手段，先后给豇豆命名了 40 多种不同的称谓。

豇豆引入我国以后初名"䝁䝀"。这一称谓始见于三国时期魏国人张揖的《广雅·释草》。原来豇豆为总状花序，每个花序的花蕾通常成对地互生在花序的近顶端处，每个花序一般结荚 2 至 4 个。古人正是注意观察到了豇豆在同一个花梗上常常长着两个紫红色豆荚的植物学特性来联合命名的。"䝁"的读音和释义都和"绛"相同，表述的是紫红的色泽；"䝀"音"双"，强调的是荚果双生的习性。

"胡"在古代用以泛指位于我国西北部域外民族聚居的地区，胡豆是对域外引入豆类的统称。把豇豆划入胡豆范畴，则暗示豇豆的原产地在域外。

关于豇豆的引入，有人认为是在汉初时由张骞出使西域时带回的，但是这一论断尚缺乏有力的证据。由于《广雅》一书是继《尔雅》和《说文解字》以后我国一部重要的文字学专著，而在东汉前期许慎（约 58—147）编纂的《说文解字》之中又未见豇豆的相关记载，由此可以推测：豇豆大概是在东汉后期沿着丝绸之路引入我国的。

"䝁䝀"的称谓可分别称为"䝁"和"䝀"，以及"䝁䝀"（音降双）。后者原义为"并足而立"，可以喻指并蒂双生的狭长荚果；运用"䝁"的同音字衍化，又可称为䝁豆、江豆或茳豆。

江豆的称谓可见于南北朝时期贾思勰的《齐民要术》。该书在说到当时的小豆类时曾列出江豆的名称，其中的"江"字是由"䝁"字从"江"声改动而成的，"江"或作"茳"。其后人们又把"江"的水字偏旁变为豆字偏旁而改作"豇"。

豇豆的称谓始见于陆法言在隋文帝仁寿二年（602 年）完成的《切韵》。该书说："豇：豇豆，蔓生，白色。"此后豇豆的称谓便成为主要名称。此外，各地还有用其同音或近音字替代来命名的俗称：姜豆、浆豆或缸豆。现在我们把豇豆的称谓定为正式名称，并已列入国家标准。

按照果荚长短、质地优劣，以及食用部位等因素，可把豇豆分成长荚豇豆和短荚豇豆两种。前者主要以嫩荚果供蔬食，所以又称菜用长豇豆、菜用豇豆、菜豇豆，清代北方的一些地方或简称其为菜豆；后者主要以老熟的种子供食用，所

以又称饭豇豆，有些地区或简称饭豆、
羹豆。

长荚豇豆又称长豇豆，它那结成双荚
而又下垂的荚果先端较尖，通常呈带状、
线形，荚果长约 30 至 100 厘米。各地以其
形态特征命名，又得到以下诸多的俗称：

豆角、角豆和挂角豆；

带豆、线豆、筷豆、龙豆、蛇豆、长
豆、长豆角、线豆角、裙带豆、褰带豆、
罗裙带和婆豇豆。

其中的"裙带"指古代系裙的长衣
带，"筷"指吃饭时所用的筷子，它们都有
细而绵长的含义，而"婆"为婆娑义，借
以喻指荚果纷披的形态。其拉丁文学名的
种加词 sesquipedalis 有"一英尺半长"的含
义，其长约合 46 厘米，正好相当于普通菜
用豇豆的长度。而其属称 Vigna 则是以 17
世纪意大利的植物学家多米尼克·维格纳
（Dominico Vigna）的名字来命名的。此外
又因其每个荚果内含 16 至 20 粒种子，而
种子呈肾脏形，种脐色黑又鲜明，长豇豆
还有着十八豆、腰豆，以及黑脐豆和黑眼
脐豆等别称。其中的"腰"指腰子，乃是
肾脏的别称；而"十八豆"称谓始见于元
代问世的《析津志·物产·豆之品》，这一
记载充分表明元代我国北方地区已开始栽
植长荚豇豆了。

长荚豇豆按照荚果的颜色不同，还可
分为红荚、青荚和白荚三种类型。其中红
荚类型的荚果为紫红色，较短粗，因而又
获得紫豇豆和红豆角等异称。

短荚豇豆的荚果一般仅有 5 至 7 厘米
长，其外观和长度都与人的眼眉相近，以
故又有眉豆之称。

豇豆的植株有蔓生、半蔓生和矮生三
种类型。长荚豇豆多为蔓生或半蔓生，故
又名蔓豆；短荚豇豆多为矮生，故又称矮
豇豆。

豇豆的嫩荚果富含糖分、粗纤维、多
种维生素、蛋白质、脂肪，以及钙、碘、
硫、钾等营养成分。宜烹调炒食，或制
沙拉生食，还可速冻。老熟种子富含蛋
白质，可煮食或制备豆沙馅料。可入药，
《本草纲目》称它气味甘、平，有理中、益
气以及健胃、补肾等多种保健功效。

6. 菜豆

菜豆又称芸扁豆、四季豆，它是豆科
菜豆属，一年生缠绕性草本，豆类蔬菜，
以嫩荚果或种子供食用。

菜豆起源于美洲的中南部，公元 16
世纪初传到欧洲，其后由欧洲商人带到亚
洲地区，大约在明代的后期沿着滇缅通道
引入我国。明万历六年（1578 年）成书的
《本草纲目》已有相关的著录。在引入的初
期，由于菜豆亦以嫩荚入蔬，所以常与扁
豆、豇豆等我国原有的豆类蔬菜相混淆。
《本草纲目》也只在扁豆条中提及其所独具
的长荚等形态特征。

清代以后，民间通过各种途径又多
次引入不同的品种类型，由官方正式引进

菜豆则发生在清末。由于在北京筹建农事试验场，朝廷决定从国外引进一批新型蔬菜。其中包括光绪三十三年（1907 年）由驻美国和奥地利的代办周自齐和吴宗濂，分别从其驻在国购进的菜豆种子，不过当时尚称为云豆和扁豆。后来引自美国的云豆在北京地区扎根。经过多年的普及推广，现在我国南北各地广泛栽培，菜豆已成为国内需求量最大的豆类蔬菜。

四百多年来，依据其形态特征、栽培特性、品质和功能特点，以及产地和人文等诸多因素，并结合运用拟物、借代、谐音、寓意或翻译等多种手段，人们先后给菜豆命名了六七十种不同的称谓。

菜豆引入我国的初期，人们把它视为扁豆的一个品种，李时珍的《本草纲目》就是把它列入扁豆条中加以介绍的。

尔后人们又借用我国古代固有或当时业已驯化的蔬菜名称加以命名，先后得到诸如芸豆、豆角、扁豆、青豆、菜豆及其衍生出的云豆、蒟豆、芸扁豆、云蒟豆、云蕅豆、芸豆角、芸豆荚、云豆角、云豆荚、菜豆角、洋扁豆、青刀豆和刀仔豆等称谓。

"芸"原是一种古代的菜名，早在战国时期，《吕氏春秋·本味篇》在介绍"菜之美者"时就提到过"阳华之芸"。豆角的称谓可见于三国时期张揖的《广雅》。它在介绍胡豆时称，"豆角，谓之荚"，从而明确指出豆角就是豆类的荚果，后来豆角也成为豆类蔬菜的泛称。"云"以及"蒟""蕅"

分别是"芸"和"扁"的同音字。"洋"是菜豆原产地域的标识，而"仔"的读音和释义都和"崽"相同，以"刀仔"命名是说菜豆荚果的个体要比刀豆小。

菜豆的称谓原来本是豆类蔬菜的一种泛称，用此称谓专指本文的主角始于清代，如《清末北京志资料》已有如下的记录："菜豆，俗称洋扁豆，取未熟之荚进行各种调理。"

20 世纪以后菜豆的称谓逐渐成为正式名称，并一直沿用至今。

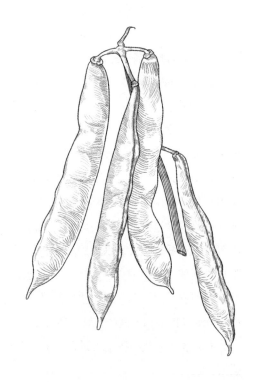

菜豆按其生长习性分为蔓生和直立矮生两种类型。蔓生类型的枝蔓攀缘，需支架、搭棚，以其栽培方式或生长习性命名，蔓生菜豆得到架豆、棚豆、藤豆、架

扁豆、架豆角、芸架豆、云架豆和挂豆角等别称。矮生类型的菜豆则有着矮生菜豆、矮性菜豆、无蔓菜豆和地豆等别称。

菜豆植株的花为蝶形花，其花冠的龙骨瓣呈螺旋状卷曲，十分醒目。龙骨豆的称谓就是以其花冠特征因素来命名的。

菜豆的荚果呈圆筒状、条形，直或稍稍弯曲，顶端延伸成为尖喙；荚长 7.5 至 20 厘米，宽约 1 至 1.6 厘米。以其荚果的形态特征命名，菜豆获得棍豆、棍儿豆、棍儿扁豆、棒豆、刀豆、小刀豆和泥鳅豆等地方俗称。

菜豆的种子多呈肾脏形或卵形，有红、黄、白、褐和花斑等多种颜色。以其种子的形态特征命名，菜豆还获得诸如金豆、精豆、玉豆、京豆、洋精豆、皇帝豆、龙牙豆和龙芽豆等名称，以及花斑豆和家雀豆等俗称。

菜豆的拉丁文学名的属称 Phaseolus 有"小舟"的含义，它所显示的同样是其种子有如小型船只的形态特征。而其种加词 vulgaris 为"普通"义，所以菜豆又可直译为"普通菜豆"，从而与同属于菜豆属的其他成员相区别。

其英文名称之一的 kidney beans 意译为"肾脏形豆"，此称谓也是以菜豆种子的形态特征命名的。

菜豆的另一英文名称 French bean 意译为"法兰西豆"，究其缘由，在欧洲法国是菜豆的主要产地之一。以著名产地的名称命名，菜豆还得到诸如法国豆、法国菜

豆、法兰西菜豆和法兰豆等称谓。其中法兰豆的别称，在一些地区至今还在沿用。

菜豆的生长期较短，在气候温暖的地区可以常年栽培，多次收获。以其上述的栽培特性和上市季节命名，菜豆还有如下一组别称：四季豆、时季豆、二季豆、二生豆、三生豆和三度豆。

其中三度豆的称谓来自日本，指一年收获三次。此外菜豆还有隐元豆、唐豇和唐豆等称谓，据传说菜豆是在清顺治十一年（1654 年，即日本后光明天皇承应三年）由我国的隐元禅师传入日本的，隐元豆等称谓由此而来。其中的"唐"是唐土的简称，指中国，并非特指我国的唐朝时期。

由于早熟的菜豆品种只需四五十天即可采摘，露地播种，五月（农历四月）以后就能陆续上市，因此又有着四月豆、梅豆、梅角豆和六月鲜等地方俗称。其中的"梅"为梅雨的简称，特指农历四月，早熟菜豆上市时正值梅雨季节。

在台湾地区，因为菜豆对低温十分敏感，贮藏环境低于 5 摄氏度就会发生冷害，所以当地俗称菜豆为敏豆。

菜豆以其食用部位的不同可分为荚用和子用两类。前者有着荚用菜豆、食荚菜豆、荚菜豆和嫩菜豆等称谓，后者则有实菜豆的别称。菜豆以其食用功能的不同可分为菜用和粮用两种：前者称为菜用菜豆，后者称为粮用菜豆或饭豆。

菜豆的嫩荚和种子均含有丰富的营养

成分，不仅蛋白质的含量高、人体八种必需氨基酸齐全，还富含多种维生素和矿物质。特别是嫩荚，色泽翠绿、果肉厚实、品味甘甜，因之又有"肉豆"之誉称。菜豆作为蔬菜，烹、炒、炖、煮咸宜，还可速冻、脱水或加工罐藏。老熟种子可充食粮，或做馅料，清代宫廷名点芸豆卷也是采用菜豆种子制成的。此外作为大宗出口商品，我国的白芸豆远销亚、欧、美、非各大洲的数十个国家和地区。

菜豆含有胰蛋白酶抑制剂和植物血球凝集素等有毒物质，可以通过充分加热等措施处理以后再食用。

作为食药兼用的一种蔬食，菜豆性平、味甘，它还有滋补、解热以及利尿、消肿等功效。

7. 刀豆和洋刀豆

刀豆和洋刀豆都是豆科刀豆属，多年生作一年生栽培、草本，豆类蔬菜，以嫩荚果或老熟种子供食用。两种刀豆的植株形态不同之处在于刀豆为攀缘、蔓生，而洋刀豆则为直立、矮生。

刀豆起源于亚洲热带地区。刀豆的属称 Canavalia 即来源于刀豆起源地之一的印度马拉巴尔（Malabar）地方的土名 kanavali。刀豆传入我国的时期不迟于唐代。公元 9 世纪中期，唐代学者段成式的《酉阳杂俎》已有相关的著录。到 15 世纪的明初，刀豆成为中原地区"处处有之"

的栽培蔬菜。大约在清代刀豆传入北方地区，并成为鲜食或腌渍加工的珍馐。现在南北各地均有栽培，主产于江南地区。

洋刀豆原产于中南美洲和加勒比海地区，大约在近代引入国内，因而获得"滨来刀豆"的别称。现在江南和台湾等地有少量栽培。

千余年来，人们依据其形态特征、植物学特性、食用功能特点，以及产地标识等多种因素，结合运用拟物、谐音、翻译，以及用典等手段，先后给刀豆和洋刀豆命名了 30 多种不同的称谓。

（1）刀豆

刀豆的荚果呈条形，略弯曲，其先端有钩状短喙，边缘有明显而凸出的隆脊。荚长 20 至 40 厘米，宽 3.5 至 5 厘米。

以其外观形似古代的兵器刀、剑，又略似皂荚，从而得到诸如刀豆、大刀豆、关刀豆、长刀豆、马刀豆、刀刀豆、刀豆角、刀豆子、刀鞘豆、刀铗豆、刀夹豆、刀培豆、刀把豆、刀巴豆、刀坝豆、挟剑豆、皂荚豆和皂角豆等称谓。

其中的"培"音"坯"，原有覆盖义，它和刀鞘同样都可喻指刀套；"铗"和"夹"、"巴"和"坝"两两同音，它们所指的都是刀把；"皂荚"又称皂角，它是豆科落叶乔木皂荚树的荚果。无论"刀套""刀把""刀柄"，还是"皂荚"或"皂角"，它们所强调的都是与刀豆外观相似的形态特征。

刀豆的称谓始见于北宋时期苏颂的

《本草图经》。它曾提到："江南……有一种刀豆。"到了明初，朱橚的《救荒本草》说："刀豆苗：处处有之，人家园篱边多种之……其形似屠刀样，故以名之。"所谓屠刀即指行刑刽子手所用的大砍刀。该书还附有刀豆的外观图。此后刀豆的称谓就成了正式名称。

以"挟剑"和"关刀"命名则各有来由。

挟剑豆的称谓始见于唐代段成式的《酉阳杂俎》。内称："挟剑豆，乐浪东有融泽，之中生豆荚，形似人挟剑，横斜而生。"挟有携带义，用"挟剑"和"荚生横斜"来喻指稍有弯曲的刀豆，既贴切又传神。乐浪原是汉武帝时新建的郡县名称，其原址在今朝鲜半岛北部的平壤附近。

关刀豆的称谓则源于"关刀"的典故。据清代著名学者俞樾的《小浮梅闲话》介绍：三国时期勇冠三军的蜀国五虎上将关羽善于使用大刀，小说《三国演义》把它演绎成为"青龙偃月刀"。因此大

砍刀留下了"关刀"的誉称。

刀豆在我国栽培、驯化已久，以盛产地域之一的名称命名，故有着"中国刀豆"的称谓。由于在热带地区可以常见到野生刀豆，再结合其荚果的形态特征及其植株的草质藤本特性，它又获得"野刀板藤"的别称。

刀豆的植株高大，枝蔓纷披，很像豆科植物葛，因而还有着高刀豆、葛豆、蔓生刀豆和蔓性刀豆等别称。

刀豆作为蔬菜可烹、可煮、可渍、可酱，品味佳美、营养丰富，所以获得菜刀豆和酱刀豆等具有功能特征的名称。早在清代，腌酱刀豆制品即已成为京酱园的招牌产品。刀豆的荚果和种子都可入药，有行气活血和补肾、散瘀等疗效。

（2）洋刀豆

洋刀豆的荚果形态与刀豆相似但个体稍小，荚果宽度为 2.5 至 3.5 厘米。比照刀豆，并结合其原产地的标识"洋"联合命名，称其为洋刀豆。这两种刀豆的区别还在于种子与种脐之间的长度比例不同。刀豆的种脐与种子的长度相近，而洋刀豆的种脐长度仅及其种子长度的一半。

由于洋刀豆的植株具有直立或半直立的生长习性，株型也较矮小，又得到直立刀豆、直生刀豆、立刀豆、矮生刀豆以及矮刀豆等称呼，在台湾地区还有着刀板仁豆的异称。其中的"仁"特指其种子，它所强调的应是以种子为主要食用部位。

有趣的是，刀豆与洋刀豆拉丁文学名

的种加词 gladiata 与 ensiformis 虽各不同，但它们却都具有"剑状的"含义。

8. 四棱豆

四棱豆又称翼豆，它是豆科四棱豆属，一年或多年生缠绕蔓性草本，豆类蔬菜，以嫩荚果、嫩茎叶、种子和块根供食用。

四棱豆原产于热带非洲和东南亚地区的雨林地带。我国大约在 20 世纪初叶分别经由印度、缅甸和印尼等地引入。现在云南、广东、海南、广西、四川、重庆和湖南，以及北方的一些大城市都有栽培。

百余年来，人们依据其形态特征、食用功能特性，以及起源地域的气候特点等因素，结合运用拟物、白描、谐音或贬褒等手段，先后命名了十多种不同的称谓。

四棱豆的茎蔓呈绿或紫色，长达 3 至 4 米；叶为三出羽状复叶，小叶卵圆至偏棱形，长约 7 至 15 厘米；总状花序腋生，花大、蝶形，有蓝、白、紫、绿诸色；荚果绿或红、紫色，长 6 至 35 厘米，具四棱、羽翼状，棱上有锯齿，其横断面呈正方形或长方形，每荚内含有 5 至 20 粒种子；种子球形或椭圆形，坚实、有光泽，其颜色和斑纹极富于变化，种子的百粒重为 6 至 55 克；地下块根呈长圆锥状、胡萝卜形，或呈纺锤形。

以其荚果的形态命名，得到诸如四棱豆、四稜豆、四楞豆、四角豆、翼豆、翅豆、杨桃豆、阳桃豆、羊桃豆等诸多的称谓。

其中以四棱豆为正名，"稜""楞"

和"角"均为"棱"的同义词;"翼"和"翅"是对其荚果上附属物的描述;而"杨桃""阳桃"和"羊桃"等称谓都是指酢浆草科阳桃属的同一种水果杨桃,其浆果果实呈椭圆形,有3至6个棱,因四棱豆外观与其相似,所以就运用拟物的手法进行了命名。

四棱豆的拉丁文学名的属称 Psophocarpus,以及种加词 tetragonolobus 分别突出其荚果摇动时会沙沙作响及其外观呈四棱等特征。其英文名称 winged bean 也强调了"有翼豆类"的含义。

四棱豆还得到四稔豆的褒称。"稔"音"忍",原指谷物成熟,可引申为收获或丰登,由于四棱豆可以分别以其荚果(含种子)、茎叶、花器和块根四种器官或部位供人们食用,因而取名"四稔"。值得注意的是有些资料把"稔"误写作"捻",应予更正。

四棱豆起源于非洲和东南亚地区,又来自域外,人们以其原产地域的气候特征和人文因素来命名,又得到热带大豆和方鬼豆等别称。"热带"一词在天文学中原指低纬度地带,由于四棱豆种子的形状、大小和营养价值等特点又都能够和大豆媲美,"热带大豆"的誉称由此得来。至于方鬼的"方"特指其荚果的形态特征,而"鬼"即鬼子的简称,这是旧时对外国人的一种蔑称。此种称谓今后不宜继续使用。

四棱豆是一种富含蛋白质和脂肪的优质食品,其中包括人体必需的八种氨基酸,以及亚油酸等脂肪酸。此外还有维生素 E、维生素 A、维生素 C 以及钙、磷、锌、铁等营养成分。适时采收的嫩荚和嫩茎叶可供凉拌、热烹或腌渍;花朵可做沙拉、充配菜或供热汤;块根肉质脆嫩,味稍甜,烤煮、生食皆宜。由于四棱豆还含有胰蛋白酶抑制物和植物血球凝集素等有毒物质,必须在湿热条件下经过充分炒、煮等烹饪加工以后方可食用。

四棱豆还具有一定的保健作用,种子对动脉硬化症有显著疗效;豆荚具有清凉解热功能;叶片外敷可疗眼疾;块根则是傣族同胞的一种传统药物,它可治愈咽干、喉痛和口腔溃疡等病患。鉴于四棱豆浑身都是宝,荚果和嫩株可供蔬食或疗疾,老茎能充饲料,其茂盛的植株群落又是理想的绿肥和良好的覆盖作物,所以人们还赋予它"绿色金子""热带高蛋白作物"及"奇迹植物"等誉称。

9. 多花菜豆

多花菜豆是豆科菜豆属,多年生作一年生栽培、缠绕性草本,豆类蔬菜,以鲜嫩荚果和种子供食用。

多花菜豆原产于南美洲,现在我国各地均可栽培,主产于云南、贵州、四川和陕西等地。

多花菜豆的花对生,为总状花序。由于同一花序上所生长的花朵数目远比其他菜豆为多,所以被称为多花菜豆,简称花

豆。其拉丁文学名种加词之一的 multiflorus 亦有"多花的"的含义。

多花菜豆的结荚率较低，其荚果长 10 至 30 厘米，宽约 2 厘米，略呈弓形，每个荚果内含有肾脏形状的种子 1 至 6 粒。以其荚果形态特征命名，又得到荷包豆和龙爪豆等别称。

国际热带农业研究中心（CIAT）依据花色的不同把多花菜豆分成两类：红花菜豆和白花菜豆。

红花菜豆又称赤花蔓豆、紫花菜豆、看花豆、大花芸豆和虎斑豆。这是因其花朵呈猩红色，极美丽，而种子又呈淡红紫色的形态特征而命名的。其中的"看花"所强调的是其可供观赏的辅助功能，而"虎斑"则特指其种子还带有黑斑的形态特征。

白花菜豆又称大白芸豆，这是其花朵和种子都呈纯净白色的缘故。

多花菜豆富含蛋白质、碳水化合物和多种维生素。适宜炒煮食用，可充馅料、做糕点、制罐头。药食兼备的多花菜豆还有益肾、健脾的保健功效。

10. 菜豆

菜豆是豆科菜豆属，一年或多年生缠绕性草本，豆类蔬菜，以鲜嫩或老熟的种子供食用。

菜豆原产于南美洲的热带地区，大约

在 20 世纪的 30—40 年代引入我国。以其原产地域的标识"洋"命名，称其为洋扁豆。现在长江以南广大地区多有栽培。

莱豆的称谓源于其英文名称 Lima bean，据说这是以世界最早的驯化、栽培地秘鲁首都利马的名称所命名的。由于每个时期翻译的名称不同，所以又得到诸如莱马豆、利马豆或利玛豆等几个不同的译称。而其鲜品还获"婴儿利马豆"之美称。

莱豆的荚果扁平，长椭圆形，通常稍有弯曲；每个荚果内含有种子 2 粒至 4 粒，种子的形状从扁平到圆形。以其形态特征命名，还得到荷包豆、荷苞豆和荚豆等别称。

莱豆按照荚果和种子的大小可分成两种：大莱豆和小莱豆。

大莱豆的荚果长 7 至 15 厘米、宽 2 至 3 厘米；种子扁平、肾脏形，长约 2.5 厘米。因其荚果较长、种子较大，故而得名大莱豆，或称大粒利马豆。

小莱豆的荚果长 5 至 10 厘米，宽 1 至 2 厘米；种子的长度仅有 1 厘米，因此得名小莱豆，或称小粒利马豆。由于小莱豆的花呈白或浅绿色，种子通常呈白色有时带有花斑，各地还分别称其白色种者为雪豆、白豆、棉豆或香豆。而其黄褐种者，被称为金甲豆。

莱豆种子肥大，营养丰富。鲜食种子，味甜、质嫩。为避免氰化物中毒，食用之前应先经水浸、煮沸，排除毒物以后再烹调食用。

11. 藜豆

藜豆是豆科藜豆属，一年生缠绕性草本，豆类蔬菜，以嫩荚果和种子供食用。

藜豆原产于亚洲南部地区。我国也有野生藜豆分布，栽培历史悠久，生长于南方地区。

藜豆的荚果长约 5 至 15 厘米，宽而厚，沿荚果缝有棱肋，老熟以后显出黑色棱脊；荚果表皮密，其上有黑、白或灰色茸毛或刺毛。种子近球形或矩圆形，长 1.5 至 1.8 厘米，宽约 1.2 厘米；种皮灰白色，上有黑或褐色的斑点或条纹。人们依据其荚果和种子具有黑色的棱脊、斑点和条纹等形态特征命名，称其为黎豆，这是因为"黎"有黑色的含义。其后又利用同音字命名为藜豆或鑗。现在由于"藜"字"从草从黎"，用其命名既可显示其草本植物的共性，又能显示其色泽鑗黑的特点，所以采用藜豆的称谓作为正式名称。

由于藜豆具有上述的形态特征，人们还给它命名了诸如狸豆、虎豆、狗儿豆、小狗豆、龙爪豆、狗爪豆、猫爪豆、猫猫豆、毛毛豆、毛狗豆和毛胡豆等俗称。

其中的"狸""虎"等动物在这里特指狸猫和老虎躯干上的斑点有如藜豆的斑点，"爪"喻指条纹，"毛"及其同音字"猫"特指其荚果表面密布的茸毛，而"胡豆"则是比照古代经由中亚地区传入我国的蚕豆或豌豆等豆类种子而命名的。

在我国可供蔬食的藜豆包括四种：毛黄藜豆、茸毛藜豆、白毛藜豆和头花藜豆。

毛黄藜豆又称毛黄豆，其因荚果有毛又形似黄豆而得名。由于有人认为它原产于日本而又称日本藜豆。

茸毛藜豆和白毛藜豆由于荚果上分别长有黑色或白色茸毛而得名。

头花藜豆则是以其略成头状花序而命名的。

藜豆含有丰富的蛋白质、维生素、无机盐，可以采收嫩荚果或种子供蔬食。但烹调前须先煮熟，除去荚皮和茸毛，用清水充分浸透，然后漂洗到不见黑色为止，最后再烹炒食用，或加工制成豆腐、豆酱。

12. 兵豆

兵豆是豆科兵豆属，一年或二年生草本，豆类蔬菜，以嫩荚果或种子供食用。

兵豆原产于地中海沿岸的欧洲南部以及亚洲西南部地区，基督教的《圣经》中多次提到它，由印度传入我国。现在我国的华北、西北和西南山区有栽培。

由于兵豆原产于海滨地区，所以被称为滨豆，而兵豆和冰豆两称谓中的"兵"和"冰"可能是以"滨"的谐音字命名的。现在人们多以兵豆的称谓作为正式名称。

兵豆的拉丁文学名中的属称 Lens 源于希腊语，为"扁豆"义，由于其种子个体较小，所以又被称为小扁豆。有人还以其原产地的标识命名，称其为洋扁豆。

兵豆的果实为荚果，外观为矩圆形，成熟后呈黄或黄褐色；种子两面凸出呈圆透镜状，其上常带斑点。以其荚果和种子的形态特征命名还获得"金麦豌""金麦豌子""鸡眼豆"和"臭虫豆"等俗称。其中的"金"，特指其荚果的颜色；"鸡眼"和"臭虫"，喻指其种子的形状；至于用"麦"来命名，这是由于在远古时期，生活在西亚地区的人群，经常遴选麦类作物与兵豆一起食用。

兵豆富含蛋白质、淀粉，以及铁、钙、钾等营养成分。嫩荚果可炒食，种子可发豆芽，或煮食，还可加工制造各种淀粉类食品。

13. 鹰嘴豆

鹰嘴豆又称回回豆，或回鹘（音胡）豆。它是豆科鹰嘴豆属，一年生草本，豆类蔬菜，以种子和嫩叶供食用。2011 年海峡两岸蔬菜专家精心合作出版的《中国蔬菜作物图鉴》，也将其收入豆类蔬菜作物之中。

鹰嘴豆起源于地中海沿岸的西亚地区。1970 年在土耳其西南部、地中海东北岸哈吉拉尔（Hacilar）地区的史前遗址中，发现了公元前 5450 年的鹰嘴豆残存物。由此推断，鹰嘴豆已有七千多年的驯化历史。古代的埃及、希腊和两河流域，以及伊朗、高加索、里海和印度等地区都有鹰嘴豆的栽培史。其拉丁文学名的属称 Cicer 即来源于希腊文，后来又成为罗马语的名称，可音译为"西塞罗"。此外，以其盛产地域的名称命名，还得到诸如埃及豆、孟加拉豆等别称。现在印度、巴基斯坦、土耳其、孟加拉国、伊朗、缅甸和拉丁美洲都有较多的栽培。

大约在公元 10 世纪，鹰嘴豆沿着古代的丝绸之路，经由中亚传入契丹人居住的地区。到了 13 世纪，鹰嘴豆随着蒙古骑兵从中亚、西亚地区再次传入我国北方地区。

千余年来，人们依据其形态特征、品质特性，及其引入地、盛产地居住民族的名称和地域特色等多种因素，结合运用摹描、拟物、拟人、谐音、贬褒，以及音译等构词手段，先后给鹰嘴豆命名了 20 多种不同的称谓。

鹰嘴豆植株的高度为 20 至 100 厘米，直立或半直立，其分枝几乎从近地面的主茎节位上生出。羽状复叶互生，卵形小叶对生，叶片前缘有锯齿。蝶形花，花冠呈白、绿、蓝、红、紫等多种颜色。荚果偏菱形至椭圆形，长 1.4 至 3.5 厘米，宽 0.8 至 2 厘米，成熟后豆荚膨大，每荚含 1 至 2 粒种子，最多时 3 粒。种子近圆形，呈白、红、黄、黑等多种颜色，种脐附近有

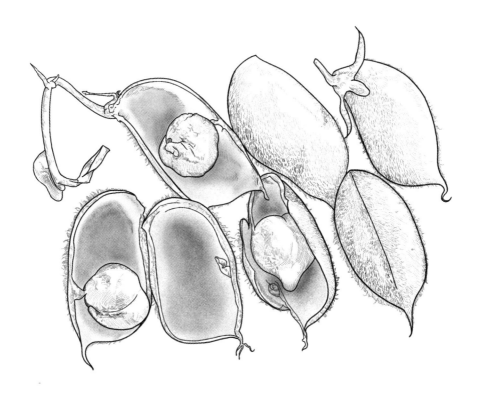

喙（音彗，特指鸟嘴）状突起，外观近似鹰头、鸡头或山羊头。人们以其种子的形态特征命名，称其正名为鹰嘴豆。此外人们又命名了诸如鸡头豆、鸡儿豆、鸡豌豆、鸡豆、雏豆、羊头豆、脑豆子和桃豆等别称。其中的"雏"和"脑"，分别特指"鸟"和"头"；"桃"则喻指其外观有如顶部尖突的桃子。

鹰嘴豆拉丁文学名的种加词 arietinum 有"羊角状"的含义。其英文名称 chick pea 和 gram 也有"小鸡样豌豆"和"涉及禽类"的内涵。

鹰嘴豆的种子富含蛋白质、碳水化合物、脂肪和其他多种营养元素。其中赖氨酸、不饱和脂肪酸、维生素 C 的含量尤为丰富，铁的含量更比其他豆类高出近一倍。此外它的茎、叶和荚果都有腺体，带有特殊的香气。种子制作的淀粉具有板栗样风味，如果再与小麦一起磨成混合面粉，更容易被人体消化吸收。以其风味特征命名，鹰嘴豆又得到"香豆子"的雅称。

鹰嘴豆的青嫩种子、嫩叶均可以入蔬。老熟种子多用于制作豆沙、豆馅、点心，或制成各种油炸、膨化食品。豆泥加配料，可制成调味沙拉。此外鹰嘴豆还可以制成极具中东地区风味的油炸丸子——"法拉番尔"。中医认为它与羊肉同食还有补中益气的滋补功效。

在我国的史料中，"回回豆"的称谓始见于南宋的《契丹国志》，在其"岁时杂记"节中称：

"回鹘豆，高二尺许，直干，有叶无旁枝，角长二寸，每角只两豆，一根才六七角。色黄，味如粟。"

"回鹘"即"回纥（音河）"，"回回"则是它们的音转。"回纥"原是居住在漠北的一个少数民族的名称，后来他们迁徙到现今的新疆维吾尔自治区和中亚地区，维吾尔族就是他们的后裔。回鹘豆的名称，就是依据其中转地区居住民族的名称来命名的。关于株高、直干（指其分枝习性），特别是关于每个荚果只结两颗黄色种子的描述，都符合鹰嘴豆植株的生物学特性；每株结荚果仅有 6 至 7 个，可能与漠北的气候寒冷有关。而"味如粟"，则是"味如栗"的误书，鹰嘴豆制成的淀粉的确具有板栗的风味。

在宋辽金元时期，鹰嘴豆还增加了诸如"回鹘国豆""回许（音虎）豆""淮豆"，以及"胡豆"和"胡豆子"等名称。其中的"回许"和"淮"等称谓则都是利用"鹘""许（音虎）"，以及"回""淮"谐音等手段命名的；而"胡"特指我国西北等少数民族聚居的地区。其中"胡豆"的名称在我国的历史上还可泛指大豆、豌豆、蚕豆等与我国西北地区有历史渊源的豆类蔬菜。

到了 13 世纪，随着蒙古骑兵对中亚、西亚地区的军事攻势，以及各民族文化的不断融合，中亚地区的饮食习俗逐渐融入蒙古民族的日常生活当中。原来"出在回回地面，苗似豆"的鹰嘴豆，不但再次引入北方地区，而且很快得到普及，从而呈现"今田野中处处有之"的状态。由于当时人们把居住在中亚和现今我国西北地区信奉伊斯兰教的色目人统称为"回回"，所以就把借助回族引入食谱的鹰嘴豆称为"回回豆"或"回回豆子"。蒙古人对鹰嘴豆的青睐，可以从《饮膳正要》得到印证。元代居住在大都城（今北京）的御医忽思慧在其《饮膳正要·米谷品》中称：回回豆子"出在回回地面，苗似豆，今田野中处处有之"。这段话充分证明了元代鹰嘴豆从中亚地区引入大都（今北京）的这段历史。

在该书所记录专供帝后享用的"聚珍异馔"食谱里，经过"捣碎、去皮"加工处理以后的鹰嘴豆在15种美味佳肴的烹制过程中，都是不可或缺的食料。其中包括马思答吉（乳香）汤、八儿不汤（一种印度风味流体食物）、沙乞某儿（蔓菁）汤、木瓜汤、松黄汤、粆（音沙，即指沙糖）汤、大麦算子（算盘子）汤、杂羹、荤素羹和黄汤，以及珍珠粉（特指一种粉条状食物）、鸡头粉雀舌棋子（以鹰嘴豆和芡实粉制成、以羊肉作浇头的丁块状食物）、鸡头粉血粉、鸡头粉撅面（一种抻面，撅音juē）和鸡头粉馄饨等食品。这些美味佳肴占该食谱总量15%的份额。

元朝灭亡以后，随着蒙古民族迅速退出中原地区，鹰嘴豆逐渐沦为野生植物。到了明代初年，朱橚（1361—1425）在前人著作的基础之上，通过亲自调查，把鹰嘴豆纳入《救荒本草》一书，从而使之成为"米谷部"中"（果）实可食"部分的新增内容。其回回豆条称：

"回回豆，又名那合豆。生田野中，茎青，叶似蒺藜叶，又似初生嫩皂荚叶，而有细锯齿。开五瓣淡紫花，如蒺藜花样。结角如杏仁样而肥。有豆如牵牛子，微大。味甜。救饥：采豆煮食。"

在这条史料之中，除去强调其"生田野中"的野生特性，以及"采豆煮食"的救荒功能以外，还记录了元代留传下来的回回豆别称——"那合豆"。据护雅夫的《伴当nokor考》一文称：蒙古语nokor音译"那可儿"，它原指蒙元时期贵族领主"那颜"的亲兵和伴当，这些人平时控制本部落牧民，战时从事战斗并负责聚敛财富。另据《中国历史大辞典·辽夏金元史》的"纳合"条称："纳合又作纳喝，金女真部落姓氏，部人居耶悔水（今辽宁开原东的叶赫河）等地。"笔者认为：无论是"那可儿"还是"纳合"，这两种称谓都与金元时期的游牧部落有关，所以与其发音相近的"那合"名称，应当集中反映的也是盛产鹰嘴豆的地域因素。

然而明代的李时珍在《本草纲目·谷部》中，却误将回回豆和回鹘豆等称谓列入了豌豆条中："回鹘豆：《辽志》《饮膳正要》作回回豆。回回，即回鹘也。"

到了清代，吴其浚的《植物名实图考·谷类·回回豆》所附列的鹰嘴豆植株插图，准确展现了鹰嘴豆卵形小叶对生、羽状复叶互生、羽状复叶由十余片小叶组成以及结实的生物学特征。

　　鹰嘴豆现在我国甘肃、青海、陕西、云南、新疆、宁夏和内蒙古等省区有少量栽培。其中除去云南的鹰嘴豆可能是从缅甸引入的以外，其余北方地区均经丝绸之路引入。到了 20 世纪 80 年代，我国又从国际干旱地区农业研究中心和国际半干旱地区农业研究所相继引入数百份鹰嘴豆新品种，其后已在甘肃、新疆、青海等省区试种。然而在北京的郊区，现在已很难找寻到野生鹰嘴豆的身影了。

第七章　瓜类蔬菜

瓜类蔬菜是以瓠果（或浆果）果实供食的一类蔬菜的统称。"瓜"是一个象形字，小篆字形"瓜"，它外面的轮廓很像是瓜蔓，中间的"𠂤"则像是瓜蔓上所结的果实。"瓜"的称谓早期可见于儒家经典《诗经》《周礼》和《礼记》。最初"瓜"所涵盖的应是包括越瓜、菜瓜在内的薄皮甜瓜，以及瓠瓜，后来又逐渐增加了冬瓜、黄瓜、西瓜、丝瓜、南瓜、苦瓜、蛇瓜和佛手瓜等成员，现在按照黄瓜、瓠瓜、冬瓜、节瓜、越瓜、菜瓜、甜瓜、南瓜、笋瓜、西葫芦、搅丝瓜、黑子南瓜、灰子南瓜、丝瓜、苦瓜、小苦瓜、白苦瓜、蛇瓜、佛手瓜和西瓜的先后次序分别详加介绍。

1. 黄瓜

黄瓜又称青瓜，它是葫芦科黄瓜属（原称甜瓜属，又作香瓜属），一年生蔓性攀缘草本，瓜类蔬菜，以嫩瓠果供食用。

黄瓜原产于喜马拉雅山南麓的印度地区。西汉以后，分别从北南两路传入我国。据李时珍考证，黄瓜是由西汉时的张骞从中亚地区沿着丝绸之路引入我国的，所以后人把黄瓜也列入了"张骞植物"的范畴。近人研究又认为：随着南亚民族的迁徙和对外的人员交往，黄瓜又从西南地区引入我国。由于黄瓜含有少量游离酸而具有诱人的清香气味，口感脆嫩，生食、烹炒、腌渍咸宜，所以深受人们的欢迎。现在南北各地广泛栽培，并已成为我国最重要的瓜类蔬菜。

两千多年来，人们依据其食用器官的形态特征、原产地或引入地域的名称和标识等因素，综合运用摹描、讳饰、谐音和音译等多种构词手段，先后给黄瓜命名了十多种不同的称谓。

黄瓜古称胡瓜。我国古代曾把生活在北部和西部的少数民族统称为"胡"，汉代

以后又把外国人泛称为胡人，所以在黄瓜传入以后人们把其原产地或引入地的标识"胡"作为命名依据，称其为胡瓜。其中的"瓜"则是因为形态相似而比照我国固有的菜瓜和瓠瓜等瓜类蔬菜来命名的。

胡瓜的著录始见于公元3世纪晋代郭义恭的《广志》。到了东晋、十六国时期，羯族的石勒在我国的北方建立了后赵政权（319—351）。因其属于少数民族忌讳"胡"字，所以在后赵管辖的地区一度把胡瓜改称黄瓜。从此在其后的1600多年中，在我国形成两种称谓并存的局面。至于改称黄瓜的原因可参见贾思勰的《齐民要术》。该书在记录胡瓜的采收标准时这样写道："收胡瓜，候色黄则摘。"还提示说："若待色赤，则皮存而肉消。"由此可见，在南北朝时黄河流域栽培的胡瓜即黄瓜，其嫩瓠果果实呈黄绿色，老熟以后还会变成赤红色。

隋朝统一中国以后，在大业四年（608年）隋炀帝再次下令把胡瓜改为白露黄瓜。据唐代吴兢的《贞观政要·慎所好第二十一》记载：贞观四年（630年）唐太宗李世民在总结前朝的失败教训时曾说："隋炀帝性好猜防，专信邪道，大忌胡人，乃至（称）谓……胡瓜为黄瓜。"李世民认为杨广把胡瓜改称黄瓜的缘由是对胡人的猜忌和提防。有了当朝皇帝的这种表态，唐代的多种著作诸如孟诜的《食疗本草》，以及孙思邈的《备急千金要方·食治》等都恢复以胡瓜的称谓为正式名称。宋代诸如苏颂的《图经本草》、唐慎微的《证类本草》等著作仍沿用胡瓜的称谓，并说北方人也俗称黄瓜。

到了元代，官方主持编纂的《农桑辑要》改以黄瓜为正名，民间的著作如王祯的《农书》仍以胡瓜为正名。明代又恢复了胡瓜的古称。到了清代，民间著作如吴其浚的《植物名实图考》等仍多用胡瓜称谓，但官方编修的《授时通考》则以黄瓜为正名。

追寻其规律，大概是这样：在隋朝以后，凡属汉族居统治地位的时期，多以古称胡瓜为正名。凡属少数民族居统治地位的时期，其官方均以讳称黄瓜为正名；而在民间，北方人或在北方人的著述中，多称其讳称黄瓜称谓，但南方人或在南方人的著作中，则多沿用古称胡瓜。进入民国，又恢复胡瓜的古称。现在则改以黄瓜为正式名称。

在我国南方的一些地区，由于对"黄"和"王"两字的读音相近，黄瓜又增添了"王瓜"的别称。例如同是在元朝时期，由北方人忽思慧撰写的《饮膳正要·菜品》中，列有黄瓜称谓；在《析津志·家园种莳之蔬》中，则称为王瓜，而《析津志》的作者熊梦祥的籍贯则在现今的江西。

古时有人认为晋代陆机《瓜赋》中所提到的"黄觚"即指黄瓜；但是元代王祯《农书》则认为它不属于菜用瓜类，并确指其为果品。

黄瓜按照其形态特征的差异，可分成三种类型。

第一种从西域引入我国北方以后，逐渐演变成华北栽培型黄瓜。这种类型的黄瓜主要分布在黄河流域及其以北地区。其瓠果果实较长、呈棍棒状，皮薄色绿，瘤密、多白刺，以其多刺的形态特征命名又称其为刺黄瓜，简称刺瓜。旧时菜行因之又称其为"刺条"或"刺虫"。

第二种从南亚引入我国南方以后，逐渐形成华南栽培型黄瓜。这种黄瓜主要分布在长江以南地区。其瓠果果实较小，幼嫩的果实呈绿、绿白或黄白色，瘤稀、多黑刺，广东等地以其瓜色特征命名，称其为青瓜。

此外还有南亚型黄瓜，其果实呈短或长圆筒形，皮色浅，瘤稀、味淡。以其原产地域的名称命名，人们称其为锡金黄瓜。锡金位于喜马拉雅山南麓，原为独立国家，现为印度锡金邦。在我国云南地区则产有版纳黄瓜和昭通黄瓜。其中的"版纳"和"昭通"都是其盛产地域的名称。

黄瓜的拉丁文学名的属称 Cucumis 有"中空"的含义，表述了瓠果的形态特征；其种加词 sativus 则为"栽培"义，从而凸显了它的栽培属性。

2. 瓠瓜

瓠瓜又称葫芦瓜，它是葫芦科葫芦属，一年生攀缘性草本，瓜类蔬菜，以幼嫩的瓠果供食用。在非洲西部，人们还以其嫩苗或嫩叶入蔬。

瓠瓜原产于非洲，过去学术界有人认为瓠瓜是经由丝绸之路传入我国的，然而我国悠久的葫芦文化却可以追溯到七千年以前的新石器时期。在浙江余姚的河姆渡村，以及河南新郑的裴李岗等新石器时期

的遗址之中都曾发现过许多相关的资料。因此可以说：作为我国最古老瓜类蔬菜之一的瓠瓜，应是我国固有的蔬菜种类。现在南北各地均有栽培。

古往今来，人们依据其形态特征、生长习性，及其品质和功能特点等因素，结合运用象形、通假、指事和谐音等多种手段，先后给瓠瓜命名了五六十种不同的称谓。

瓠瓜古称"壶卢"，其繁体字为"壺盧"。这两个字都是象形文字，分别表示盛放饮料和食物的器具。在远古时期，先民把采集的老熟瓠瓜剖开两半，用以盛放液态的饮料或固态的食物。当时既可把它称为单音节的"壶"，又可称为双音节的"壶卢"。现代出土的新石器时代的陶壶，以及殷商时期的甲骨文，或是周秦时期的钟鼎文中的"壷"或"壺"等文字，都是模仿瓠瓜的葫芦状外形创造出来的。

葫芦具有幼嫩时供蔬食、老熟后可贮物的双重功能，这在古代诗歌总集《诗经》里都能得到印证：

《豳风·七月》就有"七月食瓜，八月断壶"之说。所谓"断壶"是说采摘"壶卢"。古时"壶"和"瓠""匏"都互相通用，即所谓通假；"瓠"又可写作"瓟"。这些不同的称谓大多也能在《诗经》中找到。例如"幡（音番）幡瓠叶，采之亨（烹）之"（见《小雅·瓠叶》）；又如"匏有苦叶"（见《邶风·匏有苦叶》）。它们也都涉及了葫芦的食用功能。

壶卢的称谓由于时代变迁，在不同的场合又可借用同音或近音字写作"壶芦""壶庐""壶楼""壶瓠""匏壶""瓠瓠""瓠瓝""瓠瓝""魕卢""菰芦"或"扈鲁"。例如西汉时期司马相如的《子虚赋》中就写作"魕卢"。以谐音字葫芦替代"壶卢"始见于《千金月令》等唐代著作。以后还相继出现过葫卢、菜葫芦，以及胡芦、胡卢等以"葫"和"胡"命名的别称。

古代人们习惯把草本植物的果实划入蓏（音裸）菜类中，这些果菜一般都可以"瓜"称之，于是壶卢也名正言顺地得到下面几组称谓：

壶卢瓜、葫卢瓜、葫芦瓜、葫瓜；

胡芦瓜、胡卢瓜；

瓠瓜、匏瓜、瓟瓜。

其中的"瓟"是"匏"的又称，这是因为老熟以后剖开可当作盛器的缘故。瓠瓜的称谓最终成为正式名称，至今仍被沿用。

从瓠瓜的"瓠"字还派生出诸如甜瓠、甘瓠、瓠子、瓠子瓜、瓠儿瓜、户子、付子瓜、胡子和葫子等地方俗称。其中的"甘"和"甜"是相对于不宜食用的"苦瓠"而言的；"子"和"儿"都是植物果实或种子的代称，用它们来命名，借以显示其为果菜的属性；"胡"和"葫"均为"瓠"字的谐音字；而"户"和"付"虽然也和"瓠"字谐音，但有错别字的嫌疑。

现代学者参考明代李时珍的分类方案，按照果实的形态特征和功能特性把瓠瓜归纳成为五个变种：

果实呈长圆形、绿白色、柔嫩多汁的称长瓠，又名瓠子；

果实呈扁圆形的称圆瓠，又名大葫芦或称匏瓜；

果实的上部具有细长颈、下部大而圆的称悬瓠，又名长颈葫芦；

果实上部较小、下部较大、中间"缢细"的称约瓠，又称约腹瓠或细腰葫芦；

果实似约瓠，但果型很小的称观赏葫芦，又名观赏腰葫芦或称小葫芦。

在上述五个变种中，除观赏葫芦以外，其余均可采摘幼嫩果实作为蔬菜，可供炒、煮，更适宜作馅料食用。作为药食兼用的瓠瓜还有解热、止渴，以及利水、消肿等保健功效。此外老熟以后的大葫芦和长颈葫芦都可以作为贮物的盛器。

由于约腹瓠与细腰蜂的形体相似，都具有细腰的特征，所以得名细腰葫节；而"蒲卢"既为细腰的代称，又与"壶卢"的读音相近，所以它也就变成了"壶卢"的别称。运用谐音的手段，从"蒲卢"的别称又派生出诸如"蒲芦""浦卢""扁蒲""蕉蒲""楼蒲"或"蒲瓜"等俗称。其中的"扁""蕉"和"楼"分别特指"圆瓠"和"悬瓠"。鉴于长瓠的形态特征，瓠瓜还得到诸如长瓜、茭瓜、大黄瓜、长扁蒲和净街槌等形象化的别称。其中"净街槌"的"净"是"静"的谐音字；"槌"指古代用于击鼓静街（禁止闲人在街道上行走）时的一种鼓槌，这种鼓槌的形状与长瓠极为相似。

瓠瓜植株的花呈白色，常在夜间开放，其缠绕茎借助支架能在地上或在空间开花结实。依据其上述的植物学特征和栽培习性等因素命名，瓠瓜还有着"夜开花""夕颜""地蒲""天瓜""神仙种""龙蛋瓜"和"龙蜜瓜"等别称。其中的"夕颜"原是日本依据其"日暮呈色（指开花）"的特性而命名的，"天"和"龙"喻指其在空间开花结实的特性，"蛋"和"蜜"分别特指圆瓠的果实及其甘甜的品质，而"神仙种"则是旧时菜行依据其栽培特性采用隐语所命名的俗称。

3. 冬瓜和节瓜

冬瓜和节瓜都是葫芦科冬瓜属，一年生攀缘性草本，瓜类蔬菜。它们均以瓠果果实供食用。

冬瓜起源于我国和印度，现今在云南省的西双版纳地区还可以找到野生冬瓜。这种形如小碗而又味道苦涩的冬瓜在当地被称为"山墩"或"罗锅底"；傣族把它叫作"麻巴闷哄"。秦汉时期我国的医学典籍《神农本草经》就已提及冬瓜的种子瓜子，还把它列为菜类的上品。此外在现代出土的汉墓里也发现过冬瓜的种子。公元9世纪冬瓜从我国传入日本，16世纪从印度传入欧洲，19世纪再传到美洲。20世纪70年代又由我国引种到非洲，现今在世界各国和我国各地，冬瓜都已成为一种广泛栽

培的蔬菜。

节瓜是冬瓜的变种，其栽培历史不迟于公元17世纪的明清之交。现在广东、广西，以及上海、北京、福建、江苏和台湾等地均有栽培。

古往今来，人们依据冬瓜和节瓜的形态特征、栽培及贮藏特性，以及原产地域的名称和标识等因素，结合运用拟人、拟物、摹描、贬褒或音译等手段，先后命名了二十多种不同的称谓。

冬瓜的称谓始见于公元3世纪初的三国时期，当时它已出现在魏国人张揖所著的《广雅》一书中。根据李时珍《本草纲目·菜部·冬瓜》"释名"节的集释，对于冬瓜命名的缘由有以下三种说法。

首先是《广雅》的认定："冬瓜经霜后，皮上白如粉涂，其子亦白，故名白冬瓜。"其中的"白如粉涂"特指其表皮覆以白色蜡粉的形态特征。

其次是李时珍自己的意见："冬瓜，以其冬熟也。"这是因为专供长期贮藏用的老熟冬瓜，一般应在农历十月以后的初冬季节采收的缘故。

第三种是李时珍的推断：《齐民要术》在总结冬瓜的栽培技术时，曾强调指出，如果在冬前直播，等到冬季降雪后再把积雪堆放在播种穴上可使冬瓜"润泽肥好，乃胜春种"。他依据上述意见认为，冬瓜适宜于冬前直播栽培，所以才叫冬瓜。

以上三种见解分别从其形态特征、贮藏特性以及栽培特点等方面入手剖析，仁者见仁，智者见智。然而笔者认为还是第一种见解比较合适。依据相同的原因，冬瓜又可称为寒瓜。

由于冬瓜果肉为白色，种子外观又近黄白色，所以还获得白瓜、白冬瓜和白头公等别称。其中的白瓜称谓可见于南北朝时期陶弘景的《名医别录》，采用拟人手法命名的"白头公"称谓则出自唐代段成式的《酉阳杂俎》。

我国古代认为"王者慈仁则芝草生，食之令人延年"。而冬瓜味甘、微寒，又具有益气、耐老，以及消烦、解毒等延年益寿的保健功效，所以人们也把它视为象征吉祥的芝草，再加上坐地而生的冬瓜果实含有较多的水分，所以还得到地芝和水芝，以及甘瓜等名称。

冬瓜的果实呈大型，外观为圆柱状。按照形态之间的差异，冬瓜又可分为长短两种类型。正如明代王象晋在《群芳谱》中所记述的那样："附地蔓生……实（指瓜）生蔓下；长者如枕，圆者如斗。"其中呈长圆柱状冬瓜的外观有如枕头状，所以得到枕瓜的俗称。由于冬瓜的果实具有"坐地而生"和"结实蔓下"的生长习性，古人运用摹描和写意的手法把它直接写作"蓏"。"蓏"音"急"，这个称谓也可见于《广雅》一书。为了强调其蔬食功能，它还得到"蔬蓏"或"蔬蓏"，以及"蔬距"或"蔬矩"等别称。其中后两个称谓"蔬距"，以及"蔬矩"都是第一个称谓"蔬蓏"的误称。"蓏"音"裸"，专指瓜类的果实；在我国古代仅有的五种瓜类作物中，以冬

瓜果实的个体为最大，所以有时才借以特指冬瓜。

由于冬瓜果实中的空洞较大，瓜瓤中长有许多椭圆形的种子，所以好事者还赠之以"百子瓮"的美称。有感于硕大的冬瓜果实中长有大量种子的形态特征，宋代的郑安晓采用拟人的手法赋诗加以赞颂：

"翦翦黄花秋复春，霜皮露叶护长身。生来笼统君休笑，腹里能容数百人。"诗中的"长身""腹里"和"数百人"分别喻指冬瓜的形状、瓜瓤以及种子的数量。

公元9世纪的唐代后期，相当于日本的奈良时代，冬瓜从我国传入日本。日本冠以引入地域的标识"唐"来命名，把冬瓜又称之为唐冬瓜。

我国古代利用天干和地支来记载日期。经过观察记录有人得出如下的结论：在适合播种的季节里，每逢辰日播种，冬瓜的生长发育就会十分理想。宋代文人黄庭坚（1045—1105）因此戏称冬瓜为"辰瓜"。"辰"在地支的排序中居第五位。

大约到明代出现了"东瓜"的称呼。如明初马欢的《瀛涯胜览》就记述过郑和下西洋时（1405—1433）曾见到"东瓜"。所谓"东瓜"实即"冬瓜"的谐音。清代编纂的《光绪顺天府志》认为：民间之所以把冬瓜讹称为"东瓜"，是想使之与普遍栽培的南瓜、北瓜和西瓜等瓜类作物在名称上相匹配。其中的北瓜特指又称倭瓜的中国南瓜。

冬瓜含有葡萄糖和鼠李糖等碳水化合

物，以及多种维生素，又含蛇麻脂醇、甘露醇和 β - 谷甾醇等成分，可供蔬食或药用。入蔬：冬瓜可烹炒、做汤，或充馅料，糖渍加工可制成蜜饯冬瓜条，此外还可用冬瓜汁洗脸、洗澡、护肤美容。入药：具有利尿、消肿、清热、化痰等功效，对慢性肾炎、高血压或心脏病等疾患引起的发热、水肿等症状有辅助医疗作用。有人还用冬瓜来消解鱼毒和酒毒。

节瓜作为冬瓜的变种，起源于我国的华南地区，其拉丁文学名的变种加词 chieh-qua 即表述了其起源地域"中国"的含义。

节瓜的称呼可见于清初的《粤草志》。与冬瓜相比，节瓜的雌花在茎蔓上着生的节位较低，而且较密。节瓜主要以嫩果供食，在同一生长季节里，可以生长多个果实，古人认为它"一节生一瓜"，于是得到节瓜的正式名称。由于节瓜的茎蔓上每个茎节几乎都可以结实、长瓜，上海等地又以"质瓜"称之。在这里，"质"有"可信"的含义。

节瓜的瓠果果实多呈条状、椭圆形；茎和叶均长有茸毛，在其原产地域的两广地区，人们以其形态特征，以及产地名称等因素命名，又称其为条瓜、毛节瓜、毛瓜或广瓜。其中的"广"为两广地区的简称。

节瓜果实的质地柔滑、口味清淡，幼嫩和老熟的果实都可以作为蔬菜，食用方法与冬瓜相同。

4. 越瓜、菜瓜和甜瓜

甜瓜及其变种越瓜和菜瓜，它们都是葫芦科黄瓜属（原为甜瓜属），一年生蔓性草本，瓜类蔬菜，以幼嫩的瓠果供食用。

甜瓜起源于非洲和印度。甜瓜经历了漫长的进化岁月，在全球广袤地域中，逐渐形成种类极其繁多的种群。甜瓜种包括五个亚种。越瓜和菜瓜分别属于甜瓜种的薄皮甜瓜亚种和蛇形甜瓜亚种中的两个变种。作为次生起源中心的我国南方地区则是薄皮甜瓜亚种的原产地。我国的新疆地区也是蛇形甜瓜亚种的起源地之一。

据考古专家揭示，薄皮甜瓜和越瓜起源于我国。在距今三千多年以前的浙江吴兴钱山漾新石器时代遗址中就曾出土过薄皮甜瓜的种子。薄皮甜瓜还包括梨瓜变种，后者又称中国甜瓜，此即自古至今在我国南北各地广泛栽培、作为果品专供生食的普通甜瓜。

我国先秦古籍《诗经·小雅·信南山》记录过周天子祭祖时所吟诵的乐歌，其中已有"中田有庐，疆埸（音易）有瓜；是剥是菹，献之皇祖"等颂词。据郭沫若（1892—1978）和石声汉（1907—1971）等专家学者的考证，这句颂歌的大意是说：田园之中长着菜，地边和田埂上种着瓜；把它们剖开、腌渍加工，然后供献给祖先。由此可见早在公元前 11 世纪的西周时期，我国就已人工栽培专供腌渍加工用的菜用甜瓜了。另据《史记·萧相国世家》介绍：召平原本是秦末的高级官吏，曾被封为东陵侯。秦朝灭亡以后他沦为菜农，被迫以种植甜瓜为生，最终成为栽培专家。到了南北朝时代，贾思勰在《齐民要术》中更明确记载了越瓜既可供生鲜食用、又宜酱渍加工的蔬食功能特性。

作为甜瓜种、蛇形甜瓜亚种的变种的菜瓜，它起源于西亚、中亚以及我国的新疆维吾尔自治区。

由于形态特征和食用功能极为相似，越瓜和菜瓜的多种称谓在我国历史上长期共存并经常混用，有时它们也被统称为菜瓜。直到明代，王世懋（1536—1588）才在《学圃杂疏·瓜疏》中明确指出菜瓜"不堪生啖而堪酱食"的蔬食特点，从此才把菜瓜从菜用甜瓜中分离出来，而和越瓜分道扬镳。现在南北各地多有栽培。

古往今来，人们依据其原产地和盛产地域的名称和代称、种植专家的姓氏和尊称、食用器官的形态和品质特征，以及食用和加工贮藏特性等因素，结合运用象形、拟物、褒扬、谐音或方言等多种手段，先后给普通甜瓜及其变种越瓜和菜瓜命名了 40 多种不同的称谓。

甜瓜包括普通甜瓜，及其两个菜用的变种越瓜和菜瓜，在古代它们都称为瓜。"瓜"是一个象形字，它外面的轮廓很像是瓜蔓，中间的"㐌"则像是瓜蔓上所结的瓠果果实。

瓜的称谓早期可见于儒家经典《诗经》《周礼》和《礼记》。最初"瓜"所涵盖的应是包括越瓜在内的薄皮甜瓜。后来又成为瓜类蔬菜的统称。瓜类蔬菜还包括黄瓜、瓠瓜、冬瓜、丝瓜、南瓜、苦瓜、蛇瓜和佛手瓜等。甜瓜在瓜类中是以味道甜而得名，其拉丁文学名的种加词 melo 就有"甜蜜"的含义。

西汉初年，召平在首都长安的东门外以种植甜瓜为生。当时因其品质佳美而以东陵瓜著称。由于那时长安的东门又叫作"青门"，东陵瓜又称青门瓜。后来东陵瓜及其别称青门瓜、召平瓜、邵平瓜、邵侯瓜、召瓜、邵瓜、召平、邵平和东陵等称谓都变成了甜瓜的代称。我国古时"召"和"邵"通用，所以召平又可写作"邵平"。而"东陵侯"曾是召平的封号，以"东陵"和"邵侯"命名，是对召平带有尊重含义的一种代称。

鉴于位于我国东南一带的江浙地区既

是越瓜的原产地，而又盛产越瓜，越瓜及其又称东方甜瓜就此得名。其中的"越"是我国古代对江浙地区的泛称，而"东方"则是欧美人士对亚洲等地区的代称。

越瓜的称谓早期可见于汉代的《食经》。南北朝时的《齐民要术·种瓜第十四》中也有关于"越瓜……于香酱中藏之亦佳"的载录。唐代的孙思邈在《千金食治》中肯定了越瓜味甘、性平、无毒，以及益肠胃的药用功能。到了明代李时珍的《本草纲目》把它列入"菜部"，并确定越瓜为其正式名称。这一决定一直沿用至今。

越瓜的瓠果果实呈长圆筒形或椭圆形，长约30厘米，果实表面光滑；果皮呈绿、白色，间或有斑纹；果肉呈白或浅绿色。与普通甜瓜相比，越瓜的味道较淡，且无香气。诸如梢瓜、稍瓜、羊角瓜和白瓜等别称都是依据其上述形态特征而命名的。其中的"梢"在北方的方言中指"桶"，"稍"又可特指水桶，而我国古代的桶又多是呈圆筒形，所以才以"梢"和"稍"命名。梢瓜和稍瓜的称谓可分别见于南宋时期吴自牧的《梦粱录》，以及元代忽思慧的《饮膳正要》等古籍。至于白瓜的别称则来源于日本。

由于越瓜的果皮较薄的缘故，又得到薄皮甜瓜的称呼。所以薄皮甜瓜既是其亚种的名称，又是该变种的别称。越瓜还可细分为两种类型：其中肉质脆嫩多汁的适宜生食，果肉致密的宜于腌渍。由于它们

具有不同的品质和不同的功能，所以还分别得到以下两组俗称：

生瓜、脆瓜、酥瓜、菜瓜和老羊瓜。

其中的"脆"和"酥"特指其质地和食用口感，生瓜的称谓则由来已久。公元前473年（即东周的周元王三年）越王勾践灭了吴国，吴王夫差率领群臣弃城逃跑，据《吴越春秋·夫差内传》记载：在途中"得生瓜已熟，吴王掇而食之"。吴王夫差在逃亡中摘而食之的生瓜，很可能就是春秋战国时期产于吴越地区的越瓜。而菜瓜是属于异菜同名范畴的一个称谓。"老"为专用名词的前缀，并无实际含义。

菜瓜的瓠果果实呈棒状，常有弯曲；长度为30至100厘米；皮较厚、色浅绿，表面光滑；果肉致密，呈绿白色。人们常采摘嫩瓜供炒食或腌渍食用，所以以其蔬食功能命名，称之为菜瓜。

菜瓜的称谓始见于明代王世懋的《学圃杂疏·瓜疏》。内称："瓜之不堪生啖而堪酱食者曰菜瓜。"还说："以甜酱渍之，为蔬中佳味。""啖"音"淡"，有"吃""食"义。这两段话的大意是说：不宜生吃、只可腌渍的甜瓜叫作菜瓜，而选用甜面酱腌渍的菜瓜则是上佳的蔬食。

依据其形态特征和加工贮藏方式命名，菜瓜还获得诸如蛇形甜瓜、蛇甜瓜、粗皮甜瓜、羊角瓜、青瓜以及腌瓜、老腌瓜、酱瓜和藏瓜等别称或俗称。其中的"蛇""青""粗皮"和"羊角"喻指其外观形态；"腌""酱"和"藏"用以表述其加

工贮藏方式;"老腌瓜"有时也可采用近音字借代的手段,写作"老羊瓜"或"老秧瓜",而"老"字亦为专用名词的前缀,并非特指其瓠果果实的老熟状态。

菜瓜的拉丁文学名的变种加词 flexuosus 具有"弯曲"的含义,它也是依据菜瓜果实的形态特征因素而命名的。

由于老熟以后的菜瓜有时味道发苦,明代北方人还曾把它又称为苦瓜。为了避免造成不必要的混乱,现在已把菜瓜定为正式名称。

5. 南瓜系列

南瓜是葫芦科南瓜属,一年生草本,一组瓜类蔬菜,以瓠果供食用。

南瓜是异花授粉作物,极易发生变异,所以它的果实具有形态多样化的特点。按照其形态特征分类,我国常见的南瓜可分成五种:中国南瓜,简称南瓜;印度南瓜,又称笋瓜;美洲南瓜,又称西葫芦;黑子南瓜,又称米线瓜,以及灰子南瓜。

南瓜起源于美洲,其中的中国南瓜一般认为原产于中南美,印度南瓜和美洲南瓜分别原产于南美和北美,黑子南瓜和灰子南瓜原产于中美洲。公元 16 世纪以后南瓜引入欧洲,再传至亚洲,明代以后进入我国。然而有人认为中国南瓜也可能起源于亚洲南部,其主要依据是:早在哥伦布发现美洲大陆以前,我国已有相关的著录。引入我国的时间应不迟于元代。美洲南瓜和印度南瓜可能是在明末清初,或是清代中期以后分别从印度和海路引入我国的。以上这些南瓜经过长期、反复、多次地进行种质资源的交流,现在均已在我国落地生根。其中除黑子南瓜和灰子南瓜仅产于云南和西藏等西南边缘地区以外,其余三种南瓜则在祖国的南北各地广泛栽培。目前我国南瓜的总产量已跃居世界首位。

古往今来,人们依据其原产地、盛产地或引入地域的名称、代称或标识,食用器官的植物学及形态特征、品质及功能特性,以及贮藏、供应特点等多种因素,结合运用摹描、拟物、谐音、翻译或运用方言等手段,先后给上述五种南瓜命名了 90 多种不同的称谓。

(1)中国南瓜

中国南瓜又称普通南瓜,简称南瓜。南瓜的称谓始见于元明之际的《饮食须知》一书。在其菜类篇中有"南瓜,味甘、性温"等记述。南瓜称谓又见于明初兰茂所著的《滇南本草》。

李时珍在《本草纲目》里说:"南瓜种,出南番。"所以才叫作"南瓜"。"南番"既可指我国南方少数民族所居住的地区,也有南边邻国的内涵。由此可知,南瓜的得名是因为它原产于南方热带地区的缘故。现在我国已通过颁布国家标准的方式把南瓜的称谓作为中国南瓜的正式名称。

在明清两代，我国和西洋及亚洲邻国之间，进行过频繁的种质资源交流。人们以其引入地域等因素命名，南瓜又得到诸如番瓜、番南瓜、胡瓜、倭瓜和回回瓜等别称。其中的"番""胡""回回"和"倭"等字样都是我国古代对西域和欧洲，以及日本等地区的代称。

番瓜的称谓可见于明代隆庆六年（1572 年）问世的《留青日札》，番南瓜的称呼则见于同一时期王象晋的《群芳谱》。现在我国青海西宁有时也把它写成番瓜。

胡瓜的称谓也见于明代。冯梦龙（1574—1646）所著的《寿宁待志·物产》中称南瓜为胡瓜，那是该书作者在担任福建寿宁知县时所调查了解到的地方俗称。

倭瓜的称谓则见于清代。《红楼梦》一书曾多次提到倭瓜。如第四十回，在众人对骨牌令时，刘姥姥就说过"花儿落了结个大倭瓜"，惹得大家都大笑起来。"倭"音"莴"，古代曾用它专指邻国日本，它也可以泛指海外诸国。倭瓜的称谓后来变成了一种地方俗称，这种俗称还可运用同音借代的方式写作"窝瓜"。果实成熟以后质地柔软，俗称"很面"，所以俗称为老倭瓜，或写作"老窝瓜"。老倭瓜的称谓见于《光绪顺天府志·食货志·物产》。此外在北方地区种植的南瓜有时也称为北瓜。

中国南瓜的称谓是以其主产于中国地区而命名的。

其俄文名称 тыква китайска 即为中国南瓜的含义。

中国南瓜的果实有扁圆、圆和长圆三种不同的类型；皮色绿或绿白相间，老熟以后变成黄或橘红色，多蜡粉。以其形态特征因素命名，南瓜还得到扁南瓜、圆南瓜、盒瓜、长南瓜、葫芦南瓜和金瓜等诸多异称。在这些称谓中，"盒"和"扁"同样具有扁圆的含义，"葫芦"为长圆类型的代称，而"金"则特指其成熟以后的果实颜色。金瓜的称谓，亦见于明代的《寿宁待志》一书。

中国南瓜富含淀粉等碳水化合物及胡萝卜素等营养成分。嫩瓜或老瓜宜熟食，平时可烹炒、做汤，或制成馅料。荒年可充当救灾的食粮。以其食用功能因素命名，又得到饭瓜或汤瓜等俗称。在流通领域，旧时的菜行采用隐语把它称作"黄卵生"。

（2）印度南瓜

印度南瓜又称西洋南瓜、洋南瓜和洋瓜，这是以其引入地域的名称或标识来命名的一组称谓。古时西洋泛指包括现今东南亚和南亚（包括印度）等广大地区。

印度南瓜的果实呈椭圆形，果实表面平滑、无蜡粉，果肉质地较软。因其果实有如圆筒状，得到筒瓜的称谓。又因其嫩果呈白色，类似竹笋的皮色，还被称为笋瓜、损瓜、白瓜、玉瓜、白笋瓜、白南瓜或白玉瓜。其中的"损"是以"笋"的谐音命名的，损瓜的称谓见于清代薛宝辰的《素食说略》，玉瓜的称谓见于清代赵学敏的《本草纲目拾遗》。最终国家标准《蔬菜名称（一）》采用笋瓜的称谓作为印度南瓜的正式名称。

笋瓜是南瓜系列中个体长得最大的一种，其拉丁文学名的种加词 maxima 亦

有"最大"的含义。其俄文名称 таква крупноплодная 也可直译为"大型南瓜"。我国内蒙古自治区首府呼和浩特等地直呼其为"大瓜"。

笋瓜成熟以后外皮可变成黄或绿色，能够一直贮藏供应到冬季，以其耐藏特性和上市季节等因素命名，笋瓜还有着老瓜、冬南瓜和蜡梅瓜等俗称。其英文名称 winter squash 也可直译为"冬令南瓜"。此外藏语称其为"伯木下"，这个称谓是其藏语的音译名称。

（3）美洲南瓜

美洲南瓜的果实呈椭圆或长圆筒形，果实表面平滑，幼嫩时皮色绿或白，且有绿色条纹，老熟以后变成黄色。以其原产地域的标识，以及果实形态特征等因素命名，得到诸如西葫芦、洋西葫芦和洋梨瓜等称谓。

其中的"西"和"洋"都是原产地的标识，"葫芦"和"梨"则是利用拟物手段命名的参照物。西葫芦的称谓最终被选中成为美洲南瓜的正式名称，果实具有弯颈特征的西葫芦又称弯颈瓜。

按照其植株的生长性状特点，西葫芦可分成矮生和蔓性两类。前者因其茎节的节间很短，又无匍匐茎，所以叫作矮西葫芦、无蔓南瓜或无藤瓜。这种南瓜早熟，适宜采摘嫩果，供夏季食用，从而又获得夏南瓜和伏南瓜的俗称。其英文名称 summer squash 亦可直译为"夏令南瓜"。

西葫芦还有一个变种叫作搅丝瓜。

搅丝瓜的果实呈椭圆形，老熟以后果皮和果肉均为黄色。由于其果肉厚、组织呈丝状，经蒸煮后用筷子搅动取出即可变成索条状物，炒食鲜美，所以取名搅丝瓜。此外又获得诸如搅瓜、绞瓜、茭瓜、面茭瓜、面条瓜、金丝瓜、金瓜等俗称。

其中的"绞""茭"与"搅"谐音，"金"指其为黄色。结合其盛产地域的名称命名，还获得崇明金瓜和瀛洲金瓜等别称。其中的瀛洲曾是崇明的古称，崇明现在已划归上海市管辖。

搅丝瓜、搅瓜和绞瓜等称谓早期可见于清代吴其浚的《植物名实图考》《光绪顺天府志》和《素食说略》等著作。搅瓜有人用同音借代写作"角瓜"。其拉丁文学名的变种加词 medullosa 有"髓状"的含义，实际上它所指的也是其果肉的品质特色。

凉拌食用搅丝瓜，有如品尝海蜇，松脆可口，因此得到"素海蜇"或"植物海蜇"等誉称。海蜇是一种含有胶质的腔肠动物，它也是我国特有的一种海味佳肴。

裸仁南瓜也从属于美洲南瓜，因其种子表皮仅有一层薄薄的绿色组织、无坚硬的外壳而得名。

这种南瓜的果实外观呈黄色并带有绿色条纹。由于它可以生食，又得到生瓜的别称。由于其种子可以带壳食用，又称无壳瓜子南瓜。

（4）黑子南瓜和灰子南瓜

黑子南瓜又可写作"黑籽南瓜"，灰子南瓜又可写作"灰籽南瓜"。它们都是以其种子的皮色命名的。

黑子南瓜的果实呈椭圆形；果皮为绿色有白色斑纹，表面光滑而坚硬；果肉白色，多纤维。人们常以其嫩果和种子供食。因其果肉呈丝状，又得到米线瓜、粉丝瓜等俗称，有时也简称丝瓜。因其叶片略呈圆形，且有五至六个深裂，外观很像无花果，还得到无花果叶南瓜的别称。

灰子南瓜的果实呈绿色，带有黄、白花纹，人们常以其成熟的果实供食。其种子呈灰白色，间有花纹，其边缘多呈银绿色。

南瓜的果实富含戊聚糖等碳水化合物、胡萝卜素和核黄素，以及瓜氨酸、精氨酸和甘露醇等营养成分。由于果肉细腻、口味甘甜，既可蒸煮、凉拌食用，又可做糕点、烙馅饼，还可拔丝、蜜饯、制糖、酿酒。此外南瓜兼有消解鸦片毒，以及补中益气、消炎止痛等保健功效。

各种南瓜除果实以外，它们的幼嫩组织也均可作为蔬菜供人们食用，其中包括幼嫩的蔓梢、叶片、茎节、花茎和花苞。以其食用部位的名称命名，分别得到南瓜梢、南瓜叶、南瓜苗、南瓜花等名称。而南瓜梢又有南瓜藤、番瓜藤或南瓜藤颠等别称。

以南瓜的老熟种子供食，称南瓜子，有时称其为南瓜籽或白瓜子。种子含有南瓜子氨酸，以南瓜子入药，有驱除绦虫、蛔虫和血吸虫的功效。

6. 丝瓜

丝瓜是葫芦科丝瓜属，一年生攀缘性藤质、草本，瓜类蔬菜，以幼嫩的瓠果供食用。此外雄花和嫩叶也可以充当蔬菜。

丝瓜原产于亚洲的热带地区。我国的云南省可能也是起源地之一，抑或是一个驯化中心。明代李时珍在《本草纲目》中曾说过：丝瓜在"唐宋以前无闻"。其实早在宋代，杜北山就有题为《咏丝瓜》的诗作："丝瓜沿上瓦墙生。"北宋时期，温革在其所著《琐碎录》一书中，也记述过"种丝瓜社日为上"的相关内容。稍后问世的陈景沂的《全芳备祖》，以及吴怿的《种艺必用》还留下了关于"丝瓜……所在有之"的栽培史料。到明代丝瓜成了南北各地习见的常蔬。丝瓜大约在明清之际先后传到日本和欧洲。丝瓜又可分成普通丝瓜和有棱丝瓜两种，现在我国长江流域及其以北地区多栽培普通丝瓜，珠江流域及福建、台湾等地多种植有棱丝瓜。

古往今来，人们依据其食用器官的形态特征、栽培习性、功能特点，以及产地标识等因素，结合运用拟物、褒扬、谐音和借代等手段，先后给丝瓜命名了四十多种不同的称谓。

丝瓜的果实为短圆柱至长圆柱形，呈长条、瓜状，老熟干燥以后果实内部的丝状纤维可以罗织成网，丝瓜由此得名。结合其性喜背阳向阴以及攀缘生长等特性，民间多采用高架栽培，因此在古代丝瓜又得到诸如天丝瓜、天罗絮、天吊

瓜、天罗、纺线和縑瓜等别称。这些称谓分别出自《普济本事方》《全芳备祖》《滇南本草》《物理小识》和《古今合璧事类备要》等宋代和明代的古籍。至今江浙等地区还沿用天罗、絮瓜和天络丝等称呼。其中的"天"喻指高架，而"縑"音"兼"，原指用双丝织成的细绢，所以它和"絮""络""纺线"等同样都是"丝""罗"和"网"的近义词。丝瓜传入日本以后也效仿汉字称其为"糸瓜"。

鉴于丝瓜的外观略似鲦鱼，"鲦"音"条"，鲦鱼古称"鰦"（音兹），所以丝瓜又获鱼鰦和虞刺的异称。在上述两种异称中，后者是前者的谐音。

丝瓜还被称为蛮瓜。"蛮"在我国历史上曾是南方少数民族聚居地区的标识。用它来命名，从而暗示我国中原地区的丝瓜是由边远的南方地区引入的。

丝瓜的幼嫩果实含有蛋白质、碳水化合物、维生素 B、维生素 C、葫芦素 B、皂苷、瓜氨酸，以及大量的黏液质，可供烹炒食用。在台湾地区，以其蔬食功能命名，又称其为菜瓜。

丝瓜入药，有清热、化痰、凉血、解毒，以及补肾虚、填精髓等保健功效。然而因其药性冷凉，过多食用反会导致滑精、败阳，缘此丝瓜还获得纯阳瓜和倒阳瓜等别称。

老熟丝瓜的瓜瓤被称为丝瓜络、丝瓜筋、丝瓜网或洗锅罗。它除有通经活络、利尿消肿，以及凉血止血等药用功效

以外，还可用于擦洗身体，或充当擦拭器具的抹布。布瓜和洗锅罗瓜等别称由此而来。其三种不同英文名称中的 towel、dishcloth 和 sponge 也都强调了丝瓜络的擦洗功能。

按照果实有无棱角等形态特征，丝瓜可分成两种：普通丝瓜和有棱丝瓜。

普通丝瓜的果实表面光滑而无棱角。以其果形特征命名，又得到圆筒丝瓜、棒槌丝瓜、棒丝瓜、长丝瓜、大丝瓜、蛇形丝瓜和线丝瓜等别称。其拉丁文学名的种加词 cylindrica 亦有"圆筒状"的含义。因其瓜条水灵，华南地区又称之为水瓜。

有棱丝瓜的果实表面因其长有 8 至 10 条纵向的棱和沟而得名。此外又有着棱角丝瓜、棱丝瓜、八棱丝瓜、十棱丝瓜、八棱瓜、十棱瓜、角瓜、粤丝瓜、胜瓜和圣瓜等别称。其中的"粤"是广东省的简称，而广东又是其盛产地域。在华南一带，由于这种丝瓜的品质佳绝，有时还被誉称为"胜瓜"，这是因为"胜"有优越和美好的含义，而"圣"则是"胜"的谐音字。

有棱丝瓜还有一个特殊的别称"啰唆"。"啰唆"原是对事物琐碎或语言繁复的一种贬称。其基本内涵还是有繁多义，用"啰唆"命名应是对其瓜瓤之中的丝状纤维繁多、罗织成网现象的一种简要写照。

7. 苦瓜

苦瓜古称锦荔枝，它是葫芦科苦瓜属，一年生草本，瓜类蔬菜，以嫩浆果供食用。

苦瓜原产于亚洲的热带地区。传统的说法认为它是在明代以前传入我国的。有人推断其传入的时期不迟于宋代。据熊梦祥的《析津志》称：公元13世纪的元代，大都（今北京地区）已引入栽培。到了明代，朱橚的《救荒本草》，以及费信的《星槎胜览》等著作分别对生长在我国中原地区，以及印尼苏门答腊地区的苦瓜进行了简要的描述。明清以后在闽、粤、桂、滇、川、黔等南方地区，苦瓜已变成了夏季的常蔬。现在我国南北各地均可栽培。长江流域和北方地区多在夏季栽培，华南地区春、夏、秋三季均可栽培供应。

古往今来，人们依据其品质特性、形态特征及原产地域的标识等因素，结合运用拟人、拟物和贬褒等手段，命名了一二十种不同的称谓。

苦瓜与其他瓜类的不同之处，在于其果实属于浆果而不是瓠果。但是由于其形态特征还是很像瓠果的果实瓜，食用时又有较浓重的苦味，所以命名为苦瓜。

苦瓜的称谓始见于宋代。南宋时期，温州地区的九山书会编写过题为《张协状元》的南戏剧本。在该剧中已有关于"似哑子吃了苦瓜"的台词。同一时期的高僧普济（1179—1253）在其《五灯会元》一书中也记载了禅师讲过诸如"哑子吃苦瓜"的话。值得注意的是他们在表达"苦在心头，难向人说"的意思时，不约而同地都提到了苦瓜。由于上述两书的作者都是同乡，似乎可以传达出这样的信息：南宋时期，苦瓜在江浙一带业已成为家喻户晓的蔬菜了。到了元代《析津志》把它纳入"菜之品"，并列入瓜类之中。明代李时珍的《本草纲目》又把它正式列入蔬菜部类。

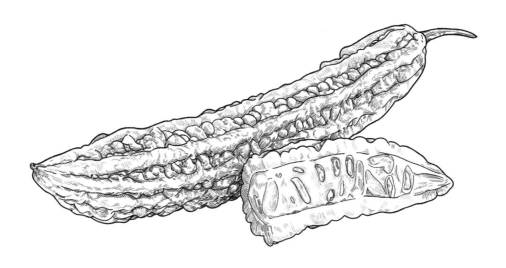

苦瓜的茎绿色、蔓生、被茸毛，茎节易生侧蔓和卷须；叶互生、掌状深裂，绿色；浆果呈纺锤形、短圆锥或长圆锥形，表面有许多瘤状突起，果实嫩时为浓绿或绿白色，成熟后变成黄或橙黄色；种子呈盾形，外有鲜红色的果瓤组织包裹。以其果实和茎叶的形态特征，比照我国常见的食物，运用褒贬的方法联合命名，苦瓜又得到诸如锦荔枝、锦荔支、金荔枝、天荔枝、蔓荔枝、蔓荔子等褒扬称谓，以及癞葡萄、癞蒲萄、癞萝卜、癞蛤蟆和癞瓜等贬抑称谓。其中的参照物之一的"荔支"和"荔子"都是指无患子科荔枝属的果品荔枝的果实，"葡萄"和"蒲萄"都是指葡萄科葡萄属的果品葡萄的叶片，"萝卜"是指十字花科萝卜属的根菜类蔬菜萝卜的肉质根。其中的"锦"和"金"都是对其老熟浆果色泽艳丽的表述，这是因为，在初始阶段人们常常采收其黄熟的浆果而专食其果瓤；其中的"天"和"蔓"都是对其缠绕茎向空间生长延伸的描述；而"蛤蟆"和"癞"则是对其浆果的形态及其表面的突起等特征的贬损性表述。

苦瓜古称锦荔枝，此种称谓可以追溯到公元 11 世纪的北宋时期。据明代王象晋的《群芳谱》介绍，宋仁宗时，陈尧佐的母亲奉旨入宫，"太后赐以锦荔支，（陈母）遂连皮食之，宫人多讪笑。"陈尧佐是北宋中期的一位重臣，做过参知政事即相当于副宰相的高官。这个故事大概发生在宋仁宗初年、章献皇太后刘氏称制摄政的时期，大约在公元 1023 年至 1033 年间。陈母冯氏祖籍阆中（即今四川的阆中市），由于她早年就熟悉"锦荔枝"，并了解老熟浆果皮薄瓤甜的品质特性，所以才会发生带皮生食的趣事。

苦瓜的苦味源于其浆果含有奎宁（即金鸡纳霜）和糖苷。这种糖苷在幼嫩的浆果中浓度较高，所以苦味浓重。随着浆果的逐渐成熟，其所含的糖苷逐渐被分解，苦味就会相应变淡。因此适时采收苦瓜就能品尝到它所特有的甘苦和清香。由于苦瓜具有"苦己而不苦人"的特性，还得到"君子菜"的褒称。"君子菜"的称谓出自清初屈大均的《广东新语》。在其《草语》篇中介绍苦瓜时说它"味甚苦，然杂他物煮之，他物弗苦，（苦瓜）自苦而不以苦人，有君子之德焉"。屈大均认为苦瓜虽本身有苦味，但在烹调过程中不会影响其他配料原有的品味，因此把它升华，并赋予人格化，称其为"君子菜"。

苦瓜的维生素 C 含量不但在瓜类蔬菜中首屈一指，而且还远远超过番茄和草莓，此外它还含有多种氨基酸和果胶等营养成分。以嫩瓜供蔬食，凉拌、腌渍、清炒、肉爆咸宜。如嫌其苦味浓重，可先剖开嫩瓜，切片后用沸水焯一下，漂去苦味；或用食盐腌渍片刻，然后再烹调食用。驰名的闽菜酿苦瓜就是以苦瓜为原料加工烹制而成的，其做法是先把肉、蛋、虾和香菇等荤素馅料，以及复合调料混匀，填入苦瓜的腹中，两端再用淀粉封合，最后经油煎、笼蒸加工熟制而成，有清热和补益的功效。由于食用苦瓜以后会有清爽宜人的感觉，以及防暑降温的作用，又得到凉瓜的俗称。

苦瓜性寒、味苦，传统医学认为它还有着明目、解毒的疗效。现代科学家又发现苦瓜含有类似胰岛素的物质，有降低血糖的作用，从而给糖尿病患者带来了福音。

苦瓜按其形体特征可分为大小两种。大苦瓜和小苦瓜的种加词 charantla 和 balsamina 分别源自印度语和阿拉伯语，由此也揭示并指明了上述两种苦瓜的原产地域。明代江苏的王世懋在其《学圃杂疏》的"瓜疏"节中记有"吾地有名锦荔枝者……往在泉州见城中遍地植之，名曰苦瓜，形稍长于此种"。由此可知，早在明代，江苏和福建等地已分别栽培大小两种苦瓜了。

在粤港两地，苦瓜又称菩荙瓜和菩提瓜。"菩提"是印度古代梵语 Bodhi 的音译名称，其原义系指豁然彻悟的境界，由于"菩提"是起源于印度的佛教专用名词，所以可以把它看作是苦瓜起源地域之一印度的标识。称"菩提瓜"即直接以印度的标识命名，而称"菩荙"则是运用"菩提"谐音的称谓。

8. 白苦瓜

白苦瓜又称野王瓜，它是葫芦科栝楼属，多年生草本，瓜类蔬菜，以嫩浆果供食用。

白苦瓜原产于我国和印度，广东等地有零星栽培，主要供应夏秋两季市场。

白苦瓜的叶呈掌状三深裂，基部阔心形。其浆果呈纺锤状，长约 20 厘米，横茎约为 10 厘米，单重 200 克左右；表皮平滑、浅绿色，上有深绿色花纹；果肉白色，老熟以后呈红色。因其浆果的形态特征略似苦瓜而又色白、光滑，所以取名白苦瓜，又因其外观似老鼠而被称为老鼠瓜。此外还有着洋苦瓜、蒲达瓜和野王瓜等别称。其中的"蒲达"实为苦瓜的异称"菩荙"的同音异体字；而"洋"作为域外的标识，则传达了与印度有过品种资源交流的相关信息。

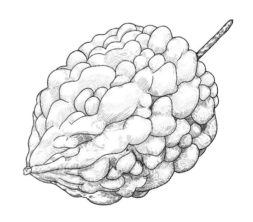

王瓜是与白苦瓜同科同属的一种药用植物。古代在我国江西等地曾把王瓜的块根作为蔬菜食用。因其风味似瓜，花果又呈黄色，且其中的"王"与"黄"在南方一些地区的方言中又同音所以得到土瓜和王瓜等称谓；而把白苦瓜称为野王瓜，也揭示了它是从野生状态逐渐被驯化的秘密。

9. 蛇瓜

蛇瓜又称蛇豆，它是葫芦科栝楼属，一年生攀缘草本，瓜类蔬菜，以嫩浆果供食用，嫩茎叶也可当作蔬菜。

蛇瓜原产于印度和马来西亚等亚洲热带地区。现在广布于东南亚、南亚以及大洋洲、非洲和北美等地。我国有少量栽培。

蛇瓜的茎五棱、蔓生，掌状叶五至七裂。浆果细圆柱或条状，末端扭曲或弯曲，外形酷似蛇；长 40 至 120 厘米，横茎 3 至 5 厘米，绿白或灰白色；肉质、表面粗糙、白色，具鱼腥味，可炒食或烹汤。成熟果实浅红色有苦味，不能食用。以其浆果的形态特征和食用价值，并比照葫芦科的瓜类蔬菜黄瓜和丝瓜，以及豆科的豆类蔬菜豇豆等联合命名，还得到如下两组称谓：

蛇瓜、蛇形丝瓜、蛇丝瓜、印度丝瓜、蛮丝瓜和乌瓜；

蛇豆、大豇豆和大豆角。

其中的"印度"和"蛮"则是其原产地域的名称及其古代的标识，而蛇瓜称谓已纳入国家标准《蔬菜名称（一）》中并成为正式名称。

其拉丁文学名的种加词 anguina，以及

英文名称 snake gourd 也有着"蛇"或"蛇状"等相同的含义。

蛇瓜属于栝楼属，栝楼是我国的传统中药材，其果实近球形。我国古代把木本植物所结的果实称为"果"，把草本植物所结的果实称为"蓏"，而栝楼既能在草本上结实，又能攀缘木本而蔓生，因此可以兼称其为"果蓏"。"果蓏"又可谐音称为"栝楼"。由于蛇瓜与栝楼极为相似，我国在引进蛇瓜以后，以栝楼为参照物，比照栝楼及其古称命名，蛇瓜还得到"长栝楼""果蓏"和"果蓏"等别称。其中的"长"指蛇瓜的体长，"蓏"和"蓏"的读音和释义都与"蓏"相同。

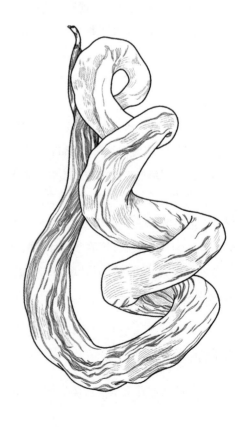

10. 佛手瓜

佛手瓜是葫芦科佛手瓜属，多年生、可作一年生栽培，木质、藤本，瓜类蔬菜。以瓠果，以及嫩梢和块根供食用。

佛手瓜原产于墨西哥等中美洲地区，它的驯化时期可以追溯到 16 世纪初叶。早在西班牙人到达美洲之前，居住在墨西哥的印第安人就已栽培食用佛手瓜了。大约在 19 世纪以后，分别经由欧洲、西亚和东南亚等多种途径，多次传入我国。清道光二十八年（1848 年）刊行的《植物名实图考长编》业已著录。最初在广东、广西和云南种植，到 20 世纪初叶，又经日本、美洲引入台湾、福建等地。现在我国南北各地多有栽培。

对于这种舶来品，人们依据其原产地、引入地域的名称和标识，食用器官的形态、品质和功能特征，以及栽培、贮藏特性等因素，结合运用摹描、比拟、谐音或音译等手段，先后命名了三十多种不同的称谓。

佛手瓜果实的外观为倒卵状，略呈梨形，其上长有明显的五条纵沟；先端还有一条缝合线，其整体酷似一个屈指握起来的拳头。在佛手瓜引入的初期，人们以其原产地、引入地的名称或标识，结合与其形态特征类似的瓜、茄、梨、果等名称联合命名，先后得到下面的两组称谓：

墨西哥黄瓜、洋梨瓜、洋瓜、洋茄子、洋丝瓜、安南瓜和土耳其瓜；

香橼瓜、香圆瓜、香瓜、菜梨、菜肴梨、菜梨和菜苦瓜。

上述第一组中的"墨西哥"和"洋"分别特指其原产地的名称和标识；位于东南亚的"安南"即今越南，它和位于西亚的土耳其都是引入地域的名称。

第二组的"香橼""梨"和"苦瓜"都是常见的果品和蔬菜的名称，"香圆"和"香"分别是"香橼"的谐音和简称，而以"菜"和"肴"（或可写作"餚"）命名是为了强调其可供蔬食的功能特性。这是因为佛手瓜的瓠果富含钾和维生素 C 等营养成分，更兼它质地清脆、嫩柔多汁，既可生食、凉拌，又可烹炒、做汤或腌渍。

佛手瓜的正式名称也是以其上述形态特征因素命名的。依据"佛手"的谐音，人们以企盼幸福和长寿的心态还给它起了"福寿瓜"的雅称，此外在不同地区还有着另外一组称谓：

佛掌瓜、佛拳瓜、合掌瓜、拳头瓜、棒瓜、梨瓜、虎儿瓜和墩子瓜。

其中的"棒""掌""虎儿""墩子"和"拳""手"同样都是特指其形态特征的词汇。

佛手瓜是一种高产作物，一棵佛手瓜可以采收二三百个果实，故而获得"丰收瓜"的誉称。佛手瓜的果皮初呈绿色或白色，果肉亦为白色；老熟以后，表皮变灰、变硬，外观很像瓦器，因而在清代有人称其为瓦瓜。在佛手瓜盛产地域之一的台湾阿里山地区，又称其为万年瓜，这是由于它既容易获得丰收又耐贮藏的缘故。而在海外还有一些华人、华侨依据其英文名称 chayote 的译音，称之为"恰耀得"。

佛手瓜还有一个别称叫作隼人瓜。"隼"音"损"，隼人瓜原是日文名称。据谌克终的《蔬菜园艺学》一书中披露，佛手瓜是在 1917 年传入日本的。传入以后首先在日本南端的鹿儿岛栽培，然后逐渐推广到全日本。由于鹿儿岛曾是隼人部族的旧居地，因此在 1919 年，日本以其引入推广地域的部族名称命名，称其为隼人瓜，后来这一称谓传入我国。而准人瓜的称谓则是香港地区一些书刊对"隼人瓜"的误称。

此外佛手瓜的嫩茎叶和块根也可供烹炒或煮食。以其正名和别称，结合运用其食用器官和部位的名称命名，还得到诸如佛手瓜梢、佛手瓜苗、梨瓜苗、香橼瓜苗、隼人瓜须和龙须菜等称谓。其中的

"龙须"和"须"所指的都是佛手瓜植株的嫩梢。

11. 西瓜

西瓜是葫芦科西瓜属，一年生草本，果蔬兼用型、瓜类蔬菜，以成熟果实的侧膜胎座供食用。此外果皮和老熟种子的种仁也可以蔬食。

西瓜起源于非洲的卡拉哈里沙漠地带，埃及早在五六千年前已有栽培，它是经由中亚沿着丝绸之路传入我国的。至于传入的时间，有汉代说、南北朝说和五代说之分。有人认为三国时期魏国刘桢（？—217）所著的《瓜赋》，以及南朝时期陶弘景（456—536）所著的《名医别录》

都已提到西瓜。然而，根据确切的史料记载，西瓜传入我国的时期应不迟于公元 10 世纪的五代时期。我国宋代的大文豪欧阳修（1007—1072）在《新五代史·四夷附录》中介绍说：五代时的胡峤曾在契丹吃过"大如中国冬瓜而味甘（甜）"的西瓜。他还了解到契丹人是在攻打回纥时得到西瓜种子的。其后契丹人又在上京附近（今内蒙古自治区巴林左旗一带）采用牛粪作为酿热物提高地温，在棚式保护地中栽种西瓜。而当时的回纥人就曾领有现今我国新疆的北部地区。它说明西瓜传入我国以后先在新疆等西北地区落户，继而由契丹人引入现今的东北和内蒙古等地区栽培。

另据《松漠纪闻》披露：南宋初年洪皓出使金国时被扣压 15 年，南宋高宗绍兴十三年（1143 年）在他归国时把西瓜种子带回宋国，从此以后西瓜在我国的南方地区很快得到推广种植。南宋诗人范成大还介绍说，到了南宋孝宗淳熙十三年（1186 年）黄河以南广大地区的人们已经做到"年年处处食西瓜"了。现在除少数高寒地区以外，南北各地均有栽培，主产于山东、河北、北京、河南、黑龙江和新疆等地。

古往今来，人们依据其引入地域的方位，及其形态特征、品质与功能特性等因素，结合运用摹描、拟物和借代等手段，先后给西瓜命名了五六种不同的称谓。

西瓜是以其来自西部地区而命名的称谓，它一直作为正式名称沿用至今。

西瓜的果实一般有圆、卵圆、椭圆和圆筒等多种形状，果皮和果肉分别呈绿白、绿、黑、红、淡红、乳白或淡黄等颜色。因其果实的外观近球形，果皮色泽清翠，果肉鲜红诱人等形态特征命名，又得到球子、翠衣和青门绿玉房等雅俗共赏的名称。其中"青门绿玉房"的誉称源于明初诗人瞿佑（1341—1427）题为《红瓤瓜》中的诗句："采得青门绿玉房，巧将猩血沁中央。"诗中的"猩血"指西瓜瓜瓤呈鲜红色，"沁"有渗入义，"青门绿玉房"即指西瓜。

祖国的传统医学认为西瓜味甘、性寒。由于它含有瓜氨酸、精氨酸等成分，所以具有消烦、止渴、解暑、降火等功效。以其药性和保健功能命名，西瓜及其瓜皮还有着诸如"寒瓜""天生白虎汤""天然白虎汤""西瓜翠"和"西瓜翠衣"等别称。

寒瓜的称谓始见于陶弘景的《名医别录》。明代的李时珍认为：陶弘景所提到的寒瓜即后世的西瓜。在五代之先，西瓜的瓜种已传入浙东，但当时还没有西瓜之名称。宋元之际的方夔在其题为《食西瓜》的七言律诗中，曾有"恨无纤手削驼峰，醉嚼寒瓜一百筒"的诗句（见《富山遗稿》）。诗中的"驼峰"喻指用刀切成的西瓜块，"一百筒"是表示西瓜数量之多。由此可见寒瓜的确是指西瓜。

"天生白虎汤"的称谓始见于明代汪颖的《食物本草》，他认为"西瓜性寒解热，有天生白虎汤之号"。"白虎汤"是出自医圣张仲景《伤寒论》的一种传统中药方剂，它由石膏、知母、甘草和粳米所组成，因其具有极为明显的清热降火效果而著称；以"天生"或"天然"命名是强调西瓜的天然植物属性；借代"白虎汤"来命名则是为了凸显其药用功能。"西瓜翠衣"的保健功效与西瓜相同。

西瓜因富含糖分，口感很甜，又称甘瓜。此外西瓜还含有多种维生素，以及矿物质，除适宜作水果以外，尚可作为蔬菜菜肴的点缀物，充作拼盘、配菜；还可加工制造蜜饯、罐头或用于酿酒。果皮可制成蜜饯、果酱，或用于配菜。西瓜种子富含油脂，可供炒食、榨油或作糕点的辅料。西瓜种子的种仁中含有西瓜子皂苷，由于它有着降低血压的作用，血压较高的人群不妨在闲暇之时适量嗑一嗑瓜子。

第八章　葱蒜类蔬菜

葱蒜类蔬菜是葱科葱属植物中分别以嫩叶、假茎、鳞茎（包括气生鳞茎）或花薹供食用的蔬菜。其中包括大葱、分葱、楼葱、胡葱、细香葱、韭葱、大蒜、韭菜、薤、洋葱和顶球洋葱。

1. 大葱、分葱和楼葱

葱是葱科葱属葱组，二年或多年生草本，葱蒜类蔬菜。以叶鞘组成的假茎（俗称葱白）、嫩叶或气生鳞茎供食用。

葱属作物在植物分类学中最初被列为百合科，其后移入另辟的石蒜科。20 世纪 70 年代以后，阿加尔德（J. G. Agardh）关于葱属植物应独立成科的观点逐渐为学术界接受，所以葱属现已划入葱科。

葱的野生种起源于我国的西北及其相邻的中亚地区，古代的葱岭即以其山高多葱而得名。葱岭位于今日新疆地区的帕米尔高原。有人推测现在的栽培葱可能是野生菜类蔬菜阿尔泰葱在家养条件下的产物。大约在汉代从西北地区传入内地，经过驯化和选育以后，在我国各地得到广泛栽培，因此在国际上有"中国葱"之称。大葱、分葱和楼葱都是葱的不同变种。

数千年来，人们依据其形态特征、栽培习性及种植地域等因素，命名了各具特色的众多称谓。

"葱"或可写作"蔥"，本有绿色之义。而葱的叶子既呈绿色，其形状又为长圆筒形、中空，很像烟囱，所以名之为"葱"。以形态特征命名，葱还有"芤"（音抠）的异称。这是因为草中有孔就叫作"芤"。葱自古用于烹饪，它能调和各种口味。正如王祯《农书》所概括的那样："虽八珍之奇、五味之异，非此（葱）莫能达其美。"以其调和五味的功能及其重要地位来命名，又得到"和事草"和"菜伯"的雅号。

在我国的古籍如《山海经》《尔雅》

《礼记》和《管子》中虽然都有葱的相关记述，但其所指的却是"茖"。"茖"音"革"，即指野生的山葱。从班固的《汉书·循吏传》中关于"令口种……五十本（棵）葱"，以及"种冬生葱……覆以屋庑"等记载可以推知：到了西汉时期，我国内地已有了大葱的露地栽培，同时还掌握了利用保护地设施促成栽培葱的先进技术。

在葱栽培变种中，植株高大、假茎较长的被称为大葱，或作青葱，它包括长葱白、短葱白和鸡腿样三种类型。植株矮小、分蘖性强、假茎和绿叶细而柔嫩的被称为分葱，或作小葱，它包括北方和南方等两个生态类型；花茎顶端能形成多层气生鳞茎、重叠如楼层的被称为楼葱，或作层葱。其中大葱，以及分蘖较少的北方生态型分葱的演化中心为华北地区；分蘖较多的南方生态型分葱的演化中心为华中和华南地区，而楼葱的演化中心在西北的黄土高原。

大葱和小葱的名称著录始见于东汉时期崔寔的《四民月令》，北魏著名的农书《齐民要术》作了引录。引录中有"三月别小葱，六月别大葱"的描述。其后还有注释说，夏季剪收的叫小葱，冬季采收的叫大葱。楼葱之名始见于宋代苏颂的《本草图经》，说明它的形成不应晚于北宋时期。据考证，元代熊梦祥的《析津志》一书在"家园种莳之蔬"亦即"栽培园蔬"中列有"塔儿葱"，并注明即"层葱"；吴瑞的《日用本草》也记有"龙角葱"即"龙爪葱""羊角葱"。实际上这些指的都是今天的楼葱。其中的"塔儿""龙角""龙爪"和"羊角"等词汇，都是对楼葱可形成多层气生鳞茎现象的描述。

以植株或假茎的形态特征命名，粗壮的大葱又有着木葱、直葱和汉葱等别称，其拉丁文学名的变种附加词 gigantum 即有"巨大"之义；柔细的分葱又有着龙须葱、丝葱、麦葱、素葱和玉葱等别称，其拉丁文学名的变种附加词 caespitosum 即有"丛生""簇生"之义；能形成多层花茎的楼葱除前面已提及的塔儿葱、层葱、龙角葱、龙爪葱和羊角葱以外，还有天葱、塔葱、多层葱和观音葱等异称，其变种附加词 viviparum 即有"珠芽"之义。此外在假茎尚未膨大时，如以嫩叶供食的大葱，也被俗称为小葱。

元代的王祯还在《农书》中系统地介绍了大葱的播种、移栽，以及垄作、软化栽培的生产技术，这种方法沿用至今。现在我国的大葱主要分布在北方的山东、河北和天津等省、市，其中山东占总产量的三分之一，居全国首位。以主产地域的代称命名，在某些南方地区大葱被称为北方大葱、山东大葱或津葱。

分葱在南方可全年栽培，随时采收。以其可以周年生长、均衡上市的特性命名，分葱又获得四季葱和菜葱的别称。由于分葱的辛香气味浓厚，在沪、穗等地还有着"香葱"的誉称。

至于楼葱在我国南北各地区仅有零星栽培，用分株繁殖。在陕西汉中等地，楼葱还有"楼子葱"的异称。

大葱、分葱和楼葱的特殊气味来自挥发油，其中含有蒜素以及维生素 C、维生素 B_1 等维生素和黏液质。以葱入药有解毒和抑菌作用，对风寒感冒有一定的功效。

2. 胡葱

胡葱是葱科葱属、洋葱组的二年生草本，葱蒜类蔬菜，以嫩叶和鳞茎兼用供食。

胡葱起源于中亚地区，有人认为它是由洋葱演化而来的。自张骞打通丝绸之路以后，从汉历晋，经南北朝至唐，胡葱曾多次传入我国，并经驯化，栽培至今。

两千多年来，人们以其引入地域的标识、原产地的代称、作物栽培习性、产品器官的形态和品质特征，结合运用地区方言，以及拟物、音译等手段，先后给它命名了二十来种不同的称谓，其中也包括两种属于异菜同名的别称：火葱和香葱。

胡葱名称的著录始见于后汉崔寔的

《四民月令》，又见于晋代郭义恭的《广志》，此外北魏时期贾思勰的《齐民要术》也做过引录，以引入地区西域的标识"胡"，并参考其有如葱类的蔬食功能特征，联合命名为胡葱。

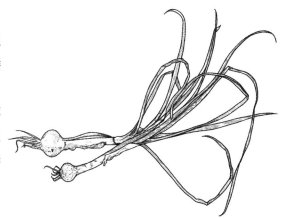

胡葱的拉丁文学名种加词 ascalonicum 源自巴勒斯坦西部的阿什凯隆城。该城位于地中海东岸，地处胡葱的第二起源地近东地区。到了唐代，作为国际间交往的礼品，胡葱堂而皇之地来到中国。据欧阳修的《新唐书·西域传》记载，唐太宗贞观二十一年（647 年），泥婆罗国（今尼泊尔）曾遣使赠送过"波稜"和"浑提葱"。经过考证现已知悉："波稜"即菠菜，而"浑提"并非"浑脱"（有人据此推断，误把"浑提"当成是今日的洋葱）。"浑提"的异称来源于引入地：中亚地区波斯语 gandena（此系用拉丁字母转写）。另据王钦若等编辑的类书《册府元龟》所记述的"浑提葱其状犹葱而甘"，也极其符合胡葱植株挺拔如葱而又味甜的特性。胡葱因其富含双糖所以才有甜味。

胡葱的嫩叶是由叶鞘及圆锥形管状叶构成的，其外观颇似葱；鳞茎略似蒜头而个体较小，其外观呈纺锤形，数个小鳞茎簇生，基部相连。以其食用器官的形态，并比照葱、蒜等蔬菜的名称命名，胡葱又被称为蒜葱、葫葱、科葱、蒜头葱、蒜瓣葱、瓣子葱或大头葱。其中的"葫"是大蒜的古称；"科"同"颗"，指鳞茎——蒜头。再结合其自域外引入的背景，有人还俗称之为洋蒜、鬼子蒜。

胡葱鳞茎的外皮呈赤褐色，而其肉质鳞片为白或玉白色；与一般葱、蒜相比，它既无葱蒜样气味，又少辛辣味，而且富于芳香之气，所以得到南方居民的青睐。以其食用器官的色泽等形态特征，或以其品质特色命名，胡葱又有着火葱、红头葱、玉葱、水晶葱和香葱等别称。其中火葱和香葱又是洋葱的别称。

胡葱植株喜冷凉而不耐炎热，适宜在冬春季生长，翌年夏季前可形成产品器官，自古以来四川等南方地区都是其主要产地。依据胡葱的这种栽培特性，各地又称呼其为冬葱、冻葱或寒兴葱，而"寒兴"的称谓则显示了胡葱的耐寒特性。

3. 韭葱和细香葱

韭葱又称扁叶葱，细香葱又称四季葱，它们都是葱科葱属，多年生，作二年

生栽培；草本，葱蒜类蔬菜。其中韭葱属于宽叶组，以假茎、鳞茎、叶片和花茎供食用；细香葱属于葱组，仅以嫩叶和假茎供食用。

韭葱原产于地中海沿岸及欧洲中部地区，19 世纪 70 年代从英国引入上海，20 世纪 30 年代引入江西，50 年代以后又从阿尔巴尼亚引入北京。现在我国除东北、西北以外的其他地区都有少量栽培。

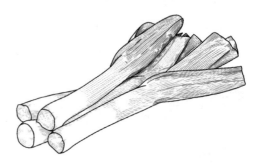

细香葱起源地域更为广泛，从北极圈到欧、亚、美三洲的北温带地区都曾发现过野生种群，现在我国长江以南诸如上海、广东、广西和江西等地都有少量栽培。

我国各地依据它们的外观形态、食用品质、上市季节及其原产地或引入地域的标识等因素，分别命名了多种不同的称谓。

韭葱是根据其形态特征命名的：叶片呈剑形，扁平略似韭菜；多层叶鞘抱合形成粗大的假茎；在软化栽培条件下，假茎洁白很像大葱的葱白，韭葱之名由此得来。其拉丁文学名的种加词 porrum 也凸

显了叶片成韭菜状的内涵。同样以其形态特征命名，在北京等地还得到扁叶葱或扁葱的异称。韭葱以其绿叶供食，质地较粗硬，或可作为香辛调味料；假茎（即葱白部分）长达 15 厘米左右，质地柔嫩、甜中带辣、气味芬芳；第二年稍显肥大的假茎基部可以形成蒜头样的鳞茎。以其形态为主，再结合引入地域的标识联合命名，西北等地称之为西洋葱、法国葱；上海和安徽等地也名之为洋大葱。

韭葱的花茎长而大，心部有髓，很像大蒜的花薹，因此上海和四川等地也称呼它洋蒜薹或洋蒜苗。广西壮族自治区等地还有用其代替蒜薹食用的习惯。

细香葱的植株丛生，叶长 30 至 40 厘米，淡绿色，细长呈长筒形；叶鞘基部膨大，形成长卵状的假茎，有特殊香味，可作香辛调味料。以其食用部位的外观似小葱而又具香气，故称细香葱。上海、广东等地又称之为香葱或玉葱，太原、杭州等地俗称小葱。其拉丁文学名的种加词 schoenoprasum 也有"葱绿色"的含义。

细香葱起源于冷凉的北方地区，以原产地的标识命名，也有人称之为北葱。在日本则称虾夷葱，或可写作"虾蛦葱"。"虾夷"是古代居住在日本北海道等北部地区的一个少数民族，现今的阿伊努人是其后裔。由此可见以"虾夷"命名也和它起源于高纬度的北部地区有关。虾夷葱之称谓早在 20 世纪初叶即已传到我国。

细香葱在南方除酷暑之外，常年都可以采收上市，因而又获"四季葱"的誉称。

4. 大蒜

大蒜是葱科葱属，一二年生栽培草本，葱蒜类蔬菜，分别以地下鳞茎（蒜头）、嫩叶（青蒜或蒜黄）、花茎（蒜薹）和气生鳞茎（蒜珠）供食用。

大蒜原产于中亚地区的吉尔吉斯斯坦等地，西汉时由张骞从西域引入我国。

两千多年来，各地广泛栽培。人们以其食用器官的形态、品质，以及引入地域的标识等因素，结合选用象形、谐音手段或采用方言、俚语，先后命名了三十多种不同的称谓。

我国古代原产有蒜。"蒜"字"从草从祘"。"祘"是由两组短横"=="以及六条短竖"川川"所组成的，借以表示蒜的弦状根生长在鳞茎下面的短缩茎上的形态特征。从西域引进新蒜种以后，因两者外观相似而仅有大小之别，人们逐渐把个体略大的新种称为大蒜，原来固有的反而被称为小蒜了。古代以引入地（中亚）或主产地（山东）的标识或简称命名，大蒜还有诸如西域蒜、西戎蒜、胡蒜、葫蒜或齐葫等异称，有时也省称葫或蒜。其中的"西域""西戎""胡"和"葫"均指引入地——中亚地区，"齐"则特指山东。其日文名称的译称亦为"葫"。蒜在古代可俗写作"𦮴"，现在人们以大蒜为正式名称。

大蒜的地下鳞茎是由鳞芽集合而成的，鳞芽俗称蒜瓣，以部分称全体，蒜瓣有时也作为大蒜的代称。大蒜的地下鳞茎略成圆球形，因而派生出一系列的别称：大蒜头、蒜头、蒜果。古代曾把圆顶的草屋和种子外皮都称作"蒲"和"苻"，古人还把衡量圆形物品的量词称作"颗"或"科"，因而大蒜又获蒜蒲、蒜苻以及蒜颗和蒜科等别称，至今南北各地还流传着蒜蒲、蒜苻和蒜颗的俗称。

新鲜大蒜一般需经风化、贮藏才进入市场流通，因之又称干蒜或老蒜。大蒜含丰沛的蒜素，具浓烈的辛辣气味，可增进食欲并兼有杀菌、抑菌等功能。古人把这类带有辛熏气味的菜品泛称为荤菜。"荤"音"昏"，大蒜因而也有"荤菜"和"荤"等别称。大蒜所独具的风味魅力，广泛地吸引着具有特别喜好的人群。五代时期宫廷中把它叫作"麝香草"，原来那时人们把一种能分泌香气的动物称作"麝"，那么把菜中的香者誉为"麝香草"也就顺理成章。

大蒜的嫩叶、花茎和气生鳞茎也都能作为蔬菜食用。大蒜的叶互生，披针形、扁平，以嫩叶（包括叶鞘形成的假茎）供食的称为青蒜或蒜苗；如进行软化、避光栽培应市则称为蒜黄。

大蒜的花茎细长，断面为圆柱形，顶部生长着上尖下粗的总苞，外观有如毛笔，毛笔简称毫，蒜毫和蒜条等称谓因此而来。"薹"特指花茎，以嫩花茎供食故称蒜薹，或误写成"蒜苔"，各地又俗称之为蒜苗。花茎的总苞成熟后，其花梗基部可生出一些鳞芽状的气生鳞茎，由于它们小若珠玑，民间称为蒜珠。蒜珠生长在条状花茎上，又可作为播种材料，故而又别称条中子。

5. 韭菜

韭菜是葱科葱属，多年生、宿根、草本，葱蒜类蔬菜。以柔嫩多汁的叶片、嫩花茎和花器供食用。

韭菜是我国的特产蔬菜，原产于我国，栽培历史极为悠久。

韭菜在我国的文字记载可以追溯到公元前 11 世纪的西周时代。《诗经·豳（音宾）风·七月》已有关于"四之日其蚤，献羔祭韭"的说法。这表明，陕西地区是栽培韭菜的摇篮。当时已经选用韭菜作为向帝王宗庙敬献的祭品了。此外，一些先秦古籍如《山海经》《夏小正》和《礼记》也有着诸如"其山多韭""正月（园）囿有韭"，以及"庶人春荐韭"等相关载录。

据史籍记载，我国在历史上韭菜栽培有过两次较大规模的普及活动。西汉时渤海太守龚遂曾要求每人种一畦韭菜以备荒年。那时菜农如栽种千畦韭菜，其富裕程度可以和千户侯相媲美。在露地栽培普及的同时，保护地如温室栽培也逐渐兴起。到南北朝时采用促成栽培生产的韭菜又称为"韭芽"。第二次普及活动发生在北宋初年。赵匡胤（960—976 年在位）曾下令让10 岁以上的男女每人各种一畦韭菜，从而促进了韭菜生产的发展。北宋时又出现了韭黄的栽培。现在祖国各地均可栽培韭菜。

三千多年以来，人们以其食用器官的形态特征，以及嗜好和保健功能等因素，通过运用象形、形声、转注以及借代等手段，给韭菜命名了十多种不同的称谓。

韭菜古称韭，或写作"韮"。隶书写作"韭"。位于"韭"字上面的两竖，及其各附的三横（篆书为三个波纹）形象地表述了韭菜叶子丛生并向外开张的状态；下面的一横表示韭菜生长在地面上。韭菜叶子的生长点在其下方的叶鞘基部，所以在每次收割以后，叶子还可以继续生长。另外，其地上部还能不断地形成新的分蘖；地下部也能次第分生新的须根，由于更新复壮能力很强，所以一经种植就可以多年连续采收。这就是韭菜具有"一种而久者"等生长特性的内在原因。于是人们参照"久"的内涵及其谐音，把"韭"字读作"九"。

韭菜的叶片扁平、实心，外观呈长条形。以其形态特征命名，俗称为扁菜。韭菜的根系发达，呈弦线状，别称为"荄"（音该），它生长在短缩茎下。由于韭菜具有"剪而复生、久而不乏"的更新和贮藏功能，又先后得到"丰本"（见《礼记·曲礼》）、"丰禾"（为宋代市语）、"长生"（见王祯《农书》），以及"长生韭"（见《本草纲目》）等褒称。同时也由于它具备不需年年栽种的特性而获得"懒人菜"的贬称。

韭菜富含多种维生素和矿物质。晋代的石崇（249—300）曾以其加工制品与王恺斗富。南齐名士周颙（音拥）也把"春初早韭"和"秋末晚菘"视为最佳的菜品。韭菜还含有芳樟醇、苷类，以及多种含甲基和烯丙基的硫化物。其中的硫化丙烯在细胞破裂后可以挥发出香辛气味，它既可增进食欲，也具特殊的臭味。故而韭菜和葱、蒜等一起被列入荤菜的范畴。宋初的陶谷在《清异录》一书中记有一则故事说，特别嗜好韭菜的杜颐天天离不开它，并把它喻为最贵重的金子，因而韭菜又获"一束金"的誉称。此外韭菜经软化栽培形成的黄叶产品韭黄、韭菜的嫩花茎韭菜薹（又称薹用韭菜）、韭菜的花器韭菜花也都可以入蔬。

韭菜性辛、温，除供炒食、充馅料以外，还有类似钟乳石样的温补、壮阳等保健功能。以其药用功能，结合运用转注和借代等方式命名，它又得到草钟乳以及壮阳草、起阳草等别称。而在元代，蒙古族的民族语言则称之为"和和"。

6. 薤

薤（音械）又称藠（音叫）头，它是葱科葱属，宿根、多年生作二年生栽培、草本，葱蒜类蔬菜，以地下鳞茎和嫩叶供食用。

薤原产于我国，现在浙江和西藏等地还有野生种群。其拉丁文学名的种加词 chinense 即为"中国的"含义，先秦时期已广为利用。

数千年来，人们以其形态特征、栽培特点及品质特性等因素，结合运用摹描、比拟、谐音及俚语等多种方式，先后命名了三十多种不同的称谓。

"薤"原写作"蓌"。古籍《山海经·北山经》载有："丹熏之山……其草多韭。"许慎的《说文解字》解释说它

"叶似韭……敫声"，其读音为"械"；《礼记·内则》则称："脂用葱，膏用薤。"它说明先秦时代已遴选薤作为调味食品了。薤作为正式名称，它由"歹""韭"以及"草字头"三部分组成，"歹"同"岁"，有"上"义，这个组合揭示了薤的叶似韭菜，而品质优于韭菜的丰富内涵。

薤的叶片绿色、细长、中空，有大蒜样辛辣气味；叶鞘基部膨大形成长卵或纺锤形的鳞茎，外观略似大蒜头。如果进行软化栽培，其食用器官地下鳞茎可呈乳白色。西晋时的潘岳（247—300）在其《闲居赋》中曾记道："菜则葱韭蒜芋……白薤负霜。"薤，从而又衍生出白薤、薤白和霜薤等别称。"藠"从草从皛，也有洁白之含义，以与之相似的葱、蒜等蔬菜相比拟，结合采用"头""子"等名词后缀又构成了诸如藠葱、藠蒜、藠头、藠子以及蓌

子、薤头等别称。南方各地利用其谐音或俚语也称其为荞（音乔）头、叫头、荞菜或藠菜。由于其鳞茎的外形很像古代一种叫作"莜"（音由）的竹器，江南还流传着"莜子"的俗称。古人误将地下鳞茎认为是根，因之也曾称其为薤根。

薤初为野生，一称"蕌"（音晴）。鉴于它生于苍天之下，长于山野之间，百姓又称为天薤、山薤或野薤。到了西汉，渤海太守龚遂曾劝导人们在自家的菜园中多种一些薤，此后随着栽培技术的普及，"宅蒜""守宅"以及"家芝"等称呼接踵而来。其中以"宅"和"家"命名，都体现出了家园栽培的色彩。我们的先人把芝视为瑞草，薤作为蔬中之英华，又获菜芝的褒称。

薤的植株丛生，描述其生长茂盛的鸿荟称谓由此得来。薤的表面覆有蜡粉，因而叶表光滑，很难附着露水。西汉初年，田横的追随者在为其谱写的挽歌中曾有"薤上露何晞"之句，借以比喻人的生命极易枯竭，因而薤又得到"薤露"的雅号。在同一个茎盘上经常聚生着多个鳞茎，因而又誉称之为"九头""九头白"及"五光七白灵蔬"。

在日本，薤称为辣韭。这是因为薤的叶片似韭、味道辛辣的缘故。

7. 洋葱和顶球洋葱

洋葱是葱科葱属洋葱组的二年生草本蔬菜，以发达的鳞茎供食用。

洋葱起源于中亚地区。自宋元至明清，洋葱曾多次引入我国，并经驯化、栽培至今。

人们以引入地域的标识、产品器官的形态和品质特征等因素，结合运用地区方言等手段，先后给它命名了二十余种不同的称谓。

按照传统的说法，洋葱是在近代才由海道传入我国的，其引入时期有的还进一步用"清末"或"20世纪初"等字样加以表述。人们以其引入地域的标识"洋"，给其命名为洋葱。然而实际上在很早以前洋葱就在我国广大的北方地区定居过。据笔者考证，元代熊梦祥在《析津志·物产·菜志》中已列有"回回葱"。从其"（鳞茎）状如匾蒜，（鳞片）层叠若水精葱，甚雅，味如葱"等，淹（腌）藏、生食俱佳"等文字记述，似可确认"回回葱"应是现今的洋葱。从同一时代忽思慧的《饮膳正要·菜品》一书所绘制的回回葱和大蒜插图的两相比较中，也能得到印证：鳞茎比大蒜大的回回葱只能是洋葱，而不可能是胡葱。

据脱脱所著的《元史》称，公元1220年蒙古军队西征时，攻占了中亚名城寻思干（原址在今乌兹别克斯坦的撒马尔罕），其后蒙古人把该城中的部分工匠分别迁至别失八里城（原址在今新疆乌鲁木齐东北的破城子），以及兴和路的荨麻林镇（原址在今河北万全以西的洗马林镇）等地，令其专门从事高级锦缎的织造工作。再结合

《析津志》关于"茴茴葱：荨麻林（镇）最多"的载录，可以推知：在公元 13 世纪初的宋元间，借助中亚工匠之力，曾把当地居民喜食的洋葱传入了我国现今的西北，以及华北等地区。当时社会上把居住在中亚地区又信奉伊斯兰教的民族统称为"回回"，故以此为命名依据，人们把这种蔬食叫作"回回葱"，有时还把"回"字从草，写作"茴茴葱"。到了清代，久已在新疆地区扎根的洋葱被称为"丕牙斯"，其后又译为"皮芽孜""皮牙孜""皮芽子"或"皮牙子"。这些称呼都是维吾尔语 piyaz 或哈萨克语 peyaz 的不同译称。

而今在荨麻林镇的旧址、位于河北省坝上地区的洗马林镇不但还有回民聚居的村落，而且仍然栽培着原产于中亚地区的洋葱。

洋葱有肥大的鳞茎，其外观为扁圆、圆球或长椭圆形（高桩圆球形）；其外皮呈紫红、黄或绿白色。以食用器官的皮色和外观等形态特征命名，洋葱又得到圆葱、团葱、葱头、洋葱头、球葱、葱球、珠葱、元葱、元葱头、海蒜、红葱、红衣葱、火葱和玉葱等别称。其中的"元"和"圆"谐音，"海"有大的含义。其英文名称 onion 也有"头"或"棒球"义，日文名称亦为"玉葱"。

洋葱富含碳水化合物，以及硫醇等挥发性硫化物，具有一定的甜味和特殊的辛香气，适宜中西餐饮的荤素煸炒，以及冷拼、调味食用，因此在我国和西方还获得甜葱、甜葱头、香葱，以及"菜中皇后"等誉称。洋葱还含有前列腺素 A_1 等药物成分，具有化痰解毒和清热利尿的功效，对防治高血压和高脂血症也有一定的辅助医疗效果。

顶球洋葱又称埃及洋葱，它是葱科葱属，二年生草本，葱蒜类蔬菜洋葱的一个变种，以气生鳞茎供食用。

早在五六千年以前的远古时期，古埃及人修筑金字塔时已以洋葱为食，"埃及洋葱"就是以其盛产地域的名称命名的。

顶球洋葱的称谓则是以其圆球状的鳞茎生长在植株顶端的植物学特征而命名的。依据相同的缘故，它还得到诸如顶生洋葱、顶端洋葱，以及树状洋葱等别称。其拉丁文学名的变种加词 viviparum 亦有"在母体上发芽"的内涵，它所强调的也是顶球洋葱能够形成气生鳞茎的特征。与普通洋葱相比，顶球洋葱的辛辣气味更为浓烈，一般只适宜腌渍加工食用。

第九章　绿叶菜类蔬菜

绿叶菜类蔬菜指主要以其植株的柔嫩叶片和嫩茎供食用的速生蔬菜类群，"速生"是说它的生长期较短。其中包括菠菜、芹菜、冬寒菜、莴苣、皱叶莴苣、结球莴苣、莴笋、茴香、莳萝、球茎茴香、茴芹、落葵、芫荽、茼蒿、蕹菜、苋菜、繁穗苋、尾穗苋、千穗谷、荠菜、叶恭菜、金花菜、紫苏、薄荷、紫背天葵、罗勒、苦荬菜、苦苣、菊花脑、番杏、榆钱菠菜、芝麻菜、叶用香芹菜、独行菜、琉璃苣、野苣、茉乔栾那、春山芥、荆芥和五味菜。

1. 菠菜

菠菜是藜科菠菜属，一二年生草本，绿叶菜类蔬菜，以叶片、叶柄和嫩株供食用。

菠菜原产于亚洲西部的伊朗高原，在高加索和阿富汗地区发现过野生菠菜，现今在印度和尼泊尔境内还能找到原始菠菜的两个近缘种。据史书记载：菠菜是通过官方和民间等多种途径从中亚和南亚地区先后传入我国的。传入的时间应不迟于公元7世纪的隋唐之际，至今在我国已有千年以上的栽培历史。

据欧阳修在《新唐书·西域传》中记载，唐太宗时曾派遣官职为从六品的卫尉丞李义表出使天竺国（今印度）。他途经尼婆罗国（今尼泊尔）时，通过访问活动加强了两国的友好关系。到贞观二十一年（647年），尼婆罗国的国王特地派使节来到首都长安（今陕西西安）向唐朝进献了菠菜种子。另从《唐会要》所称菠菜的胞果"类红蓝花，实（果实）似蒺藜"的形态特征分析，可以确认，这种蔬菜应是现在的刺子菠菜。

唐代段公路的《北户录》也说："国初，……泥婆国献波棱菜。"所谓"国初"所指的就是唐朝初年。

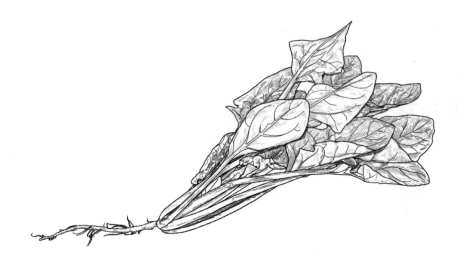

而在民间，人们却流传着从西国传入的说法。所谓"西国"即"颇陵国"。唐代学者韦绚在《刘宾客嘉话录》中介绍说："菜之菠棱，本西国中有僧人自彼将其子来，如苜蓿、蒲陶因张骞而至也。""刘宾客"指的是唐代有"诗豪"之称的刘禹锡。有"唐宋古文八大家"誉称的宋代学者苏洵（1009—1066）也在其名著《嘉祐集》里指出菠菜是由西国引入的。有人认为它是"Palinga"的音译，所指的就是现今的尼泊尔。也有人认为所指的是古代的波斯，即今伊朗。这样，引入地域除去尼泊尔以外，又增加了伊朗。

菠菜引入以后迅速成为民间的常蔬。近代以来，我国又从欧美等地多次引入圆叶菠菜，从而更丰富了我国菠菜的品种类型。现在菠菜已成为我国最重要的叶菜之一，南北各地广泛栽培。

千余年来，人们依据其食用部位的形态特征，及其原产地、引入地域的名称等因素，结合运用谐音、拟物、用典等手段，先后给菠菜命名了三四十种不同的称谓。

菠菜原称波棱菜，毋庸置疑，这种称谓来自引入地"泥婆罗"或"颇陵国"。据考证："波棱"为尼泊尔语"Palinga"的汉语记音称谓，即音译名称，译为"菠陵国"。在唐代及其以后的各种史籍或者古代农书中还可以见到的诸如波薐、菠薐、菠棱菜、颇陵、波薐、波菜、颇菜等称谓，都是由此派生出来的。而又如"波斯草"和"菠斯"等称谓的命名则是源于其原产地域的古代名称波斯。

另据孟诜的《食疗本草》披露，在唐代"服丹石人，食之佳"的说法十分盛行，因此菠菜就博得信奉道教的方士们的偏爱，这些人自然更喜欢具有神秘色彩的称谓波斯草。

北宋初年的陶谷在其《清异录》一书中记述过五代时期的一则往事：担任过南

唐户部侍郎的锺谟非常喜欢菠菜。他平时不但把菠菜视为"雨花",而且还把菠菜、蒌蒿和萝卜当成无与伦比的佳肴,并称之为"三无比"。而"雨花"一词则出自佛教经典,据说有一次佛祖在传经说法时感动了天神,致使天空降下了各式各样的香花,因此菠菜又荣获"雨花菜"的嘉名。

明清以后人们依据菠菜的整体形象并结合运用写意和拟物的手法,给菠菜增添了一组有趣的别称:

"红嘴绿鹦鹉""红嘴绿鹦哥""鹦鹉菜""绿鹦哥"和"鹦官"。

梁章钜在《浪迹三谈》一书的"波棱菜"条中曾介绍说:"前明说部中载:成祖微行民间,食黄面豆腐干及此菜而甘之,询其名,店佣以'金砖白玉板,红嘴绿鹦哥'对。白玉板谓豆腐干,绿鹦哥即此菜。"

清代的学者梁章钜(1775—1849)根据明人笔记文献介绍说:有一次明成祖朱棣(1403—1424年在位)身着便衣巡视地方,偶然尝到用豆腐干和菠菜烹制的菜肴,觉得味美可口,于是就问菜肴的名称。店小二以"金砖白玉板,红嘴绿鹦哥"作答。"白玉板"指豆腐干,"绿鹦哥"指的就是菠菜。此外梁章钜还指出:清代的美食家袁枚在《随园食单》中曾以"金镶白玉板"喻指菠菜。大概据此明代典故,后人又演绎出清代乾隆皇帝下江南品尝"金镶白玉板,红嘴绿鹦哥"的戏说趣闻。

菠菜的叶色青绿,叶片肉质、肥厚,外观有的略似戟形,有的或呈卵圆形。以其叶片的形态特征命名,菠菜得到"青菜""万年青"和"豚耳草"等俗称。所谓"豚耳"就是喻指其卵圆形的叶片,很像猪耳。菠菜的肉质直根呈红色,食之稍有甜味,"红嘴"之喻,以及赤根菜和红根菜等别称均由此得来。

菠菜的花单性,雌雄异株,如以嫩花茎连同嫩株一起供食时称筒子菠菜。

菠菜的果实呈扁圆形,称为"胞果",依据其胞果上有无长角状突起刺等形态特征,可把菠菜划分成为刺子菠菜和圆子菠菜两个变种。它们的变种加词 spinosa 和 inermis 分别具有"多刺"和"无刺"的含义。

刺子菠菜因其果实外观多刺、叶片呈戟形,又盛产于我国,还得到有刺菠菜、刺粒菠菜、有角菠菜、角菜、尖叶菠菜和中国菠菜等称谓。

圆子菠菜则因其果实无刺、叶片多呈卵圆形,又盛产于欧美两洲,也相应获得无刺菠菜、圆粒菠菜、无角菠菜、圆叶菠菜、欧洲菠菜和西洋菠菜等别称。

鲜嫩的菠菜富含维生素和多种矿物质等营养成分,是人们理想的蔬食原料,所以菠菜的称谓最终成为正式名称。但菠菜含有草酸,影响人体对钙的吸收。可先用热水漂烫,脱除草酸以后再食用。凉拌、热炒、做汤、做馅咸宜。《浪迹三谈》还介绍过在清代首都北京中枢机关的食谱中,天天都有菠菜。其中有一种菜肴最令人难忘，"其美处，乃非常菜可比！"其烹饪的方法是：先用油煎好菠菜梗，然后再配以上等的虾米一起烹炒。

2. 芹菜

芹菜特指旱芹菜，简称旱芹，它包括中国旱芹和西洋旱芹两种类型。

芹菜是伞形科芹属，二年生草本，绿叶菜类蔬菜，通常以肥嫩的叶柄和嫩叶供食用。

旱芹的起源有两个可能：一是来源于我国的野生水芹，经长期引种于园圃驯化而成。公元6世纪北魏时期贾思勰在《齐民要术》一书中，关于"芹……收根，畦种之，常令足水"，以及"性并易繁茂，而甜脆胜野生者"等相关记述，恰恰浓缩提炼并再现了这一漫长的驯化过程。

旱芹的另一源头是地中海沿岸沼泽地区的野生洋芹。从北欧的瑞典到北非，从小亚细亚和高加索到巴基斯坦和喜马拉雅地区也都发现过野生洋芹的分布。古代在欧洲野生洋芹是当作药材和香料被利用的，公元前9世纪荷马所创作的古希腊史诗《奥德赛》已提到过它。到18世纪，在瑞典才育成叶柄肥厚的栽培种，其后逐渐成为欧美地区广泛栽培的一种主要的色拉蔬菜。从汉代丝绸之路开通以后的千余年来，洋芹通过不同的途径，多次传入我国，这些国际间种质资源的交流，促进了旱芹品种的多样化发展。

早年洋芹从高加索等地引入我国的详情已难考证。史载唐太宗贞观二十一年（647年）尼婆罗国遣使到长安曾贡献菠菜和胡芹等佳蔬种子。《册府元龟》中则称"胡芹状似芹而味香"。由此可知公元7世纪从尼泊尔引入的胡芹即为洋芹。

清末民初，当时的北平在组建农事试验场时，曾先后从欧洲引入了许多园蔬新品，其中包括分别从意大利和德国等地引入被称为"扇达拿""白金心芹"和"白心琴（音芹）菜"的西洋旱芹。到 20 世纪 80 年代以后我国又从美欧等地引入一些被称为西芹菜、简称西芹的洋芹新品种。现在我国南北各地广泛栽培旱芹菜。

千余年来，人们依据其形态特征、功能特性，及其原产地、引入地域的名称、代称或标识等因素，结合运用摹描、拟物、谐音或翻译等多种手段，先后给旱芹命名了三四十种不同的称谓。

旱芹的称谓可见于明神宗万历二十四年（1596 年）问世的《本草纲目》，因其生长在旱地而得名。这是相对于水芹生于水边而言的。至于"芹"字的来由详见各论第十一章"水生菜类蔬菜"中的水芹篇。

旱芹包括本芹和洋芹两大类。所谓本芹，指那些在我国经长期栽培而驯化的旱芹。"本"，有"自己"的含义。产于本国的旱芹故称本芹，又称中国旱芹或中国芹菜。而在近代和现代分别由欧美等地引入的旱芹，以引入地域的标识命名称之为西洋旱芹、欧洲旱芹或西洋芹菜、欧洲芹菜、美国芹菜、西芹菜，简称洋芹或西芹。有的地方称胡芹或葫芹。其中的"西洋""洋""西""胡"及其同音字"葫"都是其引入地域的标识。

旱芹植株具短缩茎；叶为一至二回羽状复叶，小叶二至三片、卵圆形、三裂，边缘锯齿状；叶柄长而肥大，因有由维管束构成的纵棱，所以能直立挺拔生长；各维管束之间的薄壁细胞中布有分泌特殊香气的油腺。以叶形特征因素，结合运用拟物手法命名，旱芹得到野芫荽、叶圆荽、野胡荽和川芎菜等俗称。日本结合引入地域等因素称之为"和兰三叶"，"和兰"即指今荷兰，"三叶"特指其小叶的数量。

中国旱芹和西洋旱芹的不同之处，在于前者的叶柄较为细长，通常它的叶柄长约 100 厘米，但横径仅有 1 至 2 厘米；后者的叶柄肥厚，并且有腹沟，横径竟有 3 至 4 厘米，质地脆嫩，单株重可达 1 至 2 千克。

按照叶柄的色泽差异，中国旱芹可分成白芹和青芹两种，或称白秆芹菜、白芹菜和青秆芹菜、青芹菜。白芹的株型较小，叶柄呈黄白色，香味较浓；青芹的株型较大，叶柄呈绿或淡绿色，横径较白芹为粗。按照叶柄的充实程度，即髓腔的大小，青芹有实心和空心之别：实心芹菜的髓腔很小，品质较佳；空心芹菜髓腔较大，但耐热，宜于夏季栽培应市。按照叶柄的色泽差异，西洋旱芹可分成青柄和黄柄等不同类型，分别叫作青柄芹菜或黄柄芹菜。

有些旱芹需先培土进行软化栽培才能提高品质，此种产品因颜色变浅，所以又被称为芹黄或白芹。

鉴于旱芹富含芹菜油等较强的芳香物质，并且具有降压、健脑，以及清肠、利便等药用功效，它还得到香芹、香芹菜、药芹、药芹菜等多种和水芹同样的别称。其拉丁文学名的种加词 graveolens 亦有"全株具有香味"的含义。

西洋旱芹的叶柄质地脆嫩、香甜，适宜烹炒、腌渍、凉拌、榨汁，也可做色拉、充配菜。此外整粒种子或经磨碎后还用于西餐作调味料。

3. 冬寒菜

冬寒菜古称葵或葵菜，它是锦葵科锦葵属，二或一年生草本，绿叶菜类蔬菜，以嫩茎叶或幼苗供食用。

冬寒菜起源于野葵，原产于我国和其他东亚地区。自古以来，我国、朝鲜和日本等国家都把它作为栽培蔬菜。在我国，葵菜的栽培历史可以追溯到公元前 11 世纪的西周时期，其后它作为"五菜"之首，长期受到人们的青睐。到了宋元时期曾以"百菜之主"的身份而广布全国。但从明代以后，其主导地位有如江河日下，到了清代沦为徜徉在南方局部地区的一种季节性蔬菜。现在则以较为冷僻的冬寒菜称谓，作为冬春淡季蔬品而供应市场。长江流域、华南、西南和华北等地区有少量栽培。

三千多年来，我国各地依据其植物学特征、栽培习性、产地标识，以及品质、功能特点等因素，结合运用摹描、拟物、谐音、会意或采用方言等手段，分别命名了三四十种不同的称谓。

冬寒菜古称"葵"。"葵"的称谓始见于《诗经·豳风·七月》中的"七月烹葵及菽"。在这篇西周初年的农事诗中，记录了周人在农历七月烹煮食用葵菜和大豆的情景。

"葵"，东汉时期的《说文解字》写作"𦮼"，把它解释为"从草，癸声"。明代的李时珍在《本草纲目》中进一步解释说："葵者揆也。"我们知道："揆"和"葵"同音，有推测、揣度的含义。由于古人观察到葵的叶子有着趋光、向日的植物学特性，所以他们认为葵叶有揣度阳光的本领，"葵"由此而得名。鉴于它又具有蔬食功能，所以被称为葵菜。至今湖南长沙等地还有人把它称作葵菜。

由于葵叶具有趋光和遮日的特性，葵菜又得到卫足和阳草等别称。唐代政治家张九龄（673—740）曾留传下"园葵亦向阳""卫足感葵阴"的著名诗句。

关于"卫足"称谓的典故发生在春秋时期。据《左传·成公十七年》记载：公元前 574 年，鲍叔牙的曾孙鲍牵因揭发齐国君主齐灵公夫人的隐私而被害，最终惨遭刖足的酷刑。针对这一事件，孔子（前 551—前 479）评论道："鲍庄子（指鲍牵）之知不如葵，葵犹能卫其足！"晋代的学者、著名的《左传》注释专家杜预认为，孔子这段话的意思是说：葵菜能够采用叶子遮蔽阳光的办法来保护自己的根基免受日晒之苦，而鲍牵处世待人的能力和智慧

还不如葵菜。后来"卫足"一词不但用来比喻自全和自卫，而且还变成了葵菜的一则别称。至于以"卫足葵"称呼向日葵，则应是公元十六七世纪、原产于美洲的向日葵引入我国以后的事情了。

在上古时期，许多典籍都把"葵"列为由葵、藿、薤、葱和韭等所组成的"五菜"之首。从齐国的宰相管仲限制城郊百姓种植葵菜，以及鲁国的大臣公仪休为了表示不与民争利，主动拔除自家田里的葵菜等相关事件来推测，在春秋战国时期，我国中原地区葵菜的栽培已很普及。当时还出现过生产葵菜的专业户——园夫。

魏晋南北朝时期葵菜常以"绿葵"的称呼闻名于世。例如潘岳（247—300）的《闲居赋》就提到了"绿葵含露，白薤负霜"。

宋元时期由于栽培技术的提高，以及供应时期的延长，葵菜跃居到各种蔬菜的主导地位，元代的《饮膳正要·菜品》图文并茂地把葵菜列为首位，所以它曾荣获"百菜王"和"百菜主"的誉称。葵菜也登上了蔬菜统称的宝座。

进入明代，由于白菜和菠菜等多种蔬菜品种的迅猛发展，以及葵菜自身冷滑等内在条件的限制，葵菜的蔬食地位逐渐衰落。到了清代，只能落得以"冬寒菜"的称呼在湘、赣、闽、川等南方局部地区苟延残端了。

其实，葵菜的适应性还是较广的。除在气候温暖的地区可常年栽培以外，在农历中伏以后播种的葵菜，正好可以在寒冷的冬季应市，借以补充冬春淡季的特殊需要，因此又被称为冬葵、冬葵菜和冬寒菜。

冬葵的称谓可见于《神农本草经》，并被列入菜类的上品。日本亦以冬葵的称呼称之。冬寒菜的称呼可见于清道光二十八年（1848 年）问世的《植物名实图考》（作者为吴其濬）。现在我国通过颁发国家标准的方式，已将冬寒菜的称谓定为正式名称。

为了保护葵菜的再生能力，长期以来人们遵循"采葵不伤根"，以及"触露不掐葵"的农谚，一直保持着等到露水干后再采集葵叶的习惯。这就是葵菜又称露葵的缘故。盛唐的两位著名诗人李白和杜甫曾为后人写下过"园蔬烹露葵"，以及"倾阳逐露葵"的唱和诗句。

葵菜除以嫩茎叶供食外，尚可以其嫩苗入蔬。"甲"原指种子的外壳，"甲坼（音彻）"指外壳开裂。后来"甲"被引申为发芽生长，因此初生的葵菜幼苗也被称作葵甲。

"葵"和"藿"原本是我国古时的两种名蔬，然而有时"葵藿"两字联称，亦可专指葵菜。三国时期魏明帝曹睿在位时（226—239 年在位），曹植在其《求通亲亲表》一文中所道出"若葵藿之倾叶"的语句，就是作者曹植（192—232）把自己与倾叶向日的葵菜相比拟而向魏明帝陈情的。

我国的地域辽阔，由于历代各地的方言差异，葵菜或冬寒菜等称谓还派生出由谐音等手段所构成的一些别称：

"蘬"和"蔠"都是与"葵"同音的古代别称，它们分别可见于三国时期张揖的《广雅》和南北朝时期顾野王的《玉篇》。

"蕲"和"蕲菜"是与"葵"同声而音变所构成的近代异称。古时我国由于没有注音符号，所以采用传统的反切方法注音。运用反切法，"葵"和"蕲"两字分别被注释为"渠追切"和"渠之切"，两字的读音虽不相同，然而"渠"字还是同声的，所以江西省等地的方言土语把葵菜称为蕲菜或荠菜，其中的"荠"是"蕲"的近音字。

从冬寒菜派生出的谐音称谓则有冬汉菜和冬苋菜，其中的"汉"和"苋"分别是"寒"的同音或近音字。现今的云南昆明和贵州贵阳就把冬寒菜分别叫作冬汉菜和冬苋菜。

"阿姑"和"江巴"，分别是我国境内少数民族的朝鲜语和藏语对冬寒菜的称呼。

冬寒菜植株的茎直立，高可有 30 至 60 厘米；叶具密毛茸、互生，叶片呈圆扇状，基部呈心形，上缘掌状五至七裂，裂片短而广，有钝头和锯齿；花簇生于叶腋，呈紫白或淡红色。以其叶形和花色等形态特征命名，冬寒菜还得到诸如"金钱菜""金钱葵""金钱紫花葵""马蹄菜""豚耳""鸭脚""鸭掌"和"钱儿淑气"等俗称。其中的"豚耳"即指"猪耳"，它和"鸭掌""金钱""马蹄"同样都是喻指其叶片的外观形态；"淑气"是"蜀葵"的谐音，鉴于薪菜是四川葵菜的俗称，所以"钱儿淑气"就成为产于四川地区冬寒菜的特称。早在南北朝时文学家鲍照（约413—466）在其名著《园葵赋》里已有关于"白茎、紫蒂"和"豚耳、鸭掌"的描述，同一时期贾思勰的《齐民要术·种葵》也有"叶大如钱"等文字记载，其余称呼则载于清代吴其浚的《植物名实图考》。

冬寒菜的嫩茎叶中含有果胶等黏液质，煮食时可有清香柔滑的口感和独特的情趣，因此各地又给它起了诸如滑菜、滑滑菜、滑肠菜和奇菜等地方性称谓。内中的"滑菜"属于古称，见明代李时珍的《本草纲目》，"滑肠菜"源于江苏，"奇菜"出自江西。由于上述原因，有人还把质地柔滑的落葵（又称木耳菜）、杏菜（又称凫葵）和莼菜（又称水葵）等蔬菜统称为葵菜。

祖国医学认为冬寒菜性寒、味甘，有清热、利湿及通乳、滑窍的功能。作为蔬菜，炒煮、烹汤、凉拌、做馅均可食用，也可适当配以大蒜食用。

原产于欧洲的皱叶锦葵是冬寒菜的变种，这种野生蔬菜的特点为叶面极为卷曲皱缩，因此其正名应为皱叶冬寒菜，或可写作绉叶冬寒菜。其拉丁文学名的变种加词 crispa 有"皱叶"义，又可称为卷叶锦葵。

此外我国还有一种与冬寒菜的外观极为相似的野菜，春夏两季均可采食嫩叶。鉴于它也属于锦葵属，并又分布在我国的"三北"地区，以产地标识"北"，以及属称命名，被称为北锦葵，这种野菜有时也称马蹄菜。

4. 莴苣系列

莴苣是一组蔬菜的统称，它包括普通莴苣、皱叶莴苣、结球莴苣和莴笋。它们都是菊科莴苣属，一或二年生草本，绿叶菜类蔬菜，分别以嫩叶或嫩茎供食用。

莴苣的拉丁文学名为 Lactuca sativa Linn，其种加词 sativa 强调了它从属于栽培蔬菜的含义。莴苣的上述四个变种按照其食用器官可分为叶用和茎用两类。叶用莴苣包括长叶、皱叶和结球三个变种，分别称为普通莴苣（简称莴苣）、皱叶莴苣和结球莴苣；茎用莴苣仅有一个变种，即莴苣笋，简称莴笋。

莴苣原产于地中海沿岸的西亚、北非和南欧等地区。古代埃及的墓壁上已留有莴苣叶形的图案。古希腊和古罗马也有相关的文献传世。据说至今位于北非的阿尔及利亚，以及位于西亚的库尔德斯坦地区，还可找到野生莴苣的踪迹。而长叶莴苣（即普通莴苣）的变种加词 romana 即指其原产地之一的意大利的首都罗马。

据考证，莴苣引入我国的时期应不迟于公元六七世纪之交的隋代。北宋初年，著名学者陶谷在《清异录·蔬菜门》中记载说："呙国使者来汉，隋人求得菜种，酬之甚厚。故因名千金菜，今莴苣也。"而宋人辑录的《续墨客挥犀》也披露了关于"莴菜出（自）呙国"的旁证。隋代从公元 581 年到 618 年，仅跨越了 37 个年头。而"呙（或莴）国"大约就是"吐火罗国"的音译名称。该国曾在隋炀帝大业年间（605—618 年）与隋朝有使节往来，它的疆域相当于现今中亚的阿富汗地区。

莴苣传入我国以后最初以嫩叶供食。从唐朝到五代末期，分别留传过诗人杜甫亲自"堂下理小畦，隔种一两席许莴苣"的佳话，以及年轻时期的赵匡胤曾在寺院经营的菜地旁边生食莴苣的趣闻。这样也就可以从一个侧面反映出隋唐以来民间栽培莴苣的概况。另外从宋代孟元老的《东京梦华录》中已有在"州桥夜市"上出售莴苣笋的相关记载可以推断：经过长期的选择、培育，大约在北宋时期，最终形成了以嫩茎供食的新变种莴苣笋。

清末，农工商部在北京的西郊创建了农事试验场，曾通过驻外使节从意大利和德国等欧洲国家分别引进了多种叶用莴苣，其中包括散叶莴苣、皱叶莴苣、结球

莴苣及多年生莴苣。现在南北各地广泛栽培普通莴苣、皱叶莴苣、结球莴苣和莴笋等四种莴苣类蔬菜。

千余年来，人们依据其引入地域的名称，以及食用器官的形态特征、食用特性等因素，结合运用摹描、拟物、拟人、谐音和音译等手段，先后给这四种蔬菜命名了五六十种不同的称谓。

（1）莴苣

莴苣的称谓由"莴"和"苣"两字所组成。"莴"从草、从呙，借以喻指该种蔬菜引入地域的古称："呙国"。而"苣"从草，巨声。据《说文解字》介绍，它原指用苇秆扎成的一种火炬。用"苣"命名，是借以喻指其直立的长叶类型莴苣的生长

态势有如火炬那样的旺盛。莴苣依据其谐音还可分别写作"窝苣""窝薹"等形式。明代吴承恩的著名小说《西游记》，在第二十四回中就把它称作窝薹。除去正式名称莴苣以外，以其食用功能命名，还得到莴苣菜和莴菜的别称。

前已述及莴苣的引入不但是有偿的，而且当时所付出的酬金相当丰厚，所以它又有着"千金菜"的誉称。有趣的是，其英文名称 lettuce 在美国的俚语中也有"钞票"的含义。

叶用莴苣简称叶莴苣。它富含胡萝卜素等维生素，在其乳状的汁液中包括有机酸、甘露醇、蛋白质、糖分和莴苣素。莴苣素的分子式为 $C_{11}H_{14}O_4$ 或 $C_{12}H_{36}O_7$，它的味道甘甜而微苦，而且具有一种特殊的清香之气。食用时，炒、煮咸宜，尤其适合生食，因此又获"生菜"的别称，其俄文名称 салам 亦有生菜或凉拌菜之义。叶用莴苣生长期较短，一般播种后数十天即可收获，既可常年栽培，又能供应早春的淡季市场，"春菜"的俗称由此得来。早在清末从意大利引入叶用莴苣时则被称为"拉多嘉"，此即是莴苣的属称 Lactuca 的音译名称。

在叶用莴苣中，最为常见的是长叶莴苣变种，它的叶片呈长椭圆形、圆筒形，或呈圆锥形，其外叶多直立丛生。以其形态特征命名，该变种得到长叶莴苣、普通莴苣、直立莴苣、散叶莴苣和繁簇等多种称谓。而繁簇乃是旧时菜行依据其形态特征而命名的隐语称谓，其中尖叶类型的叶用莴苣，有的外观很像牛舌头，又称牛脷生菜。"脷"音"利"，在广东的方言中，指舌头，有人把它误写为同音字"利""俐"或"猁"，所以得出牛利生菜、牛俐生菜和牛猁生菜等异称。

另据《中国蔬菜栽培学》(2010 年第二版) 称：目前国内广为栽培的油麦菜也属于此种类型。由于其植株挺直亮丽有如亭亭玉立的清纯少女，它又得到诸如油荬菜、莜麦菜，以及妹仔菜、媚仔菜 (台湾) 等地域性的昵称和别称。其中的"油"有亮丽的内涵，"莜"与"油"谐音，"麦""荬"和"媚"与"妹"同为近音字，都可喻指少女。此外又由于广东等地盛产长叶莴苣，以盛产地命名，还得到广东生菜的称呼。

（2）皱叶莴苣

皱叶莴苣是叶用莴苣的另一变种，它的叶面卷曲、皱缩，叶缘深裂，一般不能结球。皱叶莴苣及其别称缩叶莴苣和卷叶莴苣等称谓，都是以其形态特征命名的。其拉丁文学名的变种加词 crispa 亦为"皱波"或"卷曲"义。按照整体形态特征、比照普通莴苣的俗称命名，它还有着莴仔菜、鹅仔菜、皱莴仔菜和皱妹菜等俗称。其中的"鹅"和"莴"为近音字，都可喻指皱叶莴苣的形态特征。此外以盛产地域命名，皱叶莴苣也有着广东生菜，以及东山生菜的称呼；而"东山"则是广州市的辖区。

（3）结球莴苣

结球莴苣是叶用莴苣的第三个变种，它的特点是心叶可以形成叶球，叶球则呈圆球、扁圆或圆锥形。以其形态特征命名，结球莴苣还得到诸如团叶生菜、团儿生菜、圆生菜、结球生菜、包心生菜、球形生菜、卷心生菜、青生菜、卷心莴苣、球莴苣和圆莴苣等称谓。在这些五花八门的异称中，命名最早的要数圆莴苣，它是清末从德国引进时的译称。其拉丁文学名的变种加词 capitata 亦为"头状的"含义。20 世纪 50 年代以后，又从域外引入一些新品种，当时的引种工作者分别以引入地域的国名或标识命名，还曾得到波兰生菜和西生菜等别称。

（4）莴笋

莴苣笋的主食部位是由花茎基部膨大而成的，所以又称茎用莴苣。"笋"原写作"筍"，它原指竹类的幼芽和嫩茎，后来也可泛指以嫩茎供食的一些蔬菜，其中包括莴苣笋及其简称莴笋和苣笋。由于它既可供烹饪、腌渍，又可生食，又被称为生笋，其英文名称 asparagus lettuce 可意译为"像石刁柏那样的莴苣"，而"石刁柏"即芦笋，它也是一种以嫩茎供食的蔬菜。莴笋的拉丁文学名的变种加词 angustana 有"渐狭"的含义，它所突出强调的是其叶片的外观多呈披针形、长卵圆形或长椭圆形，以及嫩茎细长的形态特征。

依据莴笋的叶片形态，以及嫩茎的颜色分类，可有圆叶莴笋和尖叶莴笋，以及白笋、青笋和紫皮笋等不同类型。其中的尖叶莴笋又称莴笋颠，"尖叶"和"颠"的称呼，都源于其叶片呈披针形，以及先端尖而细的形态特征。

5. 茴香四品

茴香是一类香辛型、绿叶菜类蔬菜的通称。本篇所介绍的茴香四品包括普通茴香（又称菜茴香）、小茴香（即莳萝）、球茎茴香（即意大利茴香）和洋茴香（即茴芹），他们都是起源于地中海地区的伞形科植物，分别以嫩叶、嫩茎叶和果实供调味、食用。

由于历史的原因这四种蔬菜有着四五十种不同的称谓，其中也包括一些异菜同名的称呼，如菜茴香和莳萝就共同享有茴香菜、小茴香和土茴香等多种异称，而菜茴香和球茎茴香也享有大茴香和小茴香等相同的异称。

（1）茴香

普通茴香即茴香，古称怀香。它是伞形科茴香属，多年生常作一年生栽培、宿根、草本，香辛型、绿叶菜类蔬菜，以嫩茎叶和果实供食用。

茴香原产于地中海沿岸及西亚地区。大约在东汉时期，经由中亚沿丝绸之路引入我国。在我国文学史上有"竹林七贤"誉称的嵇康（223—262）在其《怀香赋·序》中曾留下关于"仰眺崇冈，俯察幽坂……怀香生蒙楚之间"的记述。"蒙楚"所指的是现今河南和湖北两省。由此可以推知，早在公元3世纪的三国时期，茴香已在我国的中原地区繁衍了。

在引入的初期，茴香只作为香料和药材。据晋代的医师范汪说，早在晋代以前已用于治疗痈肿等病症，隋唐以后逐渐成为蔬食与药用兼备的植物，到了宋代已有广泛的栽培。明代成为常蔬以后，李时珍的《本草纲目》才把它从"草部"正式移入"菜部"。现在全国各地均可栽培，主产于北方地区。

古往今来，人们依据其形态特征、品质特性、食用功能以及栽培特点等因素，结合运用拟物、摹描、谐音、会意等构词手法，先后命名了一二十种不同的称谓。

茴香古称"怀香"，它源于其果实的生物学特性。茴香的果实为双悬果，外观呈长椭圆形，上有纵向的棱沟，形体略似瘪角的稻谷；内含茴香醚、茴香酮等挥发成分。由于果实具有辛香气味，又有开胃的功效，古人常把它随身揣在怀中，当作一种零食，专供咀嚼享用，所以取名"怀香"，又俗称"谷香""小香"或"香子"。其后为了突出其为草本植物的特征而从草变成了"蘹香"。蘹香的称谓初见于唐代官方主持编纂的《新修本草》，它作为正式名称一直沿用到明代。

茴香的称谓始见于南北朝时顾野王所著的《玉篇》。唐代有"药王"之称的孙思邈曾说过：把茴香放在有腥臭气味的肉或酱中一起煮，可以除臭回香，可见茴香是以其调味功能"回香"的谐音而命名的。而宋代的苏颂则认为：由于"蘹"与"茴"两个字的读音相近，所以北方人又称其为茴香。到了明末，王象晋的《群芳谱》把"茴香"列为正式名称，现在则被纳入国家标准成为正式的通用名称。

茴香植株的茎直立，叶二至四回羽状深裂，裂片光滑，呈丝状。在其野生时期，曾被称为土茴香或野茴香。从唐代采食嫩茎叶入蔬以后，又增加了茴香菜、茴香苗和菜茴香等异称。宋人观察到茴香叶片"散如丝发，特异诸草"，于是誉称其为"香丝菜"。

按照茴香植株的高矮、叶柄的长短，

以及生长速度的快慢不同，可分为大小两种，以故茴香又获得大茴香和小茴香两种别称。

小茴香有时简称小茴。结合考虑其果实的形态特征，以及农历八月成熟的特性，茴香还得到诸如"谷茴香""瘪角茴香"和"八月珠"等别称。至今人们仍以小茴香的称谓，采用其干燥的果实作为烹饪调料。至于其嫩茎叶除炒外，主要充当馅料。

（2）莳萝

莳萝又称小茴香，它是伞形科莳萝属，多年生或一年生草本，香辛型、绿叶菜类蔬菜，以嫩叶和果实供食用。

莳萝原产于欧洲南部地区。据我国五代时期前蜀（907—925）的波斯裔药物学家李珣介绍，莳萝是经波斯从海路传入我国南方地区的，其传入时期应不迟于公元3世纪的晋代。最初，莳萝以果实充药材，到了宋代莳萝已广布于岭南和中原地区，其功能亦改作调味佐料。明清以后，莳萝进入蔬食范畴。现在欧美两洲广泛栽培，小亚细亚，以及我国的上海、甘肃和华南、东北等地也有少量栽培。

千余年来，依据其形态特征、食用功能，并参照引入地域的称谓等因素，结合运用拟物、摹描、音译和雅化等手法，先后命名了十余种不同的称谓。

"莳萝"的称谓始见于晋代古籍，《广州记》称："莳萝生佛誓国（即波斯国）。"由于莳萝的引入途径需经过波斯、印度和印尼诸国，所以最初的名称会带有引入地域的色彩。早在明代，李时珍就已明确指出这一称谓来自番邦语言。经过反复调研，现代的西方汉学家劳费尔（Laufer）和谢弗（Schafer）也得出莳萝不是古印度梵文称谓 jira，就是中古波斯文称谓 zira 的音译名称。"莳"有栽培义，"萝"为多种草本植物的泛称，把它译成"莳萝"，基本上达到了信、达、雅的翻译水准。此外在古代，它还获有"慈勒""慈谋勒""慈谋勒"和"时美中"等读音相近的译称，这些称谓散见于宋代的《开宝本草》《证类本草》《清异录》，以及清代的《授时通考》诸书。而"莳萝"的称谓则作为正式名称一直沿用至今。

莳萝植株的茎直立；叶矩圆至倒卵形，二至三回羽状全裂，最终的裂片呈丝状；果实棕黄色，为椭圆形、扁平状的双悬果，略似干瘪的稻谷。由于这些植物学特征均与普通茴香相近，而株形较小，所以莳萝又获得小茴香、小回香、土茴香、茴香草和瘪谷茴香等诸多的异称。为了突出其蔬食功能，还获得茴香菜和莳萝菜等别称。

莳萝植株的叶片尤其是果实富含莳萝精油，可散发出特殊的辛香气味，明代比照我国固有的调味料花椒，又称之为莳萝椒。其拉丁文学名的种加词 graveolens 也有具强烈气味的内涵。

莳萝的嫩叶可供炒食，果实又称莳萝子，有温胃、健脾和散寒、止痛的作用，也可在腌渍泡菜时充作调料，还能提炼芳香油或脱脂加工成粉剂调料。

（3）球茎茴香

球茎茴香即意大利茴香。它是伞形科茴香属，普通茴香的近似种，香辛型、绿叶菜类蔬菜，以球茎、嫩叶、叶柄和果实供食用。

野生种的意大利茴香起源于欧洲南部。公元前 1500 年的古埃及，以及尔后的古希腊和古罗马时代均有相关的记载，最终由意大利人在佛罗伦萨城培育出球茎茴香的栽培种，现在欧美两洲广泛栽培。据笔者考证：最初它是在清末由我国驻奥地利公使代办吴宗濂引入北京的，1964 年再次由古巴引入。近些年来在北京等一些大中城市已有少量栽培。

近百年来，依据其植物学特征、原产地域名称等因素，结合运用拟物、摹描等手法，先后命名了六七种不同的称谓。

球茎茴香的叶为二至四回羽状复叶，叶片深裂、绿色，呈丝状；叶柄粗大，基部的叶鞘膨大、相互抱合成扁或圆球形，生长在其短缩茎上；球茎深绿色、紧实，有如握紧的拳头，其横茎 12 至 15 厘米，单重 250 至 1000 克。依据其主要食用部位的形态特征，比照其近似种茴香命名，得到诸如球茎茴香、链球茴香，以及大茴香（指叶）、小茴香（指果实）等诸多的称谓。现在多以球茎茴香为正式名称。

球茎茴香富含纤维素和糖类，以及茴香脑等成分，质地脆嫩、清香、甘甜；凉拌、炝拌或炒食皆宜，深受大家赞颂，"甜茴香"的誉称，由此而来。其拉丁文学名的变种加词 dulce 亦有"甘甜"的含义。以其原产地域名称命名，还得到意大利茴香、佛罗伦萨茴香，以及佛罗伦萨小茴香等别称。佛罗伦萨为意大利的著名城市。

（4）茴芹

洋茴香即茴芹。它是伞形科茴芹属，一年生草本，香辛型、绿叶菜类蔬菜，以嫩茎叶和果实供调味食用。

茴芹原产于地中海沿岸的南欧、北非及西亚等地区。清末茴芹曾与球茎茴香等菜品一起引入我国。现在栽培尚少。依据其形态特征、引入地域的标识等因素，结合运用拟物等手法，先后命名了六七种不同的称谓。

茴芹植株的茎直立，叶为三出复叶或掌状复叶，果实有香味，为长椭圆形双悬果。因其叶形略似鸭儿芹，果实与普通茴香同类，故名茴芹。以常见的蔬菜茴香为参照物，结合运用"西洋""欧洲"及其简称"洋"或"欧"等产地标识命名，还得到西洋茴香、欧洲茴香、西洋蘹香、西洋怀香、洋茴香和欧茴香等诸多的称谓。

6. 落葵

落葵是落葵科落葵属，一或多年生缠绕性草本，绿叶菜类蔬菜，以嫩茎叶供食用。

落葵原产于亚洲地区，我国栽培历

史悠久。人们以其原植物及其食用器官的特征，以及功能特性等因素，结合运用摹描、假借、拟物、会意和谐音等手段，先后给落葵命名了四十多种名目各异的称谓。

落葵古称"蔠葵"，我国古籍《尔雅》已有著录，其叶片近似圆形，很像古代的常用工具之一棒槌的前端。我国古时的棒槌叫作"椎"，读如"垂"；齐鲁地区（今山东省一带）的方言以"椎"的谐音，称之为终葵。由于叶片的外观与"椎"的前端极为相似，所以人们也把这种植物称作终葵。我国古代习惯给各种草本的蔬菜名称添加草字头，蔠葵的称呼应运而生。

落葵的称谓早期可见于西晋时期张华（232—300）所著的《博物志》，以及南北朝时期陶弘景（456—536）的《名医别录》。明代的著名药物学专家李时珍（1518—1593）认为落葵的称谓，是因其叶片具有酸、寒、滑等特性——"冷滑如葵"而得名的。他还进一步推测说：由于"落"和"终"两字的字形相近，后人不慎把"终"误写成"落"，才得到落葵的名称。此外笔者还发现由于"络"字也和"终"字极为相似，有的大型类书如《太平御览》也曾把终葵写作"络葵"。据此可以推断，落葵很可能就是因为字形相近产生错讹而形成的称谓。

古人注意观察过终葵叶片积存露水，及其果实下垂累累如滴露等现象，从而还命名了一组诸如"承露""繁露"和"蘩露"等别称。考虑到古时"露"和"落"两字可以作为同声假借，所以把"终葵"及其别称"承露"写作"落葵"也有一定的道理。后来阴差阳错就把落葵的称谓扶了正，最终变成了正式名称。

"葵"有量度义，《诗经·小雅·采菽》中有"乐只君子，天子葵之"的诗句。意思是说：快乐的诸侯君子，帝王要量才任用。从此，帝王就和"葵"发生了联系。后来的一些佛家弟子因而把落葵称作御菜。"御"指帝王，又可引申为宫廷，所以还得到"皇宫菜"的别称。

落葵是凭借其缠绕茎向空间生长、繁衍的，其茎叶又柔嫩多汁。人们以其上述植物学特性命名，又得到诸如天葵、藤葵、藤菜、藤儿菜、潺菜、软浆叶、豆腐菜和豆腐花等别称。

其中的"天"喻指空间，"藤"和

"藤儿"特指其缠绕茎,"潺"和"浆"用以表述其所含汁液之丰沛,以"豆腐"命名则暗喻其质地之柔软。鉴于食用落葵时的口感肥厚软滑,颇似食用菌类蔬菜黑木耳,人们又俗称之为木耳菜或滑腹菜。

落葵按照茎、叶、花的外观差异,可分为三种类型:

红落葵:它的茎、叶和花均呈紫红色,有时叶可呈绿色,所以又称赤落葵、紫落葵、红花落葵或红梗藤菜,其中的"梗"特指茎;

绿落葵:它的茎、叶呈绿色,花呈白色,所以又称白落葵、白花落葵、青梗落葵、青梗藤菜或细叶落葵;

阔叶落葵:它的叶片宽度常大于长度,所以又称广叶落葵。

其中的红落葵和广叶落葵原产于我国。红落葵各地多有栽培,以其食用器官的色泽命名,红落葵还有着紫角叶、紫葛叶和蔓紫等别称,而蔓紫的称谓则源于日本。绿落葵原生于印度和缅甸,我国仅有少量栽培。

落葵的果实呈紫红色,我国古代妇女曾榨取其色红如胭脂的汁液作为染料或化妆品。胭脂原称"燕支",它本是原产于西域地区的一种草本植物,经加工调制后可成为美容剂。借用胭脂及其相关的别称,再结合其使用功能联合命名,落葵还得到如下的另一组别称:胭脂菜、臙脂菜、燕脂菜、燕支菜、胭脂、胡燕脂、胭脂豆、染浆叶、染绛子和紫草子。

其中的"燕脂""臙脂"和"燕支"都是胭脂的谐音异称,"胡"是胭脂原产地域西域的标识,"染浆"和"染绛"均指其可以充作染料的功能。

7. 芫荽

芫荽古称胡荽,又俗称香菜,它是伞形科芫荽属,一二年生草本,香辛型、绿叶菜类蔬菜,以嫩茎叶供食用。

芫荽原产于地中海及中亚地区。相传在公元前1世纪的西汉时期,从中亚沿着丝绸之路传入我国。作为一种辛香调味蔬品,现在南北各地普遍栽培。

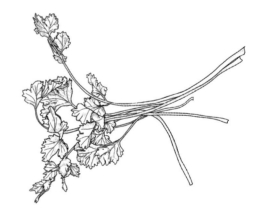

两千多年来,人们依据其外观形态特征、食用品质特性,以及原产地域名称等因素,结合运用摹描、谐音、讳饰和翻译等手段,先后给芫荽命名了三十多种不同的称谓。

胡荽的称谓早期可见于西晋时期张华(232—300)的《博物志》。该书称:"张骞使西域，得大蒜、胡荽。"按照传统的观点说法，胡荽是依据其原产地的标识"胡"，结合运用其形态特征"荽"等两种因素联合命名的。正如李时珍在《本草纲目》中所介绍的那样：因为"其茎柔叶细而根多须，绥绥然也。张骞使西域始得种归，故名胡荽"。其实，胡荽的称谓是根据其古伊兰语名称 koswi 或 goswi 所翻译的音译名称。由于胡荽是音译，所以"荽"的同音字诸如"荽""荾""绥""薆""接"和"芕"，以及与胡荽谐音的词组诸如"胡荽""胡薆""胡绥""胡接""胡芕""葫荽"和"胡菜"等都先后变成了胡荽的别称。比如东汉时期许慎的《说文解字》、南北朝时期贾思勰的《齐民要术》，以及晋代潘安的《闲居赋》就曾分别提到过"荾""胡荽"和"芕"等称谓。

公元 4 世纪的上半叶，我国正值东晋十六国的混乱时期。北方的少数民族羯族首领石勒建立了后赵政权，后赵政权从公元 319 年到 351 年，曾先后控制中原地区三十多年。据陆翙的《邺中记》记载：崇尚汉族文化的石勒认为"胡"字对于少数民族带有贬义，所以十分忌讳人们说"胡"，最终导致动用行政的办法下令，凡是采用"胡"字命名的事物都要改名称。在这种特定的历史背景下，有些地方因为胡荽带有浓郁的辛香气味而改称其为香菜，有些地方以其植株柔细、茎叶自然散布有致而改称蒝荽，还有的地方因其适宜于盐渍食用而称其为"盐荽"。从以上这

三种称谓又衍生出诸如香荽、香绥、香薆、香接、园荽、蒝荽、蒝荽菜、延须、蒝葛草、莚荽和芫荽等称呼。在这些称呼之中，"园"，以及"延""莚"和"莚"分别是"蒝"的同音字或谐音字；"芫"读音如"言"，它是"盐"的同音字。

芫荽称谓的著录不迟于元代，元代御医忽思慧在其所著的《饮膳正要》中已把芫荽作为正式名称而列入"菜品"之中。该书问世于元文宗至顺元年（1330 年），由此可知把芫荽列为正式名称，至今已有将近七百年了。

芫荽植株的分枝力较强，生长繁盛；其须根柔软、发达，缘此还获得"满天星""芫须"和"松须"等地方俗称。其拉丁文学名的种加词 sativum 含有"栽培"之义，有人据此曾把此菜译称为"西萨蒲"。

在维吾尔族和藏族聚居的新疆和西藏，其维语和藏语的名称分别是"引麻苏"（或"永麻苏"）和"索那"。

芫荽性温、味辛，因含癸醛，全株具有特殊气味。可充调味料，也可用以装饰、点缀，或作拼盘。芫荽的嫩茎叶和种子都有健胃消食、发汗透疹的功效。种子还可提炼芳香油。

8. 茼蒿

茼蒿又称同蒿，它是菊科茼蒿属，一二年生草本，绿叶菜类蔬菜，以嫩茎叶供食用。

茼蒿原产于我国，早在公元 7 世纪的唐代就有记载。唐高宗永徽三年（652 年）问世的《备急千金要方》已有著录。元代以后，逐渐成为民间栽培的常蔬。因此元代王祯《农书》、明代李时珍的《本草纲目》，以及清代官修的《授时通考》等要籍都把它列入"菜部"。大约在明代茼蒿传至日本，现在我国各地广泛栽培。

千余年来，人们依据其植物学特征、栽培学特性，以及功能特点等因素，结合运用拟物、谐音和儿化等构词手段，先后命名了二十多种不同的称谓。

"蒿"通常指一些花朵小、叶作羽状分裂并有特殊气味的草本植物。许慎的《说文解字》称它"从草，高声"。"从草"是说它属于草本植物，那么为什么又和"高"字发生了联系呢？传说原来在上古时期由于人烟稀少、草木繁茂，蒿类植物生长得十分高大，就连蒿秆都粗壮得可以充作建筑材料。这在我国的一些古代文献如《竹书纪年》和《大戴礼记》中都能得到印证。如《今本竹书纪年》就曾说："周德既隆，草木茂盛，蒿堪为宫室，因名蒿室。既有天下，遂都于镐。""镐"音"浩"，与"蒿"谐音。这段话不但告诉我们周朝时曾经广泛利用蒿秆建造宫殿的情况，而且还透露了当时建都镐京的缘由。

茼蒿称谓的来由是与"蒿"密切相关的。

茼蒿的茎直立，叶肉质、互生，裂片

羽状、呈矩圆形至倒披针形，叶缘锯齿状或有缺刻，全株具有特殊香气。因其植株的外观形态很像上面所介绍的、同属于菊科的常见植物"蒿"，所以用"蒿"作为参照物命名，得到"同蒿"的称谓，其中的"同"是"与……相同"的意思。为了显示其为植物的属性，"同"只从草写作"茼"，使其称谓变成"茼蒿"。

茼蒿的称谓始见于唐代孙思邈的《备急千金要方》。在其"菜蔬"类中已列有"茼蒿"的名目。同一时期由孟诜（"诜"音"申"，孟诜大约生活在公元621—713年间）编撰的《食疗本草》也已收入"同蒿"的名称。在其后的历代典籍诸如宋代的《嘉祐本草》、元代的王祯《农书》、明代的《本草纲目》和清代的《植物名实图考》中，都把茼蒿的称谓列为各种名称的首位。到了现代，人们最终把茼蒿定为正式名称。

查阅古今相关典籍资料，我们发现：运用谐音的手段，各地还命名过诸如穜蒿、童蒿、蓬蒿、塘蒿、蓬蒿、蓬蒿，以及蒿菜、蒿子、茼蒿菜、蓬蒿菜等为数众多的别称。其中的"穜"和"童"都是"同"的同音字，"蓬"和"塘"都是"同"的近音字，"蒿"是"蒿"的同音字，"子"是名词词尾，"菜"则表述了它的食用功能特点。"蒿"有人写作"蒿"，这种非规范性的简化字不宜继续使用。"穜蒿"的称谓可见于宋代曾敏行的《独醒杂志》，该书记录了北宋末年首都汴梁城里

流传过"杀了穜蒿割了菜"的童谣，其中的"穜蒿"和"菜"表面上指的是茼蒿等蔬菜，而实际上却影射的是当时千夫所指的奸臣童贯和蔡京。

"童蒿"的称谓则见于明代的文学名著《西游记》。在这部神话小说的第二十四回里描述过：孙行者推门一看，有一座菜园里面布种着"莴蕒、童蒿、苦荬"。吴承恩在这里所指的就是现在的莴苣、茼蒿和苦荬菜。其他如蓬蒿、蓬蒿菜和蒿菜等称谓也分别见于元代忽思慧的《饮膳正要》，以及清代吴仪洛的《本草从新》和王士雄的《随息居饮食谱》。

在北方的一些地区因为人们特别喜食其嫩茎，还俗称其为蒿子秆或蒿子杆，利用儿化的读音方式也可称为蒿子秆儿和蒿子杆儿。其中的"秆"原是某些植物茎部的又称，而"杆"既与"秆"同音且同义，又能凸显其主要食用部位嫩茎的直立特性。前已述及，我国古代曾以蒿秆作为建筑材料，而以其入蔬的蒿子杆儿称谓可见于清代文学名著曹雪芹的《红楼梦》。该书在其第六十一回中有这么一段情节："前日春燕来说，晴雯姐姐要吃蒿子杆儿，你怎么忙着还问（用）肉炒（用）鸡炒？"与蒿子杆儿相对应的"蒿子毛儿"则是对茼蒿叶片的俗称。此外由于茼蒿的形态与艾极为相似，它还得到艾菜的称呼。

茼蒿为头状花序，花朵常呈黄色，因其状似菊花而又多在晚春时节开放，所以又有着春菊、菊蒿、菊花菜和菊蒿菜等别

称，传入日本后亦沿用"春菊"名称。其拉丁文学名的属称 Chrysanthemum 以及种加词 coronarium 分别有着"黄花"和"冠状"即"头状"的含义。

按照叶形的大小不同，茼蒿可分成大叶茼蒿和小叶茼蒿两类。前者又称板叶茼蒿或圆叶茼蒿，其叶形较为宽大、质地厚实，叶缘的缺刻浅且少，口感较佳；后者又称花叶茼蒿或细叶茼蒿，其叶形较狭、质地较薄，叶缘的缺刻深且多，但香气较浓。由于大叶茼蒿植株的生长势较强，采收其上部茎叶以后，其下部叶腋即可迅速萌发出新芽和侧枝，从而能够实现多次收获。缘此茼蒿又获"无尽菜"的誉称。

茼蒿富含多种维生素、氨基酸等营养成分。由于又含挥发性精油和胆碱等物质，所以可以使人感到特殊香气。适宜炒、煮、做汤，或凉拌。经常食用还可收到清心、补脑、润肺、降压、开胃、通便，以及消除口臭等多种保健功效。

9. 蕹菜

蕹菜又称空心菜，它是旋花科番薯属，一或多年生、蔓性、草本，绿叶菜类蔬菜，以嫩茎叶供食用。

蕹菜原产于我国的南方，亚洲的东部和南部地区也有分布。我国关于蕹菜的记载不迟于公元 3 世纪的西晋时期。嵇含（263—306）在其《南方草木状》中已把它誉称为"南方之奇蔬"。他在书中还介绍了关于曹操（155—220）因服食蕹菜可以解野葛剧毒的传说。另据该书记载，当时我国南方地区已掌握利用苇筏漂浮水中栽培水蕹菜的生产技术。从曹操服食蕹菜的故事可以推知，早在公元二三世纪之交的东汉末期蕹菜就已摆上了国人的餐桌。到了北宋时期，蕹菜才被官方主持编修的《重修政和证类本草》作为蔬菜，而增补进入该书的"菜部"。此后我国又先后与东亚、南亚和欧洲等地区多次进行过种质资源的交流，逐步实现了品种类型的多样化。现在我国南方，以及北方的一些大中城市都有水田或旱地栽培。

古往今来，人们依据其植物学等形态特征，以及生态学和栽培特性等因素，结合运用摹描、拟物、谐音和通假等构词手段，先后给蕹菜命名了二十多种不同的称谓。

蕹菜古称雍菜。"雍"音"拥"，郦道元的《水经注》把它注释为"四方有水"，所以"雍"字可以引申为水生，那么雍菜的称谓就隐喻了水生蔬菜的内涵。雍菜的称谓始见于晋代裴渊的《广州记》，据南北朝时期问世的《齐民要术》转载的内容称："雍菜生水中，可以为菹也。""菹"指腌菜，亦可引申为蔬菜。这样也就道出了雍菜原是一种水生蔬菜的本来面目。"雍"字加上草字头就变成"蕹"。"蕹"音"瓮"，它有了草字头，则更加集中体现蔬菜特征。从晋代起这两种称谓长期共存，直到明代蕹菜才成为正式名称，并一直沿

用至今。

蕹菜按其对水的适应能力强弱，可分成水蕹和旱蕹两种类型，它们分别适宜于水生或旱地栽培。水蕹又称水蕹菜，旱蕹又称旱蕹菜或称园蕹。

蕹菜的茎为绿色或带紫红色、蔓生，圆形、中空。以其形态特征命名，蕹菜又得到诸如空心菜、空筒菜、通心菜、通菜、藤菜和藤藤菜等别称。其中的"空心""空筒"以及"通""通心"都是对其主要食用部位"茎"中空特征的表述。而"藤"则是对其茎蔓生特征的白描。"藤"有时也可运用同义词"滕"替代而被写成滕滕菜。由于水生类型蕹菜的茎节较长，其上易生不定根，所以适于扦插繁殖，人们以其须状不定根的形态命名，据宋初陶谷的《清异录》记载它还有过"龙须菜"的誉称。

蕹菜的叶互生，叶柄长；叶片呈绿色、长卵形；其基部叶呈心脏形，或呈披针形。有些品种因其叶片呈长披针形而略似竹叶，因此在湖北的一些地区，人们也把它叫作竹叶菜。

蕹菜的花腋生，呈漏斗状，极似牵牛花；果实为蒴果，呈卵形，依据其结实习性亦可分成子蕹和藤蕹两种类型。其中的"子"和"藤"分别特指种子和茎蔓。子蕹因其可用种子进行繁殖而得名，它适应性广，既能水生又可旱栽，各地多有种植。藤蕹则因其自身难于开花结实，只能用茎蔓扦插，多作为水生栽培。藤蕹质地柔嫩，品质较子蕹为佳。

在祖国各地还把蕹菜称为蕻菜、蒔菜、薿菜、葒菜、小葒菜、瓮菜或罋菜。其中"蕻"的读音和"瓮"相同；"蒔""薿"和"葒"都读"红"；"罋"音"拥"，这些字都是蕹的谐音字。

瓮菜的称谓可见于宋初陶谷的《清异

录》。稍后,《遁斋闲览》一书披露了瓮菜本生于东夷的古伦国,有人把它装在水瓮里运回的逸事。宋代我国的近邻朝鲜称高丽,古代的高丽还有着高句丽和句丽等别称。"句"音"沟",实际上上述这些称呼都是 korea 的音译名称,而"古伦"则是其译称"高丽"或"句丽"的音转,所以所谓"东夷古伦"即泛指古代的朝鲜半岛。由此可知:早在宋代,中朝两国就已通过"瓮藏种藤"的方式进行过蕹菜品种间的交流。有了这种记载,再加上历代盛传"中州人以瓮种之"的说法,瓮菜的称呼由此得来。

至于蕹菜的称谓,可以追溯到明代李时珍的《本草纲目》。"蕹"的含义为用土肥培根。用它命名也反映出了栽培要点,这是因为要想采收鲜嫩的旱蕹,就必须经常培土、追肥。直到现在我国台湾还把它列为蕹菜的常用又称。

蕹菜富含胡萝卜素、抗坏血酸等多种维生素、钙、磷等矿物质,以及八种人体必需氨基酸,营养价值较高。然而它的草酸含量较多,宜先用开水漂烫,除去草酸后再凉拌、热烹,口感清爽、软滑。由于有人喜食其嫩梢,以其主要食用部位的俗称命名,又可称其为蕹菜尖。孙中山先生生前非常喜欢蕹菜,据说宋庆龄女士经常亲自为先生烹制虾酱炒蕹菜。著名的佛山粤菜"翡翠鱼球"也是以蕹菜为原料,配以鱼、肉做成的丸子烹制而成的。

10. 苋菜系列

苋菜古称苋,它是苋科苋属,一年生草本,绿叶菜类蔬菜,以幼苗及嫩茎叶供食用。

苋科苋属植物广泛分布在世界各地,我国共有其中的十多种。作为蔬菜栽培的苋菜,在我国有着悠久的历史。先秦时期的《尔雅·释草》已有关于"赤苋"的记载,秦汉时期成书的《神农本草经》将其列入"菜类"的上品。《齐民要术》的"菜茹非中国物产者"篇,以及《南史·蔡撙传》都明确地载录了南北朝时期我国南方苋菜的栽培状况。到了宋代形成苋菜种类繁多、分布极广的兴盛局面。元代的《农桑辑要》在"瓜菜"篇中扼要地记录了关于"作畦下种"的栽培方法，以及"园枯则食"的补充淡季供应方式。由于苋菜抗逆性强、适应性广，现在全国各地均可栽培。

古往今来，人们依据其形态特征、栽培特性，以及食用器官的名称等因素，结合运用状物、借代、谐音或方言等构词手段，先后命名了二三十种不同的称谓。

苋菜的茎肥大脆嫩，高可 80 至 150 厘米，有的达到 2 至 3 米；叶互生，卵状椭圆形至披针形，长 4 至 10 厘米，宽 2 至 7 厘米。由于植株和叶片高大，在田间显而易见，所以古人采用"易见"的"见"字加上草字头命其名曰"苋"。为了强调其蔬食功能则被称为苋菜。

"苋"的称谓可追溯到儒家经典著作之一的《周易》。在其"夬卦"篇中提到"苋陆夬夬，中行无咎"。"夬"音"怪"，有除去的含义，"夬夬"是形容大河向前奔流的气势。《周易》的夬卦主要讲的是如何除去小人。这里它以柔脆易折的苋菜等植物为例，来说明仅是由于它们具有阳刚而居尊位的气势，才得以免除灾祸的道理。至于苋菜的称谓始见于东汉许慎的《说文解字》，它在解释时说："苋，苋菜也，从草见声。"苋菜的称谓一直流传至今，成为正式名称。

苋菜的花小，呈穗状花序；胞果矩圆形；种子圆形、紫黑色，有光泽，千粒重约 0.7 克。古代以其种子入药，《本草纲目》称它有"青盲、明目"，以及"利大小便、去寒热"等功效。由于"实"和"人"都有果实或种子的含义，所以作为药材的苋实及其同义词"人苋"后来也都成了苋菜的代称。其中的苋实称谓还曾被陶弘景的《名医别录》一书误作"莫实"。

我国地域辽阔，由于各地的口音和方言存在差异，苋菜还有着诸多的地方性俗称。如在陕西称其为荇菡菜、仁汉菜；江浙一带称其为米苋、菜剑；东北地区称其为西蔓谷；台湾地区称其为荇菜、杏菜；贵阳称其为鲜米菜。在上述各地俗称中的"米"和"谷"指其籽实；"荇菡"和"仁汉"同音，它们都与"人苋"谐音；"荇"和"杏"同音，它们都与"苋"谐音；"西蔓"和"菜剑"两组叠音又都与"苋"谐音。

把苋菜读成"荇菜"在历史上还有一则相关的典故。南北朝时北朝的颜之推（531—597）在其《颜氏家训》一书的"书征"篇里讲过一个故事。这则故事说，《诗经》中有"参差荇菜"的诗句，对此《尔雅》做过"荇，接余也"的注释，可见"荇"是一种又称"接余"的水草。然而现在有把荇菜说成是苋菜，把"人苋"叫作"人荇"，真令人捧腹大笑。看来颜之推是不以为然的，但是由于"苋"和"荇"两字读音相近，从宋代以来这些讹称却一直流传了下来。

苋菜因以其嫩茎为主要的食用部位，

又得到枪杆、苋菜茎及茎用苋菜等称呼。其中的"枪杆"是民间的一种隐语。此外苋菜还得到"鳖还丹"的异称。据唐代孟诜的《食疗本草》记述，苋菜不可与鳖肉同食，否则会在腹中结下硬块而罹患胃疾。该书还介绍说，如果取豆瓣大的鳖甲片用苋菜包裹起来埋入土坑中过一夜就会变成小活鳖，"鳖还丹"的称谓大概由此得来。其中的"还丹"原指服用以后即可升仙的丹药，当然这些只是民间的传说，不足为信。

苋菜按照叶片的不同颜色又可以分成红苋、绿苋和彩苋三种类型。

红苋又称红苋菜、赤苋、紫苋，其叶片呈紫红色，它的质地一般较柔软。红苋古称"蒉"，"蒉"音"愧"，名见《尔雅·释草》。"蒉"还可写成"蕢"或"蓫"。又因紫红色的叶片攒聚生长，色泽娇艳又像怒放的花朵，还得到"雁来红"和"后庭花"等誉称。

绿苋又称绿苋菜、绿衣郎、青苋、白苋，其叶片呈绿白色，它的质地较硬。

彩苋又称彩色苋、三色苋、五色苋、锦苋或花苋，其叶片或边缘呈绿色，叶脉呈紫红色或杂色，它的质地一般较为柔软。由于苋菜的叶片具有不同的颜色等形态特征，其拉丁文学名的种加词 tricolor 即为"三色的"含义。

除去苋菜以外，在我国生长的其他十几种苋属植物中还有八种可以用其嫩茎叶充作蔬菜。这些栽培或野生的绿叶菜类蔬菜包括：繁穗苋、尾穗苋、千穗谷、皱果苋、反枝苋、凹头苋、刺苋和野苋。它们绝大多数的名称都是以其形态特征因素结合属称或食用功能而联合命名的。

繁穗苋的叶片较大，各地有少量栽培。其圆锥花序系由多数穗状花序所组成；初直立，后下垂，以其花序形态特征命名称为繁穗苋，其中的"繁"是多数的意思。藏语的音译名称为"加泥"。

尾穗苋原产于印度和伊朗，我国各地有栽培。它是以其圆锥花序顶生下垂、中央花穗呈尾状等形态特征而命名的。按照相同的原因，它还得到"老枪谷"或"老鎗谷"等别称，其中的"谷"是指其种子的可食性有如谷类作物。

千穗谷原产于北美，我国南北各地有少量栽培。它的顶生、圆柱状圆锥花序是由多数穗状花序所组成的，以其花序形态特征命名为千穗谷，其中的"千穗"是多数的意思，"谷"特指其种子可以食用。内蒙古等地还俗称其为御谷，"御"有食用的含义，御谷的称谓也凸显了它的叶片和种子可以食用的功能。以上三种属于栽培蔬菜，以下五种则属于野生蔬菜。

反枝苋原产于美洲和非洲的热带地区，我国华北、东北和西北地区广有分布，因其茎直立，但稍具钝棱而得名。其拉丁文学名的种加词 retroflexus 亦有"下弯的"含义。其又称西风谷则是因其果实到秋天才能成熟而得名的。

凹头苋的叶片呈卵形或菱状卵形，其

顶端钝圆，但有凹缺，基部呈宽楔形，凹头苋因此而得名。我国各地均有分布。因其野生又名野苋。

皱果苋亦称绿苋，广布于南北各地，因其胞果皱缩而得名。

刺苋又称簕苋菜，因其叶柄基部的两侧各长有一刺而得名。刺苋原产于热带美洲，我国秦岭以南有分布。"簕"音"勒"，"簕"又作"竻"，在广东等地的方言中"竻"和"簕"指刺，所以簕苋亦即刺苋。

野苋又称野苋菜，因其野生田间而得名。

11. 荠菜

荠菜又称护生草，它是十字花科荠菜属，一二年生草本，栽培或野生、绿叶菜类蔬菜，以嫩株或嫩叶供食用。

荠菜原产于我国，早在公元前 11 世纪的西周时期已有先民采食野生荠菜的记载。在《诗经·邶风·谷风》中，就载有周代弃妇唱出"谁谓荼苦？其甘如荠"的悲歌。战国时期在《楚辞·九章·悲回风》中，屈原又提出了关于"荼、荠不同亩"的看法，作者认为苦菜和具有甜味的荠菜分别生长在不同的地块上。由此看来"松、柳异质，荠、荼殊性"的理念在古代就已深入人心。

到了魏晋南北朝时期，我国南方地区出现了栽培荠菜的迹象，这在当时文人、学者的一些作品之中可以得到印证。如曹魏时期曹植（192—232）的《籍田赋》称"好甘者植乎荠"，似乎传达了"好食甜味蔬菜的人种植荠菜"的信息。西晋时期的潘岳（247—300）在其名篇《闲居赋》中记述了自己所栽培的十多种佳蔬的名目，其中也包括品味甘甜的荠菜。南朝刘宋的谢灵运（385—433）在其《山居赋》里，还把荠菜和萝卜、紫苏和姜一起列入他"畦町所艺"的蔬菜品目当中，而其中的"艺"即为栽种之义。大约在同一时期，北朝贾思勰的《齐民要术》在"羹臛法"节介绍"食脍鱼莼羹"时还说过：要想提高鱼羹的品味档次，如果没有莼菜时，冬天不妨"俏上"一些荠菜。

据唐代的《明皇杂录》披露：安史之乱以后，唐玄宗的内侍高力士流落到岭南地区，当他看到山中的荠菜无人采食时发出了"两京作斤卖，五溪无人采"的感慨。由此可知，盛唐时期在首都长安和洛阳常年都有荠菜应市。

从唐代的白居易、孟郊，到宋代的苏轼、司马光、王安石和陆游，历代诗人对荠菜的上佳风味都称赞有加。陆游和苏轼还把它奉为上天所赐的天然之珍。

1959 年出版的《上海蔬菜品种志》称上海地区栽培荠菜已有百年历史，因此似可上溯至公元 19 世纪的清代咸丰年间。然而早在明末，这一地区就已出现过栽培荠菜的笔录。当时与董其昌齐名的文人学者陈继儒（1558—1639）祖籍为松江华亭，

他隐居昆山，长期过着"十亩之郊，菜叶荠花；抱瓮灌之，乐哉农家"的田园生活。"抱瓮"的典故出自《庄子·天地》，在这里作者陈继儒借采用原始而笨重的灌溉方式来栽种蔬菜的典故，来表述自己所过的淳朴生活。由此看来江南地区栽培荠菜由来已久。昆山今属江苏省，松江今属上海市。因此在上海、南京等江南地区，荠菜的栽培历史至少也应提前二百多年。

现在除北京等一些大中城市有少量栽培以外，我国其他广大地区还都把它视为野生蔬菜，人们常在每年的3月至5月采收其嫩茎叶供蔬食。

三千多年来，依据其植物学和生态特征、形态和栽培特性、功能和品质特点，以及上市季节等因素，结合运用拟物、谐音、指事和用典等多种手段，人们先后给荠菜命名了五十来种不同的称谓。

荠菜古称"荠"。对于"荠"的来由，李时珍在《本草纲目》中介绍说："荠生济济，故谓之荠。"其中的"济"音"几"，"济济"是对为数众多的形容词。原来在上古时期荠是一种常见的野生植物，几乎遍布于全国各地，人们往往看到它在山间和田野成片丛生，因此选择"从草、齐声"的构成方式，命其名为"荠"。后来在此基础上又派生出了荠菜、荠草、家荠菜、芨菜、芨芨菜、济济菜、蒣菜以及芊菜等诸多的称谓。其中的"草""菜"和"家"分别特指其野生或栽培特性，以及蔬食功能。"芨""济""荠"和"西"都是"荠"的同音或近音字，而称"西"则是上海市崇明区的地区方言。"芊"音"千"，与"荠"同义，也有茂盛的含义。现在统一采用荠菜的称谓为正式名称。

荠菜植株的基生叶塌地、丛生；叶片羽状深裂，顶部裂片大，略呈三角形；短角果扁平，呈倒三角形或倒心形，顶端稍凹陷，有如小小的囊袋；角果内含多数种子，种子细小，呈卵圆形、棕黄色，有如粒粒粟米。

依据其植株的生长特征命名，荠菜又得到地菜、地英、地地菜、地菜子、田儿菜和花田菜等地方俗称。其中的"地"和"田"特指其塌地而生，"英"则指其嫩叶。

依据其叶片、果实和种子的形态特征命名，荠菜还获得如下三组称谓：

鸡翼菜、鸡足菜和雀雀菜；

锹头草、小铲铲菜、枕头草、菱角菜、三角草、鸡心菜、香包草和烟盒草；

棕子菜、地米菜和碎米菜。

其中的"鸡翼"指鸡翅，"雀雀"指麻雀。而"鸡翅""鸡足"和"麻雀""锹头""小铲铲""枕头""菱角""三角""鸡心""香包"和"烟盒"，以及"棕子""地米"和"碎米"则是分别描述荠菜的叶片、果实和种子的形状或颜色的词汇。

其拉丁文学名的属称 Capsella 和英文名称中的 purse 分别有着"匣"和"钱包"的含义，它们所喻指的也都是其果实的外部形状；其命名的方式和我国命名的"香包草"和"烟盒草"等俗称，有着惊人的相似之处。

荠菜因其株型和叶片细小，还有靡草和细细菜等古称和俗称。其中靡草的称谓始见于《礼记·月令》，"靡"为叶片细小义。

荠菜按照叶形尚可分成两个品类：板叶荠菜和花叶荠菜。前者的叶片大而厚，叶缘的缺刻较浅；后者的叶片小而薄，叶缘的缺刻较深，因此又称散叶荠菜、细叶荠菜、麻叶荠菜或百脚荠菜。两相比较，花叶荠菜的香气浓、味道鲜。

荠菜具有极强的耐寒性，所以人们常在早春采集新生的荠菜入蔬。在汉代以前，古人曾把农历三月上旬的巳日定为上巳节，"巳"在地支计数系统中位居第六，到了魏晋时期才把它固定在三月三日。唐代以后外出踏青成了上巳节的主要活动内容，人们在踏青的同时也会随手采摘一些荠菜。久而久之，上巳菜、三月三以及清明菜或清明草等俗称就应运而生了。而称清明则是因为清明节也大致在同一时期。

荠菜营养丰富，因其还含有甘露醇、山梨糖、蔗糖、葡萄糖和乳糖等成分，气味清香、甘甜。甘荠、甘草、甘菜和甜菜等古称由此得来。以其清香的品质特性命名，还得到香荠、香荠菜、香善菜和榄豉菜等别称。其中的"榄豉"喻指其品味甘甜如橄榄酱、香美如豆豉。

荠菜可以其不同的部位供食，如以其嫩株入蔬，可称为荠菜花或地菜花；如以其嫩叶入蔬，可称为荠叶。

荠菜宜炒、煮，或烹汤、腌渍，还可充作馅料。此外，用荠菜加米熬成的菜粥还获得"东坡羹"的美誉，陆游对此还有"荠糁芳甘妙绝伦"的诗句加以赞颂。诗中的"荠糁"即指以苏轼命名的东坡羹。

荠菜入药，有荡涤肠胃，以及降血压、止下痢等保健功效；旧时佛教僧人曾用其老茎挑灯，以避蚊虫叮咬，他们认为借此可以"保护众生"，以其具有的上述功能命名，荠菜还获得"净肠草""血压草"和"护生草"等誉称。

12. 叶菾菜

叶菾菜古称菾菜，又称莙荙，它是藜科甜菜属，一二年生草本，绿叶菜类蔬菜，以嫩叶供食用。

甜菜原产于欧洲南部和地中海沿岸地区。作为普通甜菜变种之一的叶菾菜大约是在公元3至5世纪的魏晋时期，沿着丝绸之路经由波斯等地传入我国的。南北朝时南梁的陶弘景（456—536）的《名医别录》已有著录。值得注意的是大致处于同一时期的北朝名著《齐民要术》并未提及。它暗示，此种蔬菜在我国的驯化过程似乎是从南方地区开始的。

到了元代由司农司主持编辑的《农桑辑要》总结了公元13世纪以前的栽培要点，首次记述了叶菾菜的栽培方法和采种技术。元末熊梦祥的《析津志》更把它列入"家园种莳之蔬"中的第二位，说明在元代，北方地区已把它视为仅次于白菜的常见蔬菜了。现在南北各地广泛栽培。

一千多年以来，人们依据其食用器官的形态特征、品质特性、功能特点并参照引入地域名称等因素，结合运用拟物、借代、谐音和音译等构词手段，先后命名了三四十种不同的称谓。

《名医别录》把它称作菾菜。"菾"音"甜"，在我国古代，它原是形容草木茂盛的词；后因这种蔬菜的品味甘甜，才借用"菾"来命名，称为菾菜或甜菜。它所强调的乃是品质特征。宋元以来"菾菜"与"莙荙"并称，到了明代经李时珍一再权衡，最后决定把莙荙作为别称并入菾菜。

莙荙称谓中的"莙"和"荙"两字，

在我国古代原来分指藻类和野草。它又可写作"君达""莙达""君荙""军达"或"军荙"，这些称谓都是源于波斯语 gundar 的汉字音译称谓。由于我国南北各地方言读音的差异，还派生出诸如根达、根大、根刀、根斗、根头或根荙等为数众多的地方性的俗称。至于暹罗菜的称谓，则是以近代引入地域之一泰国的古称命名的。

君达等译称最早出现于唐代典籍之中。《新唐书·西域传》中载有"大食，本波斯地……东有末禄……蔬有……军达"等相关内容。"君荙"的称谓则可见于孟诜的《食疗本草》。由于"莙荙"和"军达"的繁体字"軍達"的字形比较相近，后来有人不知底里，竟然把"軍達"写作"莙荙"，从而闹出了鲁鱼亥豕的笑话。

叶恭菜的叶片呈卵圆形或长卵圆形，叶片肥厚，表面有光泽。明清以后，针对其食用器官叶片的形态特征，人们又命名了一组形象鲜明的异称：因其叶面有光泽而称为光菜，或因其叶形近似汤匙而直呼杓菜。有人以其叶片肉质肥厚而名之曰牛皮菜或厚皮菜；有人比照与其形似的蔬果名称命名，称其为甜白菜、泥白菜、洋菠菜、假菠菜或菠萝菜。

叶恭菜的叶片可呈绿色或紫红色，人们对其紫红色的品种又命名为红恭菜、火焰菜、红牛皮菜。

由于叶甜菜可以随时擗食叶片，还获得"常时菜""不断草"和"火撒"等别称。

此外，在南方的某些地区因其可以充当猪饲料，还称其为猪婆菜或猪嬭菜。"嬭"音"哪"，指雌性动物。

为了便于和普通甜菜的其他变种相区别，从 20 世纪 30 年代起，我国的园艺学界开始尝试采用以食用器官或食用功能，以及品质特性等因素联合命名的方式命名，于是又相继出现了菜用甜菜、菜用恭菜、叶用甜菜、叶用恭菜、叶甜菜和叶恭菜等称谓。

我国的国家标准《蔬菜名称（一）》最终遴选叶恭菜的称谓作为正式名称。

叶恭菜富含 B 族维生素和维生素 C，以及钾、钙、镁、铁等营养成分，可炒、煮蔬食，更宜凉拌食用。李时珍的《本草纲目》介绍说它味甘、性寒、无毒，在炎热的夏季适量食用一些叶恭菜还会收到清热解毒的保健功效。

13. 苜蓿菜

苜蓿菜包括豆科苜蓿属的两种蔬菜：黄花苜蓿和紫花苜蓿。黄花苜蓿即金花菜，又称菜苜蓿，它是一二年生草本，绿叶菜类蔬菜，以嫩叶供食用。紫花苜蓿又称紫苜蓿，它是宿根、草本，多年生类蔬菜，以嫩叶和嫩苗供食用。

紫花苜蓿原产于地中海沿岸地区，黄花苜蓿原产于印度。西汉时期经由丝绸之路的北南两道分别从中亚和南亚地区传入我国。

据司马迁的《史记·大宛列传》记载："（大宛国）马嗜苜蓿。汉使取其实来，于是天子始种苜蓿……及天马多，外国使来众，则离宫别观旁尽种……"文中所说的"汉使取其实"是指汉武帝元朔三年（公元前126年）张骞出使西域，从大宛国带回苜蓿种子的故事。由此可知，紫苜蓿是沿着丝绸之路的北道引入我国的。而大宛是汉代西域的国名，其原址在今中亚地区的费尔干纳盆地。有人则认为紫苜蓿是在汉武帝元封六年（公元前105年）随着西域诸国的使者输入。紫苜蓿引入我国以后最初只在首都长安皇宫附近的肥沃地带试种，以后随着使节的交往，以及汗血马等西域名马的引进，导致对苜蓿的需求数量增多，所以在长安城南的乐游苑等离宫附近增设了许多种植苜蓿的园地。此后陕西和甘肃等地也逐渐普及栽培技术。

紫苜蓿除用于饲马以外，其嫩苗和嫩叶也可以入蔬，至今陕西民间还流传着"关中妇女有三爱，丈夫、棉花、苜蓿菜"的谚语。经过唐、元两代的提倡和推广，到了明清时期，黄河流域以及西北、华北地区普遍栽植苜蓿。

关于黄花苜蓿的引入情况，此前相关的著述大多语焉不详。据笔者考证，起源于印度的黄花苜蓿大概是在汉代从南亚的克什米尔地区沿着丝绸之路南道传入我国的。据《汉书·西域传》记载："罽宾国……温和，有苜蓿……自（汉）武帝时始通罽宾。"其中的"罽"音"计"，"罽宾"是古代 Kasmira 的音译。这个古国的疆域包括现今南亚地区的克什米尔，以及巴基斯坦的一部分，是丝绸之路南道的必经之地。

有关黄花苜蓿的记载可见于南北朝时陶弘景的《名医别录》，内称："外国复有苜蓿草，以疗目（者）。"它可能指的就是黄花苜蓿，然而确切的文字记载不迟于宋代。北宋时期的梅尧臣（1002—1060）曾有《咏苜蓿》诗称："苜蓿来西域，蒲萄亦既随。……黄花今自发，撩乱牧牛陂。"

诗中不但明确表述了黄花苜蓿的形态特征——黄花，而且还指出了引入地域的名称——西域。汉代以后的西域包括中亚、西亚以及印度半岛等广大地区，而克什米尔和巴基斯坦都位于印度半岛的西北部地区。

明代李时珍在《本草纲目》的"苜

蓿"条中，著文说："入夏及秋，开细黄花。"他所指的应是黄花苜蓿，但其所附的插图又类似紫花苜蓿的形态特征。到了清代，吴其濬的《植物名实图考》才有了准确的绘图和说明。当时的黄花苜蓿被称为野苜蓿。由此也可推知，黄花苜蓿也是经历了多年的人工驯化才逐渐变成栽培蔬菜的。由于黄花苜蓿的耐寒性较差，所以除西北的一些地区以外，主要分布在南方地区，因此又获得南苜蓿的称谓。

两千多年以来，人们依据其产地特色、形态特征，以及食用特性等因素，结合采取谐音、音译、用典、别解和方言等多种构词手段，先后给两种苜蓿菜命名了三四十种不同的称谓。

苜蓿的称谓源于古代引入地域的大宛语。由于当时中亚和西亚两地区交往频繁，各国的语言相通，所以大宛语和波斯语都很相近。苜蓿就是古伊兰语和大宛语 buk suk 或 bux sux 的音译名称，据说现在在黑海一带的土语中还称其为 buso。苜蓿传入我国以后，人们利用谐音手段命名，又得到诸如目宿、牧宿、莜蓿、𦳠蓿和木粟等别称，以及苜等简称。其中对于牧宿和木粟还分别有过"谓其宿根自生，可饲牧牛马"，以及"其米（指其籽实）可炊饭"等附会的解释。

苜蓿引入长安以后，有一部分逐渐逸为野生。据晋代葛洪在《西京杂记》中披露："乐游苑自生玫瑰树，树下有苜蓿。苜蓿一名怀风，时人或谓之光风，风在其间

常萧萧然，日照其花，有光彩，故名苜蓿为怀风。"乐游苑又称乐游原或乐游园，早在秦代这里就成为皇家园林，汉代改建成为乐游苑。到了晋代，苑中野生于树下的苜蓿在飒飒西风袭来之时会发出沙沙响声。再加上鲜艳的花冠映日争辉，所以又得到"怀风""怀风草"和"光风""光风草"等别称。其中的"怀"有隐藏义，"光"有映日的含义。

苜蓿菜的叶为三出复叶，所以又称其为三叶菜；花为总状花序、腋生；荚果呈螺旋形。依照花冠和叶形的差异可分为两品：花冠呈紫色、小叶呈倒卵或倒披针形的称为紫花苜蓿，又称紫苜蓿；花冠呈黄色、小叶呈宽倒卵形的称为黄花苜蓿，又称黄花菜或金花菜，后人以金花菜作为正式名称。此外还因金花菜叶片的先端呈钝圆形或有凹陷等形态特征，得到苜齐头、母齐头和母荠头等俗称。其中的"母"为其简称"苜"的谐音，"荠"为"齐"的谐音。

紫苜蓿以其多分枝和宿根等植物学特性曾得到"连枝草""宿根草"和"蓿草"等别称。其拉丁文学名的种加词 sativa 则反映了它的栽培属性，以紫苜蓿种子萌发的芽菜称紫苜蓿芽、苜蓿芽、苜蓿芽菜或紫苜蓿嫩芽菜。

金花菜的另一特征是其荚果的边缘还具有钩状刺，缘此又获"刺苜蓿"的俗称，其拉丁文学名的种加词 hispida 也反映的是其荚果"具硬毛的"内涵。

金花菜以其属于草本，又以嫩叶入蔬的特征还得到诸如"草头""草坊""黄花草子"和"苜鸡头"等地方名称。提到"草头"还有一则与伟人相关的趣话：据说有一天孙中山先生请夫人宋庆龄女士准备"草头"，竟被误认为是"槽头肉"，第二天两人一起去菜市才知道中山先生所指的"草头"就是金花菜。

在江南，民间还流传着一则故事。传说三国时期刘备过长江会见孙权时，孙权曾以苜蓿烹菜来招待，得到刘备的称赞，"王夸菜"的誉称由此而来。

金花菜又称"塞鼻力迦"，或写作"塞毕力迦"，这一出自《金光明最胜王经》的称谓很可能是来自原产地印度的译称，有人还把它误写成"塞鼻力游"。

此外苜蓿还有一个与教师相关的称谓。唐朝时江南东道的长溪（今福建霞浦）有个读书人叫作薛令之，考中进士以后担任左补阙兼太子侍读，当太子的老师。因为当时的待遇较差、生活清苦，于是薛令之写了一首伤感诗题在墙壁上：

"朝日上团团，照见先生盘。盘中何所有？苜蓿长阑干！饭涩匙难绾，羹稀箸易宽。无以谋朝夕，何由保岁寒！"

这首诗的大意是说：早晨圆圆的太阳升起来了，阳光照到我这个教书先生的饭桌之上。盘子里面有什么菜呢？只有纵横杂陈的苜蓿菜！这些饭菜苦涩得连勺子都不滑畅了，清淡的菜汤使得筷子也夹不起菜来。现在就这样熬日子，将来如何维持晚岁的生计呢！有一天唐玄宗看到了这首牢骚诗，大概很生气，于是他就在旁边题了几句诗，毫不客气地下了逐客令："若嫌松桂寒，任逐桑榆暖！"意思是说：你要嫌这里的生活清苦，那就给我回家去！知趣的薛令之一见皇帝生了气赶忙以患病为由辞去职务，徒步走了三千里路从长安回到家乡。由于旧时教师的生活清苦，有的人常以苜蓿佐食，于是苜蓿、苜蓿盘就成了清苦的象征和代称。后来人们又加以引申，把古代的学官"校官"（"校"音"笑"）变成了苜蓿的同义语，这样苜蓿就和教师联姻，校官也就变成了苜蓿的别称。

苜蓿菜的营养丰富。紫苜蓿含有胡萝卜素，以及维生素 E、K、D。金花菜富含赖氨酸等多种人体必需氨基酸，以及胡萝卜素和核黄素，早在南宋时期就已采用汤焯、油炒，或加姜盐等方法调和食用。诗人陆游还留下了"苜蓿堆盘莫笑贫"的诗句。现在人们常用以炒食、蒸食，或拌面食，也可以供腌渍食用。

苜蓿菜分别含有皂苷、苜蓿酚和苜蓿素、大豆黄酮，以及鹰嘴豆芽素 A 和染料木素等药用成分；有清热、利尿和明目等功效，可用以治疗痢疾、肠炎、浮肿和黄疸等疾患。

14. 紫苏

紫苏古称苏，它是唇形科紫苏属，一年生草本、辛香、绿叶菜类蔬菜，以嫩

叶、嫩芽或嫩花萼供食用。

紫苏原产于我国，先秦时期《尔雅·释草》已有著录。最初的作用是"拂彻膻腥"（见东汉张衡的《南都赋》），即以其所具有的辛香特质来消除鱼和肉中的腥膻异味，后来又以其种子榨油。到了南北朝时，中原地区已普及栽培技术，《齐民要术》中已有"紫苏……宜畦种"的相关记载。

两千多年来，人们依据其形态特征、品质特色、功能特点以及地域方言等因素，结合运用拟物、谐音等手段，先后给紫苏命名了二十多种不同的称谓。

苏的繁体字为"蘇"。东汉时期的《说文解字》说它："从草，稣声。"明代的《本草纲目》进一步解释说："苏从稣音酥，舒畅也。苏性舒畅，行气活血，故谓之苏。"李时珍所强调的是其药用功能。"苏"的称谓早期可见于《尔雅·释草》："苏，桂荏。"它把"苏"解释成为一种带有辛味的"荏"。"荏"音"仁"，有柔弱的内涵，以"荏"命名可能与其植株被"长柔毛"有关。桂荏即为带有辛味的荏。在历史上荏和桂荏曾分别是白苏和紫苏的代称。

紫苏的茎四棱，高可1米；叶互生，叶片呈宽卵形或卵圆形，绿紫或紫色。以其叶色特征和食用部位命名，可得到诸如紫苏、赤苏、白苏、苏叶、紫苏叶、红苏叶、苏子叶、苏梗、紫苏梗、老苏梗、紫苏茎、紫苏杆、青紫苏和青苏等称谓。现在采用紫苏作为正式名称。

"苏"和"荏"等称谓在古代由于各地的方言不同还有着不同的别称。如江东地区称为"蘁"，"蘁"音"鱼"，它是由"荏"的同义词"蘇"减去"禾"而得来的异称。再如湘、沅之间（今湖南一带）称为"䓆"。又如周、郑之间（今河南一带）称其为"公蕡"，这两字应读为"公坟"。

紫苏茎叶有挥发油，内含紫苏醛、紫苏醇、白苏烯酮、薄荷醇和薄荷酮等成分，具特异芳香，有防腐作用。由于叶片柔软、气味芬芳还得到诸如穰菜、酿菜、齅菜、菜以及香苏等别称。

现代科学研究证明，紫苏富含多种营养物质和抗衰老素SOD等保健成分，嫩叶或嫩芽宜生食、炒食、腌渍，或做汤、配菜，还可化解鱼、蟹的毒性。紫苏芽指紫苏嫩芽，又称芽紫苏或芽用紫苏。中医认为紫苏气味辛温，能通心经，益脾胃，有散湿和解暑等功效，尤宜夏季煮汤饮用。宋仁宗时（1023—1063年在位）曾把紫苏汤定为翰林院的首选饮料，因此得到"水状元"的誉称。

紫苏的轮伞花序组成顶生或腋生的假总状花序，呈穗状、花萼钟状、花冠管状，古时以穗状花序供食称蓬或荏角。现今以花蕾供食的紫苏称穗紫苏或穗用紫苏。

紫苏的拉丁文学名的种加词nankinensis含义为"南京的"，体现了原产地和盛产地域的双重内涵。

紫苏有两个变种：皱叶紫苏和尖叶紫苏，它们的变种加词 crispa 和 acuta 分别有"皱叶"和"尖叶"的含义。

15. 薄荷

薄荷又称薄荷菜，它是唇形科薄荷属，多年生、宿根、草本，辛香型、绿叶菜类蔬菜，以嫩茎叶供食用。

薄荷原产于北温带，我国北方，以及朝鲜、日本都有野生薄荷分布。我国利用薄荷的历史可以追溯到西汉时期。汉成帝时著名文学家扬雄（前53—18年）在其《甘泉赋》中已提到在汉武帝重修的甘泉离宫内栽种薄荷的事实。在陕西韩城姚庄坡出土的1800多年前的后汉墓中，也曾发现过薄荷的实物。最初人们仅把它作为观赏植物，到了两晋南北朝时期有了关于药用的记载。经过数百年的普及，及至唐代，在我国中原地区才进入了"人家种之，亦堪生食"的栽培薄荷阶段。宋代随着国家和民族之间频繁的经济交往，使得胡薄荷和新罗薄荷等薄荷的新品类有机会进入中原地区。明清两代，江苏、浙江、湖南、江西和四川等地逐渐成为薄荷的主要产区。近代以后，又有欧美和日本等域外薄荷引入我国。现在南北各地均有栽培。

两千多年来，人们依据其植物学特征、功能特性和产地标识等因素，综合运用借代、谐音、拟物等构词手段，先后给薄荷命名了三十多种不同的称谓。

薄荷古称"茇葀"。《说文解字》称"茇，从草，犮声"，读音如"拔"；在古代"茇"原是一种泛指草根或草屋的词汇。例如《诗经·召南·甘棠》里所说的"勿翦勿伐，召伯所茇"就是指周代召公曾经居住过的草屋。"葀"音"括"，它也泛指萋萋芳草。茇葀的称谓始见于汉代扬雄的《甘泉赋》，作者在描述离宫的植物群落时提到了生机盎然的"茇葀"："攒并闾与茇葀兮，纷被丽其亡鄂。"其中的"被丽"是形容分散的样子，"亡鄂"意为无垠。应该注意的是他所借用的"茇"字还充分体现了薄荷所具有的宿根特性，"茇葀"还可写作"茇苦"。在其后问世的一些医药学著作中，还分别出现过诸如菝葀、菝蕳、菝闒、菱蕳、蔢蕳、菝荷、蕃荷、蕃荷叶、蕃荷菜、婆荷、卜荷以及卜可等称谓，这些不同的称谓也都是"茇葀"称谓的同音或近音的词。其中的"菝"音"拔"，"婆""蕃"音"钵"，"蔢"音"婆"，"卜"音"补"，均与"茇"字谐音；"蕳""闒"音"贺"，它和"荷""可"均与"葀"字谐音。

"薄荷"的这一称谓也是源于"茇葀"的谐音。有人认为，薄荷的称谓始见于公元5世纪南朝刘宋时期雷敩所著的《雷公炮炙论》一书。其实早在公元3世纪的西晋时期博学家束皙在《发蒙记》中已留下"猫以薄荷为酒，谓饮之即醉也"的相关记载。从唐高宗显庆四年（659年）成书的《新修本草》（即《唐本草》）开始把薄荷定为正式名称，此后一直沿用至今。

薄荷的茎四棱、直立，高可 30 至 60 厘米；叶对生，呈卵形或长圆形；花紫色，唇形。茎叶中的挥发油气味芬芳，内含薄荷醇、薄荷酮、薄荷酯及柠檬烯、莰烯等药用成分；富含维生素和多种矿物质。入蔬，可作清凉调味料，有除膻去腥的作用，或充配菜。还能作为糕点、牙膏或肥皂的添加剂。入药，性辛凉，浮而升，有消暑、散热、杀菌以及利咽喉、除口臭等功效，因而获得升阳菜、冰喉尉和龙脑薄荷等名称。其中的冰喉尉可见于《清异录·药品门》，"冰喉"指疗效，"尉"指古代职官名称，这是采用拟人方式命名的称谓。

薄荷属有三十余种，其中的栽培种称家薄荷，现在我国的栽培种主要分两种类型：原产于我国的短花梗类型薄荷，由于常野生于水边湿地，又称野薄荷、水薄荷、土薄荷或鱼香草。其中的"土"为本地义，"鱼"喻指其喜水的特性。其拉丁文学名的种加词 arvensis 亦有"原野的"含义。

另一类为长花梗类型薄荷。它们原产于欧洲，其中包括香花菜和皱叶薄荷。香花菜又称留兰香，这两种称谓都是以其茎叶具有强烈的香气而得名的；又因其茎色青绿，还被俗称为青薄荷或绿薄荷，其拉丁文学名的种加词 viridis 亦为"绿色的"含义。至于皱叶薄荷则因其叶面皱缩略如波状而得名，其拉丁文学名的种加词 crispata 亦为"皱缩的"含义。

到了宋代，随着商品经济的发展，人们习惯采用以产地的名称或标识来命名，先后又得到苏薄荷、苏荷、吴薄荷、南薄荷、胡薄荷和新罗薄荷等俗称。其中的"苏""吴"和"南"分指今天的江苏和江南等名特产区，"胡"指北方和西北等原产地域，新罗（古代国名）位于朝鲜半岛南端，这里也是薄荷的一个原产地。以"胡"和"新罗"命名，反映了当时在不同地域或不同国家之间进行薄荷品种交流的迹象。

16. 紫背天葵

紫背天葵又称红背菜，它是菊科菊三七草属，多年生、宿根、草本，绿叶菜类蔬菜，以嫩茎叶供食用。

紫背天葵原产于我国西南地区，我国利用紫背天葵的历史可追溯到南北朝时期。南朝刘宋时期（420—479）问世的医学典籍《雷公炮炙论》（雷敩所著），已提到它的药用功能："如要形坚，岂忘紫背。"唐代官修的《新修本草》则记录了它那"煮啖极滑"的蔬食特性。其后南宫从的《峒嵝神书》也留下了"紫背天葵出蜀中，灵草也"等相关记载。现在我国的四川、福建、广东、江西和台湾等地都有栽培，主要充作早春和夏秋的"渡淡"蔬菜。

长期以来，人们依据其形态特征、品质特点、功能特性以及产地标识等因素，结合运用摹描、拟物、借代等构词手段，先后给它命名了十多种不同的称谓。

紫背天葵的茎呈绿色，茎节部带紫红色。叶卵圆形，边缘有锯齿；叶正面呈绿色或略带紫色，有蜡质光泽；叶背面呈紫红色。以其叶背紫红的形态特征，及其滑柔如"葵"的品质特点联合命名，称之为紫背天葵，其中的"天"字则是对其食疗功能兼备的誉称。此外依据其形态特征命名，还得到诸如红背菜、紫背菜、天青地红、红凤菜、红菜、红叶、血菜和血皮菜等别称。其中的"血"和"血皮"所强调的也都是紫红色。其拉丁文学名的种加词 bicolor 亦为"二色的"含义，它所凸显的也是其叶片正面和背面的两种颜色。

紫背天葵富含钙、铁、铜、锰等营养成分，采集嫩茎叶可凉拌、炒食或烹汤。口感脆、凉、柔、滑，稍带土腥气味，吃起来别有情趣。由于紫背天葵起源于我国西南部少数民族聚居的区域，历史上还曾以该地域的标识"番"命名，称其为红番苋或红毛番。其中的"苋"既是叶菜类的代称，也暗喻了这种蔬菜带有土腥气味。

紫背天葵含黄酮苷等成分，有抗癌作用。由于它具有养血、补血等功效，比照理血要药四物汤中的当归和地黄的名称命名，人们又称其为当归菜和地黄菜。此外，有人认为它是救苦救难的一种灵草，所以用佛教菩萨观世音的名称命名，称其为观音菜或观音苋。

紫背天葵也是日本人特别喜欢的一种叶菜。在日本以其盛产地域九州中部熊本县的游览胜地水前寺公园的名称命名，还得到水前寺菜、水前菜和水前草等日文汉字名称。

17. 罗勒

罗勒又称兰香，它是唇形科罗勒属，一年生草本，芳香型、绿叶菜类蔬菜，以嫩茎叶供食用。

罗勒原产于我国，以及亚洲和非洲的其他热带地区。目前除东北以外我国各地都有分布，主产于河南、湖北、广东、台湾和安徽等地，在南方地区有的还逸为野生植物。

两千多年来，人们依据其形态特征、栽培特性、品质和功能特点，及其原产地域的标识等因素，综合运用谐音、讳饰、夸张和拟物等构词手段，先后给罗勒命名了二十余种不同的称谓。

关于芳香类植物，我国的古籍《山海经》已有关于"麻叶而方茎，赤华（花）而黑实"的著录。而确指罗勒的文献，始见于西汉时东海太守韦弘《赋·叙》。这则借助于《齐民要术》才得以流传至今的珍贵史料说："罗勒者，生昆仑之丘，出西蛮之俗。"从而揭示了罗勒起源于我国西部边陲的不争事实。传说那里的瑶池是西王母的居所，因而罗勒又获得"西王母菜"的誉称。到西晋时，中原地区已种植罗勒，人们总结出"烧马蹄、羊角成灰"等增施磷、钾肥料的栽培经验。

至于罗勒称谓的由来，诸书多有所回避。我们可从其"九层塔"的俗称中得到启示。原来罗勒的唇形映花是在其花茎上分层轮生的，每层着生花6枚，组成轮伞花序。"罗"字有排列、分布的意思；横笔"一"字在书法上叫作"勒"，"罗勒"当是对其轮伞花序在花茎上纵向分层分布，而每层花朵则横向排列等形态特征的生动写照。由于罗勒的花茎上一般长有6至10层塔状的轮伞花序，广东、台湾等地因此又俗称之为九层塔或千层塔，其中的"九"和"千"都是泛指多数。植物学家鉴于其全株密被疏柔毛，又命其名为毛罗勒。其拉丁文学名的变种加词 pilosum 即为"具疏

柔毛的"之义。人们运用谐音等方式还曾把罗勒写作"罗肋""萝芳"或"罗芳"。

罗勒的叶对生，卵圆形或长圆形。因其嫩茎叶含有罗勒烯、方樟醇等芳香成分，散发着薄荷样香味，故而又获得一组与此有关的誉称。

先是东晋、十六国时期，在北方地区，羯族人建立过后赵政权（319—351），为避其创始人石勒的名讳，当时曾将罗勒改称兰香和香菜。由于兰香的称谓优美动

听，而香菜又可代指"胡荽"，所以兰香的称谓在北方逐渐传播开来。此后在从北魏到元代的一千多年之间，凡是由北方人或由少数民族政权主持编纂的诸如《齐民要术》《农桑辑要》和王祯《农书》等农学典籍，都沿用兰香为正名。而由南方人或由汉族主持编辑的《千金要方》《嘉祐本草》和《证类本草》等唐宋医药名著，则仍坚持以罗勒为正名。这一分歧直到明代才由李时珍（1518—1593）统一改为以罗勒为

正式名称，并为后世所公认。

以其芳香特性，再结合其形态、产地及栽培等因素，运用状物等手法命名，罗勒还得到诸如兰草、朝兰香、朝阑香、香花子、苏薄荷、薄荷树、零陵香、家佩兰、荆芥以及鱼香等别称。内中的"兰""佩"都属于芳草，"薄荷"乃是辛香型叶菜，运用拟物手段命名，是为了借以展示其香气；"苏"和"零陵"分别指江苏省和湖南省的南部地区，它们均为产地名称；"朝"有"迎面"之义，借以喻指在20步之内就能闻到幽香的品质特性；"阑"与"兰"谐音；"家"是野生之对称，突出了园艺栽培的色彩；"鱼香"是对"常以鱼腥水浇之（罗勒植株）……则香而茂"等栽培经验的认定；而"荆芥"则是河南、鄂北等地因其叶形相似对罗勒的一种习惯性的误称。

"糠"原指谷类作物的种皮，可以借指谷类作物。罗勒植株仅有20至80厘米，比一般谷类作物较矮，因此在北京等地区又获得"矮糠"的别称。

罗勒含有蛋白质、还原糖、维生素C、钙、钾、硒、锶，以及芳香油、茴香醚、罗勒烯、芳樟醇等营养或需宜成分。夏季当人们采食其柔软、芳香的嫩茎叶时，多称之为罗勒尖或矮糠尖，"尖"特指嫩茎叶，也包括嫩梢。罗勒适宜凉拌食用，也可用于烹炒、做汤。在西餐中，常用于制作沙拉，或者充当辛香调味料。由于所含芳香油中有助消化的相关成分，所以罗勒

还有开胃和消暑等功效。因其果实还能治疗角膜云翳等眼疾，因而罗勒又获"翳（音义）子草"和"光明子"等别称。

罗勒在古时还有一个叫作省头草的称呼。据明代唐瑶所著的《经验方》一书解释说："江南人家种之，夏月采置（头）发中，令头不腻，故名省头草。""腻"音"值"，有黏着义；"省"读如"醒"。这段话大意是说：江南百姓夏天常把它放在头发中，可使头发不致粘连，所以又叫省头草。

18. 苦荬菜

苦荬菜古称苦菜，它是菊科苦苣菜属，一二年生草本，绿叶菜类蔬菜，以嫩苗或嫩叶供食用。

苦菜原产于亚欧两洲，我国南北各地都有分布。先秦古籍《诗经》《礼记》和《神农本草经》等都有著录。《诗经》的《邶风·谷风》篇和《唐风·采苓》篇分别载有"谁谓荼苦？其甘如荠"，以及"采苦采苦，首阳之下"的诗句。前者是西周时期的一首弃妇诗，在被丈夫抛弃后她倾诉到：与自己所受的苦相比苦菜的苦味还算是甜的；后者是说晋献公好听谗言的一首讽刺诗，诗中也提到了采集苦菜。《礼记·月令》把苦菜结实视为农历夏季第一个月的物候标志。《神农本草经》则把它列为上品。大约到了三国时期，在南方出现了苦菜的人工栽培，有一个叫吴平的菜农

还因此大出风头。到了南北朝时期，《齐民要术》又介绍了苦菜类蔬菜的栽培方法，现在各地都有少量栽培。

三千多年来，人们依据其品味特点和形态特征等因素，结合运用拟物、谐音、方言和用典等构词手段，先后给苦菜命名了二十多种不同的称谓。

苦菜是因其含有苦味素吃起来味道苦而命名的。在古代苦、荼（音涂）、苦菜、荼草和苦荼都曾是苦菜的名称。其中的"荼"也有苦的含义，而以"草"命名，强调的是其属于野生的特性。其拉丁文学名的属称 Sonchus 则源自希腊文 Sonchos，它也有"苦菜"的含义。

苦菜的株高有 30 至 100 厘米；叶片互生、呈长椭圆状披针形，羽状深裂，边缘有刺状尖齿。古人又以其形态特征命名，得到苣、苦苣、苣菜、野苣、苦苣菜和老

鹳菜等称谓。其中的"苣"原指火炬，借以喻指狭长叶片、顶端尖锐的外观形态；"野"喻指野生；"老鹳"喻指叶片的先端有如鸟嘴。

据陈寿的《三国志·吴书·三嗣主传》记载，吴末帝孙皓天纪三年，即晋武帝司马炎咸宁五年（279 年），在吴国的建业（今江苏南京地区）有一位菜农叫吴平，他种的一棵苦菜竟然长到四尺多高（株高约合 133 厘米，比一般苦菜要高出 30 至 100 厘米），朝廷的有关部门认为这是一种吉兆，不仅把它誉称为"平虑草"，而且还给吴平封了一个叫"平虑郎"的高官。所谓"平虑"又叫"平露"，古代人们认为如果实现了"贤人在位，能人在职"的理想的从政境界，上天就会降生出来象征祥瑞的植物，而这种植物就叫作"平露"或"平虑"，当时吴国还采用方言把苦菜称为"买菜"。其后人们又借用"买菜"称谓中"买"的同音字"荬"来命名，又得到诸如荬菜、苦荬、苦荬菜、苣荬、苣荬菜、荬菜、曲麻菜、寝麻菜和拒马菜等别称。其中的"苣"应读"取"音，而"曲麻""寝麻"和"拒马"都是"苣荬"的谐音。

苦菜可春秋两季栽培，古人观察到如苦菜在深秋栽培，经过冬春两季，到翌年夏季才能结实。纵观其生活史的重要关头就是安全越冬，"游冬"的别称由此得来。苦菜的果实为瘦果，呈长椭圆形，形体扁而狭小。以其形态特征命名，还有着稨苣的异称。"稨"音"扁"，喻指其形体狭小。

苦菜富含胡萝卜素、维生素 B$_2$ 和维生素 C 等多种营养成分。食用嫩叶宜先经漂烫，然后烹炒、做汤，或加酱拌食。又因其叶片含有苦味素、花甘甜，又获得"天香菜"的誉称。其拉丁文学名的种加词 oleraceus 原义为"属于厨房的"，亦可引申为"适宜蔬食的"含义。

作为人工栽培的绿叶菜类蔬菜，在植物学中苦菜原称苦苣菜，因此称谓与其后引进的苦苣极易混淆，所以改以苦荬菜的称谓作为正式名称。

19. 苦苣

苦苣又称花叶生菜，它是菊科菊苣属，一二年生草本，绿叶菜类蔬菜，以嫩叶供食用。

苦苣原产于印度和欧洲南部，20 世纪中叶引入我国，现在山东、贵州、湖北，以及北京、上海等大中城市的郊区有少量栽培。

半个世纪以来，人们依据其形态特征、品味特点、功能特性，以及引入地域的标识等因素，结合运用摹描、拟物等手段，先后命名了十多种不同的称谓。

苦苣的叶片略成披针形，叶缘锯齿状。因其食用味苦、外观又略似莴苣，故称苦苣，又称锯齿莴苣。

按照叶形的不同可细分为两种类型，实际上划分为两个变种：皱叶苦苣和阔叶苦苣。

皱叶苦苣又称卷叶苦苣、卷叶苣荬菜、碎叶苦苣或花苣。其叶片的长度与宽度的比例约为 5∶1。因其叶片细碎、叶面多皱褶，略成鸡冠状，所以采用"皱

叶""卷叶""碎叶"和"花"等字眼命名。其拉丁文学名的变种加词 crispum 亦义为"卷缩的"义。此种苦苣的质地柔嫩，品质较佳。

阔叶苦苣又称平叶苦苣或平叶苣荬菜。因其叶片长宽比约为 3∶1，叶的横幅较宽、叶面较平，所以采用"阔叶"和"平叶"等词语命名。其拉丁文学名的变种加词 latifolia 亦为"宽叶的"义。

苦苣富含钙、磷和多种维生素，适宜生食做色拉、拌凉菜，也可熟食或做汤。以其适宜生食的功能，结合运用引入地域的标识"洋"或叶形特征命名，苦苣又得到洋生菜和花叶生菜的俗称。然而，苦苣并不属于叶用莴苣。

苦苣的拉丁文学名的种加词 endivia 来源于意大利语，为"菊苣"义，因此苦苣又获得菊苣菜的异称。

20. 菊花脑

菊花脑又称菊花叶，它是菊科菊属，多年生、作一年生栽培、草本，绿叶菜类蔬菜，以嫩茎叶供食用。

菊花脑是野菊的近缘植物，原产于我国。宋代已有采食嫩梢的记载：僧人道潜在与苏轼（1037—1101）的唱和诗中，留下过"葵心菊脑厌甘凉"的语句，意思是说鲜嫩的葵菜和菊花脑可以满足人们对清凉、甘甜口味的需求。菊花脑最初为野生蔬菜，直到清代中后期以前，长期供人采

食。据罗尔纲的《太平天国史稿》介绍：清同治三年（1864 年）早春三月，清军围困太平天国首都天京（今江苏南京），因城里食粮殆尽，天王洪秀全下诏书说："阖城食甜露，可以养生。"所谓"甜露"就是生长在城中空地上面的各种野草。传说当时居民在寻找野菜充饥时发现菊花脑的味道清香适口，因此战后南京当地的居民开始驯化菊花脑，并把它逐渐变成了栽培蔬菜。其拉丁文学名的种加词 nankingense 即明确表达了其驯化地"南京"的内涵。

经过一百多年的努力，现已培育出小叶菊花脑和板叶菊花脑等两个品种，并把它们推广到江苏、上海，以及安徽等地，每年从早春到秋末都可分期收获、供应市场，此外在湖南和贵州等地也可采集到宿根的野生菊花脑。

古往今来，人们依据其食用部位的形态特征、生长习性以及产地名称等因素，结合运用拟物、借代和谐音等构词手段，先后给菊花脑命名了十余种不同的称谓。

菊花脑的茎直立，株高20至100厘米。其叶片绿色、互生；呈卵圆形或椭圆状卵形，先端短而尖，叶缘具锯齿或呈二回羽状深裂。其黄色的头状花序很像花菜类蔬菜菊花，但花形较小。以其植株的形态特征及其食用部位的代称联合命名，于是被称为菊花脑。其中的"菊花"是参照物的名称，"脑"则特指其生长在植株的顶端或边缘等部位的嫩茎叶。宋代高僧道潜所称的"菊脑"也可视为菊花脑的简称。

按照相同的因素，比照菊花及其别称黄菊或简称菊命名，它还获得诸如菊花头、菊花郎、黄菊仔、黄菊子、菊花叶、菊花荽和路边菊等俗称。其中的"头"有着生在植株顶端的含义；"郎""仔"和"子"原指少年或小孩子，可以引申为质地幼嫩的叶片；"叶"和"荽"均指其主要食用部位嫩叶，而后者又是借用绿叶菜类蔬菜芫荽的简称；"路边"既可表明其抗逆性极强，又可暗喻原为野生植物的特性。

菊花脑还有一个俗称叫作菊花涝。有人认为这一称谓中的"涝"字应读阳平声（音劳），而不可读去声（音烙）。这是由于市场出售这种蔬菜时，为了保持其鲜嫩程度，一般除需要盖上湿布以外，还要经常洒些清水。用"涝"命名与"捞"有着相似的含义。当然还可把"涝"看作是"脑"的谐音字，因为在南方一些地区这两个字的读音是极为相近的。

菊花脑含有蛋白质、脂肪、纤维素、多种维生素，以及黄酮等成分，不但营养丰富，而且质地柔嫩、口感清凉、微甜，并具有菊花样清香。适宜炒食或煮汤，缘此又获菊花菜的俗称。此外它还有调中开胃、清热解毒以及降血压、凉血等药用功效。

21. 番杏

番杏是番杏科番杏属，肉质、草本，多年生、常作一年生栽培，绿叶菜类蔬菜，以肥厚多汁的嫩茎叶供食用。

番杏的起源地域至今尚未定论。近代人们先后在大洋洲的新西兰和澳大利亚、美洲的智利，以及亚洲的东南部等环太平洋地区都发现过野生番杏的种群，因此有人把上述的环太平洋地区视为番杏的原产地。大约在清朝初年番杏从东南亚地区经由海上传入我国，其后又在我国福建等东南沿海地区逸为野生植物。公元18世纪番杏传到欧洲，19世纪英、法等国开始将其作为蔬菜进行栽培。20世纪中期以前，番杏又从欧美两洲多次引入我国。现在我国已初步形成了一定的生产规模，福建、广东、浙江、江苏、台湾、云南等省，以及北京、上海和南京等大城市均有少量栽培。

三百多年来，人们依据其形态特征、栽培特性，及其原产地和引入地域的名称、代称或标识等因素，结合运用拟物、谐音或意译等手段，先后命名了一二十种不同的称谓。

番杏的称谓始见于清乾隆四十七年

（1782 年）问世的《质问本草》。当时番杏进入我国的时间还不算长，人们看到这种来自域外植物的叶片呈卵状三角形，外观略似杏叶，于是比照"杏"命名，称其为番杏。其中的"番"在古代泛指位于南部和西部的邻邦，在这里它就成了引入地域的标识。稍后福建的老乡又发现番杏的外观更像我国固有的绿叶菜类蔬菜苋菜，于是又把它叫作番苋。上述两种称谓都采用"番"字命名，同时也显示出其为舶来品的特征；而"杏"与"苋"两者也有谐音的情趣。由于番杏嫩叶的表面往往密布一层银白色的细粉，有时还会长满茸毛状物，百姓也称其为白番杏或白番苋。现在我国采用番杏的称谓作为正式名称。

番杏的坚果果实呈褐色，其外观有如长有四五个钝棱的菱角状硬壳，其拉丁文学名的属称 Tetragonia 所表述的就有"四棱角"的含义。由于其果实形态酷似绿叶菜类蔬菜菠菜的果实胞果，因此番杏得到以菠菜为参照系而命名的以下三组称谓：

新西兰菠菜、新西兰菠薐、澳大利亚菠菜、澳大利亚菠薐、澳洲菠菜；

法国菠菜、外国菠菜、洋菠菜；

毛菠菜、夏菠菜。

第一组的五个称谓是以其原产地域之一命名的名称："新西兰""澳大利亚"和"澳洲"而命名的。其中的新西兰菠菜是根据欧美两洲的通用名称 New Zealand Spinach 而翻译的称呼。

第二组的三个称谓是北京、上海和南京等地以其引入地域的名称、代称或标识而命名的。其中的"外国"和"洋"分别是欧美两洲的代称和标识。

番杏的叶片具有多茸毛的特征，这就是称"毛"的缘由。番杏植株的适应性极强，可作常年栽培，因此成为补充夏季供应淡季的理想蔬菜，夏菠菜的称谓由此得名。

番杏常野生于南方的滨海地区，在其生长初期，植株挺拔有如直立的莴苣；到其生长后期，又极易分枝丛生，长达数丈的主茎可蔓生并匍匐在地上。滨菜、滨莴苣、海滨莴苣和蔓菜的别称由此得来。其中的"滨"有生于水边的含义，而蔓菜的称谓则来自日本。

番杏的嫩茎叶含有粗蛋白、还原糖、纤维素，以及多种维生素、矿物质等营养成分。食用番杏时会稍嫌苦涩，这是因其茎叶之中含有单宁等嫌忌物质的缘故，如先用沸水煮透、洗净放冷，再凉拌、烹炒，就能品尝到清香味美的番杏菜肴。此外番杏还含有番杏素等需宜、保健成分，兼有清热解毒、祛风消肿，以及抗癌、灭菌等功效。

22. 榆钱菠菜

榆钱菠菜是藜科滨藜属，一年生草本，绿叶菜类蔬菜，以嫩叶或嫩株供食用。

榆钱菠菜原产于中亚和欧洲，我国的

新疆和青海等地区也有野生种群分布。现在陕西、内蒙古和山西等地区也有栽培。

人们依据其形态特征、功能特性，以及产地因素，结合运用摹描、拟物和谐音等手段，先后命名了七八种不同的称谓。

榆钱菠菜的植株高大、粗壮，茎高 1.5 至 2 米。叶长 5 至 25 厘米，宽 3 至 18 厘米；叶片呈卵状矩圆形至卵状三角形，基部为戟形，先端微钝，叶缘波状或全缘。叶片外观既像绿叶菜蔬菜菠菜，又像野生类蔬菜藜。榆钱菠菜的胞果果实包藏在苞片之中，直径 1 至 1.5 厘米；其外观近圆形、全缘，顶端急尖，表面布有放射状的网脉纹，很像榆树的翅果。人们比照菠菜，并借用榆树翅果的俗称榆钱联合命名，从而得到榆钱菠菜的正式名称。

以菠菜为主体命名，榆钱菠菜又得到一组诸如山菠菜、花叶菠菜，以及洋菠菜和法国菠菜的称谓。其中的"山"原有"隆起"义，又可以泛指类似山一样的事物，在这里借指高大而粗壮的榆钱菠菜植株；"花叶"是太原等地对榆钱菠菜有时会出现波状叶缘现象的俗称；"洋"是榆钱菠菜原产地之一欧洲的标识；而"法国"则是盛产榆钱菠菜的国家名称。

藜又称灰菜，它是藜科藜属，一年生草本，野生菜类蔬菜，以幼苗和嫩叶供食用。其叶片呈卵状菱形至披针形，基部为宽楔形，先端急尖或微钝。由于榆钱菠菜与藜的叶片极为相似，以"藜"为参照系命名，还获得另一组别称食用滨藜、滨藜

和缤藜。其中的"滨"还有靠近义，可以引申为近似，"滨藜"即有外观与藜近似的含义；"缤"与"滨"谐音，有生长繁盛之义；以"食用"命名则更强调了功能特性。值得一提的是滨藜还是广布于我国三北地区另一种野生植物的正式名称，但两者不应互相混淆。

榆钱菠菜的营养价值和食用方法可参见本章番杏篇的相关内容。榆钱菠菜除可供蔬食以外还能充当饲料。

榆钱菠菜拉丁文学名的种加词 hortensis 即有"属于园圃"的内涵，从而体现了人工栽培的属性。

23. 芝麻菜

芝麻菜又称火箭生菜，它是十字花科芝麻菜属，一或多年生草本，绿叶菜类蔬菜，以嫩茎叶供食用。在西餐中，它是制作沙拉的上佳原料。

一般认为芝麻菜原产于南欧地区，但是我国的西北、华北和西南等地区亦有野生分布，其中以云南的大理等地为著名产区。

我国各地依据其生物学特征、品质特性、食用功能，以及产地名称等因素，结合运用拟物、摹描、音译和意译等构词手段，先后命名了十余种不同的称谓。

芝麻菜的茎直立，高 20 至 90 厘米；叶绿色，羽状深裂；花黄色、十字形，有特殊气味，花瓣上有紫褐色的纵向条纹，

排成总状花序；果实为长圆形的长角果。以其嫩茎叶有芝麻样香味，采用拟物的方式，结合运用食用功能联合命名，称之为芝麻菜，俗称"香油罐"。

芝麻菜的称谓早期可见于明代的《滇南本草》，清代吴其浚的《植物名实图考》把它列入"菜部"并作了如下的记述：

"芝麻菜生云南，如初生菘菜，抽茎开四瓣黄花，有黑缕，高尺许，生食味如白苣而微埴气。"其中的"白苣"系指莴苣类生菜；"埴"音"直"，指黏土，意思是说生食芝麻菜时会有一些黏土气味。至今云南地区仍以其主产地域的名称"大理"命名，称其为大理芝麻菜。

芝麻菜可生食，宜凉拌，更适于做沙拉，还可炒食或烹汤。以其食用功能，结合其长角果有如火箭外观的形态特征，又得到火箭生菜的又称。其英文名称 rocket salad 即为"火箭沙拉"之义。早在 20 世纪的 30 年代，我国学者如颜纶泽等著书立说时，即以其英文名称的译音称其为"诺克托萨孚德"。当时还一度把它列入十字花科的芸薹属，现已被调整到芝麻菜属。

由于芝麻菜叶的形态和花的色、味以及果实的外观均与同科近属（芸薹属）常见的芥菜、芸薹（又称菜用油菜）和菘菜（指白菜类蔬菜）极为相似，人们还以"芥"和"芸"等作为参照系，先后又命名了诸如文芥、芸芥、紫花南芥、德国芥菜、臭芥子、瓢儿菜和臭菜等多种异称。

其中的"文"和"紫"特指其花瓣上的紫褐色条纹,"臭"指其花的气味,而瓢儿菜的称谓原为白菜类蔬菜乌塌菜的一个品类的称呼。

芝麻菜除可供应蔬食以外尚有一定的保健功能。《滇南本草》认为它味甘、性微寒,主治风寒及暑热等症。经现代药理学化验分析,已充分肯定了它的镇咳、抗癌,以及治疗尿频等功效。另据美国科学家认定,它还有刺激性欲的作用。鉴于芝麻菜与同科近属的植物葶苈两者在叶形、花色、果型和疗效等方面都有极为相似的特点,在四川,人们以其主产地域的名称金堂,结合运用拟物的手法,又称其为金堂葶苈。

24.叶用香芹菜

叶用香芹菜是伞形科欧芹属,二年生草本,香辛型、绿叶菜类蔬菜,以嫩叶供食用。

香芹菜有两个变种,其中以叶片为主食部位的变种称为叶用香芹菜,以其肉质根为主食部位的变种称为根用香芹菜,后者详见各论第一章"根菜类蔬菜"中的根香芹篇。

香芹菜原产于地中海沿岸地区,在古希腊和古罗马时期已利用它治疗疾患,有时还把它扎成花环,作为奖品,献给获胜的运动员,后来人们又用它充当配菜或作为辛香调味料。公元16世纪,法国人奥利维尔·德·塞利开始对香芹菜进行规范化的栽培管理,现在欧美两洲广泛种植。20世纪初叶,叶用香芹菜从欧洲引入我国,先后在北京的中央农事试验场和上海郊区进行试种。现在一些沿海城市的郊区有少量栽培。

百余年来,人们以其食用器官的形态特征、品质和功能特性,以及产地名称或标识等因素,结合运用摹描、拟物或雅饰等构词手段,先后给叶用香芹菜命名了十多种不同的称谓。

叶用香芹菜的叶呈浓绿色,为三回羽状复叶,叶缘有锯齿状卷曲,外观类似芹菜和芫荽;又因其含有芳香油,可使菜肴增添悦人的香气,所以取名为叶用香芹菜。

叶用香芹菜又称叶用香芹,简称叶香芹、香芹菜或香芹。比照外观相似的芹菜、芫荽;结合运用原产地域的名称或标识联合命名,还得到诸如欧洲芹菜、西洋旱芹、荷兰芹、欧芹、外国芫荽、西洋胡荽、外国香菜、洋芫荽、西芫荽和番芫荽等众多的别称。其中涉及的胡荽和香菜,都是绿叶菜类蔬菜芫荽的异称;旱芹则是芹菜的又称。有时叶用香芹菜也简称为旱芹菜或旱芹,从而造成了同名异菜的混乱现象,所以应提倡统一采用叶用香芹菜作为正式名称。由于其植株的茎叶长势茂盛、体态秀丽,叶用香芹菜还荣获蓄茜的雅称。

叶用香芹菜可分成光叶和皱叶两种类

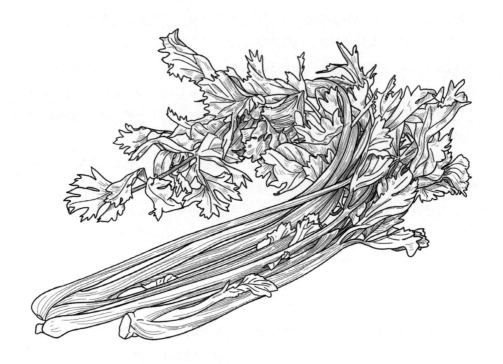

型。其中皱叶类型的叶片缺刻细裂、卷皱略呈鸡冠状，外观颇美丽。有人也以此种形态特征命名，称其为皱叶欧芹。

叶用香芹菜是地中海式西餐系统中必不可少的辛香调味蔬菜。富含维生素 A 的叶用香芹菜宜生鲜食用，可制作沙拉，亦可供烹炒或做汤。此外还能当作各种佳肴的装饰性配菜，借以增进食欲，提高餐饮的观赏值。由于用它做汤味道鲜美可口，也称汤菜。

25. 独行菜

独行菜是十字花科独行菜属，一年速生，草本，绿叶菜类蔬菜，以嫩茎叶、嫩苗或嫩芽供食用，其荚果和种子也可用作调味料。

独行菜原产于地中海东岸和伊朗高原。早在古希腊和古罗马时期，中欧地区已有栽培，公元 16 世纪成为英国境内流行的辛香蔬菜，其后独行菜的踪迹又遍及欧洲大陆，20 世纪初叶传入我国。前些年，作为特需蔬菜再次引入我国，现在吉林延边等地已有栽培。

人们依据其形态特征、栽培特性和品质特色等因素，结合运用摹描、拟物和翻译等手段，先后给独行菜命名了十多种不同的称谓。

独行菜的称谓在我国可见于明朝初年朱橚（音肃）所著的《救荒本草》一书。这种野生植物的植株高度虽然仅有 30 厘米左右，但它却能迎风冒雨傲然挺立在田野之中，所以取名为独行菜。

"独行"一词出自《礼记·儒行》。当孔子论述儒家所推崇的 15 项行为准则时就谈到过"特立独行"。孔子说："世治不轻，世乱不沮。同弗与，异弗非也，其特立独行有如此者。"这段话的大意是说：当世道治理得很好时，不轻视；世道治理得混乱时，不沮丧。对于那些政见相同的人，不结成小团体；对于那些政见不同的人，也不相互非难。这就是儒者立身行事与众不同的地方。后来人们又把"独行"引申成为不随波逐流，而独具高风亮节操守的行为准则。南朝宋的范晔还在《后汉书》中设立"独行列传"，专门介绍操行高尚人群的典型事迹。

我国野生独行菜的资源较为丰富。现今在祖国大地上分布着十多种独行菜属的野生植物，其中包括楔叶独行菜、宽叶独行菜和密花独行菜。它们大多都属于药用植物，有的也可采摘嫩茎叶充当蔬菜。前面述及《救荒本草》一书所记述的独行菜就很像是现在的楔叶独行菜，它是以其叶片的外观形态略呈楔形而得名的。

与野生独行菜不同，从域外引入的栽培种独行菜又称菜园独行菜、庭院独行菜或家独行菜。其中的"菜园""庭院"和"家"都显示了它的栽培属性。其拉丁文学名的种加词 sativum 亦有"栽培"的含义。

独行菜的茎直立，但有分枝；叶为二回羽状复叶，叶片绿色，呈狭匙形、长椭圆至条形；顶生总状花序，小花四瓣、呈白色；果实为圆形或椭圆形的短角果；种子淡褐色、椭圆形。以其所具有的辛辣气味，及其上述的形态特征，分别以外观相似的芥菜、荠菜及胡椒草等常见的蔬菜或植物为参照系来命名，又得到诸如芥荠、辣草、辣辣、胡椒草、园地胡椒草和姬军配荠等别称。其中的"辣"既是芥菜的别称，又可显现独行菜的品质特性；"姬军配荠"则是日本采用汉字表述的称谓。此外鉴于有些独行菜品种的叶片有如欧芹那样卷曲、皱缩，所以还获得皱叶独行菜的异称。欧芹是叶菜类蔬菜叶用香芹菜的又称。

独行菜的嫩茎叶富含胡萝卜素及抗坏血酸和生育酚等多种维生素，以及钙、镁、铁、锌等营养成分，它那特殊的清香和辛辣的气味可以激活人们的食欲，在西餐中可制沙拉、做汤食，此外还是三明治的理想配菜。由于英国人特别嗜好独行菜的嫩苗，独行菜又被称为英菜。独行菜在中餐食谱中多以芽菜充盘，东北的一些地区还把独行菜视为腌制辣咸菜的重要原料和辅料。

独行菜的种子含有脂肪油和黑芥子苷，味道辛辣，所以荚果和种子均可用于调味食用。

独行菜的种子内含强心苷等药用成分，在中医学领域被称为葶苈子，它具有强心、平喘、止咳和利尿等药效。葶苈原来是十字花科葶苈属的一种药用植物，由于其短角果的果实外观与独行菜的果实极为相近，所以借来命名；而"子"则特指其种子，有时，葶苈子的称谓也可以指独行菜的植株。此外由于独行菜顶生总状花序的形态特征与小麦脱粒后的穗状花序（即空麦穗）相似，还得到麦秸菜的俗称。

26. 琉璃苣

琉璃苣又称滨来香菜，它是紫草科琉璃苣属，一或多年生草本，绿叶菜类蔬菜，以嫩茎叶和花器供食用。

琉璃苣原产于地中海沿岸的南欧、北非和中东地区，是欧美两洲居民特别嗜好的一种蔬菜。先是在 20 世纪中叶，作为蜜源植物引入我国北方地区。前些年，由于涉外旅游事业的发展，作为特需蔬菜又从法兰西和意大利等国家再次引入我国。现在一些大城市的近郊有零星栽培。

人们依据其形态特征、品质特性、功能特点，及其引入途径等因素，结合运用拟物、比喻、借代、用典或翻译等手段，先后给琉璃苣命名了七八种不同的称谓。

琉璃苣的茎中空，高度为 30 至 60 厘米；叶互生，碧绿色、卵圆形；聚伞花序呈蝎尾状；花冠呈漏斗状，淡蓝色、白色或紫色。它那碧绿的叶片，以及艳丽的花冠给人们留下了十分鲜明的印象。原产于我国、广布于南方和西北陕甘地区的一种紫草科植物叫作琉璃草，它与琉璃苣的形态极为相似，由于它仅是一种药用植物，所以只能采用"草"来定性、命名。琉璃苣的称谓就是比照琉璃草的称谓命名而得来的。琉璃原指一种天然形成的光泽宝石，后来人们常把它喻为招人喜爱、晶莹碧透的物品。而"苣"，既是菊科莴苣属、绿叶菜类常见蔬菜莴苣的简称，也可泛指一些多汁的蔬菜，所以采用"苣"来命名就充分体现了蔬菜的属性及其食用的功能。鉴于琉璃在唐代被称为玻璃，有人借以命名，也把琉璃苣称为玻璃苣。

具有黄瓜样清香的琉璃苣富含多种维生素、氨基酸、无机盐、黏胶浆液以及多种芳香族化合物，其嫩茎叶柔美多汁，适宜调制沙拉、烹炒、做汤，或充馅料。以其食用品质等因素命名，琉璃苣又得到黄瓜香和滨来香菜等誉称。其中的"滨来"

提示给我们琉璃苣的引入途径是从海上舶来的蛛丝马迹。

琉璃苣的花朵艳丽、气味芳香。制糕点、蜜饯，或充配菜，均可以提高观赏价值，入馔生食则更佳绝。此外它还是一种理想的蜜蜂饲料。

在欧洲，琉璃苣自古以来就是一味良药，它有消炎、利尿、镇痛和安神等功效。人们常把琉璃苣的花朵或叶片浸入酒液之中，这种超级饮料不但具备防腐和增香的作用，而且还有消愁、减忧、解闷和除怯的功能，古代罗马军队的统帅常常用它充当兴奋剂，借以鼓舞士气。直到现代还有人用它来治疗抑郁症。缘此琉璃苣又获得"心悦""欢乐"和"热忱的花朵"等誉称。其拉丁文学名的属称 Borago，及其种加词 officinalis 也分别具有"影响心脏"和"药用"的内涵。

由于琉璃苣的植株是属于紫草科的植物，有时它也被俗称为紫草。至于紫草的称谓，则是因其根部含有紫色色素的缘故。

27. 野苣

野苣又称玉米生菜，它是败酱科缬草属，一二年生草本，绿叶菜类蔬菜，以嫩叶供食用。

野苣原产于欧洲及地中海沿岸地区，至今马德拉岛、加那利岛和北非等地仍有野生种群分布。野苣初为野生植物，其后逐渐被驯化，在法国等地成为冬季经常食用的栽培蔬菜。其拉丁文学名的种加词 olitoria 含义为"属于菜园的"，即强调了它的栽培属性。20 世纪初叶从欧洲引入我国，现在上海和台湾等地有少量栽培。

百余年来，人们依据其形态特征、栽培习性，及其原产地域等因素，结合运用拟物、翻译等手段，先后给野苣命名了五种不同的称谓。

野苣的叶对生，叶面平滑、绿色。基生叶呈汤匙状、圆形，茎生叶呈倒卵状至长椭圆形。叶片的外观形态既像绿叶菜类蔬菜莴苣，又像野生菜类蔬菜马兰。结合其由野生驯化而来的历史背景而命名，得到野苣的正式名称。此外野苣还得到诸如玉米生菜、玉米沙拉、羊羔莴苣和法国马兰头等称谓。玉米生菜和玉米沙拉两称谓则译自其英文名称 corn salad。玉米在欧洲可泛指谷类作物，该称谓的含义是指生长在谷物田间的一种生菜，之所以这样命名，其原因是在欧洲两者可以实行轮作栽培。羊羔莴苣称谓，源于野苣在冬季大量收获上市时恰好正值生产羊羔的季节。而法国马兰头的称谓中的"法国"既是其原产地域的代称，又是盛产地域的名称。"马兰头"则是马兰的一种别称。

野苣的叶片质地柔嫩，品味别有一种清香。可供凉拌生食、制作沙拉，可烹炒或做汤。

28. 茉乔栾那

茉乔栾那是唇形科牛至属，多年生作一年生栽培草本，辛香型、绿叶菜类蔬菜，以嫩茎叶供食用。

茉乔栾那原产于欧亚两洲，它是欧洲和阿拉伯人的一种常用蔬菜。

"茉乔栾那"是其拉丁文学名的种加词 majorana 的音译名称，早在 20 世纪 30 年代就曾被介绍到我国，最初被译称"马脚兰"或"马郁兰"，以后又有"马月兰"和"马月兰草"等译称。现在再次引入我国以后成为一种时新蔬菜，目前北京、上海和两广等地已有少量栽培。

茉乔栾那植株的茎直立，断面呈正方形；叶对生，近圆形，灰绿色。嫩茎叶富含酯类物质和芳香挥发油，适宜在西餐中供调味食用。据说茉乔栾那还有一定的助消化功能，此外还可提取香精油。

茉乔栾那具有浓烈的香草气味，可以诱使牛羊闻香而至，所以在古代它还是一种促进长膘的优良牧草。牛至、甜牛至和长膘草等别称由此而来。

29. 春山芥

春山芥是十字花科山芥属，一年或多年生草本，绿叶菜类蔬菜，以嫩茎叶供食用。

春山芥原产于欧洲，其植株的茎直立。叶片两型，或呈披针形，或呈大头羽状分裂。因其叶片似山芥，烹调时会有芥菜样辛辣气味，又宜早春采食，所以被称为春山芥。此外还有春芥、山芥和田芥等别称，其拉丁文学名的种加词 verna 亦有"春天"的含义，而美国山芥的称谓则是以其盛产地域之一的美国而命名的。

春山芥在西餐中适宜调制沙拉，西方人喜欢在每年 10 月 31 日的万圣夜时食用。

30. 荆芥和五味菜

在植物学范畴内，荆芥是唇形科所属的荆芥属和裂叶荆芥属等两个属植物的统称。其中在我国，裂叶荆芥属植物只有三种，而荆芥属的植物有四十余种。我国习惯上又可特指以下五种植物为荆芥：

假荆芥：荆芥属，绿叶菜类蔬菜；

五味菜：荆芥属，绿叶菜类蔬菜；

多裂叶荆芥：裂叶荆芥属，原为药用植物，后被纳入野生蔬菜；

裂叶荆芥：裂叶荆芥属，其拉丁文学名的种加词 tenuifolia 有"薄叶"的含义。《中医大辞典·中药分册》确指其为药用植物；

罗勒：唇形科罗勒属的绿叶菜类蔬菜。据《中国蔬菜栽培学》（第一版）介绍说：我国河南省的某些地区把罗勒误称为荆芥。今后应提倡采用其正式名称罗勒。

我国是荆芥的原产地之一，荆芥称谓的著录可追溯到三国时期的《吴普本草》。南北朝时的陶弘景认为：由于荆芥所具有的辛辣气味有如姜芥，所以才以其谐音命名，这个观点又被明代的李时珍所确认。此外姜芥、假苏和假荆芥等也成为荆芥的别称。其中的"假"有因外观相似而借代的含义。名列《神农本草经》"草部"中品的假苏，其称谓就是由于其辛香气味和花序的外观都略似紫苏而得名的。

如果加以归纳可以发现现在我国有三种蔬菜都可以荆芥的称谓来命名，它们是：

以嫩叶供食的绿叶菜类蔬菜荆芥，又称假荆芥；

以嫩茎叶供食的绿叶菜类蔬菜五味菜，其别称为荆芥；

以嫩茎叶供食的野生菜类蔬菜多裂叶荆芥，其俗称为荆芥。

（1）荆芥

荆芥又称假荆芥，它是唇形科荆芥属，多年生、作一年生栽培、草本，绿叶

菜类蔬菜。其食用器官叶片呈卵状至三角状、心形，两面有毛。其拉丁文学名的种加词 cataria 有"瀑布"的含义。原为药用植物，毛宗良先生把它作为蔬菜正式收入了《蔬菜名汇》一书。

（2）五味菜

五味菜是唇形科荆芥属，一年生草本，香辛型、绿叶菜类蔬菜，以嫩茎叶供食用。

五味菜原产于我国，日本等地也有分布。其拉丁文学名的种加词 japonica 即有"日本"的含义。五味菜在我国最初仅供药用，后为野生蔬菜，20 世纪七八十年代以后河北等地已有栽培。

五味菜的叶为羽状深裂，因含多种维生素和挥发油等成分，食用时可使人感觉有香、辛、辣、麻、凉等五种味道，故而取五味菜为正式名称。作为春、夏季较为理想的调味蔬菜，宜凉拌、烹炒，还可打卤、做汤，兼有祛风、防暑及解热、开胃等功效。

在上述五种品味之中，由于以姜、芥样辛辣气味为主，所以又别称为荆芥。荆芥是姜芥的谐音。

至于多裂叶荆芥，详见各论第十六章"野生菜类蔬菜"中的多裂叶荆芥篇。

第十章　薯芋类蔬菜

薯芋类蔬菜是指以植株的地下营养贮藏器官——块根、块茎、根茎和球茎为主要食用部位的一类蔬菜。它包括马铃薯、山药、田薯、黄独、姜、菊芋、芋头、叶用芋、花用芋、甘薯、草食蚕、葛、魔芋、豆薯、菜用土圞儿、蕉芋和竹芋。

1. 马铃薯

马铃薯俗称土豆，它是茄科茄属，一年生栽培草本，薯芋类蔬菜，以块茎供繁殖和食用。

马铃薯原产于南美洲的安第斯山脉地区，其中的马铃型亚种是目前世界上各国栽培马铃薯的原始种。公元 1536 年西班牙人从秘鲁把它带回欧洲，并参照南美印第安人的土语语音称其为"巴巴"。1565年英国人把它引入爱尔兰，以后在欧洲、北美和亚洲逐渐推广栽培。大约在公元十六七世纪的明代晚期传入我国。清康熙

三十九年（1700 年）成书的福建省《松溪县志》已有载录。现在各地广泛栽培，主要产于东北、华北和西北等地区。

三百多年来，我国南北各地以其食用器官的形态特征、功能特性，以及引入地域的名称、代称或标识等因素，结合运用拟物、翻译、方言、谐音或贬褒等构词手段，先后命名了三组共计二十多种不同的称谓。

我国的薯芋类蔬菜，是以富含碳水化合物的地下贮藏器官供食的蔬菜类群，它包括块茎、根茎、球茎和块根四类。公元17 世纪以前，我国常见的薯芋类蔬菜已有薯蓣（即山药）和芋头等种类。在引进马铃薯以后，因其食用功能类似同是以地下块茎供食的薯蓣而被化划为薯类。人们以薯为主体，先后命名了第一组称谓：

马铃薯、爱尔兰薯、荷兰薯、红毛蕃薯、爪哇薯和薯仔。

马铃薯的称谓是因其块茎的外观形态有如古代悬挂在马颈部的马铃而命名的，

其拉丁文学名的种加词 tuberosum 即强调了"块茎"的内涵。

马铃薯的称谓始见于清代康熙三十九年（1700 年）问世的福建《松溪县志》。各地还参照其各级引入地域的名称命名了爱尔兰薯、荷兰薯、红毛蕃薯和爪哇薯等别称。其中的"红毛"是明清时期民间对荷兰人的俗称；而欧洲的爱尔兰、荷兰，以及亚洲印尼的爪哇分别属于一二级引入地域，它也客观反映了马铃薯从欧洲或经东南亚等地先后多次引入我国的痕迹。另外，荷兰人斯特儒斯（Henry Struys）在清初的顺治七年（1650 年）曾在我国台湾看到栽培马铃薯的相关记载也可作为有力的旁证。此外在广东等地，人们还用薯仔等方言相称，借以和个体较大的薯蓣相区别。

马铃薯的食用功能和外观形态又与以地下球茎供食的芋头极为相近，以芋及其又称为基础命名，又得到第二组称谓：

阳芋、洋芋、洋山芋、洋芋艿、洋芋果、洋番芋、番人芋和羊芋。

阳芋的称谓是以其喜见阳光的植物学特性而命名的，借以和耐阴喜湿的芋头相区别。阳芋的称谓初见于清代吴其浚（1789—1847）的《植物名实图考》。

洋芋、洋山芋、洋芋艿、洋芋果、洋番芋和番人芋，在这些称谓中，"洋"和"番"（包括"番人"）都反映了舶来品的属性。其后复经传教士引入西北地区，又简称其为洋芋。洋芋有时或利用其谐音俗称为羊芋。

马铃薯的块茎多呈圆形、卵形或椭圆形，薯块有白肉和黄肉两种。以其外观形态特征，比照其他的瓜、果、豆、卵（蛋）等类食品的名称命名，它还得到第三组称谓：

土豆、番鬼慈姑、番鬼茨菰、番鬼子茄、洋苕、地瓜、地蛋、山药蛋和山药豆儿。

土豆的俗称可见于明代后期。蒋一葵在《长安客话》的"皇都杂记"节中提到京城名特优新的食物时，曾涉及土豆，内称："土豆绝似吴中落花生及香芋，亦似芋，而此差松甘。"像江浙一带的花生和香芋那样生长在土中，又比常见的芋头味道稍甘甜、质地稍松软的土豆，所指的应是马铃薯。该书同时还引录了明代著名书画家徐渭（1521—1593）的诗句："榛实软不及，菰根旨定雌。吴沙花落子，蜀国叶蹲鸱。"该诗把它和榛子、花生、慈姑和芋头相比拟，可以推知当时的薯块个体较小。清代以后，在南方地区又增加了番鬼慈姑、番鬼茨菰、番鬼子茄和洋苕等别称，而在北方地区也有了诸如地瓜、地蛋、山药蛋和洋芋蛋蛋等带有粗犷色彩的地方俗称。其中的"番鬼"和"番鬼子"都是对域外引入地的贬称，"茨菰"即水生菜类蔬菜慈姑，"苕"指甘薯，而"土"和"地"反映了其块茎生于地下土中的植物学特性。另据日本学者调查：马铃薯在清代的北京还有着山药豆儿的俗称，详见服部宇之吉等编著、张宗平等翻译的《清末北京志资料》。

马铃薯除淀粉以外还富含钾、钙、磷和多种维生素，既可蒸煮、烧烤、烹炸，又宜加工制作粉丝、粉条、粉皮、凉粉。欧美人群也有用其充当主食的习惯。祖国医学认为它具有和胃、健脾、调中、益气等药用功效。马铃薯还具有润滑肠道、吸收脂肪，以及吸附各种毒素等保健作用。在其所含诸多的维生素中，维生素 B_6 有着改善或舒缓忧郁症状的作用，经常食用马铃薯可以营造乐观向上的情绪，因此又获得"制造快乐的食物"的誉称。

马铃薯也含有一些嫌忌成分，食用时应特别注意。如发芽时容易产生龙葵素，可引起食物中毒，采用挖除芽眼等办法就能加以清除。又因其含有茄碱、毛壳霉碱等有毒的生物碱成分，马铃薯不宜生食，熟食即可化解其毒副作用。

2. 山药

山药原称薯蓣，它是薯蓣科薯蓣属，一或多年生缠绕性草质藤本，薯芋类蔬菜，以膨大的地下肉质块茎供食用。

我国的栽培山药属于亚洲种群，它包括普通山药和田薯等两个种，其原产地和驯化中心在我国南方的亚热带和热带地区。早在春秋战国时期已有记载。现在除少数高寒地区以外，我国广大地区都可栽培。

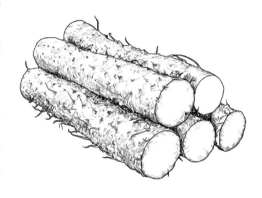

两千多年以来，人们依据其植物学及形态特征、生长与栽培特性，以及使用功能特点等因素，结合运用状物、比拟、比喻、谐音、通假、讳饰、雅饰和用典等构词手段，先后命名了五六十种不同的称谓。

山药古称储余或者藷藇。据北宋的类书《太平御览》引《范子计然》称："储余……白色者善。""范子"指范蠡，他和计然都是我国春秋时期的著名政治家。范蠡在帮助越王勾践战胜吴王夫差以后隐姓埋名，按照老师计然的经营思想经营实业，最终成为富比诸侯的陶朱公。这段话的意思是说：白色的山药品质佳。我国先秦时期的另一古籍《山海经》也在其"北山经"篇中载有"景山……其上……多草、藷藇"的相关内容。意思是说位于现今山西南部的山区产有山药。从上述两则史料可以推知：早在春秋战国时期我国的山药就已有储余和藷藇等称谓。

"储余"的"储"原为储存之义，还可用于特指储存的粮食；"余"指剩下来的东西，也有富裕的意思；所以"储余"的称谓是对其块茎可供代替食粮充饥等食用功能的认定。另据西晋时期嵇含的《南方草木状》一书记载，古时在"珠崖之地"（今海南省及其附近地区）人们就以山药的干燥加工制品为主食，因此山药还得到藷粮的又称。其中的"藷"是为了表现其植物的属性，由"储"字加上草字头而成的。在古代由于"藷"和"薯"相通，又与"署"和"诸"谐音，所以它们都成为古代山药众多称谓的组成部分，其中的"藷"和"薯"更成为山药的代称。

鉴于"储余"的"余"字在古代又和"与""预""豫"等相通，它们还可以从草变成为"藇""蓣"和"蕷"，所以从储余的称谓就进一步衍生出诸如藷藇、藷薯、藷署、薯藇、薯蓣、薯豫、薯预、署预、署豫和诸薯等为数众多的别称。到三国时期以后，人们常用薯蓣和薯预的称谓。后来薯蓣的称谓演变成为植物分类学中的属称。

说来也很凑巧，与薯蓣两字同音而又形近的"曙"和"豫"两字恰恰是两个皇帝的名字，因此在历史上发生过两起因为避讳而改名的事件。

在唐代，为了避讳唐代宗李豫（762—779 年在位）的名字"豫"，先是把"薯蓣"更名为"薯药"。到了宋代，又避宋英宗赵曙（1063—1067 年在位）的名字"曙"，再把"薯药"变为"山药"。

宋代因避宋英宗的名讳改称山药还可举出实物证据。北宋时期历经宋仁宗、宋英宗和宋神宗三朝荣膺铁面御史称号的朝廷重臣赵抃（1008—1084，"抃"音"变"）就亲身经历了这一变化。今天我们借助《三希堂法帖》拓印赵抃当时亲笔书写的《山药帖》，就可以看到宋代采取避讳以后，把薯药改称山药的真实情景。

另据记录北宋时期宫廷内部收藏书法作品的《宣和书谱》记载：书圣王羲之（303—361）也曾留下过《山药帖》。它说明山药的称谓早在公元 4 世纪的东晋时期在民间就已流传。

山药的名称则正是它源于野生、生于山野，及其具备药用功能等多重特性的具体体现。从宋代以后，山药的称谓逐渐变为通用名称。现在已通过纳入国家标准《蔬菜名称（一）》的形式，正式把山药的称谓定为正式名称。

山药的食用部位是地下的产品器官，以其解剖结构具有分散的维管组织等特征可以断定：它不是块根，而是块茎。普通山药的拉丁文学名的种加词 batatas 也强调了"块茎"的内涵。

由于山药起源于野生，又得到山薯、

山藷和山薅等别称；而如家山药和菜山药等称谓则反映其被驯化以后成为栽培蔬菜的属性；由于"田""畦"和"畹"都有着种艺和田亩的含义，所以田薯和畦畹等称谓就显示了田园栽培的特征。此外人们因其块茎生长在地下部，还增加了土薯和土诸等别称。

山药块茎的形态分别呈长圆柱形、圆筒形、纺锤形，或呈掌状和团块状；表皮呈褐色，肉质洁白。依据其食用器官的形态特征命名，山药又获得诸如大薯、柱薯、参薯、长薯、圆薯、人薯、脚薯、白山药、长白薯、熊掌薯、佛掌薯、佛手薯、玉枕薯、天公掌、脚板薯、脚板苕、足板苕、玉杵、玉柱和白苕等形象极为鲜明的异称或俗称。其中的"苕"字读音如"韶"，这是南方一些地区对应于"薯"字的地方性称谓。有些地方还直呼为薯苕。由于普通山药的形体细长、极易折断，因此在三国时期有人以修脆称之，其中的"修"和"脆"分别表述其形体修长、质地脆嫩的特性。而银条德星的称谓（见宋代陶谷的《清异录·药品门》）则是运用拟人的手法把山药比喻成为肤色白皙、身材修长的贤士。鉴于团块状的山药与薯芋类的蔬菜芋头的外观形态极为相似，结合运用拟物的方式命名，还获得蓣芋和山芋等称谓。

山药味甘、性温，富含碳水化合物、蛋白质和山药碱等营养和药用成分。除可蒸煮、烹调、糖渍、蜜饯食用以外，还

有强筋骨、健脾胃、益肾气和补虚羸等保健功效。古人以其洁白如玉的外观、甘甜如饴的品味，以及异常丰富的营养价值和极为显著的滋补功能，再结合"种玉能延命"的传说等因素联合命名了甘薯、蓣菜、色药、琼糜、玉糁及玉延等誉称。其中的"琼糜"指其熟制品的质地洁白细腻；"糁"字读音如"伞"或"申"，有饭食的含义。古人以其外观形态和营养价值有相似性的特点，比照"羊"命名，山药还有着山羊和榾柮羊等俗称。其中的"山"表述其曾为野生的特征；"榾柮"读音如"古剁"，泛指根部，这两种称谓都凸显了山药的块茎生长在地下的特性。

由于营养价值和保健功能都十分突出，山药得到历代许多帝王的青睐，从唐代起山药开始进入宫廷。作为贡品，《新唐书·地理志》称其为署预，《宋史·礼志》称其为蓣蕷。元代宫廷御医忽思慧的《饮膳正要》称其为山药。到了明清两代，在宫廷为祭祀祖先而举行的"荐新"活动中，也都列有"山药"的名目。另据陶谷的《清异录》称：五代十国时期割据在巴蜀地区的后蜀政权，在其末代君主孟昶在位的三十多年间（934—965年），每逢月初必用素餐；而在诸多的素食之中他又特别喜欢山药（当时称薯药），所以他身边的人把山药戏称为"月一盘"，也就成了山药的一种美誉称谓。

在上述山药诸多的称谓中，除田薯及其又称大薯和柱薯以外，其余均属于普通

山药的范畴。

3. 黄独

黄独又称土卵，它是薯蓣科薯蓣属，多年生、缠绕、藤本，薯芋类蔬菜，以地下块茎和气生鳞茎供食用。

黄独原产于我国，唐代已有著录，《新修本草》说它可以蒸食。到了明代，李时珍的《本草纲目》把它从"草部"移到"菜部"，从此使它正式进入蔬菜的行列。现在我国的陕西和南方各地都有分布，多野生在山谷、沟旁或森林的边缘地带。

千余年来，人们依据其块茎和气生鳞茎的形态特征、生长习性、功能特点等因素，结合运用摹描、拟物、借代等手段，先后命名了十多种不同的称谓。

黄独的地下块茎呈球形或圆锥形，表面为黄褐色，其上长满黄褐色细长的须根。由于每棵植株一般只生长一个块茎，而其表面又略呈黄色，所以被古人称为黄独，其中的"独"有唯一的含义。

黄独的称谓始见于唐高宗显庆四年（659 年）编纂的《新修本草》（又称《唐本草》）。依据其地下块茎的生长环境及其形态特征，比照与其外观相似，并以地下块茎或地下球茎供食的薯蓣、芋头和慈姑等蔬菜来命名，又得到诸如黄独薯、赭魁、土芋、土卵、土豆和山慈姑等别称。其中的"赭"音"者"，特指

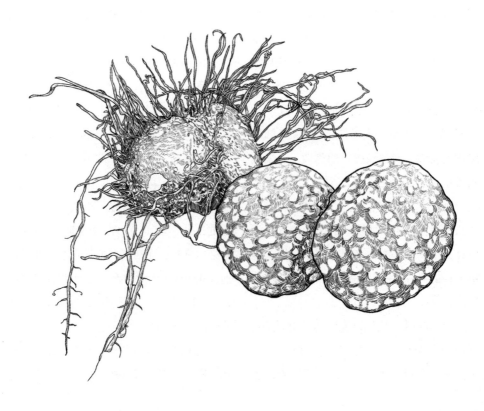

赭黄色，"魁"指"大根"，原指巨型芋头；"土"特指其块茎生长在土壤之中；"芋""卵""豆"和"慈姑"都是拟物命名的参照物；以"山"命名则展现了黄独植株多野生于山间的生长习性。

当我们采挖黄独时，只要循着其须根的走向延伸就可找到肥大的块茎，所以又得到金丝吊蛋、金线吊蛤蟆或金线吊虾蟆等谑称。其中的"金丝"和"金线"喻指其黄色的须根，而"蛤蟆"及其又称"虾蟆"，以及"蛋"则特指其外观浑圆的地下块茎。

黄独的块茎含有皂苷、鞣质和黄独素等成分，入药可有消肿解毒、止咳平喘，以及凉血止血等功效，所以还有着诸如黄药子、黄药根和黄药等别称，其中的"子"和"根"都特指其地下块茎。

黄独植株的叶腋部还会着生珠芽，最终可以长成大小不等、呈球形或卵圆形的气生鳞茎。所谓气生鳞茎就是由植株的地上部发生，暴露在空气中生长的鳞茎。黄独的气生鳞茎被称为零余子。"零"本有凋零或零散之义，"零余"也有剩下或余下的含义；"子"特指食用部位；"零余子"即喻指其地上部生长的气生鳞茎。其拉丁文学名的种加词 bulbifera 所强调的也是它那可以生长鳞茎的植物学特征。由于具有此种特征，黄独又获得零余子薯蓣和零余子薯的别称。依据零余子的形态特征，它还得到山药豆的俗称，其中的"山药"则是薯蓣的正式名称。

黄独富含淀粉，蒸熟煮透以后可供食用。但不宜多食，否则极易引起中毒，产生恶心、呕吐、惊厥、昏迷等症状。肝功能欠佳者更应慎用。

4. 姜和菊芋

姜和洋姜是两种以姜命名的薯芋类蔬菜。姜又称生姜，它是姜科姜属，多年生草本植物，常作为一年生栽培，以地下肉质根茎供食用。洋姜即菊芋，它是菊科向日葵属，多年生草本植物，以地下肉质块茎供食用。

（1）姜

姜原产于我国和东南亚的热带地区，我国自古以来就栽培姜。先秦时期已有文字记载，后来又得到出土实物的佐证，大约在汉代以后传到日本和地中海沿岸地区，宋代传到英国，明代末期引入美洲，现在已广泛分布到世界各地。我国除东北和西北等地的一些高寒地区以外，大多数地区都可栽培，逐渐形成的著名产区有山东莱芜、浙江平临、安徽铜陵、广东南雄、河南鲁山和四川犍（音钱）为。

数千年来，我国各族人民依据其植物学特征、品质和功能特性等因素，结合运用象声、指事、状物、拟人、拟物、谐音、通假或采用方言等手段，先后给姜命名了二十多种不同的称谓。

姜的字形最初为"薑"，东汉时的许慎在《说文解字》一书中介绍说它是"御湿之菜……从草，彊声"。"湿"原是祖国传统医学中的一个术语。古人把从外部侵入的六种致病因素统称为"六淫"，"湿"即为其中的一种，它属于阴邪。"御湿之菜"所强调的是姜所具有除风邪寒热的保健功能。由于姜具有强烈的辛辣气味，以及御湿的功效，所以采用"从草"和形声的手段，比照本义为"强弓"的"彊"字，称作"薑"，它又可写作"藚"，后来简写作"薑"。现在又采用同音通假的手段把它简化规范成"姜"。

"姜"的称谓早期可见于先秦古籍《礼记》，在其"内则"篇介绍古人日常饮食的品类时，就提到了梨、桃、李、杏、楂（即山楂），以及瓜、姜、桂等果蔬和调味食品。该篇还称："为熬：……屑桂与姜以洒诸上而盐之，干而食之。"这句话的大意是说，做牛羊肉时，预先要撒上姜末和桂屑，再用盐腌好，然后用炭火烤干、烤熟食用。由此可见古代的姜主要是供调味用的。

《论语·乡党》在记述孔子（前551—前479年）的饮食观时，也说过关于"不撤姜食，不多食"的话。对这句话的传统解释是：姜是我国古代常见的辛辣的蔬食，所以可以经常食用。然而有人介绍说在春秋时期，齐国曾有过禁食荤物的习俗，由于姜虽辛辣，但食后并无异味，所以才更会得到孔夫子的青睐，但是他认为也不应该过量食用姜。《吕氏春秋·本味篇》所称："和之美者，阳朴之姜。"《史记·货殖列传》所载"千畦姜……此其人皆与千户侯（相）等"等相关内容，都展现了秦汉时期我国各地栽培生姜的盛况。其中的"阳朴"位于今天的四川境内。

姜是一种浅根性作物，其地下部的根状茎既是贮存营养的器官，也是人类取食的部位。所谓地下茎与根的不同之处，就在于茎有节间，并可以从节间处萌发出新株。姜的根茎节间短而密。

姜地下根茎的整体是由姜母及其两侧腋芽不断分生形成的子姜和孙姜等共同组成的。其上还可生长肉质根、芽，以及地上部植株。由于姜的地上部植株和地下根茎具有如此紧密相依的关系，以及地下部姜母又生子姜、子姜又生孙姜等生息繁衍的植物学特性，所以得到生姜的称谓。此外"生"还有"新鲜"的含义，所以生姜也可以特指姜的新鲜根茎，即鲜姜。生姜的称谓初见于东汉时期崔寔所写的农书《四民月令》。从后汉三国到南北朝时期以后，这个充满生机的称呼逐渐成为常用名称。据范晔的《后汉书·方术列传》记载，曹操（155—220）就曾对左慈说过"既已得鱼，恨无蜀中生姜"的话语。直到宋代还发生过关于以"生姜树上生"喻指执拗的典故。但到如今，依据名称尽量从简的原则，国家标准 GB 8854—88《蔬菜名称（一）》还是把姜定为正式名称。其拉丁文学名的属称 Zingiber，英文名称 ginger，及其希腊文、德文、法文和阿拉伯文名称的读音均与姜的读音相近，而日文名称亦以生姜称之。

姜的地下肉质根茎略呈黄色，嫩芽与节间的鳞片呈紫色。以其形态特征命名，又得到黄姜、紫姜、花姜等别称，其中"茈"的读音和释义均与"紫"相同。"茈姜"有时也可特指嫩姜。西汉时的文学家司马相如在其《子虚赋》中曾描述的"茈姜蘘荷，蒇橙若荪"，所指的就是嫩姜。此外嫩姜还有芽姜、子姜及姜芽等俗称，与嫩姜和鲜姜相对应的则有老姜和干姜等称谓，其中的干姜指姜的干燥制品。

鉴于姜的根状茎具有无限繁衍的生长特性，在唐朝以后又增添了百辣云和进子等异称。其中的"百辣"喻指其品味辣到了极致，"云"则展现了它那根茎生长繁盛的特色。而"进"音"泵"，有"冒出"义，"进子"则充分显示了姜芽萌发时极强的生长势头。

沿用地域方言或民族语汇，姜还有着诸如姜仔和赞济必勒等俗称或别称。其中，"姜仔"的称谓流行于台湾地区，而"赞济必勒"则是维吾尔语的音译名称。

姜含有姜酚、姜油酮和姜烯酚等姜辣素，以及姜醇、谷氨酸、天门冬素等需宜成分，所以它是一种药食兼备的佳品。在烹饪时，姜把自身所含的这些辛辣而芳香的物质融入菜肴之中，在除膻去腥的同时又可增鲜溢美。人们在就餐时还会因姜辣素刺激消化道黏膜的作用而收到增加食欲、促进消化的效果。此外人们在食用鱼虾、螃蟹以后如果腹痛或吐泻，食用野芋、野菜以后如果发生中毒，均可通过食用生姜缓解。

生姜入药，有发表、散寒、温中、止呕等作用，因而获得"御湿菜"的别称。生姜的药性，还可通过去除或留下姜皮而随热或随冷地进行灵活调剂，所以又得到"炎凉小子"的别称。其中的"小子"则是拟人的称谓。

现代医学科学研究证明姜酚和姜辣素等成分有抑制前列腺素的合成，以及降低胆汁中的黏蛋白含量的作用。适量食用生姜可以保持胆汁中各种物质的相对平衡，并有益于预防胆石症。姜辣素等活性成分还有祛自由基的保健作用。试验显示，它具有清除老年斑等抗衰老的功效。此外生姜还有降低血液中胆固醇的含量、防治晕车晕船、防治荨麻疹，以及杀菌、防腐等作用。鉴于姜所兼有的多种保健功效，为此，其拉丁文的学名特地选用 officinale 作为种加词加以命名，它的含义即为"药用的"。

（2）菊芋

菊芋又称洋姜，它原产于美国的宾夕法尼亚。公元 17 世纪，由莱斯卡弗（Lescafor）带到欧洲，其后逐渐成为欧洲的一种常蔬。19世纪70年代，从英国引入我国上海，现在各地均有少量栽培。

百余年来，我国依据其植物学特征和原产地域的标识，结合运用拟物和意译等手段，先后命名了十来种不同的称谓。

菊芋的茎直立，地下块茎略呈不规则的瘤状圆形，叶呈卵状椭圆形，头状花序着生于枝端。人们以其花似菊，块茎略似姜、芋或芜菁等我国固有蔬菜的形态特征，或再结合运用其原地域的标识"洋"来联合命名，先后获得诸如菊芋、菊蕷，以及洋姜、洋生姜、洋山药、洋大头和外国生姜等称谓。其中的"蕷"和"大头"分别是薯芋类山药，以及根菜类芜菁的古称和俗称。由于它不具备姜那样的辛辣品味，而浑圆的外观更像芋头，所以在由国家标准局所颁布的国家标准《蔬菜名称（一）》中，菊芋的称谓已被确认为正式名称。其拉丁文学名的种加词 tuberosus 亦有"块茎状"的含义。

在我国东北如大连等地习惯把它称为地姜，究其缘由，除因其生于地下，外观似"姜"以外，可能还与当地受到俄国文化的影响有关。其俄文名称 земляная груша 即有"地梨"的内涵。

在民间，菊芋还有一个叫作鬼子姜的俗称。"鬼子"原为一种贬称，喻指阴险狡诈的人，而此处的"鬼子"则特指"洋鬼子"，有轻蔑的含义，实际上它是以菊芋的原产地域的标识"洋"的蔑称"鬼子"来命名的。

菊芋含有菊糖、淀粉、多种维生素，以及钙、磷、铁等需宜成分，可炒、煮食用，然而更适宜腌渍加工，入药有清热、解毒，以及利水、祛湿等作用，此外对糖尿病也有一定的辅助疗效。

5. 芋头系列

芋是天南星科芋属，多年生常作一年生栽培、宿根、湿生、草本，薯芋类蔬菜。芋头、叶用芋和花用芋分别以地下球茎、嫩叶柄和嫩花茎供食用。

芋原产于我国和其他南亚国家的热带沼泽地区，早在春秋时期我国就已有栽培。据《管子·轻重甲第八十》记载，当讨论齐国的治国思路时，宰辅管仲曾对齐桓公（前685—前643年在位）说过这样一段话："春曰俥（音字）耟（音似），次曰获麦，次曰薄芋。"意思是说：应该及时抓住春耕、收麦和种芋等有利时机。其中谈到的薄芋指的就是种芋。

最初，野生芋的地下球茎和叶柄并不发达，加之涩味又极重，且有毒性，所以不堪食用。经过先民们的长期选择培育，芋才逐渐变成食用器官或部位肥硕、品味清淡适口的茎用芋、叶用芋，以及花用芋。其中的叶用芋又称芋梗，是芋头的变种，花用芋又称芋花是野芋的变种，茎用芋即芋头又可划分为魁芋、多子芋和多头芋三种类型。现在我国的魁芋类型多产于高温多湿的珠江流域和台湾地区。多子芋和多头芋类型主产于长江流域和华北等地区，而芋梗和芋花则分别是江南和云南的特产。

两千多年来，人们依据其形态特征、栽培习性、功能特点及产地名称等因素，综合运用摹描、比拟、形声、借代、婉曲、夸张、谐音、贬褒和用典等多种构词手段，先后给芋头、叶用芋和花用芋三品佳蔬命名了六七十种不同的称谓。

芋既是茎用芋、叶用芋和花用芋三品的统称，有时也是各种地下块茎或普通块茎的泛称，此外它还是芋头的古称。

（1）芋头

《说文解字》对"芋"的解释是："大叶，实根骇人，故谓之芋也。从草，于声。"它开宗明义说：因为这种植物的营养器官叶片，以及食用器官块茎都大得惊人，所以采用草字头表示其植物属性；再用"于"字形声，把它叫作"芋"。古代的"于"与叹词"吁"是同义词。据先秦古籍《尚书·尧典》介绍，唐尧在位时期有人当面赞扬他的儿子丹朱聪慧、可担当大任，帝尧听到以后先是惊异地"吁"了一声，然后坚决表示出反对的意见，他说：丹朱愚顽粗鲁，又经常和别人争执，他怎能担当大任呢？另据考证，"芋"在古代的读音为"获"，它的读音和寓意都和"嘿"字相同。它原来就是一种表示惊讶的象声叹词，此外还有"大"的含义，所以"芋"应当是人们看到高大植株以后在惊愕的同时所发出的感叹声音。这种以形态特征因

素、结合运用象声叹词来给蔬菜命名的方式，应是我国古代先民的一大创举。

在古代，我国各地方言的读音存在着明显的差异，因此也形成了一组"芋"的别称，其中包括诸如莒（音举）、祖（音吕）、渠和藁（音渠）等单音节的称谓，以及莒芋、祖芋和芋藁等双音节的称谓。值得注意的是这些单音节称谓都是"芋"的谐音字。

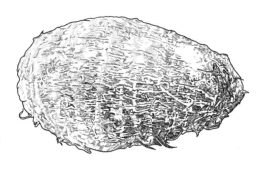

芋的地下短缩茎可以膨大形成球茎。芋的地下球茎可呈圆、卵圆、椭圆或长圆筒形。以其食用器官地下球茎的形态特征因素，结合运用虚词后缀命名，芋头的称谓由此得来。值得注意的是"头"在这里应读轻声。这一称谓业已纳入题为《蔬菜名称（一）》的国家标准中，成为正式名称。

芋头在秦汉时期又称为"蹲鸱"。《史记·货殖列传》载录：卓氏说过下面一段话："吾闻汶山之下，沃野，下有蹲鸱，至死不饥。"大意是说，岷山脚下的土质肥沃，遍地生长着个头硕大的芋头可以充当食粮，那里不会发生饥荒。其中的"鸱"

音"池"，指鹧鹰；"蹲鸱"是说芋头长得个头很大，猛然看去，活像是一只鹧鹰蹲坐在地上。而相同的事例到了《汉书·货殖列传》里，它又变成了"踆鸱"。这是因为"踆"音"村"，古时它与"蹲"字相通的缘故。唐代学者在为其作注释时曾称其为芋根，古人把地下茎称为根，这是因受时代的局限而产生的误解。此外古代的巴蜀地区还有一种长圆形的赤鹖芋，品质很好。"鹖"音"沾"，原指一种猛禽，赤鹖芋的称谓也是采用拟物的方式命名的别称。

芋头的球茎呈黄褐色或褐色，表面长有显著的叶痕环，茎节上还有棕色的鳞片毛。依据上述的形态特征命名，芋头又得到毛芋头、毛芋和着毛萝卜等俗称。

着毛萝卜的称谓出自南宋罗愿所著的《尔雅翼》。这则典故说：唐玄宗开元年间（713—741）曾由中书令萧嵩主持注释《昭明文选》一书。有一个叫作冯光进的下属把蹲鸱解释成着毛萝卜。"着"音"苗"，为生长义，着毛萝卜意思就是长了毛的萝卜。冯光进的这种蹩脚戏说引起萧嵩大笑不止。后来"着毛萝卜"也就演变成为一种对芋头的戏称。

茎用芋因以其球茎供食，又称球茎用芋。其拉丁文学名的变种加词 cormosus 亦有"具球茎"的含义。

按照栽培类型的不同，可分成水生的水芋和陆地旱生的旱芋两类。由于旱芋芋头的球茎生长在土壤之中，又获得一组以

"土"命名的称谓，包括土芋、土卵、土豆、土栗、土芝和土芝丹。

其中的"卵""豆"和"栗"都是抓住其外观形态特征、运用拟物手法命名的，而"芝"和"丹"等称谓则是为了强调其补中益气的保健功能。土芝丹的称呼原指芋头的熟制食品，始见于南宋时期林洪所著的《山家清供》。该书还介绍了人们一边品尝着甜美的芋头，一边哼唱"煨得芋头熟，天子不如我"的山歌，一派怡然自得的情景。

以其食用器官的形态特征和生长习性等因素命名，芋头的总体又有着诸如芋魁、博罗、芋母、芋娘、芋奶、芋嬭、芋乃、芋艿、芋艿头、芋子、芋仔、芋籽和亲芋等别称。其中的"魁"和"博"都有"大"的含义，"罗"有"多"的内涵；"艿""乃"和"嬭"指的都是"奶"，它们和"母""娘""亲""子""仔""籽"的共性在于它们都是从母体的短缩主茎直接膨大而形成的球茎。此外另据清代屈大均的《广东新语》介绍，芋头在南粤地区还有芋岷的俗称。"岷"同"嬷"，既可读"拿"音，也可读"姐"音，在南方的一些地区方言中，它有"母"的含义。

按照球茎的生长特点及其发达的程度分类，芋头又有十分繁杂的称谓。其中一般把上述由芋的短缩主茎直接膨大而成的球茎称为母芋，其个体较大。由母芋茎节上的腋芽发育而成的侧球茎，称子芋，其个体较小；有的品类从腋芽还可发育成匍

匐茎，在其末端膨大而成的球茎亦称子芋。而由子芋上的侧芽再形成的球茎则被称为孙芋。

按照球茎构成情况的不同，茎用芋可分成三种类型：其母芋的个头明显大于子芋的称为魁芋，荔浦芋是此种类型中的名品；其子芋数量繁多，品质和产量都超过母芋的称为多子芋，上海白梗芋是此种类型中的名品；球茎丛生，母芋、子芋和孙芋都密集生长在一起的称为多头芋，四川莲花芋是此种类型中的名品。荔浦芋以其盛产于广西的荔浦而得名，该品除畅销海内外，1974 年还远涉重洋，成功地引种到非洲的加蓬共和国。

（2）叶用芋

叶用芋的叶互生，叶片呈盾形或箭头形，外观似荷叶而尖；叶柄长达 40 厘米至 180 厘米，细长而中空；其下部膨大成为叶鞘，可呈绿、红或紫色。叶用芋的称谓即是以其食用部位叶柄的简称而命名的。此外叶用芋的称谓还有芋梗、芋藚、芋茎、芋横、芋拐、藚莝、芋荚、芋禾、芋苗、芋头叶柄、芋叶梗、芋荷鞂、芋荷杆、叶菜芋、银芋梗和菜芋十多种。其中的"梗""横""杆"和"鞂"都特指其狭长的叶柄；"藚"音"耿"，"莝"音"昨"，它们都特指芋梗；"拐"有弯曲义，也可引申为臂膀，从而喻指叶柄；"荚""禾"和"苗"又都借指嫩叶，而其嫩叶或嫩芽也和叶柄同样可以入蔬供食。"叶用芋"拉丁文学名的变种加词 petiolatus

亦有"长柄的"含义。

（3）花用芋

花用芋又称芋头花或芋花，它是我国云南的一种特产蔬菜。其花茎细长、质地嫩脆，呈紫红或紫绿色，花序呈佛焰状。以其主要的食用器官花茎命名，除得到上述三种称谓以外，还有芋苗花、红芋头花、赤芋头花、紫芋头花、红芋、赤芋和毛芋等众多的别称。有人还以其特产地域的名称命名，称其为云南红芋。花用芋也可以其叶柄和地下球茎供食用。

由于芋的球茎、叶柄和花茎中都含有草酸，所以会有一些麻、涩的味道，这些嫌忌成分可以采用加热煮沸等方法加以去除。如用手剥皮时，芋头中的乳状汁液因含有皂苷可能会刺激皮肤引起发痒，可用热水冲洗脱敏，也可采用先加热烘烤的方法操作。

芋头富含淀粉和蛋白质等营养成分，古代它曾是食粮的代用品，后来逐渐成为蔬食。芋头经蒸煮或烘烤熟制以后可以烹调食用，有香甜、滑、软、酥、糯等口感，令人神往。福建厦门著名的南普陀寺素菜"香泥藏珍"就是以芋头的球茎为主要原料，再辅以豆沙炸制而成的。食用花用芋的花茎和茎用芋的叶柄时，需先清除其外表皮的部分纤维，洗净后切分成寸段，放入锅中焙炒，待其松软以后再添加调味料炖熟，食用时质地酥软，风味独特。

6. 甘薯

甘薯又称番薯，它是旋花科番薯属，一或多年生草质藤本，菜粮兼用型、薯芋类蔬菜，以地下肥硕的块根或幼嫩的茎叶和叶柄供食用。

甘薯原产于美洲的热带地区，在美洲有着"世界三大蔬菜之一"的美誉，公元 15 世纪传入波利尼西亚等南太平洋岛屿。16 世纪初探险家哥伦布从加勒比地区带回，献给了西班牙女王伊萨伯拉一世（Isabel I）。其后又留传下来关于英王亨利八世（Henry Ⅷ）嗜食甘薯馅饼的佳话。公元 1521 年航海家麦哲伦做环球航行以后，甘薯得以传到亚洲的菲律宾。大约在同一时期，甘薯又由葡萄牙人带到马来西亚半岛和印度尼西亚等东南亚地区。及至公元 16 世纪末，即明神宗万历年间，甘薯从东南亚地区传入我国。

据文献资料载录，甘薯引入的途径有两条：第一条是从吕宋（即今日的菲律宾）引入福建；第二条是从安南（即今日的越南）引入广东。甘薯传入我国以后，到明神宗万历二十二年（1594 年），经由福建巡抚金学曾的倡导，首先在福建省境内推广栽培。其后逐渐普及到长江流域、黄河流域及台湾等地区。现在除青藏高原等高寒地区，甘薯的栽培已遍及祖国南北各地，其种植面积及总产量都已高居世界前列。

四百多年来，依据其原产地和引入地域的名称和标识，食用器官的形态特征、功能和品质特点，以及栽培习性等多种因素，结合运用摹描、拟物、谐音、借代和翻译等手段，人们先后给它命名了六十多种不同的称谓。

甘薯古称"甘藷"或"甘藇"。这些称谓可见于西晋之前问世的《异物志》，以及西晋时期嵇含的《南方草木状》等古籍。从似芋、如拳和味甘等特征的描述分析，我国著名农学家丁颖教授认为：我国古代所谓的甘薯应指起源于我国的薯蓣类植物甜薯，其拉丁文学名为 Dioscorea esculenta。这种植物因其块根的表面长有长毛而又被称为毛薯，至今在广东和海南等地仍有栽培。

而从域外引入的甘薯虽然也以其地下肉质块根供食，但其外观为圆筒形、椭圆形或纺锤形。块根表皮的色泽可因品种间的差异而呈现出紫红、淡红、黄褐、淡黄或白色；块根的肉质部分也有紫红、橘红、杏黄或乳白的区别。每当块根受到损伤后，还会分泌出白色乳汁。由于块根富含麦芽糖和葡萄糖等碳水化合物，所以食用起来口感甘甜。甘薯的称谓就是依据其甘甜的品质特点，比照薯蓣（即山药）而命名的。由于近百年来极为迅猛的普及态势，这种舶来的新秀最终鸠占鹊巢，竟然反客为主地把甘薯的称谓变成了自己的正式名称。

甘薯还可运用谐音替代等方式分别写作"甘藷""甘藇"，有时还借用我国原

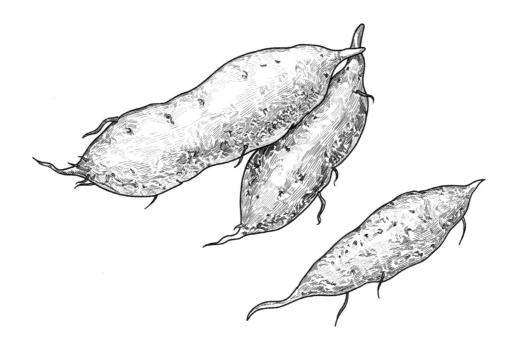

有的各种薯芋类蔬菜的名称，直呼其为薯蓣、薯蓣、山药、山芋；有时也简称薯或蓣，其英文名称 sweet potato 则可直译为"甜马铃薯"。

由于甘薯的栽培地域十分广阔，南北各地依据其食用器官的皮色特征，结合运用摹描或拟物等手法，还命名了下列两组别称：

红薯蓣、红薯蓣、红山药、红薯、红芋、朱藷和朱蓣；

白薯、白蜀、白芋和玉枕薯。

其中"蜀"的读音和释义都和"薯"字相同。

甘薯的块根肥硕并生长在地下，结合运用拟物的方法命名，又得到诸如山薯、山萝卜、地芋、地萝卜、地瓜和土瓜等地方俗称。

甘薯植株喜温畏寒，除华南地区可用老秧扦插的栽培方式进行繁殖以外，其他地区多用块根育苗，然后再扦插栽植。从清代起，人们发现适当采取翻秧的管理措施可以促使块根迅速膨大，翻薯的别称由此得来。

甘薯还有一组以其原产地或引入地域的名称或标识等因素命名的别称。其中包括：

美洲薯、西洋甘薯、番薯、番藷、番薢、番薯蓣、番薯、番蓣、番荠、番茹、萨摩薯和萨磨薯。

在上述一组别称中，"西洋"和"番"都是原产地域的标识；"茹"有"菜"义，强调了可供蔬食的内涵；"萨摩"和"萨磨"则是以其产地地处南太平洋的萨摩亚群岛而命名的。

番薯的称谓早期可见于明代谢肇淛（1567—1624）的《五杂组》（又作《五杂俎》）一书，其中载有："闽中有番薯，似山药而肥白过之。种沙地中，易生而极蕃衍。饥馑之岁，民多赖以全活。此物北方亦可种也。"这段资料说，福建的番薯外观很像山药，但比山药更白、更肥硕，在沙壤土中极易生长。遇到荒年，百姓全靠它活命。据说在北方也可以种它。

番薯也可以从草写作"蕃薯"或"蕃"。在江苏南部，人们俗称其为番芋或蕃芋。在日本，以其引入地域之一中国的代称命名，称其为唐薯。

甘薯的块根既可替代食粮，又能当作蔬菜，蒸煮、烧烤、煎炒、拔丝咸宜。此外还可制作淀粉、饴糖、粉条、粉丝、糕点、蜜饯，又是酿酒、制醋的上佳原料。甘薯因其具有充饥、救荒的功能，在南方地区曾获得饭薯和金薯等名称。其中的金薯称谓，还体现了福建百姓对福建巡抚金学曾推广栽培甘薯功绩的肯定与怀念。甘薯宜熟食，又可生吃，因其生食时味道甜美，还获得"水果饭薯"的誉称。

甘薯入药，具有补中、和血、暖胃、宽肠、益肺、生津等功效。结合其皮色所呈现的多样化特征，我国北方一些地区又俗称其为色药。"色"字在这里应读 shǎi（"筛"的上声）。现代医学科学研究认定，甘薯块根中含有大量的黏液状多糖蛋白，它具有多种保健功能，其中包括：

①减少心血管系统的脂肪沉积，保持动脉血管的弹性；

②润滑呼吸道和消化道，促进胆固醇等有害物质的排泄；

③防止肝、肾等脏器中结缔组织的萎缩。

甘薯还含有脱氢异雄固醇，这种活性物质对结肠癌和乳腺癌也有良好的防治作用。此外甘薯又是一种生理碱性食物，对维持血液中的酸碱平衡能起到积极的调节作用。由此看来，适当地食用甘薯对人体的健康是十分有益的。

甘薯的茎蔓粗壮，匍匐生长。甘薯的叶互生，呈心脏形、肾脏形，或呈掌状深裂，叶柄与叶片大致等长。鉴于甘薯的蔓茎形态略似豆科野豌豆属的常见植物苕子，结合运用甘薯的原产地域的标识，以及块茎皮色特征等因素命名，甘薯还得到洋苕、红苕等俗称；而湖北等地用方言则简称为苕，"苕"音"勺"，强调其适应能力之强劲。

人们以其嫩茎叶或叶柄作为蔬菜，祖国各地分别称其为甘薯叶、甘藷叶、甘䐗叶、番薯叶、番藷叶、番䐗叶、蕃薯叶、红薯叶、白薯叶、地瓜叶、叶用甘薯或甘薯茎尖。现在人们采用叶用甘薯的称谓作为常用名称。

我国台湾培育的叶用甘薯新品种被称为过沟菜，这一称谓就是以其茎蔓粗壮，可以穿越沟壑的植物学特性而命名的。在祖国内地则以其主产地域的名称命名，或称其为台湾番薯叶。

7. 草食蚕

草食蚕又称螺丝菜，它是唇形科水苏属，多年生草本，薯芋类蔬菜，以地下肉质块茎供食用。

草食蚕原产于我国，唐代已有著录，宋代以后逐渐成为栽培蔬菜。现在各地均有零星栽培，主要供腌、酱加工食用。

唐宋以来，人们依据其产品器官的形态特征，及其品质特性等因素，先后给它命名了两大类、共有二十多种不同的称谓。

第一类名称是以其地下块茎的形态特征为主体命名的。

草食蚕的地下块茎是由匍匐茎的节间膨大而形成的。它的外观略似蚕蛹，呈螺旋状、宝塔状或呈连珠状，结合运用拟物、摹描等手法命名，因而获得诸如草食蚕、石蚕、地蚕、地蚕子、土蛹、地蚰牛、地纽、土虫草、蜗儿菜、地溜儿、地葫芦、螺丝菜、螺蛳菜、地螺、宝塔菜和玉环菜等称谓。

草食蚕的称谓，是对其草本块茎的外观很像僵蚕的一种形象化的表述。这个称谓可以追溯到唐代陈藏器所著的《本草拾遗》，以及宋代苏颂所写的《图经本草》。草食蚕初为野生，北宋时期还只能在山间采集；大约从南宋至金元间，它才逐渐被驯化成为家蔬；到了明代已可看到描述其地下块茎"肥白而促节（指其节间短）"，以及"大如三眠（龄）蚕"等相关资料。现在供腌渍的品种有的呈玉白色，长约2至4厘米，南方的某些地区因其"形如小（手）指，而纹节甚稠（指其节间短）"，又取名为地瓜儿。

还有一种草食蚕的地下块茎的节间长大，状似莲藕，其匍匐枝长度可达5至22厘米，因此得到地藕的别称。

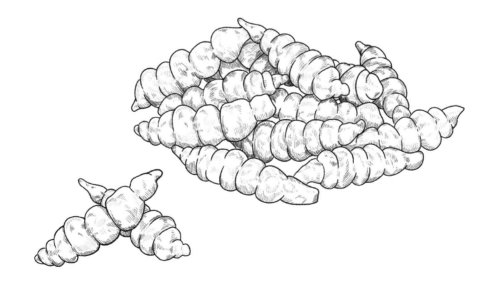

第二类名称是以其地下块茎的品质特色，结合采用比喻的手段而命名的。其中包括甘露、甘露儿、甘露子、甘露菜、滴露和滴露子。

甘露的称谓因其块茎中含有水苏糖，味稍甘甜、质地脆嫩，有如自然界中的甘露而得名。甘露的称谓初见于南宋与金南北对峙时期。南宋诗人杨万里（1127—1206）有七言古诗一首，把甘露的外观酷似地蚕，但又不需食用桑叶，不用作茧，只需经过清洗就能当作果蔬而食用的特性刻画得活灵活现。该诗写道：

"甘露子，甘露子，唤作地蚕亦良似。不食柘叶不食桑，何须走入地底藏。不能作茧不上簇，如何也蒙赐汤沐。呼我果，谓之果；呼我蔌，谓之蔌……"

诗中的"子"和"果"原来均指果实，古时也可以特指地下茎类蔬食，在这里特指草食蚕的地下块茎；"簇"系指作茧的蚕具蚕藤，"簇"读音如"醋"；"蔌"音"素"，专指蔬菜。

元代无论官修的农书《农桑辑要》，还是民著的王祯《农书》或《析津志》（熊梦祥著）都选择了甘露的称谓。此外忽思慧的《饮膳正要》还提到了滴露的异称。早在金代末年《务本新书》已有过关于"承露滋息"的记述。对于这种"叶上露珠滴地，一点出一珠"欠科学的传统解释，明代学者李时珍通过亲身栽植、观察才加以否定。

经过整合，李时珍在《本草纲目》里最终决定采用草食蚕的称谓为正式名称，并把甘露等称谓改为别称。这一定论至今仍在沿用。

8. 葛

葛是豆科葛属，多年生、缠绕、藤本，薯芋类蔬菜，以块根供食用。

葛起源于亚洲东部地区，我国先秦时期的古籍《尚书》和《诗经》都有著录，南北朝时已有关于以葛根为蔬食的记载。现在主要产于华南等地，其中广东所产的葛片、葛粉等加工制品还是我国传统的出口商品。

数千年来，人们依据其食用部位、功能特点、品质特征等因素，结合运用谐音、讳饰等手段，先后给它命名了八种不同的称呼。

葛的茎为蔓性、藤本，茎蔓生长茂盛。在史前时期，先民就采集葛的茎皮编织遮体的寒衣。许慎的《说文解字》解释说："葛，绨绤，草也；从草，曷声。"其中的"绨绤"读音如"吃细"，它是以葛的蔓茎编织成衣料的总称，前者指较细的衣料，后者指较粗的衣料。"葛"音"革"，它的含义与"褐"（音贺）字相同，它所指的就是上述那种可以提供原始衣料的草本植物。

《尚书·禹贡》提到的"厥贡盐绨"指的就是古代青州地方（包括现今山东省东部地区）的贡品中已有食盐以及用葛织成

的细布。

《诗经·周南·葛覃（音谈）》中也有这样的诗句："葛之覃兮，施于中谷。维叶莫莫，是刈是濩。为絺为綌，服之无斁。"译成现代汉语大概是说：野葛的蔓藤长又长啊，爬满了山谷和山岗。油绿的葛叶长得很茂盛啊，用刀切割用锅煮；织细布啊，织粗布，穿在身上不会令人厌恶！从上述两则史料可以推知：最初葛是先被用作衣料的。

最迟到了南北朝时，出现了关于"人皆蒸食"的记载。金章宗完颜璟在位时（1190—1208 年在位），由于皇帝的小名叫作麻达葛，所以在金国境内曾一度采取避讳的手段，把"葛"改称"蒋"。由于古代传说鹿食九草，葛是其中的一种，因此葛还得到鹿藿的称谓。其中的"藿"虽指叶片，但也能以借代的方式将其叶的名称作为植株整体的异称。

葛的地下块根呈黄白色、长棒形或纺锤形，表皮粗糙、有皱褶，肉呈白色。它富含碳水化合物、蛋白质，味道甜美。既可蒸煮食用，又能加工成葛粉和葛片。葛粉又称葛根粉，除食用以外，还能冲调成为清凉饮料。以其食用功能和品质特性等因素命名，又得到诸如甘葛、食用葛、粉葛藤和粉葛等别称。

葛的块根还含有葛根黄苷、葛根黄素、大豆苷和大豆黄素，所以具有解肌退热、透发斑疹和生津止泻等功效，对治疗感冒发烧、高血压症，以及肠炎、细菌性痢疾等病症均有较为显著的疗效。以其食用或药用的器官命名，葛又可称为葛根。另据《清异录》介绍，葛因其生于土壤之中，又具有如下三种使用功能：块根供蔬食，花入药，茎蔓织布，所以还得到"土三材"的誉称。

葛的拉丁文学名的属称 Pueraria 则是以瑞士籍的著名植物学家普拉利的姓氏来命名的。

9. 魔芋

魔芋是天南星科魔芋属，多年生宿根草本，薯芋类蔬菜，以膨大的地下球状块茎供食用。

魔芋种群原产于东印度和斯里兰卡的热带森林地区，拥有丰富野生资源的我国南方也是起源地之一，早在汉代已有著录，西晋时期已可人工栽植魔芋。现在南方各地均可栽培，主产于云南、四川和湖北等省区。

两千多年来，人们依据其植物学特征、食用器官特性，以及加工方式特点等因素，结合运用拟物、摹描等手段，先后给魔芋命名了三十多种不同的称谓。

魔芋古称蒟蒻，东汉时期许慎的《说文解字》介绍说："蒟，从草，竘声。""竘"音"取"，表示高而壮的样子；"蒻"可泛指植物的肉质根或肉质茎。蒟蒻的称呼应是对其植株粗壮、地下块茎发达等形态特征的写照。

蒟蒻的称谓可见于西晋时代左思（约252—306）的名著《蜀都赋》，其中载有"其圃则有蒟蒻……辛姜"之句。说明在距今一千七百多年前，我国南方地区就有人在园圃之中栽培魔芋了。

蒟蒻的叶片呈羽状分裂，复叶由粗壮的叶柄支撑，亭亭如盖；叶柄呈绿色，其上可有紫、红或黄色的斑纹；其地下块状球茎呈圆或扁球形，外观既像薯芋类蔬菜芋头或是水生类蔬菜莲藕，又像是具有人头样块茎的植物天南星。依据其株形、叶状，以及块茎的形态特征命名，又得到如下三组异称：

花伞把和花秆莲；

菊芋、五爪芋、狗爪芋、鸡爪芋和罗汉芋；

蒟头、蒻头、天南星、土南星、南星和花秆南星。

其中的花伞、五爪、狗爪、鸡爪和花秆等喻指其叶片和叶柄，"芋""头""莲"和"天南星"等喻指其块茎，"南星"和"土南星"均指天南星。

蒟蒻的花茎长50至70厘米，花单生、肉穗花序，其外部的佛焰苞呈卵状，下部漏斗形；其顶部有长约25厘米的圆柱状附属体。花开以后其顶部下垂，连同花茎一起酷似昂起的蛇头。人们依据其花器和花茎的形态特征，形象化地称其为蛇芋、蛇头草、蛇头根草、蛇梗莲或蛇六谷。其中的"梗"和"葶"同样指的都是其花茎。在先秦古籍《易经》里六为老阴，由于蒟蒻的植株喜阴，当人们在森林之中看到它的丛生群体时，恍然如同进入昏暗的蛇穴一样，所以又称其为蛇六谷。

蒟蒻的地下球茎含有极具毒性的植物碱，味辛、入口后会令人产生麻感，所以需先加入石灰煮沸、漂净，方可食用，因此在民间还得到麻芋、麻芋子和花麻蛇等俗称。

鉴于蒟蒻所具有的长条形肉质根、秃头样块茎、雨伞状复叶、漏斗形花朵、蛇头样花茎，以及先开花、后长叶等一系列奇特的植物学特征，明清以来，人们纷纷以"魔"或"鬼"等字眼命名，称其为魔芋或鬼芋、鬼芋根、鬼头、鬼肉。其中的魔芋后来被学术界确定为正式名称。

魔芋富含淀粉、果胶、油酸、亚油酸，以及多种人体必需氨基酸等营养和需宜成分。又因富含葡甘露聚糖，致使膨胀率极高、黏着力极强的魔芋非常适宜制作魔芋豆腐。由于在加工时需先磨成浆液，又得到磨芋、磨液豆腐，以及水芋、水菜等称呼。现代医学成果显示，魔芋还具有刺激消化道蠕动，以及降血脂和解毒、减肥等保健功效，因此荣获"肠胃清道夫"的誉称。

10. 豆薯

豆薯是豆科豆薯属，一或多年生草质藤本，薯芋类蔬菜，以肥大的块根供食用。

豆薯原产于我国南部和美洲的热带地区。我国在明代中叶已有著录，现在西南、华南和台湾等地区栽培较多。

豆薯的茎蔓生，叶互生，为三出复叶，花蝶形，荚果扁平，呈条形，其肉质根呈扁圆形或纺锤形。以其植株的形态特征与豆类蔬菜相近，再结合运用其食用器官块根又类似薯类蔬菜的特点联合命名，被称为豆薯。由于其块根甘甜多汁，食用时顿感清凉；叶片长得又像薯芋类蔬菜葛；茎蔓长得又很像瓜类蔬菜，人们比照薯芋类蔬菜芋、薯和葛，以及瓜类蔬菜的瓜等名称命名，豆薯又得到诸如凉薯、香芋、葛薯、沙葛、葛瓜、地瓜和土瓜等别称，其中的"沙"是以其适宜在沙质土壤中栽培而得名的。

在上述诸多的称谓中，香芋的称谓始见于16世纪上半叶问世的《种芋法》，此书的作者是黄省曾（1490—1540）。该书记有下面一段文字：

"又有皮黄、肉白，甘美可食，茎叶如扁豆而细，谓之香芋。"其中的香芋极有可能指的就是豆薯。由于香芋又是薯芋类蔬菜菜用土圞儿的别称，人们最终选定以豆薯的称谓为其正式名称。

在美洲豆薯引入以后，我国以其引入地域的标识命名，又称其为南美豆薯或番葛。

11. 菜用土圞儿

菜用土圞儿又称美洲土圞儿，它是豆科土圞儿属，多年生、作一年生栽培，蔓性、草本，薯芋类蔬菜，以块茎供食用。

菜用土圞儿原产于美洲，其拉丁文学名的种加词 americana 就是以其原产地的名称亚美利加来命名的。公元 17 世纪传入欧洲，其后欧美两洲各国多喜栽培。由于它富含淀粉、品味清香，既适于炒、炖，又能提取淀粉，颇受消费者的欢迎。引入我国以后，上海和江苏等沿海地区也逐渐栽培。

原产于我国的土圞儿本是一种野生植物。据明代朱橚的《救荒本草》记载，产于河南新郑山野中的土圞儿叶子长得很像绿豆，地下生长的块根"微团、味甜"，如遇到荒年，人们可以煮食块根。由于它的块根生长在土壤中，其形态又略似小圆球，所以取名为土圞儿。其中的"圞"音"滦"，它有圆球的含义，"儿"则有"小"的内涵。由于块根个体虽小，但生长的数量较多，又获"地栗子"和"九子羊"等俗称。其中的"九子"和"羊"分别喻指其数量的众多，以及品质的肥美。

同属于土圞儿属的菜用土圞儿其地下生长的块根长约 3 至 8 厘米，外皮黄褐、肉为白色，外观略似圆球形。以其蔬食功能，比照我国固有的相似种土圞儿来命名，得到菜用土圞儿的正式名称，以及食用土圞儿的别称。有人还以其引入地域的名称和标识命名，或称其为美洲土圞儿和洋土圞儿。也有人借用土圞儿的别称来命名，称其为地栗子、九子羊和香芋。此外还有一些文献资料借用"圞"的同音或近音字把它写作菜用土栾儿、菜用土李儿、

菜用土圞儿和食用土栾儿。

12. 蕉芋

蕉芋是美人蕉科美人蕉属，多年生草本，薯芋类蔬菜，以肉质块茎供食用。

蕉芋原产于南美洲的安第斯山脉地区，早在公元前 2500 年已被驯化，1948 年引入我国。现在长江以南的福建、江西和浙江等地有零星栽培。

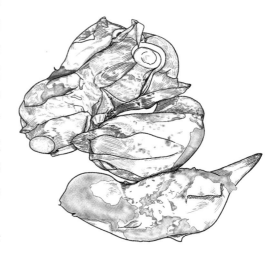

蕉芋的茎直立、粗壮；叶呈椭圆形，叶柄基部包茎；根状块茎有节、呈椭圆形，表皮黄色，肉质白色。人们依据其叶片略似美人蕉和芭蕉，块茎有如薯芋类蔬菜芋头等形态特征命名，称其为蕉芋，有人也别称其为芭蕉芋。因其块茎有节，类似薯芋类蔬菜姜或水生菜类蔬菜藕，采用拟物的手法命名，又得到诸如姜芋、蕉藕或旱藕等别称，其中的"旱"是指其为旱

生作物。现在采用蕉芋的称谓为其正式名称。

蕉芋的块茎富含淀粉，可供炒煮或腌渍食用。此外还可提取淀粉，加工制作粉条、粉丝。以其蔬食功能命名，还获得"食用美人蕉"的誉称。

13. 竹芋

竹芋是竹芋科竹芋属，多年生草本，薯芋类蔬菜，以根状肉质茎供食用。

竹芋原产于美洲的热带地区，清代传入我国。现在广东、广西和云南等地有少量栽培。

竹芋植株的叶片呈卵状矩圆形或卵状披针形；根状茎肉质、白色，略呈长棒形，长度约为 5 至 7 厘米，其上还具有三角状鳞片。由于其根状茎生长在地下，外形略似竹笋，而其品味又有如芋头，所以被命名为竹芋。现在人们多采用竹芋的称呼为其正式名称。

竹芋拉丁文学名的属称 Maranta 是以公元 16 世纪意大利的植物学家马兰蒂的姓氏命名的。早期也有人以其属称的译音命名，称其为"麦伦脱"。

其英文名称 arrowroot 可直译为"箭状块根"，据美国 A. H. 恩斯明格等人所著的《食物与营养》一书介绍，命名的缘由是因为以前印第安人曾用竹芋治疗过箭伤的缘故。

竹芋富含淀粉等碳水化合物，除供煮食以外还可沉滤加工制成淀粉，因此还得到"结粉"的别称。其中的"结"就有凝结、制作的含义。

第十一章　水生菜类蔬菜

水生菜类蔬菜是指适宜在水中栽培的蔬菜类群，它们分别以嫩茎叶、变态茎或种子供食用。其中包括水芹、藕、荸荠、慈姑、茭白、莼菜、芡实、菱、蒲菜、草芽、席草笋和豆瓣菜。

1. 水芹

水芹又称水芹菜，它是伞形科水芹属，多年生、宿根、草本，水生菜类蔬菜，以嫩茎和叶柄供食用。

水芹原产于我国和东南亚地区，上古时期的先民们已开始采集利用，现在长江中下游各省区的水边和洼地广有分布，主产于江苏南部的太湖流域，以及江苏北部的里运河以东地区。

几千年来，人们依据其形态特征、栽培习性、功能特点及产地名称或标识等因素，综合运用摹描、比拟、谐音和会意等构词手段，先后命名了三十多种不同的

称谓。

芹古时又写作"蕲"。《说文解字》称："蕲，从草，靳声。"从草，是说它采用草字头的形式，来表示从属于草本植物的内涵。那么"靳"为何物呢？由于常见的字典和辞书中都查不到此字，所以前人的解释多语焉不详，令人莫衷一是。值得庆幸的是：笔者从 1972 年在山东临沂银雀山汉墓出土的汉代竹简文献中竟然找到了"靳"字。经过一番考证终于了解了这个字的庐山真面目：原来它是"祈"字由篆书向隶书转化过程中的中间状态。

"祈"音"奇"，它有通过祷告求得幸福的意思。在先秦时期留传下来的钟鼎文字中，"祈"字的书写方法大都从旂、从单。"旂"音"奇"，古时专指诸侯常用的旗子，它由部首"𠦈"（音演）和声符"斤"两部分组成；"单"是象形字，据考古学者罗振玉的考释，古代冷兵器时期古人为了获得胜利，常在战前先在军旗之下

进行祈祷，故而"祈"字是运用会意的方法，由"旂"和"单"两字组合而成。例如在《善夫山鼎》和《王孙钟》两文献中，就分别把"祈"写成"𪧀"和"𪧀"。由于水芹的叶形为奇数羽状复叶，小叶多为尖卵形↰，其外观轮廓与"旂"的部首的初始形态以及古代主要兵器之一的箭头极为相似；再加上水芹的腌渍制品芹菹又是古代祭祀、祈祷时的一种重要供品，所以人们就采用"从草、从靳"的方式把这种常用于祈祷的蔬食称为蕲。由此可知：蕲者，祈也；蕲菜即指用于祈祷、祭祀的一种佳蔬。后来，随着征战和祈祷功能的逐渐弱化，人们又把蕲简写为芹。此外我们还发现，古人还曾以"蕲"和"芹"的同音或谐音字命名，把芹菜称为菦、勤、靳、蘄、荕、芑和靳。

芹的称谓早期可见于《诗经·鲁颂·泮水》的"思乐泮水，薄采其芹"。在这篇春秋时期为鲁僖公凯旋庆功的颂歌中，人们唱道：泮水岸边真快乐呀，快快来采收水芹。大家知道鲁僖公在位的时间是从公元前659年至公元前626年，由此推断：我国称芹至少已有两千六百多年的可考历史。《诗经·小雅·采菽》也有关于"觱（音碧）沸槛泉，言采其芹"的记载。这是反映春秋时期诸侯朝拜周天子、接受赏赐时的一首赞美诗，诗中说：在沸腾喷涌的泉水旁边，人们把香芹采来。有意思的是，这两组颂诗的下一句都是利用"旂"和"芹"来协韵的。另外，先秦古

籍《周礼·天官冢宰》在介绍日常食品兼祭品"七菹"时，就包括水芹的腌渍制品芹菹。

水芹多生长在湖畔、池旁或河边、沟沿，因而得到正式名称水芹，同时又获得诸如水蕲、水勤、水靳、水蘄、水菦、水靳、水英和沟芹等别称。结合运用其蔬食和祭祀等功能命名，还得到水芹菜、沟芹菜、芹菜、蕲菜、靳菜、菦菜、芹英、芹芽、水菜、水茹和祭菜等别称。其中的"英"和"芽"指其食用部位嫩茎叶，"茹"与菜同义。芹菜的称谓在这里特指水芹，而祭菜的称谓则强调的是它那可用以祭祀的功能。

水芹的植株匍匐而生，茎呈圆柱形、中空，叶柄细长，叶为奇数二回羽状复叶，小叶对生，呈尖卵圆形。由于其茎叶富含芹菜油等挥发成分，所以具有特殊芳

香气味。依据上述植物学特性，水芹还有着蒲芹、香芹、路路通及箭头草等俗称。其中的"路路通"喻指其茎中空，以示吉利；"箭头"喻指其叶形；"蒲"即有匍匐义，水芹的拉丁文学名种加词 javanica 亦为"有匍匐茎的"含义。唐宋两代的文豪杜甫、白居易和陆游先后吟诵过"香芹碧涧羹""饭稻茹芹英"，以及"盘蔬临水采芹芽"等著名诗句。这样才使得诸如香芹、芹英和芹芽等水芹的雅称一直流传至今。

水芹还有楚葵和刀芹两个较为冷僻的称谓。

楚葵的称谓见于《尔雅·释草》。内称："芹，楚葵。"众所周知，自秦以来就流传着"菜之美者……云梦之芹"的说法（见《吕氏春秋·本味篇》）。云梦泽是古代楚国境内大型湖泊群体的总称，同时也是水芹的名特产区。再加上水芹所具有的冷滑特性又和葵菜（即今日的冬寒菜）相似，于是以产地名称结合运用拟物的手法进行命名，从而得到了楚葵的称呼。

刀芹的称谓来自"蜇于口、惨于腹"的相关典故。"蜇"音"遮"，用于口语时常写作"螫"。这则出自《列子·杨朱》的故事中，以前有人把自己很喜欢吃的水芹和豆类等蔬食推荐给乡间的富豪。那位富豪品尝后，觉得口中刺痒，腹内疼痛，此后刀芹之名不胫而走。

水芹宜炒食，或腌渍加工。祖国医学认为水芹甘、平，无毒，有益气、解热和止血、养精等功效。经现代医学研究证明：水芹的挥发油中含有水蓼素、蒎烯、月桂烯及酞酸二乙酯等多种疗效成分，确有降血压、清肺热，以及止血和消肿作用，因而水芹又获得药芹和药芹菜等称谓。

2. 藕

藕又称莲藕，它是睡莲科莲属，多年生草本，水生菜类蔬菜，以肥嫩的地下根状茎供食用。

莲藕起源于中国和印度，在仰韶文化以及河姆渡文化等新石器时代文化遗址的出土文物中都可以找寻到莲子的踪迹，说明在我国至少已有 7000 年的悠久历史。我国的先秦古籍也有著录，《诗经·陈风·泽陂》称："彼泽之陂（音杯），有蒲与荷。"意思是说：在清清的池塘边，生长着嫩绿的蒲菜和鲜艳的荷花。《尔雅·释草》也说："荷……其根藕。"它明确指出荷的地下部分叫作藕。另从司马相如（前179—前118年）在《上林赋》中关于"咀嚼菱藕"的表述可以推知早在西汉时期，我国就把莲藕作为供食的蔬菜进行栽培了。到了南北朝时期，贾思勰的《齐民要术》又详细记载了人工栽培的方法，现在祖国各地广有栽培，主要产于长江流域、珠江三角洲，以及台湾等地区。

古往今来，人们依据其食用器官和植物学特性，结合运用拟人、状物、借代和用典等手段，先后给莲藕命名了三四十种

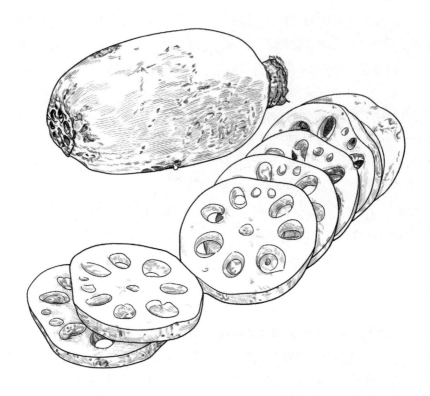

不同的称谓。

　　莲藕亦称荷藕，其中的"莲"和"荷"都是其原植物的总体名称。它们也可特指该植物的根状茎，成为藕的代称。

　　莲是因其花和果实相连而得名的，荷则是因以其细长的叶柄负荷、支撑着硕大的叶片而得名的。该植物的地下茎有两种形式：匍匐茎和根状茎。前者属于生长器官，又称为走茎，它的外形似鞭，或称为荷鞭和藕鞭；后者属于贮藏器官，称之为藕，它系由藕鞭膨大而成。藕和藕鞭有节，在其生长的旺盛时期，在其节间之上可以并生叶片及花梗。当我们的祖先观察到这种花、叶对偶而生的现象以后，结合其地下茎在水中穿泥繁衍的植物学特性，

于是把它命名为藕、蕅或蕅。其中的"藕"字是由"草字头"和"耦"字组合而成。在古代两人同耕被称为"耦"，它所强调的是其耕泥、穿土的本领。"蕅"字由草字头和"偶"字组合而成，突出的是它那花叶并生的特征。而"蕅"字从草、从水，展现的则是其草本和水生的本色。人们以其原植物的名称莲、荷，及其食用器官藕联合命名，从而又得到双重音节的别称莲藕和荷藕。1988 年由国家标准局正式颁发的国家标准《蔬菜名称（一）》已确定藕为正式名称，从此莲藕等称谓就变成了别称。

　　古人曾因时代的限制把莲藕的地下根状茎误认为根，并以"根"及其同义词

"本"等字眼命名，起过诸如藕根、莲根、莲本、荷花根、鲜藕根或芙渠根等俗称，这些俗称大多一直流传至今。其中的"芙渠"原是荷花的一种别称。

由主鞭或侧鞭的先端膨大而形成的藕称为母藕，在母藕的节上抽生出分枝膨大而成的藕称为子藕，子藕的节上还可抽生出孙藕。

藕又可分成头、身、尾三部分。作为食用商品主体的藕身，它表皮可呈白、黄白或黄玉色，外观略呈圆柱形，很像是人体的肱臂部分。以其形态特征命名，获得白藕、大藕等别称。唐代末年，中书侍郎崔远别墅的禊池中盛产巨藕，由于它长得长大，当时被奉为珍宝，在首都长安城内，人们多称之为玉臂龙。"禊"音"戏"，它原是古代的一种民俗活动，每逢农历的三月上旬大家都要到水边去洗浴，借以去除污垢和不祥。因此，藕又有了玉臂龙、手臂瓜，以及禊宝等誉称。南宋诗人卫泾还曾以拟人的手法，借用美女西施的手臂，以及忠臣比干的心来喻指莲藕的圣洁，并给后人留下了"一弯西子臂，七窍比干心"的千古名句，因此西子臂和比干心也就成了莲藕的隐语称谓。

随着历代文人墨客"藕隐玲珑玉""谁将玉节栽"，以及"千丝碧藕玲珑腕"等著名诗句的传世，又使莲藕增添了诸如玲珑玉、玉玲珑、玲珑腕和玉节等雅称。在这些雅称之中，"玲珑"二字生动鲜明地道出了它那空明兼备的形态特征。

据陶谷的《清异录》记载：大约在五代时期，鉴于北方少数民族居住地区所产的藕，其纵断面一般只具有三个孔眼，有人用汉语转译其名称，又把藕称为省事三。

藕的尾部又称后把，其外观细长有如牛角或树枝，中古时期质朴的北方人称其为光旁，"旁"音"膀"，意为裸露的树枝。藕，色白如冰，外形似舟船或房屋，因此还获得"冰船"和"冰房"等别称。

藕的地下匍匐茎具有较强的分枝性和钻透力，其鞭节上可分生出侧鞭，侧鞭还能再行分枝。古人也注意到这一习性，因此把其匍匐茎称为单音节的"蒤"和双音节的"藕蒤"。

血羹是以禽畜的新鲜血液为原料凝结制成的一种固态食品。据陶弘景的《名医别录》记载：在南北朝时期，有一位南朝宋的御用厨师在制作血羹时不慎把藕片落入其中，最终导致血羹不能很好地凝固。人们由此得到启示，从而发现了莲藕具有凉血和散瘀的功能，后来医师用它来治疗烦热和吐血等病症。我国古人认为"王者慈仁则芝草生，食之令人延年"。而藕的性味甘平，又具有轻身、益气，以及令人心欢等保健功效，所以人们也把它视为象征吉祥的水生芝草，水芝的别称由此而来。

藕富含淀粉、棉子糖、葡萄糖、多酚化合物和维生素 C，味道甘甜、清香，有开胃、消食、除烦和解酒的功效。可以当作烹饪原料，烹炒、凉拌、腌制、糖渍咸宜，还可加工制成优质淀粉藕粉。以其食用功能特性和品质特征等因素命名，它还得到菜藕、果藕、食用藕、香藕和莲菜等别称。采集幼嫩的藕密也可为蔬菜，南北各地以其形态和色泽特征命名，称其为银丝菜、藕梢菜、银苗菜或白蒻。

3. 荸荠

荸荠是莎草科荸荠属，多年生草本，水生菜类蔬菜，以脆嫩多汁的地下球茎供食用。

荸荠原产于我国和印度，先秦古籍《尔雅·释草》已有记载。初为野生，其地下茎欠发达，汉代曾用于救荒。大约到了南北朝时期，地下茎逐渐增大，最终形成产品器官地下球茎。现在南北各地均可栽培，主产于长江以南，以及山东、河南等省区。著名产地有广西桂林、浙江余杭、江苏高邮和苏州及福建福州。

两千多年来，人们依据其食用器官的形态特征、功能特点，及其植株的植物学特性等因素，结合运用形声、拟物、谐音和寓意等手段，先后给荸荠命名了四十多种不同的称谓。

荸荠植株由叶状茎、匍匐茎、肉质茎和须根所组成。叶状茎呈管状，直立、中空，叶片退化成膜片状。匍匐茎滋生于地下，它包括分别作为营养生长器官和贮藏器官的分蘖茎和球茎。荸荠的地下球茎扁圆形，表面光滑，成熟以后可呈深栗色、枣红色或黑紫色，其拉丁文学名的种加词 tuberosa 即有块茎的含义。

晋代的郭璞（276—324）说，古时候荸荠的植株（指其叶状茎）细如传说中的龙须。《尔雅·释草》把它称为"芍"。

"芍"字"从草、勺声"，读音如"晓"。当时的荸荠还处于野生状态，其地下茎呈黑紫色，个头不过像手指那样大。由于和荸荠一同生活在水中的凫（即野鸭）很喜欢吃荸荠，所以人们索性称之为凫茈，或简称为茈。"茈"音"磁"，原指紫草，在这里借代黑紫色，喻指其黑紫色的地下茎。

古代，野生的凫茈常用于备荒救灾。据《后汉书·刘玄刘盆子列传》记载："王莽末，南方饥馑，人庶群入野泽，掘凫茈而食。"大意是说，王莽在位时期（9—23年）的末年，我国南方发生了饥荒，人们为了求得生存，纷纷跑到池塘湖泊中挖掘凫茈食用。运用同音借代的手法，凫茈还可写作"符訾"（见《续汉书》）、"茈"（见《唐韵》）或"凫茨"（见《尔雅翼》）。

大约到了南北朝时期凫茈的地下茎逐渐膨大、变成扁球状，于是在陶弘景（456—536）的《名医别录》一书中出现了乌芋的称呼。乌芋是对其地下球茎呈紫色而外观很像芋头的白描，然而当时却把凫茈与慈姑混为一谈。直到明代，李时珍注意到前者具有叶片退化的特征，于是才正式明确提出有茎无叶的乌芋应与有茎有叶的慈姑相区别的论述。李时珍同时还把乌芋定为凫茈的正式名称。由于乌芋喜欢生活在淡水中，后来又派生出水芋的别称。为了区分乌芋与慈姑，四川等地以其外观色泽特征并比照慈姑命名，把乌芋又称为红慈姑。

荸荠的地下球茎呈扁圆球形，球茎表面生有三五条环状节，其上端又生有顶芽。由于顶芽和环状节的外观很像隆起的果蒂和肚脐，所以得到"鼻脐"的称呼。其中的"鼻"有突出和隆起的含义，"脐"则是肚脐的简称。以"鼻脐"为基础，运用谐音等手段，还派生出如下一组称谓：荸荠、荸脐、勃脐、勃荠、孛荠、葧荠、佛脐、葧脐和鼻剂。

其中的"荸荠"是"鼻脐"的同音字；"葧"和"孛"读音均与"勃"相同，它们都是"鼻"和"荸"的近音字；而"剂"则是"脐"的谐音字。有现代"补白大王"之称的郑逸梅在《花果小品》中介绍说："亡友顽鸥曾云：荸荠亦名佛脐，以形似而称也。"由此可知，佛脐的称谓是以其外观形似佛祖的肚脐而命名的。

荸荠的称呼始见于北宋时期寇宗奭的《本草衍义》一书。20世纪30年代蔬菜专家颜纶泽先生在其所著《蔬菜大全》一书中曾把葧脐的称谓视为正名。然而荸荠两字一则可以显示蔬菜名称从草的植物学特性，二则又能充分表达"鼻脐"的谐音；既典雅，又传神，所以最终成为正式名称。

以"荸荠"和"鼻脐"为主体，或参考产地因素，或运用描摹手段，历代、各地还有着另一组别称或简称：铁葧荠、铁葧脐、苾荠、苾荠、毕荠、南荠、南鼻脐和荠。

其中的"铁"特指其色泽，"苾""毕"和"荠"分别与"荸""鼻"和"荠""脐"

谐音，而"南"特指盛产荸荠的南方浅水地区。

荸荠富含淀粉，品味甘甜，可以生食、煮食、炒食，或作为配菜，此外还可用于加工罐头，提取淀粉。适量食用荸荠兼有健胃、祛痰和解热的保健作用。

古代我国习惯把以地下贮藏器官供食的一些水生蔬菜纳入水果类，即纳入水生果实类。因此荸荠又增加了两组与"果"有关的别称：

荸荠果、先熟果、马蹄、马荠和地下红水果；

地栗、地梨、地梨儿、地力、尾梨和水栗。

其中的"蹄"和"地"都有地下的含义；"梨"及其谐音字"力"，以及"栗"都特指荸荠红紫的外观，以及甘甜的品味；"尾梨"的"尾"字则是因其球茎生长在匍匐茎的末端而得名的。

清代北京地区称荸荠为荸荠果。当时的京城有一种风俗：每逢除夕，家家必须事先准备好一些"先熟果"荸荠，并用谐音称其为"必齐"，借以烘托丰盛祥和的过年气氛；所谓先熟果是特指在大年初一就可以品尝到的果品。闽粤等地的方言中常用"马"来表示果类，并习惯把它作为前置词。它再与表示地下的"蹄"连在一起，于是就组成马蹄的称呼。

地栗的称谓早在宋代就已流行，至今在江浙一带人们仍把洁净的荸荠叫作鲜白地栗，而其英文名称 water chestnut 的含义亦为"水栗"。

荸荠的芽嘴呈三棱形，黑三棱的俗称由此得来。鉴于其叶状茎形似蒲草或水葱等水生植物，浙江温州和广东潮州等地还称其为蒲荠、荠葱或蒲球。

4. 慈姑

慈姑又称茨菰，它是泽泻科慈姑属，多年生草本，水生菜类蔬菜，以地下球茎供食用。

慈姑原产于我国。西晋时期的《南方草木状》已有著录，南北朝时期陶弘景的《名医别录》说它"生水田中……状如泽泻……其根（指地下球茎）黄，似芋子而小，煮食之亦可啖（食）"。大约到了宋代开始驯化，明代以后在南方地区广泛栽培。现在长江以南地区均有分布，主产于江苏的太湖流域和广东的珠江三角洲地区，此外北方的一些水域也有少量栽培。各地的名特优良品种有江苏的苏州黄、广东的广州沙姑和广西的梧州马蹄菇。

一千多年来，人们依据其植物学和形态特征、生态特色等因素，结合运用拟物、谐音等手段，先后给慈姑命名了二十来种不同的称谓。

慈姑植株的茎可分为短缩茎和匍匐茎两种。每株慈姑可生长十多个匍匐茎，每个匍匐茎的先端都可膨大形成一个球茎。球茎的顶端生有顶芽，因其食用器官的形态特征和生长习性有如慈母哺育一群子女，取名慈姑，又称藉姑。其中的"藉"有"多数"的含义，藉姑可借指一棵植株生长许多个球茎的现象。

人们利用这两个称谓的谐音字或同义词又构成以下三组别称：

慈菰、慈菇、茨菰、茨姑、茨菇和芽姑；

借姑和藉姑；

蒩实和菹实。

其中的"茨"与"慈"，"菰""菇"与"姑"，"借""藉"与"藉"谐音；"蒩"和"菹"两字同读"坐"音，与"藉"均有多数的含义；"实"为果实义，古人习惯把一些水生的地下球茎称为水生果实；"蒩实"和"菹实"，以及"借姑"和"藉姑"的含义均与"藉姑"相同；"芽姑"则因球茎顶端生芽而得名。

茨菰的称谓始见于西晋时期嵇含（263—306）所著的《南方草木状》。

慈姑的称谓可见于唐代典籍和诗文之中。唐高宗显庆年间（656—661）编修的《新修本草》（又称《唐本草》）已采用此称谓。著名诗人白居易（772—846）在其题为《履道池上作》的七言律诗中也唱出过"树暗小巢藏巧妇，渠荒新叶长慈姑"的佳句。经过长期的对比、选择，现在人们以慈姑为正式名称。

慈姑的球茎高可 3 至 5 厘米，横径 3 至 4 厘米，卵或近球形；皮色或黄或白，肉色或白或淡蓝。其外观很像另一种水生蔬菜荸荠，比照荸荠的别称地栗和凫茈命名，慈姑还得到白地栗和河凫茈等别称。

慈姑的叶柄长，直接生长在短缩茎

上；叶片前尖、后歧，呈箭形，长25至40厘米，宽10至20厘米。以其叶片的形态特征命名，慈姑还得到诸如燕尾草、燕尾兰、剪刀草、剪搭草、箭搭草、槎牙草、槎丫草等俗称。其中的"燕尾""剪刀""箭搭""剪搭"（盛装箭或剪刀的袋子）都是描述叶片形状的词。有趣的是，明代的文人徐渭曾有过题为《侠客》的五言诗"燕尾茨菰箭，柳叶梨花枪"。其中的上句都是由慈姑的异称燕尾、茨菰和箭搭所组成的。至于"槎牙"和"槎丫"原是描述树木枝权歧出的词，其拉丁文学名的种加词 sagittifolia 亦有"箭形叶"的含义。

慈姑富含淀粉、蛋白质、磷、钙等营养成分，此外它还具有化痰、止咳、清热、解毒等保健作用，可煮食、烹炒、做汤。

5. 茭白

茭白即菰笋。菰是禾本科菰属，多年生、宿根、草本植物。其花茎被寄生的菰黑粉菌所分泌的吲哚乙酸刺激后，可形成肥大的肉质茎茭白。茭白只能通过分株繁殖，它属于水生菜类蔬菜，以变态的肉质花茎供食用。其拉丁文学名的种加词 caduciflora 亦有"水生"的含义。

菰原产于我国和东南亚地区，古代我国曾把菰的种子视为谷类而食用。大约在战国时期，才开始向菜用的方向演变。西汉时在长安皇宫的太液池中已长有菰

笋。及至晋初，江南的太湖流域成为知名产区。到了北宋时期，菰笋作为首都汴梁（今河南开封）的时新菜品，正式成为皇家仲秋月举行祭祀活动的必备佳蔬。现在全国各地均可栽培，主产于江南水乡。江苏苏州和无锡的茭白享誉中外。

两千多年来，人们依据其原植物的名称，及其食用部位的形态特征、品质特性和功能特点等因素，结合运用谐音、方言、借代，或采用隐语等手段，先后给茭白命名了四十多种不同的称谓。

"菰"原来写作"苽"。"苽"音"孤"，先秦古籍多有著录。《礼记·内则》称："食蜗醢而苽，食雉羹。"大意是说用蜗做酱，用苽米做饭，用野鸡做汤。鉴于花茎膨大以后其外观有如瓜形且又可食用，所以人们从瓜命名，采用谐音的手段称其为苽。"苽"后来被同音、同义的"菰"字

所替代。"菰"可见于西汉时期司马相如（前179—前118）所作的《子虚赋》。菰又称为蒋，这是以其产地名称来命名的。春秋时期有蒋国，其遗址在今河南省东南部的固始县。

由于"菰"字较"苽"字更通俗，而又与菌类相关，最终成为该种植物的正式名称。借用原植物的正名和别称来命名，其用作蔬食的商品实体茭白有时也就被称为菰、苽、蒋，或者菰草、苽草、蒋草和菰根。其中的"草"和"根"均是蔬菜的代称。

菰的地下茎呈匍匐状，它交叉着横生在水下的土壤中，所以菰又称为茭。菰的地上茎呈短缩状，其上可以抽生出花茎。花茎的先端数节畸形膨大成为肉质茎。肉质茎近圆形，长25至35厘米，横径3至5厘米，它由长披针形的叶片和叶鞘抱合而形成的假茎所包裹。如果剥去绿色的假茎，即可露出肥嫩、洁白的食用部位。茭白的名称由此而来。

茭白的称谓早期可见于宋代苏颂的《本草图经》（该书又称《图经本草》）。此外各地或采用方言或运用谐音等手段又命名了诸如脚白笋、筊白、高笋、蒿笋、蒿芭和蒿巴等俗称。其中的"脚""高""筊"和"蒿"，以及"芭"和"巴"分别是"茭"与"白"的谐音字。对于野生茭白，江浙和湖北等地则称之为茭儿菜或蒿柴，其中的"柴"则有品质较差的内涵。

以其原植物的名称及其食用部位的形态特征命名，茭白还有着诸如菰笋、菰薹、菰台、菰首、菰手、菰菜、茭笋、茭白笋、茭瓜、茭肉、茭粑、菇首、蒋菰、绿节、骡节和玉子等别称。在上述这些称谓中，"薹"及其谐音字"台"，以及"笋""瓜""肉""粑""手""首"和"玉子"等，都是特指茭白的品质洁白而肥嫩的词语，"菇"是"菰"的同音字，而"骡""绿"为同音、同义字，它们与"节"所组成的词语，则特指茭白绿色假茎的个体。其中骡节的称谓可见于晋代的《西京杂记》。茭笋的称谓可见于《宋史·礼志·荐新》。从宋仁宗景祐二年（1035年）起朝廷决定，在每年的仲秋之月都要以"京都新物"茭笋作为蔬食祭品，而在太庙举行荐新祭祀典礼。

古代"胡"因读音相近而成为"菰"的代词，而待到霜降，植株凋零以后菰米才能成熟食用，所以"凋菰"的谐音词"雕胡"也就成为菰米的代称。在旧时蔬菜行业的内部曾把雕胡借作茭白的隐语名称。

作为一种蔬食，茭白始见于《尔雅·释草》，当时被称为出隧和蘧蔬。"出"有显露义，"隧"原指钟被磨光处。"出隧"则特指剥开茭白的假茎，就可以露出色泽白亮的食用部位。"蘧"音"渠"，采用蘧蔬来命名，充分表达了古代先民对于这种由于生了病才味美的奇蔬异菜所呈现出的惊喜心态。

茭白含有蛋白质、碳水化合物、多

种维生素和矿物质。由于其中部分有机氮以氨基酸状态存在，所以烹炒或做汤食用时茭白的风味都十分香甜适口。以其口感甜滑的品质特性命名，茭白还得到甜笋的誉称。

6. 莼菜

莼菜，它是睡莲科（莼菜亚科）莼菜属，多年生、宿根、草本，水生菜类蔬菜，以嫩茎叶供食用。

莼菜原产于我国，先秦古籍《诗经》已有记载。现在江苏、浙江、江西、湖南、四川和云南等省区都有分布。主产于浙江省的杭州西湖、萧山湘湖，以及江苏省的太湖等地，其中的西湖莼菜名闻中外。现在无论是各国贵宾，还是域外归侨每到江南，都要品尝莼菜。

古往今来，人们依据其形态特征、生态环境特点，及其产地、功能等因素，结合运用摹描、拟物、讳饰、雅饰或采用方言等手段，先后给莼菜命名了三四十种不同的称谓。

莼菜在先秦时期称茆。"茆"音"茅"，它"从草、从卯"。"卯"有肢解义，它原指祭祀时用来屠杀牲畜的一种方法。由于这种蔬菜常用于祭祀活动，所以就被称作茆了。据《诗经·鲁颂·泮水》记载：当鲁国人采集茆为鲁僖公举行祝捷活动时，就演唱过"思乐泮水，薄采其茆"的颂词。《周礼·天官冢宰》称：为周天子服务的醢人，还掌管着包括制备茆菹在内的事务，而茆菹应是莼菜的一种腌渍加工食品。

莼菜植株的地下匍匐茎生长在泥土之中，而细长如丝的地上茎则丛生在水面上。因为古人把丝叫作"纯"，所以依据其嫩梢细长的形态特征及其蔬食功能，并比照"纯""丝"而命名，称其为莼菜。作为正式名称的莼菜称谓，又可简称莼。按照生产季节的不同，以及品质老嫩的差异，莼菜在祖国各地又派生出以下两组别称：

稚莼、䕲莼、丝莼、锦带、雉尾莼；

瑰莼、块莼、葵莼、油莼、猪莼、龟莼。

前一组中的"稚"和"䕲"都有幼嫩的意思，"锦带"和"雉（鸡）尾"均为拟物之词，它们都喻指早春采收的莼菜嫩梢。后一组中的"瑰""块""葵""油"，以及"猪""龟"都喻指秋后采收的莼菜老茎，有时这些老茎也可以当作猪只的饲料。

莼菜的叶互生，初生时卷曲，展平后呈盾状圆形或椭圆形；叶片的正面和背面分别为绿色和暗红色。其英文名称 watershield 也有"水生、盾状"的含义。

我国古时的"蓴"与"团"同声，"团"的繁体字"團"字就是由大"口"和去掉草字头的"蓴"两字组合而成的，它有着"圆"的内涵，江南人依据其叶片的形态特征并运用方言命名，称其为蓴或蓴菜。由于后来"蓴"的读音又和"莼"相同了，

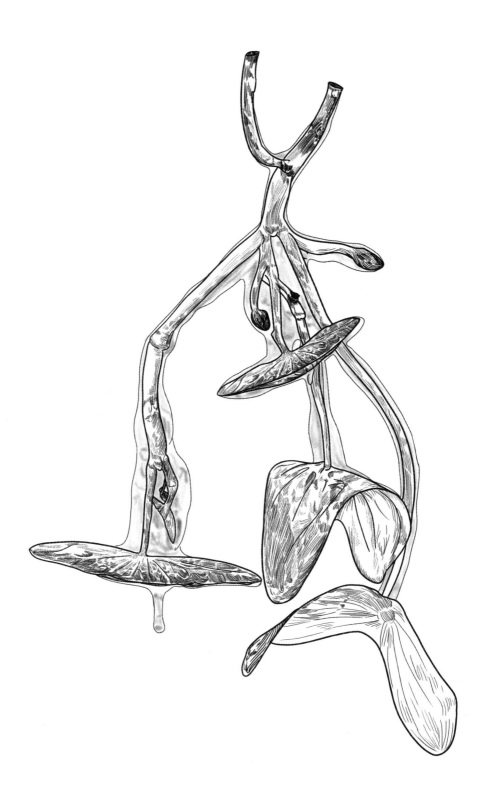

还派生出稚蓴、稗蓴、丝蓴、雉尾蓴、瑰蓴、块蓴、葵蓴、油蓴、猪蓴、龟蓴和蓴龟等别称。

由于莼菜的叶片可因叶柄的支撑而漂浮于水面，而其外观造型又与葵叶、圆环、花盆、马蹄或荷叶相似，莼菜还得到诸如浮菜、湖菜、水芹、悬葵、淳菜、屏风、水戾、蹗草、露葵、水葵、环蓴、缺盆草、马蹄草、马草和水荷叶等别称或俗称。在这些称谓之中，"浮""悬"和"湖""水"都强调的是莼菜浮于水面的生物学特性；"淳"是"浇"的反义词，暗喻莼菜生于水中，不用浇灌；"戾"音"力"，有到、至义；而读音为"鹿"的"蹗"特指鸭子洑水，它们分别表达了莼菜的叶片有如鸭子洑水样、随波荡漾、随水涨落的生动景象。

早在南北朝时期南梁的蔡朗为了避讳其父的名字，曾把与"纯"字同音的莼菜改称露葵。到了唐代，因避讳唐宪宗李纯（806—820 年在位）的名讳又把莼菜改称水葵。在上述两种讳饰的称谓中，"露"和"水"都用来喻指其叶片浮于水面的生长特性。

莼菜的最佳食用部位是嫩梢和初生的卷叶。由于食用部位为透明的黏胶质所包裹，所以用它或做汤，或烹制鱼羹，入口滑润、鲜美，别具风味，此外还可以炒、煸、拌食。莼菜含有碳水化合物、亮氨酸等氨基酸，以及维生素 B12 等，但因其性寒凉不宜多食。莼菜的黏胶质内含 L- 阿拉伯糖和 L- 岩藻糖等成分，经动物试验证明，确有抗癌、降血压和降血脂的功能。中医认为，莼菜还具有清热、解毒、止呕、止痢等疗效。

莼菜的嫩叶浮于水面、婀娜多姿；以莼菜作为蔬菜，品味脆嫩清香、口感滑润。历代名人学士都对它迷恋、心仪。《晋书·文苑传》说：西晋时的张翰因思念家乡味美可口的莼菜和鲈鱼，于是急流勇退，毅然辞掉高官，从首都洛阳千里迢迢地返回故乡吴郡（今江苏苏州一带）。他能把莼菜和松江鲈鱼相提并论，充分说明莼菜的品质优良。这样也给后世留下了以"莼羹鲈脍"来比喻辞官归隐的典故。"莼羹鲈脍"或可写作"蓴羹鲈脍"。唐代杜甫的"丝繁煮细莼"和"豉化莼丝熟"等诗句脍炙人口；宋代黄庭坚和杨万里也有"醉煮白鱼羹紫莼"，以及"割得龙公滑碧髯"等佳句传世，莼菜又因此获得"莼""莼丝""丝莼"和"滑碧髯"等雅称。到了清代，乾隆皇帝曾多次南巡，每到杭州他必以十分珍贵的西湖莼菜调羹进食。

7. 芡实

芡实又称芡，或称鸡头，它是睡莲科芡属，多年生、可作一年生栽培、草本，水生菜类蔬菜，以成熟果实中的种仁或嫩茎叶供食用。全国各地均可栽培，主产于江苏、浙江、湖南和广东等地，其中江苏苏州黄天荡所产的南塘鸡头最负盛名。

　　芡原产于亚洲的东南部地区。我国早在先秦时期已有栽培，《庄子》《管子》等古籍都有著录。最初人们采集芡实代粮充饥。唐朝以后朝野食用芡实逐渐成为一种时尚。到了宋代，它又堂而皇之地变成了皇家的专用祭品。据《宋史·礼志》记载：宋仁宗景祐三年（1036年）朝廷决定，每年夏季的第三个月份，特地遴选上等芡实和菱角作为帝王祭祖时的荐新物品。到了明朝，首都迁到北京，由于成熟季节的相应推迟，朝廷经过调整，改为农历的八月采用芡实作为祭祀时的荐新果品。

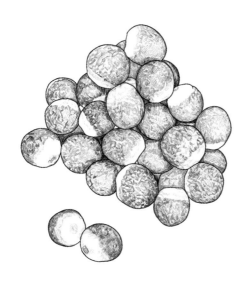

　　古往今来，人们依据其食用器官和部位的形态特征，以及功能特性等因素，结合运用摹描、拟物、借代、谐音或隐语等手段，先后给芡实命名了五十来种不同的称谓。

　　芡的果实为紫红色，略呈圆球或长圆形，先端有宿存的四片花萼突出，形似鸡头或鸟嘴。果实内含圆球形、白色的种子50至200粒，种子直径约为1厘米，种仁呈白或淡黄白色。由于其种子含有大量淀粉和蛋白质，可以在歉收的荒年代替粮食充饥，人们以其补歉的功能和食用器官的名称等因素联合命名，得到芡实和芡、芡子等称谓。其中的"实"和"子"分别指芡的果实和种子。现在采用芡实的称谓作为正式名称。

　　芡的果实外观很像鸡头和鸟嘴，以其形态特征，比照"鸡"和"雁"等鸟类的头部或嘴部命名，芡实又得到下列几组俗称或别称：

　　鸡头、雁头、鸿头、鸡头果、鸡头实、鸡头苞、鸡头莲、乌头和鸡嘴莲；

　　雁喙、雁喙实和雁实；

　　鸡壅和鸡雍。

　　其中的"鸿""雁"和"乌"都是鸟类动物；"喙"音"惠"，特指鸟嘴；"雍"与"壅"相通，原义为"聚积、突出"，与"鸡"连用，则暗喻其突出的鸡嘴。

　　依据其种子和种仁的外观和色泽等形态特征命名的别称则有：鸡头米、鸡头肉、鸡头子、鸡豆、鸡荳子、鸡珠、芡米或黄实。其中的"米"和"豆"（含"荳"）借指其种子的外观形态，"黄实"特指其种子内淡黄白色的胚乳，"鸡珠"则是把其种子喻为珍珠的一种誉称。

　　芡按照果实外部的光滑程度可分为有刺种和无刺种：前者多属野生种，因其果实表面长有密刺所以又称茨实或茨子，茨原指蒺藜，借用"茨"字再结合"实"或"子"来命名，特指其从属于有刺茨实；属于此种的又多产于北方，其别称除北芡外，还包括比照水生菜莲藕及其果实莲蓬命名的刺莲藕和刺莲蓬实。宋代学者苏辙（1039—1112）的诗句"紫苞青刺攒猬毛"正是对其外观的生动写照。后者的果实表面无刺，仅密布茸毛，多属于栽培种，其果实和种子均较前者为大，因其多产于南方地区，又被称为南芡。

芡植株的茎呈海绵状，叶脉有空气通道与地下根茎相连，从而可以进行气体交换，"肚里屏风"的称谓由此得来。"肚里"特指茎叶中的通气孔道；"屏"在这里应读作"柄"，有排除义。这个称谓所强调的就是根茎叶之间可以进行气体交流的植物学特性。

在古代由于各地的方言读音不同，芡还有许多别称。诸如茷（音役）、蔜（同茷）和蔿（音为）等称呼，都是西汉时期各地区针对芡实的形态特征，采用方言而命名的地域名称。如以其嫩茎叶或种子入蔬，又被称为鸡头菜、茷菜、蔿蕻或蔿子。其中的"菜"和"蕻"特指其嫩茎叶，"子"则指其种子。

芡实的种子在老熟以后种壳变得很硬，必须借助剪刀将其剖开，然后再挑出芡米食用。剪芡实、刀芡实和刀芡等俗称因此而来。

芡实除富含淀粉、蛋白质外，还含有维生素 B、C 和磷等无机盐，适宜做汤，香气浓郁，口感细腻黏糯，兼有益肾、固精和健脾、止泻等保健作用。早在汉代，《淮南子·说山训》业已指出"鸡头已瘘"，即芡实具有治疗疮疡肿痛的功效。由于以芡实为主制成的丸药水陆丹具有明显的补益效用，所以有人也采用借代的手段，或把芡实也称为"水陆丹"。

在古代一些水果行业曾经采用隐语的方式把芡实叫作水流黄。对于它的来历，宋代文人介绍说：人们在食用芡时，往往需要长时间咀嚼，这就会促使唾液和胃液的分泌，由于此项保健功能十分显著，"水流黄"的誉称不胫而走。这一称谓中的"水"用来特指水生；"流黄"原是名贵玉石的代称，借以喻指芡实所具有宝贵的保健功能。水流黄的称谓，还可用谐音替代的方式写作"水硫黄"。

自古以来同属水生菜类的菱与芡经常并称菱芡。然而它们的生活习性并不相同。据说菱开花背日，而芡则向日开花，所以芡又得到暖菱的异称。此外值得一提的是：明代问世的《本草纲目》和《群芳谱》还分别介绍了芡的另外两种别称卯菱和卵菱。查其出处，均来源于《管子》，这是由于古籍版本不同所致。其"五行篇"在提到早春时节及其相关的农事活动时说："然则冰解而冻释，草木区萌，赎蛰虫，卯菱。春辟勿时……"这段话的大意是说：接着是冰融、冻化，草木萌发；要及时消灭蛰伏在土壤中的害虫，要促进菱的生长，春耕不可拖延。其中卯菱的"卯"应读"萌"音；它是动词，有"冒"的意思，可引申为萌发、生长。由此看来卯菱的称谓似乎与芡实无关。而另一版本则把"卯菱"写作"卵菱"，唐代的房玄龄把它注释为"卵曷菱芡"；"卵"是形容词，有卵圆的含义，卵菱则是依据芡实的形态特征，比照菱角而命名的别称。卵菱的称谓，也可写作"卵薐"或"卵蔆"。

芡的嫩茎叶也可供食用，前已述及：借助芡及其别称鸡头、莜和蔿子来命名，还获得诸如鸡头菜、莜菜和蔿菼等称谓。

8. 菱

菱又称菱角，它是菱科菱属，一年生、蔓性、草本，水生菜类蔬菜，以坚果的果肉（即种仁）供食用。

菱原产于我国和印度，我国利用菱已有三千多年的可考历史。菱的人工栽培可以追溯到春秋战国时期。西汉时期的地方长官龚遂也曾号召百姓平时多种植、储藏菱角和芡实以备灾荒。从北宋开始直到明清，历代朝廷都把菱角作为祭祀祖先的荐新供品。现在长江以南广有分布，华北地区也有少量栽培。

古往今来，人们依据其食用器官的形态特征、品质特点，及其栽培习性等因素，结合运用摹描、拟物、谐音、借代、夸张或音译等构词手段，先后给菱角命名了三十多种不同的称谓。

菱的果实呈绿或紫红色，果皮坚硬，其上长有硬刺状棱角，生长在果实上方的棱角称肩角，而位于下方的称腰角。以此特征命名，该植物及其果实分别被称为菱和菱角。在古时人们还利用谐音字把菱又称为薐或陵；把菱角又称为薐角、陵角、沙角、紫角、龙角、菱黄或刺菱。其中

的“蔆”由“菱”和“水”两字所组成，“沙”则特指水田，这些别称都凸显了菱的水生特性；而“龙”和“刺”所强调的是菱角果实的形态特征；“黄”有“婴儿”的含义，又可引申为种子、种仁；“紫角”原来特指果实表面呈现紫红色的菱角，后来也用来泛指菱角的总体。

按照生长方式的不同，菱可分成野菱和家菱两类，前者为野生，后者属于栽培。

按照果实形态的特征又可分为三类：两角菱、四角菱和无角菱。

两角菱又称大刺菱或老菱，简称菱。其果实只有两个平伸或向下弯曲的肩角，其腰角业已退化。这类菱角的果皮较厚，果肉品质较差。产于广州等地的红菱品种属于此类，其拉丁文学名的种加词 bispinosa 亦有“两角”的含义。

四角菱又称芰或芰实，其果实具有四角或三角。其中位于上面的两个肩角左右平伸，位于下面的腰角则向下弯曲。这类菱角的果皮较薄，果肉品质较佳。“芰”音“计”，有“叶片支离分散”义；“实”指果实。属于此类的著名品种有产于江苏等地的邵伯菱和水红菱。其拉丁文学名的种加词 quadrispinosa 亦有“四角”的含义。邵伯菱简称邵伯，它原是菱角的一个品种的名称，后来也可用来泛指菱角总体。鉴于水红菱等菱角大约在每年的秋后进入成熟期，届时候鸟鸿雁也从北方飞回，所以菱角还得到雁来红的俗称。由于“菱”和“芰”可以分别特指两角菱和四角菱，人们有时也用菱芰两字连称作为菱角的别称。

无角菱又称圆角菱，或简称圆菱。其果实上的棱角均已退化，所以外形极为美观。这类菱角的果肉品质适中。产于浙江嘉兴等地的南湖菱属于无角菱，其拉丁文学名的变种加词 inermis 亦有“无刺”的含义。

菱的果实由外果皮、内果皮、种皮、胚乳和胚芽等组合而成，其主食部位称菱米或菱肉。它富含碳水化合物、维生素、矿物质、麦角甾四烯和谷甾醇等成分，吃起来带有栗子、花生等坚果的味道，因而得到水栗或鲍鱼花生等誉称，其中利用鲍鱼命名有些夸张的色彩。菱角可生食、熟食、风干，或制成菱粉，其风干制品又称风菱。此外菱角还有和胃、益气、解暑和抗癌等多种辅助性的医疗功效。

至于“胡速儿”则是蒙古语用汉字记音的称谓。

9. 蒲菜

蒲菜又称蒲笋，它是香蒲科香蒲属，多年生、宿根、草本，水生菜类蔬菜。不同品类的蒲菜分别以假茎、嫩芽或短缩茎供食。

蒲菜原产于我国的湖荡、沼泽等浅水地区。《诗经·大雅·韩奕》称：“其蔌维何？维笋及蒲。”说明西周晚期蒲菜和竹笋等佳蔬已经摆上了国宴的餐桌。先秦古籍

《神农本草经》还把它列入"草类"之中的上品。

在上古时期,人们只能采集野生蒲菜。到了公元6世纪南北朝的南梁时期,在江南的皇家园区已有人工栽种的蒲菜。南朝的梁元帝萧绎(508—555)曾留下过"池中种蒲叶,叶影荫池滨"的佳话。

到了公元8世纪的唐代中期,在今山东和江苏等地区,民间也掌握了蒲菜的栽培技术。从当时一些文人的作品之中可以找到蛛丝马迹:诗仙李白(701—762)因其父曾在任城(今山东济宁)做过地方官,所以他在山东地区生活过一段时期。当时他在题为《鲁东门观刈蒲》的诗作中写道:"鲁国寒事早,初霜刈渚蒲。"而长期隐居在江南地区自号"天随子"的陆龟蒙在其题为《种蒲》的作品中,也得意地吟咏过"杜若溪边手自移"的诗句。"杜若"即杜衡,它本是一种芳草,借指生于水中的蒲菜;"手自移",是说作者亲自下手移植蒲菜。

明清以后蒲菜的人工栽培日渐普及,如清代陈元龙(1652—1736)的《格致镜原》就称:"蒲草丛生,多种于田间。"现在我国黄河以南的广大沼泽地区均可栽培,主产于山东、河南、江苏及云南等地区。山东济南的北园蒲菜、河南的淮阳蒲菜、江苏的淮安蒲菜、云南的建水草芽,以及云南元谋的席草笋都是海内驰名的特产蔬食。

数千年来,人们依据其生态及形态特征、品质及功能特性,以及产地和人文等因素,结合运用拟物、摹描、谐音、借代和指事等构词手段,先后给蒲菜命名了四十来种不同的称谓。

蒲菜的株高1至3米,短缩茎呈球状,叶革质、箭形、中空,直接生长在短缩茎上,叶鞘层层抱合形成假茎,假茎扁圆形、长30至50厘米,其没水入土部分呈白色,近水部分呈白绿色。短缩茎的基部还可抽生匍匐茎,其先端有5至6节的白色嫩芽,其长20至30厘米、径粗1至2厘米。以其不同的食用部位命名,人们把食用包括嫩叶鞘和心叶在内的假茎、嫩芽和短缩茎的蒲菜,分别称为蒲菜、草芽和席草笋。

蒲菜古称蒲,《说文解字》说它"从草,浦声"。实际上"蒲"字由"草""水"和"甫"三部分组成,意思是说它"从草、从水",而"甫"有初始的含义,可以引申为萌芽,从而可以特指其食用部位嫩芽;这样就全面表述了"蒲"所独具的"草本""水生"和"食芽"三重内涵。从"蒲"又派生出以下三组别称:

蒲菜、蒲儿菜、蒲洱菜和蒲草;

蒲菜芽、蒲芽、菜芽、蒲笋、蒲蒻、蒲草芽和草芽;

香蒲、甘蒲、白蒲和深蒲。

其中的"菜"以及"芽""笋""黄"分别特指其食用功能和食用部位;"香""甘"和"白"用以显示其品质和形态特征;"洱"与"儿"谐音,同为名词语尾；"草"和"深"强调其草本和水生的基本属性；而"菜芽"和"草芽"则分别是"蒲菜芽"和"蒲草芽"的简称。现在采用蒲菜的称谓为正式名称。

以其食用部位嫩芽修长而色白的形态特征命名，还得到象芽菜和象牙菜等别称。

蒲草除供蔬食以外，尚可编织制作蒲席、蒲垫、蒲扇和蒲包。以其所具有的此种功能，又称其原植物为席草；以席草的短缩茎供食用的，称席草笋。席草笋的外观略似常见的水生蔬菜茭白；其品质鲜嫩时质地柔软而发面，老则变韧，缘此还得到野茭白、面疙瘩和老牛筋等地方俗称。

古代我国还有一些外观类似蒲草的植物，它们也可用来编席。在不同的时期或不同的地域，有人也借用这些植物的名称来称呼蒲草。因此蒲菜又可被称为莞、莞蒲、莞菜、苻蓠、夫蓠、夫离或蒢。其中的"莞"音"管"，"蒢"音"深"；"苻"音"夫"，又与"蒲"字谐音；而"夫蓠"和"夫离"又都是与"苻蓠"读音相同的别称。至今我国台湾还有人把蒲菜称为莞菜。此外因与"蒲"字同音，菩也成了蒲菜的俗称。

以著名产地的名称，以及相关事件命名，蒲菜还有睢、睢蒲、睢石、淮菜和抗金菜等称谓。其中的"睢"音"虽"，指睢水，在古代睢水曾是蒲菜的一个重要产区，其流域范围在今河南境内；"石"指古代医用的石针，它是以拟物的手段来命名

蒲笋；"淮菜"是"淮城蒲菜"的简称，淮城指今天的江苏淮安；相传南宋初年巾帼英雄梁红玉在楚州（今江苏淮安）坚持抵抗金国的侵略，由于弹尽粮绝，军士被迫挖取蒲笋充饥，最终取胜。后人为了缅怀先人的伟业，特地把蒲菜改称为抗金菜。

蒲菜的原植物名为香蒲，其拉丁文学名的属称 Typha 有"草垫子"的含义。其种加词 latifolia 则有"宽叶"义。

蒲菜含有较多的蛋白质、碳水化合物和丰富的钙质。以洁白清淡、脆嫩可口的蒲菜入蔬，烹炒、炖汤、盐腌、酱渍咸宜。其花粉蒲黄和以蜜糖还能蒸成美味糕点。蒲菜味甘，性平、微凉，具有清热、凉血、利水、消肿的药用功效。由于蒲菜具有药食兼备的多种功能，在淮河流域的某些地区被誉称为"神蒲"。另据陶弘景的《名医别录》记载，蒲菜还有醮的称谓，这是由于我国古人曾把蒲菜用于祭祀的缘故。"醮"音"叫"，它有祭祀的含义。

10. 豆瓣菜

豆瓣菜又称西洋菜，它是十字花科豆瓣菜属，一二年生或多年生草本，水生菜类蔬菜，以嫩茎叶供食用。

豆瓣菜原产于欧洲和地中海东部地区，在我国也可以找到野生种。早在公元前 1 世纪，希腊学者狄奥斯科里达（Dioscorides）已做过相关的描述，当时欧洲只是把它当作药物。公元 1 世纪，相继

被罗马人和波斯人所利用。公元 14 世纪初叶，英法两国开始进行人工栽培，直到 18 世纪才在德国首先实现商品经营。其后随着欧洲移民的足迹，豆瓣菜传遍世界各地，并逐渐变成欧、美、大洋三大洲以及南非等地居民喜爱的常蔬。我国的栽培种大约是在 19 世纪末叶经由欧洲传入的。最初在香港、澳门以及广东等地栽植，后来又多次引进新品种。现在华南、西南、华东，以及北方的一些大中城市的郊区都有园田种植，有的还采用无土栽培。

自从罗伯特·布朗为其定名以来的二百多年间，人们依据其植物学及形态特征、品质及功能特性，以及原产地和引入地域的代称或标识等因素，结合运用拟物、摹描等手段，先后命名了十余种不同的称谓。

豆瓣菜的叶为奇数羽状复叶，小叶近圆形、深绿色；匍匐茎、丛生，中空。

以其叶片外观形态有如豆瓣，命名为豆瓣菜。又以其茎中空等特征，取名为无心菜。现在我国以豆瓣菜的称谓为正式名称。

豆瓣菜为总状花序，花瓣呈十字形；果实为长角果、圆柱形；种子细小，呈扁圆形、黄褐色。结合其常年水生的特性，再以其花、果和种子的形态特征，比照我国固有的同科（十字花科）的一些常蔬命名，它还获得诸如水田芥、水芥、水薤菜、水荠菜、水胡椒草、水生胡椒草、水生菜和山葵菜等别称。

由于豆瓣菜的栽培种是由欧洲引进

的，缘此以其引入地域的标识"西洋"，及其代称"荷兰"等字样命名，在历史上豆瓣菜还有着西洋菜、荷兰芥、荷兰菜和荷兰芥子等别称，其中的"荷兰"乃是欧洲的代称。这是因为早在公元 16 世纪的明朝末期，我国南方地区就和欧洲的荷兰人有所接触，因此以后国人常把来自欧洲的舶来品都以"荷兰"字样命名，如把汽水称为荷兰水，把软荚豌豆称为荷兰豆。而在日本则称豆瓣菜为和兰芥，其实这是受了我国的影响。我国明朝时期把荷兰就称为"和兰"，参见《明史·外国列传》。

豆瓣菜利用播种或扦插嫩茎繁殖，极易栽培。以前海员进行远洋航行时为了补充新鲜的维生素，常常在船上栽培一些豆瓣菜，因此豆瓣菜又得到耐生菜的别称。

豆瓣菜富含多种维生素和多种营养元素，它所含钙和磷的比例约为 3∶1，因此适宜与鱼、肉、禽、蛋，以及豆类和坚果等低钙高磷的食物互为补充。豆瓣菜质地脆嫩、味道清香，不仅适合煮汤，而且还可制沙拉、做配菜、充凉菜，因而又获"凉菜"的称呼。人们在烹调之时还应注意适当补充一些食用碘。

豆瓣菜味道甘苦，因为它有润肺、止咳、利尿、止血等多种药用功能，欧洲人曾把它视为神菜。由公元 19 世纪英国植物学家罗伯特·布朗（Robet Brown）命名的拉丁文学名的种加词 officinale 亦有"药用的"含义。

第十二章　多年生菜类蔬菜

多年生菜类蔬菜是指那些经过一次播种或栽植以后，可以连续生长或采收两年以上的蔬菜，它包括多年生草本和木本蔬菜两部分。其中属于木本蔬菜的有竹笋（含玉兰片）、香椿、枸杞、龙牙楤木、百里香和迷迭香，属于多年生草本蔬菜的有芦笋、百合、款冬、蜂斗菜、食用大黄、菊苣、洋菜蓟、海甘蓝、鸭儿芹、洋苏叶、欧当归、紫萼香茶菜、拉文达香草、菜用玉簪、牛至、美洲地榆、紫苜蓿、辣根和山萮菜。

1. 竹笋

竹笋简称笋，它是属于禾本科竹亚科的一类常绿木本、多年生菜类蔬菜，以肥嫩的幼芽及地下嫩茎供食用。

我国是竹类的原产地之一，竹子的种类资源极为丰富。据统计它们分别属于 30 属，计有 300 余种，各种竹子都可萌生竹笋。

据先秦古籍《尚书·周书·顾命》披露：周成王临终前命召公等大臣拥立康王，康王继位举行庆典时曾有过"敷重笋席"的举措，即在现场铺上厚厚的竹席。古人席地而坐，而这种竹席是用青色竹皮编织而成的。《诗经·大雅·韩奕》也载有"其蔌维何？维笋及蒲"的相关内容。它所说的是周厉王时，在朝廷大臣为诸侯国君主韩侯饯行的酒席宴会上，已摆出竹笋与蒲菜等素菜。另据最新考古研究成果《夏商周年表》显示：周成王姬诵死于公元前 1021 年，而周厉王姬胡的在位时间则是从公元前 877 年至公元前 842 年。由此可以推测早在两三千年前的西周时期，我们的祖先就已开始在国事活动中利用竹子和竹笋了。

我国南方竹林遍布，先民们在古代最初以采食竹笋为主。从潘岳（247—300）在《闲居赋》中所描述的"菜则葱韭蒜芋，青笋紫姜……"以及何随听任他人"（偷）盗其园笋"等逸闻趣事来分析，在公元3世纪的晋代，我国民间的竹笋栽培技术已很普及。

到了唐代，宫廷在司农寺之下特设司竹监机构，安排从六品的官员指挥百余人的匠人队伍，专门负责种植竹、苇，并向御厨提供竹笋。

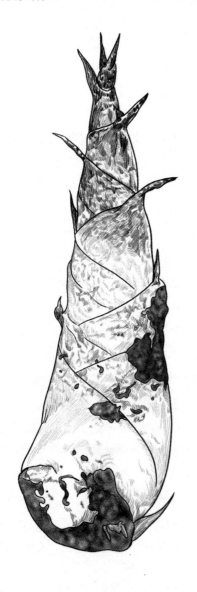

北宋初年，由浙江的高僧赞宁（919—1001）所研究、整理的我国第一部竹笋专著《笋谱》问世。

在我国历史上竹笋不但是一种美味的食品，而且还是一种重要的祭品。《周礼·天官·醢人》记载：早在周代王室举行祭祀活动时已把竹笋的加工制品笋菹列为重要的祭品。另据《宋史·礼志》介绍：宋仁宗景祐二年（1035年）朝廷作出决定，每年春季的第三月，要用竹笋作为荐新的蔬品来祭祀祖先。此后，竹笋作为荐新活动的祭品，从宋、金到元、明共四个朝代，一直沿用了五六百年。

现今竹类植物在我国黄河以南的广大地区都有分布，而竹笋主产于长江和珠江流域，以及台湾等地区。人们除采食鲜笋烹调以外，还加工成淡干品、咸干品和罐头食品。而在罐头类食品中还包括油焖、清汁和糖醋制品等多种不同的品类。

数千年以来，在日常生活中，或是在典籍文章和诗词歌赋里，人们以其生物学和形态特征、品质和功能特点，以及采收时间等因素，结合运用摹描、拟物、拟人、会意、比喻、谐音、戏谑、褒贬、方言，以及用典等各种构词手段，先后命名了一百二三十种不同的称谓，其数目之多，高居各种蔬菜的首位。

竹类植株的地上部有茎秆、枝叶和花果。茎秆端正、条直，横切面呈圆形，中空、有节，其上部的分枝长有披针形的叶片。"竹"是象形字，它就是通过描摹竹子的茎秆和枝叶的形态特征构成的。

竹子植株的地下部分有地下茎和根，竹笋即为着生在地下茎上短缩而肥大的幼芽。古人观察到：在温度合适的环境下笋芽可以很快生长成竹子，所以把竹子的嫩芽称为竹笋。这是因为"笋"字"从竹、从旬"，而"旬"指十天，所谓"旬内为笋，旬外为竹"是说竹芽仅能在短短的十天以内保持萌芽状态，十天以后就会长成竹子了。由于"笋"与"笋"两字同音，"竹笋"也可以写作"竹笋"，简称笋或笋，现在采用竹笋的称谓作为正式名称，其英文名称 bamboo shoot 的含义亦为"竹芽"。

在我国古代诸如《周礼》《禹贡》《尔雅》《吕氏春秋》和《说文解字》等典籍中，我们还可以见到以其食用器官幼芽别称命名的一组称谓：

竹芽、竹萌、竹胎、竹牙、竹子、笋子、芽笋、苞笋、初篁、萌、箈、箈、薚、苞、笣、苗、菌和簹。其中的"萌""胎""牙""子""箈（音台）""箈（音持）""薚（音管）""苞""笣""苗""初"和"芽"字有着相同的含义，它们都喻指竹的嫩芽；而"篁"原为竹的一种，也可泛指竹的整体。此外，在《庄子·至乐》的不同版本中还把竹笋写作"箹"或"篗"，因此它们也就成了竹笋的两种异称。

竹笋的外观先端尖，略成圆锥形或呈尖角状；外部由坚韧的笋箨层层包裹，有如婴儿的襁褓，笋箨（箨音拓）绿或黄色，俗称笋壳；笋肉质地柔嫩，呈黄或白色，其中有许多横隔，笋肉、横隔状物和笋箨的柔嫩部分均可入蔬。以不同品种竹笋的色泽和外观等形态特征因素，结合运用拟物等手段命名，竹笋得到诸如箭萌、箭苗、羊角、黄犊角、玳瑁簪、瑇瑁簪、哺鸡、黄莺、紫笋、白象牙、猪蹄红、锦褓、锦绷、锦褓儿、锦绷儿、白玉婴、玉婴儿、玉笋、玉节、黄玉、佛影蔬以及箬、蒻竹、箨笋和竹皮等众多的称谓。

其中的"黄""红""紫"和"白""玉"等分别喻指笋箨或笋肉的色泽。"瑇瑁"即玳瑁，它是一种貌似乌龟的爬行动物；"黄犊"即黄牛，"角"和"簪""箭""猪蹄""象牙"，以及"黄莺"和"哺鸡"同样采用的是拟物的命名手段；"哺鸡"原义为母鸡孵卵，借以喻指竹根下丛生的竹笋。"褓"同"绷"，"锦绷"原指用织锦材料制成的襁褓，借此比喻笋箨，它和"锦绷儿"，以及"婴""婴儿"等所指的都是竹笋。箬、蒻或竹皮原指笋箨，亦可泛指竹笋。而"佛影"即指佛像，古代新罗用它命名则可展现该地特产竹笋的真实面貌。古代的新罗位于现今的朝鲜半岛。

按照竹类的分枝习性可分成四种类型，其中每节生有两枝即形成双梢的二枝型竹子在我国古代被称为合欢竹。其生成的竹笋又称双梢竹笋或合欢竹笋，故此合欢也就成为竹笋的代称。

竹子的地下茎在土壤中有横向延伸的生长特性，因其细长而称为竹鞭。地下茎除可在顶芽生长竹笋外，还能在竹鞭的每个节上着生幼芽，由此种幼芽生成的竹笋被称为鞭笋，简称为鞭。鞭笋还有着诸如地蛇、玉虬、小笋、伪笋、边笋和边幼节等形象化的别称。其中的"虬"音"求"，是以传说中的动物虬龙来喻指竹鞭的；"伪"同"为"，有当作义；"边"有旁边义，它们所指的都是鞭笋。而旁生的"幼节"当然也是指鞭笋。

边幼节的称谓出自北宋初年陶谷的《清异录·竹木门》，内称：

"余为笋效傅休奕作墓志曰：边幼节，字脆中，晋林琅玕之裔也。以汤死。建隆二年三月二十五日立石。"

"傅休奕"指晋代学者傅玄，"琅玕"原指古代神话传说中的一种神树，作者给其增加了"林"的姓氏；这是陶谷采用拟人的方式为竹笋所做的墓志铭，铭文中的"边幼节"和"脆中"分别是竹笋的姓名和表字，而"脆中"是说竹笋的质地和品质；"林琅玕"是其始祖的名号；"以汤死"是指竹笋被加热以后失去活性；而勒石立碑的年代则可视为竹笋的两个别称"边幼节"和"脆中"的命名时间，它应是宋太祖建隆二年三月二十五日，相当于公元 961 年 4 月 13 日。

此外，带有竹笋的竹鞭由于母体和子体相连，又称为竹母或竹祖，因此这两种称谓也就成了鞭笋的代称。

龙作为一种图腾原本是传说中的神奇动物，身长似蛇，龙又可指与之形似的诸多事物，再加上"竹化为龙"的假说盛行以后，竹有了"龙公"的誉称，因此竹笋还得到如下一组与龙有关、并带有褒贬意味的别称：龙儿、龙孙、龙雏、龙芽、龙须、箨龙、箨龙儿、春龙、稚龙、穉龙、狞龙以及苍龙骨。

其中的"儿""孙""雏""稚""穉"等都有幼芽的内涵；"龙须"特指极细的竹笋；"箨"指竹笋的外皮；"狞"有凶猛义；而"春龙"指春笋，"苍龙骨"则指青龙的躯体。

竹笋的形体较大，一般长达 20 至 30 厘米，结合其外形特征，运用状物、拟物等手段命名，还得到大笋、母笋、牛菌和竹鼠等俗称。在适宜条件下萌发的竹笋很快就能长得和母竹一样高，因而又获齐天儿和妒母草等称呼。

竹笋还有少竹、竹欠和托根等称谓。在这里"少"应读去声、音"绍"，它与"欠"同样均有幼小的含义；"托根"原为寄身义，借指寄身于竹根之地下茎上。这些隐语名称都是借助于母竹与笋子之间的相互关系而命名的。

竹笋可以常年采收。按照不同的采收季节命名，竹笋有冬笋、春笋和鞭笋之分，分别在冬季、清明节前后，以及夏秋季采收。早春采收的春笋又称燕来笋，初夏采收的竹笋又称谢豹笋，秋天以后气候转冷，这时的鞭笋又称为凉笋。据陆游的《老学庵笔记》介绍，"谢豹"即杜鹃，古时江浙地区把它叫作谢豹。这种鸟类常在春末夏初时节昼夜啼血，由于啼声哀切，给人以深刻印象，因此才把此时上市的竹笋称为谢豹笋。人们在采收竹笋时一般多用笋刀从其基部切断，因此还留下了刀口的隐语称谓。

竹类植物按照形态的不同可分为三百多种，这些竹子各有名称，其中有的个体名称在特定的情况下有时也可转变成为竹笋总体的代称。毛竹是因其笋箨表面密布茸毛而得名的，由于它属于竹类植物中的大户，所以毛竹笋的简称毛笋也就成了竹笋的别称。

毛竹还有猫头、猫儿头、猫头笋、猫儿头笋以及潭笋等俗称。明代学者田艺蘅的《留青日札》对猫儿头称谓的来由有过传神的解释：

"今冬笋之已透风有毛者，曰猫儿头。又言，人之干事不干净者，曰猫儿头……盖言如笋之只好在土中，一出头来，人不贵重也。"

文中所说的"有毛的冬笋"即指毛笋。之所以把那些喜欢揽事而又干不好事的人叫作猫儿头，是因为他们很像毛笋那样爱出风头。在这里"猫"是方言，有隐藏义，并非特指猫狗一类的动物。而"潭笋"的"潭"有"深"义，它所特指的是在竹根深处采挖的冬笋。

竹类植物中还有一种枝条柔细、叶片密生的竹子，每当清风徐来之时它的枝叶摇曳有如凤尾，凤尾竹由此得名。凤尾竹上着生的竹笋被称为凤尾尖，后来人们也用凤尾尖或凤尾的称谓来泛称竹笋，有时也特指优等竹笋。

按照产地因素命名，产于我国各地的竹笋有着众多的称谓，其中闽笋的称呼可以泛指竹笋类出口商品。闽笋原来只是对产于福建省境内所产竹笋的总称，由于它是久享盛誉的传统出口产品，现在国际市场上也习惯把我国的竹笋统称为闽笋。

此外竹笋还有雉子、玉班和日华胎等拟人的名称。

唐代诗圣杜甫（712—770）著有《绝句漫兴九首》，其中第七首的内容是："糁径杨花铺白毡，点溪荷叶叠青钱。笋根雉子无人见，沙上凫雏傍母眠。"

诗中的"糁"音"伞"，它和"点"同样具有散落之义；"杨花"指柳絮，"毡"指"毛毯"；"青钱"指圆形的青铜钱；"凫"指野鸭；"雉子"即指竹笋。杜甫的诗中给我们展现了一幅初夏时节的风景画面：漫天飞舞的柳絮撒落在乡间小路，好像铺上了一层白色的毛毯；在路旁的溪水中点缀着一层层圆圆的荷叶。极目远方，沙滩上小野鸭依偎在母鸭身旁安然入梦，而隐约潜伏在竹根下的鲜嫩竹笋还真不容易被人发现。

玉班又称玉笋班，是对朝廷重臣英才济济的誉称，"朝班"原指古代大臣们朝见皇帝时的序列。因此可知它是借竹笋数量多、入馔品质佳的特性来命名的。

日华胎的称谓源于北宋时期张君房编撰的道教典籍《云笈七签》。内称："服日月之精华者，欲得常食竹笋者，日华之胎也。"它认为竹笋是由太阳光华孕育的产物。这种观点与现代科学认为植物的叶绿素利用二氧化碳进行光合作用形成碳水化合物的结论不谋而合。

竹笋富含糖类、人体必需氨基酸、维生素以及磷、铁、钙等多种营养成分。此外还有一种称作"亚斯波拉金"的物质，这种含氮物质与各种肉类一起烹饪时，会产生十分鲜美的味道。新鲜竹笋含草酸较多，可先采取焯水或焐油等措施弃除草酸后再烹调食用。竹笋作为素菜中的一味美食，由于受到文人雅士的青睐，"不可一日无此君"之说不胫而走。

竹笋入药，味甘、性微寒，有益气、利水、清热、化痰以及助消化等疗效，是药食兼备的要物。

以竹笋的品质和功能等因素命名，竹笋的别称还有甜笋、甘锐侯、充食笋、嚇饭虎、傍林鲜、谏笋、孝笋和刮肠篦，这些别称大多都有其相应的典故。

甜笋的称谓强调其品味，甘锐侯的称谓源于北宋时期陶谷的《清异录》："虚中子……生子茁，封甘锐侯。"

文中的"虚中子"与"茁"分别指竹子和竹笋，"甘锐"所强调的是竹笋的形态和品质，而"侯"则是一种美誉，源于古代的公、侯、伯、子、男五等封爵。

宋代的文人周紫芝在其《苦笋》诗中有"此君自是盘中虎"之句，其注释云："杭（州）人重苦笋，呼为嚇饭虎。""嚇"

为"吓"的繁体字，它有"使……害怕"之义，"虎"有凶猛的内涵，因此采用可使主食害怕的猛料来形容带有苦味的竹笋，也是比较公允的。

傍林鲜的称谓出自南宋时期林洪所著的《山家清供》，它道出了初夏时节人们在竹林之旁边乘凉边品尝新笋的惬意情怀。

谏笋典出北宋时期著名文学家黄庭坚的《苦笋赋》，内中称道"苦笋"，说它"苦而有味，如忠谏之可活国"。在这篇赋中黄庭坚把苦笋与可以救国的忠臣相比拟。

"二十四孝"中记载过如下一则传说：晋代孟宗的老母卧病在床时想吃竹笋，当时已是隆冬季节，孟宗跑到竹林里找不到竹笋，只好抱着竹子大哭，从而感动了天地，竹子萌发了竹笋。孟母吃了竹笋以后，病也就好了。萧子显在所著的《南齐书·刘怀珍传》中也记载过相似的故事。因此以其典故及其事主命名，竹笋又增添了孝笋和孟宗笋等别称，而孟宗竹则是毛竹的异称。

刮肠篦的称谓可见于宋代赞宁的《笋谱》。由于竹笋富含纤维素，能促进肠道蠕动，所以具有滑利大肠的药用功能，刮肠篦因此得名。

玉板原指玉片，用它喻指竹笋始于北宋时期的苏东坡。

据惠洪的《冷斋夜话》介绍，有一天苏轼（1037—1101）想邀请不喜欢爬山路的友人刘器之（即刘安世）一起出游，就戏称前往参拜玉板和尚。于是二人高高兴兴地出发了。到了寺院以后吃了饭，刘器之觉得竹笋的味道很好，就打听这种竹笋叫什么名字。苏轼回答说叫玉板，还说这位禅师善于讲解佛法，听了佛法以后可使人进入心神愉悦的境界。直到此时刘器之才明白苏东坡是把竹笋戏说成玉板了。为此苏轼还作了一首题为《器之好谈禅不喜游山，山中笋出，戏语器之可同参玉板长老，作此诗》的五言律诗：

"丛林真百丈，法嗣有横枝。不怕石头路，来参玉板师。聊凭柏树子，与问箨龙儿。瓦砾犹能说，此君那不知！"

在这首诗作中，诗人运用了一些佛学专用词汇和隐语："丛林"和"法嗣"分别指寺院和禅房，"百丈"和"横枝"分别指佛教的清规和流派，"柏树子"特指拜佛时所焚烧的柏子香，而"此君"在宋代则是竹子的市语，它属于隐语的范畴。在律诗的上半阕，诗人苏轼写出了他们不辞辛苦来到寺院的目的是参拜玉板禅师，而在诗的下半阕则道出了玉板禅师实际上就是竹笋的真实寓意。

诗中所说的玉板长老和玉板师指的都是竹笋的熟制品。从此以后玉板、玉版、玉板师、玉版师、玉板僧、玉板禅、玉板儿、玉板和尚和玉板长老等都变成了竹笋的代称。其中的"师""僧""禅""和尚"和"长老"等都是采用拟人的手法，而"版"与"板"两字不但同音，而且近义。

竹笋的干燥加工制品也有着繁多的名称，其淡干制品的称谓有干笋、笋干、笋枯、笋脯、明笋、火笋、笋筍、篆笋、绿笋、绿施、笋儿拳、玉板笋、玉版笋和玉兰片。其中的"明"和"拳""片""板"是指其色泽和形态，"干""枯""脯"是指其状态，"火"是指其烘干手段。"篆"音"路"，原指上天赐予帝王的符命文书，可引申为"天赐"之义，"绿"与"篆"的读音和释义均相同，"施"又有给予义，因此"篆笋""绿笋"和"绿施"都有"天赐之笋"的内涵。我国旧时还曾有过篆笋行业，而玉兰则是对其颜色洁白有如玉兰花的称道。

其咸干制品古称䈒或箐，它们的读音都为"葛"，名见《齐民要术》。现在则称为盐笋或咸笋。

2. 香椿

香椿又称椿芽，它是楝（音练）科香椿属，木本、多年生菜类蔬菜，以嫩芽或嫩叶供食用。

香椿树原产于我国。据专家考证，早在6000万至3700万年前第三纪的始新世时期香椿就已出现在华北地区。至今在陕西、甘肃和河南等地尚有天然香椿树的分布。在上古时期香椿即以"佳木"被先人利用，唐宋以来屡见采食香椿的记载。明清以后逐渐形成有规模的栽培、生产。目前在甘肃兰州到四川成都一线以东，以及山西太原经过北京到辽宁辽阳一线以南的

我国东部地区都有栽培。

　　数千年来，人们依据其植物学特征，以及食用器官的名称和功能特性等因素，结合运用谐音、隐语等构词手段，先后给香椿命名了二十多种不同的称谓。

　　香椿树属于落叶乔木，其树干高可20至30米，树龄长达数十年，所以在东周时期人们就把它视为长寿树种。"椿"早期可见于《庄子·逍遥游》："上古有大椿者，以八千岁为春。""椿"，从木、从春，借以表示它从属于木本，而又长春、多寿的植物学特征。从"椿"字的称呼又派生出椿树、椿木等别称。后来，参天的椿树在日本又被称为冲天或破云。

　　在古代，椿的称谓又可以其同音字"杶"和"櫄"来替代。"杶"从木、从屯，"屯"音"谆"，它有万物初生之义，椿树性喜阳光，幼芽萌发性强、生长迅速，所以选用"杶"来命名；"櫄"从木、从熏，因其叶片有熏香气味而得名。椿树的叶互生，呈羽状复叶；小叶披针形，绿或带紫色，因其上有透明腺点，所以富含特殊香气。

在浩如烟海的古籍中不难捕捉到这些古典称谓的踪迹：《尚书·禹贡》在载录荆州地区向中央政府贡献地方著名物产的清单中已列有杬，《山海经·中山经》也留下过"成侯之山，其上多櫄木"等珍贵史料。

关于利用椿树的史料始见于《左传》。鲁襄公十八年（公元前555年）鲁国联合晋、郑等国攻打齐国时，孟庄子曾砍伐齐国的櫄木做琴。"櫄"音"寻"，也可读作"椿"，还可写作"橁"，它们所指的都是椿。椿树木材呈红褐色，年轮鲜明，纹理通直，质地坚实而致密，是制作木器和乐器的上佳原料，缘此荣获"红椿"和"中国桃花心木"等誉称。椿树的英文名称Chinese toon就有"中国桃花心木"之义。无独有偶，其拉丁文学名的种加词sinensis也强调了"中国"的含义；其俄文名称Китайская цедрела含义为"中国椿树"。

鉴于椿树的幼芽易于萌发、性喜阳光以及叶具香气等特性，还得到诸如椿阳树、春阳树、春芽树、香椿树、椿甜树和香椿等称谓。明代以后香椿的称谓逐渐成为椿树的正式名称。

由于椿树常野生于山林之中，其嫩枝和叶背又常生茸毛，有人又俗称其为野香椿或毛椿。

香椿的食用器官为其嫩芽及嫩叶。嫩芽的外面有鳞片包裹，里面有极短的嫩茎，以及未展开的幼叶。嫩芽和嫩叶质地柔嫩，又具特殊香气，人们以其原植物的各种称谓为主体，结合选用食用器官的称呼联合命名，除获得香椿芽、香椿叶和香椿等名目以外，还有着诸如椿树芽、椿树叶、椿木叶、香春芽、香椿头、椿芽、春尖叶、椿叶、椿、春芽、杬芽、櫄芽、橁芽和楮芽等别称。最终香椿成为正式的商品名称。

香椿除含有多种维生素，以及钙、磷等营养成分以外，还具有极为独特的清香气味。民间流行"三月八，吃椿芽"的习俗，以香椿入馔，烹炒、凉拌皆宜，又可供腌渍或干制加工。此外香椿还可美容驻颜，并兼有祛风、解毒和健胃、止痢的疗效。香椿还可充当饲料，以其食用、药用和充当饲料等项功能因素命名，菜椿、春菜、椿芽菜、先挠、灵椿和猪椿等俗称比比皆是。其中的灵椿特指其药效灵验，而先挠则是旧时蔬菜销售行业内部采用隐语手法命名对香椿的称呼。

3. 枸杞

枸杞古称杞，它是茄科枸杞属，落叶小灌木，多年生菜类蔬菜。也可以作为一二年生栽培，以嫩茎叶或嫩芽供食用。

枸杞原产于我国，《诗经》《尔雅》和《山海经》等古籍均有记载。其中《诗经·小雅·四牡》曾描述过飞鸟"集于苞

杞"。《尔雅·释木》对此解释称，"杞"即指枸杞。"集于苞杞"的意思是说：飞鸟落在生长茂盛的枸杞树上。三国时期已有关于"春生，作羹茹"的蔬食记述。不迟于唐代，人们已掌握了叶用枸杞的播种繁殖技术；到了宋代，《种艺必用》又披露了利用枝条扦插的栽培方法。现在南北各地均可栽培，主产于广东、广西和台湾等地。叶用枸杞有两个栽培品种：大叶枸杞和细叶枸杞。

数千年来，人们依据其原植物的形态特征，以及食用器官及其品质和功能特性等因素，结合运用拟物、谐音等构词手段，先后给叶用枸杞命名了十多种不同的称谓。

"枸杞"源于两种树木的名称：李时珍的《本草纲目》介绍说"此物棘如枸之刺，茎如杞之条，故兼名之"。大意是说，这种灌木的枝条很像杨柳科的落叶丛生灌木杞柳，枝条上的棘刺又很像芸香科的小灌木枳，枳又称枸橘，简称枸。由于其枝条及其附属物的外观与两树相似，所以借用它们的简称来命名，称为枸杞，或简称杞。古时还曾以"杞（音起）"的谐音字"檵""忌"和"棘"命名，称其为枸檵、枸忌或枸棘。现在人们仍以枸杞的称谓作为正式名称。

枸杞的叶片呈披针形或呈长卵形，由于主要以嫩叶、嫩芽入蔬供食，而其品味微苦又甘甜，枸杞还得到诸如枸杞叶、枸杞芽、枸杞头、枸杞苗、枸杞菜、叶用枸杞，以及苦杞和甜菜头等别称。鉴于它有补肾、益阳的保健功效，还得到天精草和换骨菜的誉称。

4. 龙牙楤木

龙牙楤（音耸）木是五加科、楤木属，木本，多年生菜类蔬菜，以嫩芽和嫩叶供食用。

龙牙楤木原产于我国，其拉丁文学名的种加词 mandshurica 亦为"满洲的"含义，所指的就是我国东北地区。现在它主要分布在我国的东北三省，辽东楤木就是以其盛产地域之一的名称命名的称谓。此外河北保定等地也有引种栽培。

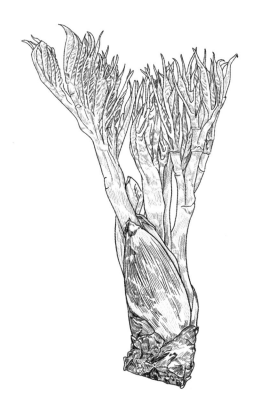

龙牙楤木的植株为落叶小乔木，株高约为 1.5 至 3 米，直径 4 至 9 厘米；树干上很少有分枝；树皮灰色，其上密生坚刺，但老时会脱落；羽状复叶有长柄，常丛生于树梢形成棕榈状树冠；小叶卵形，边缘有粗大的阔牙状锯齿；顶芽锥形，紫褐色，上有多个鳞片。人们抓住其老龄树干很像一根扁担，而其叶缘的锯齿又很像传说中的龙牙等形态特征，称其为龙牙楤木。"楤"原指尖头扁担，此外还依据其食用器官的形态特征，及其生长部位等因素命名，又得到诸如刺嫩芽、刺嫩菜、刺龙牙、刺老鸦、刺老芽、刺老包、树头菜、树龙芽和吻头等俗称。其中的"树头"和"吻头"所指的都是强调其嫩芽或嫩叶的生长部位都在树顶。由于树干少分枝，且又多刺，鸟类都不喜欢落在龙牙楤木的树上，所以还得到"鹊不踏""鹊不蹋"和"鸟不宿"等别称。

龙牙楤木富含多种氨基酸、维生素和楤木皂苷，新鲜的嫩芽更具有特殊的香气。宜凉拌、烹炒，或腌渍加工，兼有利尿、强心的保健功效。由于它营养丰富、味美可口，又有着食用楤木以及山菜之王等称谓，出口日本还荣膺"天下第一山珍"的美誉。

5. 百里香

百里香又称麝香草，它是唇形科百里香属，矮生、小灌木，辛香型、多年生菜

类蔬菜，以嫩茎叶和嫩芽供食用。

　　百里香属包括三四百种植物，我国原来仅有其中的十多种，主要供药用，或用于提取芳香油。而供菜用的百里香，包括普通百里香和柠檬百里香两种。它们原产于欧洲南部的地中海沿岸地区，早在古罗马时期就已利用它们为干酪和饮料增香，大约在 20 世纪初叶引入我国。1936 年出版的《蔬菜大全》一书采用麝香菜的名称对普通百里香做过系统的介绍。近些年来随着西餐业的迅速发展，我国对百里香的需求与日俱增，北京等地区已有零星栽培。

　　古往今来，人们依据其品味特征和植物学特性等因素，综合运用比喻、夸张、拟物和摹描等手段，先后命名了几种不同的称谓。

　　百里香的叶对生，呈长三角形或椭圆形；叶表浓绿，叶背为灰绿或浅紫色，两面都有油腺点。百里香植株富含芳香油，其主要成分包括麝香草酚、蒿酚和胺油醇。由于它的植株带有极为浓郁的芳香气味，距离很远的地方都能闻到，所以得到诸如百里香、麝香草和麝香菜等称谓。其中的“麝香”原是鹿科动物麝的脐部所分泌具有奇香的产物，“百里”则是运用夸张的手法来喻指香气可达的距离。

　　麝香草的称谓始见于南北朝时期南朝梁的任昉（460—508）所著的《述异记》。百里香的称谓可见于西汉时期东方朔所著的《十洲记》。虽然它们所指的还不是现在专供蔬食的百里香，但其命名的缘由则是相同的。

百里香的嫩茎叶富含钾、钙、铜、镁、锶，以及单宁酸、皂角苷、糖苷和一些带有苦味的物质。作为优质的增香调味原料，百里香可用于西餐的烹鱼、烤肉、做汤或调酒。作为辅助医疗手段，百里香可用于芳香疗法，治疗一些妇科和呼吸系统的疾患，此外百里香还具有祛风散寒和消食健脾等功效。

按照形态和品味的差异，专供菜用的百里香可分成两个种：

普通百里香：缘其花朵较稀疏，又称疏花百里香。其拉丁文学名的种加词 vulgaris 即有"普通的"含义。

柠檬百里香：因其植株具有柠檬样香气而得名。其拉丁文学名的种加词 citriodorus 则有"柠檬味的"含义。

6. 迷迭香

迷迭香古称迷迭，它是唇形科迷迭香属，常绿、矮生灌木，辛香型、多年生菜类蔬菜，以嫩茎叶供食用。

迷迭香原产于南欧和北非等地中海沿岸地区。我国三国时期的鱼豢在其所著的《魏略》一书中曾明确指出迷迭"出大秦国"，晋代学者郭义恭也在其所著的《广志》中断言迷迭"出（自）西海"，而当时的"大秦国"和"西海"所指的就是古罗马帝国和现今的地中海。迷迭大约是在西汉以后沿着丝绸之路传入我国的。《乐府诗集》的"古辞"中已有"行胡从何方？列国持何来？……迷迭、艾纳及都梁"等诗句。"艾纳""都梁"和"迷迭"同样都是古代从域外引入的香料植物。三国时期，魏文帝曹丕（220—226年在位）不但亲自在庭院内试种，仔细观察，而且还专门写了《迷迭赋》，并对其"扬条吐香"的特质大加赞赏。到了唐代，陈藏器的《本草拾遗》把它列为药品。作为香料和药物，明代的《本草纲目》又把它收入"草部"。

在欧洲，进入中世纪以后人们开始把它作为调味食物，现已成为南欧和北非等地居民所嗜好的高档香料蔬菜。前些年重新从欧洲引入我国，现在各地有栽培。

两千多年来，人们依据其引入地域的简称，及其品质特性等因素，综合运用翻译和拟物等手段，先后命名了几种不同的称谓。

迷迭香古称迷迭。对此名称的来历，在明代以前的文献中未见到相关的记述。明代的《本草纲目》虽然收录了"迷迭"，但在其释名部分也未做任何介绍。及至明末清初，博学大师方以智在《通雅》一书中提出了迷迭可能是以西域的地名来命名的假说。循此设想在其引入地区——西域的范围内进行探寻，最终发现了有着2500年悠久历史的巴基斯坦中东部名城木尔坦。木尔坦城古称"弥多罗蒲伽"（Mitrabhoga），其简称"弥多罗"与"迷

迭"的读音十分相近。该城建有太阳神庙，古人认为太阳是万物之源，其古印度梵文的名称也有"发源地"的含义。采用建有太阳神庙并具有万物发源等寓意的地域名称来命名是十分有意义的。实际上迷迭是弥多罗蒲伽经缩略处理以后的简称。宋代的巨型类书《太平御览》则把"迷迭"写作"迷送"，看来"送"很可能是"迭"的误书所致。

迷迭香的地上茎呈绿色，多分枝；叶对生，卵圆或披针形，叶缘有锯齿。由于它所含的挥发油中包括樟脑、龙脑和桉叶素等成分，具有浓郁的清香气味，所以得到迷迭香和艾菊等称呼。其中的艾菊是因其叶形与具有辛香气味的植物艾草和菊花十分相似而命名的。现在人们采用迷迭香的称谓作为正式名称。

迷迭香还含有多种糖苷，以及迷迭

香碱、异迷迭香碱和鼠尾草酸等成分，具有清凉香气。入蔬可用于凉拌、烧烤，或在做汤时用以提味、调香。此外添加少量迷迭香精可以减少肉类在烹调过程中所产生的致癌物质，入药兼有健胃、利胆、催眠、安神及催经等功效。此外迷迭香还可提取芳香油或制作香水。

7. 芦笋

芦笋即石刁柏，它是百合科天门冬属，多年生、宿根、草本，多年生菜类蔬菜，以嫩茎供食用。

石刁柏原产于地中海东岸地区，公元18世纪经法国皇帝路易十四在欧洲推广，其后传入日本，20世纪初由欧洲引入我国。现在南北各地均可栽培，主产于台湾以及浙江、江苏、福建、辽宁、山东等地区。

近一个世纪以来，人们依据其食用器官的形态特征、引入地域的标识等因素，结合运用摹描、拟物、借代和音译等手段，先后命名了二十来种不同的称谓。

石刁柏植株的地上茎平滑，变态的针形叶状枝簇生、近圆柱形，稍压扁；外观颇似松、柏及天门冬。其食用器官嫩茎是由地下根状茎上的鳞芽萌发而成，它由一些鳞片状的变态叶所包裹，直立挺拔有如利剑。石刁柏，以及松叶土当归、松叶独活、野天门冬和龙须菜等称谓都是依据其上述的形态特征，结合运用拟物等构词手段而命名的。

石刁柏的"石"有坚硬义，"刁"指锋利的刀剑类兵器，也有人认为"石刁"特指用石头削成的剑头；而"柏"则特指其植株的叶状枝似柏树。作为该种植物的正式名称，石刁柏又可写作石刁栢、石叼柏或石刀柏。

在其余几个称谓中，"松叶""龙须"和"天门冬"分别是对其变态枝的类比；"天门冬""土当归"和"毛当归"，分别是属于百合科、五加科和伞形科的三种不同植物，其中的土当归在日本业已被驯化成为一种栽培蔬菜；毛当归因其具有"一茎直上，不为风摇"的生长习性，又被称为独活。

依据其食用器官的形态特征，结合运用借代或拟物等手段命名的称谓计有：芦笋、芦笋芽、芦笋尖、露笋、狼尾巴根及蚂蚁杆。

在这些称谓之中，前面一组所称的芦笋原指我国固有的植物芦苇的嫩芽，由于它和石刁柏嫩茎的外观形态极为相似，所以借来命名；"露"既与"芦"谐音，又有长出地表的含义；而"芽"和"尖"所强调的则是产品的鲜嫩程度。后面两个称谓

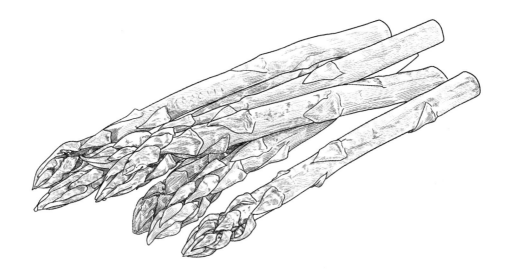

是流行在华北地区的地方俗称。

芦笋的称谓被纳入国家标准 GB 8854—88《蔬菜名称（一）》，最终成为石刁柏嫩茎的正式商品名称。由于品种和栽培方式的差异，芦笋形成了三种不同颜色的商品类型：青芦笋、紫芦笋和白芦笋，其中以白芦笋的品质最佳，它是经过培土进行软化栽培的产物。

为了促进农业科学的交流和发展，清末在北京建立了中央农事试验场。宣统二年（1910 年）曾由我国驻外使节吴宗濂主持从意大利选购了一批时鲜蔬菜交给农事试验场试种，其中就有芦笋。当时在其所列的清单中芦笋被称为"阿斯卑尔时"。这个称谓源于其英文名称 asparagus 的音译，它和俄文名称 спаржа 同样都有"茎用"的内涵，它们所凸显的也都是其食用器官嫩茎。其后有人依据其引入地域的标识命名，称其为西洋土当归或洋龙须菜。

芦笋是一种低热量、高档次的蔬菜，它富含硒、钼、铬、锰等微量元素，以及蛋白质、维生素、天冬酰胺、胆碱、叶酸等多种营养、保健成分，味道鲜美、清香，不但适宜烹调鲜食、加工制作罐头，而且还具有抗癌，以及调节机体代谢、提高免疫能力等保健功效。早在 18 世纪，瑞典博物学家林奈就对其药用功能给予了充分的肯定。根据林奈所创立的双名法规定，每个植物种的拉丁文学名，应由该种植物所在属的属称，以及种加词等两部分所组成。而由林奈亲自为芦笋选择的种加

词 officinalis 即有"药用"的含义。

8. 百合

百合古称蟠，它是百合科百合属，多年生、宿根、草本，多年生菜类蔬菜，以地下肉质鳞茎供食用。

百合原产于我国，亚洲东部的温带地区都有分布。我国利用百合的历史可以追溯到公元前的秦汉时期，《神农本草经》把它作为药物收入"草部"，并列为中品。到了东汉时期除去药用以外，在今河南的南阳地区人们还把它作为蔬菜进行人工栽培。东汉时曾把现今河南的南阳定为南都，当时的著名学者张衡（78—139）在其歌颂南都的《南都赋》中曾有过"若其园圃，则有……姜、蟠"的记载。唐代韩鄂的《四时纂要》，以及五代十国时期徐锴的《岁时广记》都留下过关于"种百合……宜鸡粪"等培植技术要点。然而直至明代李时珍的《本草纲目》才把百合移到"菜部"，正式把它纳入蔬菜范畴。

现在百合属中有六十多种百合分布在我国南北各地，其中有十余种可供食用，而供栽培用的主要有以下三种：普通百合、川百合和卷丹百合。这些百合主产于浙江、江苏、湖南、江西、安徽、河南、甘肃、山东和山西等地，其中享有盛名的地方著名品种有湖南的龙牙百合、甘肃的兰州百合及江苏的宜兴百合。

两千多年来，人们依据其食用部位的形态特征、植物学特性，以及品质特点等因素，结合运用拟物、谐音和夸张等手段，先后给百合命名了二十多种不同的称谓。

百合古称蟠，或可写作"蘺"，《说文解字》介绍说："蟠，小蒜也，从韭，番声。"意思是说百合的鳞茎长得像小蒜。在我国古代小蒜和葱、韭等一起都从属于荤菜类，这类蔬菜的称谓多采用"韭"字作为偏旁；"番"音"翻"，除去形声以外，它还有"枚"或"片"的含义，可以特指组成鳞茎的鳞片。

关于百合称谓的来由，南宋时期著名学者罗愿（1136—1184）在《尔雅翼》中做过如下的解释："数十片相累，状如白莲花，故名百合，言百片合成也。"原来百合的食用器官地下鳞茎的个体略呈扁圆或圆球形，它由短缩茎和鳞片状叶所组成。短缩茎为圆锥形的盘状体，所以又称为茎盘；其上着生许多鳞片，鳞片呈披针形，洁白、肥厚；鳞茎则由这些肉质鳞片层层叠叠抱合而成。百合的称谓也由此得来。

其中的"百"是概数，极言其鳞片数量之繁多；"合"则特指层层抱合的植物学特性。由于其鳞茎的外观圆形、白色，很像大蒜头，味道却甜似薯类作物，百合又得到诸如白百合、百合蒜、百子蒜、蒜脑薯和蒜脑蕷等别称。其中的"蕷"与"薯"是同义词。蒜脑蕷的称谓始见于宋代陶谷的《清异录》，据说这是五代十国时期后唐明宗在位时（926—933 年在位）由进士侯宁极在其所著的《药谱》一书中所命名的别称。

由于百合鳞茎的鳞片间具有抱合程度不够紧实的特征，它还得到以下两组不同的异称：中蓬花、中篷花、中逢花，重匡和重箱。

前一组中的"蓬"音"棚"，原有松散义，现借以描述鳞片抱合不紧的形态特征；"中蓬"是指鳞茎的中间松散、空虚；"花"特指其鳞片的外观有如洁白的莲花瓣。而"逢"和"篷"都是"蓬"的同义词。

后一组中的"重"音"崇"，原有重叠义，现借以描述鳞片层层抱合的状态；而"匡"通"筐"，它和"箱"同样都是借用中空的容器，来喻指鳞茎中间松散而又空虚的特征。我国古代常把百合的鳞茎比作中空的容器，例如《尔雅翼》就曾以"小者如蒜，大者如椀（碗）"的词语相比喻。

百合的地上茎由茎盘的顶芽伸长而成；顶芽出土后，其周边常可形成几个新芽，这些新芽将来会逐渐生长成为新的鳞茎。古人观察到这种旁生鳞茎的特性以后，又给百合命名了一组别称强瞿和强仇。所谓"瞿"即指其旁生的特性，"强"则凸显其植株生长得极为茂盛。"仇"音"求"，原有同类义，又是"瞿"的近音字，它所表达的也是"旁生"和"同类"的内涵。

百合和合欢都富于"百年好合"的美好内涵，因而常用于对新婚的祝福，同时这两种植物也都共同享有夜合的别称。这是因为"夜"不但可指夜间，而且还有晦暝、黑暗的含义。合欢的叶片有着昼开夜合的习性，而百合的鳞茎则是由众多的鳞片在幽暗的土壤中重叠抱合而构成的。

百合的茎直立、不分枝，株高约100厘米。百合的花大型、单生或排列成总状花序，花色有红、白、黄、绿数种，花的形状呈喇叭形或钟形，花被反卷或开张不反卷。由于花朵艳丽，民间流传过百合化蝶的神话。尤其是其下垂的白色花朵很像古时取暖或行香时所用的手炉，所以在古代也有人俗称其为玉手炉、倒仙或摩罗。其中的"玉"特指白色，"倒"指下垂的花朵，"摩罗"即梵文"魔"的译音，而"仙"和"魔"都可借指敬仙、事魔专用的香炉。由于百合的花器具有芳香气味，口感甘甜的鳞茎还有着香百合的誉称。南宋诗人陆游（1125—1210）亲手栽植百合以后，还在其题为《窗前作小土山……得"香百合"并种之》的"戏作"中，吟诵过

"更乞两丛香百合，老翁七十尚童心"的诗句。

人工栽培的百合又称家百合，它主要包括以下三种：普通百合、川百合和卷丹百合。

普通百合简称百合，著名的龙牙百合是它的一个变种。龙牙百合的鳞茎近圆形，由2至4瓣鳞片抱合而成；每瓣鳞片长约8至10厘米，宽约2厘米。由于鳞片洁白，且狭长、肥厚，人们运用夸张的手法以龙牙命名，称其为龙牙百合，由于"芽"与"牙"同音，有人又写作龙芽百合。其拉丁文学名的变种加词 viridulum 有绿色的内涵。因食用味道较淡，又称为淡百合。它的抱合程度较为紧实，主产于湖南邵阳等地。

川百合的称谓是以其原产地四川的简称"川"来命名的，以其拉丁文学名的种加词 davidii 的译音命名，又称"大卫百合"。著名的兰州百合是它的一个变种，这是以其盛产地域的名称来命名的。兰州百合的鳞茎呈圆或扁圆形，色白、味甜。其花朵下垂，花被开放时反卷、呈火红色，极美丽、有香气，花蕾亦可食用。兰州百合主产于甘肃的兰州和平凉等地。

卷丹百合的鳞茎由3至5瓣鳞片抱合而成；整体呈扁圆形，色白微黄，因其外层带有紫色斑点又称虎皮百合。其拉丁文学名种加词之一的 tigrinum 即有"具虎斑"的含义。卷丹百合的花呈橘红色，常下垂；由于花朵开放时花被反卷并超过花

柄，故而以其花器的形态"卷"，以及色泽"丹"（红色）等特征来命名，被称为卷丹百合，简称卷丹。其叶腋部常生长气生鳞茎，称珠芽，俗称百合籽，可用以制取淀粉。卷丹百合质地绵软，味道稍苦，主要产于江苏的太湖流域、江西万载及湖南邵阳等地，其中著名的特产品种有江苏的宜兴百合。

百合色泽洁白、肥厚，由于它富含淀粉、多种氨基酸和生物碱，以及百合苷等成分，食用时口感糯、软、细、腻，味道甜中稍苦；既可蒸煮烩炒，又宜烹汤、熬粥，还能进行干制、糖制、罐藏和制粉，入药有补中益气、宁心安神，以及平喘、止泪等保健功效。早在东汉时期医圣张仲景就曾用它治疗过百合病，这种疾患属于一种热病的后遗症。宋人有诗赞曰："果堪止泪无，欲纵望乡目。"它所强调的就是百合具有治疗迎风流泪的作用。

百合在欧洲和美洲被视为圣洁的观赏植物。由于其英文名称 lily 具有"洁白的"或"圣洁的"等含义，所以一些信奉基督教的国家和人群对它倍加尊崇：法国把它纳入国徽图案，智利把它作为国花，美国也把它作为犹他州的标记；每当复活节时，人们还把它作为一种装饰品。

9. 款冬和蜂斗菜

款冬和蜂斗菜是同属于菊科的两种不同的多年生菜类蔬菜。由于它们的食用器官的形态特征极为相似，所以无论是在历史还是在当代，它们都有着许多相同的称谓，从而展现了非常典型的异菜同名和同菜异名现象。

款冬又称款冬花，它是菊科款冬属，野生、宿根、草本，多年生菜类蔬菜，以嫩叶、嫩叶柄和嫩花茎供食用。

款冬原产于我国，先秦古籍《尔雅·释草》已有记载。华北、西北及长江中游等地区都有分布，常野生在河边沙地或山谷沟旁。现在主产于河南、陕西、甘肃和山西等地。

蜂斗菜又称蜂斗叶，它是菊科蜂斗菜属，宿根、草本，多年生菜类蔬菜，以肥厚、柔嫩的叶柄、叶片供食用，花蕾也可作为辛香料。

蜂斗菜原产于亚洲的北部，我国的西北、东北和长江中下游地区，以及朝鲜和日本等地都有野生蜂斗菜的分布。我国早在西晋时期已有相关记载，其后我国也曾和位于朝鲜半岛上的高丽和百济进行过种质交流。从 20 世纪的二三十年代起，我国又陆续从日本引入一些栽培种，其拉丁文学名的种加词 japonicus 即有"日本"的含义。现在上海、陕西、四川、浙江和黑龙江等地都有少量栽培。

两千多年来，人们依据其植物学和形态特征，以及栽培特性等因素，结合运用拟人、拟物、借代、谐音和褒扬等多种手段，先后分别给这两种蔬菜命名了二三十种不同的称谓。

（1）款冬

款冬的称谓早期可见于《神农本草经》，它以耐寒性极强而得名。"款"有"至"的含义，"款冬花"是"到了冬天开花"的意思。原来款冬的植株具有早春先抽生出花茎，然后再生长出叶片的植物学特征，因其具有如此耐寒的特性，又获得诸如款冻、款东、氐冬、颗冬、颗东、颗冻、颗冻、钻冻、款冬花、款花、冬花、九九花、看灯花、金石花和金实花等别称。

其中的"东"与"冬"、"看灯"与"款冬"均为谐音，"冻"及其同义词"涷"与"九九"均为隆冬或低温的代词，"氐"音"底"、"颗"为"款"的音转，它们都和"款"同义。而"金石"与其谐音的"金实"则是借用"坚贞"的词汇来比喻款冬的耐寒特性。

款冬的叶片呈阔心形，长约 12 厘米，宽可达 14 厘米，叶片背面密生白色茸毛，叶柄长达 15 厘米。由于款冬的叶形较大、叶柄陡直，还得到蜂斗叶、蜂斗菜、水斗叶、水斗菜、橐吾和梠茎菜等诸多异称。其中的"橐"音"驮"，原指盛物的小型袋子，底部是空的，很像是心形的叶片，"吾"原指棍棒状物体，也很像是它那挺拔的叶柄；"梠"音"吕"，原指屋檐，"茎"在这里特指叶柄，采用"橐吾"和"梠茎"这两个词命名，把款冬由挺拔而陡直的叶柄支撑起心形叶片的形态特征描绘得淋漓尽致；至于"蜂斗"和"水斗"等称谓的来由将在后文详加介绍。

由于款冬的叶背密生白色茸毛，有如一些野兽的皮毛，虎须、虎须菜和兽须菜的俗称由此得来。

款冬雌雄同株，单花呈黄色、顶生，头状花序；花蕾状如芽、呈褐紫色，贴生地面。款冬的花蕾称款冬花，又称款冬薹和艾冬花。"薹"指花，"艾"在这里应读如"艺"，它有收割的含义，这是古人以挖取其花蕾入药的采收方式来命名的。

款冬花含有款冬二醇、芸香苷、金丝桃苷和三萜皂苷等药用成分，味辛、性温，有润肺、下气和止咳、化痰的功效。古人以其具有润肺的功能，结合运用拟人手法命名了"敕肺侯"的誉称。其拉丁文学名的属称 Tussilago 也强调的是其药用功能。

另据《广雅》介绍说：古代因为款冬味苦，曾得到苦萃的别称。"萃"有聚集的含义，它凸显了款冬味苦的程度。由此引申，它还得到菟奚和兔奚等贬称。"菟"通"兔"，"奚"指奴隶，可喻指野草。这个称谓是说由于款冬味苦，它只能算作是一种兔子食用的野草。

（2）蜂斗菜

蜂斗菜与款冬不同之处在于：蜂斗菜是雌雄异株，雌花有白、紫两种；另一特征是其叶片和叶柄的形态十分奇特。

蜂斗菜的叶片呈绿色、圆肾形，直径为 10 至 30 厘米；其顶端圆，基部耳状、心形，边缘有锯齿。叶柄呈绿色或带紫红色，直径 2 至 10 厘米，长度为 30 至 50 厘米，有的甚至超过 150 厘米。由此可见，蜂斗菜具有叶形较大、叶柄异常粗壮的形态特征。关于蜂斗菜名称的来历，北宋时期的苏颂在其名著《本草图经》的"款冬花"条中解释说："又有红花者，叶如荷而斗直，大者容一升，小者容数合，俗呼为蜂斗叶，又名水斗叶。"

上述这句话中的"红花者"，系指雌花呈紫色的款冬，实即现今所指的蜂斗菜；"合"音"葛"，它和"升"都是容量的计量单位，十合为一升；"叶如荷"，以及"大者容一升，小者容数合"都是描述蜂斗菜的叶片外观形态及其面积较大的语句；"斗"同"陡"，"斗直"义同"陡直"，借以刻画蜂斗菜叶柄的粗壮和挺拔。由于这种开红花的款冬叶子很大，叶柄又异常粗壮，所以命名为蜂斗叶，又称水斗叶。其中的"蜂"与"封"相通，有"大"的含义；"斗"有陡直的内涵；"水斗"原是古代汲水的盛器，借以喻指其面积较大的叶片。后人为了突出其食用功能，特地改称其为蜂斗菜和水斗菜，现在蜂斗菜的称谓已成为正式名称。其拉丁文学名的属称 Petasites 意译为"宽边帽子"，实际上也是强调其叶形较大的形态特征。此外蜂斗菜的花茎具有互生的苞片，其顶端的头状花连同着生苞片的花茎颇似蛇头，依据这些形态特征命名，有人还俗称其为蛇头草。

由于蜂斗菜与款冬有很多相似的性状特征，我国古代曾长期把蜂斗菜列入款冬的范畴。因此款冬及其许多别称也都可以泛指蜂斗菜。这些别称包括：橐吾、兔奚、菟奚、虎须、虎须草、氐冬、颗冬、颗冻、钻冻、冬花和金石草。

按照叶柄的色泽和大小，蜂斗菜可分成大叶和小叶两种，小叶形又可分为白、红两品。其中小叶形白色品种的蜂斗菜，叶柄呈绿白色，由于它的叶肉肥厚、纤维细软，所以主要采食叶片；小叶形红色品种的蜂斗菜，叶柄微红、花茎肥嫩，主要采食花茎，也可兼食叶柄；大叶形蜂斗菜的生长势很强，叶柄长度可以超过 1 米，只能采收其嫩叶柄，过老以后不堪食用。

蜂斗菜和款冬的嫩叶柄、嫩叶片，以及刚出土的嫩花茎都具有特殊的香气，因而又获得蕗和蕗薹的称谓。其中的"蕗"音"路"，在古代它原指一种香草，在这里用以喻指香气；而蕗薹的称呼特指蜂斗菜含苞待放的花蕾和款冬的嫩花茎。蜂斗菜和款冬还具有一定的苦味，可采用盐渍或漂烫等手段去除嫌忌味道以后再煮食。此外还可以糖渍、蜜饯或加工制成罐头，花蕾也可作辛香调料食用。

10. 食用大黄

食用大黄是蓼科大黄属，多年生草本，多年生菜类蔬菜，以肉质叶柄供食用。

食用大黄原产于我国的内蒙古地区，现在内蒙古和台湾等地有栽培。大黄在我国原来是一种药材，因其叶大、花黄而得名。大黄因有较强的"泻热毒、荡积滞和行瘀血"的药用功效，还被喻称为"具有平定祸乱功能的将军"。其拉丁文学名的种加词 officinale 也有"药用"的含义。

大约到了公元 17 世纪，大黄被引入欧洲，19 世纪以后成为欧美两洲广泛栽培的一种蔬菜，其拉丁文学名的另一种加词 rhaphoticum 含义为"食用大黄"。

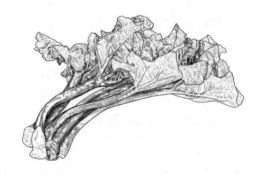

食用大黄植株的叶形较大，淡红色，呈掌状浅裂、心脏形。以其叶形的特征命名，又称圆叶大黄。因其叶中含有大量的草酸钙等嫌忌成分，不可入蔬供食。然而食用大黄的叶柄却可供蔬食，它长可达 25 至 60 厘米，宽 5 至 6 厘米，淡绿色，其上密布红色细线；幼嫩的或是经软化栽培的叶柄可呈现鲜红色。食用大黄的叶柄富含多种维生素，以及琥珀酸等成分，食用时味道酸美爽口。欧美人群常用于调味、制酱、腌渍、做馅、制成果派或糕饼，因而食用大黄又获得酸菜的称谓。

11. 菊苣

菊苣是菊科菊苣属，多年生草本，多年生菜类蔬菜，分别以嫩叶、叶球或肉质根供食用。

菊苣原产于地中海沿岸及中亚地区，它是欧美市场上的一种高档细菜，20 世纪引入我国，现在一些大城市已有栽培。

菊苣的花为头状花序，属于菊科植物；叶呈长倒披针形，叶缘齿状，类似原产于我国的绿叶类蔬菜苣荬菜（即苦荬菜），所以被称为菊苣。有时人们还以其原产地或引入地域的名称命名，称其为欧洲菊苣、法国菊苣或比利时菊苣。

菊苣原是野生菊苣的一个变种，它的根中含有马栗树皮素、野莴苣苷、山莴苣素和山莴苣苦素等苦味物质，具有极浓的苦味，所以又得到诸如野生菊苣、野生苦苣、欧洲苦苣、野苦苣和苦白菜等别称。

叶用菊苣可分为散叶菊苣和结球菊苣两类，后者又可分为浅黄和红色两品。经软化栽培的结球菊苣由于是由层层紧抱的嫩叶所组成的，因此又获苞菜的俗称。

菊苣作为蔬菜主要用于西餐的生食，既可凉拌，又可做沙拉，生菜的别称由此得来。叶球不宜高温炒、煮，以防变色，嫩叶则可烹炒。食用菊苣还可兼收清肝利胆，以及镇痛催眠的保健功效。

菊苣的根部还富含菊糖以及咖啡酸等物质，通过焙炒、磨碎后可以变为咖啡饮料的品质改良剂或代用品，因此菊苣还得到下面一组别称：咖啡萝卜、咖啡草、新型咖啡和代用咖啡。

12. 洋菜蓟

洋菜蓟是菊科菜蓟属、菜蓟族，多年生草本，多年生菜类蔬菜，以软化以后的叶柄和根供食用。

洋菜蓟是由一种被称为野蓟的野生植物驯化而来的，它原产于地中海沿岸地区。洋菜蓟 20 世纪初引入我国，现在各地已有少量栽培。

近百年来，人们依据其形态特征、食用特性，以及原产地域的标识等因素，结合运用摹描、拟物和音译等手段，先后命名了八种不同的称谓。

洋菜蓟是欧美两大洲广泛栽培的一种叶菜。清朝末年（1911 年）由驻意大利的使节吴宗濂从欧洲引入我国。当时称之为"喀尔陀"，其后又改译为"加里登"，它们都是其英文名称 cardoon 的音译名称。

洋菜蓟的花为头状花序，茎叶长大，叶柄极为发达，经束叶、培土软化栽培后，煮食白色的叶柄味道十分鲜美。

以其原产地域的标识"洋"，结合其叶柄可供食用的功能特性，以及头状花序有如蓟菜的形态特征，比照蓟菜进行命名，被称为洋菜蓟、食用蓟，亦简称菜蓟或蓟菜。由于其叶片的先端具有极尖的针刺，还得到刺蓟菜和刺棘菜等称谓。传说古代苏格兰人曾经利用洋菜蓟的蓟刺作为武器扎伤入侵者罗马人的足部而获得胜利，后来他们就采用洋菜蓟作为自己的徽标，现在我国采用洋菜蓟的称谓作为正式名称。

洋菜蓟的叶片中富含菜蓟素、黄酮和天门冬酰胺等人体的需宜成分，适量食用这种蔬菜，会收到增强胆汁分泌、促进氨基酸代谢，以及降低胆固醇等保健功效。此外以其浸出液为原料还可酿制意大利开胃酒。

13. 海甘蓝

海甘蓝是十字花科两节荠属，多年生、宿根、草本，多年生菜类蔬菜，以软化栽培的嫩芽和叶柄供食用。

海甘蓝原产于欧洲西海岸，我国引入后有少量栽培。

海甘蓝原产于海滨地区，且具极强的耐盐性，适宜于近海栽培；又因其肉质叶片呈卵矩圆形，其上附有蜡粉，外观很像甘蓝，又与白菜相近，所以国人以海甘蓝或海白菜称之。其拉丁文学名的种加词 maritima 含义为"海边生的"，因此又获滨菜的别称。现在多以海甘蓝为正式名称。

海甘蓝的质地爽脆，具有榛子味道。可先焯煮，然后再切段烹调食用。

14. 鸭儿芹

鸭儿芹是伞形科鸭儿芹属，多年生、宿根、草本，多年生菜类蔬菜，以嫩茎叶或嫩苗供食用。

鸭儿芹原产于日本和我国。我国的野生鸭儿芹多分布于中南部，现在一些大中城市的近郊区多从日本引入栽培种作为一年生蔬菜进行栽培。

鸭儿芹植株的下部叶柄长，叶为三出复叶，即每个复叶有小叶三片。因其外观既似水芹，又与鸭掌相像，所以被称为鸭儿芹、鸭脚板、水芹菜、三叶芹，或简称三叶。最终人们选择鸭儿芹的称谓为正式名称。

鸭儿芹富含胡萝卜素和维生素 K 等多种维生素，以及鸭儿烯、开加烯和开加醇等挥发油。作为蔬菜，它质地柔嫩、气味芳香，兼有消炎、解毒、祛风、止咳等保健作用。可凉拌、烹炒、做汤，或制作沙拉。

15. 洋苏叶

洋苏叶是唇形科鼠尾草属，多年生、丛生、草本或木本，多年生菜类蔬菜，以嫩叶供食用。

洋苏叶原产于欧洲南部的地中海沿岸地区，我国引入后已有少量栽培。

洋苏叶的叶片对生，呈椭圆形，其上密布白色茸毛，其外观颇似我国常见的绿叶菜类蔬菜紫苏的叶片。人们以其原产地域的标识"洋"，结合运用拟物的手法，比照紫苏的食用器官命名，称其为洋苏叶。

洋苏叶茎部顶端的假总状花序或圆锥花序是由轮伞状花序所组成的，其外观又

很像我国原有的同属植物鼠尾草；而鼠尾草的叶片又较窄、多呈披针形，所以洋苏叶又得到阔叶鼠尾草的别称，有时也简称鼠尾草。

洋苏叶富含多种维生素和矿物质，特别是所含的类黄酮和超氧化物歧化酶等活性物质，具有抗菌、防腐等功效，可以促进机体柔韧性能。以其药用功能命名，得

到药用鼠尾草的别称。其拉丁文学名的属
称 Salvia 和种加词 officinalis 分别有"救护"
和"药用"的含义。我国还曾以其属称的
音译把"洋苏叶"命名为"撒尔维亚"，有
的文献资料还讹称其为"撒尔维亚"。

洋苏叶的叶片还含有薄荷脑和薄荷酮
等芳香油成分，以洋苏叶入馔，既可用于
辛香调味，又可用于盘菜装饰，此外还可
用于沙拉菜，故此又获得香草的誉称。

16. 欧当归

欧当归是伞形科欧当归属，多年生、
香辛、草本，多年生菜类蔬菜，以嫩叶柄
和茎的基部供食用。

欧当归原产于西欧，小亚细亚和伊
朗亦有分布。我国北方一些地区已引种
栽培。

当归原是我国一种妇科的调血良药，
再由妇女思夫的情怀而引申命其名为当
归。由于欧当归与其叶形、花序和药用功
能都很相似，结合运用原产地、盛产地
域的简称或标识命名，得到欧当归、西洋
当归和保当归等称谓。其中的"欧"和
"保"分别是欧洲和保加利亚的简称。

欧当归富含钾、多种维生素，以及苯
二酸内酯等芳香油，具有当归样香气。入
蔬，可促进食欲，可烹炒、制沙拉，或榨
汁后饮用；入药，有祛痰、补血等功效。
其拉丁文学名的种加词 officinale 亦强调了
药用的内涵。

至于拉维纪草的称谓是其英文名称
lovage 的音译名称，而对其栽培种则可称
为菜园拉维纪草。

17. 紫萼香茶菜

紫萼香茶菜又称蓝萼香茶菜，它是唇
形科香茶菜属，多年生、草本，辛香型、
多年生菜类蔬菜，以嫩叶或嫩苗供食用。

紫萼香茶菜原产于我国。作为可以救
荒食用的野菜，香茶菜在明代初年已有著
录，现在华南和华东等地区均有分布。南
北各地也可把它当作一年生蔬菜来栽培。

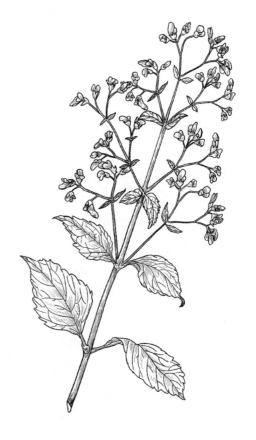

古往今来，人们依据其形态特征及生长习性等因素，结合运用摹描、拟物等手段，先后命名了五种不同的称谓。

紫萼香茶菜植株的茎直立；叶对生，呈卵状或披针形，其上有腺点；花唇形，花冠白色，花萼阔钟形，呈紫或蓝紫色。人们抓住其花萼的色泽和叶形似茶而又具有香气等特征命名，称其为紫萼香茶菜或蓝萼香茶菜，有时也简称"香茶菜"。根据科学出版社 2001 年刊行的《拉汉英种子植物名称》（第二版）来校正，这种蔬菜应以紫萼香茶菜的称谓为正式名称，那么蓝萼香茶菜的称谓只能作为它的别称。其英文名称 purple sepal rabdosia 也可直译为"紫色萼片的香茶菜"。至于回花菜的别称，则是因其花冠筒的上部呈浅囊状的特征而命名的。

香茶菜属的植物有一百五十多种。作为蔬菜，香茶菜的称谓始见于明初朱橚的《救荒本草》一书。由于紫萼香茶菜常野生于山谷、林下，叶形又很像辛香叶菜紫苏，借用后者的别称来命名，紫萼香茶菜又得到山苏子的地方俗称。

紫萼香茶菜含有芳香性挥发油、生物碱以及苦味成分，所以其叶片既有辛香气味，又具苦味。食用前，宜先用沸水焯过脱除苦味，然后再凉拌或烹炒。也可先切成丝，经腌渍加工以后再入蔬。适当食用还可以起到清热解毒、活血化瘀等保健功效。

18. 拉文达香草

拉文达香草又称腊芬菜，它是唇形科薰衣草属，多年生、草本或半灌木，辛香型、多年生菜类蔬菜，以嫩叶和花穗供食用。

拉文达香草原产于地中海沿岸地区，大约在 20 世纪初叶从日本连同"刺贤埯尔菜"的名称一起传入我国。稍后我国出版的《蔬菜大全》（颜纶泽著）一书把它作为花菜加以介绍。近年来，作为一种时兴蔬菜，又从澳大利亚引入栽培。

近百年来，人们依据其外文名称，及其形态特征、品质和功能特性等因素，结合运用摹描、拟物、音译或移植等手段，先后给它命名了八九种不同的称谓。

拉文达香草的植株具有浓香气味，最初人们把它作为薰衣的香料而称其为薰衣草。依据其拉丁文学名的属称 Lavandula，以及英文名称 lavender，采用音译手段来命名，先后得到拉芬大、拉芬德、啦芬德、拉芬得、腊芬菜、刺贤埯尔菜和拉文达香草等称呼。其中的刺贤埯（音蝶）尔菜称谓原是日本的音译名称，现在趋向以拉文达香草的称谓为其正式名称。

拉文达香草的茎多分枝，常簇生或丛生；叶对生，灰绿色、狭长披针形至线形；唇形花蓝紫色，组成穗状花序。以其花序特征和食用功能命名，还得到穗状薰衣草和菜薰衣草等别称。其拉丁文学名的种加词 spica 也有"穗状花序"的含义。

拉文达香草含有类黄酮化合物，以及芳香油，可食用或提取芳香油。芳香油的主要成分包括沉香醇、香豆素和伞形酮。采摘鲜嫩叶片入馔，可作西餐沙拉配菜，或用于调味增香；入药兼有镇静、止痛以及调节血压、增强免疫功能等效用。在秋高气爽的八月盛花期采收的拉文达香草的花穗可作为肴馔的配菜，或用于餐饮的装饰。

19. 菜用玉簪

菜用玉簪古称玉簪，它是百合科玉簪属，多年生草本，多年生菜类蔬菜，以嫩叶供食用。

玉簪原产于我国和东亚地区，最初仅供观赏。宋代的陆游（1125—1210）已有"玉簪殊未花"的诗句传世，明代的李时珍把它作为药品收入《本草纲目》的"草部"。到了清初陈淏子的《花镜》一书虽然介绍了食用玉簪花的方法，但是其功能仍以药用和观赏为主。前些年我国从朝鲜重新引入栽培品种，作为补充早春淡季供应的一种叶用蔬菜，现在北方的一些地区正在试种。

古往今来，人们依据其形态特征和功能特性等因素，结合运用摹描、拟物、拟人和借代等手段，先后命名了十多种不同的称谓。

菜用玉簪的叶丛生、略呈卵圆形，叶面光滑碧绿。菜用玉簪的花茎从叶丛中抽生，总状花序，花有白色和紫色两类，花被筒的下部细长。簪原是古人用来固定发髻的长条形针状器物，据《西京杂记》披

露，有一次汉武帝刘彻到李夫人住处，借用她的玉簪来搔抓自己的头皮，从此以后从宫廷到民间都以使用玉簪为风尚。由于植物玉簪在未开花时，其白色品种的花蕾洁白而细长，外观有如古代用于搔抓头皮的玉簪，所以人们就借用此种器物的名称来命名，也称此种植物为玉簪。

依据其叶片的色泽特点、花蕾的形态特征，及其功能特性命名，又得到诸如碧碧菜、棒玉簪和菜用玉簪等称谓。其白花和紫花品种还分别有着白鹤仙、白鹤花和白萼，以及紫玉簪、红玉簪和紫萼等别称。其中的"棒"和"白鹤"是特指其花器细长如棒、洁白如鸟类动物鹤的外观形态，而"仙"则是一种拟人的誉称。菜用玉簪的称谓最终成为正式名称。

菜用玉簪的叶片又称玉簪叶，食用时，宜先用沸水焯过，再凉拌，或烹炒；兼有清热、解毒的功效，也可用于治疗痈肿等疾患。菜用玉簪的花器又称玉簪花，需经糖渍或蜜饯加工方可食用；或者先制成馅料，再加工成糕点食用。用于西餐，需经热烫后再制沙拉、做配菜。应该注意的是：菜用玉簪的根部有毒，勿食用。据说，误食其根可使牙齿脱落，因此它还得到化骨莲的俗称。其中的"莲"喻指其根和叶均与水生菜类蔬菜莲藕相似。

菜用玉簪拉丁文学名的属称 Hosta 则是以奥地利著名植物学家霍斯特（N. T. Host）的姓氏来命名的。

20. 牛至

牛至古称香薷，它是唇形科牛至属，多年生草本，辛香型、多年生菜类蔬菜，以嫩叶供食用。

香薷原产于我国和欧洲，我国南北朝时已有关于栽培利用的记载。南朝梁时的陶弘景（456—536）在其名著《名医别录》中说过"家家有此，作菜生食"的话。唐宋以来，在今河南地区一直把它当作蔬菜来种植。到了明代，李时珍的《本草纲目》才把它移到"草部"。不过至今云南的一些地区还有人工栽培。欧洲将其作为蔬菜栽培历史悠久，早在20世纪的30年代，我国园艺学家颜纶泽在其《蔬菜大全》一书中已做过简要介绍。近些年来我国又从欧洲引进了新的栽培品种，现在北京和南方的一些地区已开始试种。

千余年来，人们依据其形态特征、品质和功能特性，以及产地名称等因素，结合运用摹描、谐音、夸张、拟物和音译等手段，先后命名了十多种不同的称谓。

牛至全株被细柔毛，香气浓郁；茎的横断面呈方形；叶对生，呈卵或卵圆形，上有腺点。由于它具有株香、叶柔的特点，又能供人蔬食，并能作为家畜的牧草，所以得到诸如香薷、香荼、香茹、香茹菜、香菜、香茸、香戎、香犾、五香草、满坡香和牛至等称谓。其中的"香"特指其植株的香气；"薷"在古代其读音和释义均与"柔"相同；"荼"音"柔"，从草、从柔，是形容草本植物枝叶柔细的词语；"茹"不但与"柔"谐音，还兼有蔬菜的含义；"茸"泛指初生的嫩苗；"戎"与"茸"谐音；"犾"音"犹"，特指其方形茎；"五香"原指五种香料，借以喻指其香气之丰满和浓郁；"满坡香"和"牛至"则是以夸张手法命名的两种称谓，由于它的香气布满山坡、田野，就连牛羊都闻香而至，借以喻指其香气之浓郁程度。

至于土香薷、野牛至，以及滇香薷和皮萨草等俗称，则分别表述的是其野生性状和产地因素。其中的"土"和"野"有当地和野生的含义；"滇"是我国云南省的简称，云南是一个传统的产地；"皮萨"指意大利中西部城市 pisa，现在通常译作"比萨"，是欧洲的重要产地之一。

牛至的花为唇形，淡紫色至白色，圆锥花序呈伞房状。因其伞房状花序略似蜂房，白花品种的叶片又类似茵陈草，在我国还得到蜜蜂草和白花茵陈等俗称。

牛至富含芳香油和活性物质，其中抗衰老素超氧化物歧化酶（又称 SOD）的含量居各种蔬菜之首位，此外它还含有钾、钙、铜、镁、锌、锶，以及苦味素和单宁。采集鲜嫩叶片可供蔬食，亦可入药。供应中餐：炒、煮、凉拌、做汤；供应西餐：既可制沙拉，又可用于海产品和肉类加工的调香，此外还可提取芳香油。药用有解表、和中、化湿、利尿的功效，可用于治疗感冒、发热、头痛、中暑、牙痛，以及咳嗽等病症。

21. 美洲地榆

美洲地榆又称叶用地榆，它是蔷薇科地榆属，多年生、可作一年生栽培、草本，多年生菜类蔬菜，以嫩茎叶供食用。

美洲地榆原产于欧洲，至今在法国还有野生种群，此外北美洲也有分布。现在它是欧美各国都很喜欢食用的一种蔬菜。20 世纪初叶引入我国，1936 年问世的《蔬菜大全》已有著录。近些年来从欧洲重新引入，北京等大城市的郊区有零星栽培。

近百年来，人们依据其食用器官及其形态特征、品质和功能特性，以及盛产地域名称等因素，结合运用拟物和音译等手段，先后命名了几种不同的称谓。

地榆的称谓是因其幼苗时贴近地面生长，叶片又略似榆树而得名的。叶用地榆的根状茎粗壮，奇数羽状复叶，小叶多数呈椭圆或卵形。以其食用器官及其盛产地域的名称来命名，它被称为叶用地榆或美洲地榆。

叶用地榆的称谓可见于颜纶泽所著《蔬菜大全》一书，当时被列入"生食用类"。其英文名称 salad burnet 可译为"沙拉地榆"或"色拉地榆"，它表示新鲜的叶用地榆适宜制作沙拉食用。由于其英文名称中的 burnet 特指美洲地榆，现在人们已采用美洲地榆的称谓为正式名称。美洲地榆的嫩叶具有黄瓜样清香气味，因此还得到黄瓜香的誉称。

美洲地榆富含胡萝卜素、抗坏血酸等多种维生素，除适宜制作沙拉或烹调食用以外，还具有清热解毒和凉血止血的保健功效。其拉丁文学名的属称 Sanguisorba 也强调指出了它所特有的止血功能。

22. 紫苜蓿

紫苜蓿又称紫花苜蓿，别称苜蓿、连枝草、宿根草和蓿草。它是宿根、草本，多年生菜类蔬菜，以嫩叶和嫩苗供食用。

相关内容详见第九章"绿叶菜类蔬菜"的苜蓿菜篇。

23. 辣根

辣根是十字花科辣根属，多年生草本，多年生菜类蔬菜，以肥硕的肉质根供食用。

辣根原产于欧洲东部和西亚的土耳其一带，已有两千多年的栽培历史，中世纪在欧洲已成为常蔬。公元 17 世纪传入美国以后，它又成为美洲广泛栽培的辛香类根菜。清末从英国引入我国上海，现在上海、北京、青岛和大连等沿海城市均有少量栽培。

人们依据其原产地域的标识，及其食用器官的特征和特色等因素，结合运用摹描和拟物的构词手段，先后给辣根命名了六七种不同的称谓。

辣根的肉质根呈圆柱形，长 30 至 50

厘米，横径约 5 厘米。其外表粗糙，呈浅黄色，肉质白色。因其含异硫氰酸丙烯酯，故有特殊辛香辣味。人们以其食用器官的名称及其品质特性，或形态特征等因素联合命名，称其为辣根，又称白根。其中辣根的称谓现已成为正式名称。

辣根植株强壮，根深、叶大，以其外观形似我国的常蔬萝卜，以及日本人嗜好的根茎菜山葵菜等因素命名，辣根又得到诸如马萝卜、山葵萝卜、山葵大根和西洋山葵菜等别称。其中的"马"和"大根"都表达了根部较大的含义；"西洋"为其原产地域的标识；"山葵"即指山葵菜（详见本章最后面的山葵菜篇），"山葵大根"的称谓源于日本的汉字名称，其中的"大根"即指萝卜。

辣根在欧洲有着极为悠久的栽培历史，公元 18 世纪德国科学家盖特纳（Gaertner）在为其定名时所用的种加词 rusticana 就强调了"田园的"含义。

辣根有刺激胃肠、增进食欲的效用。可以榨汁饮用，或作为多种荤素菜肴的调味佐料。此外，它还可成为罐头食品的辛香调料。辣根具有增强免疫力的功能，入药有利尿、抗癌及兴奋神经的作用。

24. 山葵菜

山葵菜是十字花科山葵菜属，草本，多年生菜类蔬菜，以地下茎和叶供食用。

山葵菜原产于亚洲东部地区。我国明代已有著录，朱橚的《救荒本草》一书把它列入"草部"，并称其嫩茎叶充野菜食用，可借以度荒，然而以地下茎作为蔬菜的山葵菜在日本已栽培了三百多年，现在我国云南丽江及台湾阿里山等地区也有少量栽培。

人们以其主要产地的名称、标识，及其生物学特征、形态和品质特性等因素，结合运用拟物、摹描等手段，先后命名了六七种不同的称谓。

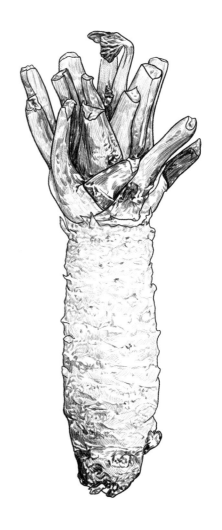

山萮菜原是一种野生于深山幽谷中的喜阴植物，然而其植株却生长得颇为茂盛。以其上述生物学特征命名，称其为山萮菜。其中的“山”指其喜生于山野之间，而“萮”音“鱼”，言其花草长势繁盛。其拉丁文学名的属称 Eutrema 中的“trema”即为希腊文之洞穴义，特指该属的典型物种喜生于洞穴中，从而显示出喜阴的生物学特性。由于山萮菜是日本人特别爱吃的辛香调味佳肴，以盛产地域的名称或标识命名，又得到日本山萮菜和东洋山萮菜等别称。其拉丁文学名的种加词 wasabia 也强调它是一种盛产于日本的植物。

山萮菜的叶片呈心脏形或近圆形，先端钝尖，因其外观形态很像葵叶，于是人们又叫它山葵。

山萮菜的地下茎肥大，外观呈圆柱形；长 5 至 20 厘米，横径 2 至 4 厘米；表面绿色，有凹凸不平的叶痕。地下茎富含芥子油，由于挥发性很强，辛辣气味较浓，且具有香、甘、黏等特色，因而人们又比照姜称其为山姜。日本人在享用生鱼片或寿司等食物时，经常捣碎山萮菜的根茎充作上佳的调料，有增进食欲、消除鱼毒等多种保健作用。此外采摘鲜嫩叶片可以做汤，叶柄宜烹炒或腌渍食用。

第十三章　杂菜类蔬菜

杂菜类蔬菜指以杂果（即除常见的瓠果、浆果、荚果以外的其他类别的果实）或种子供食的蔬菜。本章主要介绍菜用玉米、黄秋葵、草莓和莲子。

1. 菜用玉米系列

菜用玉米包括嫩玉米、糯玉米、甜玉米和玉米笋，它们都是禾本科玉米属，一年生草本，杂菜类蔬菜，分别以乳熟期的嫩果实籽粒（即嫩种子）或未成熟的嫩果穗供食用。

玉米原产于美洲，其拉丁文学名的种加词 mays 即来自南美当地的原始土名"买依司"，大约在明代分别经由中亚、印度和海上多次传入我国。

玉米传入初期以引入地域的标识和食用功能联合命名称为番麦或西天麦，其后鉴于它类似高粱而其种粒又像晶莹的珠玑，所以又称之为玉高粱。由于高粱原称

蜀黍或蜀秫，玉米又得到玉蜀黍或玉蜀秫等称谓。经过数百年的驯化和推广栽培，我国南北各地比照我国固有的米、谷、麦和黍等谷类作物，并以其果穗上的苞叶、花丝和籽粒等形态特征因素联合命名，先后还得到诸如玉米、苞米、包米、珍珠米、真珠米、苞谷、包谷、玉谷、玉麦、苞粟、棒子和金黍等称谓，其中玉米的称谓被各地广泛应用，逐渐成为正式名称。

玉米除去作为食粮和饲料以外，还可以充当蔬菜供烹调食用，于是就有了菜用玉米的称呼。

菜用玉米简称菜玉米，它可分成嫩、糯、甜、笋四种类型。人们依据其形态特征、品质特性、产地标识和食用功能等因素，结合运用摹描、褒扬等手段，先后给它们命名了五十多种不同的称谓。

（1）菜玉米

菜玉米即普通玉米幼嫩果实的籽粒。以其食用功能菜用的简称"菜"，及其食用

器官的生长状态"嫩""青"等因素，结合选取玉米的其他异称联合命名，菜玉米还获得如下三组别称：

菜苞谷、菜包谷、菜苞米、菜苞粟和菜玉谷；

嫩玉米、嫩苞谷、嫩包谷、嫩苞米、嫩包米、嫩苞粟和嫩玉谷；

青玉米、青苞谷、青包谷、青苞米、青包米、青苞粟和青玉谷。

早在明代，田艺蘅在其《留青日札》一书（明穆宗隆庆六年即公元1572年问世）中就曾披露，由于臣民曾给皇帝进贡，所以玉米有了"御麦"的誉称。到了清代，富察敦崇在其所著的《燕京岁时记》一书（清光绪三十二年即公元1906年刊印）中，介绍了当时京城在农历五月小贩沿街叫卖"五月先儿"，及其"至嫩者"又叫珍珠笋的趣事。而何刚德也在《春明梦录》里透露过，他本人曾在京剧大师梅兰芳的祖父、有"同光十三绝"之一誉称的京剧名旦梅巧玲家中品尝过"其小如珠，摘而烹之，鲜脆极可口"的"真珠笋"。清末的高润生也认为"剖（嫩玉米）而烹之，可为佳肴"。从上述四例可以想见在明清两代嫩玉米不但业已具有蔬食功能，而且还留下了诸如御麦、珍珠笋和真珠笋等称呼。至今云南等地还把专供蔬食的菜用玉米称为御麦。在明清两代"珍珠笋"和"真珠笋"中的"笋"字或可写作"筍"。

（2）糯玉米

糯玉米又称糯质型玉米，以嫩籽粒供蔬食。由于糯玉米是我国选育出来的新变种，所以被称为中国玉米，其拉丁文学名的变种加词 sinensis 即有"中国"的含义。

糯玉米盛产于我国西南地区，由于它

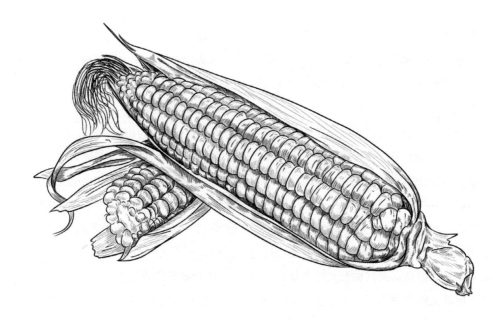

的胚乳全部是由支链淀粉所组成的，具有黏性，故有是称。此外各地还有糯苞谷、糯包谷以及糯质玉米等别称。

（3）甜玉米

甜玉米和玉米笋都是在 20 世纪 40 年代以后从美国引入的新型蔬菜，现在我国各大城市都有一定数量的栽培。

甜玉米又称甜质型玉米，是以其嫩果穗具有甜美的风味而得名的。据检测，其含糖量一般都能达到 10%，有的还要超过 15%，按照其含糖量的多少等品质特性分类，甜玉米又可分成普通甜玉米、超甜玉米、加强甜玉米和脆甜玉米。此外以其品质特性甜为主导，结合选取玉米的其他异称联合命名，还得到诸如甜玉蜀黍、甜玉蜀秫、甘味玉蜀黍、甜苞谷、甜包谷、甜苞米、甜包米、水果苞谷和水果包谷等别称，其中以"水果"命名也是为了强调其品味的甘甜。甜玉米拉丁文学名的变种加词 saccharata 亦有"甜味"的含义。

（4）玉米笋

玉米笋特指一种小型、多穗的菜用玉米。所谓多穗是指其每棵植株可结多个果穗，所谓小型是指其每个果穗的长度和直径分别只有 4 至 10 厘米和 1 至 1.8 厘米。其食用部位即未成熟的幼嫩果穗，它包括肉质穗轴和尚未膨大的子房。

玉米笋的色泽淡黄、清脆香甜，因其外观酷似幼嫩的多年生菜类蔬菜竹笋而取名玉米笋。此外它还具有笋玉米、笋用玉米、珍珠笋、真珠笋、番麦笋、玉米棒、多穗玉米和玉笋等诸多的别称、俗称和简称。其中的番麦笋是盛产玉米笋的台湾地区的地方名称。

菜用玉米富含可溶性碳水化合物、脂肪、蛋白质，以及多种维生素等营养成分。宜鲜食、煮食、烹炒，或充当配菜，还可供盐腌、糖渍、干制、速冻或罐藏。

2. 黄秋葵

黄秋葵又称秋葵，它是锦葵科秋葵属，一或多年生草本，杂菜类蔬菜。以嫩蒴果，以及叶、芽和花供食用。

黄秋葵原产于非洲和亚洲的热带地区，它是极受北非、中东、南亚、欧洲和北美等地区人群喜爱的一种蔬菜。公元 20 世纪初叶，从印度引入我国上海。现在上海、北京、云南、广东、安徽、江苏和浙江等省市均有栽培。

近百年来，人们依据其形态特征、栽培习性，以及食用功能特点等因素，结合运用摹描、比拟、借代和翻译等手段，先后命名了十多种不同的称谓。

黄秋葵的叶互生、掌状五裂，花艳丽、单个花朵生长在叶腋，萼片钟形。由于上述形态特征均与我国固有的蜀葵极为相似，但其花呈黄色且具紫心，又在秋季成熟、收获，所以取名黄秋葵。蜀葵在我国原为一种药用植物，而黄秋葵可供食用，食用秋葵的别称由此得来，其拉丁文学名的种加词 esculentus 也强调指出了"可

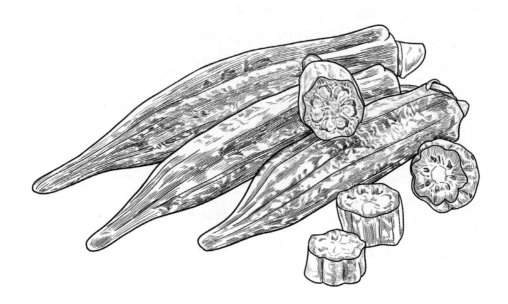

食用"的含义。黄秋葵简称秋葵，据贾祖璋的《中国植物图鉴》披露，秋葵的称呼起源于日本，后来才传入我国。

黄秋葵的果实为蒴果，一般长 10 至 20 厘米，横径 2 至 3 厘米；表面绿色，呈狭塔状矩圆形；断面呈五角或六角形；果实顶端具有长喙。由于外观近似豆荚、宛如羊角，又像是女士尖尖的手指，以其食用器官的形态特征命名，因此又得到羊角豆、羊角菜、秋葵荚等俗称，以及"妇女手指"和"指形糕饼"等雅号。其中后两种雅号乃是从域外舶来的意译别称。

黄秋葵的嫩果肉质柔软，含有多种维生素、矿物质，以及丰富的黏液质，具有莲藕样独特的香气和风味。宜烹炒、蒸煮、煎炸或凉拌食用，可酱腌、醋渍，或加工罐藏。由于黏液中含有果胶等物质，现代医学界认为它具有帮助消化等多种保

健功能。然而黄秋葵的果实稍老即易导致纤维化，从而就会失去食用价值。其英文名称 okra，以及俄文名称 окра 强调了"纤维"的内涵。这些西文名称都源于其非洲名称 gumbo，其中的 gum 有"树胶"的含义，它充分反映了黄秋葵内含黏液物质的特性。此外嫩叶、嫩芽和花朵也可炒食或做汤。

黄秋葵的种子呈淡黑色、球形，略似绿豆。它富含脂肪，老熟后可榨油，还可经焙炒、磨碎后充当咖啡的代用品。植物学界以其功能命名，称其为咖啡秋葵，简称咖啡葵，或可写作"茄菲葵"。如园艺学家颜纶泽在"七七事变"以前出版的《蔬菜大全》一书中就称其为茄菲葵，所谓"茄菲"实即"咖啡"的谐音；而舶来品用烟叶直接卷成的雪茄烟，也是英文 cigar 的音译名称。这是由于"茄"也可读

"加"音。

前些年有人从美洲引进果实外皮为红色的新品种，以其形态特征命名为红秋葵；又以其引入地命名，称其为南美红果黄秋葵。这种黄秋葵的新品种富含硒等微量元素，具有保护皮肤等功效。

在黄秋葵传入的初期，有的国人因其外观近似而误称其为黄蜀葵或蜀葵。直到20世纪60年代由山东农学院主编的《蔬菜栽培学》还把拉丁文学名写作 Hibiscus esculentus 的黄秋葵误称为黄蜀葵。实际上蜀葵的花色多样，黄蜀葵的花萼呈佛焰苞状，它们都与黄秋葵不同。

对于黄秋葵的分类地位和科别归属，也经历了一个反复推敲的过程。先是有锦葵科与木棉科的科别之争，在意见统一之后，又有黄葵属与木槿属等属称之论。其关键之处在于花萼、果实及种子三者形态之差别：黄秋葵的花萼呈钟形，种子上有茸毛，这些特征近似于木槿；而花开后数小时就会脱落，果实形状长而尖等特征又近似于黄葵。权衡再三，最终还是以其果实的形态特征为主要依据，把黄秋葵从锦葵科的木槿属，移入黄葵属中。其拉丁文学名的属称 Abelmoschus 有"麝香之父"的意思，它所强调的是该类植物的种子多具有特殊香气的特性。

现在我国以黄秋葵的称谓为正式名称，其拉丁文学名已更改为 Abelmoschus esculentus。

3. 草莓

草莓是蔷薇科草莓属，多年生草本，蔬果兼用型、杂菜类蔬菜，以由花托膨大而成的聚合果供食用。

自然界中的草莓原有许多种不同的类型，它们广泛分布在亚洲、欧洲和美洲。我国早期的古籍《尔雅》中已有相关的记载。南北朝时期的《齐民要术》也有关于"莓，草实，亦可食"的扼要记录。到了明代，李时珍经过调查、整理，把我国境内的草莓类植物进行了归纳、分类。现已查明我国原有包括东方草莓和森林草莓等在内的七种草莓，但多属小果型，味道也较酸。在欧洲，古罗马时代也只是把它当作观赏植物。

公元1712年法兰西学者弗莱泽尔（Frizier）在南美的智利和秘鲁发现了大果型的智利草莓，三年以后把它带回法国，并在布列塔尼地区落户。后来利用仅仅存活下来的四株智利草莓与先期由法国探险家卡蒂埃尔（Cartier）从北美引入的弗吉尼亚草莓进行杂交并获得成功。在此基础之上，经过不断改良和选育，到18世纪末，品质优良的凤梨草莓终于成为世界上的主要栽培品种。由于各国科学家的不懈努力，现在国际上的大果型栽培品种已超过2000种，年总产量也超过200万吨。其中美国、意大利、日本和波兰的产量名列前茅。

我国引进大果型草莓始于20世纪初

叶，从 20 世纪 50 年代以后，又先后从波兰、比利时，以及美、日等国引进一些新品种。现在南北各地的栽培面积逐年增加，采用早、中、晚熟品系栽培，再辅以低温贮藏手段，可以实现常年供应。

人们依据其植物学和形态特征、产地特色，以及功能特点等因素，结合运用拟物、音译等手段，先后给草莓命名了五六种不同的称谓。

草莓的称谓是由"草"和"莓"两字所组成的。"草"强调的是草本，为的是与木本的树莓相区别。"莓"作为植物的名称，在古代是与"苺"相通的。"苺"字读如"莓"，从草，母声。《说文解字》进一步解释说："母，从女，象（像）怀子形，一曰象（像）乳子也。"意思是说"母"也有乳房的含义。由此推断人们以"莓"命名，实即暗喻其果型有如母乳的形态特征。

草莓初从欧美和日本引入时曾以其产地的标识"洋"来命名为"洋莓"。有人还把它的英文名称 strawberry 按照粤语音译为"士多啤梨"。由于植株低矮、近地面生长，又被称为地莓。

草莓的食用部位称假果，它是由花托膨大而形成的。其外观呈扁圆锥状、心脏状或呈球形，单果重约为 10 至 40 克。而其真正的果实则是集生在假果上面为数众多颗粒状的瘦果。小瘦果呈黄褐色，内含一粒种子。由于草莓假果的外形与凤梨相似，所以又称凤梨草莓，其拉丁文学名的种加词 ananassa 即为"凤梨状果实"的含义。

草莓不仅富含多种维生素及钾、铁、磷、钙等营养成分，而且还具有低热量的特点。由于其维生素 C 的含量远远高出苹果、梨、桃和葡萄等常见的水果，所以在日本享有"活的维生素 C 结晶"的美誉。

草莓可供鲜食、凉拌，或做拼盘、制沙拉，宜速冻、榨汁、糖渍，此外它还是制作冰激凌、果冻、果酱、果酒和清凉饮料的优质原料。

草莓味甘、酸，性凉、无毒，有生津、止渴、利尿、健胃、清热、解暑等功效。国外医学专家最近发现新鲜的草莓还含有一种被称为"波里劳诺"的物质，这种物质可以阻止癌细胞的生成。研究工作还证明草莓是生物类黄酮的优质来源。生物类黄酮既可加强毛细血管的弹性、调节其渗透性，从而改善心血管的微循环系统，又能抑制恶性细胞的生长。鉴于这种物质极易被阳光所破坏，所以新鲜的草莓应当在低温、高湿条件下避光贮存。

4. 莲子

莲子古称莲实或藕实，它是睡莲科莲属，多年生草本，水生菜类蔬菜莲藕的果实，杂菜类蔬菜，以其坚果内的种仁即种子供食用。相关内容可参见"各论"第十一章"水生菜类蔬菜"的藕篇。

莲藕起源于中国和印度。1972 年在河南郑州大河村的仰韶文化遗址曾出土过两颗莲子，经碳 14 测定，距今已有五千余年的悠久历史。秦汉以来问世的《神农本草经》《尔雅》和《说文解字》等古籍都有相关的著录。

数千年来，人们依据其植株的植物学特性，食用器官的形态特征、品质和功能特点，以及产地名称、采收季节等因素，结合运用摹描、拟物、谐音、褒扬和雅饰等构词手段，先后命名了四十多种不同的称谓。

莲子是莲藕植株的坚果和种子的总称。包在坚果外面的外壳称莲蓬，它是由花托膨大而形成的，直径 3 至 15 厘米，其外观初为绿色，呈倒圆锥或扁圆形；成熟后变为黑褐或棕褐色，上面长有数十个小孔，如蜂窝状，每个心皮形成一粒坚果。坚果莲子的果皮嫩时尚可食用，老熟以后极为坚硬，它的外表呈椭圆、卵圆或卵形，棕褐至黑褐色；长 1.6 至 1.8 厘米，宽 1.1 至 1.2 厘米，千粒重为 1100 至 1400 克。

莲是因其花与果实相连而生得名的。由于实和子都有果实和种子的含义，以其食用器官的特性和简称来命名，从而得到诸如莲子、莲蓬子、藕子、莲实、藕实、藕宝、壳莲、荷蜂和莲等称呼。其中的"宝"有褒扬的含义，"蜂"特指莲蓬内的坚果莲子，而莲子的称谓最终被人们确定为正式名称。

莲子去壳以后即为主食部位种子，种

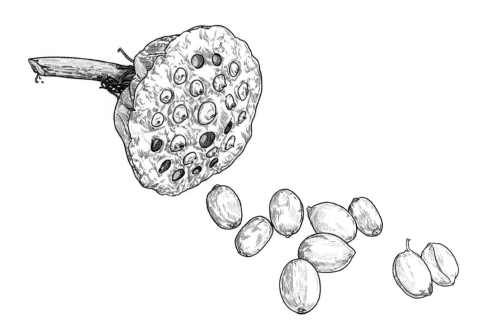

子由种皮、子叶和胚所组成，种皮为白棕或红棕色。由于初生的洁白莲子生长在蜂窝状的莲蓬之中有如点点珠玉，品质鲜美可口，以其主食部位的形态和品质特征，结合运用拟物和用典来命名，又得到诸如的、茈、藙、茈藙、莲茈、茈薏、紫茈、莲肉、肉莲、莲米、珠玺、珠茧、莲薏、玉蛹和白玉蝉等别称。其中的"的"，有"小而多"的含义；"藙"音"习"，"从草、从敿"，"敿"有闪光的含义；"的"和"藙"都可借以喻指藏在莲蓬孔眼中间个体小、数量多的莲子；"茈"与"的"既谐音，又同义；"薏"音"意"，指果仁，即种子；"珠""米"和"肉"分指其外观特征和品质特色；"珠玺"还有褒扬的内涵；至于"玉蛹"和"白玉蝉"则来源于下面的诗词典故。

北宋文豪苏轼在题为《莲实》的组诗中，曾将碧绿的莲蓬比作蜂房，并把洁白柔嫩的莲子喻为刚刚羽化的蝉，以及蜂的幼虫蛹，写出过"绿玉蜂房白玉蝉，折来带露复含烟"。古诗中又有"不似荷花寨里蜜，方成玉蛹未成蜂"的诗句。所以"玉蛹"和"白玉蝉"都成了莲子的誉称。

依据地方名特产品及其主产地域的名称命名，莲子又有建莲、湘莲和广昌的通心白莲等名目。建莲又称贡莲，因其主产于福建的建宁，又曾成为皇家的贡品而得名。在清代著名小说《红楼梦》中，贾府的宴席上也曾出现过利用建莲烹煮的羹汤。通心白莲主产于江西广昌地区，因其产品经去皮通心加工以后呈白色而得名。湘莲则产于湖南的衡阳和湘潭等地区。

依据采收季节的差异，莲子可有夏莲

（或伏莲）与秋莲、伏子与秋子的区分，其中的"伏"指夏季。依据种皮的色泽不同，莲子又有白莲子与红莲子之别。其中长久沉积于水底淤泥之中的莲子，质坚色黑有如石块，又称石莲子或石莲，中医认为石莲子可以用于治疗噤口痢。因其味甘，入药时又可写作"甜莲子"。

莲子含有淀粉、棉子糖和钙、磷、铁等营养成分，可鲜食、煮汤、熬粥、做糕，或充为配菜，有补虚损、强筋骨和健脾胃的保健功效。我国古人认为"王者慈仁则芝草生，食之令人延年"。而莲子味甘、平，又具有益气、养神，以及轻身、耐老等延年益寿的作用，所以人们也把它视为象征吉祥的水生芝草，水芝、泽芝，以及水芝丹等别称纷至沓来。其中的"泽"指湖泊，"丹"则喻指莲子的外形，及其所具有的丹药功能。

莲子的胚芽位于种子的中心部位，又称莲心、莲芯、莲子心或莲子芯，因其带有苦味，还得到莲薏和苦薏等别称。其中的"芯"与"心"同义，均有"中心"的含义；"薏"原指果仁，现特指种子当中的胚芽。由于莲子的胚芽之中含有莲心碱、乌药碱等多种生物碱，以及金丝桃苷和芸香苷，因而具有降血压和强心的作用。

此外莲子还有一个"湖目"的异称，它来源于湖目莲子的典故。

据唐代段成式在《酉阳杂俎·广知》中介绍：南北朝时期北魏的社会名流袁翻（476—528）曾在一个叫作莲子湖的地方举行宴会，席间有人询问以前在此地制作血羹为什么都未能凝固成形。袁翻回答说："应该改用河水！"结果一试果然成功了。当时在座的清河王元怿（487—520）不了解其中的奥妙，袁翻提示说："可思湖目！"意思是说："您可以从湖的名称入手来思考！"宴会散后，清河王元怿仍不明白"湖目之事"，别人告诉他说："藕能散血，湖目莲子，故令公思！"大意是说：此处的湖泊被称莲子湖是因为湖中长满了莲藕，由于藕可以使血羹分散而不能凝固，所以以前用湖水做不成血羹；现在改用不宜生长莲藕的河水，效果就不同了。元怿了解了事情的经过以后，深有感触地说道："人不读书，其犹夜行！"从此以后湖目就成为莲子的另一个十分奇妙的代称。苏东坡在题为《忆江南寄纯如》的诗中还留下过"湖目也堪供眼，木奴自足为生"的佳句。诗中的"湖目"和"木奴"分别指莲子和柑橘。

第十四章　花菜类蔬菜

花菜类蔬菜是指以植物的花器作为主要食用部位的蔬菜。其中包括黄花菜、菊花、蘘荷、朝鲜蓟、霸王花、万寿菊和木槿花。

1. 黄花菜

黄花菜是百合科萱草属中一种能形成肥嫩花蕾的多年生、宿根、草本、花菜类蔬菜。它包括黄花菜、萱草、北黄花菜和小黄花菜四个种，均以其肉质花蕾供食用。

黄花菜起源于亚、欧两大洲，我国自古就有栽培。先秦古籍《诗经》已有记载，现在各地均可栽培。

几千年来，人们依据其食用器官的形态特征、功能特性等因素，结合运用摹描、拟物、比喻或夸张等手段，先后命名了三四十种不同的称谓。

黄花菜为总状花序或圆锥花序，花蕾呈黄色或黄绿色，花被基部合成筒状，上部分裂成六瓣。据苏颂的《图经本草》（又被称作《本草图经》）记载，宋代已采收花器入蔬。后人以其食用器官花蕾的色泽及其蔬食功能联合命名，称之为黄花菜，有时也简称为黄花。

在四种黄花菜中，有两个种的拉丁文学名的种加词 fulva 和 citrina 也分别有着"金黄色"或"黄绿色"的内涵。由于黄花菜花被的上部分成六瓣，再加上位于中间的花蕊有如七个星形饰物组合在一起，所以还有着七星菜的誉称。

据李时珍的《本草纲目》介绍，到了明代已有黄花菜的干制品应市了。金针菜的称谓始见于明代的《滇南本草》，因为这种干制品呈金黄色、外观有如针状而得名。此外还得到针金菜、黄金针、黄金花、金针和针金等别称。

黄花菜的植株古称谖草。"谖"音"宣"，有"忘记"的含义；"谖草"即

"萱草"。

《诗经·卫风·伯兮》讲述了一位古代妇女思念其久别丈夫的动人故事，其中提到"焉得谖草，言树之背"。它所表达的意思是：这位妇女很想通过种植忘忧草的办法来寄托自己的离愁和思绪。

据说食用萱草以后，可以令人昏然如醉。所以我国自古相传，杜康（指酒）能解闷，萱草能忘忧。由于萱草具有上述奇特的作用，古人又把它称为忘忧草、忘归草、忘郁草、安神草或疗愁草。经现代科学手段化验分析，黄花菜植株的根、茎和花中都含有秋水仙碱。这种生物碱具有强烈的毒性。通过动物试验又表明，其主要病理变化都发生在动物的中枢神经和肝肾实质细胞中，所谓"忘忧""疗愁"实际上是人们的中枢神经中毒以后的体征。然而我们只要通过适当的加热或浸泡，就可以降低其毒性。缘此我们在食用鲜黄花菜时一定要注意安全。

黄花菜是以其花蕾供食的。结合其植株的别称、食用部位和传说功能命名，黄花菜还得到以下三组别称：

谖草花、萱草花、煖草花、蔆草花、爰草花、薆草花、蕿草花、藼草花、萱花、谖花、萱萼和小萱花；

忘忧花、忘郁花、忘归花、疗愁花、安神草花、安神菜和欢客；

金萱花和丹棘花。

其中的"蔆""蕿""爰""薆""煖""藼"和"萱"都是"谖"的谐音字；"欢客"系由"忘忧"引申而来；"金"和"丹"分别指其黄、红两种颜色的花蕾；"棘"原指丛生的酸枣，可引申、特指丛生的黄花菜花朵，所以"丹棘"也成为谖草的别称。

另据晋代周处的《风土记》介绍，我国古代还曾有孕妇佩带萱草则可生男孩儿的说法，从而使得黄花菜的别称"宜男"和"令草花"广为流传。古人常有偏见，认为生男美好，"令"有美好之义，这样"令草"就成为"宜男"和"萱草"的代称。

古代的黄花菜经常生长在庭院中，黄花菜的每个花茎上都长有 20 至 30 朵小花，这些小花还可以陆续开放。唐代的孟郊有诗写道："萱草儿女花，不解壮士忧。"缘此，黄花菜又赢得"儿女花"的誉称，这个称谓是以其繁盛的花朵喻指数量众多的子女。此外它还得到妓女花和伎女花等别称，其中的"妓女"和"伎女"喻指同时开放的多朵小花，很明显，这些称谓蕴含着贬义。

黄花菜的植株具有多年生、宿根的植物学特性，其狭长的叶片外观也略似葱、韭等蔬菜，传说"鹿食九草"其中就包括萱草，所以黄花菜还得到鹿葱花、鹿剑花和万年韭花等别称。其中的"剑"喻指其叶形。

2. 菊花

菊花古称鞠华，它是菊科菊属，多年生、宿根、草本，花菜类蔬菜，以头状花供食用。

菊原产于我国，其拉丁文学名的种加词 sinense 即为"中国的"含义，早在上古时期我国的古籍就已有著录。《山海经·中山经》称："女几之山，……其草多菊。""女几山"在今河南省的宜阳附近，自古以来河南地区就是菊花的著名产区。《礼记·月令》也记载："季秋之月，……鞠有黄华。"大意是说：每年的农历十一月，菊花还在开放。爱国诗人屈原（约前340—前278年）的《离骚》吟诵过"朝饮木兰之坠露兮，夕餐秋菊之落英"的诗句，说明至少在战国时期我们的先民就有采食菊花的习俗了。屈原的《九歌·礼魂》还激昂地高唱过："春兰兮秋菊，长无绝兮终古！"在这里他披露了我国古代在春秋两季，每逢兰花和菊花盛开的时节都要举行祭祀大典的信息。

菊是一种极为耐寒的观赏植物，它的花期一般在每年的深秋到初冬时节。由于这时外界气温已经很低，一般的草本植物早已凋零，所以届时仍然昂首怒放的菊花就被人们视为傲霜凌雪、坚贞不屈的象征，并被历代众多的文人、学者反复吟咏歌颂。

菊花还是一种药食兼备的理想食品，它的营养价值以及保健功能，也得到了古今医学名家以及现代科学技术的肯定和褒扬。它作为以花朵充作蔬菜的一种花菜，现在我国南北各地均有栽培。主要产于江苏、浙江、江西、广东、河南、安徽和四川等地区。在日本菊花也是一种重要的蔬菜。

古往今来，人们依据其上述的植物学特征、医食兼备的功能特性，以及其他形态特征或相关典故、神话传说等因素，结合运用摹描、比拟、比喻、夸张、借代、通假、贬褒和谐音等手段，先后给菊花命名了上百种不同的称谓。

菊，古称鞠，或写作"蘜"，它们都源于"匊"，其基本内涵为"人手捧着米食"；寓意为：人们从事耕作一年终了以后所获得的满盈和丰收。由此出发还可以进一步引申为穷尽、终了。因此宋代陆佃的《埤雅》做出了如下的解释：

"菊本作蘜，从鞠，穷也。花事至此而穷尽也。"意思是说：由于每年农历九月霜降以后，除去菊以外，没有其他草本植物再会开花了，所以人们才把这种植物称为菊、蘜或鞠。唐代诗人元稹（779—831）

《菊花》中的诗句"不是花中偏爱菊，此花开尽更无花"也道出了个中奥秘。其花朵也就被称为菊花、鞠花、蘜花或菊华、鞠华、蘜华了，其中的"华"与"花"的读音和释义均相同。从汉代以后菊和菊花的称谓逐渐成为该种植物及其花朵的主体名称。现在也把菊花的称谓作为正式名称。

由于菊原有丰收和满盈的内涵，古人有时还以蘜、蘜、蘜、周盈、朱嬴或治蘠、治蔷、治墙等称谓称呼菊花。其中的"周"特指菊花花朵的圆形轮廓，"朱"原指花器呈红色的菊花，后来有人也用以借指菊花的总体。

"治蘠"的称谓始见于《尔雅·释草》："蘜，治蘠。""蘠"及其谐音字"墙"和"蔷"，都源自"啬"。"啬"音"色"，其基本内涵亦为收获谷物。"治"有从事某种工作的含义，这样就给"治蘠"赋予了"（适宜）从事农耕"的内涵。那么菊花和适宜农耕是怎样联系在一起的呢？

我国自古以来十分重视对物候学的研究，经过长期的观察，人们发现菊花的花期从农历的九月上旬一直可以开到十一月。现在我们可以从经由儒家学者整理过的一些古籍中找到与上述相关的记载。《逸周书·时训》说："寒露……又五日，菊有黄华……菊无黄华土不稼穑。"这句话可直译为：寒露节以后菊花开放，不宜在不盛开菊花的土地上种庄稼。大概古人认识到能使菊花怒放的地块上的土壤肥力较佳，所以他们认为在此种地块上种植农

作物才会得到丰收。这样菊花就成为适宜耕作、获得丰收地块的指征，治蘠的称谓由此得来。菊也就因此成为我国古代检验土壤肥力高低的一种指示性植物。

菊花的始花期恰逢秋季的重阳节（农历九月九日），所以以花期季节命名，菊花又得到诸如九花、九华、九日花、重阳花、节花、节华和秋菊等别称。其中的"节"均指重阳节。

菊花的终花期可以延长到农历的十一月，《礼记·月令》记载当月的时令特征除"鞠有黄华"以外，同时还有"豺乃祭兽戮禽"的内容。古时"禽"可以泛指禽兽；"祭"和"戮"指猎杀豺等禽兽以供深秋祭祀和食用。由此得知古时农历十一月的标志性的时令食物就包括禽兽和菊花。具有典型物候特征的称谓"禽花"和"禽华"就这样走进了人们的视野。

菊花由于具有耐寒特性而获得的褒誉称谓则有：君子花、花中君子、霜下杰、晚节花、晚节香、晚荣、傲霜、傲霜枝、傲霜华和冷香。其中的"君子""（豪）杰""节""荣"，以及"傲霜""冷香"等词语所强调的都是以其傲霜斗雪的耐寒特性，来暗喻志士仁人坚贞不屈的气节。

晚节香的典故出自北宋政治家韩琦（1008—1075）《九日水阁》诗作中的名句："虽惭老圃秋容淡，且看黄花晚节香。"作者借菊花的花期可以延长到岁末的现实，来暗喻自己保持晚节的决心。

又如傲霜、傲霜枝和傲霜华等三个称

谓的典故，它们都出于北宋著名文学家苏轼（1037—1101）《赠刘景文》中的诗句："菊残犹有傲霜枝。"

至于霜下杰的典故则出自陶潜的诗作《和郭主簿二首》之二的"怀此贞秀姿，卓为霜下杰"。

陶潜（365—427）原名渊明，字元亮，谥靖节。他是东晋时期我国著名的田园诗人，早年做过彭泽令那样的小县官，后来他辞官回归乡里，躬耕陇亩，"秋菊盈园"，过着隐士农耕的生活。

谈到陶渊明就会令人想起他那题为《饮酒》的千古名句："结庐在人境，而无车马喧。问君何能尔？心远地自偏。采菊东篱下，悠然见南山。"后人以此为典实来命名，因而有一组有关菊花的代称：东篱花、东篱英、东篱、篱菊、篱花、陶潜菊、陶家菊、陶令菊和陶菊。

其中的"东篱花"特指生于东篱之下的菊花，而"篱"又是"东篱"的简称，"英"与"花"同义，"陶""陶家"和"陶令"均指陶潜。

有的还直接以陶潜的原名陶渊明，或谥号陶靖节作为菊花的代称。到了宋代，周敦颐（1017—1073）在《爱莲说》中又把菊花喻为"花之隐逸者也"，菊花缘此又得到隐逸花的桂冠。

菊花的植株高可60至150厘米，叶互生，卵形至披针形，头状花序单生或数个集生于枝头的顶端，花朵中央的筒状花多呈黄绿色，其周围的舌状花可呈现出多种颜色。

菊花按照花器中央的主体色泽可分为黄菊和白菊两类。黄菊以其花朵呈黄色等形态特征命名，又得到如下四组代称：

黄花、黄华、黄英、黄金花、黄金英、黄金葩、黄金和喜容；

金菊、金英、金华、金蕊、金精、金蘲，以及金刚不坏王；

金翘、金玲珑、锦玲珑、粉玲珑和蟹爪菊；

黄金甲和金甲。

其中的"黄""锦"和"粉"分指黄或粉白的花色；"黄"还被视为"喜色"，所以"喜容"可喻指黄花；"金"在我国古代的五行学说中既可代表菊花盛开的秋季，又能表示花朵的黄色；"葩""蕊""精"和"蘲（同蕾）"分别指菊花的花朵整体和花芯部分；"玲珑""蟹爪"和"翘"都是描述花瓣形状卷曲、意境舒朗通透的词语；"金刚不坏"原来特指佛身，据《清异录》载：唐懿宗（860—874年在位）时的《赏花歌》就有"长生白，久视黄，共拜金刚不坏王"的内容，歌谣中的"金刚不坏王"借以喻指花呈黄色、花期较长又经久不凋的菊花。

唐末农民军首领黄巢在早年曾有题为《不第后赋菊》的诗作："冲天香阵透长安，满城尽带黄金甲。"诗中的"黄金甲"即指黄色花朵的菊花。后来黄金甲及其简称金甲都变成了菊花带有杀气的代称。

此外菊花的属称 Chrysanthemum 也强

调的是花朵为金黄色的特征。

菊是一种喜阴的植物，古人认为它阴气太盛，"阴成"和"阴威"的别称由此而来。与野生菊相对，家菊的称谓，专指人工栽培的菊花。

菊花的气味芬芳，清冽可口。可供食用的菊花还可称食用菊花，或简称食用菊，又称真菊。食用菊花可冷拼、热烹或油炸，还可用以熬粥、煮汤或制作清凉饮料。由于菊花味道甘苦，又具有类似艾蒿的气味，以其品质特色并比照艾蒿的称谓，在不同的历史时期人们又给菊花命名了如下一组带有地方色彩的别称：甘菊、甜菊花、臭菊、茶苦蒿、地薇蒿、地微蒿和地微。

其中的"茶""薇"都是古时常见的野生蔬菜；"甘""甜"和"茶苦"分别指其稍甜和微苦两种品味，味道太苦的野菊则不堪食用；"蒿"和"臭"均指其特有、类似艾蒿的特殊野生气味；"地"和"地微"则指其植株较蒿矮。

菊花的用途十分广泛，除供食用以外，也可制作茶饮、酿菊花酒，或可入药医治疾患。

古人认为菊花有"安肠胃、利血气"的功效，久服可以除烦、明目、延年、益寿。《抱朴子·仙药》记载说：古时居住在今河南南阳地区的人们，因为常饮菊花水，都能活到八九十岁。《西京杂记》也说："九月九日……饮菊华（花）酒，令人长寿。"

以其花期较长又具保健功能等特征命名，菊花还获得诸如延寿客、寿客、延龄客、延龄、更生花、更生、傅延年、傅公、佳友、日精、灵菊、药菊和石决等别称。

在这些称谓中，"客""友""公"和"日"（喻指太阳）分别运用了拟人和拟物的命名手段；"傅"和"药"有辅助和药用的含义；"延寿""延龄""延年""寿""更生""精""灵"和"佳"则或明或暗地表达了延年益寿的保健功能特色。

据考证其中的"寿客"和"佳友"两称谓分别是由宋代的画家张敏叔和学者曾慥（音造）命名的；而"延寿客"的称谓始见于南宋时期吴自牧的《梦粱录·九月》。江浙地区因为菊花和石决明（一种草药）都具有相同的明目、去翳的疗效，有时也直呼其为石决，而石决乃是石决明的简称。

现代医药科学研究证明菊花含有多种氨基酸、维生素、微量元素，以及菊花苷、腺嘌呤和菊油环酮等成分，不但具有清热解毒、平肝明目等功效，而且通过动物试验表明，它还具有增加冠状动脉的血液流量、改善心肌供血的作用，这对高血压和冠心病等老年常见病确有一定的疗效。

最后介绍一组与妇女及其妆饰流行颜色有关的别称，它们分别是：帝女花、女花、女华、女节、女茎、女室和笑靥金。

我国古代流传过炎帝之女瑶姬死后化为䔰草的神话故事。"䔰"音"瑶"，《山海经·中山经》介绍䔰草这种植物的特点是："其叶胥成，其华黄，其实如菟丘，服之媚于人。"据此可以推知大概是指叶与花序对生、开花呈黄色、果实酸甜又很像菟丝子的山葡萄。这则帝女幻化成为仙草的传说，给人们留下了遐想的空间。由于它盛开的是黄花，所以可以特指菊花，这样"帝女花"也成了菊花的代称。清代李汝珍的小说《镜花缘》中就曾出现过以帝女花代称菊花的故事情节。

在我国古代，妇女还曾流传过以黄色作为面部妆饰的习俗。王安石的诗句"汉宫娇额半涂黄"以及《木兰诗》中的"当窗理云鬓，对镜贴花黄"都可以作为旁证。民间妇女也有在发髻上插一朵菊花的习俗。以"女"命名，既可借喻妇女的面饰黄色，还能借黄色和黄花喻指菊花。"室"有充满、充盈之义，借喻菊花；"茎"可代指植物的整体，"女茎"喻指开黄花的植物；"女华""女室"等称谓始见于三国时期吴普的《本草经》。"笑靥金"的称谓则可见于后唐时期侯宁极的《药谱》。"靥"音"页"，"靥金"即指妇女脸上搽粉；"笑"喻指花朵开放，所以笑靥金的称谓也是借用妇女涂黄的面饰来喻指菊花的。

3. 蘘荷

蘘荷是姜科姜属，多年生、草本，花菜类蔬菜，以嫩花穗、嫩芽和嫩茎供食用。

蘘荷原产于我国和日本，现在我国南方各地多有分布，江苏等地栽培较盛。其拉丁文学名的种加词 mioga 即为日本的土名。

古往今来，人们依据其生物学及形态特征，以及食用和药用功能特性等因素，结合运用拟物和谐音等手段，先后给蘘荷命名了二十多种不同的称谓。

蘘荷的"蘘"音"瓤"，它有"根旁生笋"的含义。蘘荷的叶或呈狭椭圆形，或呈线状披针形；其匍匐生长的地下茎，有向下生根、向上抽生嫩芽的习性；而生长在根旁、由紫色叶鞘紧紧包裹着的嫩芽，有如鲜嫩的荷藕（水生类蔬菜藕又称荷藕），所以才被称为蘘荷。有时也被称为蘘荷笋、阳藿、阳荷，或被简称为蘘。其中的"笋"有嫩芽之义，而"阳"和"藿"分别是"蘘"和"荷"的谐音字。由于蘘荷的叶片和嫩芽均与薯芋类蔬菜姜十分相似，所以得到野姜、野老姜和莲花姜等俗称。

密集生长的蘘荷花组成穗状花序，花蕾亦由紫红色的鳞片包被，人称蘘荷子，其中的"子"特指其花器。

蘘荷的匍匐茎和穗状花序又与芭蕉相类，我国古代人们还曾以由芭蕉的近音字所构成的称谓来称呼蘘荷，其中包括巴且、蓴苴、猼且、猼苴、猼葅和苴蓴。其中的"蓴""猼"的读音均为"破"，古时与"巴"的读音相近；"且"和"苴"的读音均为"居"，古时与"蕉"的读音相近。例如西汉时期著名文学家司马相如在其名作《子虚赋》中就提到了"猼且"。

襄荷的嫩芽、嫩茎和嫩花穗的品味微甜、芳香，宜凉拌、烹炒，或可腌渍、酱渍。缘其含有多种蒎烯和水芹烯等成分，故有温中调经、止咳平喘和消炎解毒的功效。早在先秦时期，先民已了解其解毒的性能，所以荣膺"嘉草"的美誉。

由于襄荷主要是以嫩芽供食用的，而嫩芽又是从土壤中抽生出来的，所以还得到一组古称：覆菹、覆葅、覆苴、蒖苴和蒖葅。

其中的"覆"有覆盖义，"菹"有蔬食义，"覆菹"有从土中冒出来的蔬菜的含义。而"蒖"与"覆"，"苴""葅""葅"与"菹"都是谐音字。

4. 朝鲜蓟

朝鲜蓟是菊科菜蓟属，多年生草本，花菜类蔬菜，以花蕾期的种苞和花托供食，其叶柄也可食用。

洋菜蓟和朝鲜蓟是由同一种被称作"野蓟"的野生植物驯化而来的，它原产于地中海沿岸地区。朝鲜蓟于19世纪末引入我国，现在各地已有栽培，其中上海、昆明，以及浙江、山东等省市都是朝鲜蓟的知名产区。

一百多年来，人们依据其形态特征、食用特性，以及原产地或引入地域的名称和标识等因素，结合运用摹描和拟物等构词手段，先后命名了十种不同的称谓。

最新考古成果显示，早在六千多年前建筑金字塔的时代，古埃及的工匠们就已食用朝鲜蓟了，古希腊和古罗马人也都喜欢食用朝鲜蓟。公元1548年（相当于我国明世宗嘉靖二十七年），英国率先栽培朝鲜蓟，继而法兰西、意大利、西班牙和荷兰等欧洲国家也纷纷效仿、推广，其后由法国人和西班牙人引入美洲。由于其食用器官的形态略呈圆球形，其英文名称的词缀globe即有"球状物"的含义。

从19世纪末到20世纪的一百多年间，朝鲜蓟先后多次从英、法、荷、美等欧美国家引进东亚地区，然后又经朝鲜引入我国。据何铎在1942年出版的《实用蔬菜园艺学》一书披露，原产于英国的朝鲜蓟的著名品种"精选大绿"就是首先在朝鲜和日本推广栽培，后来才传入我国东北地区。朝鲜蓟的球状食用器官很像百合，其花为头状花序，又很像蓟菜和菊花。人们依据其原产地或引入地域的名称或标识，结合采用拟物等手段，联合命名了以下三组不同的称谓：

洋蓟菜、洋百合、洋蓟球、洋蓟；

法国百合、荷兰百合、朝鲜蓟、菊蓟；

菜蓟和蓟菜。

我国最终选取以引入地域的名称命名的称谓朝鲜蓟作为正式名称，其余均为别称。

朝鲜蓟是欧美等国家民间的一种高档细菜，除供汆、煮、炸、烤而食用以外，还可制作各种西式菜点，或经醋渍加工制成罐头。

由于朝鲜蓟所含的碳水化合物是以不能被人体所吸收的菊糖形式存在的，所以它是一种低热量的蔬食，经常食用鲜品朝鲜蓟有利于控制超标的体重。不过在贮藏一段时间以后，它所含的菊糖还是可能分解成为果糖的，所以最好选食鲜品。

朝鲜蓟的叶片中富含菜蓟素、黄酮和天门冬酰胺等人体的需宜成分，适当食用，会收到增强胆汁分泌、促进氨基酸代谢，以及降低胆固醇等功效。此外，还可利用朝鲜蓟的浸出液酿制意大利开胃酒。

5. 霸王花

霸王花是仙人掌科量天尺属，多年生、肉质、草本，花菜类蔬菜，以花器供食用。

霸王花原产于美洲，现在我国的两广地区已有栽培。

霸王花植株的茎呈三棱柱状，分节攀缘生长，其长度可达 10 米；花呈漏斗状，长约 30 厘米，直径一般为 11 厘米，夜间开花，花期为 3 至 10 月。由于花形硕大、花期绵长，所以被称为霸王花。此外人们以其花器及攀缘茎的形态特征命名，还得到剑花、霸王鞭、三棱箭和量天尺等别称。其中的"剑"指其花器的外观；"箭""尺"和"鞭"分别指其茎和茎上的节；"霸王"和"量天"喻其攀缘茎之绵长。

霸王花是一种上等烹饪原料，烹炒、做汤，味道清鲜、口感滑腻，还可干制。此外兼有清热、滋补的保健功效。

6. 万寿菊

万寿菊又称臭芙蓉，它是菊科万寿菊属，一年生草本，花菜类蔬菜，以花序供食用。

万寿菊原产于墨西哥，大约在清代以前引入我国，清康熙二十七年（1688 年）问世的《花镜》（作者为陈淏子），以及道光二十八年（1848 年）出版的《植物名实图考》（作者为吴其浚）均将其作为观赏花卉加以介绍。而在欧美等国家，人们却把它视为食用蔬菜。现代科学研究发现：万寿菊的花序中富含抗过氧化物质，长期食用万寿菊则会有益于身体健康。近些年来，我国将其作为蔬菜已进行开发试种工作。

四五百年来，人们依据其植物学和形态特征、品质特性，以及原产地域的标识等因素，综合运用拟物、拟人、夸张和摹描等手段，先后命名了十多种不同的称谓。

万寿菊的茎直立，高 60 至 90 厘米；叶互生，羽状全裂，裂片呈长椭圆形或披针形。万寿菊的头状花序单生，呈黄色或橘黄色，直径 5 至 10 厘米；花梗顶端膨大，花苞呈钟状。其花期从每年的 6 月一直可以延长到 10 月，花谢以后剪去残花还能再次开花。由于花期很长，其大型的头状花序又与菊花相似，所以传入我国以后就得到万寿菊的名称。其英文名称 Aztec marigold 可以直译为"阿兹特克万寿菊"；阿兹特克人是古代墨西哥的土著居民。此外诸如金菊和金鸡菊和金花菊等别称大多都是依据其金黄花色，并比照菊花而命名的；而金盏花的名字则是摹拟与之外观更加相似的金盏菊而命名的。金盏菊则是菊科金盏菊属的一种观赏植物，所谓"金盏"是说它那略呈钟形的花苞有如金黄色的杯盏。

万寿菊还有一组以芙蓉为参照物来命名的别称：大芙蓉、黄芙蓉和臭芙蓉。它们之所以称芙蓉，是因为万寿菊的花极艳丽，花期又与我国固有的芙蓉花相近。这里所指的是锦葵科木槿属木芙蓉的花。而"大""黄"和"臭"则分别指其花形、花色和气味的特征，其中的"臭"是特指万寿菊所具有特殊刺鼻的气味。

万寿菊花苞的钟形结构，更易于招蜂引蝶前来采集花粉，因此在民间又获得蜂窝菊的俗称。

万寿菊的花序含黄酮苷、万寿菊苷、堆心菊素、萜类色素、蓝色荧光物质、胡萝卜素，以及挥发油。而挥发油中又含有右旋柠檬烯、右旋芳樟素、桉叶素和万寿菊酮等成分。药食兼备的万寿菊具有平肝、清热、祛风、化痰的疗效。在万寿菊的盛花期，采摘其开放的花序供蔬食，可充当配菜、制作沙拉，也能助茶饮，还可用于奶油食品的增香和调色。

万寿菊的拉丁文学名为 Tagetes erecta。其属称中的 Tagetes 即指"塔格斯"，是古罗马神话中一个仙人的名字，传说这个宙斯的儿子是以白发童颜的形象而出现在农田之中的。其种加词 erecta 则有"直立的"含义，它特指万寿菊植株直立的植物学特性。

7. 木槿花

木槿花古称舜华或舜英，它是锦葵科木槿属，落叶灌木，花菜类蔬菜，以花蕾和嫩叶供食用。

木槿原产于我国。印度和叙利亚也是起源地之一，其拉丁文学名的种加词 syriacus 即有"叙利亚"的含义。我国古籍《诗经》和《尔雅》均有著录。《诗经·郑风》称"有女同车，颜如舜华……有女同行，颜如舜英"。其中的"舜华"和"舜英"所指的都是木槿花，木槿花虽然十分艳丽，但它朝开夕落，每只花朵只能开放一天。这首诗以木槿花做比喻，既展现了所迎娶新人的美丽容貌，同时也流露出容颜易老的隐忧。后来人们常以表示木槿花容颜的词汇"舜颜"来比喻美貌持续之短暂。从汉代到晋代的一些学者，如高诱、

郭璞和顾微等人，分别在《淮南子注》《尔雅注疏》和《广州记》等著作之中，明确指出了木槿花可供蔬食的功能。到了明代，朱橚的《救荒本草》又肯定了木槿嫩叶的食用特性。现在除东北的北部以外，全国各地均可栽培。

两千多年来，人们依据其植物学特征、品质和功能特性等因素，结合运用摹描、拟物、谐音和贬褒等手段，先后给木槿花命名了四十多种不同的称谓。

木槿花单个生于叶腋，直径 5 至 8 厘米，其花冠呈钟形，有白、粉红和紫红等多种颜色，还有重瓣和单瓣等不同的品类。木槿植株的开花期可从每年的 6 月一直延长到 9 至 10 月。由于木槿的每朵花有早晨开放晚间凋谢的习性，所以古人抓住这个特性加以命名，把木槿花称之为舜华和舜英，简称舜。"舜"和"瞬"同音，"瞬"原义为一眨眼，可以喻指木槿开花时间极为短暂，而"华"和"英"均与"花"相通。

依据相同的缘由，在古代木槿花还得到诸如舜花、舜荣、蕣、蕣花、蕣华、蕣荣、蕣英和橓等别称。在这些古称之中，"橓"和"蕣"既是"舜"的谐音字，它们从草、从木，又分别凸显了植物属性；"华""荣"和"英"都是"花"的同义词；而"英"还有着光开花不结实的内涵，由于古人失察，误认为木槿无子，所以才以"英"来命名，如晋代顾微的《广州记》就说它"花可食，甜滑，无子"。其

实木槿是可以结成蒴果的，人们除采取扦插、分株进行栽培以外，还能利用它的种子进行繁殖。

木槿的"木"特指其为木本植物，"槿"从木、从堇，"槿"和"堇"的读音都和"仅"相同，它们也都有"少"的含义，所强调的同样是花期短暂。因此木槿、木堇、木堇花、木锦、橓、槿花和槿荣等称谓都成了木槿花的代称。其中的"堇""锦"和"橓"（音进）都是"槿"的谐音字，"荣"与"花"同义。现在我们以木槿花的称谓作为正式名称，日本也采用木槿的名称。

依据木槿花的形态特征及其开合特性等因素来命名，还得到喇叭花、灯盏花、花上花、重台、白槿花、白面花、白饭花、白玉花、猪油花、朝开暮落花、朝华、朝菌、朝生、日及、日给、爱老等为数众多的别称或俗称。其中的"喇叭""灯盏"以及"花上花"和"重台"，分别喻指其两种花冠——普通花冠以及重瓣类型花冠的形态特征；"白""白玉"和"猪油"特指花冠呈洁白色泽的食用品类，其拉丁文学名的变种加词 albus-plenus 即有"白色、重瓣"的含义，而以"白面""白饭"和"猪油"做比喻又暗示了它的食用功能。其中的"朝"音"招"，特指早晨；"朝开""朝生"和"朝华"等都是对木槿早晨开花习性的表述，而"日及""日给""爱老"都特指其花朵不出当天就会凋谢的特性。

由于木槿花十分艳丽，我国古代还

曾把洽容、王蒸和花奴等美誉加在它的头上。"洽容"原有商量美容的含义，借以喻指其花冠的美艳。"王"可指出类拔萃的个体，"蒸"与"丞"同义，有数量众多的含义，古代在齐鲁地区曾用"王蒸"的名称来誉指木槿花开的美丽和繁盛。而花奴称谓中的"奴"字乃是一种缀词，用它来命名，充分表达了人们对木槿花所怀有的特殊喜爱之情。

木槿植株是一种高度可以达到2至3米、枝条发达的灌木，其外观酷似荆条，古人常把它种在庭院边缘当作优质篱笆。以其枝条的形态及其辅助功能等因素命名，荆条花、篱障花、藩篱花和篱槿花等俗称由此得来。其中的"篱障""篱"和"藩篱"都是篱笆的同义词。

木槿花特别是白色花冠的品类含有蛋白质、碳水化合物、钙、磷、铁，以及肥皂草苷和黏液质等需宜成分，具有较佳的食用和药用价值。入蔬可用于拼盘、配菜、炖肉，或用于糖渍、蜜饯，还能代茶充当饮料。南方一些地区将花朵连花蒂一起采下，再用它把黄梅包裹起来，经盐渍、曝干加工制成里梅花，这种加工制品可以当作一种别具风味的下酒菜肴，其地方俗称里梅花由此而来。入药具有清热、凉血、消肿和解毒的功能。古时还曾流行过木槿花可使人患上疟疾的传说，因此在南方木槿花还有着"疟子花"的俗称。"疟"音"要"，疟子是旧时人们对疟疾的俗称。

第十五章　芽菜类蔬菜

芽菜是利用某些植物的种子，在无光、无土及适宜温湿度等条件下培育而成的芽菜类蔬菜。"芽"是萌芽的意思，《说文解字》说它"从草，牙声"；"牙牙"又是幼儿学语的声音，这样就为"芽"的读音和释义进行了全面而规范的解释。

芽菜类蔬菜在种子萌发的过程中，许多不溶于水的大分子营养物质逐渐转化为可溶性的简单物质，从而使得丰富的植物蛋白和碳水化合物等营养成分极利于人体吸收。芽菜类蔬菜还具有品质柔嫩、风味独特以及口感良好等特点。人们适当食用高营养、低热量的各种芽菜对平衡膳食结构、降低血糖和血脂都有助益。下面将介绍黄豆芽菜、绿豆芽菜、豌豆芽、蚕豆芽、萝卜芽、芥菜芽、紫苏芽和紫苜蓿芽。

1. 黄豆芽菜

豆芽菜简称豆芽，它是利用某些豆科植物的种子，在无光、无土及适宜温湿度等条件下培育而成的芽菜类蔬菜。豆芽菜包括大豆芽菜和绿豆芽菜，由于它们的共同特点都是以其种子萌发的幼芽，即下胚轴和子叶这两部分供食用的，所以统称豆芽菜。

豆芽菜脆嫩多汁，适宜烹、炒，或充当配菜，还可做汤食用。

豆科大豆属的大豆古称"菽"，《诗经》等古籍已有著录。大豆原产于我国，它是种皮为黄、黑和青（绿）的三种大豆的统称。以大豆的幼嫩种子供食的菜用大豆详见第六章"豆类蔬菜"的毛豆篇。选择上述三种类型的大豆可以培植出来三种不同的大豆芽菜。以其原植物的名称及其食用器官或部位的名称来命名，分别得到诸如黄豆芽菜、黄豆芽儿、黄豆芽、黄豆嘴、黑豆芽菜、黑豆芽儿、黑豆芽、青豆芽菜、青豆芽儿、青豆芽、青豆嘴和豆芽菜等称谓。其中的"嘴"原指形状凸出的部位，可引申、喻指刚刚萌发的幼芽。其商品实体较长的（约4至6厘米）又称豆芽，较短的（约1厘米）又称豆嘴。

我国利用大豆芽苗的历史可以追溯到先秦时期，最初问世的是"亦药亦食"的干燥制品黄卷。《神农本草经》正式把大豆黄卷列入"米谷类·中品"的序列。在湖南长沙马王堆汉墓也曾出土过大豆的实物，以及写有"黄卷"字样的简签。三国时期的吴普则确指"黄卷"就是大豆初出土的黄芽。"黄卷"的得名源于自身的形态特征：大豆在避光条件下萌发时，其子叶呈浅黄色，而其胚轴在伸长的初始阶段就是呈弯曲状的。"卷"在这里就是弯曲的意思。以其形态特征为主要因素命名，除了黄卷以外它又得到以下诸多的别称：大豆卷、大豆黄卷、豆卷、黄卷皮和豆黄卷。

由于"生"和"发"都有培育的含义，"蘖"又可引申为新芽，古人利用上述这三个字，再结合其形态特征还命名了下列三组别称：

生豆芽、生大豆芽、生豆蘖、鹅黄豆生、鹅黄荳生；

发芽豆；

大豆蘖芽、豆蘖、菽蘖、卷蘖、黑大豆蘖芽。

据南宋时期的林洪在《山家清供》一书中记载：宋人有在每年的中元节（即农

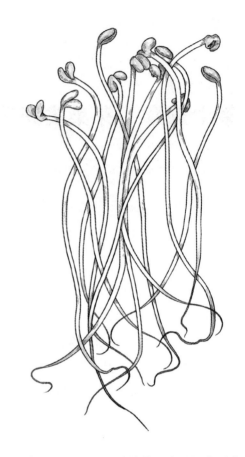

历七月十五日）采用鹅黄豆生（即大豆芽菜）作为祭品祭祀祖先的习俗。由于它的外观形状与古代随身器物之一的如意相似，所以人们又褒称之为如意菜。

2. 绿豆芽菜

豆科菜豆属的绿豆古称菉豆，原产于我国，它是以其种皮的颜色来命名的。南北朝时贾思勰的《齐民要术》已有著录，以绿豆生芽充当蔬菜的时期不迟于宋代。苏颂的《本草图经》、孟元老的《东京梦华录》，以及陈元靓等编著的《岁时广记》

和吕原明的《岁时杂记》等宋代古籍均有著述。据《东京梦华录》记载：北宋时期首都东京汴梁城每逢七夕前数日，人们就用水浸泡绿豆使之生芽，等到节日时，用红蓝两色的彩带加以点缀，再把它摆放在小瓷盆中，既可供人观赏又能入馔品尝。由此可知，以绿豆芽菜作为蔬食大约已有千年的历史，当时它被称为种生或生花盆儿。"种"音"众"，种生的命名强调了它的栽培属性，生花盆儿的称呼则突出其观赏价值。明代以后绿豆芽逐渐变成南北各地的常蔬。

绿豆芽菜的名称是参照其原植物及其食用部位的名称而命名的。与黄豆芽菜相比，它体形较小、颜色较浅、品质脆嫩。以其外观形态特征因素，结合运用摹描、拟物或褒扬等手段联合命名，绿豆芽菜又被誉称为细豆芽、白龙须、赛银针、赛银鱼或金芽。

绿豆芽菜的主要食用部位是下胚轴，以嫩茎的别称来喻指胚轴，它又获得绿豆芽、绿豆莛、豆芽菜和豆莛等别称。其中的

"莛"音"庭"，原指嫩茎，在这些别称中，它特指下胚轴。在流通领域销售商品时，对未经整修的商品称为乱豆芽，对已经过整修的称为齐豆芽；整修以后，去除须根和子叶的则被形象化地称为银条、银针或掐菜，其中的"掐"则特指其加工的方式。

3. 豌豆芽

豌豆芽又称豌豆苗、豌豆缨、豌豆婴、安豆苗、寒豆芽和荷兰豆芽，简称豆苗，芽菜类蔬菜。它是豆科豌豆属，一年生草本，豌豆的嫩芽。详见第六章"豆类蔬菜"中豌豆四品篇的相关内容。

4. 蚕豆芽

蚕豆芽又称发芽豆，简称芽豆或牙豆，芽菜类蔬菜。它是豆科蚕豆属，一或二年生草本，蚕豆的嫩芽。详见第六章"豆类蔬菜"中蚕豆篇的相关内容。

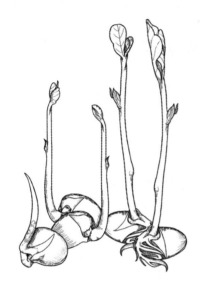

7. 紫苏芽

紫苏芽又称芽用紫苏，或简称芽紫苏，芽菜类蔬菜。它是唇形科紫苏属，一年生草本，紫苏的嫩芽。详见第九章"绿叶菜类蔬菜"中紫苏篇的相关内容。

5. 萝卜芽

萝卜芽又称娃娃萝卜菜、娃娃菜，或称贝壳芽菜。它是十字花科萝卜属，二年生草本，萝卜的嫩芽。详见第一章"根菜类蔬菜"中萝卜篇的相关内容。

6. 芥菜芽

芥菜芽又称芥菜芽菜，芽菜类蔬菜。它是十字花科芸薹属，一或二年生草本，芥菜种子萌发的嫩芽。详见第四章"芥菜类蔬菜"中芽用芥菜篇的相关内容。

8. 紫苜蓿芽

紫苜蓿芽又称紫苜蓿嫩芽菜，简称苜蓿芽或苜蓿芽菜，芽菜类蔬菜。它是宿根、草本，多年生类蔬菜紫苜蓿萌发种子的嫩苗。详见第九章"绿叶菜类蔬菜"中苜蓿菜篇的相关内容。

第十六章　野生类蔬菜

野生类蔬菜是指在自然条件下生长而未经人工栽培的蔬菜类群。它包括蕨菜、薇菜、蒌蒿、马齿苋、蒋菜、沼生蒋菜、蕺菜、车前草、马兰、大蓟、小蓟、桔梗、酸模、沙芥、人参果、委陵菜、藜、蒲公英、泽蓼、香蓼、何首乌、诸葛菜、阿尔泰葱、沙参、珊瑚菜、白花菜、皱叶冬寒菜、北锦葵、反枝苋、凹头苋、皱果苋、刺苋、野苋、多裂叶荆芥、地榆、山芹和守宫木。

1. 蕨菜

蕨菜古称蕨，它是凤尾蕨科蕨属，多年生草本，野生菜类蔬菜，以嫩芽和嫩叶供食用。

蕨菜系我国原产，采食历史悠久。先秦古籍《诗经·召南·草虫》已有关于"陟彼南山，言采其蕨"的记载，《尔雅·释草》也提到过蕨。明代李时珍的《本草纲目》把它列入"菜部"。到了清代，宫廷每年在农历的二月用它祭祀祖先。现在我国南北各地都有分布，野生于山坡林旁。

古往今来，人们依据其食用器官的形态特征和功能特性等因素，结合运用拟人、拟物、比喻和谐音等手段，或采用方言和典故等方式，先后命名了二三十种不同的称谓。

蕨菜的地下根状茎粗壮，密被黑褐色茸毛、匍匐生长；叶由地下茎长出，为三回羽状复叶，略成三角形，裂片长圆状披针形或线状长圆形，革质。

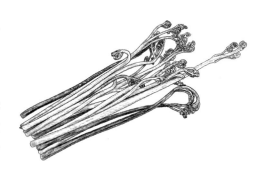

蕨菜名称的由来有两种说法：

第一种说法源自东汉时期许慎的《说文解字》，内称："蕨，鳖也，从草厥声。""鳖"又可写作"鳖"，俗称甲鱼，它是一种爬行类的动物。此种说法认为，蕨的叶芽萌发出土时很像鳖爪，所以得名。

第二种说法认为蕨菜的叶芽是从地下决然而出生的，所以用"决"的同音字"蕨"来命名，详见清代屈大均的《广东新语》。

以上这两种说法的共同之处在于它们都认为是运用谐音的手法来命名。依据其食用器官或部位命名，蕨菜还有着蕨芽、蕨萁和蕨薹等称谓。其中的"萁"和"薹"原指秸和花茎，在这里均泛指嫩芽或嫩苗。

由于初生的蕨菜呈紫色，其外观又似鳖爪，因此得到诸如鳖、蕨、鳖菜、蕨菜、紫鳖和紫蕨等别称。其中的"蕨"和"鳖"始见于《尔雅·释草》，"鳖"见于《说文解字》，而称"蕨"则又是古代齐鲁地区的方言。由于初生的蕨菜又与孩童的拳头相似，还得到拳菜、荃菜、小儿拳、娃娃拳、蕨手、蕨儿菜、蕨蕨菜、蕨拳、龙头菜和龙爪菜等众多的俗称。其中的"荃"与"拳"谐音，"龙头"与"龙爪"则是拟物、状形的雅化称谓。蕨菜拉丁文学名的种加词 aquilinum 以及变种加词 latiusculum 也都是以其叶片像鹫及其叶幅较宽等形态特征而命名的。

鉴于"蕨"的读音与"绝"相同，古人认为不太吉利，故而又命名了诸如麒麟菜、吉祥菜和如意菜等具有祥瑞意象的名称。麒麟有"送子"的内涵，古时的如意又可特指一种常用的器物爪杖，俗称痒痒挠，其长柄的前端呈手指状，用它搔抓解痒，可遂人意。

《本草纲目》说：蕨菜性寒、滑，味甘，有补益五脏的功效。现代的药物学家发现：蕨的叶片中含有多种蕨素、蕨苷和蕨甾酮等成分，确有清热、滑肠、降气和化痰等药用价值。像山凤尾和三叉蕨等药用名称也是因其叶片的外观形态特征而得名的。

蕨菜的地下根状茎富含淀粉，在古代每逢荒年灾民们常常挖取蕨根代替食粮度日。所谓蕨根即指蕨菜的地下贮藏器官根状茎。人们以其地下根茎的颜色特征，以及可以代替米麦度荒的功能特性命名，又称其为乌昧草或乌糯。其中的"糯"是指黏性稻米，"昧"是因为淮南等地区的方言把"麦"读如"昧"。乌昧草的称谓可以追溯到北宋时期。据《续资治通鉴》记载，宋仁宗明道二年（1033年）江淮地区遭遇灾荒，朝廷特派大臣范仲淹（989—1052）前往视察。后来范仲淹把灾民借以充饥的乌昧草带回朝廷献给仁宗皇帝赵祯，他还建议以乌昧草作为教材，对宫廷和贵戚进行反奢倡廉的教育。

在古代我国的山居隐士也常以蕨根为食。秦末汉初，在今陕西商县附近的商山隐居着四位长寿的老者，人称"商山四皓"。据唐代陈藏器的《本草拾遗》说，"商山四皓"的长寿原因之一就在于他们经常采食蕨根。因为有此典故，蕨菜又得到商山芝的誉称，其中的"芝"有仙草的意思。

采集蕨菜以后需先在沸水中漂烫，去除黏液和异味以后再食用。鲜食宜凉拌或烹炒，加工可腌渍或干制，因其味道香美还获得"山菜之王"的誉称。蕨菜的根状茎还可提取淀粉，称作蕨粉，或可加工制作粉条和粉皮。

2. 薇菜

薇菜是豆科野豌豆属，一二年生草本，野生菜类蔬菜，以嫩茎叶供食用。

薇菜原产于我国，北半球各地也有分布。我国采食薇菜已有三千多年的悠久历史，据司马迁的《史记·伯夷列传》介绍，早在公元前 1046 年在周武王灭商以后，孤竹国的伯夷和叔齐两兄弟就隐居首阳山中，以采食薇菜度日。《诗经·召南·草虫》也有关于"陟彼南山，言采其薇"的记载，内容是描述一个思念丈夫的女子登上山坡采集薇菜的情景。到了三四世纪的魏晋时期，为了保证供应宗庙祭祀事宜，虽然一度有过薇菜栽培，但是其后薇菜仍是贫苦人家到田野中采食的对象。宋朝李唐（1066—1150）的《采薇图》就生动地再现了古人采薇的情景。现在全国各地均有分布，多野生于田间、地边或灌木林中，著名的产区包括黑龙江的虎林、吉林的珲春，以及陕西的秦巴山区和甘肃的陇南山区。

古往今来，人们依据其植物学及形态特征、救荒功能特性等因素，结合运用摹描、拟物、谐音或用典等手段，先后给薇菜命名了二十多种不同的称谓。

薇菜的株高仅有 25 至 50 厘米，茎细弱，以其植株细弱矮小的形态特征命名，被称为薇或薇菜。"薇"从草从微，有弱小的含义，现在仍采用薇菜的称谓作为正式名称。

由于薇菜的植株茎柔弱，再加上羽状复叶有卷须，一遇风吹就会飘摇摆动，所以又得到如下一组别称：漂摇草、翘摇、翘饶、摇车、巢菜和垂水。

其中的"漂"和"翘"是"飘"的谐音字，"饶"是"摇"的谐音字，"巢"又与"飘摇"谐音，而"垂水"则指喜生于水旁的薇菜，其茎叶常常垂在水面上。

薇菜依据叶形的宽窄、大小等特征，可分为两种：叶片呈长圆形或狭倒卵形，先端呈截形、凹入的，称大巢菜，简称大巢；叶片呈狭矩圆形或条形的，称窄叶巢菜或小巢菜，简称小巢。据农史专家石声汉先生的考证，古代所指的薇菜除上述两种以外，还可能包括同属的草藤和大叶草藤两种植物。

大巢菜因其形态特征和食用功能均与一些豆类或野生蔬菜相近，所以还得到诸如救荒野豌豆、箭苦豌豆、野豌豆、野绿豆、野菜豆、野苕子、野召子和扫帚菜等别称。其中的"救荒"强调其食用功能；箭苦（音阔）原指箭的尾端，借以喻指其小叶先端呈"截形凹入"的形态特征；召子即指苕子，它和扫帚菜都属于可以食用的野菜范畴。

小巢菜的别称除有野蚕豆外，还有元修菜。原来北宋著名文学家苏轼有一个同乡好友巢谷，他是一位习文备武但被迫隐居山林的失意文人，平时非常喜欢食用薇菜。宋神宗元丰六年（1083 年）他们两人在黄州再次相会后，苏轼喜赋题为《元修诗》的五言古诗一首，正式把这种巢菜以巢谷的字号"元修"命名为元修菜。

薇菜富含碳水化合物，所以传说伯夷和叔齐以其充饥竟能维持生命三年之久。此外它还含有维生素 C，以及钙、磷等营养成分，可以烹炒或做汤。因其含有微量的氢氰酸，所以不宜大量食用。入药有补肾、开胃和活血等功效。由于薇菜根部的根瘤菌具有固氮的功能，可以改善土壤肥力，又获得"肥田草"的誉称。

3. 蒌蒿

蒌蒿古称蒌，它是菊科蒿属，多年生、湿生、草本，野生菜类蔬菜，以嫩茎叶、嫩芽以及肥大的根状茎供食用。

蒌蒿原产于亚洲东部，我国和日本、朝鲜，以及俄罗斯西伯利亚的东部地区都有分布。蒌蒿有很多变异并形成一些变种。在我国，采食、利用蒌蒿的历史十分悠久。先秦时期我国的诗歌总集《诗经》和《楚辞》，以及西汉时期辑录的古籍《管子》都有著录。《神农本草经》和《本草纲目》等医药典籍也肯定了它的药用价值。由于蒌蒿具有特殊风味，历代多有诗词佳作加以赞颂。由于明太祖朱元璋（1368—1398 年在位）对它情有独钟，所以明代在每年的农历二月宫廷举行荐新仪式时，都遴选蒌蒿作为祭祀祖先的供品。清代宫廷也沿袭了这个举措。现在作为蔬菜，我国南北各地都可采集，常野生于东北、华北以及南方地区的荒滩、草地、路边或山间。此外江苏、安徽和江西等南方地区也有少量栽培。

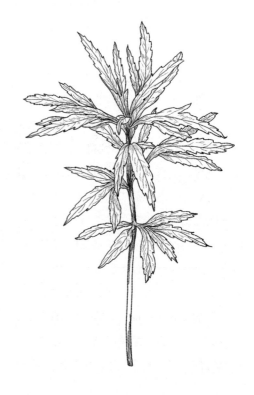

数千年来，人们依据其植物学特征、栽培特性，以及食用器官名称等因素，结合运用拟物、谐音等构词手段，先后给蒌蒿命名了二十多种不同的称谓。

蒌蒿的植株由地下茎抽生而成。地下根状茎呈棕色、肉质，它既是养分的贮藏器官，又是繁殖器官；茎上有节，节上有潜伏芽，由于它的适应性很强，一年四季都能够萌发，并可形成新的植株。

蒌蒿古称蒌，许慎的《说文解字》把它解释为"从草，娄声"。"从草"表达了它是一种草本植物的属性，"娄"则强调了蒌的独特个性。"娄"本是一个多音字，在古代它的读音和释义都曾和"屡"字相同，有着"多次"的含义。由于蒌蒿具有常年萌发以及可供多次采集的特性，所以最初古人就以蒌来称呼它。

蒌的称谓始见于《诗经·周南·汉广》，其中有"翘翘错薪，言刈其蒌"的诗句。这是一首樵夫所唱的山歌，它唱出了小伙子在错杂的丛林中采集嫩蒌蒿想要献给心仪姑娘的情结。其他古籍，如《管子·地员》在探讨植物生态原理时也提到过"山之侧，其草……（有）蒌"等相关内容。

在古代，蒌又称"购"，此称谓见于《尔雅·释草》，它既和"蒌"谐音，又有着"求"或"取"的内涵，可引申为采集。

蒌蒿的茎直立，高约60至150厘米，早春呈青绿至青白色，后可变成紫红色；叶互生，呈条形、羽状深裂，叶面绿色，叶背披有乳白色茸毛。由于其植株的外观形态类似蒿类植物，从而获得蒌蒿和白蒿等称谓。

蒌蒿的称呼初见于晋代郭璞（276—324）对古籍《尔雅》的注疏。到了南北朝时期，贾思勰的《齐民要术》开始把它称作蒌蒿，此后作为正式名称一直沿用至今。

从蒌蒿的称谓还派生出一些俗称或别称，如结合运用谐音手段，在各地还有着诸如柳蒿、芦蒿、藜蒿、荔蒿、驴蒿和野藜蒿等为数众多的俗称。其中的"柳""芦""藜""荔""驴"都和"蒌"字谐音，而"野"字则突出了非栽培的野生特性。至于"蒌蒿薹"的称谓，它所强调的是食用器官花茎。

蒌蒿的外观又与同属的植物艾十分相似，人们比照艾的称谓来命名，得到香艾蒿、小艾、狭叶艾和红陈艾等别称。其中的"香"强调其所独具的辛香气味；而"小""狭""红"和"陈"则分别指其株形、叶状、茎色和多年生等植物学特征。结合其喜水、湿生的生态特点，蒌蒿又被称为水蒿或水艾。

蒌蒿的外观还与同科的鬼针草属植物鬼针草相似，因而得到"小花鬼针草"的俗称，其中冠以"小花"是因其头状花序体形较小。

鉴于蒌蒿地下茎的侧芽极易萌生新株，蒌蒿还被称为旁勃。这个称呼或可从草、从水分别写作"蒡荔"和"澪渤"。这些名目可分别见于《尔雅》《广雅》和《诗传名物集览》诸书。

蒌蒿含有蛋白质、钙、磷、铁，以及胡萝卜素、抗坏血酸等营养成分，又含侧柏酮（$C_{10}H_{16}O$）芳香油，所以具有特殊辛香气味，其地下根状茎还富含淀粉。在早春采食，不但清脆宜人，而且还能收到补中益气和明目聪耳等保健功效，因而受到历代名人的青睐。

《大招》是战国时期的一篇名作，其作者或为屈原，或为景差，二人都是楚辞名家。它曾提到过利用美食招魂："吴酸蒿蒌，不沾薄只。"意思是说：吴国利用蒌蒿为原料加工制成的酸菜，味道不浓不淡，甘美可口。其中的"只"是语气词，"蒿蒌"即指"蒌蒿"。采用蒿蒌的称谓来称呼蒌蒿，还可见于南宋时期林洪的《山家清供》。

五代十国时期，南唐的户部侍郎钟谟非常喜食蒌蒿。据陶谷的《清异录》记载：钟谟曾把蒌蒿、莱菔、菠棱称为"三无比"，即把蒌蒿和萝卜、菠菜等三种蔬菜看作是其他蔬菜无法超越的美味佳肴。从此以后"三无比"就成为这三种蔬菜的代称。

北宋时期的著名文学家苏轼在其题为《惠崇春江晓景》的七言绝句中，把蒌蒿和河豚相媲美，道出了"蒌蒿满地芦芽短，正是河豚欲上时"的千古绝唱。

耶律楚材在元太祖十六年（夏历辛巳年）三月十七日即立春的次日（1221年3月23日），在追随成吉思汗的西征途中，也曾对食用蒌蒿发出过"一盘凉饼翠蒿新"，以及"细剪蒌蒿点韭黄"的赞叹。此人后来担任过元太宗窝阔台时期相当于宰相职务的中书令。

作为一种具有保健功能的特色佳蔬，蒌蒿至今仍是江苏、安徽、江西和云南等地清明前后的时令菜肴。

4. 马齿苋

马齿苋又称马苋，它是马齿苋科马齿苋属，一年生草本，野生菜类蔬菜，以嫩茎叶供食用。

马齿苋广布于世界各地，我国各地都有野生。我国的先秦古籍《列子》《庄子》都提到过它。有人认为其中的"程生马，马生人"中的"马"和"人"分别指的就是"马齿苋"和"人苋"。南北朝时陶弘景（456—536）的《名医别录》已有明确的采食记录。唐代的孟诜把它收入了《食疗本草》。明代的李时珍（1518—1593）又把它列入了《本草纲目》的"菜部"。现在各地都可采集，北京、广州、武汉等地也有少量栽培。

古往今来人们依据其形态特征、品质特性、功能特点等因素，结合运用拟物、摹描、谐音、方言和褒贬等方式，先后给马齿苋命名了五六十种不同的称谓。

马齿苋的茎肉质光滑，绿中带红色，

通常匍匐生长；叶肉质，呈倒卵状或匙形，先端钝，叶柄极短。因其叶片的外观略似马齿，口感又滑利如苋菜，所以取名为马齿苋。由此称谓遂派生出诸多的别称：马齿菜、马齿草、马齿草菜、马苋菜、马齿龙牙、鼠齿苋、鼠齿草、马马菜、马屎菜、马菜、马齿和马苋。

其中的"鼠齿"是指其小叶形品种，"马马"和"马屎"分别是江苏和贵州等地的俗称或贬称。

有些地区尤其是在北方，人们以其叶片又似汤匙、马舌、豆瓣或猪耳等形态特征，还命名了另一组别称：

马勺菜、马杓菜、马绳菜、马踏菜、马舌菜、指甲菜、狚耳菜、豚耳、豚耳草、瓜子菜、瓜仁菜、袜底儿菜、麻绳儿菜、马绳菜、麻缨儿菜和麻英儿菜。

其中的"杓"与"勺"同义，"麻绳""麻缨"和"麻英"均为"马勺"的谐音或变音。

此外还有豆瓣菜、酱瓣豆菜、酱瓣草、酱板草、马铃菜、马蛉菜和蚂蚁菜等俗称。其中的"酱板"为"酱瓣"的谐音，"马铃""马蛉"和"蚂蚁"等称谓也都是从"麻缨"的称谓转化而来的。

依据马齿苋的茎匍匐地面以及分枝多、茎叶生长旺盛的特性，结合运用拟物等手段命名，其称谓计有地马菜、蛇草、马蛇子菜、狮子草及九头狮子草等。

其中的"马蛇子"指石龙子科动物四脚蛇，"蛇""马蛇子"和"狮子"都是特指其植株偃卧地面的形态，而"九头"则有枝叶繁多的含义。

马齿苋的花簇生于顶端，花瓣黄色；蒴果呈圆锥形，成熟以后黑色、扁圆形的种子会自然散出。古人看到马齿苋植株的各种器官具备了"叶青、梗赤、花黄、根白、子黑"的形态特征，于是以上述的五种正色匹配五行，使之分别代表东、南、中、西、北等五方，因而又称其为五行草、五行草菜或五方草。

马齿苋极耐旱、易存活，故而获得长寿菜、长命菜、长命苋、耐旱菜和旱马齿等别称。

马齿苋富含钙、磷、铁，以及多种维生素，宜炒食或做汤。因其含有苹果酸、枸橼酸，以及微量游离的草酸，所以呈现酸味，酸苋、酸味菜和酸米菜等俗称由此得来。如不喜食其酸味，可先用沸水漂烫然后再烹调食用。在地中海沿岸地区，人们还常用它来充生菜，或烹汤。其拉丁文学名的种加词 oleracea 含义为"属于厨房的"，亦可引申为可供蔬食的意思。

马齿苋还含有去甲基肾上腺素、多巴胺、皂苷和黄酮等成分，有清热利湿和凉血解毒的药效，可用于医治痢疾、肠炎、疮痈和妇科疾患。据说唐宪宗时宰相武元衡的小腿部长了疮，使他长期痛痒难耐，正当他束手无策时，有人献出一个偏方：用洗净的马齿苋捣烂后作为外敷药。他只敷了两三遍就痊愈了。因其具有食疗兼备的保健功能，古人又誉称其为安乐菜。马齿苋除可供蔬食以外，还是一种良好的饲料，猪母菜和猪马菜等称谓由此得来。

我国古代的方士认为马齿苋能够"伏砒霜、结水银"，具有纯一的阳气，所以还称其为纯阳菜。

5. 蔊菜

蔊菜又称塘葛菜，它是一组十字花科蔊菜属，一或多年生草本，野生菜类蔬菜。其中的普通蔊菜、无瓣蔊菜和印度蔊菜为一年生的草本植物，沼生蔊菜为二或多年生的草本植物，均以嫩茎叶供食用。

蔊菜原产于亚洲地区。我国长江流域以南的广大地区，以及南亚和东南亚均有分布，多野生于水湿的地方。

关于蔊菜的文献著录可以追溯到晋代吕忱的《字林》一书，由此可知最迟到西晋时期我国已经常采食蔊菜了。由于贾思勰的《齐民要术》把这种菜列入"非中国

（指中原地区）物产"范畴之中，从而也反映了当时这种野生蔬菜主要产于我国的南方地区。

到了宋代，由于生产技术的普及，以及士大夫阶层的提倡，"翻尽蔬经不见名"的蔊菜，逐渐从山肴野蔌走进农家园圃，并成为文人雅士在宴席上赋诗言志的歌咏对象。例如田园诗人杨万里（1127—1206）所赋的《幼圃》诗中就曾写道："瑞香萱草一两本，葱叶蔊苗三四丛。"它所反映的正

是南宋时期我国南方葶菜已和大葱、黄花菜等一起成为栽培植物的现实情景。另据北宋诗人黄庭坚（1045—1105）披露，北宋时期，我国南方已有"以沙卧葶，食其苗"的事例，从而开创了利用沙质土壤进行软化栽培的先河。明代，其作为南方的常见蔬菜而被李时珍列入《本草纲目》的"菜部"。现在我国云南和广东等地也有少量栽培，其余地区仍把它视为一种野生蔬菜。

一千六百年以来，人们依据其形态特征、品质特性、生态特色，以及主产地的名称、相关典故等因素，结合运用谐音、借代或字形讹变等手段，先后给葶菜命名了二三十种不同的称谓。

晋代的《字林》是继东汉许慎《说文解字》以后问世的又一部重要的字书，可惜唐代就失传了。现在仅能从宋代类书、李昉的《太平御览》中辑录出来"葶，辛菜也"等相关内容。

对于葶菜名称的来由，明代李时珍曾有精辟的见解，他在《本草纲目》中解释说："味辛辣，如火焊人，故名。"原来"焊"有用火烤的意思。由于这种蔬菜具有非常强烈的辣味，人们吃了以后，嘴里会有火烧火燎的感觉，于是采用"焊"字再加上草字头，从而变成"葶"的称谓。其后又结合其食用功能命名，最终形成了葶菜的正式名称。

"葶"读音为"罕"，古人还采用谐音的手段命名，或称其为熯、草和暵。其中仅有

"草"的读音如"旱"，其余均读"罕"音。这些别称可见于南北朝时期贾思勰的《齐民要术》、顾野王的《玉篇》以及宋代丁度的《集韵》。

到了唐宋时期有人把它写作"蔊菜"或"獌菜"，其实由于字形相近，它们只不过是葶菜或焊菜的讹称。这些称谓分别出现在唐代陈藏器的《本草拾遗》和宋代唐慎微的《政和证类本草》等药物学专著中。

葶菜生于山间或田野的潮湿地方，依据这一特性，又得到塘葛菜和葛菜等别称。"塘"有堤岸义，"葛"与"盖"相通，兼有覆盖义，所以"塘葛"可引申为遍布于岸边。而"葛菜"则是塘葛菜的简称，其拉丁文学名的种加词 montana 也有"山地生"的含义。

葶菜的茎直立，但长势较为柔弱；深绿色的叶片呈卵圆形、宽卵圆形或宽披针形；总状花序、顶生，花瓣四片、呈黄色；果实为长角果，圆柱状、条形。人们以其上述形态特征，并结合比照同属十字花科的相似植物命名，又得到许多俗称：

比照芸薹属的叶用芥菜命名的有山芥菜、犬芥和野雪里蕻；

比照荠属的荠菜命名的有香荠菜；

借用葶苈属的葶苈而直接命名的有葶苈。

由于这些称谓往往具有一些随意性，容易造成一定的混乱现象。其中的"山"和"野"，凸显其野生特性，"犬芥"是从

日本移植过来的称谓。而"金丝菜"的称呼则是针对其条形长角果的形态来命名的誉称。

鉴于葶菜具有味道辛辣的特性，古人常常把它加以人格化，用来比喻刚直耿介的正人君子。例如南宋的洪咨夔就把它誉为"有拂士之风"。"拂"在这里读音如"毕"，"拂士"指具有辅弼才能的贤士，这是把葶菜喻为可以辅佐君王的贤臣。另据林洪的《山家清供》记载：南宋时期的理学大师朱熹（1130—1200）每每在饮酒时都喜欢用葶菜作为佳肴。朱熹还曾有诗赞道：

"灵草生何许？风泉古涧旁。褰裳勤采撷，枝箸嚃芳香！"

"褰"音"牵"，"嚃"音"替"。诗的大意是说：神灵的葶菜生长在什么地方呢？它生长在人迹罕至的山涧旁。人们常兴致勃勃地掀起衣襟前去采集它，食用过后就连筷子上都会留下它的辛辣芳香！

朱熹晚年在建阳的考亭村筑屋讲学，形成了著名的"考亭学派"。后人以其地名命名，也把这种朱熹爱吃的蔬菜称为考亭葶。建阳的考亭原址在今福建省的西北部。

前面提到的杨万里也留下了"坐令芥孙姜子芽，一见风流俱避席"的颂诗。其中的"芥孙"和"姜子"分别指芥菜和生姜的嫩芽，"芽"指葶菜的幼芽。这两句诗的大意是说：即使是鲜嫩的芥菜或姜芽，如果遇到辛香可口的葶菜，也不得不退避

三舍。

由于上述的品味特色，葶菜还得到辣米菜、辣米子和碎米菜等别称。在这些异称中的"米"字是特指其个体细小的种子。其中的辣米菜称谓可见于明代问世的《食物本草》和《本草纲目》。

葶菜的茎叶富含多种维生素，以及钾、钙、锌、锰等营养成分。可拌、炒或烹汤；腌渍食用时味道清辛，又耐嚼，所以被誉为奇品。现在人工栽培的葶菜，其辣味虽已逐渐变淡，吃起来仍别有风味。由于其种子含油可制造润滑剂等特性，又获得野油菜和干油菜等俗称。

葶菜还有着诸如坎鸡菜、鸡肉菜等地方俗称。"坎"在《易经》中原是八卦之一，代表水，以"坎"命名借以表达它那喜湿、近水的生物学特性。我国古代在南岳衡山一带的乡音中，也把"葶"字读如"坎"。而鸡菜的称谓原来专指用以喂鸡的野生植物。由此可知"坎鸡菜"的称谓实际上道出了葶菜原是水湿性野菜的庐山真面目。鸡肉菜的得名，则是因其适合充作烹鸡辅料的缘故。

葶菜含有葶菜素和葶菜酰胺等药用成分，具有祛痰、平喘，以及抑制肺炎球菌和流感杆菌等功效。祖国医学常用它清热、化痰、止咳、健胃，有时也用它治疗风寒感冒等病症。以其全草（即茎叶）入药，得到江剪刀草的称谓。其中的"江"有水生的含义，"剪刀草"的称呼则是针对其长角果顶生，并具有条形的形态特征而

命名的。

作为商品蔬菜的葎菜，它包括三个种：普通葎菜、无瓣葎菜和印度葎菜，其中仅有一种因其花无瓣而取名为无瓣葎菜。由于这种葎菜产于长江以南，又得到南葎菜和野雪里蕻等俗称。普通葎菜产于我国南北各地，亦称塘葛菜或野油菜；印度葎菜的称谓则是以其原产地域的名称命名，亦称香芥菜。

此外还有一种沼生葎菜。沼生葎菜因其喜生于潮湿环境或近水处而得名，常野生于沼泽地区。其拉丁文学名的种加词 palustris 也有"沼泽生"的含义，现在我国南方的一些地区也有少量栽培。按照传播花粉的媒介不同，可把植物分为风媒花和虫媒花两类，由于沼生葎菜属于风媒花植物，因此又别称为风花菜。

两千多年来，人们依据其形态特征、功能特性，结合运用民族语汇、地域方言，以及拟物、婉曲、谐音和儿化等构词手段，先后给蕺菜命名了五十多种不同的称谓。

古时在南方一年四季都可采食蕺菜。传说春秋时期的越王勾践就特别嗜好蕺菜，在其家乡的绍兴附近，至今还有一座因盛产蕺菜而闻名的蕺山。"蕺"音"集"，它从草、从戢。"戢"有收藏的含义，可以引申为贮藏。蕺菜的地下根茎具有耐贮藏的特性，蕺菜由此得名。以其正式名称蕺菜为基础，结合运用简称、谐音、儿化，以及强调食用器官"根"等手法，又派生出诸如蕺、蕺儿菜、蕺儿根、摘儿根和折儿根等别称，其中的"摘"和"折"都是"蕺"的谐音字。

6. 蕺菜

蕺菜又称鱼腥草，它是三白草科蕺菜属，多年生草本，药食兼用型，野生菜类蔬菜，以嫩茎叶或嫩地下根茎供食用。

蕺菜原产于我国，春秋时期已开始采食利用。现在广布于长江以南地区，野生于湿地和水边；此外华北、东北和西北等地也有分布。近些年来，由于蕺菜的保健功能逐渐为世人所认知，仅仅依靠在野外采集已不能满足市场的需要，目前在四川、云南和贵州等西南地区已开始进行人工栽培。

蕺菜的植株有鱼腥样气味，人们以其特异气味的"腥"和"臭"为主要特征，结合运用拟物和谐音等手段又命名了两组别称和俗称：

鱼腥草、鱼新草和狗腥草；

臭腥草、臭蕺菜、臭积菜、臭质菜、臭鼻孔、臭猪巢、臭牡丹、臭蕺、臭菜和臭草。

其中"鱼新草"的"新"是"腥"的谐音字；"积"和"质"均与"蕺"谐音；"猪巢"指猪窝，它和"鼻孔"都喻指臭味的源头，同时还表达了蕺菜可充猪食的内涵。

蕺菜的地上茎呈紫红色、断面为圆形；地下茎呈根状、白色、条形，节上生有须根。由于直立的地上茎长达 30 至 80 厘米，而叶仅有 3 至 8 厘米，古人还曾借用表述山小而高的"岑"字，来命名这种叶小而株高的蕺菜，从而又获得岑草的别称。

蕺菜的叶互生，叶片呈心形或宽卵形，外观很像鱼鳞或荞麦，叶面上有小如虱虫的细腺点，叶的下面常呈紫色。以其叶形特征命名，又得到诸如鱼鳞草、鱼鳞珍珠草、臭荞麦、壁虱草、鸡虱草、紫蕺和紫背鱼鳞草等别称。其拉丁文学名的种加词 cordata 也有"心状卵形"的含义。

蕺菜的托叶呈膜质、条形，其下部常与叶柄合生成为鞘状，略似耳形，缘此在广东、广西、四川、贵州和湖南等主要产区又有着下面一组地方俗称：狗耳菜、狗贴耳、狗子耳、猪姆耳、侧耳根、赤耳根、折耳菜、蕺耳和奶头草。

其中的"猪姆"特指母猪；"耳根"源于佛教的"耳为听根"，在这里指其外形如"耳"；"折"为"蕺"的谐音。

由于蕺菜分布极广，居住在我国南北各地的少数民族尚有以下不同的名称，这些名称都是采用汉字记音的方式来表达的："哦声嘈"（朝鲜族）、"阿玉"（纳西族）、"笔色"（白族）、"厅克"（傣族）、"戈便外"（苗族）、"菜伪"（壮族）、"马哇"（毛南族）、"窝丢"（侗族）。

蕺菜含有钙、磷等营养元素，以及甲基正壬酮、月桂油烯等挥发成分。可洗净凉拌食用，也可通过爆炒、炖煮，清除异味后再食用。由于蕺菜还可腌渍食用，又获得葅菜和葅子等称呼。这是因为"葅"和"葅"都有"腌渍"的含义，而"子"又是名词语尾的缘故。

蕺菜因为含有鱼腥草素等药用成分，具有广谱抗菌和抗病毒的能力，可用于清热、解毒、利尿、止咳，以及增强免疫功能，因此人们还给予它重药、十药和热草等誉称，以及臭灵丹等俗称。其中的"重"音"众"，有"重要"的含义；"十药"所指的是中药方剂整体所具有的十种功能，即宣、通、补、泄、轻、重、涩、滑、燥和湿，把蕺菜称为十药是喻指它具有中药方剂的全部十种药用功能，这当然是溢美之词；"灵丹"则是灵丹妙药的简称；而"热草"则强调其清热的保健功能。

7. 车前草

车前草古称芣苢，它是车前科车前属，多年生、宿根、草本，野生菜类蔬菜，以嫩叶和嫩苗供食用。

车前草原产于亚洲，其拉丁文学名的变种加词 asiatica 即展现了"亚洲的"含义。我国利用车前草的历史可追溯到公元前 11 世纪的西周初期。据《诗经·周南·芣苢》记载，当时在今陕西和河南一带就流传着"采采芣苢，薄言采之"的歌谣。其中提到的"芣苢（音扶以）"就是现今所说的车前草。其后，在《管子·君臣》《庄子·至乐》和《列子·天瑞》等古代文献的相关篇章中也屡屡提及，在古代主要以其叶片和种子入药或供蔬食。唐代以后车前草进入半野生、半栽培状态。由于随处可见、唾手可得，车前草的别称"牛溲"也和"马勃"一起变成了人们比喻至贱之物的成语"牛溲马勃"。现在车前草在我国南北各地均有分布，多野生于原野、田埂、沟边或路旁。

数千年来，人们依据其形态特征、生长习性，以及民族语言或地域方言等因

素，结合运用摹描、拟物、谐音和借代等手段，先后给车前草命名了五十多种不同的称谓。

车前草是一种适应性极广的植物，古人观察到它常常生在道路的中央，或是长在被马蹄踩踏、车轮压实的地方，所以采用"当道"以及"车轮"或"马蹄"等词语命名，分别得到诸如当道、车轮菜、车辖辘菜、车前草、马蹄草、马舄、牛舄、陵舄、胜舄、胜舄菜、牛遗和牛溲等名称，以及车前和舄等简称。其中的"舄"音"细"，有足迹之义；"胜"和"陵"分别有超过和高过的含义，可以引申为"在……之上"；"牛遗"和"牛溲"均指牛的排泄物。在这些称谓中，由于车前草的称谓充分展现了这种蔬菜的生长习性及野生属性，所以最终成为正式名称。

车前草的根茎肥而短，叶从宿根丛生，叶柄长5至22厘米；叶片呈卵、宽卵、椭圆或卵状椭圆形，长4至12厘米，宽4至9厘米；叶形略似牛舌、猪耳、汤匙或灰盆。车前草的花茎数条，自叶丛中央抽出，花序呈长穗状，有如古时的钱串子。以其叶片和花序的形态特征命名，在全国各地又获得以下诸多的别称或俗称：牛舌草、牛舌、牛耳朵棵、猪耳朵草、猪耳草、豚耳草、猪耳朵穗子、驴耳朵菜、猪肚菜、饭匙草、灰盆草、田菠草、牛甜菜、五根草、七星草、钱串草、钱贯草和打官司草。

我国自古就流传"衙门口朝南开，有理无钱莫进来"的谚语，打官司草的俗称，是指其穗状花序很像钱串子而言的。而田菠草和牛甜菜是喻指其外观很像菠菜和叶蓉菜等常见的叶菜。至于五根草和七星草则是依据其叶面上常常长有5至7条弧形叶脉而命名的。

车前草古称茉苢，"苢"是"苡"的古字，所以也可写作"茉苡"。《说文解字》解释说："茉，华盛，从草，不声。""苡，茉苡，一名马舄……令人宜子，从草，以声。""茉苡"读音如"浮以"，其释义有两点：一为"华盛"，即花盛，是指其每棵的花茎很多、花开得十分茂盛；二为"令人宜子"，即有强肾益精促进生育的功能。由此看来，这种古称的命名是与其生殖器官花，及其所具有的药用功能密切相关。

古时候人们还曾传说两栖类动物蟾蜍喜欢在车前草之下潜伏，故而车前草获得下列一组别称：蛤蟆衣、蛤蟆草、虾蟆衣、虾蟆草、虾蟇衣、蟾蜍草、蟆衣和地衣。

其中的"虾蟆""蛤蟆""虾蟇"或"蟆"都指的是蟾蜍，而"地衣"则是喻指车前草近地面而生的习性。

车前草质地鲜嫩，气味甘苦，它含有碳水化合物、钙、磷、铁和胡萝卜素等多种营养成分。采集嫩苗漂烫清洗后作为蔬食，凉拌、炒食、做汤咸宜，因此又获车前菜的称谓。

经现代科学研究证明，车前草含桃叶

珊瑚苷等药用成分，确有清热、利尿、镇咳、祛痰等保健功效，因此受到我国各地区、各民族的高度重视。除去上面介绍的各种正名、别称以外，现将一些少数民族的称谓，采用汉字记音的方式综合介绍如下：

"瓦那他"：彝族；"众挖"：苗族；"构拿车"：拉祜族；"立住"：普米族；"牙烟育"：布朗族；"巴不吗"：壮族；"日堆洗涅"：佤族；"吗烈马"：仫佬族；"塔冉"：藏族；"穷膜作车"：白族；"亚沿脱"：傣族；"幼马地"：瑶族；"布靴娥"：傈僳族；"笃卡苦"：侗族；"差真潮"：朝鲜族；"卡巴落"：高山族。

8. 马兰

马兰又称马兰头，它是菊科马兰属，多年生草本，野生菜类蔬菜，以嫩茎叶供食用。

马兰原产于亚洲东部和南部，早在西汉时期已有著录。我国利用马兰的历史可以追溯到公元 8 世纪的唐代，陈藏器的《本草拾遗》已有载录。到了公元 10 世纪，宋代苏颂的《图经本草》和唐慎微的《证类本草》等医药典籍都把它列入"草部"的"中品"行列中。公元 14 世纪进入明代以后，朱橚的《救荒本草》和王磐的《野菜谱》等农书都把它正式列为野菜范畴。李时珍的《本草纲目》更明确指出"南（方）人多采……晒干为蔬及馒馅"的食

用功能。清代光绪年间编修的《顺天府志·食货志·物产》也把它列入"蔬属"。现在我国南北各地均有分布，主要产于安徽、江苏、浙江、广东和上海等地。

两千多年来，人们依据其形态特征、品质特色、产地名称等因素，结合运用摹描、拟物、比喻和谐音等手段，先后命名了二三十种不同的称谓。

马兰的叶互生、无柄，呈倒披针形或倒卵状矩圆形；长 7 至 10 厘米，宽 15 至 25 厘米。头状花序淡蓝紫色，单生于枝顶。古人以其叶似兰而形大，花似菊而色紫，在南方称马兰，在北方称紫菊，其中的"马"有"大"的含义。在叶似兰、花似菊的基础上，南北各地又派生出如下两组俗称：马兰头、马兰丹、马兰青、马兰菊、马拦头、马蓝和马蓝头，田边菊、路边菊、田菊、野兰菊、阶前菊、蟛蜞菊和毛蟛菊。

其中的"拦"和"蓝"与"兰"谐音；"头"指其嫩茎和嫩梢；"丹"指其花色；"田""野""田边""路边"和"阶前"等

词所表达的都是属于野生的特性；"蟛蜞"类似螃蟹，因其螯足与马兰的叶片相似，故以名之；"毛蜞"即水蛭，马兰叶片与其体形相似。现在普遍采用马兰的称谓作为正式名称。

马兰的称谓始见于西汉时期东方朔的《楚辞·七谏·怨世》。作者追述屈原在投江前对楚国世道的怨恨心情时写道："蓬艾亲入御于床第兮，马兰踸踔而日加。""踸踔"音"陈戳"，这句话的大意是说：俗不可耐的艾蒿却受到喜爱而铺满床头，令人讨厌的马兰却生长得愈来愈繁茂！

马兰虽别称马蓝或马蓝头，但它并不是可作为染料、属于爵床科的常绿草本植物马蓝。明代吴承恩的著名小说《西游记》第八十六回，在樵夫为唐僧师徒摆出的几盘野菜中曾列有"烂煮马蓝头"的名目。到了清代，由于马兰有着马拦头的俗称，人们把它视为临别饯行时的一种专用菜肴。袁枚（1716—1797）的《随园诗话》还留下了"欲识黎民攀恋意，村童争献马拦头"的诗句。

马兰的地上茎直立，高30至70厘米，由于茎的颜色青而带有紫红，又得到温州青和红梗菜等别称。其中的"温州"是以其盛产地之一的地名浙江温州来命名的。

马兰的地下根状茎细长、色白，有如竹节或莲藕，在土壤中匍匐平卧，有如泥鳅或鸡肠，因而又获得竹节草、襄衣莲、泥鳅菜、泥鳅串和鱼鳅菜等俗称。

马兰富含钾、钙、磷以及多种维生素，其挥发油中含有龙脑酯、酚类、二聚戊烯等成分，有清热、解毒和散瘀、止血，以及消积、醒脾的药用功效，因其茎带紫红色，又获红管药和（醒）脾草等异称。采集马兰的嫩茎叶，用开水漂烫，去除苦味后有特殊清香，可凉拌、炒食，可烹汤、做馅，或加工制成干菜。因此又获马兰菜、马菜、一枝香、十家香等俗称。

9. 蓟菜

蓟菜包括大蓟和小蓟，它们都是菊科刺儿菜属，多年生草本，野生菜类蔬菜，以嫩苗或嫩茎叶供食用。

大蓟和小蓟原产于我国。"北京城区，肇始斯地。其时惟周，其名曰蓟。"我国首都北京的古称蓟城就是因为遍地生有蓟菜而命名的。关于蓟的著录可以追溯到公元前11世纪的殷周之际。《礼记·乐记》说："（周）武王克殷反商，未及下车，而封黄帝之后于蓟。"《史记·周本纪》也说："（周）武王追思先圣王，乃褒封……帝尧之后于蓟。"而后世如唐宋著名学者陈藏器和沈括等都认为蓟城是"以多蓟得名"，详见《本草拾遗》和《梦溪笔谈》。现在我国南北各地均可在田间、地头采集食用。

三千多年来，人们依据其形态特征、功能特性等因素，结合运用拟物、摹描、谐音和方言等手段，先后给大蓟和小蓟命名了六七十种不同的称谓。

"蓟"音"计"，据李时珍考证，"蓟

犹髻也，其花如髻也"。我国古代的人们习惯把自己长长的头发绾起来，然后结扎在头顶，又把梳在头上的发结叫作髻。李时珍这段话的意思是说：从外观看去，这类植物的头状花序很像是古人梳在头顶之上的发结髻。由此可知，"蓟"是抓住其形态特征因素，运用拟物和谐音手法而命名的。

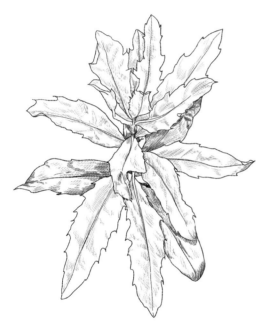

大蓟和小蓟主要是以其植株的相对高度来区分、命名的。大蓟的株高约为 50 至 100 厘米，一般比小蓟为高。由于虎、马与猫相比体形较大，所以在古代大蓟和小蓟又分别得到虎蓟、马蓟和猫蓟等俗称。

大、小蓟的茎直立，叶或呈披针状椭圆形、羽状深裂，或呈矩圆形，叶缘都有刺。针对其茎的外观和叶缘多刺等形态特征，结合运用拟物等方式联合命名，大、小蓟除共同获得诸如刺蓟、刺蓟菜、刺儿菜、刺萝卜和鸡项草等称谓以外，在我国各地它们还分别有着下列两组称呼：

马刺刺、牛口刺、鸡脚刺、刺角牙、老虎刺、草鞋刺、刺秸子、野刺菜、牛刺笏菜、笏菜、鸡姆刺、大刺儿菜、大刺刺菜、牛口舌和老虎脷；

小刺蓟、木刺艾、牛戳刺、青刺蓟、刺儿蓟、刺儿草、刺杀草、刺秆菜、刺角菜、刺刺菜、刺狗牙、刺尖头草和野刺菜。

在上述的称谓中，"鸡项"指鸡脖子；"笏"音"勒"，在广东等地的方言中它有刺的含义，所谓笏菜其义即为刺菜；"姆"是"母"的方言称呼，所谓"鸡姆"是指母鸡；"脷"音"利"，它是舌头的方言称谓。

由于叶缘多刺，迫使一些家禽和家畜都对蓟菜避而远之，因此大蓟和小蓟还分别得到另外两组俗称或贬称：

牛不嗅、鸟不扑、鸡扎嘴、牛触嘴、驴扎嘴、驴打嘴、大恶鸡婆和大恶鸡；

牛不嗅和小恶鸡婆。

所谓"鸡婆"是指母鸡，"恶"音"误"，有"令……讨厌"的意思。有一个例外是大蓟可以充作猪饲料，所以它得到了猪姆刺的俗称。大蓟拉丁文学名的种加词 setosum 含义为"具刚毛的"，其中也有刺的含义。

大小蓟花序的总苞顶端有刺，花冠呈

紫红色，古人因以称之为千针草、野红花或土红花。

大小蓟常生于田间，由于繁殖力很强，经常会影响栽培作物的正常生长，因此在古代还得到欺畦菜的称呼。小蓟拉丁文学名的种加词 segetum 亦可译为"玉米田的"，从而也道出了小蓟实为一种田间杂草的野菜特征。

此外植株较高的大蓟和枝繁叶茂的小蓟还分别有着将军草、蓟蓟菜、曲曲菜、萋萋菜、青青菜和小蓟姆等地方俗称。

大蓟和小蓟合称蓟菜，又称大小蓟、恶鸡婆和牛不嗅。命名缘由前已说明，不再赘述。

采摘大蓟和小蓟的嫩茎叶，清洗干净以后可凉拌或烹调食用。此外还兼有清热、消炎和抑制病菌等保健功效。

10. 桔梗

桔梗是桔梗科桔梗属，多年生草本，野生菜类蔬菜，以嫩叶和肉质根供食用。

桔梗原产于我国，春秋战国时期已有著录。先秦古籍《战国策》《庄子》和汉代成书的《管子》都提到它的生长条件和药用功能。《神农本草经》还把它列入"草类""下品"的种群中。南北朝时已有采食嫩苗的记载，陶弘景（456—536）把它称为"隐忍"。此后直到 19 世纪的清末，未见到以根入蔬的正式记载，20 世纪从朝鲜传入腌渍食用肉质根的方法。南北各地的

山坡、草地都有野生分布。东北地区有少量栽培。

古往今来，人们依据其形态特征、品质特性以及功能特点等因素，结合运用摹描、拟物、拟人、谐音，或运用隐语、音译等手段，先后命名了二十多种不同的称谓。

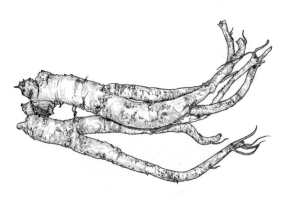

桔梗植株的茎直立，光滑无毛；肉质直根呈圆柱形、胡萝卜状，长约 20 厘米。古人以其根茎结实而梗直的特性命名，称为桔梗或梗草。"桔"音"结"，原为直木义，"梗"亦有梗直义。由于桔梗肉质根的外皮呈淡黄褐色，并且具有苦味，又得到苦桔梗和苦梗等别称。其中桔梗称谓可见于《庄子·徐无鬼》和《战国策·齐策》，此后一直沿用下来，至今仍为正式名称。

桔梗植株的叶呈长卵圆至披针形，叶面光滑、色泽深绿，叶背无毛、色泽白绿，每三四片叶轮生、对生或互生。以其叶片的构成方式及其形态特征命名，又有着四叶草、明叶菜、隐忍、隐蕊、蒽蕊和蒽忍等别称。其中的"隐忍"有掩盖义，

它和"明叶"都喻指其叶片上面晦暗、下面白亮的形态特征，而"隐忍""蘟荵"和"蘟荵"都是"隐忍"的谐音称谓。

桔梗的花冠为蓝紫色或紫碧色，其上方有五裂片，整体呈宽钟状；果实为蒴果、倒卵圆形，顶部呈五瓣裂。各地以其花冠和果实的形态特征命名了如下的俗称：

绿花根、铃当花、山铃铛花、和尚帽花根、包袱花与和尚头。

其中的"山"特指生于山野；"铃当""铃铛""和尚帽""包袱"，以及"绿花"等特指其花冠的形态和色泽；"和尚头"则喻指其果实的形态特征。其拉丁文学名的属称 Platycodon 亦有"花冠呈宽钟形"的含义。

桔梗含有桔梗皂苷 D、桔梗聚糖、桔梗酸和植物甾醇等成分，有宣肺、祛痰和降血压等药用功效。由于桔梗的肉质根较为粗壮、根肉呈白色，结合其药用功能命名，还得到玉桔梗、大药和白药等别称。

桔梗富含蛋白质、多种维生素等营养成分，因其含有苦味成分，食用之前需先行漂烫，除去嫌忌成分以后再烹调。驰名的朝鲜辣菜就是以桔梗的肉质直根为原料加工腌制而成的。而"道拉基"，以及"多拉机"和"多拉基"等都是桔梗用朝鲜语称呼的汉语音译名称。

我国从汉代以后曾经流行带有迷信色彩的谶纬神学，一些方士喜欢采用隐语的方式预卜吉凶。受此风气的影响，人们也采用隐语的方式称呼某些药物。三国时期的名医吴普收集整理了当时社会上流传的桔梗别称，其中包括符扈、房图、利如和卢如。明代的李时珍认为，上述这几种别称都是利用隐语方式给桔梗起的别名。后来有人还运用谐音或"从草"的手段又把它们写成符蒄、犁如或芦茹。

11. 酸模

酸模古称莫菜，它是蓼科酸模属，多年生、宿根、草本，野生菜类蔬菜，以嫩茎叶供食用。

酸模原产于我国，先秦古籍早有著录。现在南北各地均有分布，多野生于山林和原野的潮湿地带。

两三千年以来，人们依据其形态特征、品质特性、食用方法，以及产地名称等因素，结合运用摹描、拟人、拟物、谐音或翻译等手段，先后给酸模命名了三十多种不同的称谓。

莫菜的称谓始见于《诗经·魏风·汾沮洳》。"沮洳"音"居如"，指低湿处。在这首对恋人的赞美诗中唱道："彼汾沮洳，言采其莫！"意思是说：在那汾河的低湿处，采那莫菜把日度！由于这种野菜喜欢生长在低湿的地方，植株生长得十分茂盛，再加上它的叶色深绿，所以得到莫和莫菜的称谓。"莫"读"暮"音，原有晦暗的含义，可以引申为茂盛。理学大师朱熹对《诗经·周南·葛覃》中"莫莫"的解释也是说，叶片长得很茂盛。三国时期陆玑在《毛诗草木鸟兽虫鱼疏》中还曾介绍说，莫菜的称谓原是古代河汾（即今山西境内）人群的方言称谓；而在冀州（即今河北一带）人们则称之为乾绛。"乾"音"钱"，原指半夜时分，"绛"指紫色，"乾绛"喻指其紫茎。

莫菜的嫩茎叶因含有维生素 C 和酒石酸而富于酸味，人们以其品质特征因素，结合运用谐音和切音等手段联合命名，又得到酸模、酸母、酸迷、酸溜溜、酸姜、酸汤菜以及蕿芜和须等称谓。

其中的"模""母"和"迷"等都是"莫"的谐音字；"姜"是"浆"的谐音字；"蕿芜"音"孙无"，它既是酸模的音转，两字连读又是"须"的切音，后来最终采用酸模的称谓作为正式名称。

在《管子·地员》中酸模则被称为蓨。在谈到土壤肥力和物产的关系时书中曾说："黑埴宜稻麦，其草宜苹、蓨。""埴"音"植"，指黏土。这段话的大意是说：黑色的黏土适宜种植稻、麦，也适合苹、蓨的生长。其中的"蓨"即指包括酸模在内的一类野生蔬菜。

由于酸模含有草酸钙、酸性草酸钾和鞣酸等嫌忌成分，食用前需先用开水漂烫，再用清水洗净，有时还要添加少量草木灰，淘净酸味和黏液之后，才可凉拌、做汤或烹炒食用，由此可见洗涤措施在食用酸模时的重要性。"蓨"有"条"和"迪"两个读音，它恰恰就有洗涤的含义，所以采用"蓨"，及其同音字和谐音字命名的"蓨""蓧""蓧"和"苖"也都成为酸模的别称。

酸模的叶片呈长圆状披针形或矩圆形，先端渐尖，基部箭形。我国各地人民以其叶形特征，并比照羊蹄、牛舌，以及大黄叶、菠菜叶，结合运用拟物手段命名，还得到诸如羊蹄草、山羊蹄、牛舌头棵、水牛舌头、山大黄、山菠菜、野菠菜和菠菜酸模等俗称。

酸模还含有牡荆素、桃苷等成分，具有凉血、解毒、抑菌、利尿和通便的药用功效，所以获得"当药"的称呼。"当"音"荡"，有充当的含义。

除上述普通酸模以外，尚有圆叶酸模、软叶酸模和旱生酸模等不同的种类。

圆叶酸模缘其叶片呈长圆形而得名，以其引入地域的名称命名，又得到法国酸模或法兰西酸模等称谓。

软叶酸模以其叶片柔软多姿而得名，借用拟人的手法命名，又称为少女酸模。

旱生酸模因其植株耐旱、抗逆性强而得名，以其引入地域的名称命名，又称西班牙酸模；以其拉丁文学名的种加词 patientia 的译音命名，又称巴天酸模。

12. 沙芥

沙芥又称沙芥菜，它是十字花科沙芥属，一二年生草本，野生菜类蔬菜，以嫩苗和嫩叶供食用。

沙芥原产于蒙古国和我国北部沙漠地区。早在元代，熊梦祥在《析津志·物产·菜志》中已有记载，并将它纳入"京南、北、东、西山俱有之"的行列里，说明元代大都城，即今北京市郊区的沙丘地带，当时都有野生的沙芥。现在甘肃、宁夏、陕西、内蒙古、辽宁等地的沙漠及沙丘附近均有野生沙芥分布，也有少量栽培，主产于长城沿线的毛乌素沙漠地区。

七百多年来，人们依据其生态特征、形态特性、品质特点等因素，结合运用拟物、摹描和音译等手段，先后给沙芥命名了五六种不同的称谓。

沙芥的称谓因其生于沙漠地区，而根和叶又具有芥菜样的辛辣气味而得名。由于它是沙漠地区居民所喜食的蔬菜，所以又得到沙芥菜的称呼，其用汉语记音的蒙语名称为"译尔勒格-洛万"。现在我国采用沙芥的称谓为正式名称。

沙芥植株的主根粗壮，侧根稀少，形似长萝卜；茎直立，多分枝；叶片灰绿色、肉质肥厚，呈羽状分裂或披针状条形。以其根部的形态特征命名，又俗称为山萝卜。其中的"山"有山野之义，特指的是其野生的属性。

沙芥的花为白或黄色、总状花序。其果实为短角果、革质；呈横卵形、侧扁；每侧有一个上举的果翅，果翅呈披针形。以其花色有如白菜，又称其为沙白菜。其拉丁文学名的属称 Pugionium 及其种加词 cornutum 分别有"短刀"和"角状"的含义，它们所特指的都是沙芥果实的形态特征。另外，其属称 Pugionium 源于希腊文 pugio，还可音译为"蒲蒋草"。这一译称是由现代蔬菜学家毛宗良先生所命名，详见《蔬菜名汇》。

沙芥的嫩茎叶具有清香的辛辣气味，可供凉拌、烹调，或腌渍、干制加工食用，此外它还兼有行气消食和清肺解毒等保健功效。

13. 人参果和委陵菜

人参果又称鹅绒委陵菜，它是蔷薇科委陵菜属，多年生草本，野生菜类蔬菜，以地下肉质块根供食用。

鹅绒委陵菜广布于世界各地，野生于我国的东北、华北、西北和西南地区。其中产于西北和西南地区的河谷或湿润草原地带的植株，由于肉质块根较为发达，被称为人参果，现在成为青藏高原的一种重要野生蔬菜。明代在四川的松潘地区（今属四川省的阿坝自治州），已有盛产人参果的相关记载。人参果、发菜及冬虫夏草不但被誉为"青海三宝"，而且还是藏菜系统的知名烹饪原料。

数百年来，各族人民依据其食用器官的形态特征、功能特性等因素，结合运用摹描、拟物和音译等手段，先后命名了十来种不同的称谓。

提起人参果，人们立刻会想起古代神话小说中所描述过的形象。《西游记》第二十四回《万寿山大仙留故友，五庄观行者窃人参》中称，有一种"三千年一开花，三千年一结果，再三千年才得成熟"的"草还丹"，又名"人参果"。这种果实的模样就像一个未满三岁的小孩子，"四肢俱全、五官咸备。人若有缘，得那果子闻了一闻，就能活三百六十岁；吃一个，就活四万七千年"。由于它具有这样诱人的功效，才演绎出孙悟空偷吃人参果的趣味故事来。

　　关于人参果的典故其实还可追溯到中古时期，在南北朝时期问世的志怪小说《述异记》曾介绍说："大食王国在西海中……石上多树，干（指树干）赤叶青。枝上总生小儿，长六七寸，见人皆笑，动其手足，头着树枝，使摘一枝，小儿便死。"其中所说的"大食"就是指古代的阿拉伯帝国。

　　唐宋以后问世的《大唐三藏取经诗话》也在"入王母池之处"一节中记述过：王母的蟠桃入池化成小儿，再化为乳枣。猴行者取以献法师，法师食后东归唐朝，"遂吐于西川，至今此地中生人参"。

　　然而本篇所介绍的并不是传说中生长在树上、具有延年益寿功能的人参果，而是在现实生活中生长在地下的真实蔬菜。

　　人参果的原植物称作鹅绒委陵菜。由于它的根、叶和花梗等部位都生长着柔毛或绵毛，所以命名时冠以"鹅绒"两字，而委陵菜乃是以其果实的形态特征命名的。"委"有堆积义，"陵"有山头义，"委陵"则借堆积而成的小山头的形象，来喻指其卵状的瘦果聚生于花托之上的植物学特征，其拉丁文学名的种加词 anserina 亦有"鹅毛"的内涵。鉴于它的羽状复叶颇似鸭掌和蕨菜，主根很像麻根，长花梗上着生的单花又略如莲花等形态特征，鹅绒委陵菜又得到鸭子巴掌草、蕨麻及莲花菜等俗称或别称。

鹅绒委陵菜的地下肉质块根（又称蕨麻根）呈棕褐色；其外观为纺锤或球形，既像人参，又像草石蚕。此外它还具有益气补血的保健功能。人们依据其形态特征，及其食用和药用功能特性等因素，比照传统补益的人参和薯芋类蔬菜草石蚕来命名，分别称其为人参果和野生草石蚕。其中的"果"原指木本植物的果实，后来也用于泛指草本植物的果实，此外古人有时还习惯把诸如荸荠、慈姑等以地下贮藏器官供食的蔬菜食品列为"果部"；由于人参果同样是以其地下贮藏器官供食的，所以也就以"果"来命名了。现在人参果成了正式通用的商品名称。此外，诸如延寿果和长寿果等别称也是依据其滋补功能命名的。在其主产地域的青藏高原，藏族同胞称之为"戳玛"或"卓老沙曾"，这些称谓都是运用汉字记音的音译名称。

人参果味道清香甘甜，富含淀粉，以及蛋白质、钙、铁、磷和烟酸等营养成分。人参果洗净以后可蒸煮食用，藏族同胞有时把它作为食糖的代用品。此外人参果又可加工制成粉剂，或作为酿酒的原料。

由于人参果含有鞣质、委陵菜苷和亚油酸等药用成分，食用人参果还兼有理血温补和镇咳祛痰的药用功效。

采摘鹅绒委陵菜的嫩茎叶，用开水烫过、浸提去除涩味以后也可作为蔬菜炒食。

委陵菜又称翻白菜，它也是蔷薇科委陵菜属，多年生草本，野生菜类蔬菜。这组野生蔬菜以嫩茎叶和肉质根供食用。

委陵菜原产于我国，南北各地均有分布。委陵菜的称谓可见于明代初年，朱橚的《救荒本草》正式以委陵菜的名称把它纳入既可采食又能备荒的野菜范畴。

数百年来，人们依据其植物学特征和食疗功能特性等因素，结合运用摹描、拟物等构词手段，先后给委陵菜命名了十多种不同的称谓。

关于委陵菜称谓的来源，在人参果部分业已提及，下面着重介绍委陵菜的其他别称。

委陵菜植株的茎直立，或呈弧状丛生；叶为羽状复叶，小叶多数、边缘呈锯齿状；从顶部向下，叶形逐渐变小，叶背面密被白色绵毛；肉质根较肥大，呈纺锤或圆锥形。人们依据其上述形态特征命名了几组别称：

虎爪菜、鸡爪菜和蛤蟆草。这是依据其叶形并结合拟物手法命名的，其中的"虎爪""鸡爪"和"蛤蟆"都是用以比拟的参照物。

翻白菜、翻白草、翻白叶和天青地白。这是针对其叶片背面密被白色绵毛而命名的，其中的"翻"和"地"借喻叶背，而"天"指叶面。

鸡腿根、湖鸡腿和天藕。这是抓住委陵菜根的形态特征所命名的一组地方俗称。其中"天藕"的称呼流行于淮河流域，"天"在这里表示天然，它所展示的是天然野生的特性，借以与人工栽培的水生蔬菜莲藕相区别；"湖鸡腿"的称呼流行在两湖地区，"湖"指湖边，它突出的是委陵菜在两湖地区常野生于水边的生态特性；"鸡腿"喻指委陵菜的肉质根。

此外由于委陵菜尚有春季自株丛中直接长出新叶的习性，因而又获得龙芽菜的雅称。

采摘委陵菜的嫩茎叶烹炒、煮汤咸宜，切碎后还可拌豆腐食用。委陵菜的肉质根富含淀粉，采挖去皮后质地有如鸡肉。

由于委陵菜的肉质根和叶片都具有清热解毒和抑制病菌的作用，民间常用以治疗痢疾和肠炎，委陵菜因此还得到痢疾草的别称。

14. 藜

藜古称莱，又俗称灰菜，它是藜科藜属，一年生草本，野生菜类蔬菜，以嫩叶供食用。

藜原产于我国。《诗经》《庄子》和《礼记》等先秦古籍均有著录。《诗经·小雅》载有："南山有台，北山有莱。"诗中所说的"莱"就指藜。另据《庄子·让王》称："孔子穷于陈蔡之间，七日不火食，藜羹不糁。"这段故事说，春秋时期孔子在周游列国时被困在陈蔡两国之间，

曾有七天没能点火做饭，只靠喝一些不加米粮的藜菜汤勉强度日。孔子的弟子曾参也留下过因藜蒸不熟而休妻的轶话。后来"藜羹""藜蒸"，连同"藜蕨""藜藿""藜莜"和"藜苋"等名词都演变成为品质粗劣食物的代称。"弊襟不掩肘，藜羹常乏斟"的诗句也成为东晋田园诗人陶潜日常生活的生动写照。现在藜在我国的南北各地均有分布，常野生在田间、荒地或宅旁。

数千年来，人们依据其植物学和形态特征，以及功能特性等因素，结合运用拟物、谐音和儿化等手段，先后给"藜"命名了二十多种不同的称谓。

藜的茎直立、粗壮，有较多的分枝。由于其植株丛生、生长势较强，所以古人

"从草、从黎"而命名，称其为藜，这是由于"黎"有"为数众多"的含义，而"从草"又体现了从属于草本植物的属性。此外围绕这一正式名称，运用谐音和附加手段，又得到诸如藜、黎、莱、釐、藜菜和藜草等别称。其中的"藜""黎"与"藜"同音同义，"莱"和"釐"与"藜"谐音同义，"菜"和"草"则凸显其野生蔬菜的属性。

藜的茎上长有棱，又有绿色或紫色的条纹，叶片呈菱状卵形至披针形，叶背为灰绿色、着生白色粉粒，叶面为绿色。以其茎叶的形、色特征命名，又得到如下别称或俗称：白藜、灰藜、灰菜、灰儿菜、灰灰菜、灰苋、灰条菜、粉菜和猪粉菜。

其中的"苋"是比照绿叶菜类蔬菜苋菜而命名的，"粉"特指其叶背上着生的白粉，"猪"所喻指的则是其饲用功能。

由于藜的花朵亦着生白粉，故其还得到"蔓华"和"蒙华"的雅号。其中的"华"与"花"同义，"蔓"与"蒙"谐音，它们都喻指藜花着生白粉的形态特征。

藜还具有以"蓶"来命名的一组称谓：灰蓶、灰蓶菜和灰涤菜。

"蓶"是一个多音字，既可读"掉"，又可读"笛"；它是由草字头和"翟"所组成的。"翟"音"笛"，原指长尾的山雉，借其喻指藜茎上着生长条纹的形态特征。其中的"灰"还特指其灰绿的叶背，"灰涤"则是"灰蓶"的谐音。

每年的春夏是采集藜的良好季节，其嫩叶经清洗、蒸煮后烹炒、做汤，或干制加工。由于藜含有光敏物质，不宜久食、多食，藜的嫩茎叶也可充作饲料养猪。

在北京地区的方言中藜还被称为落藜、落帚或落落儿菜。获得这组俗称的原因在于，藜的植株还是制作扫帚和手杖的原料。其植株枯黄、枝叶脱落以后可以用来制作扫帚，在这里的"落"音"涝"，有脱落之义；"落落儿"乃是"落"的儿化读音。古人用老藜的主茎制作的手杖多称为藜杖。

15. 蒲公英

蒲公英又称蒲公草，它是菊科蒲公英属，多年生草本，野生菜类蔬菜，以嫩株供食用。

蒲公英原产于我国和蒙古国等北半球地区，其拉丁文学名的种加词 mongolicum 即有"蒙古"的含义。我国唐代已有著录。唐高宗显庆四年（659 年）问世的我国第一部官修药典《新修本草》称其为"蒲公草"。到了宋代，苏颂的《本草图经》等医药典籍中已有可供蔬食的记载。明代李时珍的《本草纲目》正式把它纳入"蔬部"。现在全国各地均有分布，常野生于田间或路旁。北方一些地区还有少量栽培。

千余年来，人们依据其植株各部位的形态特征等因素，结合运用摹描、谐音、拟人、拟物和贬褒等构词手段，先后给蒲

公英命名了三十多种不同的称谓。

　　蒲公英的植株含有白色乳汁，其根垂直生长，其茎短缩。蒲公英的根出叶有如莲座状平展、丛生，矩圆状倒披针形，呈羽状深裂或齿裂。每逢冬末春初，蒲公英抽生花茎，其顶端生长着头状花序，花舌状，呈黄色。蒲公英的果实为瘦果、呈褐色，冠毛呈白色，成熟时形成白色绒球。

　　人们依据其直立花茎顶生头状花序的

形态特征，与水生菜类蔬菜蒲菜的花茎蒲棒极为相似，于是比照蒲菜，并利用成熟时的果实有如白头老翁的拟人手法命名，称其为蒲公英或蒲公草。其中的"英"音"鹰"，原指花；也可读"央"，特指初生的嫩苗，从而可以泛指嫩株，而嫩苗或嫩株恰恰是供人们食用的部位。现在我们选择蒲公英的称谓作为正式名称。

　　由于蒲公英的成熟果实有如蒲棒可

随风飞散，蒲公英又得到"随风飘"的俗称，在河北还有人直呼其为蒲棒。

在历史上，各地区的人们运用谐音手法或方言、俚语，还从蒲公英的称谓中派生出下列一组别称：凫公英、仆公英、仆公罃、卜公英、蒲公罃、婆婆英、勃公英、鹁鸪英和勃鸪英。其中的"凫"音"扶"，它们和"仆""卜""婆婆""鹁鸪""勃鸪"同样都是"蒲"的谐音字，而"罃"则是"英"的谐音字。

蒲公英的植株含有白色乳汁，植株生长直立如"丁"，花茎又顶生头状花序。依据这些形态特征，结合采用摹描、拟物、贬损和谐音等手段联合命名，蒲公英又获得另一组俗称：蒲公丁、婆婆丁、婆补丁、孛孛丁、孛孛丁菜、白鼓钉、白鼓丁、古古丁和灯笼花、鬼灯笼。

其中"婆婆""婆补"和"孛孛"都是"蒲"的谐音字；"鼓钉"又称"鼓丁"，原指一种头部似圆鼓状的钉子，这里借以喻指其花茎连同头状花序的整体形态；"古古"是"鼓"的谐音字；"灯笼"特指生长在花茎顶端、呈白色绒球状的果实，而"鬼"则有贬损的含义。

依据蒲公英的叶缘多缺裂、花呈黄色，以及植株含有白色汁液等形态特征命名，蒲公英还有着诸如耳瘢（音般）草、金簪草、黄花草、黄花苗、黄花郎、黄花地丁、地丁、黄狗头、奶汁草、羊奶奶草和狗乳草等俗称。其中的"耳瘢"是指其叶形如人耳，以及叶缘多缺裂的叶形特

征；"金簪"和"黄"特指其花的颜色；"地丁"特指其植株塌地而生、根又直如丁的形态特征；"郎"采用拟人的手法有褒扬的含义，而以"狗头"或"狗乳"来命名则有贬损的含义。

蒲公英含有蒲公英甾醇、胆碱、菊糖和果胶等成分，入药有清热解毒、消炎散结以及"乌须发、壮筋骨"等功效。据《千金方》披露：唐太宗贞观五年七月十五日也就是公元631年8月17日，有"药王"之称的孙思邈左手中指不慎受伤感染，后来采用新鲜蒲公英根茎中的汁液涂抹患处，很快就痊愈了。

蒲公英含有钙、磷、铁及多种维生素，春季采摘嫩苗或嫩株，洗净、煮透后可凉拌、烹汤或烧炒食用。

16. 泽蓼和香蓼

泽蓼和香蓼古称蓼，它们都是蓼科蓼属，一年生草本，野生菜类蔬菜，以嫩芽和嫩茎叶供食用。

蓼原产于我国，先秦古籍《礼记·内则》已有关于"豚，秋用蓼"的载录。意思是说，在秋季要把蓼加在肉食里边作为调味料食用。另从《尹都尉书》专门设有"种蓼篇"的蛛丝马迹，也可以推知：西汉时期我国田园栽培蓼的专业技术已很发达。到了南北朝时代，蓼常用于酱渍加工。现在我国的东北、华北、西北，以及江南、两广一带均有分布，常野生于荒

地、水边或山谷湿地。

几千年来，人们依据其生态环境和形态特征，以及品质特性等因素，结合运用摹描、拟物等手段，分别给香蓼和泽蓼命名了四五种不同的称谓。

《说文解字》称："蓼，辛菜……也。从草，翏声。"所谓"辛菜"是指具有辛辣气味的调味菜；"翏"音"料"，原指高飞的样子，用它命名可以特指蓼类植物的植株一般较为高大，而且枝叶生长繁茂。

泽蓼的叶呈披针形，托叶鞘筒形、紫褐色。因其喜欢生长在浅水或湿地，又气味辛辣，所以被称为泽蓼、水蓼、虞蓼或辣蓼。其中的"虞"原义指"山夹水"，"虞蓼"的称谓可见于《尔雅·释草》，其拉丁文学名的种加词 hydropiper 亦有"水生"的含义。

香蓼亦喜欢生于水湿地区，叶片呈披针形或宽披针形。由于其茎叶密生黏性腺状长毛且具有特异的香气，所以被称为香蓼、粘毛蓼或黏毛蓼，其拉丁文学名的种加词 viscosum 亦有"黏性物"的含义。现在泽蓼和香蓼的称谓分别被视为正式名称。

春夏两季可采摘嫩茎叶供蔬食，兼有消肿、化湿等保健功效。

17. 何首乌

何首乌又称夜交藤，它是蓼科何首乌属，多年生缠绕草本，野生菜类蔬菜，以嫩茎叶、花器和肥大的地下块根供食用。

何首乌原产于我国，唐代已有著述。唐宋以来都把它作为强壮剂供药用。唐代的何首乌祖孙三代，以及北宋时期名相寇准和文豪苏轼都服食过何首乌。明初朱橚的《救荒本草》把它纳入以块根和花器供食的野菜类蔬菜行列当中。现在晋、陕、甘、豫、鄂、赣、苏、桂、粤、滇、黔、川等省区都有分布，常野生于山坡、石缝和灌木丛中。民间多在春、秋两季分别采收嫩茎叶、花器和块根食用。

千余年来，人们依据最初采食者的姓名，及其植物学性状特征、功能特性等因素，结合运用拟人、拟物、借代、夸张和寓意等手段，先后给它命名了二十多种不同的称谓。

据唐代学者李翱所著《何首乌录》记

述：何首乌是唐代的顺州南河县（今广西壮族自治区玉林市陆川县）人。何氏祖孙三代由于坚持服用此药物收到健体强身的功效。后人以最初采食者的姓名来命名，称其为何首乌、何相公，又简称首乌、首午。其中"何相公"是对何首乌的尊称，"首午"是"首乌"的谐音。明世宗嘉靖初年，皇帝未能生子，道士邵元节（1459—1539）献上以何首乌为主要成分的七宝美髯丹，明世宗朱厚熜（1522—1566年在位）服用以后连得皇子，其中包括朱载堼。朱载堼在公元1567年继承皇帝位，史称明穆宗。从此以后何首乌的药用功效更为世人所称道。邵元节《明史》有传，《本草纲目》因避明太祖朱元璋的名讳而把他写成邵应节，应予以更正。

何首乌的缠绕茎中空、呈绿紫色，其长度可达3至4米；叶互生、呈卵形或心脏形，叶柄基部有膜质叶鞘包茎；根细长，先端膨大形成拳状或薯块状的块根，块根皮呈黑褐色、肉呈粉红至紫红色；花序圆锥状，花朵小而多，呈白色或黄白色。以其上述的形态特征命名，何首乌又得到以下几组别称。

由于何首乌绿紫色的缠绕茎容易交合在一起，从而得到诸如紫乌藤，以及交藤、交茎、夜交藤和夜合等别称。其中的"藤"特指其较为粗壮的缠绕茎，"夜交"和"夜合"是对何首乌的藤茎"夜间交合、白天解开"的传说而言的。

由于何首乌野生，其叶片的形态又和桃、柳以及番薯相似，又获得诸如野苗、野番薯和桃柳藤等俗称。

由于何首乌的块根带有红色，采用拟物的手段命名，又称之为赤葛和赤首乌。何首乌多生于山野之间，人们以其形成年代的长短，把块茎分成五级，分别以山精、山翁、山伯、山哥和山奴等称谓称之。"精"在这里喻指仙人，寿命最为久长；而"翁""伯""哥"和"奴"也都是采用拟人手法，按照年龄的大小呈递减方式命名的，其中的"翁"最老，而"奴"最小。

何首乌的叶片含有胡萝卜素，以及核黄素和抗坏血酸等多种维生素；块根富含淀粉、葡萄糖、大黄酚、大黄素、大黄酸和卵磷脂等成分，除供蔬食以外还有乌发、涩精、养血、益肾、润肠、通便，以及止痒、消肿等保健功效。

以其药用功能因素命名，何首乌还有着马肝石、红内消、赤敛、九真藤、地精和疮帚等别称。

其中的"马肝石"早在汉代就是一种染发剂，借用它来命名的目的在于强调其乌发功能；"红内消""赤敛"和"疮帚"特指何首乌的消肿和止痒功能；"地精"和"九真藤"的称谓对其保健功效的肯定则更为夸张，如"九真藤"的称谓是说，如能采到九条块根共生一体的何首乌就会成仙，这当然只能是一种传说。

采集何首乌的嫩茎叶、花器和块根以后，可先用米汤浸泡一宿，除去苦味后再蒸煮、烹炒；还可先煮熟，再用清水浸泡一天，然后炒、煮食用。

18. 诸葛菜

诸葛菜古称菲，它是十字花科诸葛菜属，一二年生草本，野生菜类蔬菜，以嫩茎叶供食用。

诸葛菜原产于我国，先秦古籍《诗经》，以及《尔雅》已有著录。《诗经·邶风·谷风》载有"采葑采菲，无以下体"。"葑"音"封"，"菲"音"匪"，它们分别指芜菁和诸葛菜。由此可知，两三千年以前的西周时期诸葛菜就已成为中原地区经常采食的蔬菜了。现在诸葛菜分布在我国的北部和中部地区，常野生于荒地和路旁。

古往今来，人们依据其形态特征、生长习性等因素，结合运用借代、拟物和谐音等手段，先后命名了六种不同的称谓。

诸葛菜古称菲。"菲"原有微薄义，借以指其随时随地可以采食，及其价格低廉的特色。

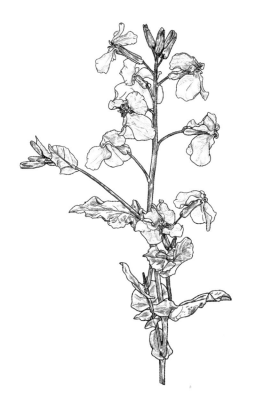

诸葛菜在田野之中可以宿根而生。依据此种生长习性命名，在古代又得到诸如宿菜、息菜和蒠菜的别称。其中的"宿菜"特指其宿根而生的生长习性，"蒠"与"息"的读音和释义都相同，有着繁衍生长的含义，所指的也是宿根而生的特性。

诸葛菜的茎直立，基生叶和下部叶呈羽状分裂，顶部裂片为肾形或三角状卵形；上部叶呈长圆形，基部两侧有耳状抱茎。由于其叶片外观与根菜类蔬菜芜菁相似，所以借用芜菁的俗称"诸葛菜"来命名，也把它称为诸葛菜。把菲称为诸葛菜可见于清代吴其浚的《植物名实图考》一书。现在鸠占鹊巢，植物分类学家最终选取芜菁的俗称诸葛菜作为正式名称。至于芜菁为什么又称诸葛菜，详见各论第一章"根菜类蔬菜"中的芜菁篇。

诸葛菜为总状花序，以及花呈十字形，分成四瓣，花瓣淡紫色，呈倒卵形或近圆形。由于诸葛菜的花瓣近似兰花，每年农历的二三月即可开放，所以还得到"二月兰"的誉称，其拉丁文学名的种加词 violaceus 亦有"紫色"的含义。

诸葛菜富含胡萝卜素、核黄素和抗坏血酸等多种维生素。春夏和初秋采摘其嫩茎叶，宜先用开水烫漂，除去苦味，然后再烹调食用。

19. 阿尔泰葱

阿尔泰葱是葱科葱属，多年生草本，野生菜类蔬菜，以嫩叶供食用。

阿尔泰葱原产于我国的新疆，以及蒙古和中亚一带的阿尔泰山脉地区，常野生于山坡、乱石或草地。

阿尔泰葱的叶为圆柱形、中空，其中下部膨大，直径8至20毫米。阿尔泰葱的称谓就是以其原产地域阿尔泰山的名称阿尔泰来命名的，其拉丁文学名的种加词 altaicum 亦有"阿尔泰山"的含义。

20. 沙参

沙参又称南沙参，它是桔梗科沙参属，多年生草本，野生菜类蔬菜，以嫩茎叶和肉质直根供食用。

沙参原产于我国，著名医学典籍《神农本草经》把它列入"草部"的上品。沙参最初主要作为药用，元代熊梦祥的《析津志》和明代朱橚的《救荒本草》都将其纳入可以蔬食的野菜行列之中。现在华东、华中和西南等地区都有分布，常野生于山坡和荒原。

古往今来，人们依据其形态特征、生

长习性、品质特点，以及产地特色等因素，结合运用拟物、摹描等手段，先后给沙参命名了十多种不同的称谓。

沙参的白色肉质根呈长圆锥形，由于其外观造型和滋补功能都与人参相近，再加上它又适宜在沙质土壤中生长，所以被称为沙参。结合其根为白色的形态特征，以及多生于南方山区等产地因素命名，又得到诸如白沙参、白参、白面根、南沙参和山沙参等别称，其拉丁文学名的种加词 stricta 所强调的也是肉质根的劲直特性。

沙参的叶互生，上部叶呈广卵圆形，下部叶呈圆形，外观有如杏叶；花冠蓝紫色，呈钟状、铃形；根、茎中充满白色乳状汁液。以其上述形态特征因素命名，沙参还得到杏叶沙参、铃儿草、羊乳和羊婆奶等俗称。

沙参的叶片含有钙、磷、粗纤维，以及胡萝卜素等需宜成分。沙参的根含糖分和皂苷，有祛痰镇咳和强心滋补的保健功效。由于根有苦味，"苦心"也成为沙参的别称。人们多在春夏两季采摘沙参的嫩叶煮汤或炒食，而到秋季再采挖它的肉质根，需经煮漂、弃除苦味以后再供蔬食。

21. 珊瑚菜

珊瑚菜又称北沙参，它是伞形科珊瑚菜属，多年生草本，野生菜类蔬菜，以嫩芽、嫩茎叶和肉质根供食用。

珊瑚菜原产于我国，《神农本草经》已有关于沙参的著录。宋代苏颂的《本草图经》载录了多种沙参的形态特征。明清之交的学者张璐（1617—1700）在其所著的《本经逢原》一书中明确记述了北沙参和南沙参。20 世纪 30 年代，我国蔬菜园艺学者颜纶泽把珊瑚菜作为叶菜收入《蔬菜大全》中。日本引入以后称其为滨防风，多进行软化栽培。现在我国辽宁、河北、山东及东南沿海各地都有分布，常野生于海滨的沙滩上。此外北京等地也有少量栽培。

数百年来，人们依据其形态特征、品质特性，以及产地特点等因素，结合运用摹描、拟物等手段，先后给珊瑚菜命名了十多种不同的称谓。

珊瑚菜的基生叶呈卵形或宽三角状卵形，三出羽状分裂，或呈二至三回羽状深裂；茎上部的叶呈卵形，边缘具三角形圆锯齿；叶形有如防风，叶缘略似六角形。由于嫩芽、新生叶和叶柄呈现紫红或红色，颜色极艳丽，以其上述形态特征，结合运用拟物的手段命名，得到诸如珊瑚菜、六角菜和滨防风等称呼，其中的"滨"特指珊瑚菜喜生于海滨的生长习性。珊瑚菜的称谓最终成为正式名称，其拉丁文学名的种加词 littoralis 亦有"海滨生"的含义。

珊瑚菜的肉质根呈圆柱形，以其形态特征和产地因素，比照桔梗科沙参属的野生菜类蔬菜沙参来命名，珊瑚菜还得到如下一组别称：北沙参、辽沙参、莱阳沙参、海沙参、条沙参、北条参和龙须菜。

其中的"北""辽""海"和"莱阳"分别特指珊瑚菜的主要产地：我国北部沿海的辽东半岛和山东半岛等地区，而莱阳就位于山东半岛的南部；"条"和"龙须"则特指珊瑚菜肉质根商品的外观呈现条形的形态特征。

珊瑚菜的嫩茎叶富于香气，宜烹炒或酱渍食用，因而又有着野香菜根的俗称。珊瑚菜的肉质根富含淀粉，除可煮食、腌渍以外，还可制取淀粉。入药兼有清肺化痰和生津止渴等保健功效。此外种子还可充辛香调料。

22. 白花菜

白花菜是白花菜科白花菜属，一年生草本，野生菜类蔬菜，以嫩茎叶供食用。

白花菜原产于热带地区，在我国驯化已久，明武宗正德年间（1506—1521）问世的《食物本草》（汪颖著）已有著录。明清两代，李时珍的《本草纲目》，以及周家楣等人编纂的《光绪顺天府志》都把白花菜列入"菜部"和"菜属"。现在北至北京、河北，南至海南和台湾，各地均有分布，常生于旷野中。湖北和安徽等地也有少量栽培。

数百年来，人们依据其形态特征，结合运用拟物、贬损等手段，先后给白花菜命名了几种不同的称谓。

白花菜的茎直立，高度可达一米，全株密生黏性腺毛，有特殊臭味；叶为指状复叶，每个复叶有小叶五片，呈倒卵形；花四瓣、为白色，有的呈淡紫色；蒴果小、略呈长圆柱形，其上有纵条纹。依据其花和果实的形态特征命名，得到白花菜以及"羊角菜"和"臭豆角"等称谓。其中的"白",以及"羊角"和"豆角"分别特指其花的色泽,及其果实的外部特征,"臭"则喻指其特殊气味。白花菜的称谓为其正式名称。

白花菜的嫩茎叶既有特殊臭味,又有苦味,春季采摘以后,可以采用腌渍或干制等手段加工,然后再食用。白花菜入药还兼有祛风散寒、活血止痛等功效,可用于治疗风湿性关节炎等病症。

23. 皱叶冬寒菜和北锦葵

皱叶冬寒菜和北锦葵都是锦葵科锦葵属,二或一年生草本,野生菜类蔬菜,以嫩茎叶或幼苗供食用。皱叶冬寒菜又称皱叶锦葵、绉叶冬寒菜和卷叶锦葵,北锦葵又称马蹄菜。相关内容参见第九章"绿叶菜类蔬菜"的冬寒菜篇。

24. 野苋五品

野苋五品包括反枝苋(又称西风谷)、凹头苋(又称野苋)、皱果苋(又称绿苋)、刺苋(又称簕苋菜)和野苋(又称野苋菜),它们都是苋科苋属,一年生草本,野生菜类蔬菜,以幼苗及嫩茎叶供食用。

相关内容详见第九章"绿叶菜类蔬菜"中的苋菜系列篇。

25. 多裂叶荆芥

多裂叶荆芥是唇形科荆芥属,一年生草本,野生菜类蔬菜,以嫩茎叶供食用。

因其叶片形态而得名,其拉丁文学名的种加词 multifida 也有"多中裂"的含义。原为药用植物,因为它具有姜、芥(指芥菜类蔬菜)那样的辛辣味道;有如紫苏样的特殊香气,所以得到诸如姜芥、荆芥和假苏等名称。汉代已采食嫩叶,唐代正式成为野生蔬菜,味辛辣,经热漂、去除异味后烹调或腌渍食用。《神农本草经辑注》《救荒本草》《本草纲目》和《农政全书》等古籍均有记载。相关内容可参见第九章"绿叶菜类蔬菜"的荆芥和五味菜篇。

26. 地榆

地榆又称黄瓜香，它是蔷薇科地榆属，多年生草本，野生菜类蔬菜，以嫩叶供食用。

地榆原产于我国，秦汉时期的《神农本草经》已有著录。最初仅供药用，晋代以后郭义恭的《广志》，以及南北朝时期陶弘景的《名医别录》都有地榆可用于蔬食的记载。明初朱橚的《救荒本草》把它正式纳入"叶用野菜"的行列。南北各地均有分布，常野生于山坡或草丛之中，亟待开发利用，现在已有少量人工栽培。

两千多年来，人们依据其形态特征和品质特性等因素，结合运用摹描、拟物和谐音等手段，分别命名了十多种不同的称谓。

地榆的根系粗壮，皮黑肉红；茎有棱；奇数羽状复叶，小叶多数、呈长椭圆形，边缘有锯齿；花小形、多数，密集成顶生的长椭圆形穗状花序，萼片呈暗紫色；瘦果果实呈褐色，包藏在宿存的萼片内。人们以其植株为草本，且幼苗时贴近地面生长，叶片又与榆科植物榆树大致相似，所以正式定名为地榆。依据其根形似参、叶香近瓜、花形似枣、果色如豉等形态和品质特征命名，地榆又得到以下四组俗称：

山枣参、酸赭；

黄瓜香；

山红枣、小紫草；

玉豉、玉札、玉扎、王（音玉）扎。

在上述这些称谓之中："山"特指其野生属性；"酸"和"香"分别表述其根和叶的品味；"赭"即红褐，特指根皮的颜色，"玉"为色泽晶莹的美称；"红"和"紫"，以及"豉"（豆豉呈紫褐色）、"札"和"扎"分别特指花萼和果实的颜色，古代在北方"札"是"豉"的方言称呼，而"扎"和"王"又分别是"札"和"玉"的谐音字和通用字。

地榆的根含地榆苷、地榆皂苷、鞣质和没食子酸等成分，有凉血、止血、泻火和收敛疮疡等保健作用，此外还可用于治疗烧伤、烫伤和创伤，以及血痢和崩漏等疾患，缘此获得血箭草的称谓。其拉丁文学名（包括属称和种加词）Sanguisorba officinalis 也强调指出了该种植物所具有的止血作用，以及药用功能。

野生地榆的叶片稍有苦味，可先用沸水漂烫等方法加以清除，然后再烹调食用，凉拌、炒食均可。野生地榆经驯化栽培以后还可基本消除苦味。

除普通地榆以外，作为叶用野生蔬菜，可供开发利用的地榆属植物尚有细叶地榆和小白花地榆。它们的名称也都是分别以其叶片和花形等外观特征因素而命名的。

27. 山芹

山芹即山芹当归，它是伞形科山芹属，多年生草本，野生菜类蔬菜，以嫩芽和嫩茎叶供食用。

山芹原产于我国，东北、河北、安徽和江苏等地广有分布，常野生于林下。

山芹的植株高约 0.6 至 2 米，茎上部叶简化成叶鞘，基生叶和茎下部叶呈三角形，羽状分裂。因其叶片略似芹菜和当归，而又生于山野之中，所以得到山芹、山芹菜和山芹当归等称呼。其中山芹当归是其原植物的正式名称，而山芹的称谓则是其蔬菜商品的正式名称。

由于人们常采摘嫩芽及嫩茎叶经盐渍以后供蔬食，又得到山芹菜的别称。

28. 守宫木

守宫木是大戟科守宫木属，多年生灌木，野生菜类蔬菜，以嫩枝叶供食用。

守宫木原产于亚洲的热带和亚热带地区，我国的云南、四川和海南等省，以及越南、马来西亚和印度等东南亚和南亚地区都有分布，多野生于山边、林下、道旁或草丛中。我国云南南部的河口、保山、西双版纳和德宏，以及四川的峨眉和洪雅等地也有零星栽培。马来西亚和印度等地普遍栽培。近年来经中国农科院华南植物研究所驯化栽培推广以后，受到国内以及日本市场的欢迎。广东深圳把这种高档细菜的栽培正式纳入市政府的"菜篮子工程"，北京等北方地区也可进行保护地栽培。守宫木可用种子或枝条扦插繁殖，也可采用绿篱式栽培、连续采摘。

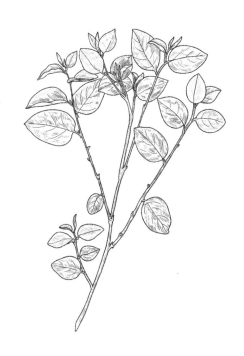

守宫木的植株高约 1 至 1.5 米。茎光滑，绿色的小枝略有棱角，易生不定根。叶互生，呈两列；叶片薄、纸质，卵形或披针状卵形，全缘，长 3 至 10 厘米，宽 1.5 至 3.5 厘米。花单性，雌雄同株，无花瓣，数朵花簇生于叶腋；雄花花萼盘状、淡紫红色，蒴果扁球形。

守宫木的称谓源自其叶形特征略似壁虎。壁虎（Gekko japonicus）是爬行纲、壁虎属的一种爬虫类动物，它具有经常居守在房屋墙壁缝隙中、以捕食蚊蝇等昆虫为生的习性。我国古代曾把人的居室通称为官，所以壁虎得到"守宫"的别称。由于守宫木的食用器官——每个小枝上的叶互生、排成两列的外形特征略似壁虎，所以以壁虎的别称守宫，并结合其木本特性联合命名，得到守宫木的称谓。

由于守宫木的花器簇生于叶腋，以及蒴果呈扁球形等形态特性，又得到树仔菜和树枸杞的别称。

守宫木的嫩茎叶富含蛋白质、碳水化合物、多种维生素，以及钾、钙、镁、铁、锰、锌、铜等矿物质。作为一种品质类似豌豆尖的细菜，它具有特殊的风味，爆炒、烹汤，制作沙拉或榨汁食用均可。守宫木的嫩茎叶作为天然绿色素还可用于制作糕点和饮料。以其翠嫩、甜美、清香、爽滑的口感和品味特征命名，又获得甜菜、小甜菜的俗称，以及天绿香的誉称。守宫木的叶片和根部入药具有消炎、解热，以及强壮、催乳等保健功效。

至于五指山野菜、帕汪菜，以及越南菜和越菜的称谓则是以其国内外盛产地域的名称而命名的，其中"越"指越南，"五指山"特指我国的海南省，而"帕汪"则是我国云南傣族的音译名称。

守宫木的拉丁文学名为 Sauropus androgynus（Linn.）Merr.。其属称 Sauropus 是由希腊文 Sauros（蜥蜴）和 pous（足）所组合而成的。蜥蜴和壁虎是外形极为相似的动物，所以它所表述的同样也是该属植物的叶片与壁虎外观的相似性。而其种加词 androgynus 所强调的则是守宫木所独具的雌花和雄花着生在同一个花序上的植物学特性。

第十七章　藻类蔬菜

藻类植物是含有叶绿素和其他辅助色素的低等自养植物，它的构造简单，一般由单细胞及其群体或多细胞所组成，而无根、茎、叶的分化。在藻类植物之中，那些可供人类蔬食的被称为藻类蔬菜。"藻"音"早"，它是由草字头和"澡"字两部分共同组成的。草字头表示它从属于植物的类别属性；"澡"音"早"，原有洗涤的含义，当古代的先民看到藻类生长在水中，随波荡漾，有如在天然浴场中洗澡一样，既清洁又惬意，所以就用"藻"来命名这类蔬菜。

我国利用藻类蔬菜的历史可以追溯到公元前700多年的东周时期。《诗经·召南·采蘋》中"于以采藻，于彼行潦"诗句所说的就是：人们可以到水深的地方去采藻。另据《左传·周郑交质》记载：在东周时期的周平王五十一年（即鲁隐公三年，公元前720年）发生过东周朝廷和郑国两国交恶的事件，该书对此事件作评述时曾有过如下一段话："蘋繁蕴藻之菜……可荐于鬼神，可羞于王公。"从而进一步明确指出了藻类蔬菜可供蔬食和祭祀的双重功能。

藻类蔬菜按其生态环境的差异可分为海藻和淡水藻两类，本章所介绍的海带、昆布、紫菜、石花菜、麒麟菜和鹿角菜属于海藻类蔬菜，发菜和葛仙米则属于淡水藻类蔬菜。

1. 海带和昆布

海带是褐藻门海带科海带属，海生藻类蔬菜，以大型的孢子体供食用。

海带起源于亚洲东北部的太平洋沿岸，自然生长在低潮线以下的岩礁上。古时的库页岛（即今俄罗斯境内的萨哈林岛）、日本的北海道，以及朝鲜半岛的东部沿海地区都有分布。随着与东北亚地区的经济交往，海带制品很早就输入我国内

地。《尔雅》已有关于海带产于东海的记载。东海在古代是对我国大陆以东海洋地区的泛称。南北朝时期陶弘景（456—536）的《名医别录》则指出它"惟出高丽"；五代时期李珣的《海药本草》更确切指出，它是经过阴干加工以后从新罗运来的。上述的高丽和新罗都位于古代朝鲜半岛境内，1927 年海带从日本引入我国东北的大连海区。1930 年我国开始采用绑苗投石的方式进行海底繁殖。1952 年进行一年生筏式栽培试验成功，其后栽培范围逐渐南移到浙闽沿海地区。现在我国海带的年产量已超过日本，跃居世界首位。

两千多年来，人们依据其形态特征、生态特点、产地特色，以及功能特性等因素，结合运用摹描、拟物和谐音等构词手段，先后命名了五六种不同的称谓。

海带是一种低等植物，它具有配子体和孢子体两个世代，我们食用的主要是其孢子体的带片。海带的带片呈褐色、有光泽；它薄而软、呈带状，长可有 1 至 6 米，宽约 10 至 50 厘米；带片中部还有两条线形纵沟，边缘呈波褶状。以其食用部位的上述形态特征以及生于近海等生态特点，采用拟物等手段命名，得到海带、海白菜和江白菜等称谓。其中海带的称谓始见于宋代的《嘉祐本草》，现在已被用作正式名称。其拉丁文学名的属称和种加词 Laminaria 和 japonica 有着"薄片"和"日本"的含义，分别表达了其形态特征，以及原产地的地域特色。

海带的干制品包括盐干和淡干两种，色泽多呈褐、深褐或绿褐色；富含多种氨基酸、维生素、甘露醇、褐藻酸、褐藻胶、昆布素以及碘等营养成分。海带干制品质脆，又含有少量砷，宜先经长时间的浸泡、蒸煮、清除砷以后再炒、煮，或醋渍、凉拌食用。除可防治缺碘性甲状腺疾病以外，还有防止血液酸化等功效，故此得到"碱性食物之王"的美誉。此外海带还具有降血压、降血脂，以及排除人体体内的铅、铬和锶等重金属和放射性元素等医疗保健功能。

海带和昆布等褐藻门的海藻类蔬菜在我国古称緰和组，其后又统称为昆布。"緰"音"关"，简写为"纶"，此种称谓出自《尔雅·释草》，内称："纶似纶，组似组，东海有之。"又说："帛似帛，布似布，华山有之。"古代的"纶"和"组"是指用青丝织成的带状物，"帛"和"布"指的是用丝织成的衣料。这两句话的大意是说：被称为纶和组的海藻很像用青丝制成的绳带；被称为帛和布的野生植物很像丝织的衣料，它们分别产在东海和华山。由于海带的形态很像用丝织成的绳索或长带，所以被称为纶或纶布。纶布的称谓可见于三国时期的《吴普本草》。

昆布在古代也曾是海带的别称，李时珍的《本草纲目》认为昆布是纶布的讹称，其理由大概是因为"昆"和"纶"谐音，然而"昆"有群的含义。其实昆布的读音源自其原产地之一的日本的虾夷语 kompu。虾夷是日本古代生活在北海道附近的一个民族。

昆布在古代还是包括海带在内的一些属于褐藻门植物的泛称，现在人们已把它定为另一种海藻类蔬菜的正名。

昆布是褐藻门翅藻科的海生藻类蔬菜。它产于温带海洋中，我国的浙闽沿海多有分布。昆布的藻体长约 1 米，呈褐色，干燥后变为黑色；叶状体厚而宽，呈羽状分裂，边缘有粗锯齿状突起，表面稍有皱纹。以其食用部位叶状体的形态特征和食用功能，以及生态特性和产地特点等因素联合命名，先后得到诸如组、纶布、昆布、海昆布、昆布菜、黑菜、五掌菜、鹅掌菜、木屐菜和荒布等十来种不同的称谓。关于"昆布""组"和"纶布"等三种古称的命名缘由上面已做过介绍；"荒布"的称谓源于其产地因素，古时我国曾把海疆或边陲的居民或民族泛称为荒夷，"荒"有边远的海疆之义；而其余别称中的"五掌""鹅掌"和"木屐"都是对昆布叶状藻体形态特征的表述，其中的"木屐"即指木制的拖鞋。

昆布的食用方法以及保健功能均与海带相同。

2. 紫菜

紫菜又称紫萸，它是红藻门紫菜科紫菜属，海生藻类蔬菜，以叶状藻体供食用。

紫菜原产于亚热带和温带的沿海地区，我国采食紫菜的历史可以追溯到公元3世纪的西晋时期。文学家左思（约250—306）在其名著《吴都赋》中就已提到：当时我国江南地区的海菜已有"纶、组、紫、绛"，其中的"紫"即指紫菜。到南北朝时期的《吴郡缘海四县记》记载了"海边诸山，悉生紫菜"的相关内容，那时的吴郡大概就是现今的江苏南部地区。同一时期问世的《食经》也记录了我国南方以紫菜佐食的烹制方法。稍后又经过《齐民要术》的转载，终于使得紫菜为世人所广泛认知。唐代《本草拾遗》和《食疗本草》等著作对其药用功能进行了探索。在唐宋两代，紫菜作为贡品正式写入官方史册。《新唐书》和《宋史》两部巨著的《地理志》明确显示：唐代的海州东海郡（即今江苏省的连云港市），以及宋代福建路的福州（即今福建省的福州市）每年都要向朝廷进贡当地土产紫菜。明代李时珍的《本草纲目》则把它列入"蔬部"。大约到了清初，福建平潭开始进行人工培植。现在我国东部沿海的广大地区都有分布，其主产地包括福建、浙江以及辽东半岛和山东半岛等沿海地区。

1700多年来，人们依据其形态特征、功能特性、培植方式、采收季节和加工特点等多种因素，结合运用摹描、拟物和谐音等构词手段，先后给它命名了二十多种不同的称谓。

紫菜的生长过程包括丝状体和叶状体两个阶段。其叶状体由单层细胞所组成，外观呈黏滑的薄膜状，其形状可分成圆形、卵形、长卵形或披针形，叶缘整齐或褶皱；颜色也有紫红、紫褐、绿蓝之分。人们以其藻体多呈紫色、膜质的形态特征，以及可供蔬食的功能特性命名，得到诸如紫菜、紫萸、子菜和膜菜等称谓。其中的"子"是"紫"的谐音；"萸"音"软"，原指木耳，用它来命名是由于两者的色泽和质地相似之故。现在已采用紫菜的称谓作为正式名称。

在商品流通领域，按照采收季节的不同，紫菜又有春菜、冬菜和梅菜的区分。每年在立春以后采收的称为春菜，到春末采收的称为梅菜，而在腊月采收的称为冬菜，其中以春菜的品质最好。在福建地区，以前人们还有把嫩品采后搓成索条状的习惯，所以紫菜又有着索菜的别称。

在植物学领域，我国的紫菜种群按照藻体的形态、产地和培植方式的差异可以分成圆紫菜、长紫菜、绉紫菜、甘紫菜、边紫菜、刺边紫菜、广东紫菜、坛紫菜和条斑紫菜等九个种。其中的长紫菜、甘紫菜和绉紫菜又分别有着柳条菜、紫塔膜菜和莲花菜等别称。此外，绉紫菜还可写作"皱紫菜"。在这九种紫菜中，常见的有两种：一种是主产于福建等南方海域的坛紫菜，它因采用设菜坛的方式进行培植而得名。这种紫菜的叶状藻体为绿紫色，呈披针或卵形。另一种是主产于青岛至大连等北方海域的条斑紫菜，其叶状藻体为紫红或浅紫色、呈裂片状卵或长卵形；因其果孢子区域有白条斑状花纹，所以得名；其拉丁文学名的种加词 yezoensis 含义为"虾夷的"，而"虾夷"则为日本北海道的古称，从而显示出了以产地因素命名的特征。

新鲜的紫菜经过清洗、切碎、制片、脱水、干燥、剥离和包装等工序，可以加工制成紫菜饼。优质菜饼呈紫黑色，有光泽、无孔洞。紫菜富含蛋白质、胶质和多种维生素。又因含氨基酸和糖类等呈味物质而具有特殊香味，如与各种食料配伍，可促使香鲜风味更加突出。常用以沏汤，也可添加到馄饨汤中增鲜、提味，此外还可用于打卤、做馅、凉拌或充当配菜。

紫菜还含有碘、锗和廿碳五烯酸等药用成分，对淋巴疾患、癌症和动脉硬化症都有一定的疗效。此外因含藻朊酸钠等成分，还有排除体内放射性有害物质的保健作用。

3. 石花菜

石花菜又称琼枝，它是红藻门石花菜科，海生藻类蔬菜，以藻体供食用。

石花菜原产于我国。宋代寇宗奭的《本草衍义》、元代吴瑞的《日用本草》，以及明代宁原的《食鉴本草》和李时珍的《本草纲目》都有著录。现在广布于我国渤海和黄海的沿海地区，多附生在海水的中潮带或低潮带的岩石上。

千余年来，人们依据其形态特征、功能特性，以及生态环境特点等因素，结合运用摹描、拟物、借代或贬褒等手段，先后给石花菜命名了一二十种不同的称谓。

石花菜的藻体直立、丛生，高 10 至 30 厘米，一般呈紫红或深红色，有的也可呈白色。藻体的主枝为圆柱形，或扁压，其上长有 4 至 5 个羽状分枝，每个枝头的末端急尖。以石花菜藻体的形态特征，比照珊瑚和其他外观相似的物品命名，得到诸如石花、石花菜、草珊瑚、牛毛菜、鸡毛菜、毛石花菜、红丝和琼枝等称谓。

珊瑚是由腔肠动物桃色珊瑚虫分泌的钙质骨骼所形成的物品，由于它状如树枝、色泽艳丽，人们常把它当作高级装饰品。由于石花菜质地较硬的羽状分枝，以及鲜艳多彩的颜色均与珊瑚相似，所以人们借用珊瑚，及其别称"石花"来命名，从而得到石花菜和草珊瑚的称呼。其中的"石"和"草"分别指藻体虽然具有一定的硬度，但比珊瑚还略逊一筹的形态特征；"花""丝"，以及"毛"和"牛毛""鸡毛"等都是采用拟物手段来描述其羽状分枝的词；而"琼"指美玉，"琼枝"的称谓则是喻指其分枝状如美玉。

"石花"的称谓始见于宋代的《本草衍义》。该书载有："石花，白色……每枝各槎牙分歧如鹿角……多生海中石上。"海菜的异称就是因为它生于海中的岩石之上而得来的。现在采用石花菜的称谓作为正式名称。

石花菜含有红藻淀粉、红藻糖、多糖类果胶、藻红素、类胡萝卜素等成分。可先用沸水浸泡、去除杂质，然后添加姜、醋等调味料，入口有酥脆感，是夏季理想的清凉消暑佳肴。石花菜除凉拌食用以外可热烹、做汤，或酱渍、糟藏。石花菜还可以"煮化为膏"，所以它是制取琼胶的上佳原料。琼胶在食品工业中既可充当果糕、果冻的凝胶剂，又可作为果汁饮料的稳定剂，还可直接成为软糖基料。由于在日常生活中琼胶又是制作西瓜冻或橘子冻等冻菜不可或缺的原料，冻菜又成了石花菜的异称。

在石花菜商品的行列中，除上述的普通石花菜以外还包括以下几种：藻体较小或较大的小石花菜和大石花菜、分枝细如牛毛的细毛石花菜，以及每个枝条中央略有隆起的中肋石花菜。其中的细毛石花菜以其形态特征命名，又有着牛毛石花、马毛和狗毛菜等俗称；中肋石花菜由于亦产于日本，还得到鬼石花菜的蔑称，而"鬼"是鬼子的简称。

东晋时期，郭璞（276—324）的《江赋》曾经专门介绍过生长在长江流域的水生物产。有人认为其中提到的"石华"就是现在的石花菜。明代的李时珍和清代的赵学敏（《本草纲目拾遗》的作者）都是其中的代表人物。然而早在三国时期，吴国的沈莹在其所著的《临海水土异物志》（又称《临海水土志》）一书中就已提到"石华"，明代研究水产的专著《闽中海错疏》，以及现代的学术界都认为书中提及的"石华"应是一种可以食用的介形类动物，因此本文未把石华作为石花菜的别称详加介绍。

4. 麒麟菜和鹿角菜

麒麟菜又称麒麟藻，它是红藻门红翎菜科，海生藻类蔬菜，以分枝、圆柱状的藻体供食用。

麒麟菜原产于我国和日本。清代赵学敏的《本草纲目拾遗》和周煌的《琉球国志略》已有著录；另据吴振棫的《养吉斋丛录》披露，清代道光年间（1821—1850）

麒麟菜还成为山东巡抚每年端阳节向朝廷进献的贡品。现在我国沿海地区均有分布，主产于台湾、福建、广东和海南等地区，多附生在珊瑚礁的岩石上。每年夏秋为采收旺季。

数百年来，人们依据其藻体的形态特征、食用功能特性等因素，结合运用拟物和谐音等手段，先后命名了五种不同的称谓。

麒麟菜的藻体呈分枝状的圆柱体，其外观既像我国古代传说中的瑞兽麒麟，又好似鹿头上的犄角，抑或是鸡爪子，所以被称为麒麟菜、麒麟藻、鹿角菜和犄角菜。其中的"犄"音"鸡"，犄角即指兽类头上相对而生的两角，有时被人误写作"猗角"，应予以更正。由于麒麟象征祥瑞，所以麒麟菜的称谓被选为这种海藻的正式名称。

麒麟菜藻体还具有刺状或圆锥状突起，所以其拉丁文学名的种加词 muricatum 具有"硬突起"的含义。

麒麟菜质脆、耐嚼，富含胶质，其中包括丰富的半乳糖。麒麟菜适宜拌凉菜食用，也可腌渍、干制，具有降低血清胆固醇的保健效用。此外它还是制取琼脂的原料。

鹿角菜又称猴葵，它是褐藻门鹿角菜科（又作墨角藻科），藻类蔬菜，以藻体供食用。

鹿角菜原产于我国，在南北朝时期，南朝的《南越志》已有著录；北朝的《齐民要术》了解到相关信息以后，把它纳入非中国（指中原以外地区）所产的菜茹（即蔬菜）的行列当中。到了唐代，作为药食同源的典型范例，鹿角菜又被孟诜收入《食疗本草》一书。现在鹿角菜主要分布在山东半岛和辽东半岛等地区，常附生在海水中潮带的岩石之上。

千余年来，人们依据其藻体的形态特征、品质特性等因素，结合运用摹描、拟物、拟人或借代等手段，或采用方言等方式，先后命名了六七种不同的称谓。

鹿角菜的藻体高 6 至 7 厘米，呈橄榄黄色，由叉状细茎重复分枝而构成。因其外观好似鹿角，而得名鹿角和鹿角菜，经过认真权衡，现在采用鹿角菜的称谓作为其正式名称。

鹿角的称谓始见于南北朝时期的《南越志》，其作者是生活在南朝陈国的沈怀远。该书记载："猴葵色赤，生石上。南越谓之鹿角。"当时所谓的"南越"指的是现今我国的广东、广西、海南等地区，此外还包括现在越南国的部分地区；至于猴葵和赤菜的俗称则来自其品质特性和色泽特征。鹿角菜一般呈黄色或紫黄色，其干制品有如团状花朵，呈灰黑或红紫色，赤菜的俗称由此而来。鹿角菜富含褐藻胶、甘露醇，以及碘、钾等成分，还具有特殊藻香，洗净泡软后可供烹调或打卤食用。食用时口感滑如葵菜（即绿叶菜类冬寒菜），所以古人又称其为猴葵或猴菜。其中的"猴"作为一种方言，它有着"灵巧、可人"的含义。

鹿角菜的藻体成熟以后其枝端生成棒状生殖托，托上着生结节状突起，鹿角豆的俗称即因此得来。

祖国的传统医学认为鹿角菜"大寒、无毒"；入药，具有散风热的功效。除药食兼用以外，鹿角菜还可制取甘露醇和褐藻胶。

此外长鹿角菜是一种分枝较长的近似种，其食用功能与普通的鹿角菜相同。

东晋时期，郭璞的《江赋》曾经专门介绍过生长在长江流域的水生物产。有人认为其中提到的"土肉"就是现在的鹿角菜。明代的李时珍和清代的赵学敏（《本草纲目拾遗》的作者）都是其中的代表人物。然而早在三国时期，吴国的沈莹在其所著的《临海水土异物志》（又称《临海水土志》）一书中就已提到"土肉"，明代研究水产的专著《闽中海错疏》，以及现代的学术界都认为它所指的应是一种可以食用

的蚌类动物。因此本文未把土肉作为鹿角菜的别称加以介绍。

5. 发菜

发菜又称头发菜，它是蓝藻门念珠藻科念珠藻属、陆生、淡水，藻类蔬菜，以团块状的裸丝藻群供食用。

发菜在世界各地均有分布，但以亚洲腹地的荒漠地区为最多，我国主产于西北的青海、新疆、甘肃、宁夏以及内蒙古的西部地区。我国采食发菜的历史不迟于西汉。汉武帝天汉元年（即公元前100年）苏武奉命出使，被困于匈奴，其后又被流放到北海（即现今俄罗斯境内的贝加尔湖）附近牧羊，过着"渴饮血，饥吞毡"的生活。有人认为"饥吞毡"所指的就是以发菜为食。清代以后发菜成为珍品而进入内地，成为人们餐桌上的佳肴。由于"发菜"和"发财"谐音，读音吉利，深受华南、港澳和海外华侨的青睐，所以又逐渐变成节日馈赠亲友、祝愿发财的上佳礼品。

发菜称谓的文字记载始见于清康熙十年（1671年）问世的《笠翁秘书第一种》（即《闲情偶寄》），其作者李渔（1611—1680）是清代著名的戏曲家。据该书记载：李渔有一次到甘肃时偶然在室内看到好像一团乱麻样的东西，他误以为是侍女在梳理时掉下来的头发，于是就命仆人清除掉。侍女介绍说，这是东道主专门送来的礼物。后来向当地人请教，李渔才知道这

种很像一团乱发的礼物叫作头发菜。如果先把它放到开水里面浸泡、涨发，再用姜丝和米醋拌食，味道比藕丝和鹿角菜更好吃。后来他把发菜带回江南，遍请亲朋好友品尝，大家都十分称赞这种从未见过的新奇佳蔬。

三百多年以来，人们依据其形态特征、功能特性，以及产地特色等多种因素，结合运用拟物和谐音等手段，先后命名了七八种不同的称谓。

发菜属于陆地野生的淡水藻类，它的藻体是由多数念珠样的丝状体交织而成的胶质团块所构成的。干旱时，它可缩成一团，呈黑色；湿润时，它可吸水膨胀，呈茶绿色。念珠原指僧人念诵佛经时用以计数的工具，它通常用香木加工成小型圆粒状，然后贯穿成串挂在脖子上。在这里人们用它喻指由圆形的单个细胞相连所构成的弯曲丝状体。以其藻体的外观有如人们的头发，或是动物的皮毛等形态特征，以及食用功能特性等因素命名，先后得到诸如发菜、头发菜、头发藻、发状念珠藻及䰂毛菜等称谓。其中"䰂"的读音和释义都和"氈"相同，后者现已简化写作"毡"，"䰂毛"即指动物的皮毛。现在人们把发状念珠藻和发菜分别作为植物学和商品学的正式名称。由于发菜的藻体无根，只是浮着在地面上依靠吸收水分而生长繁殖，所以又获得地毛、净池毛和仙草等别称。

发菜富含蛋白质、多种必需氨基酸，以及钙、铁、铜、锰等营养成分，结合盛产地域等因素，又荣获"戈壁之珍"等誉称，此外各地还把发菜分别列入"塞上五宝"或"青海三宝"。商品发菜多为干燥制品，色泽黑绿，食用之前需先用温水涨发。适宜炒、拌、烧、烩食用，也可烹汤，还能调和菜肴的色彩。食用时，口感柔脆、爽滑，具有藻类特有的清香。

发菜味甘、性凉，还具有清热解毒、助消化和降血压等保健功效。

6. 葛仙米

葛仙米又称地耳，它是蓝藻门念珠藻科念珠藻属，陆生、淡水，藻类蔬菜，以片状或粒状藻体供食用。

葛仙米原产于我国，南北朝时期陶弘景（456—536）的《名医别录》已有著录。明代的《本草纲目》和《野菜谱》，以及清代的《岭南杂记》和《本草纲目拾遗》等书籍都有相关记载。主产于四川、湖南、江苏、广东和广西等地，常野生在山间的溪水中，或附生在石块或阴湿的泥土上，现已可进行人工培植。

千余年来，人们依据其采食者的尊称，及其植物学特征、食用功能特性等因素，结合运用拟物、谐音、雅饰和褒贬等手段，先后命名了二十多种不同的称谓。

晋代学者葛洪（284—363）是精通儒学和医学的博学之士，他又好神仙导养之法，著有《抱朴子》。据说他隐居山林之时曾采食此品，所以后人以最早采食者葛洪的尊称"葛仙"来命名，称之为葛仙米，其中的"米"特指其粒状的藻体。

葛仙米的藻体为球形单细胞，多数藻体细胞连成串状如念珠，外面再包以胶质物集成片状，外观又与食用菌类蔬菜黑木耳极为相似。这些藻体在湿润环境下可开展，呈绿色；而在干燥环境中则收缩呈灰黑色。

以其外观形态略似黑木耳，又附地而生等因素命名，葛仙米又得到如下诸多的别称或地方俗称：地木耳、田木耳、野木耳、水木耳、水耳子、地耳、石耳、地踏菰、地踏菜、地塌皮、地皮菜、地衣菜、地衣、地贝皮、地钱、岩衣、滴达菜、绿菜、地软、鼻涕肉和雷公屎。

其中的"地""田""野"和"水"等字样都喻指葛仙米野生在田地之间，附生在水中、石上的生长环境；"地踏"和"滴达"均与"地塌"谐音，"地皮"和"岩衣"均与"地衣"同义，喻指葛仙米塌地而生的特性；"钱"和"贝"特指其片状有如古代钱币的形态特征；"绿"，以及"软"和"鼻涕肉"特指湿润环境下葛仙米的色泽及其柔软发黏的状态；"雷公屎"特指其干燥粒状的形态。而鼻涕肉和雷公屎的称谓还含有贬抑的成分。

葛仙米拉丁文学名的种加词有两个——commune、paludosum，它们分别有"普通"和"沼泽生"的含义，结合其外观有如念珠的形态特征，在学术界又分别命名为普通念珠藻和沼泽念珠藻，其中的沼泽则具有陆地淡水的内涵。

葛仙米又称天仙米、天仙菜，简称仙米，所谓"天仙"和"仙"所喻指的都是葛洪。葛仙米的干燥制品可分粒状、球形，以及片状、耳形等两种类型：前者直径2至4毫米，又称仙米珠；后者长约5至15毫米，又称仙米片。

葛仙米品味甘鲜、滑脆适口，可添加油、醋拌食，可制甜羹、煨汤，或充作各种菜肴的配菜。据说食用葛仙米还有益气、清热和明目的保健功效。

第十八章　食用菌类蔬菜

食用菌即食用真菌，又称食用蘑菇，它所涵盖的是担子菌和子囊菌中的一大类大型高等真菌，因为以其肥硕的子实体供食用，所以称其为食用菌。它属于食用菌类蔬菜。

我国利用食用菌的历史十分悠久。据史学家郭沫若先生考证，在距今六七十万年以前新石器时代的仰韶文化时期，我们的祖先就已采食蘑菇。及至唐代和元代，人们又分别掌握了人工栽培黑木耳和香菇等食用菌的技术。进入 20 世纪，法国和日本相继完成双孢蘑菇和香菇的纯菌种分离培养的研究课题。随着人们对健康食品食用菌认识的逐步深化，世界各主要国家都陆续进入了工厂化、集约生产的经营阶段。目前我国共有食用菌类三百五十多种，其中可供人工栽培生产的有二十余种，无论是种类抑或是产量，都居于世界的前列。在为数众多的食用菌中，既有香气浓郁的香菇和羊肚菌，又有肉质细腻的

口蘑和松口蘑；既有清嫩爽口的竹荪和滑柔筋道的黑木耳，又有富含赖氨酸的冬菇和富于鲍鱼风味的侧耳；既有安神补脑的银耳和开胃健脾的猴头蘑，又有具抗癌功能的榆黄蘑和雷蘑；此外还包括曾为宫廷贡品的草菇和鸡𡒄，以主要寄主名称来命名的榛蘑和柳蘑，以及从域外引进的双孢蘑菇和滑菇。

数千年来，人们依据食用菌的生物学特性、品质特征、采收季节、寄主或生长基物的名称，以及引入地域的标识等因素，结合运用象形、拟人、拟物、比喻、夸张、雅饰、寓意、借代、谐音、方言和移植等多种手段，先后给食用菌命名了三四十种不同的称谓。

食用菌在古代被统称为菌、蕈（音讯）、栭（音软）、䕫（音软）、菰或菇。

菌和蕈的称谓均可见于我国古代的第一部博物词典《尔雅》。对于"菌"，东汉的许慎在其《说文解字》中说它"从

草，囷声。"囷"音"群"，原指仓；明代的潘之恒在《广菌谱》中进一步解释说："曰菌，犹蜠也，亦象形也。蜠乃贝子之名。""蜠"音"菌"，系指一种有壳的软体贝类动物。在上述的两种释文之中，无论是说圆形的仓，还是"贝子"，都是依据食用菌子实体的菌盖大多都呈圆形、卵圆形、椭圆形的外观形态特征来命名的，此即所谓"似钉盖者名菌"的内涵，其英文名称 mushroom 也有"圆伞"的含义。

原来食用菌由菌丝体和子实体两部分所组成，这两部分分别进行营养生长和生殖生长。而供人类食用的子实体就是高等真菌类生物所产生的有性孢子结构。子实体又是由菌盖、菌环、菌柄和菌托等部位所组成的。由于常见的蘑菇的子实体的菌盖多呈伞形、圆形，所以古人选用了菌这个称谓作为食用菌的总体名称。

以菌为主体，食用菌还得到土菌、地菌和菌子等不同的称谓。其中的"土"和"地"凸显了部分食用菌生长在土壤中而不是寄生或腐生于树木之上的生物学特性；"子"有果实义，在这里指的是子实体。"土菌"和"地菌"的称谓可见于《尔雅》和《齐民要术》。菌子的称谓则见于唐代的《食疗本草》，北宋诗人黄庭坚也有"惊雷菌子出万钉"的佳句闻名于世。《尔雅》还介绍了食用菌的另一称谓中馗。"馗"音"逵"，一般是指个体较大的食用菌类，这种称谓也是依据其形态特征命名的。据李时珍解释，"中馗"原是一种神灵的名

讳，因为菌盖的形态很像"中馗"所戴的帽子而得名。"中馗"或可用同音字替代写成"钟馗"，又可叫作钟馗菌，还可称为仙人帽。

菌既可用以泛称食用菌，也能结合运用多种方式组成新的词语，用来特指某种食用菌。例如"木菌"即指黑木耳，"冻菌"为冬菇的又称，"刺猬菌"指猴头蘑，"洋菌"特指双孢蘑菇。

《说文解字》称："蕈，从草，覃声。""蕈"音"迅"，北方人原读作"信"，所以有时也把它称作"信"。"覃"音"谈"，有"蔓延"和"遍及"等含义，可以引申为遍布、丛生。从文献中得知，蕈最初用来特指桑耳，后来才逐渐泛称各种食用菌。有人认为以蕈泛指食用菌的现象主要发生在南方地区。由于方言和口音不同，香菇又称香蕈，有时也被写作"香信"。蕈作为泛称还可称为肉蕈。

先秦古籍《礼记》的"内则"篇曾提到"芝栭"，历代的注疏专家大多认为"栭"是泛指生在树上或生在枯木上的食用菌类的专用名词，它又可称为木耳。其中的"木"即是以其生长基物的名称树木来命名的，而"耳"则是以其子实体的外观形态有着类似人耳的特征而命名的。

木耳又合称为栮，"栮"音"耳"，或用其同音的异体字写作"檽""檽""楥"和"栭"，还可以写作"蕋"。《说文解字》说"蕋"，"从草，奭声"，它的读音和含义都和"软"相同。古人用蕋来称呼黑木

耳，是因其富含胶质且质地柔韧。有人认为黑木耳"以软湿者佳"，所以才以"软"的同义词"薁"来命名。西汉昭帝时（前86—前74年）成书的《盐铁论》在其"散不足"节中当论述到当时社会上的奢侈生活时曾提及"蕈薁耳菜"。由此可知早在两千多年前的西汉时期，食用菌就已成为富裕人家餐桌上的珍馐了。不过，当时的蕈和薁分别特指桑耳和黑木耳，而耳菜就成为食用菌的一种统称。

在古代食用菌还被称为菰、菇以及菰菌或菇菌。《尔雅》对于"蘧蔬"的解释是："似土菌，生菰草中。"以前有人据此认为这指的是菰被黑粉菌侵染以后所形成的病态肉质茎——茭白。（详见第十一章"水生菜类蔬菜"的茭白篇）现在又有人举出《齐民要术》"羹臛法"节的"椹淡"条内采用"用菰菌用地菌"等字样为依据，证明"菰菌"即指地菌。由于其菌柄肥白很像茭白，所以古人又以生长在菰草中的菰菌或菰子来泛指食用菌。上面提到的"蘧"音"屈"，原有惊喜之义，用"蘧蔬"来泛指食用菌，也能充分表达出古人采到肥硕的食用菌时十分惊喜的心态。

"菰"和"菇"都是"孤"的同音字。孤字"从子、瓜声"，有特立、单独的含义；其篆体字⿰左边的偏旁⿰也可以看作是普通伞菌类食用菌的象形文字。

我国称食用菌为蘑菇大约不会迟于宋代。据周密的《武林旧事》一书记载，在南宋孝宗淳熙六年（1179年）皇帝在太

庙进行斋戒期间，宫廷的管理人员给他送去一些素食，其中就有蘑菇。蘑菇的称谓可见于元代的王祯《农书》，作者在这本书中强调指出：蘑菇是当时中原地区对食用菌的称呼。此外蘑菰和磨菰等称谓尚可见于同一时期问世的《饮膳正要》和《析津志》。

蘑菇又称磨菰蕈，元明之际的《饮食须知》以及明代的《广菌谱》等都有著录。李时珍在《本草纲目》中又把它列入"菜部"。明末宦官刘若愚在《酌中志》里则把它称为麻菇。到了清代或称摩菇，或称磨菇，而著名的诗人兼美食家袁枚（1716—1797）在《随园食单》中才改写成为现今通用的正式名称蘑菇。除此以外，它还可以写成"摩菇""摩菇蕈""蘑菰""菰""菇"或"麻菇蕈"。在上面列举的众多称谓中，所涉及的"蘑""摩""蘑""磨""摩"（或"嫫"）和"麻"，它们都是"麽"的同音字或近音字。"麽"在古时写作"⿱"，它有着细小的内涵。所以蘑菇实际上就是麽孤，它的意思是指个体较小的伞菌，这和《尔雅》所说的"小者菌"的解释是完全吻合的。至今我国北方的一些地区还运用方言称其为蘑菇丁。清代雍正年间（1723—1735）所编修的《畿辅通志》曾介绍说："木生者如芝，草生者如盖，土生者如丁，土人总名曰蘑菇。"由此可见我国清代官方已正式把蘑菇视为食用菌的统称了。

现在我们不但把蘑菇看作是食用菌

的总称，有时也还借以特指某些种类的食用菌。比如口蘑和双孢蘑菇均可简称为蘑菇，又如香蕈、侧耳和猴头菌也还可以分别称为香菇、平菇和猴头蘑。

本章拟选择其中的 24 种作为食用菌代表分别进行详细的介绍。其中包括香菇、冬菇（含金针菇）、口蘑、草菇、侧耳、双孢蘑菇、四孢蘑菇、猴头蘑、竹荪、黑木耳、银耳、金耳、鸡枞、榆黄蘑、松口蘑、雷蘑、榛蘑、杨树菇、柳蘑、滑菇、白杵蘑菇、紫盖粉孢牛肝菌、美味牛肝菌和羊肚菌。

古往今来，人们依据其生物学特性、品质特征、采收季节、寄主或生长基物的名称，以及引入地域的标识等因素，结合运用象形、拟人、拟物、比喻、夸张、雅饰、寓意、借代、谐音、方言、移植，以及沿用讹称等多种手段，先后给上述的24 种食用菌类蔬菜命名了 280 多种不同的称谓。

1. 香菇

香菇又称香蕈，它是担子菌亚门口蘑科香菇属（或斗菇属）的食用菌类蔬菜，以子实体供食用。

香菇原产于我国，宋代已有相关的著述，元代的王祯《农书》还载录了人工栽培的方法，近代人们又把它列入"草八珍"。

古往今来，人们依据其品质特征、采收季节特性，以及产地名称等因素，结合运用褒贬、谐音和借代等手段，先后命名了十多种不同的称谓。

香菇古称台菌或台蕈，其称谓的著录始见于南宋时期陈仁玉的《菌谱》。据该书介绍，当时产于台州临海括苍山一带的台菌，因其有"闻香百步"和"冠诸菌"的美誉，曾作为贡品奉献给朝廷。不知哪位皇帝没有看清相关的文字介绍，就误把"台菌"读成"合蕈"。其原来的盛产地，位于今浙江省台州地区的临海市，称台蕈是以其产地名称命名的，而后来叫作合蕈则是人们沿用的讹称。到了元代改称香蕈。

香蕈子实体的菌盖为半肉质，初呈半球形，后渐平展；菱至深肉桂色，上有鳞片；菌肉厚、白色；富含鸟苷酸和香菇精，味道极为鲜香醇美。以其香醇的品质特色，及其形态特征等因素，结合运用食用菌的几种泛称联合命名，得到诸如香菇、香蕈、香蘑、香姑、香菰、香菌和椎茸等称谓。其中的"姑"是"菇"的同音字；古代关中地区的方言称秃头为"椎"，用"椎"命名，是形容香菇子实体的外观很像人头。由于香菇在冬春两季多生于阔叶树的倒木上，依据不同的采收季节命名，又得到冬菇和春菇等地方俗称。冬菇也可写作"冬菰"。在流通领域，又因其菌肉的厚薄以及鳞片的生长情况，分为厚菇、薄菇和花菇，其中被誉为正宗"草八珍"之一的花菇最为珍贵。此外，广东和

海南两省以及港澳地区还以"蕈"的近音字命名，称其为香信。

2. 冬菇

冬菇即毛柄金钱菌，它是担子菌亚门口蘑科金钱菌属，食用菌类蔬菜，以子实体供食用。

冬菇原产于我国，冬菇古称构菌。我国利用冬菇的历史悠久，唐代的韩鄂所撰《四时纂要》一书的"春令"卷中已有关于人工栽培的记载。

千余年来，人们依据其植物学和形态特征、品质特性，及其寄主的名称等因素，结合运用摹描、借代、谐音和拟物等手段，先后命名了二十多种不同的称谓。

冬菇亦称冻菌，因其耐寒，且多生于初冬等寒冷季节而得名。冬菇子实体的菌盖初为扁半球形，后渐平展；黄褐色，中部呈肉褐色；菌柄长，有短茸毛。以其菌盖的色泽和形态略似铜钱，以及菌柄长有茸毛等特征，又获得诸如毛柄金钱菌、绒柄金钱菌、毛脚金钱菌、金钱菌、黄耳菌，以及金菇等诸多的称谓。由于夏秋两季气候湿润，菌体较黏滑、光亮，还得到油蘑的别称。

冬菇古称构菌，构菌的称谓是以其喜生于构树等阔叶树的腐木或根部而得名的。

构树是桑科的落叶乔木，又称楮或谷（系指"穀"），主产于黄河流域及其以南的广大地区。构菌的其他寄主还包括榆科的落叶乔木榆和朴、紫葳科的落叶乔木楸，以及山毛榉科的落叶乔木栗。人们依据上述这些寄主的名称或异称命名，构菌还得到诸如楮（音楚）菌、楮耳、谷菌、榆蘑、朴菌、朴蕈、朴菇、朴菰、榎（音甲）茸和栗菌等别称。其中的"榎"或可

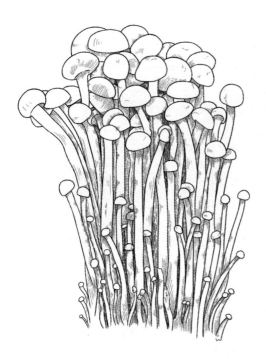

写作"櫄"，都是"楸"的异称；"茸"则是对其菌柄的下部生有细茸毛的表述。

冬菇富含多醣体和冬菇素，肉质细嫩、软滑，吃起来有虾米样味道，此外它还具有一定的抗癌、保健作用。冬菇的新品种金针菇是以菌柄细长、菌盖圆而小、外观颇似金针而得名的，在台湾地区又称金丝菇，简称金菇。金针菇因富含鸟苷酸而具有独特的鲜味，还获得"超级味精"的誉称。

3. 口蘑

口蘑古称沙菌，它是担子菌亚门口蘑科口蘑属的一类食用菌类蔬菜的统称，以子实体供食用。

口蘑原产于我国，元代已有著录。数百年来，人们依据其产地和商品集散地的名称或简称、生态环境特点，及其子实体的形态特征、品质特性等因素，结合运用摹描、拟物和谐音等手段，先后命名了二十多种不同的称谓。

口蘑又称口蘑菇，作为一类商品的总称，它主产于内蒙古草原和坝上地区，并以河北省的张家口为集散地。

现代诗人郭沫若曾有诗写道："口蘑之名满天下，不知缘何叫口蘑？原来产在张家口，口上蘑菇好且多！"

相传张家口经营口蘑的行业创始于清代的康熙年间，到了稍后的乾隆时期，袁枚在《随园食单》中已有多处提及。如在"杂素菜单"内就称赞道："松菌加口蘑，炒最佳。"又说："口蘑最易藏沙。"对此，这位美食家还提出了用开水泡、冷水漂、牙刷擦等多种去沙的办法。由于口蘑的子实体容易受到风沙的侵袭、污染，所以得到沙菌的称谓。

沙菌的称谓始见于元代。许有壬（1287—1364）在其《上京十咏·沙菌》的名作中，已有关于"帐脚骈遮地，钉头怒戴沙"的诗句。元代的上京在今内蒙古自治区锡林郭勒盟的正蓝旗附近，地处塞外草原。诗中的"帐脚"指车帐停留的地方；"骈"有并列的含义，可引申为繁茂。"帐脚骈遮地"记述的是，在车马和人群停留的地方，往往会有群生的蘑菇聚集在一起形成蘑菇圈。而"钉头怒戴沙"则反映了口蘑极易受到风沙浸染的自然现象。元代的《析津志》也把它纳入"菜志·菌之属"的范畴之中。

明清以来由于蒙古草原盛产蘑菇，口蘑又获得诸如蒙古蘑菇、蒙古口蘑、草原蘑菇、草原蘑、营盘蘑、银盘菇和云盘菇等别称。其中的"蒙古"是以产地的名称命名的，"草原"是以其产地的地形和地貌特色命名的，"营盘"是以其经常形成蘑菇圈的生态特征命名的，"银盘"和"云盘"则是以其菌盖色白如盘的形态特征命名的。原来以游牧为生的蒙古族人每逢冬季喜欢选择在地势较低的地方搭建蒙古包，借以躲避风寒的侵袭。由于经常生火取暖，所以蒙古包或军队营盘附近的地温较高；等到夏天，为了避开暑热，蒙古包或营盘又迁到地势较高的地段。原来冬季聚居的地方再经雨水的浇灌，其地下的菌丝体就会像雨后春笋那样向周围辐射蔓延，进而勃发出许许多多的蘑菇圈，营盘蘑由此得名。在清代，由于康熙和雍正等

皇帝常常喜欢在每年秋季到木兰围场打猎习武，所以木兰围场附近就成了口蘑的盛产地区。木兰围场的原址在今河北省北端的围场满族蒙古族自治县。

依照商业经营的习惯，口蘑可按商品的色泽和品质分为四个档次，即白蘑、青蘑、黑蘑和杂蘑，其中以白蘑最为珍贵。白蘑的子实体一般多呈白色，菌盖半球形至平展，菌柄粗壮。以其形态特征命名，还得到白蘑菇、白片蘑和珍珠蘑等别称。其中的"白"和"珍珠"分别指其开伞后，以及个体较小而未开伞的口蘑，以"珍珠"命名还道出其品质上佳的内涵。对于其菌盖呈土黄或土红、色如虎皮或香杏的，又称其为虎皮口蘑、香杏口蘑或虎皮香杏，简称香杏。

口蘑富含口蘑氨酸、鹅膏氨酸和鸟苷酸等呈鲜物质，香气浓郁、味道鲜美，因此它还获得"菜中之王""素中之荤"和"草原明珠"等誉称。

4. 草菇

草菇又称南华菇，它是担子菌亚门光柄菇科草菇属，食用菌类蔬菜，以子实体供食用。

草菇原产于我国，早在明代已有著录。数百年来，人们依据其主要产地和生长基物的名称，及其子实体的形态特征、品质特性等因素，结合运用拟物、借代和谐音等手段，先后命名了二十多种不同的

称谓。

　　草菇的称谓因秋季常群生在腐烂的草堆上而得名。鉴于我国南方地区多用稻草即稻秆为基物进行人工栽培，以生长基物的名称命名，又得到诸如稻草菇、秆菇、秸菇和禾本菇等别称，其中的"秆"和"禾本"均指稻谷的茎秆。在盛产麻类作物的地方也可以用麻秆作为基物，以故草菇古称麻菇，又称麻菌。明代的徐光启（1562—1633）在《农政全书》"树艺"的"蔬部"中记有"麻菇……草木根腐坏而成者"。说明麻菇原来是寄生或腐生于草木（包括麻类等植物在内）的一种食用菌。到了清代，产于广东曲江南华寺附近的草菇成为著名的贡品，据吴振棫的《养吉斋丛录》揭示，清代的广东巡抚每年需向朝廷"例进南华菇"两箱，以其名特产地的名称命名，广东菇、南华菇、南华菰，以及南华草菇等称谓不胫而走。草菇又称兰花菇、兰华菇、兰花菰或兰花蘑菇，其中的"兰花"和"兰华"实为"南华"的近音，这是因为有些南方人对"南"和"兰"两字的读音相近所造成的。

　　草菇子实体的菌盖初为卵圆形、包于菌托之内，长大以后展开、近钟形，灰褐色，中部色深，且具辐射的纤毛状线条；菌柄近圆柱形。以其位于基部的菌托（又称脚苞）呈环状、袋形等因素命名，草菇还得到诸如包脚菇、食用包脚菇、美味包脚菇、小包脚菇，以及袋菇、袋菌和袋耳等别称。其中的"包"或可从草写作

"苞"，其拉丁文学名的种加词 volvacea 有"具鞘的"含义，它所强调的也是突出其菌托特征的内涵。

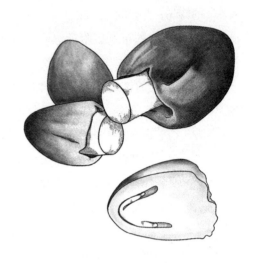

　　草菇的菇肉脆嫩、味道鲜美，早在清代因是朝廷贡品，已有"贡菇"的誉称。现代人们又发现草菇富含十多种氨基酸，营养价值很高，不但畅销海内，而且远销国外，并获得"中国蘑菇"的誉称。其英文名称 Chinese mushroom 即为"中国蘑菇"的含义。

5. 侧耳

　　侧耳又称平菇，它是担子菌亚门侧耳科侧耳属，食用菌类蔬菜，以子实体供食用。

　　侧耳原产于我国，宋代陈仁玉的《菌谱》已有著录。古往今来，人们依据其植物学及形态特征、栽培习性、品质特点，及其产地或寄主名称等因素，结合运用摹

描、雅饰和借代等手段，先后命名了二十多种不同的称谓。

由于侧耳的色泽洁白、味道鲜美、个体又大，从宋、元到明、清一直受到帝王和宫廷的青睐。人们以"天界仙花"的内涵誉称其为天花蕈、天花菜或天花。在历史上山西五台是其著名产地，所以被称为台蘑。现在由于能够进行人工栽植，侧耳因此还获得人造口蘑的别称。

侧耳子实体的菌盖呈白至青灰色，初为扁半球形，后渐平展，菌柄侧生。以其菌柄有如侧立的耳朵，以及菌盖平展等形态特征命名，得到诸如侧耳、平菇、白平菇、白平蘑菇，以及桐子菇、蛤蜊菌和青蘑等多种称谓。其中的"白"与"青"指的是菌盖的颜色，"桐子"和"蛤蜊"指的是子实体的外形，而侧耳的称谓则被列为正式名称。由于它的菌盖上还生有水浸状的纤毛，故又被称为粗皮侧耳或糙皮侧耳，其拉丁文学名的种加词 ostreatus 亦为"粗糙的"含义。

在冬春两季，侧耳多呈覆瓦状丛生于阔叶林的腐木上，以其耐寒的植物学特征等因素命名，侧耳又获得冻菌、东菌和北风菌等别称。其中的"东菌"是特指产于东北地区的冻菌，而冻菌的称谓也可指毛柄金钱菌（即冬菇）。

侧耳具有牡蛎或鲍鱼样的鲜美口味，因而得到蚝牡蛎、蚝菌、树蛎菇，以及鲍菌和鲍鱼菇等誉称或俗称。

6. 双孢蘑菇和四孢蘑菇

双孢蘑菇又称洋蘑菇，四孢蘑菇简称蘑菇，它们都是担子菌亚门蘑菇科（又称伞菌科）蘑菇属的食用菌类蔬菜，以子实体供食用。

双孢蘑菇是舶来品，它原产于西欧，公元18世纪初叶法国开始栽培。1902年利用组织法培育纯菌种的技术研究成功，以后世界各国先后开展了人工栽培。我国从20世纪30年代开始引种，人们以引入地域的标识"洋"或"西洋"来命名，称其为洋蘑菇，又称洋菌、洋蕈、洋茸或西洋草。

洋蘑菇子实体的菌盖初为半球形，后平展；白色、光滑，略干以后逐渐变成淡黄色。菌柄近圆柱形，白色、光滑。这种蘑菇在担子菌类的食用菌中，最突出的特点在于每一个担子多生成两个担孢子。它就是以此种特点得到双孢蘑菇的正式名称，以及二孢蘑菇的异称。其拉丁文学名的种加词 bisporus 也有"双孢"的含义。此外根据其子实体的色泽特征还得到白蘑菇、白菇或蘑菇等别称或简称。

四孢蘑菇因其子实体内每个担子能够产生四个担孢子而得名，这种国产蘑菇又简称蘑菇。它常野生在林间、草地或田野、路旁。其拉丁文学名的种加词 campestris 有"田野"的含义。

7. 猴头蘑

猴头蘑又称刺猬菌，它是担子菌亚门猴头菌科猴头菌属，食用菌类蔬菜，以子实体供食用。

猴头蘑原产于我国，猴头蘑古称猕

猴菌，唐代已有载录。唐末诗人贯休和尚（832—912）在云游衢州（今浙江衢州）成福山时，成福寺僧人曾以猕猴菌等素斋作招待；他在题为《避寇游成福山院》的七言律诗中，也曾有过"成福僧留不拟归，猕猴菌嫩豆苗肌"的诗句，对鲜嫩的佳肴猕猴菌和豆苗加以称赞。现在野生的猴头蘑多生于阔叶树的枯木或腐木上，主产于东北、内蒙古、四川、云南以及河南的伏牛山区。1960年我国驯化栽培获得成功。

千余年来，人们依据其子实体的形态特征，先后命名了六种不同的称谓。

猴头蘑的子实体肉质，扁平球形、头状，白至黄褐色；基部狭窄或略有短柄，上有密集而下垂的长刺。由于其外观形态特征很像猴子的头部，所以得到猴头蘑、猴头菇、猴头菌、猕猴菌、对脸蘑和猴头等名称或简称。又因其子实体上着生了密集的长刺，还得到刺猬菌的别称，其拉丁文学名的种加词 erinaceus 即有"刺猬状"的含义。

猴头的称谓可见于明代徐光启（1562—1633）的《农政全书》，在其《树艺·蔬部》中已有相关记载。到了清代，它成为"草八珍"的组成部分。

猴头蘑富含多糖、多肽以及多种氨基酸，营养丰富、肉质鲜美，并与熊掌、海参和鱼翅一起被誉为海内四大名菜。据《鲁迅日记》记载：1936 年八九月间鲁迅先生收到曹靖华寄赠的猴头蘑以后曾做过"猴头……诚为珍品"，以及"味确很好"的评价。此外，据介绍多种猴头蘑制剂对消化道溃疡有一定疗效。

8. 竹荪

竹荪又称竹参，它是担子菌亚门鬼笔科竹荪属，食用菌类蔬菜，以子实体供食用。

竹荪原产于我国，有关竹荪的著述可以追溯到唐代。竹荪包括长裙竹荪和短裙竹荪两个种，现在主产于川、黔、滇、粤、桂、浙等省区，华北和东北也有短裙竹荪，1985 年我国江西的人工栽培试验获得成功。每年的夏秋两季是采收的旺季。

一千多年来，人们依据其生态环境特点，及其形态特征等因素，结合运用寓意、拟人、拟物、雅饰和夸张等手段，先后给两种竹荪命名了二十多种不同的称谓。

关于竹荪名称的由来，有人认为："竹"指竹荪腐生于竹林之中，"荪"又可指香草，所以把它解释成为"竹林中的香

草"。其实竹荪子实体的菌盖上含有臭而黏的孢子液，人们采集竹荪时，必须把菌盖连同菌托一并清除，才能去掉令人厌恶的臭味，因此直译为香草似觉牵强。经过进一步考证发现，"荪"虽原是一种香草，但是它在我国的传统文化范畴中尚可喻指好人。例如伟大爱国诗人屈原在其不朽的名著《离骚》之中就有以美人喻帝王、以香草比君子的先例。由此看来，竹荪也是对"头戴竹笠者"的一种白描。

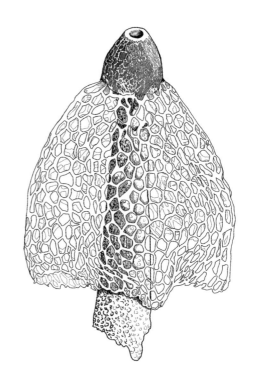

竹荪的子实体高度可达 10 至 20 厘米。位于其上部的菌盖暗绿或紫褐色，呈钟形；长和宽各有 3 至 5 厘米，上有明显的网格。其顶端平，中间有一个穿孔。菌盖下面的菌幕呈白色、下垂如裙，因而又

称菌裙。竹荪的菌裙长 3 至 10 厘米，其上有多角形或圆形的网眼。菌裙的下面有白色的菌柄，而基部还有灰白或淡紫色的菌托。人们以其形态特征既像头戴面纱、身穿花格裙衣的女士，又似头顶斗笠、身披袈裟的和尚，再结合运用拟人、拟物、寓意和雅饰等手法联合命名，除能得到竹荪的正式名称以外，还得到诸如竹参、裙衣姑娘、穿裙子的姑娘、戴面纱的女人、僧笠蕈、僧竹草、虚无僧蕈和虚无佛蕈等异称，以及菌后、菌花等褒称。其中的"参"指其形体和价值均似人参；"笠"指菌盖很像是用竹编成遮阳避雨的帽子；"虚无"有清静无欲的含义，用它来命名，可借以表达僧人徜徉在竹林之中的闲适心态。有的地方还俗称其为仙人登，"登"有"取"的含义，它可寓意为"只有仙家才可以采摘"。

由于竹荪大多生长在竹林之中的生态特点，再结合其形态特征，还得到诸如竹笙、竹蕚、网纱菌、竹松和竹笋菌等别称。其中的"笙"原指正月之音，因为到农历正月以后，一些植物就开始生长，所以叫作"笙"，因此"笙"也可以引申为生长，那么用"竹笙"来命名就可以表达"竹下所生之蘑菇"的含义；"蕚"原指绿色的花蕚，借以喻指竹荪暗绿色的菌盖；"网纱"描述的则是菌盖和菌裙表面的特征；"松"所强调的是松树上松皮和球果的表面都有着与竹荪网格相似的鳞片；而"竹笋菌"的称谓则突出了竹荪多生于竹子

根部、外观又类似竹笋的生长习性和形态特征。

竹荪的称谓出现得较晚，清代薛宝辰的《素食说略》才有著录。然而如能抓住竹荪所具有独特的菌裙和网格等形态特征，就可以追溯到前代，并可在一些古籍中征寻到它的踪迹。

唐代的段成式在其传世名著《酉阳杂俎》的"草篇"中还记载了一则故事：南朝梁武帝大同十年，即公元 544 年，在皇太子萧纲的延香园内竹林里发现了一株异菌，它长 26.5 厘米，菌盖很像鸡头。菌盖下面另有一层网状的菌裙，菌裙下面有藕白色的菌柄，底部有微红色的菌托。今天看来，这株异菌很有可能就是竹荪。

此外，由于竹荪的子实体在初期未展开时其外观有如卵状球形，因此还得到竹鸡蛋等地方俗称。

长裙竹荪和短裙竹荪两者的区别主要在于菌裙的长短以及网格的形状。长裙竹荪以其菌裙较长而得名，如从其菌盖的下垂处开始计算，长度可达 10 厘米；而短裙竹荪的长度仅及其半，此外它们的网格分别呈多角形和圆形。它们的属称 Dictyophora 亦有"网格"的含义。

采收竹荪以后应先切除菌盖和菌托，干制加工以后就可以嗅到香味，竹荪富含八种必需氨基酸。竹荪质地细嫩、口感清脆、味道腴美。因此，作为"草八珍"之一的名品竹荪，还有着诸如"山珍之王"和"素菜之王"等誉称。

9. 黑木耳

黑木耳又称木耳，它是担子菌亚门木耳科木耳属，食用菌类蔬菜，以子实体供食用。

黑木耳原产于我国，秦汉时期已有著录，唐代已有栽培。目前我国黑木耳的产销数量都高居世界首位。

两千多年来，人们依据其子实体的形态特征、品质特性、生长基物名称，以及采收季节等因素，结合运用摹描、拟物、借代、比喻等手段，先后命名了 40 种不同的称谓。

黑木耳的子实体为胶质成分，外观呈浅圆盘形、耳状；新鲜时质地较软，干燥后收缩。子实层生里面，光滑、红褐色，干后呈黑褐色；外面只有青褐色的短毛。人们因其形态特征很像人耳，又常寄生或腐生于树木之上等因素，所以称之为木耳，其拉丁文学名的种加词 auricula 也有"耳状物"的含义。由于木耳的外观呈黑褐色，又较为光滑、明亮，还得到诸如黑木耳、光木耳、云耳和黑菜等别称。国家标准 GB 8854—88《蔬菜名称（一）》已把黑木耳作为正式名称。

木耳的称谓始见于《神农本草经》。在其"木部·中品·桑根白皮"条下，载有"五木耳……生山谷"的内容。由于木耳常生于桑、槐、榆、柳和柘等五种树木之上，故有"五木耳"之称。该书是我国现存最早的药物学专著，大约成书于秦汉时期。南北朝时期《齐民要术》中的"羹臛法"篇也记有"椹者，树根下生木耳"等相关的内容。"椹"音"渐"，有人认为它是《食经》一书的特殊用字。由于它有着"斩木为椹"的含义，又可以作为木耳生长的基物，所以也就变成了木耳的异称。按照相同的原因，木耳又得到诸如木菌、木檽、木枥、木檽、木蛾、木莪、木㙡、木麦、树鸡和树鹅等别称。其中的"蛾"及其同音字"莪"都指的是蝶类昆虫的成虫，这是运用拟物的手法命名的；称"鸡"或"鹅"是其收敛双足的外形和口味都与木耳有相似之处的缘故；"㙡"音"纵"，它是"菌"的同义词；称"麦"则是暗喻它具有可以食用的特性。

以不同的寄主名称命名，黑木耳还有着桑耳、桑檽、桑菌、桑蛾、桑鸡、桑鹅、槐耳、槐檽、槐菌、槐鸡、槐蛾、榆耳、柳耳、柘耳或杉菌等诸多的异称。另据宋代陶谷的《清异录》称，产于北方的桑鹅由于受到富贵人家的青睐，曾得到五鼎芝的誉称。其中的"五鼎"喻其贵重，"芝"则表示它的珍稀。到了明代，李时珍把木耳从"桑根白皮"条下析出，正式列入"蔬部"。

黑木耳可以常年栽培生长，四季均衡供应。人们按照其不同的采收季节命名，又得到春耳、伏耳、秋耳和雪耳等商品名称，其中的"伏耳"和"雪耳"分别指夏季和冬末春初采收的黑木耳。

与黑木耳相似的还有毛木耳和皱木

耳。前者的子实体质地厚而脆，且多毛茸，食用时口感略逊一筹，其拉丁文学名的种加词 polytricha 亦为"多毛的"之义；后者的子实体有明显的皱褶，并形成网络，以其形态特征命名，又称"皱格木耳"，由于皱木耳含有革质结构，食用时口感也较脆。

黑木耳富含铁、钙等营养元素，其中含铁量之高，居各种常见食物之冠。木耳采后的干制加工品古称"桶脯"，南宋诗人陆游有"汉嘉桶脯美胜肉"的诗句，称颂木耳味美赛过肉食。诗中的"汉嘉"是古代地名，在今天四川雅安附近。

祖国医学认为黑木耳味甘、性平，有益气、凉血、止血和降压等功效；对心脏血管病患，以及产后体虚等症状都有显著的疗效。

10. 银耳和金耳

银耳又称白木耳，它是担子菌亚门银耳科银耳属，食用菌类蔬菜，以子实体供食用。

银耳原产于我国，银耳的子实体呈乳白色，它由薄而卷曲、丛生的瓣片所组成。银耳新鲜时质地柔软、半透明，干后收缩。人们以其色银白、形似耳等形态特征命名，得到银耳、白木耳、雪耳和白耳子等诸多称谓。

白木耳的称谓出自清代叶小峰的《本草再新》。银耳的称谓最终成为通用名称。

银耳野生于阔叶树的腐木上，也可进行人工栽培。我国的产量居世界第一位，主产于福建等地。银耳富含多缩戊糖、甘露醇、麦角甾醇，以及海藻糖等多种成分，有滋阴补肾、健脑强身，以及抗癌保健等多种功效。食用银耳可以采取甜食或烹汤等多种形式，充作高级食疗保健补品。人们已把它列入"草八珍"。

金耳与银耳同属，又称黄金银耳或黄耳，因其外观略似脑状，又呈金黄色而得名，亦以其子实体供食用。金耳野生于四川、云南、福建和西藏等地阔叶树的腐木上，可供采食。金耳具有质嫩、味甜、鲜香、脆滑的特性，兼有润肺止咳的作用。我国曾用金耳作为国宴的佳肴，款待过外国政府的首脑。

11. 鸡㙡

鸡㙡又称鸡菌，简称㙡，它是担子菌亚门鹅膏科金钱菌属，食用菌类蔬菜，以子实体供食用。

鸡㙡原产于我国。我国采食鸡㙡历史悠久，南北朝时顾野王的《玉篇》就已提到。唐代樊绰的《云南志》（又称《蛮书》）、元明之际贾铭的《饮食须知》，以及明代杨慎的《升庵全集》、郎瑛的《七修类稿》、潘之恒的《广菌谱》和李时珍的《本草纲目》等名著均有载录。另据明末问世的《酌中志》（该书由太监刘若愚所著）披露：在明代，由于鸡㙡受到皇帝的青睐，宫廷还把它列为首选的食用菌类蔬菜。现在我国的云南、贵州、四川、广东、广西，以及浙江、江苏、福建、台湾和海南等省区都有野生鸡㙡分布。

古往今来，人们依据其形态特征、生态特点、品质特色，以及采收季节等因素，结合运用摹描、比喻、拟物、谐音和用典等手段，先后命名了三十多种不同的称谓。

鸡㙡的子实体高约 20 厘米，刚出土时菌盖呈圆锥或钟形，伸展后顶部凸起呈斗笠或鸡嘴状，表面微黄色；菌肉厚、呈白色；菌褶白色，边缘波状；菌柄肉质、粗壮，基部膨大成细长的假根，假根常与地下的白蚁窝相连，因此与白蚁形成共生。

鸡㙡的子实体生在土壤之中，其外观形态有如收敛起双足的飞鸟和家禽，人们还发现如果把它和鸡肉一起炖煮，吃起来味道十分鲜美，所以得到鸡㙡的正式名称，以及诸如鸡㙡菌、鸡㙡蕈、鸡宗、鸡宗菌、鸡棕、鸡松、鸡宋、鸡松菌、鸡肉菌、鸡菌、鸡丝菇、鸡肉丝菇、鸡栖菇、鸡腿蘑菇、鸡脚菇、逗鸡菇、豆鸡菌、斗鸡骨、钻子头和伞把菇等为数众多的别称或俗称。"㙡"音"棕"，原指生长在土壤之中的食用菌，后来也特指鸡㙡；"宗""棕"和"松"都和"㙡"谐音；"宋"疑是"宗"的形讹误写；"鸡栖"特指休息时鸡腿收敛的状态；"腿"和"脚"喻指其粗壮的菌柄；"逗""豆"是"斗"的同音字，"斗鸡"和"钻子"特指其菌盖顶部类似鸡嘴状的凸起，"骨"与"菇"谐音，"伞把"特指其子实体整体的外观形态。

由于鸡㙡的假根常与地下白蚁窝相连，并具有与白蚁共生的生态特性，鸡㙡又获得白蚁菇、蚁菰、蚁㙡、蚁从和蚁夺等俗称。其中的"夺"有强取的含义，而"从"则有共生的内涵，实际上两者是相互依存的：鸡㙡需要白蚁窝所保持的适宜温湿度和养分才能生长发育；而白蚁既需要借助于鸡㙡的假根在地下构筑蚁巢，还可以其为食料，因此鸡㙡在日本又得名姬白蚁菌。由于每逢夏秋两季鸡㙡常群生于山坡、草地或田野之中，所以得到夏至菌和三堆菌的别称。其中的夏至是我国农历的节气名称，夏至节气大约在每年的 6 月下旬，届时正值鸡㙡的采收旺季；"三堆"喻指鸡㙡的群生菌落。

鸡㙡富含蛋白质和麦角甾醇等需宜成分，其中包括十多种氨基酸，吃起来不但口感甜美、气味浓香，而且还兼有鲜、脆、嫩、爽、滑、润之特色，因此明代诗人杨慎赠以琼英及玉芝的美称。其中的"琼"和"玉"喻指其菌肉的光泽和颜色；"英"和"芝"则是对其子实体的赞誉。为了品尝到它的鲜品，明熹宗朱由校（1621—1627 年在位）曾仿效唐玄宗李隆基飞骑传送荔枝的故事，钦命驿使骑马从云南把鸡𭾂星夜传送到京师。比照古代传送荔枝的往事命名，鸡𭾂还得到荔枝菌的别称。鸡𭾂除煎炒、烹炸、蒸煮、佘汤等蔬食以外，盐腌、酱渍咸宜，经过加工后还可以远销海内外。

12. 榆黄蘑

榆黄蘑又称金顶侧耳，它是担子菌亚门侧耳科侧耳属，食用菌类蔬菜，以子实体供食用。

榆黄蘑原产于我国，唐代苏敬的《新修本草》和清代和珅的《热河志》均有著录。现在河北、黑龙江和吉林等地均有分布，每逢秋季多丛生在榆树、栎树等阔叶树的倒木上，除可采集野生榆黄蘑以外，也有少量栽培。

千余年来，人们依据其形态特征、寄主名称等因素，先后命名了六种不同的称谓。

榆黄蘑的菌盖为草黄至鲜黄色，外观光滑、呈漏斗状，边缘内卷；菌肉白色；菌柄偏生。人们以其寄主之一的名称"榆"，及其菌盖的色泽要素"黄"联合命名，称为榆黄蘑。此外诸如榆耳、榆肉和榆蕈等古称也是以其主要寄主的名称来命名的。当然这些古称都具有言简意赅和内涵宽泛的特点，它们既包括榆黄蘑，也包括黑木耳。以其菌盖的色泽，及其菌柄的形态特征联合命名，还得到金顶侧耳和金顶蘑等称呼。现在采用榆黄蘑的称谓为其实体的正式名称。

榆黄蘑不仅含有较多的营养成分，还具有一定的抗癌功效，宜烹炒、可制馅，如做汤，则更芳香爽口。

13. 松口蘑

松口蘑古称松蕈，它是担子菌亚门口蘑科金钱菌属的野生食用菌类蔬菜，以子实体供食用。

松口蘑原产于我国，南宋时期的《菌谱》已有著录。现在黑龙江、安徽、四川、台湾、贵州和西藏等地均有分布，每逢秋季多生在松林或针叶与阔叶的混交林中，有时可形成蘑菇圈。

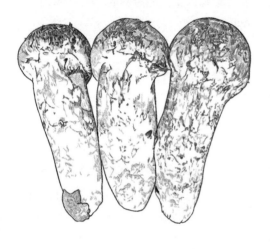

古往今来，人们依据其生态及形态特征、品质及功能特性等因素，结合运用摹描、拟人、拟物、谐音、贬褒和夸张等手段，先后命名了十种不同的称谓。

首先由于它往往能和松树的根部形成菌根共生的特殊关系，所以被称为松蕈、松蘑、松菇、松菰、松茸和松口蘑。在这些称谓之中，"茸""菰"和"蕈""蘑""菇"同样指的都是食用菌；"口"指口腹，凸显其食用价值。

松蕈的称谓始见于南宋时期陈仁玉所著的《菌谱》，内称："松蕈，生松阴，采无时。"意思是说这种生长在松树底下的真菌，在南方地区一年四季随时都可以采

集。现在人们以松口蘑的称谓作为正式名称。

松口蘑的菌盖宽 5 至 20 厘米，外观呈半球形、污白色，具黄褐色丝毛状鳞片，菌肉呈白色、肥厚，菌柄较粗壮。云南地区以其形态特征因素或比照鸡枞或采用拟人的手法命名，又称其为山鸡枞或大花脸。

松口蘑菌肉肥厚、香气浓郁、味道鲜美，干、鲜、腌食咸宜，日本曾赠以"食用菌之王"的美誉。我国西藏地区则喜欢烤熟后蘸盐食用，又称其为鸡丝菌。

14. 雷蘑

雷蘑古称雷菌，它是担子菌亚门口蘑科杯伞属，食用菌类蔬菜，以子实体供食用。

雷蘑原产于我国，明代的《广菌谱》和《本草纲目》已有著录。现在河北、黑龙江、辽宁、内蒙古、青海和新疆等地均有分布，夏秋两季常群生或单生在草原和林中草地上，常可形成蘑菇圈。

明代潘之恒的《广菌谱》说："雷菌遇雷过即生……故名。"雷蘑的称谓同样也是由于人们在雷雨过后常可见到这种群生的蘑菇才命名的。

雷蘑的子实体大型，其菌盖宽达 7 至 36 厘米，呈扁半球形、污白至青白色，中部下凹陷至漏斗状。其拉丁文学名的种加词 gigantea 亦有"巨大的"含义，借以表达其个体的特征。雷蘑的菌肉肥厚，粗壮

的菌柄呈白至青白色，以其形态特征命名，又得到诸如青腿子、大青蘑、青蘑和大白桩蘑等地方俗称。其中的"腿"和"桩"特指其菌柄的外观形态。

雷蘑味道鲜美，此外它所产生的杯伞菌素还有抗结核病的辅助医疗效用。

15. 柳蘑

柳蘑古称柳耳，它是担子菌亚门球盖菇科环锈伞属，食用菌类蔬菜，以子实体供食用。

柳蘑原产于我国，唐代已有关于柳耳的记述。现在各地均有分布，每逢秋季喜单生或丛生于柳树、杨树和桦树的树干上，有时也会长在针叶树干上。除采集野生柳蘑以外，还可进行人工栽培。

柳蘑的菌盖初为扁半球形，边缘常内卷，后渐平展，呈黄色，中央密生褐色鳞片；菌肉白至淡黄色；菌柄圆柱形，亦呈黄色。分别以其子实体的形态特征，及其主要寄主的名称来命名，得到黄伞，以及柳蘑和柳耳等称谓。柳耳的称谓可见于唐代苏敬的《新修本草》，以及明代潘之恒的《广菌谱》。现在人们多用柳蘑作为正式名称。

16. 杨树菇

杨树菇又称柱状田头菇，它是担子菌亚门粪伞科（又称锈伞科）鳞伞属，食用菌类蔬菜，以子实体供食用。

杨树菇原产于我国，以其常野生于杨树或榕树而得名。1972 年我国成功地分离出菌种，现除可在春秋两季采集野生杨树菇以外，还可在各地进行人工栽培。

杨树菇的子实体呈箭头状，其菌盖直径 5 至 10 厘米，表面光滑，呈暗红色；菌柄长 3 至 8 厘米，直径 0.5 至 1.2 厘米，中实。以其菌柄的形态特征命名，又称为柱状田头菇。"柱状"指其菌柄中实如柱，"田头"则暗喻其原为野生、现又可以进行人工栽培的特性。

17. 榛蘑

榛蘑又称蜜环菌，它是担子菌亚门口蘑科蜜环菌属，食用菌类蔬菜，以子实体供食用。

榛蘑原产于我国，现在各地都有分布，主产于东北地区。每逢夏秋两季，多丛生在针叶树或阔叶树的根部、基部，及其倒木上。

榛蘑的菌盖呈蜜黄色至黄褐色，后变棕褐色，具有纤毛状鳞片，边缘具条纹，其菌丝可在暗处发荧光。人们称之为榛蘑或蜜环菌，以其主要寄主的名称及其形态特征等因素来命名。

18. 滑菇

滑菇又称滑子蘑，它是担子菌亚门球盖菇科环锈伞属，食用菌类蔬菜，以子实体供食用。

滑菇原产于日本，20 世纪 70 年代引入我国，东北等地已有栽培。

滑菇的菌盖略成伞状，淡褐色，因其具有黏滑的特性，得名滑菇或滑子蘑。又因其富含多糖和粗蛋白，味道鲜美，日本又称之为纳美菇。

19. 白桦蘑菇

白桦蘑菇又称桦子蘑，它是担子菌亚门蘑菇科黑伞属，食用菌类蔬菜，以子实体供食用。

白桦蘑菇原产于我国，现在主产在河北和内蒙古等地。每逢秋季喜群生或散生在草原上，或可形成蘑菇圈。

白桦蘑菇的菌盖初呈半球形，中部扁平，后平展，有丝光，白或淡黄色；菌肉略带杏仁味。尤其引人注目的是其长为 6 至 10 厘米、直径为 3 至 5 厘米的菌柄，它的外观呈圆柱状，下面稍粗，颇似白色的桦子。桦子原指用来捣物的棒状用具，人们以其形态特征并比照桦子来命名，得到白桦蘑菇、桦子蘑和白桦子等称谓。现在采用白桦蘑菇的称谓为其正式名称，而白桦子则是流行于内蒙古地区的地方俗称。

20. 紫盖粉孢牛肝菌

紫盖粉孢牛肝菌又简称紫盖粉孢牛肝，它是担子菌亚门牛肝菌科粉孢牛肝菌属，食用菌类蔬菜，以子实体供食用。

紫盖粉孢牛肝菌原产于我国，四川和云南等地有分布，每逢夏秋两季常单生在林中地上。

紫盖粉孢牛肝菌的菌盖初为半球形，后平展，呈暗紫红色或暗紫色；菌柄内实，长 2 至 10 厘米，呈紫灰色至栗褐色，其上有暗紫褐色的小鳞片或粗糙的颗粒；孢子呈黄褐色。人们以其子实体的整体外观形态特征命名，称其为紫盖粉孢牛肝菌，也可简称为紫盖粉孢牛肝。

21. 美味牛肝菌

美味牛肝菌又简称美味牛肝，它是担子菌亚门牛肝菌科牛肝菌属，食用菌类蔬菜，以子实体供食用。

美味牛肝菌原产于我国，黑龙江、河南、四川、云南、贵州、西藏和台湾等地均有分布，每年的夏秋两季常单生或散生在树林之中。

美味牛肝菌的菌盖呈扁半球形或稍平展，褐色、光滑；菌肉呈白色；菌柄近圆柱形，基部稍膨大，呈浅褐色。由于其菌盖的色泽及其品味有如牛肝，所以得到美味牛肝菌的称谓，以及美味牛肝和牛肝菌的简称。至于大脚菇的别称则是以其菌柄具有的基部膨大的形态特征而命名的。

22. 羊肚菌

羊肚菌古称羊肚蕈，它是子囊菌亚门羊肚菌科羊肚菌属，食用菌类蔬菜，以子实体供食用。

羊肚菌原产于我国，元明之际的《饮食须知》，以及明代的《广菌谱》和《本草纲目》均有记载。明代的《酌中志·饮食好尚纪略》把它列入宫廷常备食用菌名单之中。现在河北、山西、陕西、甘肃、新疆、青海、黑龙江、湖北、云南和四川等地均有分布，每年的春夏之交常生长在阔叶林地上。

数百年来，人们依据其子实体的形态特征和食用功能等因素，先后给羊肚菌命名了七八种不同的称谓。

羊肚菌的子实体称为子囊果，它由菌盖和菌柄所组成：菌盖为椭圆形或圆锥形，淡黄褐色，表面有许多凹陷；菌柄近白色、中空，基部膨大。依据其菌盖的外部特征有如翻转的羊肚（特指其腹部的蜂窝胃），所以人们命名了诸如羊肚菌、羊肚蕈、羊肚蘑、羊肚菜、羊肚子、羊素肚、

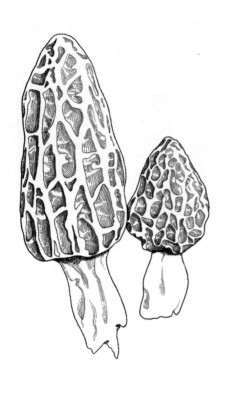

地羊肚子和羊肚等名称或简称。

　　羊肚蕈的称谓始见于贾铭的《饮食须知·菜类》。贾铭是出生在南宋、成长于元代的长寿老人，享年 106 岁。当他进入明代时，已年逾百岁，他把自己的养生经验整理成书公布于世。日本则把羊肚菌称之为编笠菌，也是因其子囊果形似编织的斗笠而命名的。现在我国采用羊肚菌的称谓作为正式名称。

　　作为"草八珍"之一的羊肚菌含有十七八种氨基酸，其中不仅包括八种必需氨基酸，而且还含有脯氨酸，所以被世人誉为营养价值很高的厨珍。羊肚菌的鲜品可直接入馔，其干制品和腌制品须经涨发或脱盐以后再烹制。除供蔬食以外，羊肚菌还有化痰、理气以及缓解消化不良的功效。

附录

中国常见蔬菜正名、别称通览

类别及正式名称	别称
根菜类	
萝卜	芦菔、温菘、莱菔、菈遝、萝白、萝贝、萝葡、菜头、张相菜、张知县菜、庐、辣玉、藏萝卜、笃鲁马（蒙）、※芦、芦肥、芦服、芦菔根、莱服、来服、罗服、罗葡、罗不、劳葡、萝葡、萝菖、萝购、萝购购、葵、突、葵子、雹突、雹葵、菘、楚菘、秦菘、紫花菘、拉遝、菈遝、拉遝、菈遝子、破地锥、土酥、夏生萝卜缨、萝卜叶、劳葡夹
胡萝卜	十香菜、※胡萝葡、胡萝贝、胡芦菔、胡芦服、胡莱服、胡莱菔、胡来服、葫萝葡、葫芦菔、葫芦服、番萝卜、红萝卜、红萝葡、红芦菔、红芦服、红根儿、红根、黄萝卜、黄根、赤珊瑚、金笋、甘笋、伏萝卜、洋花萝卜、丁香萝卜、药性萝卜、药萝卜、人参、小人参、饲料人参
芜菁	蔓菁、须从、门菁、名精、冥精、蕻菁、诸葛菜、马王菜、葑、葑苁、※蘴、菁、菘、须、莬、芜精、芴菁、冥菁、蕻精、门精、芜根、圆根、元根、盘菜、蔓菜、大头菜、芥疙瘩、根芥、大芥、狗头芥、扁萝卜、灰萝卜、蔓萝卜、蔓菁根、沙吉某儿（蒙）、沙吉木儿（蒙）、沙乞某儿（蒙）、沙儿木吉（蒙）、恰莫古头（维）、妞玛（藏）
芜菁甘蓝	瑞典甘蓝、※欧洲芜菁、白头小芜菁、洋蔓菁、洋大头菜、洋疙瘩、土苤蓝、布留克
根芹菜	根用芹菜、根用荷兰鸭儿芹、※根用和兰鸭儿芹、根用洋芹、根芹、根洋芹、块根芹、球根芹菜、根用塘蒿、球根塘蒿、德国芹菜、和兰芹

类别及正式名称	别称
美洲防风	欧洲防风、欧防风、防风、※美国防风、亚美利加防风、洋防风、荷兰防风、芹菜萝卜、金菜萝卜
根恭菜	根甜菜、红菜头、红蔓菁、※根用甜菜、根用恭菜、甜菜、恭菜、甜菜根、恭菜根、紫菜头、火焰菜、紫萝卜头、红甜菜、红恭菜、莙荙根、出莙荙儿
牛蒡	东洋萝卜、黑根、※黑萝卜、恶实、牛菜、牛子、便牵牛、吴帽、牛蒡、牛菊、牟蒡、蒡翁菜、茅翁菜、鼠粘、鼠粘草、鼠见愁、蝙蝠刺、夜叉头、食用牛蒡
婆罗门参	午睡先生、※普通婆罗门参、蒜叶婆罗门参、波罗门参、西洋牛蒡、西洋白牛蒡、山羊须、蔬菜牡蛎、牡蛎菜、蚝味蔬菜
菊牛蒡	鸦葱、※黑婆罗门参、黑波罗门参、黑色婆罗门参、黑皮婆罗门参、黑皮波罗门参、黑皮参、黄花婆罗门参、雅葱、黑皮牡蛎菜
法国菊牛蒡※	法国婆罗门参、法国波罗门参、法国黑婆罗门参、法国黑皮参、法国黑色婆罗门参、法国黑皮婆罗门参、法国鸦葱、菊牛蒡
黄花蓟※	西班牙婆罗门参、西班牙波罗门参、蓟叶婆罗门参、西班牙牡蛎菜
根香芹	根用香芹菜、※根用香芹、香芹菜根、根用欧芹、荷兰欧芹、汤菜、汉堡欧芹、甜香芹菜、汉堡香芹菜
根用泽芹	甜根、※泽芹、细叶芹
白菜类	
普通白菜	白菜、小白菜、鸡毛菜、水晶菜、花交菜、雪叶子、笋奴、菌姕、※菘菜、鬆菜、晚菘、早菘、夏菘、夏菘菜、白菘、白菘菜、大菘、阔叶吴菘、秦菘、张相公菘、松菜、小松菜、普通小白菜、菘、小油菜、油菜、青菜、中国青菜、箭杆白、箭桿白、箭干白、箭竿白、高脚白、大地白、汤匙菜、杓子菜、松玉、体菜、细菜、白菜秧、菜秧、鹅毛菜 白梗白菜、高桩白菜、高秆白菜、调羹白、杓头白、矮黄、矮脚黄青梗白菜、慢菜
乌塌菜※	塌棵菜、塌菜、塌地菘、踏地菘、蹋地菘、塌地白菜、塌棵白菜、塌稞菜、塔棵菜、盘科菜、塌古菜、踏古菜、太古菜、油塌菜、乌菜、乌菘、乌菘菜、乌松菜、乌青菜、乌白菜、黑白菜、黑菜、黑油菜、瓢儿菜、瓢菜、乌鸡白

类别及正式名称	别称
菜薹	白菜薹、大菜头、菜花、※菜心、菜尖、花菜、青菜薹、蜡菜薹、腊菜薹、腊菜尖、绿菜薹、广东菜尖、广东菜心、广菜尖、薹菜、桂林花菜、薹用白菜、薹心菜、薹心、薹菜心、油菜薹、苔心菜、台菜、胎心菜、白菜心、油菜心、白油菜薹
紫菜薹	红菜薹、※红菜心、红薹菜、红油菜薹、洪山紫菜薹
薹菜 ※	圆叶薹菜、勺子头薹菜 花叶薹菜
芸薹	芸薹菜、△菜用油菜
大白菜	黄芽菜、※菘、晚菘、黄芽白菜、包头黄芽菜、黄芽白、黄矮菜、黄芽、黄雅菜、黄秧菜、黄杨菜、黄秸菜、黄京白、贡菜、白菜、结球白菜、卷心白菜、头球白菜、包头白菜、抱头白菜、包心菜、大包头白菜、包心白菜、包心白、卷心白、窝心白菜、束心菜、白头菜、安肃白菜、安肃菜、安肃黄芽菜、山东白菜、胶州白菜、胶菜、北京白菜、北平白菜、京白菜、天津绿白菜、玉田白菜、绍菜、玉菜、芽白、雪叶子、结球大白菜 半结球大白菜 花心大白菜 散叶大白菜
甘蓝类	
结球甘蓝	洋白菜、圆白菜、卷心菜、茴子菜、莲花菜、莲花白菜、莲花白、包头菜、包菜、椰菜、菜头、大头菜、甘蓝、※西土蓝、球叶甘蓝、白球甘蓝、绣球白菜、球菜、大圆白菜、紧团白菜、捲心菜、包心白菜、包心菜、包包菜、包白、元白菜、包包白、团菘、椰珠菜、葵花白菜、葵花白、葵花菜、莲华白菜、莲白、莲心白、泡菜、回回白菜、回回菜、茴子白菜、茴子白、疙瘩白、蓝菜、甘蓝菜、外洋白菜、番白菜、番芥蓝、高丽菜、俄罗斯菘、俄罗斯松、俄洛斯菜、鄂罗斯菜、阿罗斯菜、斡罗斯菜、比京白菜、老羌白菜、老羌菜、老枪菜、老枪白菜、老鎗菜、玉菜（日）
花椰菜	菜花、※喀复尔飞屋雷、球花椰菜、球花甘蓝、白菜花、椰菜花、花甘蓝、洋菜花、洋花菜、洋白花、花菜、大菜花、大头菜
青花菜	绿菜花、西兰花、花茎甘蓝、意大利甘蓝、意大利花菜、※绿花菜、青椰菜、青花、绿花椰菜、紫花菜、紫茎花椰菜、紫茎花菜、紫花菜、紫花椰菜、紫芽茎椰菜、紫头茎椰菜、菜花、嫩茎花菜、嫩茎花椰菜、茎椰菜、茎花菜、梗花甘蓝、花菜薹、美国花菜、洋芥蓝、洋芥兰、西芥蓝、西芥兰、西蓝花、西西里紫花椰菜、意大利花椰菜、意大利芥蓝、意大利芥兰、意大利笋菜、分枝花椰菜、木立花椰菜（日）

类别及正式名称	别称
球茎甘蓝	苤蓝、擘蓝、甘蓝、撇拉、苴莲、皮腊、辟兰、玉头、芥兰头、丿、疙瘩菜、玉蔓菁、※撇蓝、撇兰、皮蓝、芥蓝、怯列、切莲、匹兰、擘兰、擘辣、别兰头、芥蓝头、玉蔓茎、香炉菜、结头菜、松根
紫球甘蓝	紫甘蓝、红球甘蓝、※红叶甘蓝、红色甘蓝、红甘蓝、红卷心菜、红菜、赤球甘蓝、赤甘蓝、紫叶甘蓝、紫色甘蓝、紫卷心菜、紫莲花白
皱叶甘蓝※	皱叶卷心菜、缩叶甘蓝、皱心甘蓝、萨瓦甘蓝、萨瓦卷心菜、缩缅甘蓝（日）
抱子甘蓝	姬甘蓝、※球芽甘蓝、芽甘蓝、孢子甘蓝、布鲁塞尔甘蓝、汤菜、布鲁塞尔卷心菜、花样发芽菜、子持甘蓝（日）
羽衣甘蓝※	绿叶甘蓝、绿甘蓝、散叶甘蓝、无头甘蓝、甘蓝、海甘蓝、青菜
芥蓝	黄花芥蓝、※芥蓝菜、芥蓝棵、芥蓝心、芥兰、芥兰菜、芥兰头、芥菜头、盖蓝、盖兰、盖蓝菜、盖兰菜、格蓝菜、擘蓝、蓝菜、隔蓝、土坏兰 白花芥蓝、白花芥菜、白花 鼠耳芥蓝
芥菜类	
根用芥菜	根芥菜、芥菜头、大头菜、疙瘩菜、咸疙瘩、※大头芥、本大头菜、土大头、根芥、芥头、头菜、大芥、生芥、大根芥、芥菜疙瘩、芥菜疙瘩头、芥疙瘩、辣疙瘩、圪瘩头、圪瘩、圪答、圪垯、圪塔、圪疸、冲菜、玉根、芜菁型大根
茎用芥菜	茎芥菜、鲜榨菜、菜头、※芥菜头、茎芥 青菜头、肉芥菜、春菜头、菜头菜、头菜、棒菜、棒笋、青菜、笔架菜、香炉菜、狮头菜、露酒壶、榨菜、榨菜毛、搾菜 羊角菜、棱角菜、菱角菜、笋形菜、笋子菜、羊角青菜、莴笋苦菜
芽用芥菜	芽芥菜、抱儿菜、儿菜、娃娃菜、※芽用芥、芽芥、抱子芥、菜儿、菜心、抱子菜、胖儿菜、笋子儿菜、罗汉菜 芥孙
叶用芥菜	叶芥菜、芥菜、雪里蕻、青菜、花边、※芥菜缨、芥菜英、毛芥菜、叶芥、春菜、夏菜、冬菜、辣菜、腊菜、苦菜、盖菜、春不老、排菜、雪里红、雪菜、桃椰芥菜

类别及正式名称	别称
	大叶芥菜、大叶芥、盖菜、黄芥、皱叶芥、长年菜、光郎菜、桃榔芥菜、青菜、大头青菜 卷心芥菜、卷心芥 长柄芥菜、长柄芥 瘤叶芥菜、瘤叶芥、瘤芥菜、瘤芥、包包青菜、包包菜、苞苞菜、耳朵菜、弥陀菜 分蘖芥菜、分蘖芥、排菜、披菜、九头芥、九心芥、雪里蕻、雪里红、雪菜、春不老 包心芥菜、结球芥菜、结球芥、捲心芥菜、包心刈菜、包心芥花叶芥菜、花叶芥、金丝芥、银丝芥、凤尾芥、鸡尾芥、鸡冠芥、鸡啄芹、鸡脚芥、长尾芥、千筋芥、佛手芥、碎叶芥、小叶芥 紫叶芥菜、紫叶芥
薹用芥菜	薹芥菜、薹芥、芥菜薹、※ 芥薹、盖菜薹、辣菜薹、天菜、梅菜、菜脑、芥菜头尾
子用芥菜	子芥菜、芥菜子、※ 芥子、芥菜籽、籽用芥菜、籽芥菜、油芥菜、辣菜子、辣菜籽、蛮油菜、辣油菜、大油菜、芥末菜、黄芥子、芥菜型油菜、芥子菜
茄果类	
番茄	西红柿、六月柿、臭柿子、爱情果、爱的苹果、赤茄子（日）、※ 番柿、蕃柿、西蕃柿、洋柿子、火柿子、大柿子、柿子、油柿子、泽柿子、草柿、臭柿、番李子、金苹果、爱情苹果、洋茄子、红茄、方茄、果茄、海茄子、柑仔蜜、金橘、橘仔、狼桃、毛椒角、洋海椒、巴马陀洛
秘鲁番茄 ※	
樱桃番茄 ※	小番茄、迷你番茄、洋小柿子、小柿子、小西红柿、圣女果、美女果
树番茄 ※	木番茄、木本番茄、洋酸茄、酸鸡蛋、缅茄
茄子	伽、伽子、落苏、矮瓜、昆仑瓜、紫膨亨、酪酥、※ 茄瓜、茄菜、茄包、茄房、茄、昆仑紫瓜、昆仑紫茄、昆仑奴、昆味、落酥、紫膨脖、紫彭亨、草鳖甲、塔勇（藏）

类别及正式名称	别称
辣椒	海椒、番椒、唐辛（日）、※红辣椒、红海椒、辛辣椒、尖辣椒、辣子角、辣角、辣子、秦椒、蕃椒、椒角、地胡椒、辣茄、腊茄、辣虎、番姜、海疯藤、塔理玛穆尔鲁楚（维） 樱桃椒、樱桃辣椒、五色椒 圆锥椒、圆锥辣椒 簇生椒、簇生辣椒、五爪椒、朝天椒、朝天辣椒、朝天辣角、朝天番椒、八房辣椒 长辣椒、牛角辣椒、牛角椒、长形辣椒、长形椒、尖辣椒、线辣椒、下垂椒、下垂番椒
甜椒	青椒、柿子椒、※大椒、大甜椒、大青椒、大秦椒、大圆椒、海椒、大柿子椒、大灯笼椒、柿椒、甜柿椒、甜辣椒、甜青椒、甜辣角、菜椒、菜海椒、菜辣子、大辣子、灯笼椒、灯笼海椒、灯笼辣角、圆辣椒、圆辣角、圆辣子、狮头椒、狮头番椒、彩色椒
酸浆	红姑娘、洛神珠、※酸酱、醋酱、醋浆、酢浆、灯笼果、灯笼草、锦灯笼、挂金灯、皮弁草、有壳番茄、有苞番茄、姑娘菜、神珠、王母珠、天泡草、地樱桃、苦耽、小苦耽、苦葴、苦蘵、葴、蘵、寒浆 毛酸浆、（锦灯笼）、洋姑娘
豆类	
扁豆	沿篱豆、架豆、眉豆、炭廖豆、老婆子耳朵豆、※匾豆、萹豆、徧豆、藊豆、稨豆、藕豆、挩豆、穮豆、扁豆角、鹊豆、藤豆、篱豆、蛾眉豆、羊眼豆、月亮豆、眉儿头豆、眉儿豆、肉豆、膨皮豆、篱笆豆、爬豆、树豆、茶豆、凉衍豆、宽扁豆、豆角、架肉豆角、猪耳朵豆、猫耳朵豆、南扁豆、南豆 白扁豆、白花扁豆、白扁儿、石眉同气 紫扁豆、紫花扁豆
毛豆	菜用大豆、菽、※大豆、黄豆、大黄豆、黑豆、青豆、乌豆、大菽、戎菽、荏菽、戎叔、荏菽、黄大豆、黑大豆、白大豆、豆、尗、藿、元豆、角果、梅豆、枝豆、香珠豆、酱油豆
豌豆	胡豆、国豆、※登豆、宛豆、安豆、戎菽、豍豆、跸豆、毕豆、蕓豆、跸豆、蹝豆、蹓豆、留豆、寒豆、小寒豆、小寒、冬豆、雪豆、冷豆、蚕豆、圆豆、金豆、丸豆、小豆儿、青斑豆、碧珠、赤斑豆、青小豆、青豌豆、绿豌豆、白豌、麻豆、麻累、胡麻豆、华豆、菜用豌豆、豆角 豌豆叶、豌豆尖、龙须菜、豌豆颠、豌豆颠颠、豌豆头、豌豆角

类别及正式名称	别称
荷兰豆	甜荚豌豆、※大荚甜豌豆、软荚豌豆、食荚豌豆、大荚豌豆、菜豌豆、荚豌豆、雪豌豆、甜豌豆、甜脆豌豆 甜荷兰豆、大荚荷兰豆 甜蜜豆、蜜豆
蚕豆	胡豆、佛豆、国豆、罗汉豆、※马齿豆、马牙豆、寒豆、王坟豆、南豆、夏豆、倭豆、湖豆、树豆、竖豆、空豆、川豆、野豌豆、青蚕豆、鲜蚕豆、蚕豆荚、蚕豆角、大豆、胡豆米、葫芦米
豇豆	长豇豆、蛇豆、䝙䝙、※䝙豆、䝙、䝙䝙、菜用豇豆、菜豇豆、菜用长豇豆、长荚豇豆、长豆角、线豆角、腰豆、长豆、龙豆、带豆、裙带豆、裹带豆、罗裙带、十八豆、角豆、挂角豆、豆角、筷豆、眉豆、蔓豆、婆豇立、红豆角、紫豇豆、菜豆、黑眼脐豆、黑脐豆、江豆、䝙、茳豆、姜豆、浆豆、缸豆、短荚豇豆、羹豆、饭豆、饭豇豆、矮豇豆
菜豆	四季豆、洋扁豆、架豆、皇帝豆、※普通菜豆、菜用菜豆、荚菜豆、荚用菜豆、食荚菜豆、绿荚菜豆、法国菜豆、法国豆、法兰西豆、法兰西菜豆、法兰豆、菜豆角、豆角、嫩菜豆、芸豆、云扁豆、云豆角、云架豆、云藊豆、云藊豆、云豆荚、芸扁豆、芸豆角、云豆、芸架豆、藤豆、棚豆、架扁豆、架豆角、挂角豆、扁豆、藊豆、龙牙豆、龙芽豆、龙骨豆、肾形豆、青刀豆、青豆、棍豆、棍儿豆、棍儿扁豆、刀豆、小刀豆、刀仔豆、梅角豆、泥鳅豆、棒豆、家雀豆、花斑豆、玉豆、金豆、肉豆、京豆、梅豆、精豆、洋精豆、二生豆、三生豆、二季豆、时季豆、四月豆、六月鲜、敏豆、隐元豆（日）、唐豆（日）、唐豇（日）、三度豆（日） 矮生菜豆、矮性菜豆、无蔓菜豆、地豆 粮用菜豆、实菜豆、饭豆
刀豆	挟剑豆、※菜刀豆、蔓性刀豆、蔓生刀豆、中国刀豆、大刀豆、关刀豆、高刀豆、马刀豆、长刀豆、刀刀豆、刀豆角、刀夹豆、刀铗豆、刀鞘豆、刀巴豆、刀把豆、刀培豆、刀坝豆、刀豆子、酱刀豆、皂荚豆、皂角豆、葛豆、野刀板藤
洋刀豆 ※	矮刀豆、矮生刀豆、直生刀豆、直立刀豆、立刀豆、刀板仁豆、滨来刀豆
四棱豆	四稔豆、四捻豆、※四楞豆、四角豆、四稜豆、翼豆、热带大豆、翅豆、杨桃豆、阳桃豆、羊桃豆、方鬼豆
多花菜豆	红花菜豆、龙爪豆、※赤花蔓豆、紫花菜豆、看花豆、大花芸豆、虎斑豆、白花菜豆、大白芸豆

类别及正式名称	别称
莱豆	利马豆、莱马豆、洋扁豆、※ 婴儿利马豆、荚豆、荷包豆、荷苞豆 大莱豆、大粒利马豆 小莱豆、小粒利马豆、雪豆、白豆、棉豆、香豆、金甲豆
藜豆	龙爪豆、※ 狸豆、鼍豆、狗儿豆、小狗豆、狗爪豆、猫爪豆、猫猫豆、毛毛豆、毛狗豆、毛胡豆、虎豆 毛黄藜豆、毛黄豆、日本藜豆 茸毛藜豆 白毛藜豆 头花藜豆
兵豆 ※	滨豆、冰豆、小扁豆、洋扁豆、金麦豌、金麦豌子、鸡眼豆、臭虫豆
鹰嘴豆	回回豆、回回豆子、回鹘豆、回鹘国豆、回许豆、淮豆、胡豆子、胡豆；鸡头豆、鸡儿豆、鸡豌豆、鸡豆、雏豆、羊头豆、脑豆子、桃豆、那合豆；香豆子；埃及豆、孟加拉豆、西塞罗
非洲豆 △	
瓜类	
黄瓜	胡瓜、王瓜、白露黄瓜、忙普（藏）、※ 刺黄瓜、刺瓜、青瓜、刺条、刺虫、却鲁（鞑靼）、卡伦（亚美尼亚）、雪可斯（希腊）
瓠瓜	葫芦、葫芦瓜、胡卢、壶卢、扈鲁、匏卢、长扁蒲、净街槌、庐、神仙种、※ 瓠、瓠子、瓠子瓜、瓠儿瓜、瓠瓝、瓠瓟、匏瓥、匏、匏瓜、匏壶、葫卢、葫卢瓜、葫瓜、葫子、胡芦、胡芦瓜、胡卢瓜、胡子、户子、付子瓜、壶、壶芦、壶庐、壶楼、壶瓠、瓡、壶卢瓜、蒲卢、蒲芦、蒲瓜、浦卢、地蒲、瓿芦、甘瓠、甜瓠、瓢瓜、莱胡芦、天瓜、龙蛋瓜、龙蜜瓜、夜开花、夕颜（日） 长瓠、（瓠子）、大黄瓜、（长扁蒲）、（净街槌）、长瓜、茭瓜 圆瓠、大葫芦、（匏瓜）、扁蒲、蒿蒲 悬瓠、长颈葫芦、楼蒲 约瓠、约腹瓠、细腰葫芦、（蒲卢）
冬瓜	麻巴闷洪（傣）、※ 蔬蕨、蔬、蔬蒜、蔬矩、白冬瓜、白瓜、白头公、百子瓮、地芝、水芝、东瓜、辰瓜、枕瓜、寒瓜、广瓜、甘瓜、山墩、罗锅底、唐冬瓜（日）、蔬矩

类别及正式名称	别称
节瓜 ※	毛节瓜、毛瓜、质瓜、条瓜
越瓜	白瓜（日）、※瓜、脆瓜、稍瓜、梢瓜、酥瓜、生瓜、菜瓜、羊角瓜、老羊瓜、薄皮甜瓜、东方甜瓜、菜用甜瓜
菜瓜 ※	青瓜、腌瓜、老腌瓜、老秧瓜、老羊瓜、酱瓜、藏瓜、蛇甜瓜、蛇形甜瓜、粗皮甜瓜、菜用甜瓜、羊角瓜、苦瓜
甜瓜	东陵瓜、东陵、邵平瓜、召平瓜、邵平、召平、邵侯瓜、邵瓜、※中国甜瓜、梨瓜、普通甜瓜、瓜、青门瓜
南瓜	中国南瓜、普通南瓜、倭瓜、窝瓜、黄卯生、※南瓜、饭瓜、番瓜、番南瓜、蕃、胡瓜、北瓜、老倭瓜、汤瓜、阴瓜、金瓜、盒瓜、回回瓜、葫芦南瓜、扁南瓜、长南瓜 南瓜梢、南瓜苗、南瓜叶、南瓜藤、南瓜藤颠、番瓜藤 南瓜花 南瓜子、南瓜籽、白瓜子
笋瓜	印度南瓜、※筍瓜、玉瓜、白瓜、白玉瓜、白南瓜、北瓜、冬南瓜、蜡梅瓜、白笋瓜、筒瓜、洋瓜、损瓜、老瓜、大瓜、大型南瓜、西洋南瓜、伯木下（藏）
西葫芦	美洲南瓜、弯颈瓜、※美国南瓜、洋梨瓜、夏南瓜、矮瓜、橘瓜、搅瓜、矮西葫芦、银瓜、生瓜、西葫、无蔓南瓜、无藤南瓜、伏南瓜、 阿尔及利亚西葫芦※ 裸仁南瓜、生瓜、无壳瓜子南瓜
搅丝瓜	崇明金瓜、搅瓜、角瓜、※金丝瓜、瀛洲金瓜、洋西葫芦、面芰瓜、面条瓜、芰瓜、金瓜、绞瓜、素海蜇、植物海蜇、天然粉丝
黑子南瓜 ※	黑籽南瓜、米线瓜、粉丝瓜、丝瓜、无花果叶南瓜
灰子南瓜 ※	灰籽南瓜
丝瓜	八棱瓜、棱角丝瓜、※天丝瓜、天吊瓜、天罗絮、天罗、天络丝、蛮瓜、角瓜、絮瓜、縑瓜、纺线、菜瓜、纯阳瓜、倒阳瓜、布瓜、洗锅罗瓜、夜开花、鱼鳎、虞刺、囉嗦、糸瓜（日） 普通丝瓜、圆筒丝瓜、棒槌丝瓜、棒锤丝瓜、棒丝瓜、水瓜、长丝瓜、大丝瓜、蛇形丝瓜、线丝瓜 有棱丝瓜、棱丝瓜、八棱丝瓜、十棱丝瓜、十棱瓜、粤丝瓜、胜瓜、圣瓜

类别及正式名称	别称
苦瓜	锦荔枝、癞瓜、癞葡萄、癞蛤蟆、君子菜、凉瓜、蔓荔子（日）、※菩提瓜、菩荙瓜 癞蒲萄、癞萝卜、锦荔支、天荔枝、金荔枝、蔓荔枝、大苦瓜
小苦瓜	红姑娘※
白苦瓜※	洋苦瓜、老鼠瓜、野王瓜、蒲达瓜
蛇瓜	蛇豆、长栝楼、※蛇丝瓜、蛇形丝瓜、印度丝瓜、蛮丝瓜、毛乌瓜、大豆角、大豇豆、果蠃、果裸
佛手瓜	福寿瓜、隼人瓜（日）、准人瓜、安南瓜、※佛掌瓜、佛拳瓜、棒瓜、合掌瓜、拳头瓜、虎儿瓜、墩子瓜、洋丝瓜、洋茄子、洋梨瓜、洋瓜、墨西哥黄瓜、土耳其瓜、梨瓜、香橼瓜、香圆瓜、香瓜、瓦瓜、菜肴梨、菜䭔梨、菜梨、菜苦瓜、万年瓜、恰耀得 佛手瓜梢、佛手瓜苗、梨瓜苗、香橼瓜苗、隼人瓜须、龙须菜
西瓜	球子、天然白虎汤、※寒瓜、甘瓜、天生白虎汤、青门绿玉房、翠衣
葱蒜类	
大葱	菜伯、※茒、青葱、木葱、直葱、汉葱、中国葱、北方大葱、津葱、山东大葱、和事草
分葱	丝葱、※龙须葱、麦葱、小葱、香葱、菜葱、四季葱、素葱、玉葱
楼葱※	楼子葱、多层葱、塔儿葱、龙爪菜、龙角葱、羊角葱、观音葱、层葱、天葱
胡葱※	葫葱、浑提葱、科葱、蒜葱、蒜头葱、蒜瓣葱、瓣子葱、洋蒜、鬼子葱、分葱、香葱、冬葱、冻葱、寒兴葱、水晶葱、红头葱、火葱、大头葱
细香葱※	虾夷葱、虾蛦葱、北葱、四季葱、香葱、玉葱、小葱
韭葱	扁叶葱、洋蒜薹、※扁葱、洋大蒜、洋蒜苗、西洋葱、法国葱
大蒜	胡蒜、大蒜头、国巴（藏）、※蒜头、大头蒜、葫、蒜、葫蒜、老蒜、蒜瓣、蒜科、蒜颗、蒜符、蒜果、蒜蒲、干蒜、西域蒜、西戎蒜、荮、荤、荤菜、麝香草、齐葫 蒜薹、※蒜苔、蒜苗、蒜毫、蒜条 蒜珠、气生鳞茎、条中子

续表

类别及正式名称	别称
	青蒜、※ 蒜苗 ※ 蒜黄
韭菜	韭、丰本、壮阳草、起阳草、懒人菜、和和（蒙）、※ 韮、韭芽、荄、扁菜、荤菜、一束金、长生、丰禾、草钟乳 韭黄 韭菜薹、薹用韭菜 韭菜花
薤	荞头、莜子、藠头、藠子、五光七白灵蔬、※ 蕌、蕌菜、蕌子、藠葱、藠蒜、叫头、荞菜、菜芝、鸿荟、火葱、薤头、薤根、薤白、莜、白薤、霜薤、天薤、山薤、野薤、苦薤、薤露、宅蒜、家芝、守宅、九头白、九头、辣韭（日）
洋葱	玉葱（日）、皮芽孜（维）、※ 洋葱头、葱头、圆葱、元葱、元葱头、团葱、球葱、葱球、海蒜、珠葱、红衣葱、红葱、火葱、麦葱、回回葱、茴茴葱、香葱、甜葱、甜葱头、菜中皇后、皮芽子（维）、皮牙孜（维）、皮牙子（维）、丕牙斯（哈萨克）
顶球洋葱	埃及洋葱、※ 顶生洋葱、顶端洋葱、树状洋葱
绿叶菜类	
菠菜	菠棱、青菜、波斯草、雨花菜、豚耳草、鹦鹉菜、鹦官、红嘴绿鹦哥、※波稜、菠薐、菠斯、波棱菜、波棱、波稜、波菜、颇陵、颇菜、赤根菜、红根菜、万年青、角菜、红嘴绿鹦鹉、筒子菠菜、绿鹦哥 刺子菠菜、有刺菠菜、刺粒菠菜、尖叶菠菜、有角菠菜、中国菠菜 圆子菠菜、无刺菠菜、圆粒菠菜、圆叶菠菜、无角菠菜、欧洲菠菜、西洋菠菜
芹菜	药芹、※ 旱芹菜、旱芹、香芹、香芹菜、药芹菜、胡芹、葫芹、野芫荽、野园荽、野胡荽、川芎菜 芹黄 本芹、中国旱芹、中国芹菜 白芹、白杆芹菜、白芹菜 青芹、青秆芹菜、青芹菜、实心芹菜、空心芹菜 洋芹、西芹、西洋旱芹、西洋芹菜、欧洲旱芹、欧洲芹菜、美国芹菜、西芹菜、白金心芹、和兰三叶（日） 青柄芹菜 黄柄芹菜

类别及正式名称	别称
冬寒菜	葵菜、葵、卫足、滑菜、※露葵、葵甲、葵薹、野葵、冬葵菜、冬葵、冬苋菜、冬汉菜、蘬、藤、蕲菜、奇菜、马蹄菜、金钱菜、金钱葵、金钱紫花葵、钱儿淑气、豚耳、鸭脚、鸭掌、滑滑菜、滑肠菜、阳草、荠菜、百菜王、百菜主、阿姑（朝）、江巴（藏）
莴苣	生菜、繁簇、※莴菜、窝苣、窝蒿、叶用莴苣、叶莴苣、金莴菜、拉多嘉、千金菜、春菜 长叶莴苣、油麦菜、油荬菜、莜麦菜、妹仔菜、媚仔菜、直立莴苣、直筒莴苣、立莴苣、直立生菜、普通莴苣、牛脷生菜、牛俐生菜、牛利生菜、牛琍生菜、广东生菜
皱叶莴苣※	卷叶莴苣、皱莴仔菜、皱妹菜、广东生菜、东山生菜、莴仔菜、鹅仔菜
结球莴苣	西生菜、※团叶生菜、团儿生菜、圆生菜、结球生菜、包心生菜、青生菜、波兰生菜、卷心生菜、球形生菜、卷心莴苣、球莴苣、圆莴苣
莴笋※	莴苣笋、苣笋、生笋 尖叶莴笋、莴笋颠 圆叶莴笋 青笋 白笋 紫皮笋
茴香※	菜茴香、茴香菜、普通茴香、茴香苗、大茴香、小茴香、怀香、蘹香、谷茴香、土茴香、野茴香、瘪角茴香、小茴、谷香、小香、香子、香丝菜、八月珠 小茴香
莳萝	莳萝菜、※茴香菜、莳萝椒、土茴香、小茴香、瘪谷茴香、小回香、慈谋勒、慈谋勒、慈勒 莳萝子
球茎茴香※	意大利茴香、佛罗伦萨茴香、佛罗伦萨小茴香、链球茴香、甜茴香 大茴香 小茴香
茴芹※	洋茴香、西洋茴香、欧洲茴香、西洋怀香、西洋蘹香、欧茴香

类别及正式名称	别称
落葵	蒸葵、※终葵、络葵、承露、繁露、蘩露、天葵、藤儿菜、藤葵、藤菜、潦菜、软浆叶、豆腐菜、豆腐花、木耳菜、滑腹菜、胭脂、胭脂菜、臙脂菜、燕脂菜、燕支菜、胡燕脂、胭脂豆、染浆叶、染绛子、紫草子、御菜、皇宫菜
	红落葵、赤落葵、紫落葵、红花落葵、红梗落葵、紫角叶、紫葛叶、蔓紫（日）
	绿落葵、青梗落葵、青梗藤菜、细叶落葵、白花落葵、白落葵阔叶落葵、广叶落葵
芫荽	胡荽、园荽、蒝荽、盐荽、延须、香菜、引麻苏（维）、※荽、菱、绥、葰、荽、芕、胡绥、胡荽、胡荽、胡荽、胡芕、满天星、葫荽、胡菜、香荽、香绥、香葰、香荽、芫须、松须、莞荽、莚荽、莚荽菜、莚葛草、西萨蒲、永麻苏（维）、索那（藏）
茼蒿	同蒿、茼蒿菜、蓬蒿、蓬蒿菜、蒿菜、菊蒿菜、菊蒿、蓬薾、蓬蒿、檀蒿、童蒿、蒿子、蒿子杆、蒿子杆儿、蒿子秆、蒿子秆儿、蒿子毛儿、塘薾、菊花菜、春菊、艾菜、无尽菜
	大叶茼蒿、板叶茼蒿、圆叶茼蒿
	小叶茼蒿、花叶茼蒿、细叶茼蒿
蕹菜	空心菜、水蕹菜、※蕹菜、瓮菜、葝菜、壅菜、甏菜、瓮菜尖、藤菜、藤藤菜、滕滕菜、通菜、通心菜、无心菜、空筒菜、荏菜、蓂菜、竹叶菜、龙须菜、园蕹
	旱蕹、旱蕹菜
	水蕹、水蕹菜
苋菜	苋菜茎、米苋、荇菜、杏菜、仁汉菜、西蔓谷、绿衣郎、枪杆、苋实、莫实、※苋、人苋、人荇、菜剑、米苋菜、鲜米菜、鳖还丹、茎用苋菜、荏菡
	红苋、红苋菜、赤苋、紫苋、黄、蕢、蒩、雁来红、后庭花
	绿苋、青苋、白苋
	彩苋、彩色苋、二色苋、五色苋、锦苋、花苋
繁穗苋 ※	加泥（藏）
尾穗苋 ※	老枪谷
千穗谷 ※	御谷

续表

类别及正式名称	别称
荠菜	荠、家荠菜、※ 香荠菜、香荠、甘荠、甘草、甘菜、甜菜、荠草、护生草、菱角菜、清明菜、清明草、上巳菜、鸡心菜、碎米菜、地米菜、地菜、地菜花、地菜子、地地菜、地英、香包草、荠叶、香善菜、芊菜、西、细细菜、靡草、鸡翼菜、鸡足菜、雀雀菜、锹头草、小铲铲草、烟盒草、三角草、棕子菜、榄豉菜、芨菜、芨芨菜、济济菜、花田菜、田儿菜、三月三、东坡羹、荠菜花、净肠草、枕头草、搴菜、血压草 花叶荠菜、散叶荠菜、细叶荠菜、麻叶荠菜、百脚荠菜 板叶荠菜
叶菾菜	叶甜菜、牛皮菜、军荙菜、根达菜、根大菜、根刀菜、火焰菜、假菠菜、猪婆菜、善逵菜、※ 君达、莙荙、莙达、君达菜、军荙、根答菜、根苔菜、根斗菜、根头菜、菜用甜菜、厚皮菜、洋菠菜、菜用菾菜、叶用甜菜、叶用菾菜、甜菜、菾菜、光菜、甜白菜、泥白菜、菠萝菜、红菾菜、火撇、暹罗菜、常时菜、猪乸菜、杓菜、不断草（日）
金花菜	菜苜蓿、黄花苜蓿、※ 苜蓿、目宿、苜蓿菜、苜、苜鸡头、苜齐头、母齐头、母荠头、南苜蓿、刺苜蓿、萺蓿、牧宿、莜蓿、木粟、草坊、怀风、怀风草、光风、光风草、光夙草、草头、黄花草子、黄花菜、三叶草、王夸菜、塞鼻力迦、塞鼻力游、塞毕力迦、校官
紫苏	水状元、※ 苏、紫苏叶、紫苏梗、紫苏杆、紫苏茎、赤苏、白苏、苏叶、苏子叶、苏梗、老苏梗、红苏叶、青苏、青紫苏、香苏、蓾、桂荏、荏、薔、公蕡、酿菜、穰菜、蘸菜、菜 皱叶紫苏 尖叶紫苏 穗紫苏、穗用紫苏、※ 荏角、蓬
薄荷	菝荷、蔢荷、蕃荷菜、※ 茇葀、新罗薄荷、胡薄荷、蕃荷、菝蔄、蕃荷叶、番荷、蔢蔄、蔢蔄、南薄荷、吴薄荷、茇苦、菝蔄、苏薄荷、苏荷、家薄荷、龙脑薄荷、升阳菜、冰侯尉、卜荷、卜可野薄荷、土薄荷、水薄荷、鱼香草 皱叶薄荷 香花菜、青薄荷、※ 留兰香、绿薄荷
紫背天葵	红背菜、紫背菜、血皮菜、红凤菜、红番菜、红毛菜、红菜、红叶、血菜、天青地红、观音菜、观音苋、当归菜、地黄菜、水前寺菜（日）、水前菜（日）、水前草（日）

续表

类别及正式名称	别称
罗勒	兰香、香菜、千层塔、零陵香、西王母菜、省头草、※九层塔、兰草、萝芳、罗芳、罗肋、朝兰香、朝阑香、香花子、鱼香、矮糠、翳子草、毛罗勒、光明子、家佩兰、薄荷树、苏薄荷、荆芥 罗勒尖、矮糠尖
苦荬菜	天香菜、苦菜、茶、※苦、苦茶、茶草、苦荬、苦苣、苦苣菜、苣荬菜、苣菜、稀苣、苣、野苣、荬菜、买菜、老鹳菜、游冬、平虑草、曲麻菜、寝麻菜、蘸荬菜、拒马菜
苦苣	花叶生菜、※洋生菜、锯齿莴苣、菊苣菜、花苣 皱叶苦苣、卷叶苦苣、碎叶苦苣、卷叶苣荬菜 平叶苦苣、阔叶苦苣、平叶苣荬菜
菊花脑	菊花郎、黄菊仔、※菊花叶、菊花菱、菊花菜、菊花头、菊花涝、菊脑、路边黄、黄菊子
番杏	洋菠菜、澳洲菠菜、新西兰菠菜、外国菠菜、夏菠菜、蔓菜（日）、※番苋、白番苋、白番杏、白红菜、滨菜、海滨莴苣、滨莴苣、法国菠菜、毛波菜、澳大利亚波菜、澳大利亚波稜、新西兰波稜
榆钱波菜	法国菠菜、洋菠菜、※花叶波菜、山菠菜、滨藜、食用滨藜、缤藜
芝麻菜	火箭生菜、大理芝麻菜、金堂葶苈、诺克拉萨孚德、※火箭色拉、紫花南芥、德国芥菜、芸芥、文芥、臭芥子、臭菜、瓤儿菜、香油罐
叶用香芹菜	洋芫荽、欧芹、欧洲芹菜、西洋胡荽、外国芫荽、香芹菜、※叶用香芹、香芹、西洋旱芹、旱芹菜、旱芹、荷兰芹、汉堡欧芹、皱叶欧芹、外国香菜、西芫荽、番芫荽、蕃茜
独行菜※	皱叶独行菜、家独行菜、菜园独行菜、庭院独行菜、英菜、芥荠、麦秸菜、辣草、辣辣、胡椒草、园地胡椒草、葶苈子、姬军配芥（日）
琉璃苣	滨来香菜、※玻璃苣、黄瓜草、紫草、心悦、欢乐、热忱的花朵
野苣	羊羔莴苣、※法国马兰头、玉米生菜、玉米沙拉
茉乔栾那	马脚兰、马郁兰、※马月兰、马月兰草、牛至、甜牛至、牛膝草
春山芥	美国山芥、※春芥、山芥、田芥
荆芥※	假苏、姜芥、假荆芥
五味菜※	荆芥

类别及正式名称	别称
薯芋类	
马铃薯	洋芋、地瓜、红毛蕃薯、※土豆、山药蛋、地蛋、地豆、芋豆、洋山芋、洋芋艿、洋苕、洋芋果、洋芋蛋蛋、洋番芋、番人芋、阳芋、羊芋、番鬼子茄、番鬼慈姑、番鬼茨菰、荷兰薯、爪哇薯、爱尔兰薯、薯仔、白姑娘、巴巴、山药豆儿
山药	薯蓣、薯药、玉延、修脆、怀山药、家山药、色药、佛掌薯、※薯蕷、薯预、薯黄、薯苕、署豫、署蓣、署预、银条德星、藷黄、藷、藷署、藷薯、藷菜、诸署、山藷、甘藷、藷芋、土藷、土薯、砛、砛粮、储余、（山藥）、山蒢、山薯、山芋、山羊、畦畹、圆薯、菜山药、月一盘、天公掌、玉枕薯、长薯、参薯、人薯、脚薯、佛手薯、脚板薯、足板薯、熊掌薯、长白薯、脚板苕、普通山药、白山药、玉杵、玉柱、白苕、玉糁、榾柮羊、琼糜
田薯※	大薯、柱薯
黄独	黄独薯、赭魁、黄药子、黄药根、黄药、金丝吊蛋、金线吊蛤蟆、金线吊虾蟆、土卵、土豆、土芋、零余子薯蓣、零余子薯
姜	生姜、（薑）、薑、百辣云、虎爪、炎凉小子、※鲜姜、黄姜、紫姜、老姜、姜仔、茈姜、䕬、迣子、御湿菜、赞济必勒（维）姜芽、芽姜、子姜、嫩姜
菊芋	洋姜、鬼子姜、※菊藷、外国生姜、洋生姜、地姜、地梨、洋山药、洋大头
芋头	芋、莒、栭、蕖、蕅、蹲鸱、水芋、着毛萝卜、※芋艿、芋渠、芋栗、芋嬭、芋乃、芋娘、芋母、芋子、芋仔、芋籽、芋魁、芋艿头、芋根、莒芋、毛芋、毛芋头、赤鹠芋、栭芋、土芝丹、土芝、土栗、土卵、土豆、竣鸱、博罗、块茎用芋、亲芋、母芋、子芋、孙芋、茎用芋 魁芋 多子芋 多头芋
叶用芋※	芋梗、叶菜芋、芋头叶柄、芋荷杆、芋荷輆、芋荚、芋茎、芋拐、芋横、芋叶梗、银芋梗、芋苗、芋蕺、蕺葰、菜芋、芋禾
花用芋※	芋花、芋头花、红芋头花、赤芋头花、紫芋头花、云南红芋、芋苗花、红芋、赤芋、毛芋

续表

类别及正式名称	别称
甘薯	番薯、地瓜、萨摩薯、※ 甘储、红芋、甘藷、西洋甘薯、美洲薯、萨磨薯、红薯、红苕、红薯蓣、甘薯、红薯藤、红山药、朱薯、朱蓣、朱藷、白薯、白芋、白蓢、色药、番薯蓣、番藷、番蓣、番荠、番茹、番芋、番薯藤、蕃薯、蕃藷、蕃芋、翻薯、洋苕、薯藤、薯、蓣、薯蓣、玉枕薯、苕、山薯、山芋、山药、山萝卜、地芋、地萝卜、土瓜、番藷、甜马铃薯、金薯、饭薯、水果饭薯、唐薯（日） 叶用甘薯、过沟菜、※ 甘薯叶、甘藷叶、番薯叶、番藷叶、红薯叶、白薯叶、地瓜叶、甘薯茎尖、蕃薯叶、甘藷叶、台湾番薯叶、番藷叶
草食蚕	宝塔菜、甘露、甘露儿、※ 甘露子、甘露菜、滴露、滴露子、地蚕、地蚕子、地纽、地龙、地藕、地瓜儿、地螺、地葫芦、地溜儿、地蛄牛、地牯牛、螺丝菜、螺蛳菜、玉环菜、蜗儿菜、石蚕、土蛹
葛 ※	葛根、葛粉、食用葛、甘葛、粉葛藤、蒋、鹿藿、土三材
魔芋	鬼芋、狗爪芋、※ 蒟蒻、蒟芋、蒟头、白蒟蒻、蒻头、鬼头、鬼肉、鬼芋根、麻芋、麻芋子、蛇六谷、蛇头根草、蛇梗莲、蛇头草、蛇芋、花麻蛇、磨芋、罗汉芋、五爪芋、花秆莲、花伞把、南星、花秆南星、天南星、土南星、水芋、磨液豆腐、肠胃清道夫、水菜
豆薯	凉薯、地瓜、※ 香芋、沙葛、葛薯、葛瓜、土瓜 南美豆薯、番葛
菜用土圞儿 ※	菜用土栾儿、菜用土孪儿、食用土圞儿、洋土圞儿、食用土栾儿、美洲土圞儿、地栗子、九子羊、香芋
蕉芋	旱藕、食用美人蕉、※ 蕉藕、姜芋、巴蕉芋
竹芋	结粉、麦伦脱
水生菜类	
水片	蕲、楚葵、※ 芹、芹菜、水芹菜、莚、勤、靳、靳、水蕲、水勤、水靳、蘄、菦、莒、水蘄、水靳、水英、沟芹、沟芹菜、蕲菜、莚菜、靳菜、芹英、芹芽、水菜、水茹、蒲芹、香芹、药芹菜、药芹、刀芹、箭头草、祭菜、路路通
藕	莲藕、西子臂、比干心、玉臂龙、褉宝、※ 菜藕、果藕、荷藕、大藕、香藕、白藕、食用藕、藕梢菜、藕根、鲜藕根、藕蔤、蕅、蒨、荷、莲菜、莲根、莲本、荷花根、玉节、玉玲珑、玲珑玉、莲、玲珑腕、光旁、银丝菜、银苗菜、白蒻、夫渠根、手臂瓜、冰船、冰房、省事三、水芝

续表

类别及正式名称	别称
荸荠	孛荠、马荠、鼻脐、必齐、毕荠、勃脐、葧荠、凫茈、※南鼻脐、荸脐、荸荠果、勃荠、葧脐、蒲荠、南荠、鼻剂、乌芋、水芋、芍、凫茨、茈、莌茈、符訾、荠、地栗、鲜白地栗、水栗、地力、地梨、地梨儿、尾梨、红慈姑、马蹄、先熟果、铁葧荠、铁葧脐、荠葱、蒲球、黑三棱、佛脐、苾荠、苾苦、地下红水果
慈姑	慈菇、茨菰、茨菇、※慈菰、茨姑、藉姑、借姑、芽姑、葄实、葃实、白地栗、河凫茈、剪刀草、箭搭草、剪搭草、燕尾兰、藉姑、燕尾草、槎牙、槎丫草
茭白 ※	茭笋、菰笋、茭筍、菰筍、菰、菰菜、菰首、菰手、菰草、菰根、菰台、菰薹、蒋菰、茭白笋、茭白筍、脚白笋、茭儿菜、茭草、茭瓜、茭粑、茭肉、筊白、苽、苽草、蒋、蒋草、绿节、騄节、菇首、高笋、甜笋、蒿笋、蒿芭、蒿巴、蒿柴、玉子、出隧、蘧蔬、雕胡
莼菜	水葵、蓴菜、淳菜、※茆、莼、蓴、葵莼、葵蓴、稚莼、丝莼、瑰莼、块莼、猪莼、猪蓴、龟蓴、环蓴、稺蓴、油蓴、滑碧髯、紫蓴、雉尾蓴、丝蓴、露葵、悬葵、马蹄草、锦带、马蹏草、蓴龟、浮菜、水芹、水戾、水荷叶、湖菜、缺盆草、鲍䴡草、屏风、蓴丝、西湖莼菜
芡实	芡、雁喙、鬼莲（日）、鸡头米、※鸡头、鸡头子、鸡头果、鸡头实、鸡头肉、鸡头苞、鸡头莲、鸡嘴莲、鸡豆、鸡荳子、鸡壅、鸡雍、鸡珠、鸿头、雁头、雁实、雁喙实、乌头、刀芡、茨子、茨实、刀芡实、剪芡实、刺莲藕、刺莲蓬实、北芡、南芡、芡子、芡米、黄实、蔫子、暖菱、肚里屏风、水流黄、水硫黄、水陆丹、卵菱、卵蔆、卵蓤、莈、蕿 鸡头菜、莈菜、蔿蔵
菱	菱角、芰、蓤、蔆、邵伯、紫角、雁来红、鲍鱼花生、※蓤角、蔆角、沙角、龙角、菱芰、菱黄、水栗、菱米、麦肉、刺菱、家菱、风菱、胡速儿（蒙） 两角菱、大刺菱、老菱、（菱） 四角菱、（芰）、芰实、邵伯菱、（邵伯） 无角菱、圆角菱、圆菱
蒲菜	蒲、※蒲儿菜、蒲洱菜、蒲草、香蒲、甘蒲、白蒲、神蒲、苻蓠、莞蒲、睢蒲、深蒲、莞菜、莞、菩、蒸、睢、醮、睢石、夫离、夫蓠、宽叶香蒲
草芽 ※	蒲草芽、蒲菜芽、象牙菜、象芽菜、蒲芽、蒲蒻、蒲笋、蒲儿根、菜芽、淮菜、淮城蒲菜、抗金菜
席草笋 ※	席草、面疙瘩、野茭白、老牛筋

续表

类别及正式名称	别称
豆瓣菜	西洋菜、水田芥、荷兰芥、※荷兰菜、荷兰芥子、和兰芥、水薄菜、水荠菜、水生菜、水芥、凉菜、山葵菜、耐生菜、无心菜、神菜、水胡椒草

多年生菜类

竹笋	笋、竹萌、竹芽、竹胎、龙孙、龙雏、稚子、猫儿头、白象牙、白玉婴、边幼节、脆中、※（筍）、（竹筍）、箪、箂、萌、竹欠、竹子、竹皮、竹鼠、竹祖、竹母、少竹、箈、惷、箬、蘆、箭竹、初篁、鞭、鞭笋、边笋、笋子、芽笋、母笋、玉笋、孝笋、谏笋、紫笋、潭笋、凉笋、箨笋、苞笋、毛笋、冬笋、春笋、甜笋、充食笋、小笋、伪笋、闽笋、孟宗笋、燕来笋、苗、箭苗、箭萌、苞、笣、菌、牛菌、箘、龙芽、龙须、龙儿、春龙、狞龙、稚龙、箨龙、箨龙儿、穉龙、苍龙骨、凤尾、凤尾尖、地蛇、黄犊角、羊角、黄莺、猫头、猫头笋、猫儿头笋、哺鸡、玉版、玉板师、玉版师、玉板禅、玉板僧、玉板和尚、玉板长老、玉板儿、玉婴儿、玉节、玉班、玉笋班、玉虬、黄玉、玳瑁簪、瑇瑁簪、猪蹄红、窜天儿、炉母草、傍林鲜、日华胎、刮肠篦、刀口、谢豹笋、托根、锦褓、锦褓儿、锦绷、锦绷儿、甘锐侯、佛影蔬、合欢、玉板、吓饭虎 玉兰片、干笋、笋干、笋枯、笋脯、笋儿拳、明笋、火笋、绿笋、绿施、笋筍、箐、箬、籙笋、盐笋、咸笋、玉板笋、玉版笋
香椿	先桡、※香椿芽、椿芽、椿木叶、春尖叶、香椿叶、香春芽、椿叶、椿椿树叶、香椿头、春芽、春菜、菜椿、猪椿、杶芽、櫄芽、橁芽、楠芽、灵椿、椿树芽、椿芽菜
枸杞	枸杞头、天精草、※枸杞叶、枸杞苗、枸杞芽、枸杞菜、枸槛、枸棘、叶用枸杞、枸忌、苦杞、杞、甜菜头、换骨菜
龙牙楤木 ※	刺龙牙、刺嫩芽、刺嫩菜、刺老鸦、刺老芽、刺老包、树头菜、树龙芽、食用楤木、辽东楤木、楤木、鹊不踏、鹊不踢、鸟不宿、吻头、山菜之王、天下第一山珍
百里香	麝香草、麝香菜 普通百里香、疏花百里香 柠檬百里香
迷迭香	迷迭、迷送、艾菊
芦笋	石刁柏、龙须菜、西洋土当归、阿斯卑尔时、※芦笋芽、芦笋尖、露笋、石刀柏、石叼柏、石刁栢、洋龙须菜、野天门冬、蚂蚁杆、松叶独活、松叶土当归、狼尾巴根

类别及正式名称	别称
	白芦笋 青芦笋 紫芦笋
百合 ※	蟠、蟠、百合蒜、蒜脑藷、蒜脑薯、百子蒜、中逢花、中蓬花、中篷花、强瞿、强仇、夜合、重匡、重箱、摩罗、倒仙、玉手炉、香百合、白百合、家百合 普通百合、龙牙白合、龙芽百合、淡百合 卷丹百合、卷丹、宜兴百合、虎皮百合、百合籽 川百合、兰州百合、大卫百合
款冬	款冬花、兔奚、※款冻、款东、颗冬、颗东、颗冻、颗冻、钻冻、氏冬、橐吾、枱茎菜、菟奚、苦萃、敕肺侯、金石草、金实草、蔣、兽须菜、蜂斗叶、蜂斗菜、水斗叶、水斗菜、虎须菜、虎须 款花、冬花、九九花、看灯花、艾冬花、款冬薹、蔣薹
蜂斗菜 ※	蜂斗叶、水斗菜、水斗叶、蛇头草、蔣、橐吾、虎须、虎须菜、款冬、氏冬、菟奚、兔奚、颗冻、颗冬、钻冻、金石草 款冬花、冬花、蔣薹
食用大黄 ※	菜用大黄、圆叶大黄、大黄、酸菜
菊苣	生菜、※欧洲菊苣、欧洲苦苣、苞菜、野生苦苣、野苦苣、苦白菜、野生菊苣、咖啡萝卜、法国苣荬菜、比利时苣荬菜、法国菊莴苣、比利时菊莴苣、咖啡草、代用咖啡、新型咖啡
洋菜蓟	刺菜蓟、加里登、※食用蓟、蓟菜、菜蓟、刺棘蓟、喀尔陀
海甘蓝	滨菜、※海白菜
鸭儿芹	三叶芹、※三叶、鸭脚板、水芹菜
洋苏叶	撒尔维亚、阔叶鼠尾草、※药鼠尾草、鼠尾草、香草
欧当归	西洋当归、保当归、拉维纪草、菜园拉维纪草
紫萼香茶菜	香茶菜、※蓝萼香茶菜、回花菜、山苏子
拉文达香草	啦芬德、拉芬德、菜薰衣草、※拉芬得、拉芬大、腊芬菜、薰衣草、穗状薰衣草、刺贤垭尔菜（日）
菜用玉簪 ※	玉簪、棒玉簪、碧碧菜、化骨莲 紫玉簪、※紫萼、红玉簪

续表

类别及正式名称	别称
	白萼、白鹤仙、白鹤花 玉簪叶 玉簪花
牛至	野牛至、香薷、滇香薷、土香薷、香菜、香茹、香茹草、香茸、香戎、香莸、香薷、五香草、满坡香、蜜蜂草、白花茵陈、皮萨草
美洲地榆	叶用地榆、沙拉地榆、※ 色拉地榆、黄瓜香
紫苜蓿 ※	紫花苜蓿、苜蓿、连枝草、宿根草、蓿草
辣根	白根、※ 马萝卜、山葵萝卜、西洋山葵菜、山葵大根（日）
山葵菜 ※	山葵、山姜、东洋山葵菜、日本山葵菜
杂菜类	
菜玉米 ※	嫩玉米、普通玉米、菜苞谷、菜包谷、菜苞米、菜包米、菜苞粟、菜玉谷、嫩苞谷、嫩包谷、嫩苞米、嫩包米、嫩苞粟、嫩玉谷、青玉米、青苞谷、青包谷、青苞米、青包米、青苞粟、青玉谷、御麦、珍珠笋、真珠笋、菜用玉米、珍珠米
糯玉米 ※	糯苞谷、糯包谷、糯质玉米、糯质型玉米、中国玉米、菜玉米、菜用玉米、甜玉米
甜玉米	珍珠米、※ 甜玉蜀黍、甜玉蜀秫、甜苞谷、甜包谷、甜质型玉米、甜苞米、甜包米、甘味玉蜀黍、水果包谷、水果苞谷、菜玉米、菜用玉米
玉米笋 ※	玉笋、笋玉米、笋用玉米、玉米棒、珍珠笋、真珠笋、番麦笋、多穗玉米、菜玉米、菜用玉米、珍珠米、甜玉米
黄秋葵	羊角豆、食用秋葵、※ 咖啡黄葵、秋葵、咖啡葵、茄菲葵、秋葵荚、羊角菜、妇女手指、指形糕饼 红秋葵、南美红果黄秋葵
草莓 ※	士多啤梨、洋莓、地莓、凤梨草莓
莲子 ※	莲实、藕实、莲蓬子、藕子、藕宝、壳莲、荷蜂、莲、的、菂、薂、菂薂、莲菂、菂薏、紫菂、莲肉、肉莲、莲米、珠玺、珠茧、莲薏、玉蛹、白玉蝉、湖目、水芝、泽芝、水芝丹 莲心、莲芯、莲子心、莲子芯、莲薏、苦薏

类别及正式名称	别称
	白莲子 红莲子 石莲子、石莲、甜莲子 夏莲、伏莲、伏子 秋莲、秋子 建莲、贡莲 湘莲 通心白莲
花菜类	
黄花菜	萱草花、忘忧花、疗愁花、安神菜、金针菜、妓女花、伎女花、※黄花、鲜黄花菜、黄金针、金萱花、黄金花、金针、针金菜、针金、萱花、萱萼、谖花、谖草花、爰草花、蔆草花、煖草花、蘐草花、藼草花、蕿草花、小萱花、忘郁花、忘归花、安神草花、丹棘花、儿女花、令草花、万年韭花、鹿剑花、鹿葱花、欢客、宜男、七星菜 萱草 北黄花菜 小黄花菜
菊花	食用菊、延龄客、食用菊花、※鞠、鞠花、鞠华、蘜、蘜花、蘜华、菊、菊华、蕏、蘜、蘜、周盈、朱嬴、甘菊、甜菊花、隐逸花、臭菊、真菊、家菊、东篱花、东篱英、东篱、篱花、篱菊、陶菊、陶令菊、陶家菊、陶潜菊、陶渊明、陶靖节、霜下杰、傅延年、傅公、延寿客、寿客、灵菊、延龄、更生、更生花、佳友、日精、石决、约菊、君子花、花中君子、傲霜、傲霜枝、傲霜华、冷香、晚节香、晚节花、晚荣、阴威、阴成、地微、地薇蒿、地微蒿、茶苦蒿、治蔷、治墙、治蘠、禽花、禽华、节华、节花、秋菊、九花、九华、九日花、重阳花、白菊、黄花、黄菊、黄英、黄金、黄金花、黄金英、黄金葩、黄金甲、金翅、金蘦、金蕊、金精、金甲、金华、金菊、金英、金刚不坏王、金玲珑、锦玲珑、喜容、粉玲珑、蟹爪菊、帝女花、笑靥金、女花、女华、女节、女茎、女室
蘘荷	蘘荷子、※蘘、蘘草、蘘荷笋、阳藿、阳荷、嘉草、野姜、野老姜、莲花姜、覆菹、蒩葅、覆葅、蒩苴、蒩葙、蓴苴、苴蓴、猼且、猼苴、猼葅、巴且
朝鲜蓟 ※	菜蓟、洋蓟、洋蓟菜、洋蓟球、洋百合、法国百合、荷兰百合、蓟菜、菊蓟
霸王花	剑花、※霸王鞭、量天尺、三棱箭

类别及正式名称	别称
万寿菊 ※	臭芙蓉、大芙蓉、黄芙蓉、金菊、金鸡菊、金花菊、金盏花、蜂窝菊、阿兹特克万寿菊
木槿花	花奴、※木槿、木堇花、木堇、木锦、洽容、王蒸、舜华、舜花、舜荣、舜英、舜、蕣、蕣花、蕣华、蕣荣、蕣英、橸、梾、槿荣、槿花、喇叭花、灯盏花、花上花、爱老、重台、白槿花、白面花、白饭花、白玉花、猪油花、里梅花、朝开暮落花、朝华、朝菌、朝生、日及、日给、荆条花、篱障花、藩篱花、篱槿花、疟子花
芽菜类	
黄豆牙菜	豆芽菜、如意菜、※大豆芽菜、大豆卷、大豆黄卷、豆黄卷、豆卷、鹅黄豆生、鹅黄荳生、生豆蘗、生豆芽、黄卷、黄卷皮、黄豆芽、黄豆芽儿、生大豆芽、大豆蘗芽、豆蘗、卷蘗、菽蘗豆嘴 青豆芽、青豆嘴 黑豆芽菜、黑豆芽、黑大豆蘗芽
绿豆芽菜	豆芽菜、赛银鱼、※绿豆芽、细豆芽、掐菜、赛银针、豆莛、豆芽、金芽、白龙须、种生、生花盆儿、乱豆芽、齐豆芽
豌豆芽 ※	寒豆芽、豌豆缨、豌豆婴、豌豆苗、荷兰豆芽、安豆苗、豆苗
蚕豆芽	芽豆、※牙豆、发芽豆
萝卜芽 ※	娃娃萝卜菜、贝壳芽菜、娃娃菜
芥菜芽 ※	芥菜芽菜
紫苏芽	芽紫苏、芽用紫苏※
紫苜蓿芽 ※	苜蓿芽、苜蓿芽菜、紫苜蓿嫩芽菜
野生菜类	
蕨菜	拳菜、荃菜、小儿拳、如意菜、吉祥菜、麒麟菜、商山芝、※蕨、蕨蕨菜、蕨儿菜、蕨萁、蕨薹、蕨拳、蕨芽、蕨手、蕨根、紫蕨、鹿蕨菜、三叉蕨、鳖、虌、鼈、蕞、鳖菜、蕨菜、虌菜、紫鳖、紫虌、龙头菜、龙爪菜、娃娃拳、乌糯、乌昧草、山凤尾、山菜之王

类别及正式名称	别称
薇菜 ※	薇、巢菜、翘摇、翘饶、摇车、漂摇草、垂水、肥田草 大巢菜、大巢、救荒野豌豆、野豌豆、箭苦豌豆、野绿豆、野菜豆、野苕子、野召子、扫帚菜 小巢菜、小巢、窄叶巢菜、野蚕豆、（漂摇草）、元修菜 草藤 大叶草藤
蒌蒿 ※	蒌、蒿蒌、蒌蒿薹、水蒿、白蒿、柳蒿、芦蒿、藜蒿、荔蒿、野藜蒿、驴蒿、旁勃、蒡葧、滂渤、香艾蒿、狭叶艾、红陈艾、水艾、小艾、小花鬼针草
马齿苋	五行草、安乐菜、马勺菜、旱马齿、豆瓣菜、狮子草、马屎菜、九头狮子草、滑苋（日）、豚耳草、猪马菜、麻缨儿菜、麻缨儿菜、麻英儿菜、马苋、※马齿菜、马苋菜、马舌菜、马马菜、马踏菜、马绳菜、马杓菜、马铃菜、马蛉菜、马齿苋菜、马齿草菜、马齿、马齿龙芽、马蛇子菜、马菜、地马菜、麻绳菜、蚂蚁菜、五色苋、五方草、五行草菜、长寿菜、长命菜、长命苋、纯阳菜、瓜子菜、瓜仁菜、袜底儿菜、豆瓣草、酱板豆、酱板草、酱瓣豆草、蛇草、指甲菜、豚耳、狨耳菜、鼠齿草、鼠齿苋、耐旱菜、酸味菜、酸苋、酸米菜、猪母菜
蔊菜	蔊菜、※草菜、焊菜、薅菜、漠菜、獐菜、葶苈、葛菜、辣米菜、辣米子、碎米菜、香荠菜、考亭薅、坎鸡菜、鸡肉菜、干油菜、野油菜、江剪刀草、金丝菜、山芥菜、野雪里蕻、塘葛菜、犬芥（日） 普通蔊菜、（塘葛菜）、（野油菜） 南蔊菜、无瓣蔊菜、（野雪里蕻） 印度蔊菜、（香荠菜）
沼生蔊菜	风花菜※
蕺菜	鱼腥草、臭菜、十药、重药、狗腥草、※蕺儿菜、蕺儿根、蕺耳、蕺、紫蕺、臭腥草、臭牡丹、臭灵丹、臭荞麦、臭积草、臭鼻孔、臭蕺、臭草、臭质草、臭猪巢、鱼新草、鱼鳞草、鱼鳞珍珠草、紫背鱼鳞草、狗耳菜、狗贴耳、狗子耳、猪姆耳、猪鼻孔、热草、鸡虱草、壁虱菜、菹菜、菹子、摘儿根、折儿根、折耳根、侧耳根、赤耳根、岑菜、奶头草 哦声嘈（朝鲜）、戈便外（苗）、阿玉（纳西）、笔色（白）、厅克（傣）、菜伪（壮）、马哇（毛南）、窝丢（侗）
车前草	豚耳草、瓦那他（彝）、牙烟育（布朗）、立住（普米）、日堆洗涅（佤）、牛溲、※车前菜、车前、车轮菜、车轱辘菜、当道、虋、陵舄、胜舄、胜舄菜、苤苢、苤苣、牛遗、牛舌、牛舌草、牛舄、牛甜菜、牛耳朵棵、

续表

类别及正式名称	别称
	马舄、马蹄草、驴耳朵菜、猪耳草、猪肚菜、猪耳朵草、猪耳朵穗子、虾蟆衣、虾蟆草、蛤蟆草、蛤蟆衣、虾蟇衣、蟆衣、地衣、鸡儿梗衣、田菠草、七星草、五根草、打官司草、饭匙草、钱串草、钱贯草、灰盆草
	卡巴落（高山）、众挖（苗）、穷膜作车（白）、构拿车（拉祜）、差真潮（朝鲜）、亚沿脱（傣）、巴不吗（壮）、布靴娥（傈僳）、幼马地（瑶）、吗烈马（仫佬）、塔冉（藏）、笃卡苦（侗）
马兰	马兰头、※田菊、马兰菜、马蓝、马蓝头、马拦头、马兰丹、马菜、马兰菊、马兰青、蟛蜞菊、毛蜞菜、路边菊、田边菊、野兰菊、阶前菊、十家香、一枝香、温州青、竹节草、鸡儿肠、蓑衣莲、鱼鳅菜、泥鳅菜、泥鳅串、紫菊、红梗菜、红管药、脾草
大蓟	蓟菜、牛不嗅、恶鸡婆、大小蓟、※蓟、刺蓟、刺蓟菜、刺儿菜、刺萝卜、鸡项草、千针草、野红花、土红花、欺畦菜
	虎蓟、马蓟、大刺儿菜、大刺刺儿菜、马刺刺、牛口刺、鸡脚刺、刺角牙、老虎刺、草鞋刺、刺秸子、牛刺芳菜、芳菜、鸡姆刺、猪姆刺、牛口舌、老虎脷、鸟不扑、鸡扎嘴、牛触嘴、驴扎嘴、驴打嘴、大恶鸡婆、大恶鸡、将军草、野刺菜
小蓟	蓟菜、牛不嗅、恶鸡婆、大小蓟、※蓟、刺蓟、刺蓟菜、刺儿菜、刺萝卜、鸡项草、千针草、野红花、土红花、欺畦菜
	刺刺菜、小刺蓟、木刺艾、牛戳刺、青刺蓟、刺儿蓟、刺儿草、猫蓟、刺杀草、刺秆菜、刺角菜、刺狗牙、刺尖头草、野刺菜、小恶鸡婆、蒌蒌菜、青青菜、曲曲菜、蓟蓟菜、小蓟姆
桔梗	多拉机（朝）、※隐忍、隐葱、蕅忍、蕅葱、卢如、卢菇、符扈、符蔍、利如、房图、犁如、包袱花、铃当花、山铃铛花、和尚头、和尚帽花、和尚帽、绿花根、梗草、大药、白药、苦梗、苦桔梗、玉桔梗、四叶草、明叶草、道拉基（朝）、多拉基（朝）、灯笼棵
酸模※	普通酸模、莫、莫菜、蓨、蓧、蓧、苗、蓨芜、须、乾绎、酸母、酸迷、酸溜溜、酸姜、酸汤菜、当药、野菠菜、山菠菜、山大黄、菠菜酸模、牛舌头棵、水牛舌头、羊蹄草、山羊蹄
	圆叶酸模、法国酸模、法兰西酸模
	旱生酸模、巴天酸模、西班牙酸模
	软叶酸模、少女酸模
沙芥※	沙芥菜、沙白菜、山萝卜、蒲蒋草、泽尔勒格-洛万（蒙）

类别及正式名称	别称
人参果	鹅绒委陵菜、※延寿果、长寿果、蕨麻根、莲菜花、鸭子巴掌菜、野生草食蚕，戳玛（藏）、卓老沙曾（藏）
委陵菜※	翻白菜、翻白草、翻白叶、天青地白、虎爪菜、龙芽菜、鸡爪菜、鸡腿根、湖鸡腿、天藕、蛤蟆草、痢疾草
藜	灰菜、落落儿菜、※藜菜、藜草、黎、蔡、莱、釐、白藜、灰藜、灰苋、灰灰菜、灰儿菜、灰蘿菜、灰蘿、灰涤菜、灰条菜、蔓华、蒙华、落藜、落帚、猪粉菜、粉菜
蒲公英	蒲公草、鬼公英、凫公英、仆公英、仆公罂、卜公英、蒲公罂、婆婆英、勃公英、鹁鸪英、勃鸪英、蒲公丁、婆婆丁、婆补丁、孛孛丁、孛孛丁菜、白鼓钉、白鼓丁、古古丁、灯笼花、鬼灯笼、耳瘢草、金簪草、黄花草、黄花苗、黄花郎、黄花地丁、地丁、黄狗头、奶汁草、羊奶奶草、狗乳草、蒲棒、随风飘
泽蓼	蓼、※水蓼、虞蓼、辣蓼
香蓼※	蓼、黏毛蓼、粘毛蓼
何首乌※	何相公、首乌、首午、赤首乌、野番薯、夜交藤、交藤、交茎、夜合、野苗、桃柳藤、赤敛、赤葛、九真藤、紫乌藤、红内消、疮帚、马肝石、山奴、山哥、山伯、山翁、山精、地精
诸葛菜	二月兰、※菲、宿菜、息菜、蒠菜
阿尔泰葱※	
沙参	南沙参、白沙参、山沙参、杏叶沙参、铃儿草、白面根、白参、羊乳、羊婆奶、苦心
珊瑚菜	龙须菜、六角菜、※北沙参、辽沙参、莱阳沙参、海沙参、条沙参、北条参、野香菜根、滨防风（日）
白花菜※	羊角菜、臭豆角
皱叶冬寒菜	皱叶锦葵、※绉叶冬寒菜、卷叶锦葵
北锦葵※	马蹄菜

续表

类别及正式名称	别称
反枝苋 ※	西风谷
凹头苋 ※	野苋
皱果苋 ※	绿苋
刺苋 ※	簕苋菜
野苋 ※	野苋菜
多裂叶荆芥	荆芥、姜芥、假苏
地榆	黄瓜香、玉豉、玉札、玉扎、王扎、山红枣、山枣参、血箭草、酸赭、酸枣、小紫草 细叶地榆 小白花地榆
山芹 ※	山芹菜、山芹当归
守宫木	甜菜、小甜菜、越南菜、越菜、树仔菜、树枸杞、五指山野菜、天绿香、帕汪
高河菜 △	
嘉树菜 △	
鸡侯菜 △	
藻类	
海带 ※	纶、纶布、昆布、江白菜、海白菜
昆布 ※	昆布菜、海昆布、组、纶布、黑菜、五掌菜、鹅掌菜、木屐菜、荒布

类别及正式名称	别称
紫菜 ※	圆紫菜、紫蓲、索菜、膜菜、子菜、梅菜、春菜、冬菜 皱紫菜、莲花菜、绉紫菜 边紫菜 条斑紫菜 甘紫菜、紫塔膜菜 长紫菜、柳条菜 刺边紫菜 坛紫菜 广东紫菜
石花菜	鸡毛菜、※海菜、冻菜、石花、草珊瑚、琼枝、红丝、牛毛菜、毛石花菜 毛石花菜 小石花菜 大石花菜 细毛石花菜、牛毛石花、马毛、狗毛菜 中肋石花菜、鬼石花菜
麒麟菜 ※	麒麟藻、鹿角菜、犄角菜、鸡脚菜
鹿角菜	鹿角、鹿角豆、猴葵、猴菜、赤菜 长鹿角菜
发菜	头发菜、※头发藻、旃毛菜、仙菜、发状念珠藻、净池毛、地毛、戈壁之珍
葛仙米 ※	地木耳、田木耳、野木耳、水木耳、水耳子、地耳、石耳、地衣、地踏菰、地踏皮、地塌皮、地皮菜、地衣菜、地贝皮、滴达菜、地钱、岩衣、绿菜、地软、鼻涕肉、雷公屎、普通念珠藻、仙米、天仙米、天仙菜、沼泽念珠藻 仙米珠 仙米片
食用菌类	
香菇	香蕈、香蘑、台蕈、合蕈、冬菇、※椎茸、香菰、香姑、香信、香菌、台菌 春菇、花菇、厚菇、薄菇

续表

类别及正式名称	别称
冬菇	构菌、毛柄金钱菌、※ 冻菌、朴蕈、朴菰、朴菌、朴菇、楮菌、楮耳、栗菌、谷菌、榆蘑、榎茸、榠茸、黄耳蕈、金菇、油蘑、绒柄金钱菌、毛脚金钱菌、金钱菌 金针菇、金丝菇、超级味精
口蘑	蘑菇、沙菌、※ 蘑菰、蒙古口蘑、蒙古蘑菇、口蘑菇、草原蘑菇、草原蘑、银盘菇、营盘蘑、营盘摩、云盘菇 白蘑、白蘑菇、白片蘑、珍珠蘑 香杏口蘑、虎皮口蘑、虎皮香杏、香杏 青蘑 黑蘑 杂蘑
草菇	麻菇、袋菇、包脚菇、美味包脚菇、南华菇、兰华菇、稻草菇、※ 小包脚菇、食用包脚菇、苞脚菇、中国蘑菇、禾本菇、广东菇、秆菇、秸菇、袋菌、袋耳、麻菌、南华草菇、南华菰、兰花摩姑、兰花菇、贡菇、兰花菰
侧耳	平菇、天花蕈、※ 白平菇、白平蘑菇、桐子菌、蛤蜊菌、青蘑、冻菌、东菌、天花菜、天花、北风菌、蚝牡蛎、蚝菌、树蛎菇、鲍菌、鲍鱼菇、台蘑、人造口蘑、糙皮侧耳、粗皮侧耳
双孢蘑菇 ※	蘑菇、二孢蘑菇、白蘑菇、白菇、洋蘑菇、洋蕈、洋菌、洋茸、鲜蘑、西洋草
四孢蘑菇 ※	蘑菇
猴头蘑	猴头菇、猴头菌、猴头、※ 刺猬菌、对脸蘑、猕猴菌
竹荪	竹笋菌、裙衣姑娘、虚无僧蕈、※ 山珍王、素菜王、竹参、竹萼、竹笙、竹松、竹鸡蛋、僧竹草、僧笠蕈、虚无佛蕈、罩纱女人、仙人登、网纱菌、戴面纱的女人、穿裙子的姑娘、菌后、菌花 长裙竹荪 短裙竹荪
黑木耳	木耳、云耳、※ 五木耳、黑菜、木菌、木檽、木枛、木樗、木蛾、木莪、木纵、木麦、树鸡、树鹅、桑耳、桑檽、桑菌、桑蛾、桑鸡、桑鹅、五鼎芝、槐耳、槐檽、槐菌、槐鸡、槐蛾、榆耳、柳耳、柘耳、杉菌、檕、春耳、伏耳、秋耳、雪耳、光木耳 毛木耳 皱木耳、皱格木耳

类别及正式名称	别称
银耳 ※	白木耳、白耳子、雪耳
金耳 ※	黄金银耳、黄耳
鸡㙡	鸡㙡菌、鸡㙡蕈、鸡宗、鸡宗菌、鸡棕、鸡宋、玉芝、鸡菌、鸡塅、鸡薆、鸡松、鸡松菌、鸡肉菌、鸡肉丝菇、豆鸡菌、琼英、斗鸡骨、伞把菇、白蚁菇、蚁菰、蚁㙡、蚁夺、蚁从、鸡丝菇、鸡栖菇、鸡腿蘑菇、鸡脚菇、逗鸡菇、钻子头、夏至菌、三堆菌、㙡、荔枝菌、姬白蚁菌（日）
榆黄蘑	榆耳、榆肉、榆蕈、金顶侧耳、金顶蘑
松口蘑	松蘑、松蕈、※ 松菇、松菰、松茸、山鸡㙡、大花脸、鸡丝菌、食用菌之王（日）
雷蘑	雷菌、青腿子、大青蘑、青蘑、大白桩蘑
榛蘑 ※	蜜环菌
杨树菇 ※	柱状田头菇
柳蘑 ※	柳耳、黄伞
滑菇 ※	滑子蘑、纳美菇（日）
白桦蘑菇 ※	桦子蘑、白桦子
紫盖粉孢牛肝菌 ※	紫盖粉孢牛肝
美味牛肝菌	大脚菇、※ 美味牛肝、牛肝菌
羊肚菌	羊肚蕈、羊肚蘑、羊肚菜、羊肚子、羊素肚、地羊肚子、编笠菌（日）

注：

1. 各栏中的 ※ 表示排列在其前面的所有称谓已在"综述"中做过介绍。

2. 各栏中的 △ 表示排列在其前面的所有称谓仅在"综述"中做过介绍。

3. 别称栏中凡另起行者表示其前后的称谓在食用器官、食用部位，或是在种类、品种之间存在着一定的差别。

4. 别称栏中的（日）表示由日本引入的蔬菜名称。

5. 别称栏中的（希腊）……表示采用汉字记音法所书写的该种蔬菜的希腊等外语称谓。

6. 别称栏中的（藏）……表示采用汉语记音法所表述的国内各少数民族对该种蔬菜的称呼。

中国蔬菜统称通览

佳蔬	百蔬	嘉蔬	菜蔬	茹菜
菜茹	菜把	鲜菜	生鲜蔬菜	菜
五菜	疏	疏材	百疏	疏材
蔬菜	蔬茹	蔬菽	蔬菽	蔬
籔	菽	茹	索	百索
青蔬	青苗	青物	青龙	青菜
雨甲	伯喈	缠齿羊	紫相公	此徒

中国蔬菜分类方式暨类称通览

分类方式	类称通览
一、古典传统分类方式	
1. 远古时期分类法	蔬（菜） 蓏（瓜）
2. 明代《本草纲目》分类法	蔬部：荤辛类 　　　柔滑类 　　　蓏菜类 　　　水菜类 　　　芝栭类 果部：水果类 谷部：菽豆类

续表

分类方式	类称通览
3. 清代《广群芳谱》分类法	蔬谱（部）：辛荤 　　　　　园蔬 　　　　　水蔬 　　　　　野蔬 　　　　　食根 　　　　　食实 　　　　　菌属 　　　　　奇蔬 　　　　　杂蔬 果谱（部）：水果 谷谱（部）：菽豆
二、现代科学分类方式	
1. 植物学分类法	按照原植物所属的门、纲、目、科、属、种或变种进行分类
2. 按照食用器官或食用部位异同的分类法	根菜类：肉质根 　　　　块根 茎菜类：块茎 　　　　根茎 　　　　球茎 　　　　鳞茎 　　　　嫩茎 叶菜类：生食 　　　　煮食 　　　　香辛 花菜类：花茎 　　　　花器 果菜类：瓠果 　　　　茄果 　　　　荚果 菌藻类：藻类 　　　　食用菌
3. 农业生物学分类法	根菜类 白菜类 芥菜类 甘蓝类 茄果类

分类方式	类称通览
	豆类 瓜类 葱蒜类 绿叶菜类 薯芋类 水生菜类 多年生菜类 杂菜类 花菜类 芽菜类 野生菜类 藻类 食用菌类
4.流通领域分类法	常见蔬菜 名特蔬菜 大路菜 优细菜

蔬菜拉丁文学名总汇

（按植物学分类法排列）

1.种子植物

被子植物门	Angiospermae
双子叶植物纲	Dicotyledoneae
藜科	Chenopodiaceae
菠菜	*Spinacia oleracea* L.
有刺菠菜	*Spinacia oleracea* var. *spinosa* Moench
无刺菠菜	*Spinacia oleracea* var. *inermis* Peterm
叶菾菜	*Beta vulgaris* var. *cicla* L.

根恭菜	*Beta vulgaris* var. *rapacea* L. （*Beta vulgaris* var. *rosea* Moq. ）； （*Beta vulgaris* var. *rubra* Moq. ）
榆钱菠菜	*Atriplex hortensis* L.
藜	*Chenopodium album* L.
番杏科	Aizoaceae
番杏	*Tetragonia expansa Murray*
落葵科	Basellaceae
落葵	*Basella sp.*
红落葵	*Basella rubra* L.
白落葵	*Basella alba* L.
阔叶落葵	*Basella cordifolia* Lam.
苋科	Amaranthaceae
苋菜	*Amaranthus mangostanus* L. （*Amaranthus tricolor* L. ）
繁穗苋	*Amaranthus paniculatus* L.
尾穗苋	*Amaranthus caudatus* L.
千穗谷	*Amaranthus hypochondriacus* L.
皱果苋	*Amaranthus viridis* L.
反枝苋	*Amaranthus retraflexus* L.
刺苋	*Amaranthus spinosus* L.
凹头苋	*Amaranthus lividus* L.
野苋	*Amaranthus blium* L.
豆科	Leguminosae
菜豆	*Phaseolus vulgaris* L.
矮生菜豆	*Phaseolus vulgaris* var. *humilis* Alef.
多花菜豆	*Phaseolus coccineus* L. （*Phaseolus multiflorus* Willd. ）

续表

白花菜豆	*Phaseolus coccineus* var. *albus* Alef.
菜豆（利马豆）	*Phaseolus limensis* Macf.
小菜豆	*Phaseolus lunatus* L.
豇豆	*Vigna unguiculata*（L.）Walp.
普通豇豆	*Vigna unguiculata*（L.）Verdc.
长豇豆	*Vigna sesquipedalis*（L.）Verdc.
蚕豆	*Vicia faba* L.
毛豆（菜用大豆）	*Glycine max* Merr.
豌豆（菜用豌豆）	*Pisum sativum* var. *hortense* Poir.
荷兰豆（软荚豌豆）	*Pisum sativum* var. *macrocarpun* Ser.
绿豆（芽）	*Phaseolus radiatus* L.
刀豆（蔓性刀豆）	*Canavalia gladiata*（Jacq.）DC.
洋刀豆（矮生刀豆）	*Canavalia ensiformis*（L.）DC.
藜豆（头花藜豆）	*Stizolobium capitatum* Kuntze
毛黄藜豆	*Stizolobium hassjoo* Piper et Tracy
茸毛藜豆	*Stizolobium deeringianum* Bort.
白毛藜豆	*Stizolobium niveum* Kuntze
兵豆	*Lens culinaris* Medic.
鹰嘴豆	*Cicer arietinum* L.
四棱豆	*Psophocarpus tetragonolobus*（L.）DC.
扁豆	*Dolichos lablab* L.
紫花扁豆	*Dolichos lablab* var. *purpureus* Hort.
白花扁豆	*Dolichos lablab* var. *albiflorus* Hort.
非洲豆	*Kerstingiella geocarpa* Harms.
豆薯	*Pachyrhizus erosus*（L.）Urban
南美豆薯	*Pachyrhizus tuberosus* Shreng.
葛	*Pueraria thomsonii* Benth.

菜用土圞儿	*Apios americana* Medic.
金花菜	*Medicago hispida* Gaertn.
紫苜蓿	*Medicago sativa* L.
薇菜（大巢菜）	*Vicia sativa* L.
小巢菜	*Vicia angustifolia* L.
锦葵科	Malvaceae
黄秋葵	*Abelmoschus esculentus*（L.）Moench
冬寒菜	*Malva verticillata* L.
皱叶冬寒菜	*Malva verticillata* var. *crispa* Makino
北锦葵	*Malva mohileviensis* Downar
木槿（花）	*Hibiscus syriacus* L.
十字花科	Cruciferae
芸薹	*Brassica campestris* L.
普通白菜	*Brassica chinensis* var. *communis* Tsen et Lee
乌塌菜	*Brassica chinensis* var. *rosularis* Tsen et Lee
菜薹（菜心）	*Brassica chinensis* var. *utilis* Tsen et Lee
紫菜薹	*Brassica chinensis* var. *purpurea* Bailey
薹菜	*Brassica chinensis* var. *tai-tsai* Hort
大白菜	*Brassica* ssp. *pekinensis*（Lour）Olsson
结球大白菜	*Brassica pekinensis* var. *cephalata* Tsen et Lee
散叶大白菜	*Brassica pekinensis* var. *dissoluta* Li
半结球大白菜	*Brassica pekinensis* var. *infarcta* Li
花心大白菜	*Brassica pekinensis* var. *laxa* Tsen et Lee.
芜菁	*Brassica rapifera* Metzg
芥菜	*Brassica juncea* Coss.
根用芥菜	*Brassica juncea* var. *megarrhiza* Tsen et Lee
茎用芥菜	*Brassica juncea* var. *tsatsai* Mao

羊角菜	*Brassica juncea* var. *crassicaulis* Chen et Yang
青菜头	*Brassica juncea* var. *tumida* Tsen et Lee
芽用芥菜	*Brassica juncea* var. *gemmifera* Lee et Lin
叶用芥菜	*Brassica juncea* Czern. et Coss.
花叶芥菜	*Brassica juncea* var. *multisecta* Bailey
长柄芥菜	*Brassica juncea* var. *longepetiolata* Yang et Chen
瘤叶芥菜	*Brassica juncea* var. *strumata* Tsen et Lee
卷心芥菜	*Brassica juncea* var. *involuta* Yang et Chen
分蘖芥菜	*Brassica juncea* var. *multiceps* Tsen et Lee
大叶芥菜	*Brassica juncea* var. *rugosa* Bailey
紫叶芥菜	*Brassica juncea* var. *atropurpurea* Makino
包心芥菜	*Brassica juncea* var. *capitata* Hort ex Li
薹用芥菜	*Brassica juncea* var. *scaposus* Li （*Brassica juncea* var. *scaposus* Li）
子用芥菜	*Brassica juncea* var. *scelerata* Li
结球甘蓝	*Brassica oleracea* var. *capitata* L.
羽衣甘蓝	*Brassica oleracea* var. *acephala* DC.
孢子甘蓝	*Brassica oleracea* var. *germmifera* Zenk.
花椰菜	*Brassica oleracea* var. *botrytis* L.
青花菜	*Brassica oleracea* var. *italica* P.
球茎甘蓝	*Brassica oleracea* var. *caulorapa* DC.
皱叶甘蓝	*Brassica oleracea* var. *bullata* DC.
紫球甘蓝	*Brassica oleracea* var. *rubra* DC.
芥蓝	*Brassica alboglabra* L. H. Bailey
芜菁甘蓝	*Brassica napobrassica* Mill.
萝卜	*Raphanus sativus* L.
中国萝卜	*Raphanus sativus* var. *longipinnatus* Bailey

四季萝卜	*Raphanus sativus* var. *radiculus* Pers.
辣根	*Armoracia rusticana*（Lam.）Gaertn.
豆瓣菜	*Nasturtium officinale* R. Br.
荠菜	*Capsella bursa-pastoris* L.
山葵菜	*Eutrema wasabi*（Siebold）Maxim.
芝麻菜	*Eruca sativa* Mill.
沙芥	*Pugionium cornutum*（L.）Gaertu
宽翅沙芥	*Pugionium dolabratum* Maxim.
蔊菜	*Rorippa montana* Small （*Nasturtium montanum* Wall.）
无瓣蔊菜	*Rorippa dubia* Hara
印度蔊菜	*Rorippa indica*（L.）Hiern
沼生蔊菜	*Rorippa palustris* Bess.
春山芥	*Barbarea verna* Asch.
海甘蓝	*Crambe maritime* L.
独行菜	*Lepidium sativum* L.
诸葛菜	*Orychophragmus violaceus*（L.）O. E. Schulz
高河菜	*Megacarpaea delavayi* Franch.
葫芦科	Cucurbitaceae
黄瓜	*Cucumis sativus* L.
甜瓜	*Cucumis melo* L.
网纹甜瓜	*Cucumis melo* var. *reticulatus* Naud.
硬皮甜瓜	*Cucumis melo* var. *cantalupensis* Naud.
薄皮甜瓜	*Cucumis melo* var. *makuwa* Makino
菜瓜	*Cucumis melo* var. *flexuosus* Naud.
越瓜	*Cucumis melo* var. *conomon* Makino
冬瓜	*Benincasa hispida* Cogn.

节瓜	*Benincasa hispida* var. *chieh-qua* How.
瓠瓜	*Lagenaria siceraria*（Molina）Standl
瓠子（长瓠）	*Lagenaria siceraria* var. *clavata* Hara
悬瓠（长颈葫芦）	*Lagenaria siceraria* var. *cougouda* Hara
圆瓠（大葫芦）	*Lagenaria siceraria* var. *depressa*（Ser.）Hara
约瓠（细腰葫芦）	*Lagenaria siceraria* var. *gourda*（Ser.）Hara
南瓜	*Cucurbita moschata* Duch. ex Poir.
笋瓜	*Cucurbita maxima* Duch. ex Lam.
西葫芦	*Cucurbita pepo* L. （*Cucurbita pepo* var. *giraumontia* Duch.）
搅丝瓜	*Cucurbita pepo* var. *medullosa* Alef.
黑子南瓜	*Cucurbita ficifolia* Bouche.
灰子南瓜	*Cucurbita mixta* Pang.
西瓜	*Citrullus lanatus*（Thunb.）Matsum. et Nakai
丝瓜	*Luffa cylindrica*（L.）M. J. Roam.
有棱丝瓜	*Luffa acutangula*（L.）Roxb.
苦瓜	*Momordica charantia* L.
小苦瓜	*Momordica balsamina* L.
佛手瓜	*Sechium edule*（Jacq.）Swartz
蛇瓜	*Trichosanthes anguina* L.
白苦瓜	*Trichosanthes sp.*
伞形科	Umbelliferae
胡萝卜	*Daucus carota* var. *sativa* DC.
美洲防风	*Pastinaca sativa* L.
芹菜	*Apium graveolens* L.
洋芹菜	*Apium graveolens* var. *dulce* DC.
根芹菜	*Apium graveolens* var. *rapaceum* DC.

茴香	*Foeniculum vulgare* Mill.
球茎茴香	*Foeniculum vulgare* var. *dulce Batt.* et Trab.
意大利茴香	*Foeniculum vulgare* var. *azoricum*（Mill.）Thell.
芫荽	*Coriandrum sativum* L.
香芹菜（叶用香芹菜）	*Petroselinum crispum*（MilL）Nym.ex A.W.Hill （*Petroselinum hortense* Hoffm.）
根香芹	*Petroselinum crispum* var. *radicosum* Hoffm. （*Petroselinum hortense* var. *radicosum* Bailey）
水芹	*Oenanthe javanica*（Bl.）DC. [*Oenanthe stolonifera*（Roxb）Wall.]
莳萝	*Anethum graveolens* L.
茴芹	*Pimpinella anisum* L.
鸭儿芹	*Cryptotaenia japonica* Hassk.
山芹	*Ostericum sieboldii* Nakai.
欧当归	*Levisticum officinale* Koch
珊瑚菜	*Glehnia littoralis* Fr. Schmidt ex Miq.
根用泽芹	*Sium sisarum* L.
蔷薇科	Rosaceae
草莓	*Fragaria ananassa* Duch.
地榆	*Sanguisorba officinalis* L.
细叶地榆	*Sanguisorba tenuifolia* Fisch. ex Link
小白花地榆	*Sangidsorba tenuifolia* var. *alba* Trautv et C.A Mey
美洲地榆	*Poterium sanguisorba* L. （*Sanguisorba minor* Socop.）
委陵菜	*Potentilla chinensis* Ser.
人参果	*Potentilla anserine* L.
菱科	Trapaceae
菱（菱角）	*Trapa sp.*

二角菱	*Trapa bispinosa* Roxb.
四角菱	*Trapa quadrispinosa* Roxb.
无角菱	*Trapa quadrispinosa* var. *inermis* Mao
茄科	Solanaceae
茄子	*Solanum melongena* L.
番茄	*Lycopersicon esculentum* MilL
普通番茄	*Lycopersicon esculentum* var. *commune* Bailey
樱桃番茄	*Lycopersicon esculentum* var. *cerasiforme* Alef.
秘鲁番茄	*Lycopersicon peruvianum*（L.）Mill.
树番茄	*Cyphomandra betacea* Sendt.
辣椒	*Capsicum annuum* L.
樱桃椒	*Capsicum annuum* var. *cerasiforme* Bailey
圆锥椒	*Capsicum annuum* var. *conoides* Bailey
长辣椒	*Capsicum annuum* var. *longum* Bailey
簇生椒	*Capsicum annuum* var. *fasciculatum* Bailey
甜椒	*Capsicum annuum* var. *grossum* Bailey
马铃薯	*Solanum tuberosum* L.
枸杞	*Lycium chinense* MilL
酸浆	*Physalis alkekengi* L.
毛酸浆	*Physalis pubescens* L.
唇形科	Labiatae
草食蚕	*Stachys sieboldii* Miq.
薄荷	*Mentha haplocalyx* Briq. （*Mentha arvensis* L.）
皱叶薄荷	*Mentha crispata* Schrad.
绿薄荷	*Mentha viridis* L.
罗勒	*Ocimum basilicum* var. *pilosum* Benth.

紫苏	*Perilla frutescens*（L.）Britt. （*Perilla mankininsis* Denc.）
茉乔栾那	*Origanum majorana* L.
牛至	*Origanum vulgare* L.
多裂叶荆芥	*Schizonepeta multifida*（L.）Briquet.
荆芥	*Nepeta cataria* L.
五味菜	*Nepeta japonica* Maxim.
百里香	*Thymus vulgaris* L.
柠檬百里香	*Thymus citriodorus* Pers.
迷迭香	*Rosmarinus officinalis* L.
蓝萼香茶菜	*Isodon forrestii*（Diels）Kudo
拉文达香草	*Lavandula spica* L.
洋苏叶	*Salvia officinalis* L.
楝科	Meliaceae
香椿	*Toona sinensis* Roem.
旋花科	Convolvulaceae
蕹菜	*Ipomoea aquatica* Forsk
甘薯	*Ipomoea batatas* Lamk.
菊科	Compositae
莴苣	*Lactuca sativa* L.
皱叶莴苣	*Lactuca sativa* var. *crispa* L.
直立莴苣	*Lactuca sativa* var. *longifolia* Lam. （*Lactuca sativa* var. *romana* Gars.）
结球莴苣	*Lactuca sativa* var. *capitata* L.
莴笋	*Lactuca sativa* var. *asparagina* Baiey （*Lactuca sativa* var. *angustana* Irish.）
茼蒿	*Chrysanthemum coronarium* L.
菊芋	*Helianthus tuberosus* L.

苦苣	*Cichorium endivia* L.
皱叶苦苣	*Cichorium endivia* var. *crispum* Lamarck
阔叶苦苣	*Cichorium endivia* var. *latifolia* Hort.
菊苣	*Cichorium intybus* L.
苦荬菜	*Sonchus oleraceus* L.
菊花	*Chrysanthemum sinense* Sab.
牛蒡	*Arctium lappa* L.
婆罗门参	*Tragopogon porrifolius* L.
菊牛蒡	*Scorzonera hispanica* L.
法国菊牛蒡	*Scorzonera picoroides* L.
黄花蓟	*Scolymus hispanicus* L.
菊花脑	*Chrysanthemum nankingense* H. M.
紫背天葵	*Gynura bicolor* DC.
蓟菜	*Cephalanoplos sp.*
大蓟	*Cephalanoplos setosum* Kitam.
小蓟	*Cephalanoplos segetum* Kitam.
朝鲜蓟	*Cynara scolymus* L.
刺蓟菜	*Cynara cardunculus* L.
蒌蒿	*Artemisia selengensis* Turcz.
款冬	*Tussilago fartara* L.
蜂斗菜	*Petasites japonius* Miq.
马兰	*Kalimeris indica*（L.）Sch.-Bip.
蒲公英	*Taraxacum mongolicum* Hand. -Mazz.
万寿菊	*Tagetes erecta* L.
桔梗科	Campanulaceae
桔梗	*Platycodon grandifloras*（Jaeq.）A. DC.
沙参	*Adenophora stricta* Miq.

仙人掌科	Cactaceae
霸王花	*Hylocereus undatus*（Haw.）Britt.
马齿苋科	Portulacaceae
马齿苋	*Portulaca oleracea* L.
车前草科	Plantaginaceae
车前草	*Plantago major* var. *asiatica* Decne.
三白草科	Saururaceae
蕺菜	*Houttuynia cordata* Thunb.
睡莲科	Nymphaeaceae
莲藕（藕）	*Nelumbo nucifera* Gaertn.
芡（芡实）	*Euryale ferox* Salisb.
莼菜	*Brasenia schreberi* J. F. Geml.
蓼科	Polygonaceae
食用大黄	*Rheum rhaponticum* L.
酸模	*Rumes acetosa* L.
圆叶酸模	*Rumex scutatus* L.
软叶酸模	*Rumex montanus* Desf
旱生酸模	*Rumex patientia* L.
何首乌	*Polygonum lapathifolium* L.
泽蓼	*Polygonum hydropiper* L.
香蓼	*Polygonum viscosum* Ham.
紫草科	Boraginaceae
琉璃苣	*Borago officinalis* L.
五加科	Mountain-angelica
龙牙楤木	*Aralia elata*（Miq.）Seem.（*Aralia mandshurica* Rupr.）
白花菜科	Cleome

白花菜	*Cleome gynanara* L.
败酱科	Valerianaceae
野苣	*Valerianalla olitoria* Moench
大戟科	Euphorbiaceae
守宫木	*Sauropus androgynus*（L.）Merr.
单子叶植物纲	Monocotyledoneae
泽泻科	Alismataceae
慈菇	*Sagittaria sagittifolia* L.
百合科	Liliaceae
芦笋（石刁柏）	*Asparagus officinalis* L.
黄花菜	*Hemerocallis sp.*
北黄花菜	*Hemerocallis lilio-asphodelus* L.
黄花菜（金针菜）	*Hemerocallis citrina* Baroni
小黄花菜	*Hemerocallis minor* Mill.
萱草	*Hemerocallis fulva* L.
百合	*Lilium sp.*
卷丹百合	*Lilium lancifolium* Thunb. （*Lilium tigrinum* Ker-Gavler）
龙牙百合	*Lilium brownii* var. *viridulum* Baker
川百合	*Lilium davidii* Duch.
兰州百合	*Lilium davidii* var. *unicolor*（Hoog）Cotton
菜用玉簪	*Hosta plantaginea*（L.）Ascherson
葱科（由百合科析出）	Alliaceae
韭菜	*Allium tuberosum* Rottl. ex Spr.
大葱	*Allium fistulosum* var. *giganteum* Makino
分葱	*Allium fistidosum* var. *caespitosum* Makino
楼葱	*Allium fistulosum* var. *viviparum* Makino

洋葱	*Allium cepa* L.
顶球洋葱	*Allium cepa* var. *viviparum* Metz.
大蒜	*Allium sativum* L.
薤	*Allium chinense* G.Don
胡葱	*Allium ascalonicum* L.
细香葱	*Allium schoenoprasum* L.
韭葱	*Allium porrum* L.
阿尔泰葱	*Allium altaicum* Pall.
莎草科	Cgperaceae
荸荠	*Eleocharis tuberosa* (Roxb.) Roem. et Schult.
薯蓣科	Dioscoreaceae
山药	*Dioscorea batatas* Decne.
长山药	*Dioscorea batatas* var. *typica* Makino
棒山药	*Dioscorea batatas* var. *rakuda* Makino
佛掌薯	*Dioscorea batatas* var. *tsukune* Makino
田薯	*Dioscorea alata* L.
黄独	*Dioscorea bulbifera* L.
姜科	Zingiberaceae
姜	*Zingiber officinale* Roscoe.
蘘荷	*Zingiber mioga* (Thunb.) Rosc.
禾本科	Gramineae
竹笋	
毛竹	*Phyllostachys pubescens* Mazel ex H. De Lehaie
早竹	*Phyllostachys praecox* C. D. Chu et C. S. Chao
石竹	*Phyllostachys nuda* McClure
红哺鸡竹	*Phyllostachys iridenscens* C. Y. Yao et S. Y. Chen
白哺鸡竹	*Phyllostachys dulcis* McClure

续表

乌哺鸡竹	*Phyllostachys vivax* McClure
花哺鸡竹	*Phyllostachys glabrata* S. Y. Chen et C. Y. Yao
甜笋竹	*Phyllostachys elegans* McClure
尖头青竹	*Phyllostachys acuta* C. D. Chu et C. S. Chao
曲杆竹	*Phyllostachys flexuosa* A. et C. Rivere
水竹	*Phyllostachys congesta* Rendle
麻竹	*Sinocalamiis latiflorus*（Munro）McClure
绿竹	*Sinocalamiis oldhamii*（Munro）McClure
吊丝球竹	*Sinocalamiis beecheyanus*（Munro）McClure
大头典竹	*Sbwcalamus beecheyamis* var. *pubescens* P. E. Li
鱼肚脯竹	*Bambusa suavis* W. T. Lin
黄甜竹	*Acidosasa edulic* Wen
菜玉米	*Zea mays* L.
甜玉米	*Zea mays* var. *rugosa* Bonaf （*Zea mays* var. *saccharata* L. H. Bailey）
糯玉米	*Zea mays* var. *sinensis*
玉米笋	*Zea mays* L.
茭白	*Zizania caduciflora*（Turcz.）Hand. -Mazz.
天南星科	Araceae
芋头	*Colocasia esculenta*（L.）Schott
茎用芋	*Coloccisia esculenta* var. *cormosus* Chang
叶用芋	*Colocasia esculenta* var. *petiolatus* Chang
红芋（花用芋）	*Colocasia antiquorum* var. *fontanesii* Schott
魔芋	*Amorphophallus konjac* K. Koch （*Amorphophallus rivieri* Durieu）
香蒲科	Typhaceae
蒲菜	*Typha sp.*
宽叶蒲菜	*Typha latifolia* L.

窄叶蒲菜	*Typha angustifolia* L.
美人蕉科	Cannaceae
蕉芋	*Carina edulis* Ker.
竹芋科	Marantaceae
竹芋	*Maranta arunainacea* L.

2. 蕨类植物

蕨类植物门	Pteridophyta
蕨纲	Filicopsida
薄囊蕨亚纲	Leptosporangiatidae
凤尾蕨科	Pteridiaceae
蕨菜	*Pteridium aquilinum* var. *latiusculum*（Desv.）Underw.

3. 藻类植物

红藻门	Rhodophyta
紫菜科	Bangiaceae
紫菜	*Porphyra sp.*
皱紫菜	*Porphyra crispate* Kjellm.
长紫菜	*Porphyra dentata* Kjellm.
圆紫菜	*Porphyra suborbiculata* Kjellm.
坛紫菜	*Porphyra haitanensis* T. J. Chang et B. F. Zheng
甘紫菜	*Porphyra tenera* Kjellm.
边紫菜	*Porphyra marginata* Tseng et T. J. Chang
条斑紫菜	*Porphyra yezoensis* Veda.
刺边紫菜	*Porphyra dentinlarginata* C. Y. Chu et S. C. Wang
广东紫菜	*Porphyra guangdngensis* Tseng et T. J. Chang
石花菜科	Gelidiaceae
石花菜	*Gelidium amansii* Lamx. （*Gelidium cartilagineum* Grev.）

小石花菜	*Gelidium divaticatum* Mart.
大石花菜	*Gelidium pacificum* Okam.
细毛石花菜	*Gelidium crinale* Lamx.
中肋石花菜	*Gelidium japonicum* Okam.
红翎菜科	Solieriaceae
麒麟菜	*Eucheuma muricatum* Web. V. Bos. （ *Eucheuma spinosum* J. Ag. ）
褐藻门	Phaeophyta
海带科	Laminariaceae
海带	*Laminaria japonica* Aresch
翅藻科	Alariaceae
昆布	*Ecklome kurome* Okam.
鹿角菜科	Pelvetiaceae
鹿角菜	*Pelvetia siliquosa* Tseng et C. F. Chang
长鹿角菜	*Chondrus elatus* Holmes.
蓝藻门	Cyanophyta
念珠藻科	Nostocaceae
发菜	*Nostoc flagelliforme* Bom. et Flah.
葛仙米	*Nostoc commune* Vauch. （ *Nostoc paludosum* Kötz. ）

4. 食用真菌

真菌门	Mumycota
担子菌亚门	Basidiomycotina
层菌纲	Hymenomycetes
有隔担子菌亚纲	Phragmobasidiomycetidae
银耳科	Tremellaceae
银耳	*Tremella fuciformis* Berk.

金耳	*Tremella aurantialba* Bandoni et Zhang
木耳科	Auriculariaceae
黑木耳	*Auricularia auricula*（L. ex Hook.）Underw.
毛木耳	*Auricularia polytricha*（Mont.）Sacc.
皱木耳	*Auricularia delicata* Henn.
无隔担子菌亚纲	Holobasidiomycetidae
猴头菌科	Hericiaceae（或齿菌科 Hydnaceae）
猴头蘑	*Hericium erinaceus*（Bull.）Pers.
光柄菇科	Pluteaceae
草菇	*Volvariella volvacea*（Bull. ex Fr.）Sing.
侧耳科	Pleurotaceae
侧耳（平菇）	*Pleurotus sp.*
糙皮侧耳	*Pleurotus ostreatus* Quél.
榆黄蘑	*Pleurotus citrinopileatus* Sing.
蘑菇科（伞菌科）	Agaricaceae
双孢蘑菇	*Agaricus bisporus*（Lange）Sing.
四孢蘑菇	*Agaricus campestris* L.
白杵蘑菇	*Agaricus nivescens* Möller
粪伞科（锈伞科）	Bolbitiaceae
杨树菇	*Grocybe cylindracea*（DC. ex Fr.）R. Maire [*Agrocybe segerita*（Brig.）Sing.]
球盖菇科	Strophariaceae
滑菇	*Pholiota nameko*（T. Ito）S. Ito et Imai.
柳蘑	*Pholiota adipose*（Fr.）Quél.
口蘑科（白蘑科）	Tricholomataceae
香菇	*Lentinus edodes*（Berk.）Pegler [*Lentinus edodes*（Berk.）Sing.]

冬菇（金针菇）	*Flammulina velutipes*（Curt, ex Fr.）Sing.
口蘑	*Tricholoma mongolicum* Imai
香杏口蘑	*Tricholoma gambosum*（Fr.）Gill.
雷蘑	*Clitocybe gigantea* Quél.
榛蘑	*Armillaria mellea* Quél.
松口蘑	*Tricholoma matsutake* Sing.
鹅膏科（鹅膏菌科）	Amanitaceae
鸡枞	*Termitomyces albuminosus*（Berk.）Heim [*Collybia albuminosa*（Berk.）Petch]
牛肝菌科	Boletaceae
美味牛肝菌	*Boletus edulis Bull.* ex Fr.
紫盖粉孢牛肝菌	*Tylopilus eximius* Sing.
腹菌纲	Gasteromycetes
鬼笔科	Phallaceae
竹荪	*Dictyophora sp.*
长裙竹荪	*Dictyophora indusiata* Fisch.
短裙竹荪	*Dictyophora duplicata* Fisch.
子囊菌亚门	Ascomycotina
盘菌纲	Discomycetes
羊肚菌科	Morchellaceae（或**马鞍菌科** Helvellaceae）
羊肚菌	*Morchella esceulenta*（L.）Pers.

主要参考文献目录

1. 蔬菜专业类

中国农业科学研究院蔬菜花卉研究所：《中国蔬菜栽培学》（第一、二版）；

李曙轩等：《中国农业大百科全书·蔬菜卷》；

蒋先明：《各种蔬菜》；

颜纶泽：《蔬菜大全》；

吴耕民：《菜园经营法》；

胡昌炽：《蔬菜学各论》；

陆费执：《蔬菜园艺学》；

何铎：《实用蔬菜园艺学》；

山东农学院：《蔬菜栽培学》；

北京农业大学：《蔬菜栽培学》；

浙江农业大学：《蔬菜栽培学》；

沈阳农学院：《蔬菜栽培学》；

李朴：《蔬菜分类学》；

藤井健雄：《蔬菜园艺学》；

小田鬼八等：《实用蔬菜园艺》；

鲁仁庆：《菜园十二个月》；

陈之光：《蔬菜盆栽百问百答》；

何启伟：《瓜类蔬菜栽培》；

阿加波夫：《食用根菜类》；

金波：《中国多年生蔬菜》；

郑卓杰：《中国食用豆类学》；

徐道东：《水生蔬菜栽培技术》；

徐道东：《多年生与野生蔬菜栽培技术》；

李建明：《香料蔬菜栽培与利用》；

孙可群：《花卉及观赏树木栽培手册》；

王德槟：《芽苗菜及栽培技术》；

深圳农业科学研究中心：《西菜栽培技术交流会资料汇编》；

应建浙等：《食用蘑菇》；

董宜勋等：《中国食用蘑菇大观》；

军事医学科学院卫生环境医学研究所等：《中国野菜图谱》；

中国园艺学会：《中国名特蔬菜论文集》；

全国农作物品种审定委员会：《中国蔬菜优良品种》；

中国农学会：《名优蔬菜新品种》；

李家文：《中国的白菜》；

蒋名川等：《黄瓜》；

孙云蔚：《番茄草莓栽培法》；

齐之魁：《中国甜瓜》；

武汉植物研究所：《中国莲》；

普林卡：《洋葱和大蒜》；

浙江农大农学系：《玉米栽培》；

林艺等：《茎用芥菜的新变种"抱儿菜"》（载《园艺学报》第 12 卷第 1 期）；

黄海水产研究所：《坛紫菜与条斑紫菜养殖》；

饶璐璐：《名特优新蔬菜 129 种》；

李式军等：《珍稀名优蔬菜 80 种》；

黄邦海：《珍优新型蔬菜》；

李正应：《稀有蔬菜栽培技术》；

A. M. 哈尔平：《稀有蔬菜》（载《蔬菜》1986 年第 5 期）；

北京市农科院：《北京蔬菜生产技术手册》；

北京市成人教育学院：《北京蔬菜栽培》；

上海市农业科学研究所：《上海蔬菜品种志》；

广州蔬菜品种志编写组：《广州蔬菜品种志》；

郑素秋：《（湖南）蔬菜栽培及育种技术》；
沈啸梅：《苏州水生蔬菜栽培》；
陈如茵等：《台湾蔬菜的贮存》；
佚名：《台湾蔬菜 30 种》；
湖北农业局：《湖北蔬菜名产》；
韩嘉义：《云南名特蔬菜栽培》；
涪陵地委：《涪陵榨菜》；
佚名：《合肥蔬菜志》；
三明蔬菜办公室：《三明市蔬菜资源品种志》；
香港太平洋贸易有限公司：《蔬菜及作物种苗目录》；
徐是雄等：《香港蔬菜市场》（油印本）；
杜武峰：《西藏蔬菜的种质资源》（载《园艺学会年会论文摘要集》，1985 年）；
尚衍斌等：《新疆古代蔬菜种植述略》（载《农业考古》1996 年第 3 期）；
昆明军区后勤部：《云南地区野菜图谱》；
北京市蔬菜贮藏加工研究所：《蔬菜标准集萃》（油印本）；
北京农业大学：《蔬菜贮藏加工学》；
华中农学院：《蔬菜贮藏加工学》；
张平真等：《蔬菜贮运保鲜及加工》；
周长久：《蔬菜种质资源概论》；
河北农大园艺系：《蔬菜起源与分类》（油印本）；
熊泽、喜田等：《野菜的分类》；
黄小龄：《蔬菜育种学》；
沈阳农学院：《蔬菜育种学》；
毛宗良：《蔬菜名汇》；
商业部副食品局及上海市蔬菜公司：《中国 35 城市蔬菜名称一览表》；
国家标准：《蔬菜名称（一）》；
国家行业标准：《蔬菜与蔬菜商品分类与代码》；
国际标准：《蔬菜命名—第一表》；
国际标准：《香料调味品命名—第一表》；
谭俊杰：《蔬菜名称简集》（油印本）；
方秀颖：《蔬菜名称》（油印本）；
日本坂田种苗株式会社：《野菜》；
胡绪渭：《促成栽培手册》；
李光晨等：《园艺通论》；
耶尔马科夫等：《蔬菜生物化学》；
日本农山渔村文化协会：《蔬菜生理学基础》；
北京市第二商业局：《中国商品大词典·蔬菜调味品分册》；
伊钦恒：《先秦常蔬及其演进的探讨》（载《农史研究》第 5 辑）；
酆裕洹：《公元前我国蔬菜种类的探讨》；
张平真：《菜用恭菜引入考》（载《中国农史》第 13 卷第 1 期）；
张平真：《菜用恭菜名称考》（载《中国蔬菜》1992 年第 5 期）；
张平真：《洋葱引入考》（载《中国蔬菜》2002 年第 6 期）；
聂凤乔：《蔬食斋随笔》；
章厚朴：《中国的蔬菜》；
商业部教育司：《蔬菜商品知识》；
孙宜之：《蔬菜商品知识》；
李寿乔等：《美味野菜》；
董淑炎：《蔬菜果品食谱大全》；
顾智章：《蔬菜的食疗》；
薛颖等：《新兴蔬菜营养保健食谱》；

谈宣斌：《蔬菜与养生》；

万有葵等：《蔬菜营养与药用价值》；

张绍良等：《药用蔬菜》；

方智远：《中国蔬菜作物图鉴》

2. 工具书类

罗竹风：《汉语大词典》；

商务印书馆：《辞源》；

上海辞书出版社：《辞海》；

陈邦彦等：《康熙字典》；

中国科学院语言研究所：《现代汉语词典》；

上海辞书出版社：《中国成语大词典》；

商务印书馆：《新华字典》；

徐无闻：《金甲篆隶大字典》；

陈初生：《金文常用字典》；

汤成沅等：《金石字典》；

许慎：《说文解字》；

沙青岩：《说文大字典》；

扫叶山房：《草书大字典》；

顾南原：《隶书字典》；

顾野王：《大广益会玉篇》；

林宏元：《中国书法大词典》；

王彦坤：《历代避讳字汇典》；

上海辞书出版社：《中国历史大词典》；

文物出版社：《中国历史年代简表》；

翦伯赞：《中外历史年表》；

吴枫：《简明中国古籍词典》；

曲彦斌：《中国隐语行话大词典》；

温端政：《中国俗语大词典》；

胡朴安：《俗语典》；

厉荃等：《事物异名录》；

周方等：《汉语异名词典》；

徐成志等：《事物异名别称词典》；

郑恢：《事物异名分类词典》；

刘曼丽：《事物异名校注》；

朱家柟：《拉汉英种子植物名称》（第 2 版）；

中国科学院编译出版委员会：《俄拉汉种子植物名称》；

VOSS：《国际植物命名法规》；

丁广奇等：《植物学名解释》；

丁广奇：《植物种名释》；

中国科学院植物研究所：《中国高等植物图鉴》及《补编》；

中国科学院植物研究所：《中国高等植物种属检索表》；

贾祖璋：《中国植物图鉴》；

哈钦松：《有花植物志》；

杜亚泉：《高等植物分类学》；

杜亚泉：《下等植物分类学》；

侯宽昭：《中国种子植物科属词典》；

詹姆斯·吉·哈里斯：《图解植物学辞典》；

胡先骕：《经济植物手册》；

钱啸虎等：《中国植物志》（第 16 卷）；

北京师范大学：《北京植物志》；

谈家桢等：《简明生物学词典》；

夏亨廉等：《中国农史词典》；

北京农大：《简明农业词典》；

林银生等：《中国上古烹食字典》；

姜习等：《中国烹饪百科全书》；

中国医学科学院：《食物成分表》；

中国预防医学科学院：《食物成分表》；

A. H. 恩斯明格等：《食物与营养》；

刘家福：《食品词典》；

田中静一：《中国食物事典》；

北京副食品商业志编委会：《北京志·副食品商业志》；

中医大词典编委会：《中医大词典·中药分册》；

包锡生：《中药别名手册》；

中国医学科学院药物研究所：《常用中草药图谱》；

中医研究院：《中医名词术语选释》；

念树勋等：《花卉词典》；

陈刚：《北京方言词典》；

徐世荣：《北京土语词典》；

宋孝才：《北京话语词汇释》；

贾采珠：《北京话儿化词典》；

张慧英：《崇明方言词典》；

张成材：《西宁方言词典》；

汪平：《贵阳方言词典》；

闵家骥等：《简明吴方言词典》；

高进智：《湖北常用方言词典》；

侯精一：《平遥方言民俗语汇》；

孔仲南：《广东俗语考》；

袁珂：《中国神话传说词典》；

孙殿起：《贩书偶记》；

犁播：《中国农学遗产文献综录》；

上海辞书出版社：《中国史历日和中西历日对照表》；

郑鹤声：《近世中西史日对照表》；

臧励和等：《中国人名大辞典》；

梁廷灿：《历代名人生卒年表》；

杨震方：《历代人物谥号封爵索引》；

陈德芸：《古今人物别名索引》；

陈乃乾：《室名别号索引》；

杨剑宇：《中国历代帝王录》；

张忱石等：《二十四史纪传人名索引》；

吴镇烽：《金文人名汇编》；

洪业等：《宋辽金元明清代传记综合引得》；

王德毅等：《元人传记资料索引》；

朱保炯等：《明清进士题名碑录索引》；

台湾"中央图书馆"：《明人传记资料索引》；

杨同甫等：《清人室名别称字号索引》；

何英芳：《清史稿纪表传人名索引》；

李云：《中医人名辞典》；

明复：《中国佛学人名词典》；

上海辞书出版社：《外国人名辞典》；

臧励和等：《中国古今地名大辞典》；

谭其骧：《中国历史地图集》；

中国社会科学院：《中国地名词典》；

中国大百科全书出版社：《世界地名录》；

中国地图出版社：《中华人民共和国分省地图集》；

中国地图出版社：《世界地图集》；

陈潮：《中国行政区划沿革手册》；

北平民社：《中华民国省县地名三汇》；

冯承钧：《西域地名》；

黄苇：《中国地方志词典》；

刘纬毅：《汉唐方志辑佚》；

吴廷燮：《北京市志稿·货殖志》；

服部宇之吉等编著、张宗平等翻译：《清末北京志资料》；

王灿炽：《北京史地风物书录》；

张庚等：《中国大百科全书·戏曲曲艺》；

世界知识出版社：《世界知识大词典》；

上海辞书出版社：《世界历史词典》；

高名凯等：《汉语外来词词典》；

蓝之中：《拉汉科技词典》；

郑易里等：《英华大词典》；

黑龙江大学俄语系：《大俄汉词典》；

外语教学与研究出版社：《现代汉英词典》；

靳平妥：《英汉人物地名事件词典》；

西安外语学院：《英汉缩略语词典》；

王萍等：《现代日汉汉日词典》；

凌关庭：《英汉食品词汇》；

赵中振等：《实用中日植物药名称对照手册》；

商务印书馆：《英语姓名译名手册》；

商务印书馆：《俄语姓名译名手册》；

商务印书馆：《德语姓名译名手册》；

商务印书馆：《世界地名译名手册》；

沈阳出版社：《正续三希堂法帖》；

房立中等：《中国历代名人图会》

3. 历代文献类

朱熹：《监本诗经》；

杨萍：《尚书》；

江灏等：《尚书全译》；

杜预等合注：《左传》；

李军等：《五经全译》；

朱熹：《论语集注》；

朱熹：《孟子集注》；

徐子宏：《周易全译》；

陈戍国点校：《周礼·仪礼·礼记》；

陈澔：《礼记集说》；

中外名人研究中心：《白话先秦诸子》；

管仲：《管子》；

王守谦等：《战国策全译》；

中华书局：《国语精华》；

郭璞注：《山海经》；

沈薇薇：《山海经译注》；

徐朝华：《尔雅今注》；

张双棣等：《白话吕氏春秋》；

顾凤藻：《夏小正经传集解》；

黄寿祺：《楚辞全译》；

黄河编注：《黄帝内经》；

谢华：《黄帝内经释译》；

张玉春：《竹书纪年译注》；

司马迁：《史记》；

班固：《汉书》；

范晔：《后汉书》；

陈寿：《三国志》；

房玄龄：《晋书》；

沈约：《宋书》；

萧子显：《南齐书》；

姚思廉：《梁书》；

姚思廉：《陈书》；

李延寿：《南史》；

魏收：《魏书》；

魏征：《隋书》；

刘昫：《旧唐书》；

欧阳修：《新唐书》；

薛居正：《旧五代史》；

欧阳修：《新五代史》；

脱脱：《宋史》；

脱脱：《辽史》；

脱脱：《金史》；

宋濂:《元史》；

柯绍忞:《新元史》；

张廷玉:《明史》；

赵尔巽:《清史稿》；

赵晔:《吴越春秋》；

东方朔:《十洲记》；

王贞珉:《盐铁论译注》；

万国鼎:《氾胜之书辑释》；

高二适:《新定急就章及考证》；

丁惟汾:《方言音释》；

石声汉:《两汉农书选读：氾胜之书和四民月令》；

吴普等:《神农本草经》；

谢桂华等:《居延汉简释文合校》；

陆玑:《毛诗草木鸟兽虫鱼疏》；

范宁:《博物志校证》；

崔豹:《古今注》；

嵇含:《南方草木状》；

葛洪:《抱朴子内篇》；

葛洪:《西京杂记》；

陶潜:《陶渊明集》；

王嘉:《拾遗记》；

萧统:《昭明文选》；

缪启愉:《齐民要术校释》（第1版、第2版）；

王国维:《水经注校》；

陆翙:《邺中记》；

刘义庆:《世说新语》；

曲建文等:《世说新语译注》；

颜之推:《颜氏家训》；

佚名:《三辅黄图》；

孙思邈:《千金食治》；

孟诜:《食疗本草》；

缪启愉:《四时纂要选读》；

段成式:《酉阳杂俎》；

李珣:《海药本草》；

陶谷:《清异录》；

李昉:《太平御览》；

李昉:《太平广记》；

张君房:《云笈七签》；

宋祁:《益部方物略记》；

唐慎微等:《证类本草》；

苏颂:《本草图经》；

苏轼:《苏东坡全集》；

沈括:《梦溪笔谈》；

沈括:《梦溪补笔谈》；

沈括:《梦溪续笔谈》；

叶隆礼:《契丹国志》；

高承:《事物纪原》；

孟元老:《东京梦华录》；

邓之诚:《东京梦华录注》；

吴自牧:《梦粱录》；

西湖老人:《西湖老人繁胜录》；

周密:《武林旧事》；

林洪:《山家清供》；

陈景沂:《全芳备祖》；

陆游:《陆放翁全集》；

吴怿:《种艺必用》；

冯承钧:《诸蕃志校注》；

姚宽:《西溪丛语》；

陈元靓:《事林广记》；

耶律楚材:《湛然居士文集》；

王祯:《王祯农书》；

缪启愉：《东鲁王氏农书译注》；

司农司：《农桑辑要》；

石声汉：《农桑辑要校注》；

鲁明善：《农桑衣食撮要》；

忽思慧：《饮膳正要》；

佚名：《居家必用事类全集》；

熊梦祥：《析津志辑佚》；

俞宗本：《种树书》；

潘吉星：《天工开物校注及研究》；

贾铭：《饮食须知》；

陶宗仪：《南村辍耕录》；

萧洵：《元故宫遗录》；

倪根金：《救荒本草校注》；

费信：《星槎胜览》；

冯承钧：《星槎胜览校注》；

王世懋：《学圃杂疏》；

高濂：《雅尚斋遵生八笺》；

陈达叟：《本心斋蔬食谱》；

李时珍：《本草纲目》；

陈植：《长物志校注》；

田艺衡：《留青日札》；

毛晋：《毛诗草木鸟兽虫鱼疏广要》；

宁源：《食鉴本草》；

王三聘：《古今事物考》；

陆容：《菽园杂记》；

吴承恩：《西游记》；

冯梦龙：《警世通言》；

沈德符：《万历野获编》；

蒋一葵：《长安客话》；

沈榜：《宛署杂记》；

李诩：《戒庵老人漫笔》；

谢肇淛：《五杂组》；

郎瑛：《七修类稿》；

王磐：《野菜谱》；

石声汉：《农政全书校注》；

谢方：《职方外纪校释》；

汤显祖：《牡丹亭》；

黄省曾：《种芋法》；

史玄：《旧京遗事》；

刘若愚：《酌中志》；

姚可成：《食物本草》；

陆楫：《古今说海》；

方以智：《方以智全书·通雅》；

方以智：《物理小识》；

刘献廷：《广阳杂记》；

张玉书等：《佩文韵府》；

蒋廷锡等：《古今图书集成》；

汪灏：《广群芳谱》；

陈淏子：《花镜》；

王士禛：《居易录》；

查慎行：《人海记》；

李渔：《闲情偶寄》；

朱彝尊：《食宪鸿秘》；

吴其濬：《植物名实图考》；

吴其濬：《植物名实图考长编》；

高士奇：《北墅抱瓮录》；

高士奇：《金鳌退食笔记》；

李调元：《升庵先生年谱》；

屈大均：《广东新语》；

袁枚：《随园食单》；

陆以湉：《冷庐杂识》；

王士雄：《随息居饮食谱》；

吴振棫：《养吉斋丛录》；

赵学敏：《本草纲目拾遗》；

俞樾：《茶香室丛钞》；

马宗申：《授时通考校注》；

昆冈等：《清会典》；

于敏中等：《日下旧闻考》；

黄彭年等：《畿辅通志》；

周家楣等：《光绪顺天府志》；

曹寅等：《全唐诗》；

毕沅：《续资治通鉴》；

马宗申：《营田辑要校释》；

佚名：《人海诗区》；

陈元龙：《格致镜原》；

曹雪芹：《红楼梦》；

吴仪洛：《本草从新》；

薛宝辰：《素食说略》；

佚名：《调鼎集》；

梁章钜：《浪迹丛谈》；

陈大章：《诗传名物集览》；

顾仲：《养小录》；

檀萃：《滇海虞衡志》；

杭世骏：《续方言》；

佚名：《燕京杂记》；

李虹若：《朝市丛载》；

刘鹗：《老残游记》；

潘荣陛：《帝京岁时纪胜》；

富察敦崇：《燕京岁时记》；

何刚德：《春明梦录》；

徐珂：《清稗类钞》；

北京第一历史档案馆：《清代农事试验场档案材料》

4. 现代文献类

游修龄等：《中国农业大百科全书·农业历史卷》；

闵宗殿等：《中国古代农业技术史图说》；

中国农科院：《中国农学史》；

吴存浩：《中国农业史》；

天野元之助：《中国古农书考》；

李璠：《中国栽培植物发展史》；

中国植物学会：《中国植物学史》；

华南农大：《〈南方草木状〉国际学术讨论会论文集》；

李士靖等：《中华食苑》（十卷本）；

孙云蔚：《中国果树史和果树资源》；

徐海荣：《中国饮食史》；

邵秦：《中国名物特产集萃》；

罗尔纲：《太平天国史稿》；

陈垣：《史讳举例》；

戴鑫等：《中华别称类编》；

张星烺：《中西交通史料汇编》；

李家瑞：《北平风俗类征》；

崔国政等：《燕京风土录》；

戚锡根：《浙江糖烟酒菜商业志》；

贵州省社会科学院历史研究所：《贵州风物志》；

佚名：《吉林风味指南》；

佚名：《南京市场大观》；

佚名：《长沙市场大观》；

马超骏等：《淮阴风物志》；

何守先：《宁波市场大观》；

陈建才等：《八闽掌故大全·物产篇》；

苏赫巴鲁等：《蒙古族风俗志》；

郑振铎：《插图本中国文学史》；

巨才：《辞赋一百篇》；

唐圭璋等：《全宋词》；

吴之振等：《宋诗钞》；

王水照：《苏轼选集》；

周汝昌：《范成大诗选》；

孔祥贤：《陆游饮食诗选注》；

章楚藩：《杨万里诗歌赏析集》；

王仁湘：《饮食考古初集》；

曾纵野：《中国饮馔史》；

梁实秋：《雅舍谈吃》；

朱伟：《考吃》；

文物出版社：《长沙马王堆汉墓出土动植物标本的研究》；

谢弗：《唐代的外来文明》；

李锦绣：《唐长安大明宫西夹城内出土封泥研究——兼论唐后期的口味贡》（载《中华文史论丛》第 59 辑 ）；

史卫民：《元代社会生活史》；

梁国宁：《园艺史话》；

郑逸梅：《花果小品》；

熊四智：《食之乐》；

北京市东城区副食品管理处：《副食品商品》；

方继功：《南北酱菜荟萃》；

杜福祥：《中国名食指南》；

商业部副食品局：《中国果品》；

陈学存：《应用营养学》；

石声汉：《荔尾词存》

5. 刊物类

《中国蔬菜》《北京蔬菜》《蔬菜》《园艺学报》《中国食品》《中国烹饪》《农业考古》《农史研究》《古今农业》《饮食天地》

后记

　　为了掌握我国蔬菜实体及其名称的总体情况，厘清每种蔬菜的正式名称及其别称，进而发扬伟大祖国博大精深的饮食文化，本人从 1986 年主持编辑《中国商品大辞典·蔬菜调味品分册》时就注意搜集资料、研究考证，并从 1997 年开始应邀在《中国食品》等杂志上以"佳蔬名称考释"为题连续多年开辟专栏，著文介绍我国一些主要蔬菜的来源及其命名缘由。我经过倾心钻研和长期积淀，于 2006 年将研究成果《中国蔬菜名称考释》汇集成册，获得北京市社会科学理论著作出版基金的赞助和北京燕山出版社的支持，得以顺利出版。中国食文化研究会会长杜子端先生在百忙之中亲自为本书作序。

　　拙著《中国蔬菜名称考释》问世以来，虽然受到世人和学术界的重视和推崇，但一直没能进行修订。这次再版拙著，原本是 2020 年由后浪出版公司提出的设想。经过多次接触，我了解到后浪始终坚持追求出版自身的价值，非常重视选题的内容质量与编校质量，努力追求出版具有不可替代性的、能经受住时间检验的好书，为读者提供高效、优质的知识来源。年逾八十的老朽，无论精力和体力均已大不如前，本不应再承应此事，然而为后浪公司的这种精神所感动，于是欣然应允。

　　经过双方的共同努力，现在这部图文并茂的再版图书终于以崭新的面貌问世了！这次再版图书在总体内容保持基本不变的前提下，为了扩大读者的范围，我们首先把书名改为主题更为突出、更为鲜明的《中国的蔬菜：名称考释与文化百科》。然后以"综述""各论"以及"附录"等形式分别对"名称考释"与"文化百科"等研究成果进行详尽的介绍。在具体内容方面，本人除对全文进行了认真的审定以外还做了适当的增补，同时增加了新型蔬菜"守宫木"。在修订方面，因受《本草纲目》的影响，原书误将"鹰嘴豆"纳入"豌豆"条，这次进行了更正，特地把"鹰嘴豆"从"豌豆"条中析出，另立专文详加介绍。此外还修正了一些错误和不当之处。

本书在再版问世过程中，承蒙后浪公司认真负责，做了大量艰辛而又细致的工作：以贯彻始终的精神既传承了原著的精髓，又字斟句酌地进行录入、编审和校对工作，并对内容尽量进行优化处理。此外精心设计了封面，还聘请画师绘制了蔬菜实体的插图180余幅，基本覆盖了全书大部分内容。大量蔬菜实体的插图的应用，使得正文中所介绍蔬菜的外观形态变得更加明确和清晰，再版图书为之大大增色。为此，本人特地向后浪公司参加本书再版工作的各位同仁表示衷心感谢！

妻子邓旭华和女儿张彦婷早在原书出版时就已参与了创作，在这次再版编审过程中，两位女士又付出了很大的助力，在此一并致谢！

再版书稿虽然经过后浪同仁精心制作，本人又通读两遍，由于水平和精力所限，如再有错讹之处，敬请批评指正！

张平真于北京东郊抱瓷斋
2022 年 2 月 3 日

图书在版编目（CIP）数据

中国的蔬菜：名称考释与文化百科 / 张平真著. --
北京：北京联合出版公司, 2022.4（2022.6重印）

ISBN 978-7-5596-5904-0

Ⅰ.①中… Ⅱ.①张… Ⅲ.①蔬菜园艺—中国 Ⅳ.
①S63

中国版本图书馆CIP数据核字(2022)第022374号

中国的蔬菜：名称考释与文化百科

著　　者：张平真
出 品 人：赵红仕
选题策划：后浪出版公司
出版统筹：吴兴元
编辑统筹：梅天明　宋希於
责任编辑：夏应鹏
特约编辑：鲁　爽　田　园
营销推广：ONEBOOK
装帧制造：墨白空间·黄海

北京联合出版公司出版
（北京市西城区德外大街83号楼9层　100088）
嘉业印刷（天津）有限公司印刷　新华书店经销
字数520千字　720毫米×1000毫米　1/16　29.5印张
2022年4月第1版　2022年6月第3次印刷
ISBN 978-7-5596-5904-0
定价：99.00元

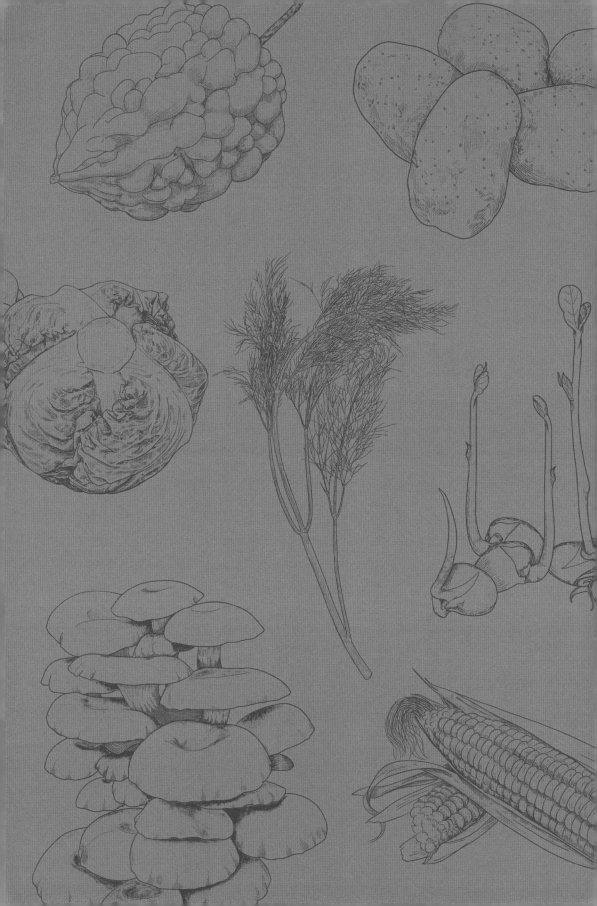